世界一わかりやすい

InDesign

2021/2020/2019対応版

ベクトルハウス　著

操作とデザインの教科書

改訂2版

技術評論社

注意 ご購入・ご利用前に必ずお読みください

本書の内容について

●本書記載の情報は、2021年2月20日現在のものなので、ご利用時には変更されている場合もあります。また、ソフトウェアはバージョンアップされる場合があり、本書での説明とは機能内容や画面図などが異なってしまうこともあり得ます。本書ご購入の前に必ずソフトウェアのバージョン番号をご確認ください。

●本書に記載された内容は、情報の提供のみを目的としています。本書の運用については、必ずお客様自身の責任と判断によって行ってください。これら情報の運用の結果について、技術評論社および著者はいかなる責任も負いかねます。

また、本書内容を超えた個別のトレーニングにあたるものについても、対応できかねます。あらかじめご承知おきください。

※本書は弊社発行の『世界一わかりやすいInDesign 操作とデザインの教科書』(2018年4月発行)を基に、最新のAdobe InDesignに対応させたものです。そのため、『世界一わかりやすいInDesign 操作とデザインの教科書』と学習素材が重複しております。あらかじめご了承ください。

レッスンファイルについて

●本書で使用するレッスンファイル(練習用および練習問題ファイル)の利用には、別途アドビ株式会社(以後アドビ社)のInDesignのバージョン2021/2020/2019のいずれかが必要です。ただし、InDesign 2021での利用を前提としているため、それ以外のバージョンでは利用できなかったり、操作手順が異なることがあります。

●本書で使用したレッスンファイルの利用は、必ずお客様自身の責任と判断によって行ってください。レッスンファイルを使用した結果、生じたいかなる直接的・間接的損害も、技術評論社、著者、プログラムの開発者、レッスンファイルの制作に関わったすべての個人と企業は、一切その責任を負いかねます。

InDesignはご自分でご用意ください

●アドビ社のInDesignは、ご自分でご用意ください。

●アドビ社のWebサイトより、InDesign最新バージョンの体験版(7日間有効)をダウンロードできます。ダウンロードには、Creative CloudのメンバーシップID(Adobe ID)が必要です(無償で取得可能)。詳細は、アドビ社の下記Webサイトをご覧ください。

https://www.adobe.com/jp/downloads.html

以上の注意事項をご承諾いただいたうえで、本書をご利用願います。これらの注意事項をお読みいただかずに、お問い合わせいただいても、技術評論社および著者は対処しかねます。あらかじめ、ご承知おきください。

InDesign 2021の動作に必要なシステム構成

【Windows】

● インテル Pentium5以上、またはAMD Athlon 64以上のプロセッサー

● Microsoft Windows 10(64ビット)バージョン 1607、1809、1903、1909、2004

● 4GB以上のRAM(16GB以上を推奨)

● 3.6GB以上の空き容量のあるハードディスク。ただし、インストール時には追加の空き容量が必要(取り外し可能なフラッシュメモリを利用したストレージデバイス上にはインストール不可)

● 1,024×768以上の画面解像度をサポートするディスプレイ(1,920×1,080以上を推奨)。HiDPI ディスプレイをサポート

● 32 ビットのビデオカード

【macOS】

● インテルマルチコアプロセッサー

● macOS バージョン 11(Big Sur)、10.15(Catalina)、10.14(Mojave)

● 4GB以上のRAM(16GB以上を推奨)

● 3.5GB以上の空き容量のあるハードディスク。ただし、インストール時には追加の空き容量が必要(大文字と小文字が区別されるファイルシステムを使用している場合や、取り外し可能なフラッシュメモリを利用したストレージデバイス上にはインストール不可)

● 1,024×768以上の画面解像度をサポートするディスプレイ(1,920×1,080以上を推奨)、Retina ディスプレイをサポート

● 32 ビットのビデオカード

● GPUパフォーマンスを使用するには、Macに1024MB以上のVRAM(2GB以上を推奨)があり、OpenGLバージョン4.0以降がサポートされている必要がある

サポート対象のマシン:iMac 4K/iMac 5K/MacBook Pro Retina/Mac Pro(HiDPI ディスプレイ接続)/Mac mini(HiDPI ディスプレイ接続)。VRAMの値を確認するには、Mac/このMac について(グラフィック情報)を選択

※Windows / Macともに、ソフトウェアのライセンス認証、メンバーシップの検証、およびオンラインサービスの利用には、インターネット接続および登録が必要です。

はじめに

本書は、Adobe InDesignをはじめて使う方を主な対象とした解説書です。InDesign 2021の画面で解説していますが、2020や2019で操作しても理解できる内容になっています。

InDesignはページレイアウトソフトなので、文字を入力して画像を配置する方法さえ覚えれば基本的な組版はできます。しかし、何十ページ、何百ページもレイアウトする場合、それだけの知識では大変な苦労を伴うでしょう。

InDesignには、大量のページを効率よくレイアウトするための機能がたくさんあります。その機能は単純に「早く作る」だけではなく、「統一する」というデザイン的な目的もあります。IllustratorやPhotoshopのように、頻繁にツールを使い分けたり、高度なマウス操作が必要とされることはありません。手順を踏めば誰でもすぐに同じことができます。大切なのはInDesignで何ができるかを知ることです。操作手順が覚えられなくても問題ありません。手順は必要なときに調べればよいのです。

本書では、InDesignを学習するために必要な基本に重点を置いて解説しています。レッスン用のファイルをダウンロードしていただくと、実際に操作しながら理解を深め、練習問題に挑戦することで学習の成果を試すことができます。このレッスンをひと通り経験すれば、InDesignの基本的な機能を把握できます。

本書が、これからInDesignを使いはじめる皆様の役に立ち、たくさん新しい本が生まれますように願っています。

2021年3月　ベクトルハウス

本書の使い方

Lessonパート

① 節

Lessonはいくつかの節に分けられています。機能紹介や解説を行うものと、操作手順を段階的にSTEPで区切っているものがあります。

② 解説

STEPで実際に操作する前に知っておきたい機能の概要を解説します。

③ 対応バージョン

学習する機能の対応バージョンが表記されています。

④ STEP / 見出し

STEPはその節の作業を細かく分けたもので、より小さな単位で学習が進められるようになっています。STEPによっては練習用ファイルが用意されていますので、開いて学習を進めてください。機能解説の節は見出しだけでSTEP番号はありません。

⑤ レッスンファイル

そのSTEPで使用する練習用ファイルの名前を記しています。該当のファイルを開いて、実際に操作を行ってください（ファイルの利用方法については、P.006を参照してください）。

⑥ Before / After

学習する作例のスタート地点のイメージと、ゴールとなる完成イメージを確認できます。作例によっては、これから描く図形や説明対象（パネルなど）の場合もあります。どのような作例を作成するかイメージしてから学習しましょう。

⑦ コラム

解説を補うための２種類のコラムがあります。

CHECK!

Lessonの操作手順の中で
注意すべきポイントを紹介しています。

COLUMN

Lessonの内容に関連して、
知っておきたいテクニックや知識を紹介しています。

本書は、クリエイターを目指す初学者のためにInDesignの基本操作の習得を目的とした書籍です。
レッスンファイル（専用サイトからダウンロード）の作成手順をステップアップ形式で学習し、
章末の練習問題で学習内容を復習する、という流れをひとつの章にまとめてあります。
なお、本書はWindows 10環境で2021を使用した画面で解説していますが、Macでもお使いいただけます。

練習問題パート

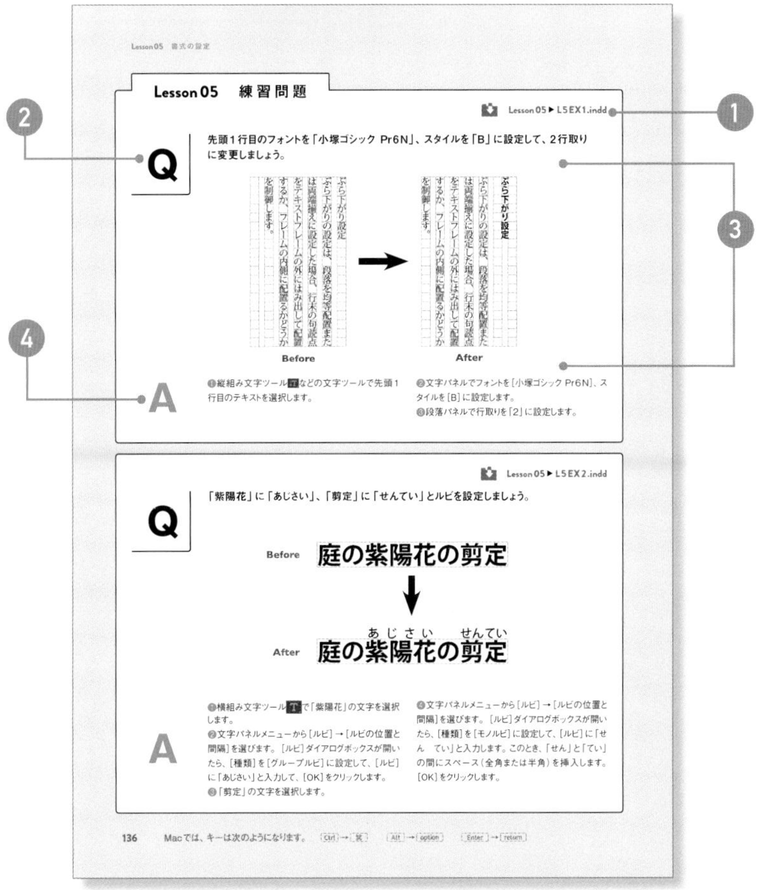
Lesson05　書式の設定
Lesson 05　練習問題
Lesson 05 ▶ L5EX1.indd
Q
先頭1行目のフォントを「小塚ゴシック Pr6N」、スタイルを「B」に設定して、2行取りに変更しましょう。
ぶら下がり設定
ぶら下がりの設定は、段落を均等配置また
は両端揃えに設定した場合、行末の句読点
をテキストフレームの外にはみ出して配置
するか、フレームの内側に配置るかどうか
を制御します。
Before
After
A
❶縦組み文字ツールなどの文字ツールで先頭1行目のテキストを選択します。
❷文字パネルでフォントを［小塚ゴシック Pr6N］、スタイルを［B］に設定します。
❸段落パネルで行取りを「2」に設定します。
Lesson 05 ▶ L5EX2.indd
Q
「紫陽花」に「あじさい」、「剪定」に「せんてい」とルビを設定しましょう。
Before
庭の紫陽花の剪定
After
庭の紫陽花《あじさい》の剪定《せんてい》
A
❶横組み文字ツールで「紫陽花」の文字を選択します。
❷文字パネルメニューから［ルビ］→［ルビの位置と間隔］を選びます。［ルビ］ダイアログボックスが開いたら、［種類］を［グループルビ］に設定して、［ルビ］に「あじさい」と入力して、［OK］をクリックします。
❸「剪定」の文字を選択します。
❹文字パネルメニューから［ルビ］→［ルビの位置と間隔］を選びます。［ルビ］ダイアログボックスが開いたら、［種類］を［モノルビ］に設定して、［ルビ］に「せん　てい」と入力します。このとき、「せん」と「てい」の間にスペース（全角または半角）を挿入します。［OK］をクリックします。
136
Macでは、キーは次のようになります。 Ctrl → ⌘ Alt → option Enter → return
1
2
3
4

❶ 練習問題ファイル

練習問題で使用するファイル名を記しています。該当のファイルを開いて、操作を行いましょう（ファイルについては、P.000を参照してください）。

❷ Q（Question）

練習問題です。おおまかな手順が書いてあるので、Before / Afterを見ながら作成しましょう。

❸ Before / After

練習問題のスタート地点と完成地点のイメージを確認できます。Lessonで学んだテクニックを復習しながら作成してみましょう。

❹ A（Answer）

練習問題を解くための手順を記しています。問題を読んだだけでは手順がわからない場合は、この手順や完成見本ファイルを確認してから再度チャレンジしてみてください。

レッスンファイルのダウンロード

1 Webブラウザを起動し、右記のWebサイトにアクセスします。

https://gihyo.jp/book/2021/978-4-297-12078-8

2 Webサイトが表示されたら、[本書のサポートページ]をクリックしてください。

3 レッスンファイルのダウンロード用ページが表示されます。
すべてのレッスンファイルを一括でダウンロードするか❶、レッスンごとにダウンロードするか❷を選択できます。
ダウンロードするファイルの[ID]欄に「InDesign2」、[パスワード]欄に「easyindd2」と入力して、[ダウンロード]ボタンをクリックします。

※文字はすべて半角で入力してください。
※大文字小文字を正確に入力してください。

ID―InDesign2　パスワード―easyindd2

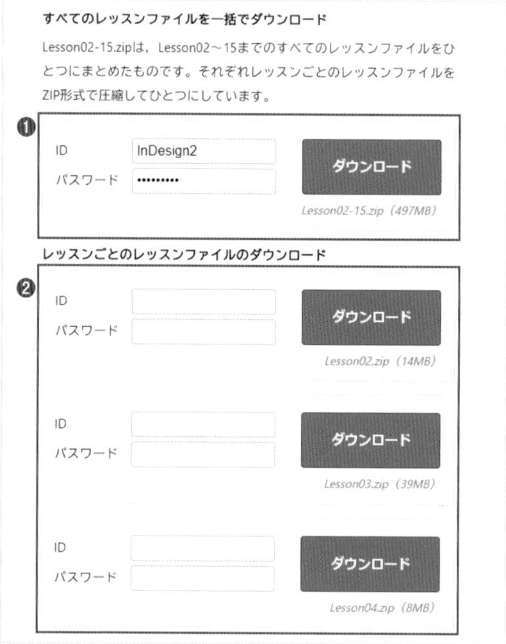

4 Windowsでは、ファイルが「ダウンロード」フォルダーに保存されます。[ファイルを開く]をクリックして、「ダウンロード」フォルダーを開き、解凍してからご利用ください。Macでは、ダウンロードされたファイルは、自動解凍されて「ダウンロード」フォルダーに保存されます。

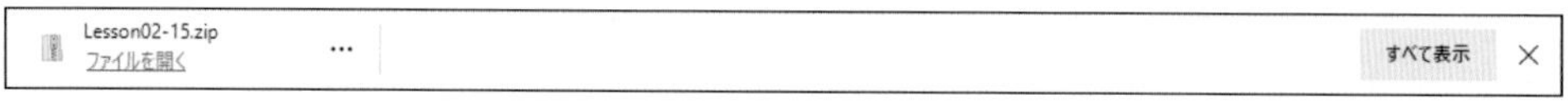

ダウンロードの注意点

- 上記手順はWindows 10でMicrosoft Edgeを使った場合の説明です。手順4のMacについては、macOS 11.0のSafariを使った場合です。
- ご使用になるOSやWebブラウザーによっては、自動解凍がされない場合や、保存場所を指定するダイアログボックスなどが表示される場合があります。
- 画面の表示に従ってファイルを保存し、ダウンロードしたファイルを解凍してからお使いください。

本書で使用したレッスンファイルは、小社Webサイトの本書専用ページよりダウンロードできます。
ダウンロードには、ID、パスワードを入力する必要があります。
手順内に記している文字列を半角でお間違いのないよう、入力をお願いします。

ダウンロードファイルの内容

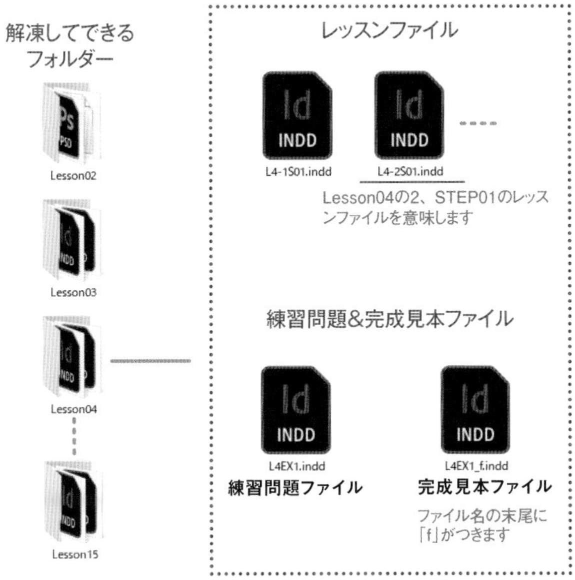

- Lesson01には、レッスンファイルはありません。
- ダウンロードファイルは、各Lessonごとに分かれています。
- ダウンロードしたファイルを展開すると、各STEPごとに使用するレッスンファイルと、章末の練習問題用のファイルが入っています。フォルダーをデスクトップなどに移動して、必要に応じて利用してください。
- Lessonによっては、配置用のテキストファイルや画像ファイル、または画像ファイルの入ったフォルダーがあります。移動せずにそのままご利用ください。
- 内容によっては、レッスンファイルや練習問題ファイルがないものもあります。
- レッスンファイルによっては、複数のオブジェクトが保存されている場合があります。オブジェクトにはABCのように記号が表示されているので、本文内に表記された記号のオブジェクトを使用して練習してください。

利用時の注意点

- レッスンファイルは2019形式で保存されています。2020以降で開くと、ファイル名に「[変換]」と表示されますが、問題なくご利用いただけます❶。
- ［編集］（Macでは［InDesign］）メニュー→［環境設定］→［表示画質］を選択し、［環境設定］ダイアログボックスの［表示］画質の［デフォルト表示］を［高品質］に設定してください❷。
- レッスンには、IllustratorやPhotoshopのファイルも利用します。Illustrator、Photoshopもインストールしてください。
- ［環境に無いフォント］ダイアログボックスが表示されたときは、Adobe Fontsから同期してご利用ください。

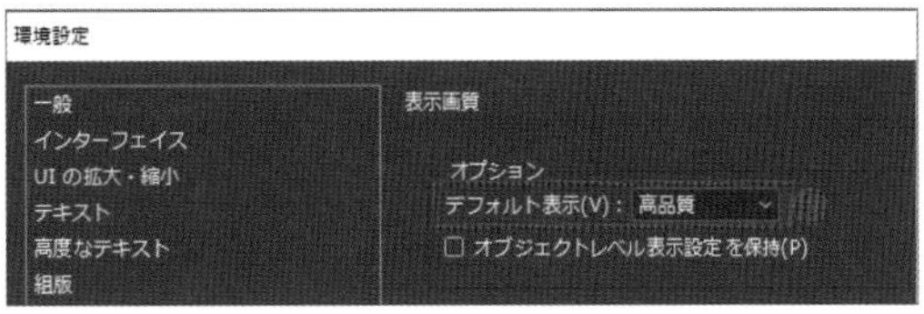

レッスンファイル利用についての注意点

- レッスンファイルの著作権は各制作者（著者）に帰属します。これらのファイルは本書を使っての学習目的に限り、個人・法人を問わずに使用することができますが、転載や再配布などの二次利用は禁止いたします。
- レッスンファイルの提供は、あくまで本書での学習を助けるための無償サービスであり、本書の対価に含まれるものではありません。レッスンファイルのダウンロードや解凍、ご利用についてはお客様自身の責任と判断で行ってください。万一、ご利用の結果いかなる損害が生じたとしても、著者および技術評論社では一切の責任を負いかねます。

CONTENTS

InDesignの基本

An easy-to-understand guide to InDesign

Lesson 01

はじめにInDesignがどんなアプリケーションで何ができるのかなどの概要をつかんでおきましょう。さらに、InDesignを使いこなす上で必要となる基本的な操作や知識について学びましょう。

1-1 InDesignの概要

InDesignをひとことでいうと、本を作るためのソフトウェアです。本といっても、印刷する本以外に、電子書籍もあります。はじめに、InDesignがどんなソフトなのか、概要をつかんでおきましょう。

InDesignとは

2021 2020 2019

Adobe InDesignは、アドビ社が販売している、主に出版や広告などの出版物の作成のためのソフトウェアです。いわゆるDTP（Desktop publishing）のソフトウェアです。

アドビ社には、写真の補正・加工で有名なPhotoshop、フライヤーやWebのパーツ制作に多くのユーザーを持つIllustrator、Web制作のDreamweaverなどの、グラフィック関連のソフトウェアがたくさん用意されていますが、InDesignは比較的新しいソフトで、1999年にバージョン1がリリースされました。日本語版のInDesignは、日本語特有の縦組みにも対応しており、細かな組版に対応したDTPソフトとして多くのユーザーに利用されています。

2021年2月現在の最新バージョンは、「InDesign 2021（2020年10月リリース）」でトータルのバージョン数でいうと「16」になります。なお、一般的に「InDesign 2021」と呼ばれています。

InDesignでできること

2021 2020 2019

InDesignが得意とするのは、ページ数の多い書籍や雑誌の制作です。小説やエッセイなどの文芸書、ビジネス系の新書などの、縦組みの書籍や、週刊誌や月刊誌などの雑誌の制作にはInDesignが使われることが多いです。基本的には、文字や、写真、イラストなどを配置して、ページのレイアウトをすることを目的としています。本の制作だけでなく、簡単なフライヤーやパンフレットの制作も可能です。

完成したデータは、そのまま印刷用データとして印刷所への入稿はもちろん、PDFでの書き出し、電子書籍用のEPUBの書き出しにも対応しています。

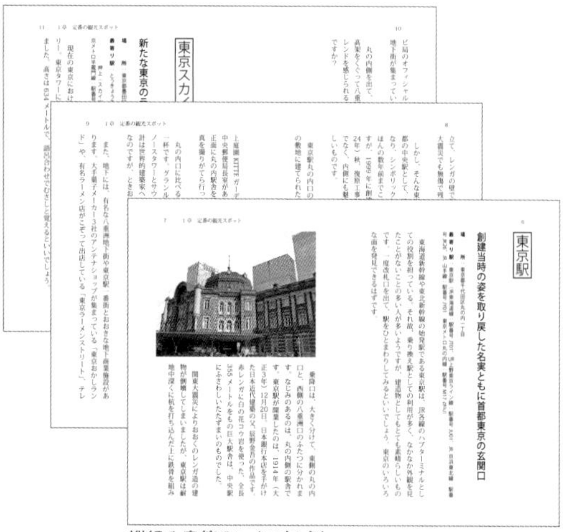
東京駅
創建当時の姿を取り戻した名実ともに首都東京の玄関口

縦組み書籍のレイアウト例

浅草
伝統的な日本のよさを残しながら発展する街

雑誌のレイアウト例

Illustratorとの違い

2021　2020　2019

InDesignとIllustratorの違いがよくわからないユーザーも多いと思うので、簡単にまとめておきましょう。
大きな違いは、InDesignがページ数の多いドキュメントを制作することを目的としていることです。InDesignにはページ数の多いドキュメントの制作を効率的に行う機能が用意されています。簡単な例をあげるとマスターページです。すべてのページに共通して配置するページ番号やヘッダー部分のタイトルなどを設定する機能のことで、これはIllustratorにはありません。
また、ページ数が多くても、Illustratorと比較すると軽快に動作するのもInDesignの特徴です。それ以外にも、テキストデータの自動流し込みや、複数のドキュメントをまとめて管理できるブック機能、目次や索引の自動作成もあり、書籍制作にはInDesignのほうが向いています。InDesignには、Illustratorで作成したデータも配置できます。ページ数が少なくデザイン重視であればIllustratorでも対応できると思います。ただし、ページ数が多く効率を求めるならInDesignを使ったほうが圧倒的に便利です。
実はInDesignの操作は、かなりIllustratorに似ています。InDesign特有の機能もありますが、Illustratorのユーザーであればそれほど違和感なくInDesignの操作は習得できるはずです。多くのクリエイターが、InDesignを使わずに、Illustratorでページものの制作を行っている事実があります。ぜひ、InDesignを覚えて使いこなしてください。

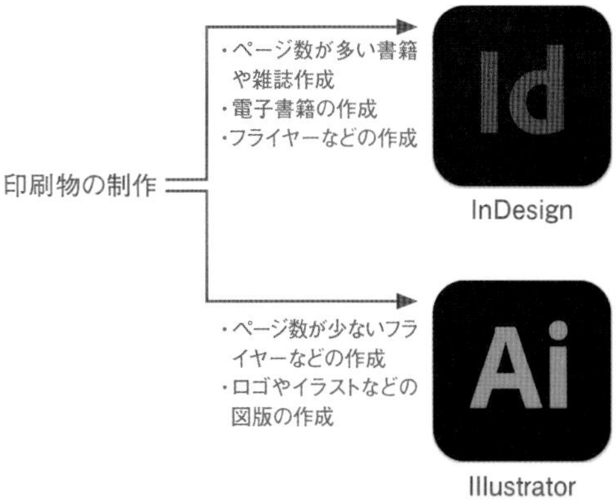

EPUBの書き出し

2021　2020　2019

InDesignで作成したドキュメントを、電子書籍用フォーマットである「EPUB」に書き出せます。縦組みに対応したEPUB3.0での書き出し、リフロー型や固定型の選択も可能です。

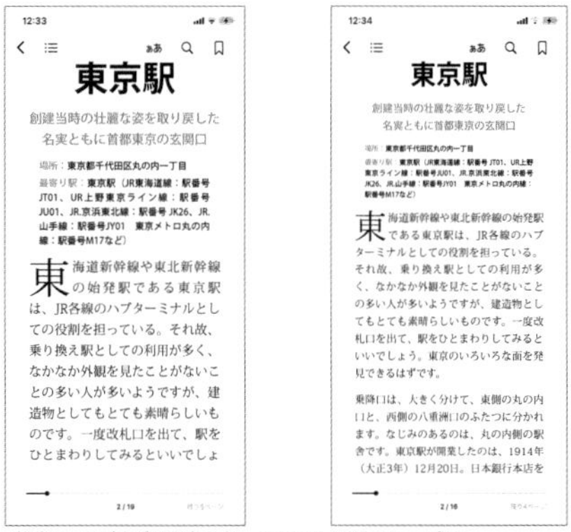

リフロー型で書き出したEPUBをiPhoneのブックで表示

文字サイズを変更すると、テキストがリフローする

COLUMN

最新バージョンはInDesign 2021（2020年10月リリース）

InDesignは、IllustratorとPhotoshopともに、アドビ社のWebサイトからダウンロードして、パソコンにインストールして利用します。また、毎月の使用権を購入するサブスクリプション形式が採用され、Adobe IDでサインインしないと利用できません。「InDesign」は、1年ごとに最新バージョンがリリースされており、名称は「InDesign 2021」のようにバージョン番号がついています。現時点（2021年2月）の最新バージョンは、2021（2020年10月リリース）で、本書では「2021」と表記します。なお、本書の説明用画像は、Windows 10環境で2021を使用しています。
Creative Cloudユーザーは、直近の「2021」と「2020」の2バージョン（最新版はリリース時期によるさらに細かなバージョン）をダウンロードして利用できます。

1-2 InDesignのワークスペース

InDesignの画面の基本的な名称や操作方法を覚えましょう。本書はWindows版のInDesign 2021を使用して解説しています。

ホーム画面

2021 2020 2019

InDesignの起動直後は、ホーム画面が表示されます（画面は2021）。この画面から、新規ファイルを作成したり、既存ファイルを開いたりします。最近使用したファイルはサムネールで表示され、クリックするだけで開けるので、直近の仕事をすぐに再開できます。ホーム画面は、ドキュメントが開いていない状態では起動時でなくても表示されます。

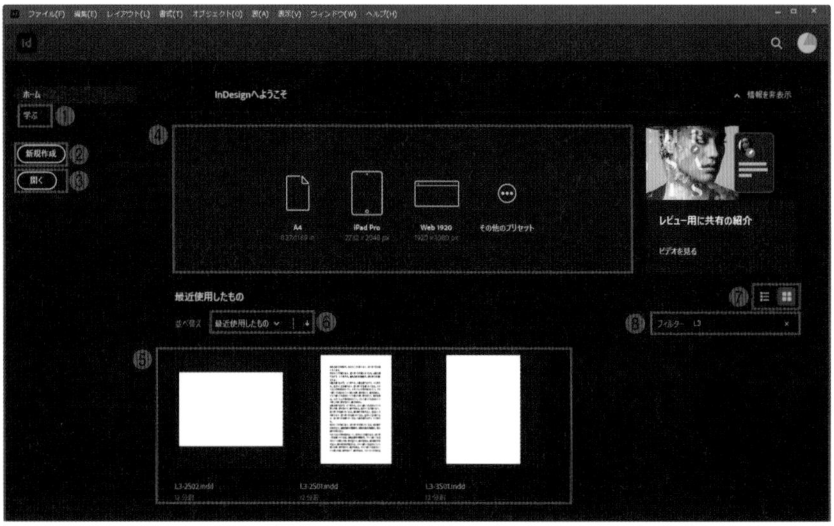

❶チュートリアルWebページの選択画面に切り替え
❷新規ドキュメントを作成する
❸既存のファイルを開く
❹プリセットを選択して新規ファイルを開く
❺最近使用したファイルのサムネール。クリックして開く
❻ファイルの並べ替え方法を選択
❼サムネールの表示方法を選択
❽指定した文字を含むファイルだけを表示

ホーム画面を表示しない

CHECK!

ホーム画面を表示しないようにするには、［編集］（Macでは［InDesign］）メニュー→［環境設定］→［一般］で、［ドキュメントが開いていないときにホーム画面を表示］をオフにします。

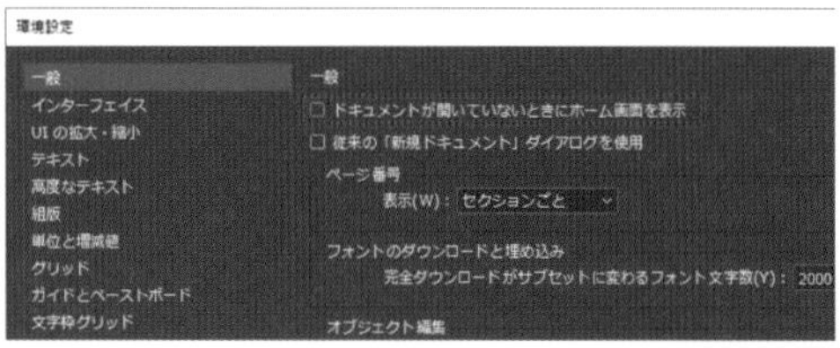

新規作成

2021 2020 2019

新規ファイルを作成するには、［ファイル］メニューの［新規］を選択するか、ホーム画面で［新規作成］をクリックします。新規ドキュメント作成時には、作成する本の大きさや綴じ方を設定する必要があります。詳細は、Lesson03を参照ください。

　Macでは、キーは次のようになります。 Ctrl → ⌘　Alt → option　Enter → return

InDesign 2021の作業画面

2021 2020 2019

初期状態では、下記画面が表示されます。

ドキュメントページと裁ち落としライン

新規ドキュメントを作成すると、設定したページサイズのドキュメントページが表示されます。白いエリアが印刷範囲です。赤いラインは裁ち落としラインです。商業印刷物の作成において、用紙の端いっぱいまで画像やオブジェクトを印刷する場合、紙を裁断する際の余白として若干はみ出した状態でレイアウトします。このはみ出し幅が「裁ち落とし」（初期設定は3mm）です。

表示するページの移動は、ページパネルのページサムネールをダブルクリック、手のひらツールでのドラッグ、マウスのホイール操作などでスクロールします。

タブ

タブにはドキュメントのファイル名が表示されます。複数のドキュメントを開いているときは、クリックして表示を切り替えます。

ツールパネル

ドキュメントページにテキストや図形を作成したり、作成したオブジェクトを選択して編集するときに使用するツールを選択するパネルです。現在表示されているツールのほかにも、表示されていない隠れたツールもあります。

パネルとドック

画面右側に表示されているのが、各種設定パネルです。このパネルで、選択したオブジェクトの詳細な属性を設定します。パネルはタブ名をクリックすると切り替えられます。パネルは画面右側に格納されており、ここをドックといいます。

CHECK!

画面は使いやすいように変更できる

初期状態の画面は、表示されているツールやパネルがシンプルなものになっています。この画面は、自分で作業しやすいように変更できます。パネルは、初期表示のもの以外に、自分がよく使うパネルだけを表示したり、不要なものを非表示にするなど、変更が可能です。

ワークスペース

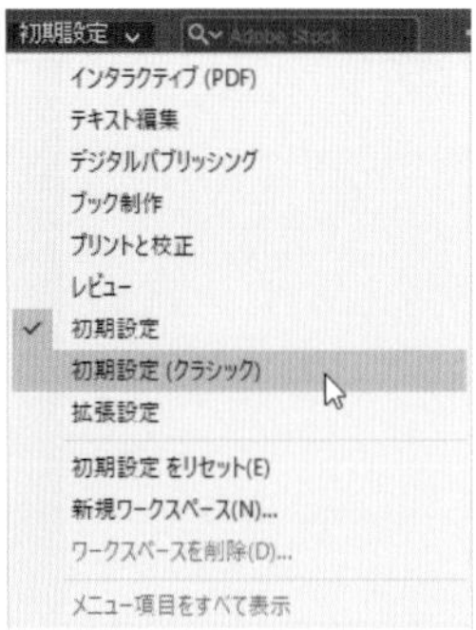

パネルは使いやすい位置に自由に配置でき、どのパネルをどのような状態で表示するかを保存できます。その状態を「ワークスペース」といいます。
はじめは「初期設定」ワークスペースが選択されています（P.015 の画面）。メニューバー（Macではアプリケーションバー）の右側にワークスペース名が表示され、∨をクリックすると、プリセットされたワークスペースが表示され、選択して切り替えられます。パネルは自由に表示して、位置を移動できますが、［(ワークスペース名) をリセット］を選択すると元に戻せます。ワークスペースは追加保存できるので、自分の使いやすいパネル配置にすることができます（P.273の「ワークスペースの保存」参照）。
本書では、Lesson02では、［初期設定］ワークスペースを使用して、InDesignの基本的な使い方を覚えます。Lesson03以降は、コントロールパネルの表示される［初期設定（クラシック）］ワークスペースを基本に、説明や操作に必要なパネルを使用して解説しています。

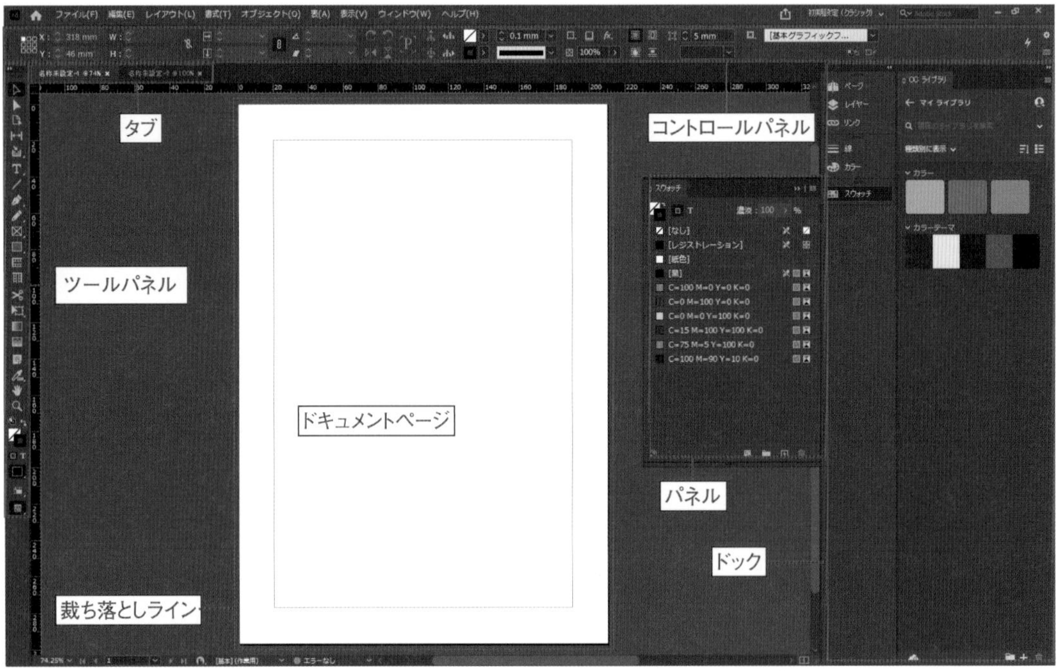

［初期設定（クラシック）］ワークスペース

CHECK!

ワークスペースを使い分けよう

［ワークスペース］のプリセットは、作業用途ごとに使用頻度の高いパネルが配置されたものです。一度、どんなワークスペースになるかを確認しておくとよいでしょう。
また、InDesignの作業に慣れてくると、作業内容に応じて、使うパネルと使わないパネルがわかってきます。また、それらのパネルがいつも決まった位置に表示されていると、作業効率が高くなります。自分の作業スタイルに適したパネルの表示や位置が決まったら、ワークスペースを保存しておき、いつでも作業に最適な使いやすい環境に戻せるようにしておきましょう。ワークスペースの保存については、P.273の「ワークスペースの保存」を参照してください。

ワークスペースを保存時に表示されるダイアログボックス

　Macでは、キーは次のようになります。　Ctrl → ⌘　Alt → option　Enter → return

パネルの操作を覚えよう

2021 2020 2019

ツールの選択

ツールはツールパネルのアイコンをクリックして選択します。右下に◢があるアイコンを長押しすると、隠れたツールが表示されます。隠れていたツールを選択すると、ツールパネルに表示されるアイコンが入れ替わります。
ツールパネル上部の≫をクリックすると、アイコンが２列の表示に切り替わります（１列の表示に戻すときは、≪をクリックします）。本書は２列表示を基本に解説しています。

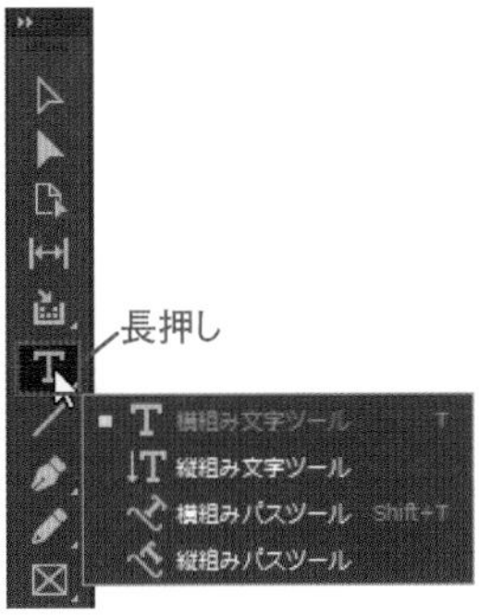

ツールアイコンを長く押すと、隠れているツールが表示されて選択できる

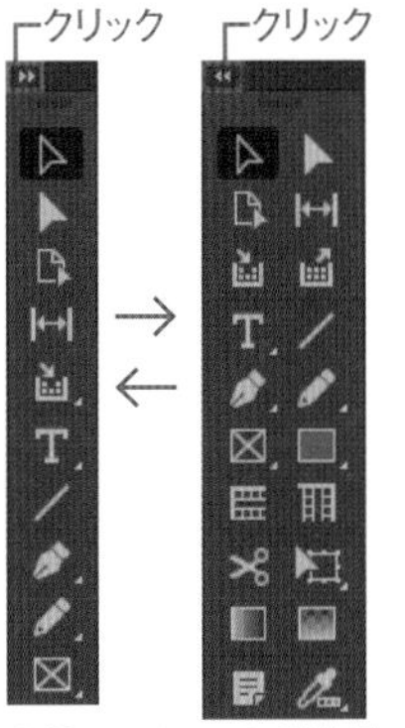

上部のアイコンで2列表示、1列表示を切り替えられる

パネルの表示と非表示

ドックに表示されないパネルは、［ウィンドウ］メニューから選択して表示できます。表示したパネルは、タイトルバーをドラッグして移動できます。パネルを閉じるときは、パネル右上（Macは左上）の［×］をクリックします。初期設定のドックのパネルは、パネル以外をクリックすると自動的に閉じる設定になっています。

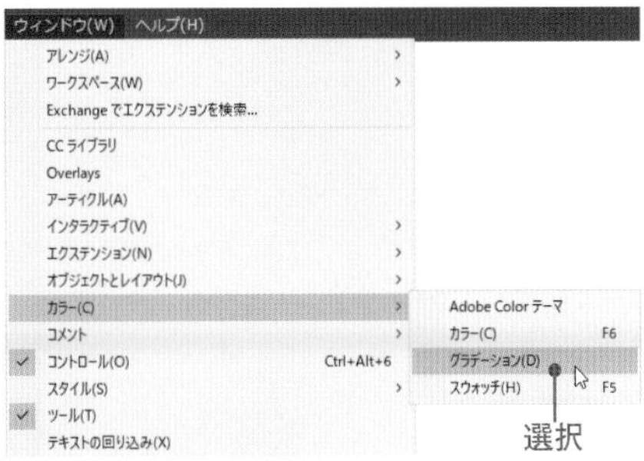

［ウィンドウ］メニューから表示するパネルを選択

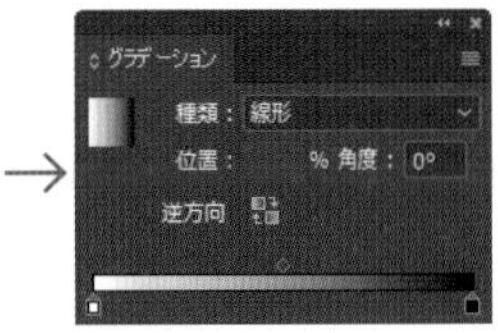

タイトルバーをドラッグして移動、×を押すと閉じる

パネルのアイコン化と展開表示

パネル右上の≪をクリックすると、アイコン表示が展開表示に切り替わり、パネル全体が表示されます。≫をクリックするとパネル表示に戻ります。アイコン表示のパネル横を内側にドラッグすると、パネル名が消えるまで小さくできます。元の幅に戻すときは、パネル横幅を広げるようにドラッグします。

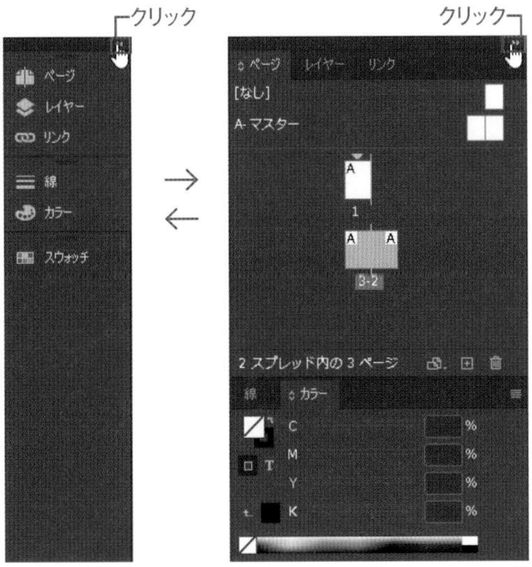

アイコン表示と展開表示は、作業状況によって切り替えて使う

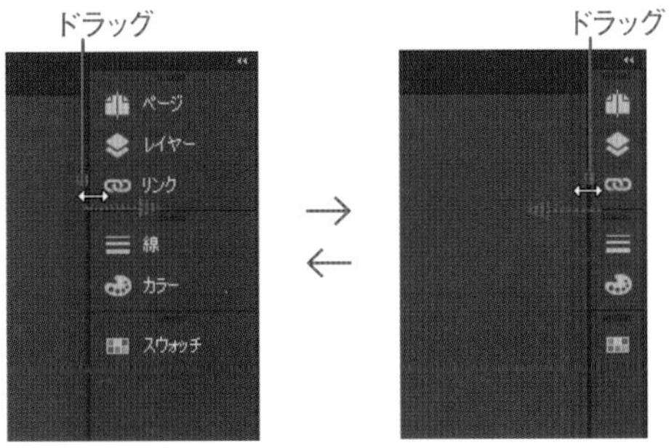

ここではアイコンパネルの表示だが、展開してパネル表示した状態でも、境界線部分もドラッグして幅を調節できる

ドックからパネルを切り離す

ドック内のウィンドウは、展開表示したパネルのタブやアイコンをドラッグして切り離せます。切り離したパネルは、ドラッグしたときの状態を維持します。ドックに戻すときは、青い線が表示される位置にタイトルバーをドラッグします。

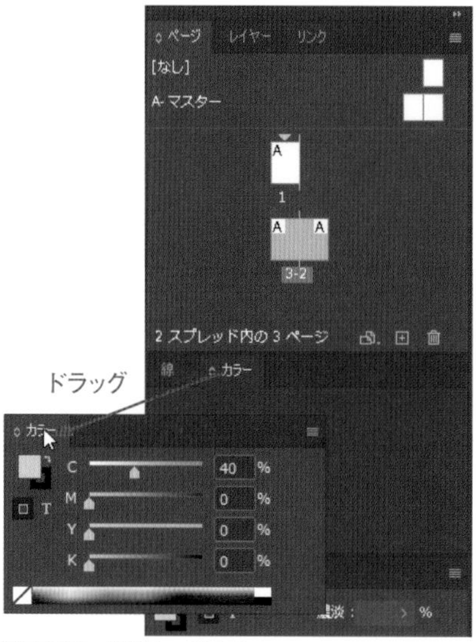

タブ部分をドラッグすると、パネルをドックから独立させて表示できる

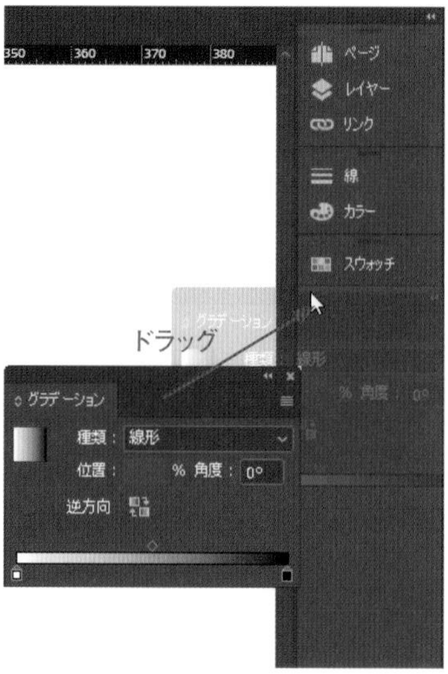

タイトルバーをドックにドラッグして、ドッキングできる

パネルのグループ化

初期設定でいくつかのパネルはグループ化されています。グループ化されているパネルは、タブをクリックして表示を切り替えます。

グループは自由に変更できます。タブをドラッグして別のパネルのタブに重ねると、グループになります。グループ内のタブをドラッグすると、グループから分離します。グループ全体をグループ化するときは、タイトルバーをドラッグして、別のパネルのタブに重ねます。

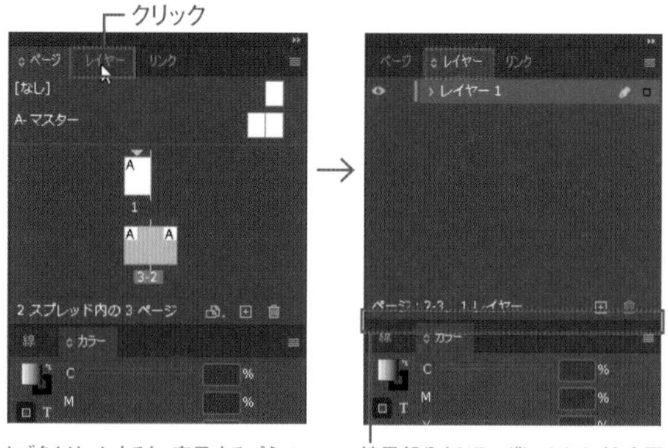

タブをクリックすると、表示するパネルを切り替えられる

境界部分をドラッグしてサイズを変更できる

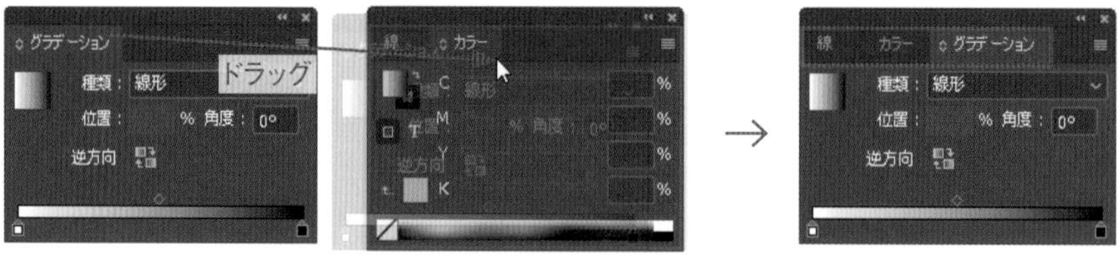

タブをドラッグして別のパネルのタブに重ねてグループにできる

CHECK!

パネルを並べて連結する

パネル同士を上下左右に並べて連結できます。タイトルバーを連結先のパネルの端までドラッグしてください。連結したパネルは一緒に移動できます。

パネルのサイズ変更

ドックから独立表示させたパネルの下に の表示があれば、表示サイズを変更できます。表示サイズを変更するときは、パネルの端にマウスポインターを重ねてドラッグします。

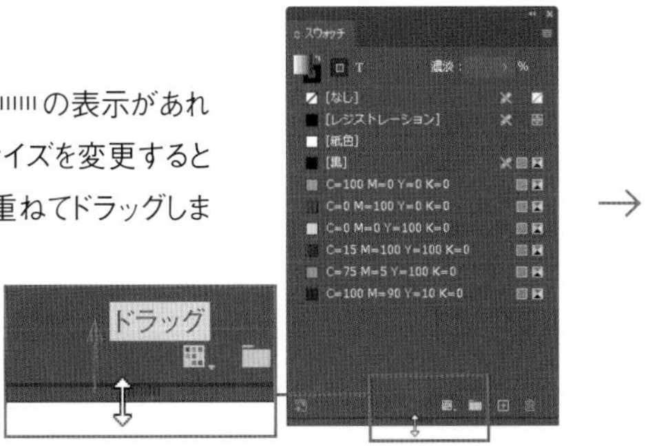

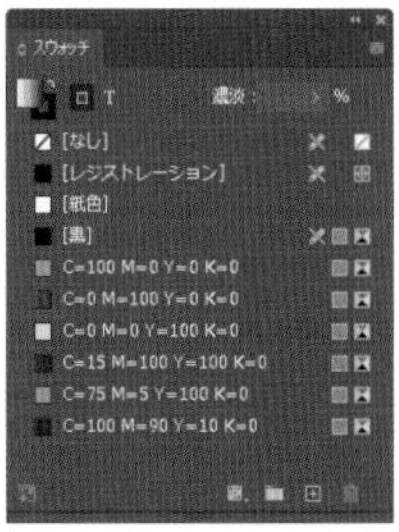

ドラッグして表示サイズを変更できる

パネルメニューの表示

パネルによっては、パネルに関係するコマンドを選択するパネルメニューがあります。パネルメニューを表示するときは、パネル右上の をクリックします。

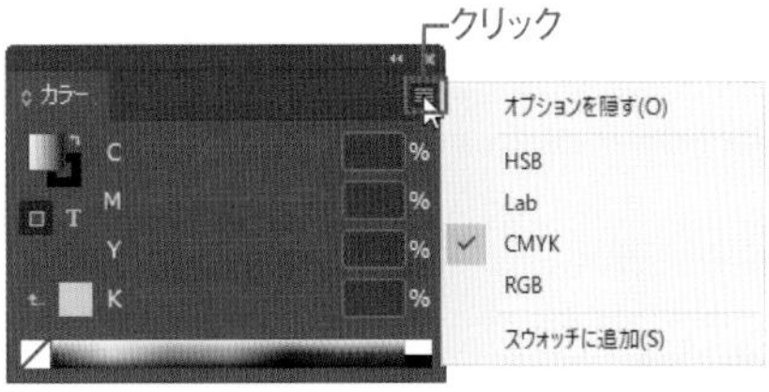

をクリックすると、パネルメニューを表示できる

オプションの表示と非表示

タブの左に があるパネルは、オプション項目の表示と非表示の切り替えができます。パネルメニューから［オプションを表示］あるいは［オプションを隠す］を選択するか、 をクリックすると表示が切り替わります。本書はオプションを表示したパネルを基本に解説しています。

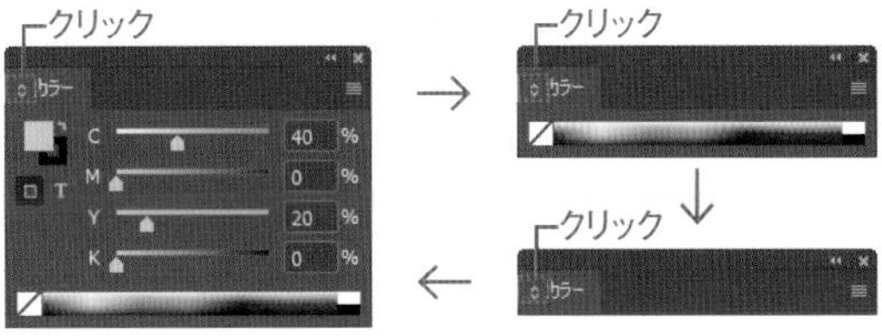

をクリックして、表示状態を変更できる

プロパティパネル

プロパティパネルは、選択しているオブジェクトの色や線の太さ、テキストのフォントやサイズなどの各種属性を設定できます。通常は各種パネルを操作する設定のうち、よく使われる設定項目はプロパティパネルだけでできるようになっています。また、オブジェクトを選択していないときは、ドキュメントサイズやマージン、ガイドやグリッドの設定もできるのが特徴です。 をクリックすると個別のパネルの内容が表示され詳細な設定が可能です。パネル下部の［クリック操作］で、選択しているオブジェクトを対象とする操作を選択できます。

本書では、基本を説明することを目的とするため、Lesson02以外はプロパティパネルではなく個別のパネルにて説明しています。

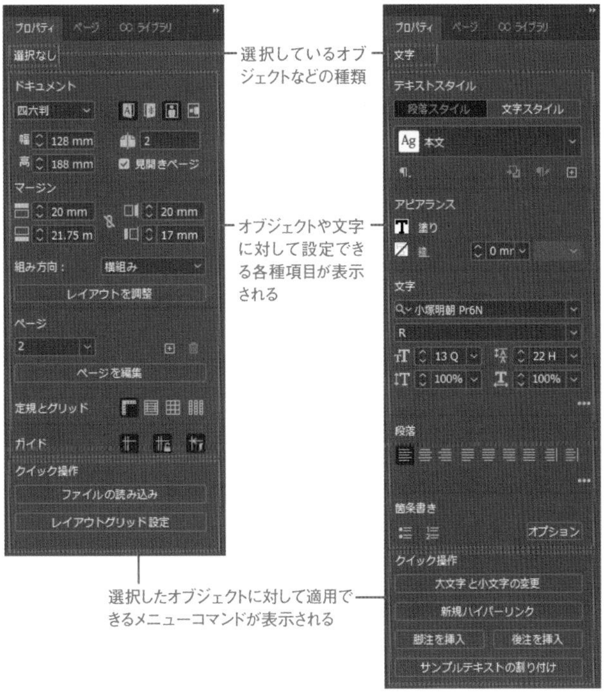

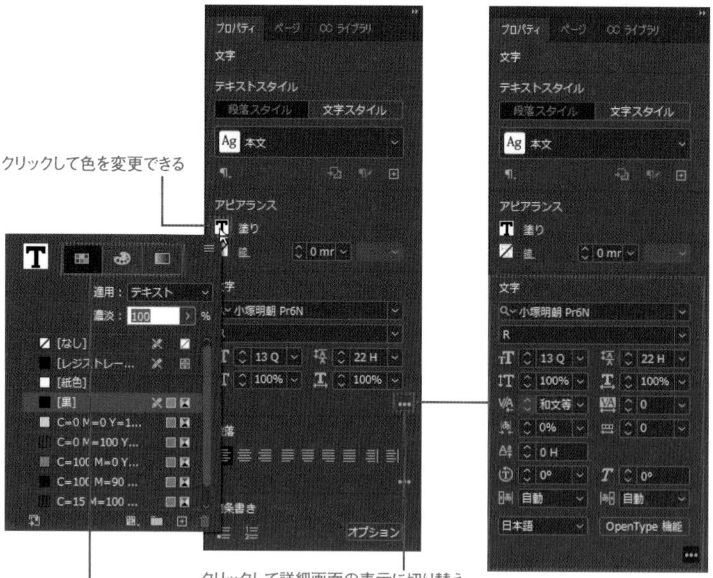

CHECK!

プロパティパネルはパネルメニューを表示できない

大変便利なプロパティパネルですが、個別のパネルのパネルメニューを表示することができません。パネルメニューの機能を使うには、個別のパネルを表示するか、コントロールパネルを使用してください。

コントロールパネル

コントロールパネルは、画面上部に表示されるパネルで、プロパティパネルと同様に、ツールやオブジェクトを選択すると、主な関連オプションが表示されます。各種パネルを開かなくても、コントロールパネルで基本的なオプションを設定できます。表示される項目は、選択しているオブジェクトの状態によって変わります。右に表示される≡をクリックすると、利用できるパネルメニューの機能が表示され、選択して実行できます。

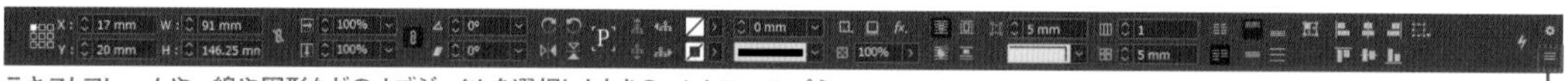

テキストフレームや、線や図形などのオブジェクトを選択したときのコントロールパネル

クリックするとパネルメニューの各機能が表示される

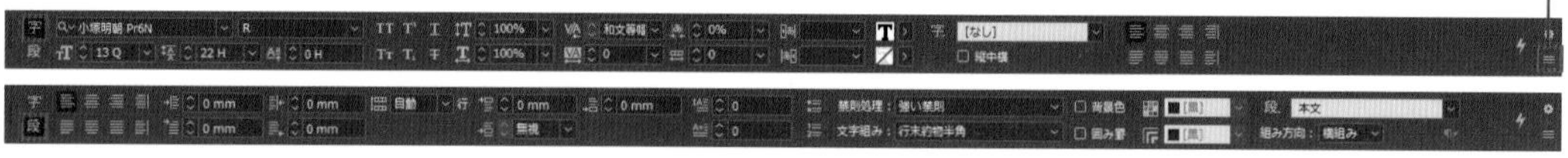

文字を選択したときのコントロールパネル。左側の字を選択すると文字の書式、段を選択すると段落の書式を設定できる

コントロールパネルは、選択したオブジェクトなどの状況によって表示される項目が変わります。コントロールパネルの⚙をクリックして、コントロールパネルに表示しないオプションを指定できます。解像度の低いディスプレイなど、InDesignを表示する幅が狭いと、すべてのオプションをコントロールパネルに表示できません。使わないオプションを隠すことで、使いたいオプションの表示スペースを確保できます。

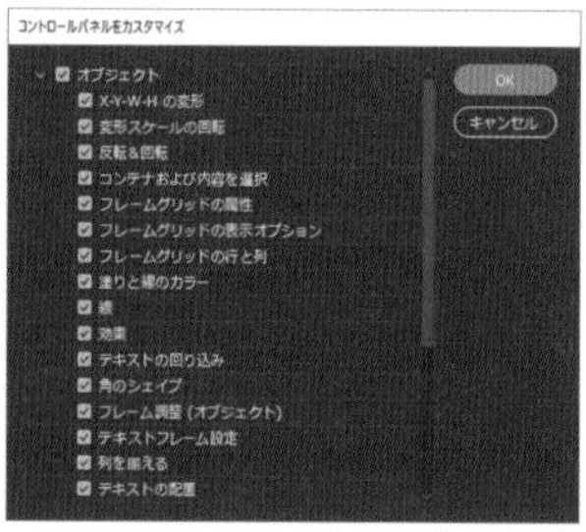

隠すオプションは
チェックを外す

COLUMN

一時的にパネルを非表示にするキーボードショートカット

表示するパネルの数が多くなると、ドキュメントページの表示領域が狭くなります。そんなときパネルをひとつずつ非表示にしなくても、Tab キーを押すだけですべてのパネルをまとめて非表示にできます。また、Shift キーと Tab キーと同時に押した場合は、ツールパネルとコントロールパネル以外のパネルを非表示にできます。再度、Tab キーあるいは Shift ＋ Tab キーを押すと、非表示にしたパネルが再表示されます。

Macでは、キーは次のようになります。 Ctrl → ⌘ Alt → option Enter → return

操作の取り消し

2021 2020 2019

操作を失敗したときは、［編集］メニューの［◯◯を取り消し］を選択して、直前に行ったの操作を取り消すことができます。［◯◯を取り消し］のショートカットキーは、Ctrl＋Zキーです。ショートカットキーを覚えておくと、連続で取り消しをするとき便利です。また、取り消しの操作を取り消すときは、［編集］メニューの［◯◯をやり直し］を選択します。ショートカットキーは、Ctrl＋Shift＋Zキーです。

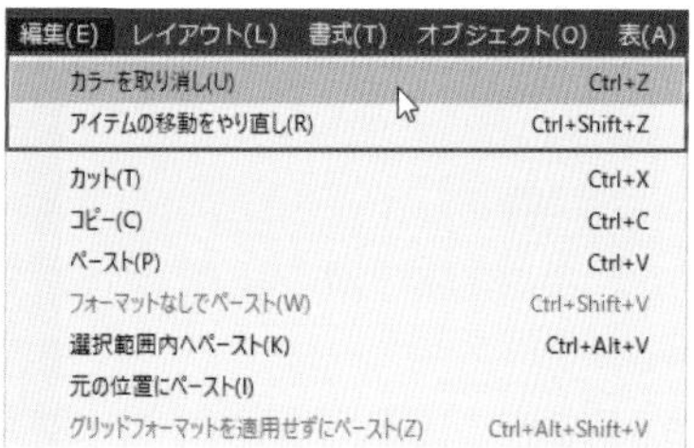

ページの拡大・縮小とスクロール

2021 2020 2019

ページの拡大・縮小表示

ドキュメントページの表示倍率を変更するときは、ズームツールを使います。表示を拡大するときは、マウスポインターをズームする中心に合わせてクリックします❶。また、ドラッグすると囲んだ範囲を拡大表示します❷。ズームの倍率は最大4000％です。縮小するときは、Altキーを押しながらクリックします❸。

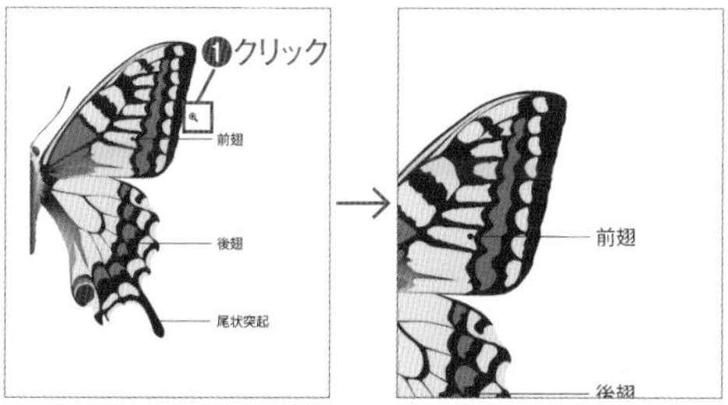

ズームツールでクリックすると、拡大表示される

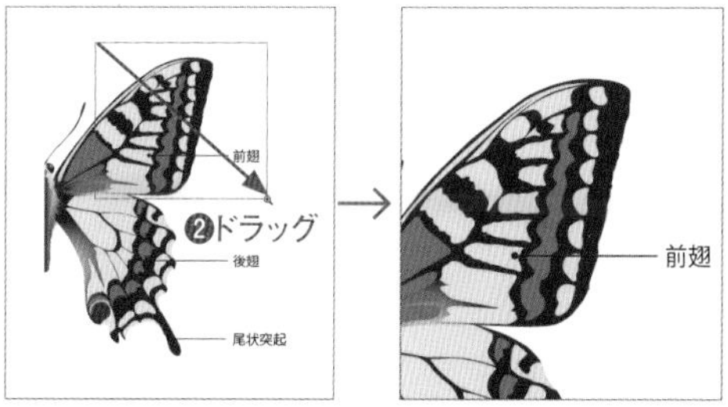

ズームツールでドラッグすると、囲んだ範囲が拡大表示される

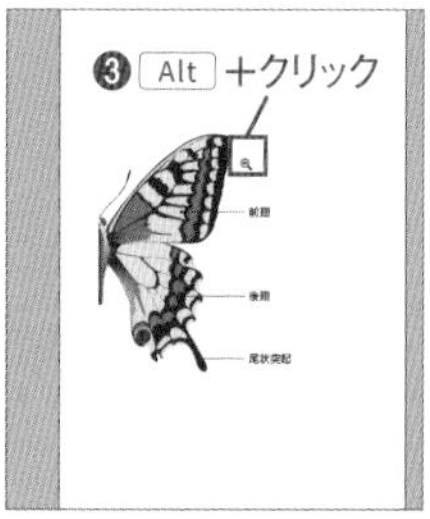

ズームツールでAltキーを押しながらクリックすると、縮小表示される

ズームツールのキーボードショートカット

CHECK!

CtrlキーとSpaceキーを同時に押したままにするとズームツールのズームアップになり、そのままクリックやドラッグして拡大表示できます。縮小するときは、CtrlキーとAltキーとSpaceキーを押したままクリックします。文字の編集中は、空白の挿入になってしまうので、Ctrlキーを先に押すようにしてください。

メニューコマンドで表示倍率を変更するときは、［表示］メニューにある［ズームイン］［ズームアウト］［ページ全体］［スプレッド全体］［100％表示］［ペーストボード全体］のいずれかを選択します❹。ショートカットキーで操作するときは、メニュー名の右に記してあるキーを押します。

2020以降は、画面左下のステータスバーに倍率が表示され❺、右側のをクリックして表示倍率を選択できます❻。表示部分をクリックして、数値入力することもできます。スクロールホイール付きのマウスを使用している場合は、Altキーを押しながらホイールを回して表示倍率を変更できます。

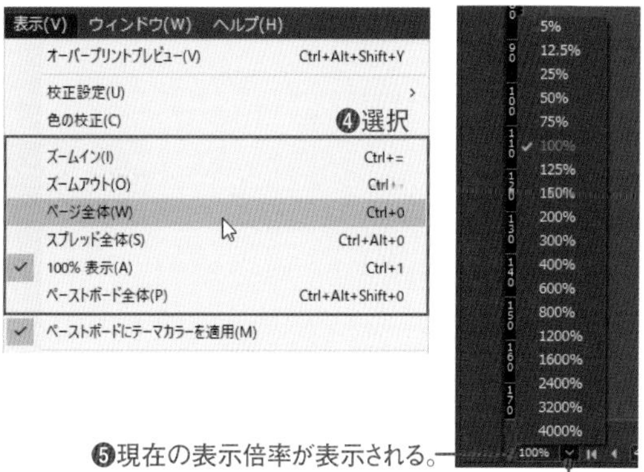

❺現在の表示倍率が表示される。クリックして数値入力できる

❻クリックして表示倍率を選択できる

ページのスクロール

ページの表示位置を移動するときは、手のひらツールでドラッグするか、ウィンドウの右と下にあるスクロールバーを操作します。
文字ツール以外を選択しているときにスペースキーを押したままにすると、手のひらツールに切り替わります。スペースキーを押したままドラッグすると、ページがスクロールします。横組み文字ツールなどの文字系ツールで編集しているときは、Alt キーを押すと手のひらツールに切り替わります。
スクロールホイール付きのマウスを使用しているときは、ホイールを回すとスクロールします。ホイールを回すと上下に移動して、Ctrl キーを押しながらホイールを回すと左右に移動します。

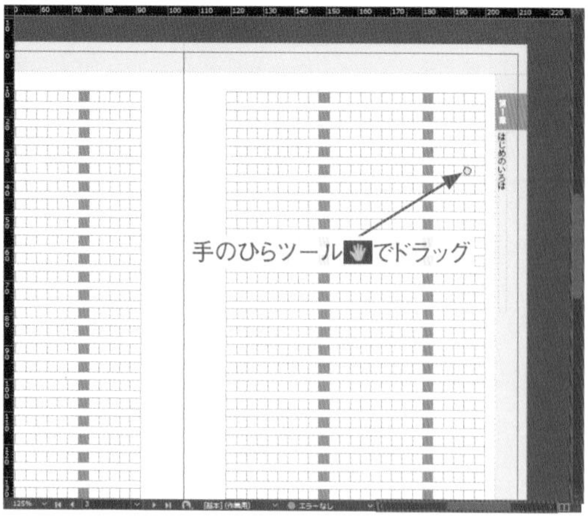

手のひらツールでドラッグするか、スクロールバーでページ移動

特定のページに移動

スクロール操作で前後のページに移動するのは簡単ですが、数ページ先まで移動するときは不便です。特定のページまで移動するときは、ウィンドウ左下にあるページナビゲーションを使用します。また、ページパネルのサムネールをダブルクリックしても、ページを移動できます。

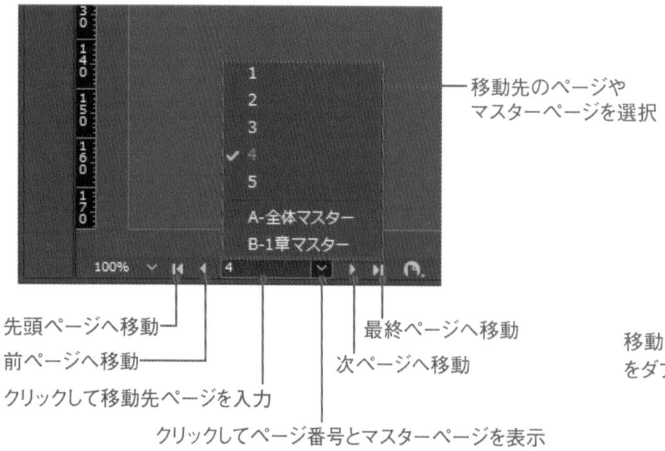

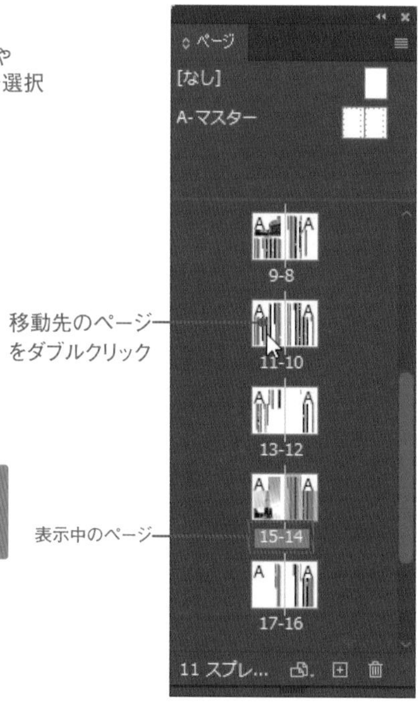

ページパネルでは、サムネールを見てページ移動できる

COLUMN

ページパネルのサムネールの表示サイズを変更する

ページパネルメニューの[パネルオプション]でページのアイコンサイズを変更できます。初期設定のサイズは「中」です。サイズを大きくするとサムネールも大きくなるので、対象ページの内容が視覚的に判断しやすくなります。小さくした場合は、より多くのページをパネルに表示できます。ただし、「小」と「極小」ではサムネールの表示はできません。

スクリーンモードの変更

2021 2020 2019

ツールパネルの下にある「モード」ボタンか、[表示] メニュー→[スクリーンモード] でドキュメントウィンドウの表示を変更できます。

ツールパネルが1列表示の場合は、[モード] ボタンを長押しして表示されるメニューから選択します。2列表示では、[標準モード] と [プレビュー] が個別に表示されます。頻繁にモードを切り替えるときは、2列表示が便利です。

[標準モード] は、グリッドやガイド、プリント属性を「印刷しない」に設定したオブジェクトも表示します。

[プレビュー] は、ページサイズの領域にあるオブジェクトのみを表示します。グリッド、ガイド、「印刷しない」オブジェクトは表示しません。

[裁ち落としモード] は、裁ち落とし領域内にあるオブジェクトを表示します。グリッド、ガイド、「印刷しない」オブジェクトは表示しません。

[印刷可能領域モード] は、印刷可能領域内にあるオブジェクトを表示します。初期設定はページサイズと同じ領域なので、仕上がりイメージはこの表示で確認できます。グリッド、ガイド、「印刷しない」オブジェクトは表示しません。

[プレゼンテーション] は、ドキュメントを全画面表示します。見開き（スプレッド）で作成したドキュメントは、見開き全体が画面に表示されます。メニューやパネルも非表示になり、ドキュメントは編集できません。このモードでの表示ページの移動はキー操作で行います。

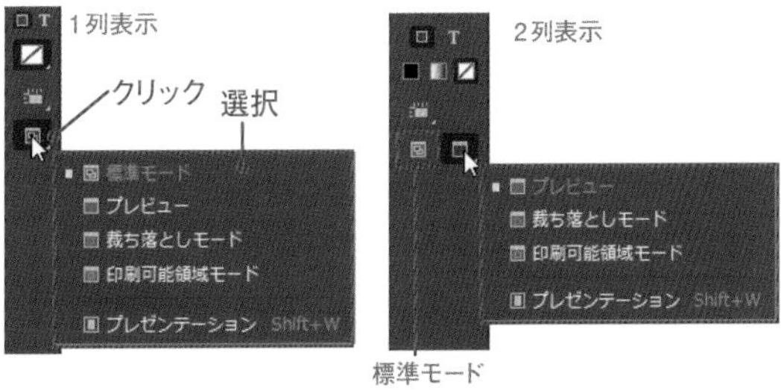

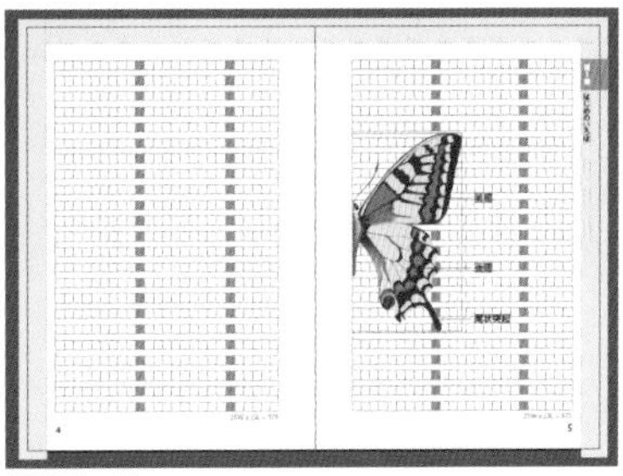
標準モード

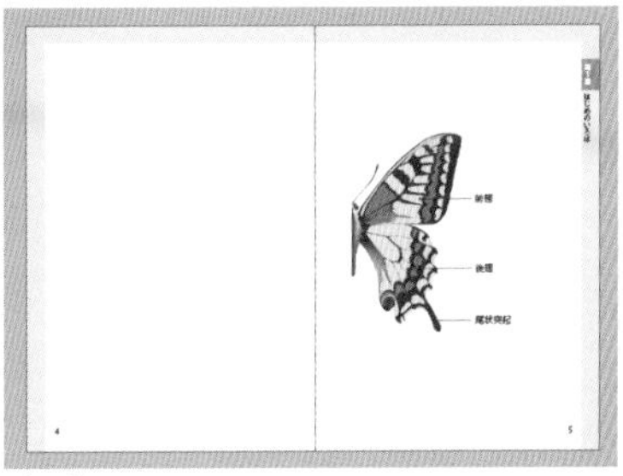
プレビュー

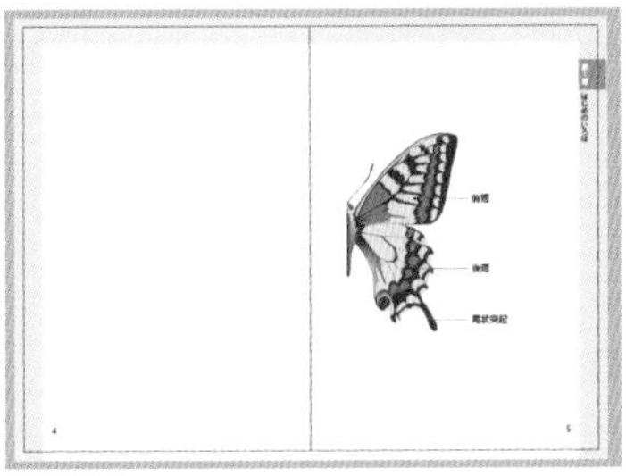
裁ち落としモード

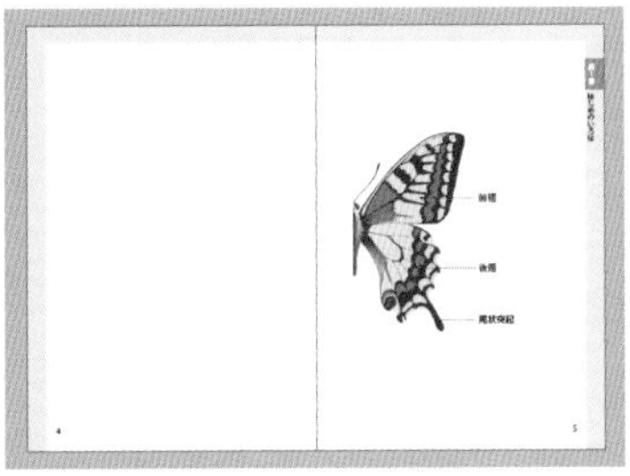
印刷可能領域モード

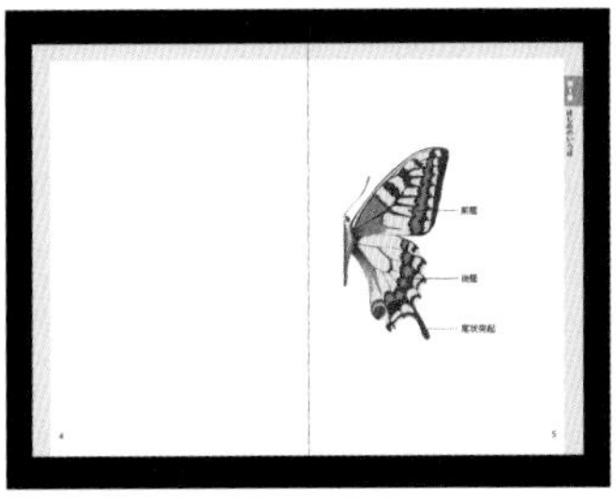
プレゼンテーション

COLUMN

プレゼンテーションモードのキー操作

次スプレッドに移動	マウスでクリック、↓キー、Page Downキー
前スプレッドに移動	マウスでShiftキーを押しながらクリック、↑キー、Page Upキー
先頭スプレッドに移動	Homeキー、fn＋←キー（Mac）
最終スプレッドに移動	Endキー、fn＋→キー（Mac）
背景色を黒に変更	Bキー
背景色を白に変更	Wキー
背景色をグレーに変更	Gキー
プレゼンテーションモードの終了	Escキー

グラフィックの表示画質の設定

2021 2020 2019

３種類の表示画質

ドキュメントに配置した写真などのグラフィックには、表示画質を設定できます。あくまでも表示する画質であり、元の画像の品質ではないことに注意してください。高品質表示は詳細なレイアウト作業が可能ですが、画面表示が遅くなります。作業内容に応じて、最適な画質を選択してください。

高速表示：
グラフィックフレームであることを示すグレーの枠で表示

一般表示：
画質の若干落ちる低解像度で表示

高品質表示：
グラフィックの持つ解像度で表示

ドキュメントの表示設定

ドキュメントに配置したすべてのグラフィックの表示画質は、［表示］メニュー→［表示画質の設定］で選択できます❶。この設定の初期値は、［編集］（Macでは［InDesign］）メニュー→［環境設定］→［表示画質］）で表示される、［環境設定］ダイアログボックスの［デフォルト表示］で設定します❹。本書では、［高品質］での設定を前提に説明しています。

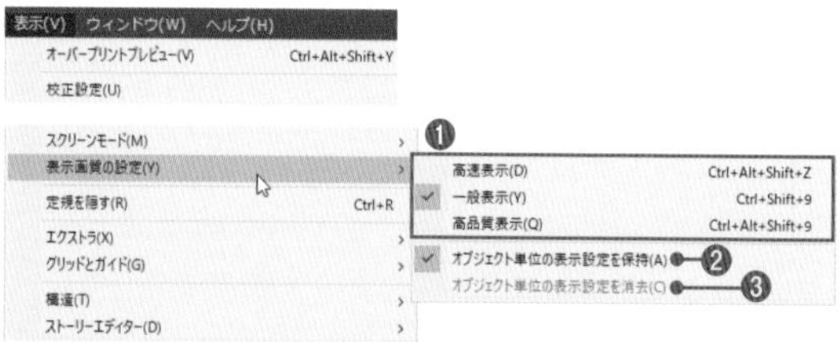

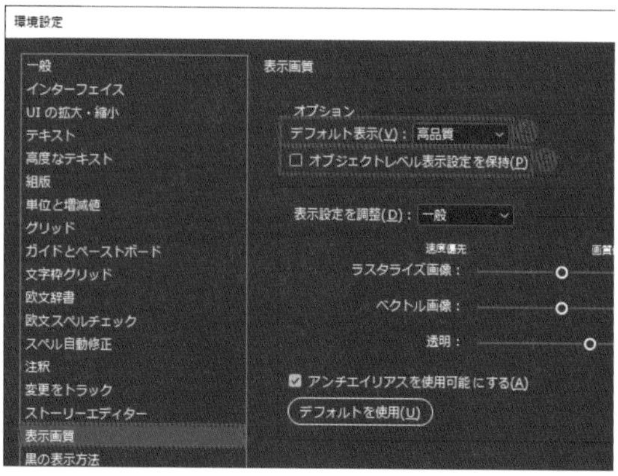

オブジェクトごとの設定

グラフィックの表示画質は、オブジェクトごとに設定できます。オブジェクトを選択して、［オブジェクト］メニュー→［表示画質の設定］で選択します❻。ただし、オブジェクトごとに設定した表示画質は、［表示］メニュー→［表示画質の設定］→［オブジェクト単位の表示設定を保持］❷がチェックされた状態でないと有効になりません。［表示］メニュー→［表示画質の設定］→［オブジェクト単位の表示設定を消去］❸を選択すると、オブジェクトの表示画質は削除されます。

オブジェクトの表示画質は、ドキュメントを保存すると同時に保存されますが、［編集］（Macでは［InDesign］）メニュー→［環境設定］→［表示画質］）の、［オブジェクトレベル表示設定を保持］❺がオフのときは無視されて、ドキュメントの表示設定が適用されます。

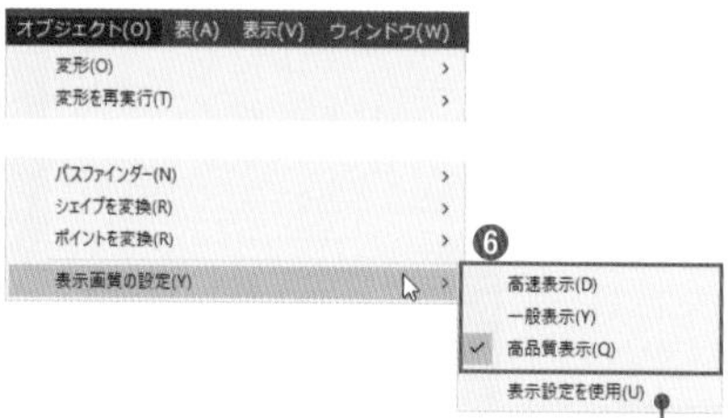

ドキュメントの表示設定が適用される

ドキュメントに作成できるオブジェクト

2021　2020　2019

図形

パスと呼ばれる輪郭線に線幅や塗り色を設定して、図形を描くことができます。
複数の図形を組み合わせれば、簡単なイラストも作成できます。ただし、複雑なイラストを作成するときは、グラフィック制作に特化したIllustratorの使用をおすすめします。
パスの描画には、ペンツール、鉛筆ツール、線ツール、長方形ツール、楕円形ツール、多角形ツールを使用します。

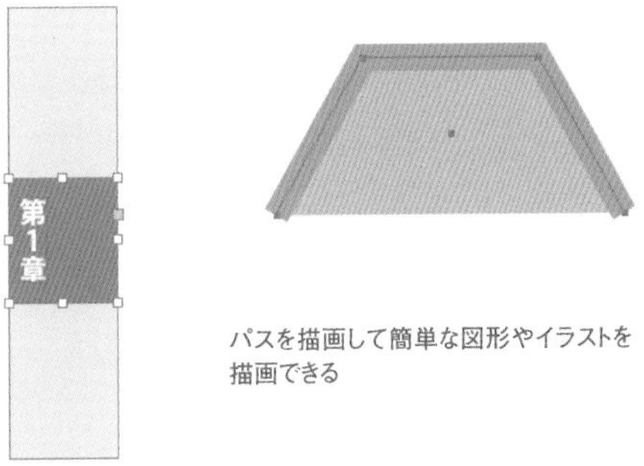

パスを描画して簡単な図形やイラストを描画できる

フレーム

フレームは、テキストや画像を配置する枠です。画像を配置するフレームを「グラフィックフレーム」、テキストを配置するフレームを「テキストフレーム」と呼びます。また、テキストフレームには「プレーンテキストフレーム」と「フレームグリッド」の２種類あります。
フレームごとに専用の作成ツールがあります。

COLUMN

パスもフレームに変換できる

ペンツールなどで描いた自由な形のパスも、[オブジェクト]メニュー→[オブジェクトの属性]にある[グラフィック]や[テキスト]を選択して、フレームに変換できます。
また、グラフィックフレームやテキストフレームも[塗り]や[線]を設定し、図形として使うこともできます。

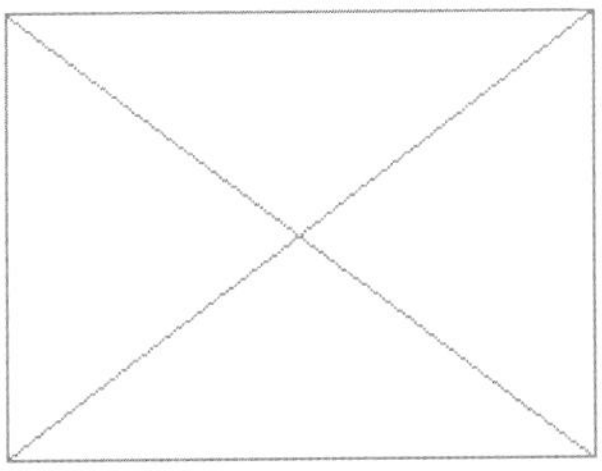

グラフィックフレーム

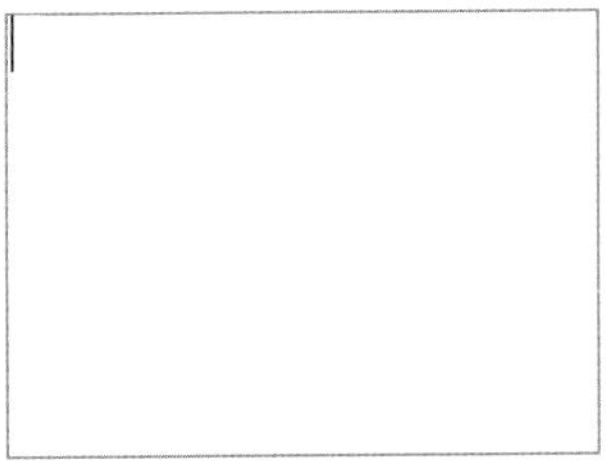

プレーンテキストフレーム

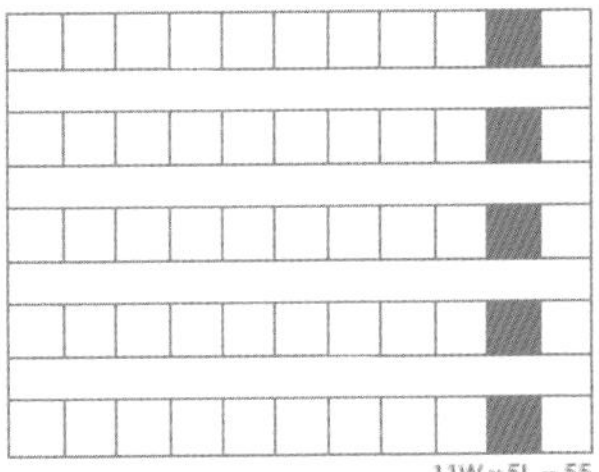

フレームグリッド

フレームの種類			作成に使用するツール
グラフィックフレーム			長方形フレームツール、楕円形フレームツール、多角形フレームツール
テキストフレーム	プレーンテキストフレーム	横組み	横組み文字ツール
		縦組み	縦組み文字ツール
	フレームグリッド	横組み	横組みグリッドツール
		縦組み	縦組みグリッドツール

パス上文字や表について

CHECK!

パスの輪郭線に沿ってテキストを配置できます。パスの上を横組みパスツールあるいは縦組みパスツールでクリックすると、文字が入力できる状態になります。また、テキストフレーム内に表を作成できます。表のセル内には、テキストや画像を配置できます。

1-3 DTPの基本知識

本などの制作物を作成する上で、用語の知識は欠かせません。基本的な用語を抑えておきましょう。出力トラブルがないように、InDesignで扱う素材（テキスト、写真、イラストなど）についての知識も覚えましょう。

組版用語の基本

2021 2020 2019

InDesignに文字や図版などを配置し、紙面を構成するレイアウト作業を組版といいます。組版には、専門用語があるので、InDesignを使う前に、基本的な言葉とその意味を覚えておきましょう。

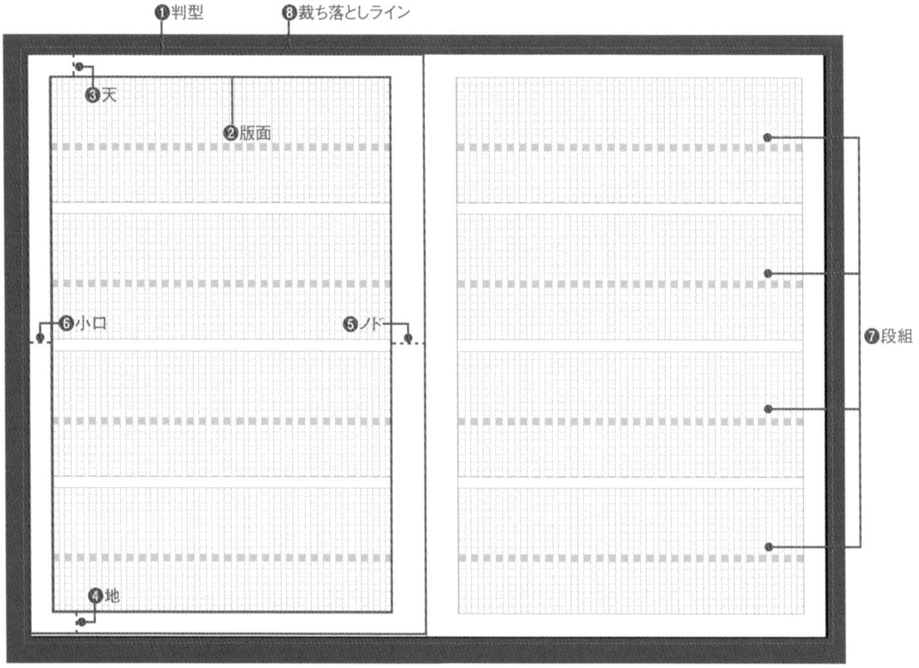

❶判型：仕上がり時のサイズ
❷版面：上下左右の余白を除いた文字や図版を配置する範囲
❸天：上側の余白
❹地：下側の余白
❺ノド：製本時に綴じられる側の余白
❻小口：ノドの反対側の余白
❼段組：文字を複数の列に分けること。ここでの例は4段組
❽裁ち落としライン：印刷時に指定サイズに紙を断裁する（紙を切り落とす）際に、断裁される領域を「裁ち落とし」「塗り足し」「ドブ」などと呼ぶ。仕上がりサイズいっぱいに色や図版をレイアウトする際には、仕上がりサイズの外側（通常3mm）まではみ出るように配置する。InDesignでは、裁ち落としサイズに応じた裁ち落としラインを表示できる
❾ノンブル：ページ番号のこと
❿ツメ：目的のページを探しやすくするための見出し領域

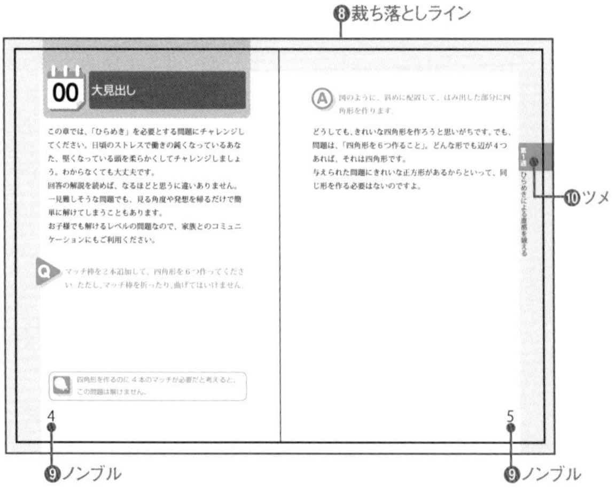

Macでは、キーは次のようになります。 Ctrl → ⌘ Alt → option Enter → return

テキストデータの基本

2021 2020 2019

InDesignにレイアウトするテキストは、ライターが作成したテキストデータを使うのが一般的ですが、トラブルが起こりやすいのが「文字化け」です。
パソコンで入力した文字は、保存するときに文字を文字コードと呼ばれる番号に置き換えて記録します。文字コードには複数の種類があり、ファイルに保存するとき変換（エンコーディング）する文字コードの種類を指定します。保存したテキストファイルは、同じ文字コードで表示できるソフトで開かないと文字化けを起こします。
代表的な例に丸数字の文字化けがあります。Windowsで長く標準だった文字コードである「Shift-JIS」で保存したテキストファイルをMacで開くと、「㈰」「㈪」「㈫」という文字が表示されることがあります。この「㈰」「㈪」「㈫」は、Windowsで「①」「②」「③」と入力した文字です。

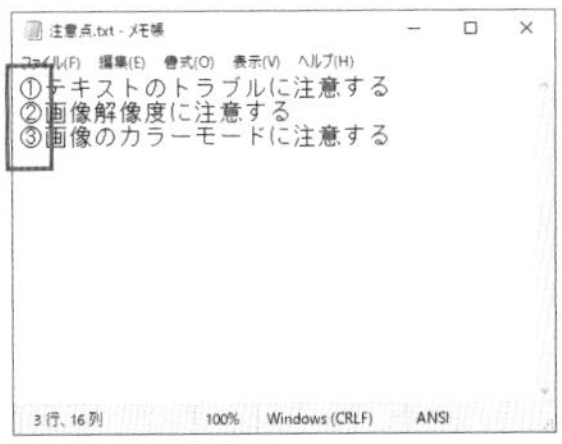

Windows標準のテキストエディター「メモ帳」を使って入力したテキストを［文字コード］を［ANSI］（日本語だとShift-JIS）で保存

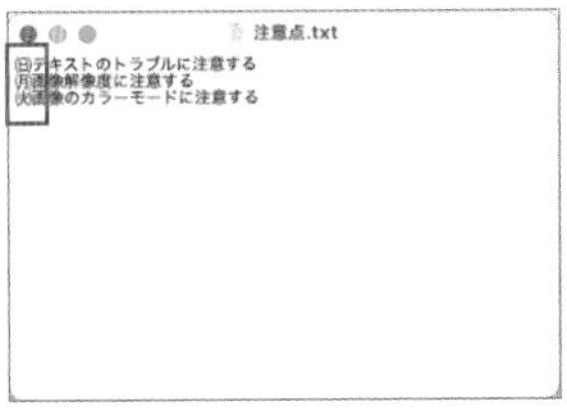

Macの標準テキストエディター「テキストエディット」で開くと文字化けする

読み込みオプション

InDesignでは、テキストデータを配置するときに読み込みオプションで文字コードの種類を指定できます。ただし初期設定のままでは、読み込みオプションが表示されないので、最初にテキストを配置するときは［読み込みオプションを表示］にチェックをつけて❶、［テキスト読み込みオプション］ダイアログボックスでテキストデータと同じ文字コードに設定します❷。2回目以降は読み込みオプションを表示しなくても、同じ文字コードの設定で配置できます。
文字コードの違いは、WindowsとMac間でデータのやりとりする場合によく起きます。ライターがWindowsでテキスト原稿を作成して、デザイナーやオペレーターがMacでレイアウトすることが多いため、文字化けはよくあるトラブルのひとつです。

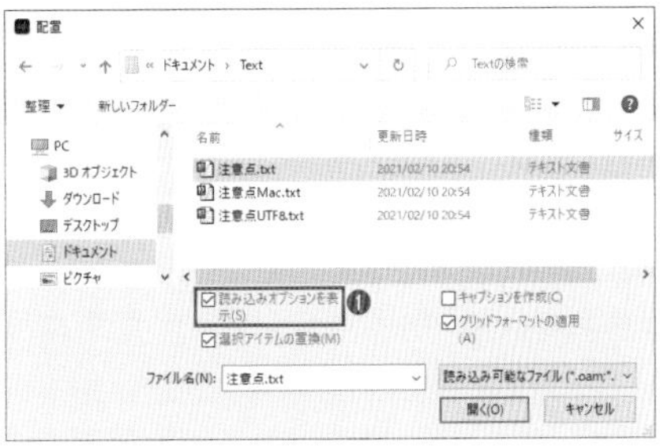

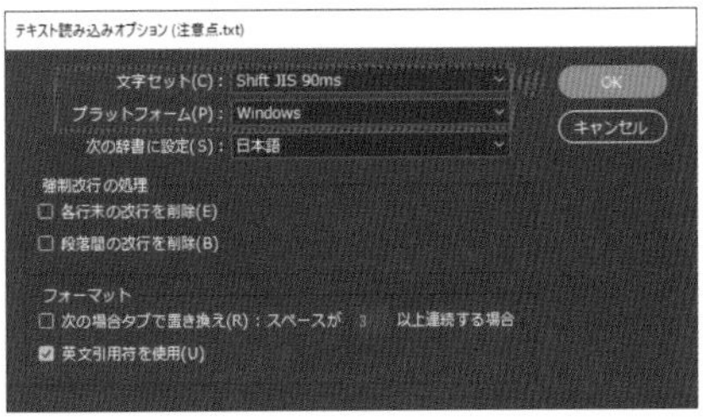

COLUMN

改行コードにも気をつける

文字コードと同様に改行コードもOSごとに異なります。OS標準の「メモ帳」（Windows）や「テキストエディター」（Mac）で異なるOSで作成したテキストを開く場合、改行を正しく変換できません。コピー&ペーストでテキストを入力するときは、文字コードや改行コードを指定できるテキストエディターを使用してください。

改行コード	OS
CR	Mac（OS 9以前）
CR+LF	Windows
LF	macOS、UNIX

写真データの基本

2021 2020 2019

カラーモードとファイル形式

デジタルカメラで撮影した写真データのほとんどが、カラーモードが「RGB」のJPEG形式で保存されています。写真データは、InDesignに配置する前にPhotoshopなどで正しいカラーモードとファイル形式に変換してください。
印刷会社に出力を依頼する場合、「RGB」のカラーモードの画像を配置することは禁止されています。配置可能なカラーモードは「CMYK」、「グレースケール」、「モノクロ2階調」に限られています。
家庭用プリンターで出力したり、電子書籍やプレゼンテーション用のスライドを作成する場合は、「RGB」のままで問題ありません。
ファイル形式は、「EPS」「TIFF」「Photoshop」のいずれかの形式で保存すれば、印刷会社でも問題なく出力できます。ただし、これらの形式でも細かなオプションの指定が必要な場合もあるので、出力を依頼する印刷会社のガイドラインをあらかじめ確認しておくとスムーズに入稿できます。

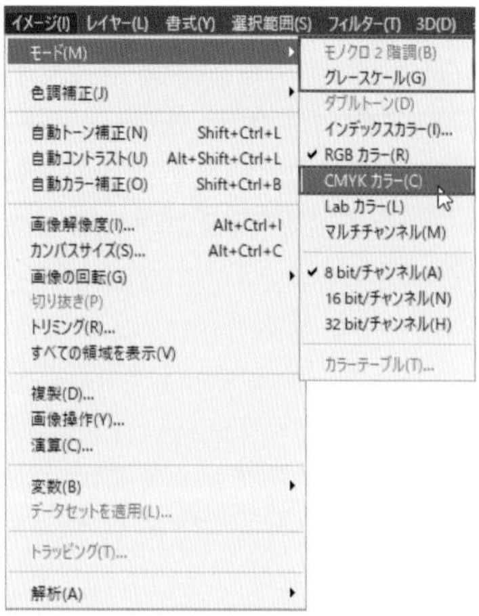

印刷用途の画像は、CMYKモードに変換するのが一般的。Photoshopなどの画像アプリケーションで変換する

解像度

写真データは解像度も重要です。解像度が低すぎるとピクセルの四角形が目立ってしまいます。しかし、解像度を高くしすぎても表示や印刷に負担がかかり、作業効率が悪くなります。
作品のクオリティと作業効率を両立するには、印刷精度を示したスクリーン線数を基準に解像度に設定します。スクリーン線数は、1インチにいくつ網点（あみてん）を印刷できるか示した値です。この値は、印刷する紙質で変わります。
例えば、インキを吸収しやすい紙や表面が粗い紙には小さい網点を印刷しにくいので、スクリーン線数を低くして印刷します。一般的な書籍や雑誌に使われる上質紙は「150線」、ポスターやカタログなどに使われるアート紙は「175線」の線数で印刷されます。この線数を2倍にした値が最適な解像度です。いわゆる「解像度は300から350」として知られている基準です。
Photoshopなどで画像解像度を設定するときは、InDesignでレイアウトするときのサイズに合わせて設定します。InDesignに配置した写真を拡大してしまうと、解像度が下がるので注意してください。

Photoshopの[イメージ]メニュー→[解像度]で解像度の確認と変更ができる。上記例では、解像度が「300ppi」、幅と高さが「7.62cm」なのでInDesignに100%のサイズで配置した際には、解像度が「300ppi」幅と高さが「7.62cm」になる

COLUMN

dpiとppi

dpiは「dots per inch」、ppiは「pixels per inch」の略です。Photoshopの画像解像度を設定するダイアログボックスには、ppiが[pixels/inch]で表示されます。
dpiもppiも同じ解像度を表す単位です。
dpiは1インチに出力できる点（ドット）の数を示すので、プリンターや印刷機などのスペック表示に使われます。
ppiは1インチに出力できるピクセル（画素）の数を示すので、ディスプレイや画像データの設定に使われます。
ちなみに、印刷の精度を示すスクリーン線数は「lpi」（lines per inch）の単位を使います。

 Macでは、キーは次のようになります。 Ctrl → ⌘ Alt → option Enter → return

Illustratorデータの基本

2021 2020 2019

ドキュメント設定

ドキュメントに配置するイラストや図形をIllustratorで作成するときは、プリセットを［印刷］に設定して❶、［カラーモード］が「CMYK」、［ラスタライズ効果］の設定が「高解像度（300ppi）」❷になるドキュメントを作成します。

Illustratorで描くパスオブジェクトは解像度に依存しないベクトルデータですが、一部の効果（ドロップシャドウなど）は、ピクセルイメージを生成するため解像度の設定も必要になります。

IllustratorもInDesignもパスで描く線は解像度に依存しないため、線幅をいくらでも細く設定でき、細すぎてもエラーになりませんが、印刷で表現できない可能性があるので基本的に0.1mmより細い線の指定は控えたほうがよいでしょう。

Illustratorでイラストや図形を作成するときは、［カラーモード］が「CMYK」、［ラスタライズ効果］の設定が「高解像度（300ppi）」になるドキュメントを作成する。プリセットで［印刷］を選択すればよい

保存

保存するときは［PDF互換ファイルを作成］のオプションをチェックします❸。ここをチェックすると、IllustratorのファイルをAcrobatで開いたり、InDesignに配置できます。

Illustratorで画像などの外部ファイルをリンクで配置したドキュメントをInDesignに配置した場合、InDesignのパッケージ機能では、Illustratorにリンクで配置したファイルは収集対象になりません。Illustratorに外部ファイルを配置しているときは、［配置した画像を含む］にチェックをつけて❹保存してください。

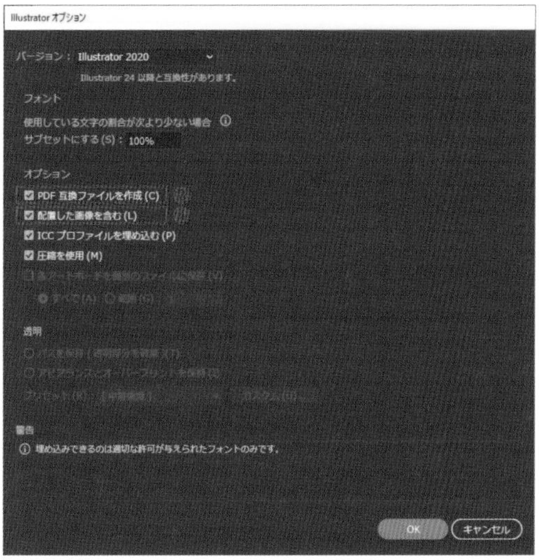

Illustratorからコピー＆ペースト

IllustratorのドキュメントでTo成したパスをコピーして、InDesignのドキュメントにペーストできます。基本的な［塗り］と［線］のアピアランスのパスは、InDesignで色や形を自由に変更できます。ただし、破線の設定や、ドロップシャドウのような効果は、分割されたり画像としてペーストされます。

パスの描画機能が充実したIllustratorを利用すれば、InDesignで描画するより効率よく作成できます。

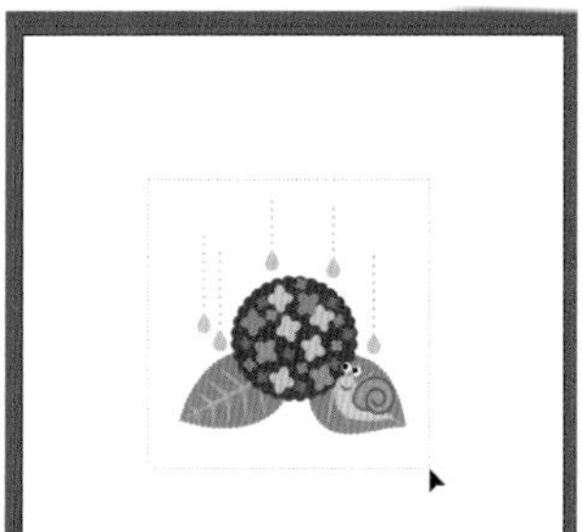

Illustratorで作成してコピー

InDesignでペースト

フォントの基本

2021　2020　2019

フォントの種類

InDesignの[書式]メニュー→[フォント]などのフォントの選択メニューには、「OpenTypeフォント」「PostScriptフォント」「TrueTypeフォント」「Adobe Fontsからダウンロードしたフォント」の４種類のフォントが表示され、フォント名の左にフォント形式を示すアイコンが表示されます。フォントを選ぶとき各フォントの特徴を理解した上で選択してください。また、印刷会社にInDesignのデータを入稿する場合は、使用できるフォントの種類と書体の確認が必要です。使いたいフォントを使用できない場合は、テキストをアウトライン化するか、PDFで入稿します。

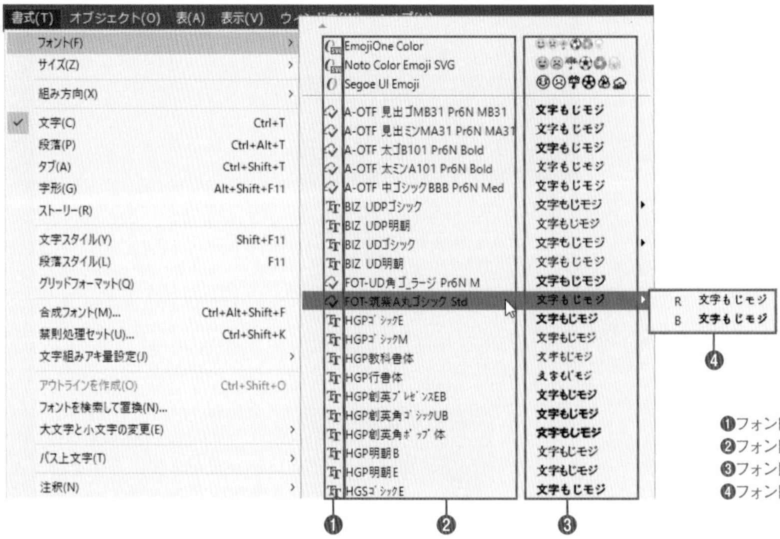

❶フォントの種類を表すアイコン
❷フォントの名称
❸フォントのサンプルプレビュー
❹フォントファミリー

多くのフォントが表示される。使用環境によって表示されるフォントの種類は異なる

OpenTypeフォント

現在のDTPで標準的に使用されるフォント形式です。OpenTypeフォントは、MacとWindowsで共通するフォントとして互換性があります。収容している字種の数でStdやPro、Pro5、Pro6、Pr6Nなどのバージョンの違いがあり、それぞれ異なるフォントとして扱います。Adobe FontsのフォントもOpenTypeフォントです。

TrueTypeフォント

TrueTypeフォントは、価格も安くて書体も豊富にある形式のフォントです。無料でダウンロードできるサイトもあります。ただし、PostScriptプリンターではエラーが発生する可能性があるので、昔からDTPの現場ではTrueTypeフォントの使用が禁じられ、アウトライン化が義務付けられていました。商用印刷用途では、TrueTypeフォントを使用した部分をアトライン化するか、アウトライン化できない場合はPDFで入稿します。

PostScriptフォント

PostScriptフォントは、以前MacでのDTPで標準的に使用されていたフォント形式です。Windows環境ではほとんど使われません。モリサワのPostScriptフォントの場合、「CID」と「NewCID」の違いがあり、古い「CID」はPDFへのフォント埋め込みや、アウトライン化できない制限があります。

Adobe Fontsからダウンロードしたフォント

Adobe FontsはAdobeがWebでフォントを提供しているサービスで、Creative Cloudユーザーであれば数千のフォント（フォント形式はOpenType）をダウンロードして利用できます。ただし、InDesignの[パッケージ]機能でフォントファイルを添付できないため、情報セキュリティの関係で作業PCをインターネット接続していない印刷会社では、Adobe Fontsのフォントを同期することができません。この場合、Adobe Fontsのフォントを使用した部分をアウトライン化するか、PDFで入稿します。

Adobe Fontsのフォントのインストール

Adobe Fontsのフォントを使用するには、Adobe FontsのWebサイト（https://fonts.adobe.com/）でフォントをアクティベートします。ここでは、本書のLessonに使用する「小塚ゴシック Pr6N」フォントのインストールを例に説明します。

Adobe FontsのWebサイトを表示したら、目的のフォントを検索します（ここでは「小塚」を検索）❶。通常は［フォント一覧］❷をクリックして、タイプフェイスを見ながら選択するとよいでしょう。

検索結果が表示されたら［小塚ゴシック Pr6N］をクリックして❸、フォントの詳細ページを開きます。右上にある［6個のフォントをアクティベート］をクリックすると❹、フォントが自動でパソコンにインストールされて利用できるようになります。また［小塚ゴシック Pr6N］の太さの異なるフォントを個別にアクティベートすることもできます❺。

Adobe Fontsでアクティベートしたフォントは、同じAdobe IDでサインインすれば、異なったパソコンを使用しても自動でダウンロードされて使用できます。

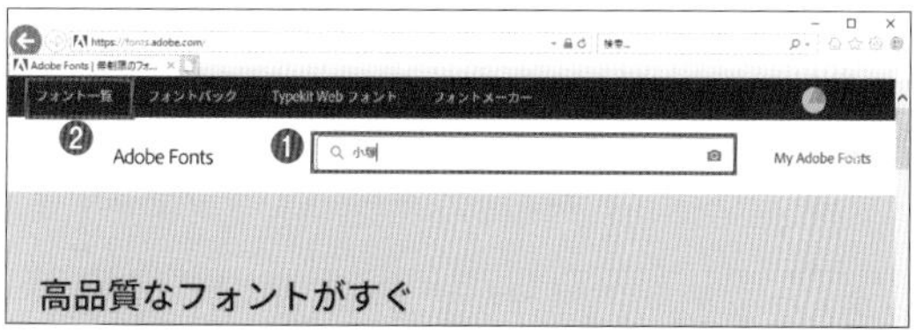

CHECK!

小塚明朝もアクティベート

本書のLessonでは、「小塚明朝 Pr6N」も使用します。上記を参考に、「小塚明朝 Pr6N」もアクティベートしてください。

ドキュメント制作の役割と作業の流れ

2021　2020　2019

ドキュメント制作のスタッフ

右図は一般的な商業出版制作をするスタッフ編成とその主な役割です。個人で印刷物を制作する場合は、もっと少ない人数で分担するか、ひとりで作ります。

もともとは原稿作りからレイアウト、印刷までを1台のパソコンでできることから「DTP」（Desktop publishing=卓上出版）という名称になりました。一般的にInDesignを使うときは、すべての役割をひとりでこなす技量が必要です。

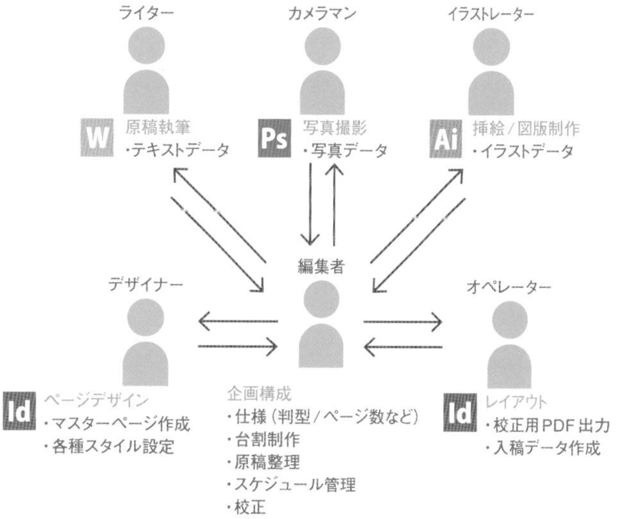

ページデザイン

InDesignを使う最初の作業は、デザイナーが担当するページデザインです。編集者から受け取る企画のコンセプトや構成、判型などの仕様、仮の素材（テキストや画像）を元に、いくつかのデザイン案を提出します。提出は、InDesignのドキュメントをPDFに書き出して送ります。下記表はページをデザインするにあたり、必要な情報や素材です。

必要となる情報や素材	InDesignの作業
判型、綴じ方（縦組み/横組み）、ページ数、その他規定があるものはすべて	新規ドキュメント作成に必要
大見出し、小見出し、本文、キャプションなど、必要な要素を含んだテキスト（仮の文章でもOKだが、見出しは平均的な文字量に）	スタイル設定に必要
グラフィック素材（写真やイラストが主題の誌面なら、その画像データ）	本番の画像を使うことでデザインを合わせやすい
章構成	ツメ作成に必要
スタッフのPC環境や使用するソフトのバージョン、使用可能フォント	使用するInDesignのバージョンとフォント選択に必要

ページフォーマット

ページデザインが決定したら、マスターページ、段落スタイルや文字スタイル等を設定したフォーマットを作ります。マスターページは、複数のページに共通したデザインを適用するためのページです。マスターページにロゴやヘッダー、フッター、ページ番号などを含めておくことで、レイアウト作業の手間を省略できます。段落スタイルや文字スタイルは、テキストに設定する書式をまとめて１回の操作で行うためのもので、大見出し、小見出し、本文などのスタイルを作ることで、書式設定の手間を省略できます。マスターページやスタイルは、作業の手間を省くと同時に設定のミスを防ぐことができるので、たくさんのページをレイアウトするのに欠かせない設定です。

入稿までの流れ

ページデザイン作成
↓
ページフォーマット作成
↓
素材データのチェックと整理
↓
ページレイアウト
↓
校正紙出力
↓
赤字修正
｜
校了するまで校正紙出力と赤字修正を繰り返す
↓
入稿データ作成

素材データのチェックと整理

レイアウト作業の前に画像やテキストのデータをチェックします。また、配置する順番で並ぶようにファイル名をつけ直したり、フォルダーに分けて整理しておくと効率よくレイアウトできます。

ページレイアウト

素材の準備ができたら、レイアウト作業になります。フレームにテキストや画像を配置して、それぞれデザインに合わせた属性を設定します。ここで段落スタイル、文字スタイル、オブジェクトスタイルがあると、簡単に設定できます。

画像のチェック	・カラーモード ・解像度 ・著作権や肖像権を侵害していないか
テキストのチェック	・数字や括弧類の統一（全角or半角） ・不要な改行やスペースの削除 ※テキストはInDesignでも修正できるが、配置する前に直しておくとよい

校正紙出力と赤字修正

レイアウトが終了したら著者や編集者に校正してもらうために、校正紙としてプリントアウトやPDFに書き出して送ります。校正が終わると修正内容を記した赤字が入った校正紙が戻ってきます。赤字を修正したら、また校正紙を送ります。この作業を校了するまで繰り返します。

入稿データ作成

校了したら、入稿データを作成します。InDesignのドキュメントファイルで入稿する場合は、[パッケージ]をして、必要なデータファイルをひとつのフォルダーにまとめます。PDFで入稿する場合は、入稿に適した設定を印刷会社に確認してから書き出してください。

DTPのための基本操作

An easy-to-understand guide to InDesign

Lesson 02

ここからサンプルデータを使って、実際にInDesignを操作しながら学ぶLessonが始まります。まずは新規ドキュメントの作成から、写真や文字を配置する基本操作を一連の流れに沿って解説します。

2-1 簡単な見開きページの作成

フリーペーパーの見開きをイメージした簡単なレイアウトを作成します。新規ドキュメントの作成から、写真や文字の配置までレイアウトの基本操作を学びます。

STEP 01 新規ドキュメントを作成する

2021 2020 2019

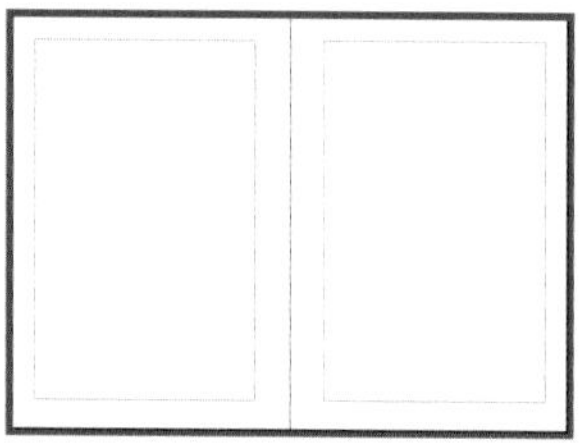

InDesignの新規ドキュメントを作成には、ページサイズや本の綴じ方、本文を入れる領域（版面）など、複数ページを統一するための細かい設定が必要です。

1 ［ファイル］メニュー→［新規］→［ドキュメント］を選びます❶。［新規ドキュメント］ダイアログボックスが表示されたら、［印刷］をクリックします❷。続けて［すべてのプリセットを表示］をクリックします❸。

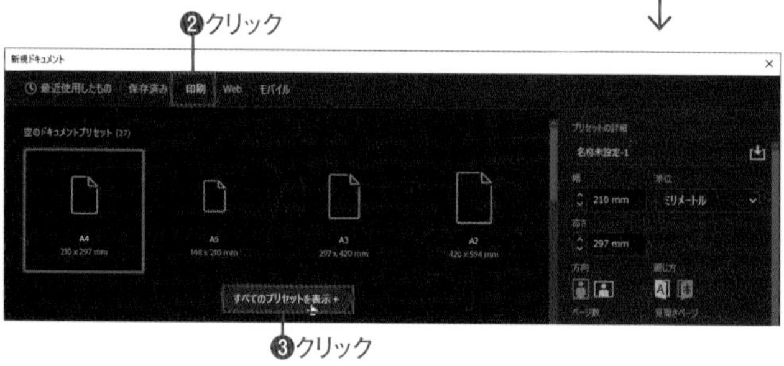

新規作成

CHECK!

ホーム画面にある［新規作成］ボタンからも［新規ドキュメント］ダイアログボックスが開きます。

2 ［空のドキュメントプリセット］にある［B6］をクリックします❶。［幅］と［高さ］がB6サイズ（128mm×182mm）になります❷。

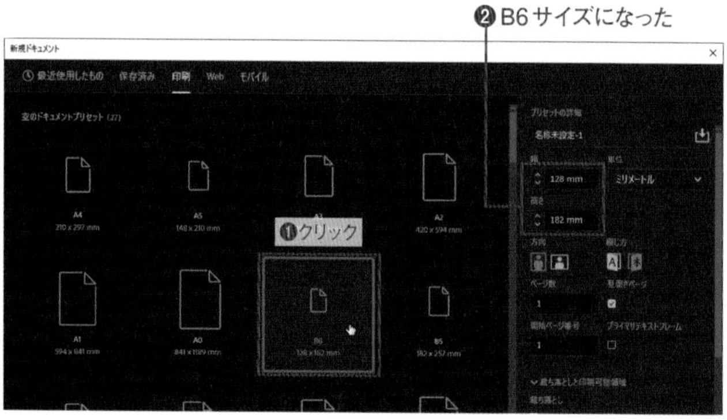

3　ファイル名を「練習」と入力します❶。[方向]を[縦置き]❷、[綴じ方]を[左綴じ]❸に設定します。[ページ数]を「2」❹、[開始ページ番号]を「2」に設定します❺。[見開きページ]にチェックをつけ❻、[マージン・段組]をクリックします❼。

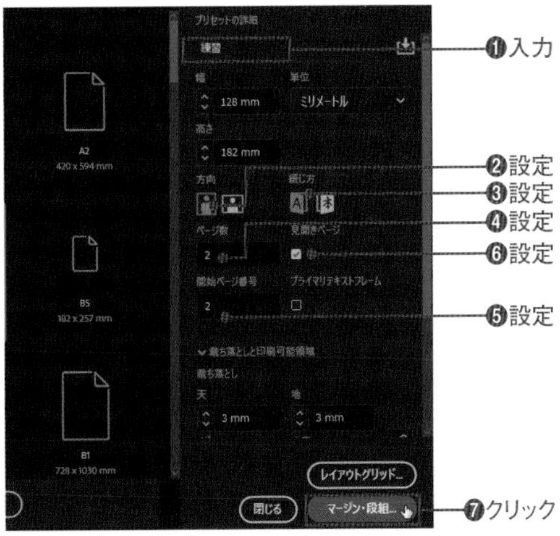

見開きで始まるドキュメント　CHECK!

初期設定では、[開始ページ番号]に「1」を設定すると、書籍の構造に合わせて1ページと2ページが並んだ見開きにならない仕様になっています。1ページから始まる見開きに変更する方法はP.054の「二つ折りパンフレットのドキュメント作成」を参照してください。

4　[新規マージン・段組]ダイアログボックスが表示されたら、[すべての設定を同一にする]をクリックして🔗に設定します❶。[天]を「10mm」、[地]を「13mm」、[ノド]を「16mm」、[小口]を「10mm」に設定し❷、[OK]をクリックすると❸、新しいドキュメントが作成されます❹。

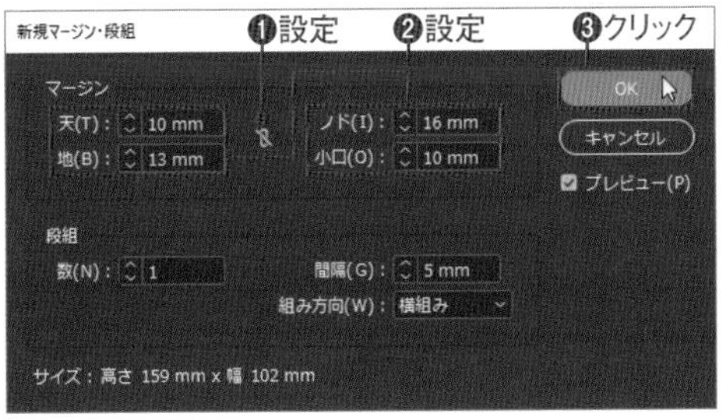

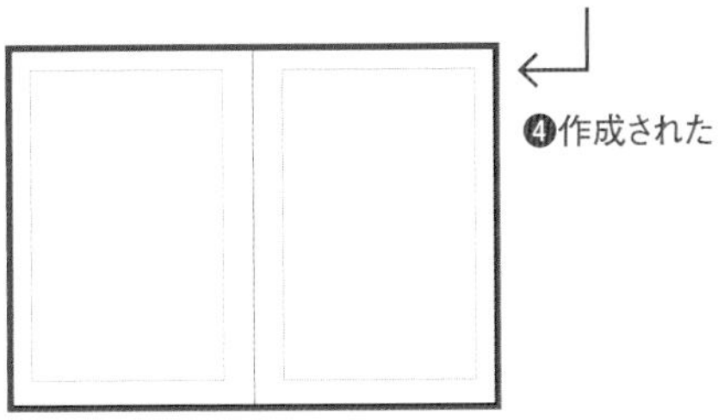

COLUMN

[レイアウトグリッド]と[マージン・段組]

新規ドキュメント作成時には、[レイアウトグリッド]と[マージン・段組]のどちらかを選択して、版面や段組の位置を示すガイドやグリッドを作成します。
[レイアウトグリッド]は、原稿用紙のようなグリッドを基準に版面を作成するため、本文に設定する文字サイズや行間をあらかじめ決めないと設定できません。
[マージン・段組]は余白のサイズを設定して、版面の領域だけを示すガイドを作成します。
レイアウトグリッドが必要なければ、[マージン・段組]で新規ドキュメントを作成します。

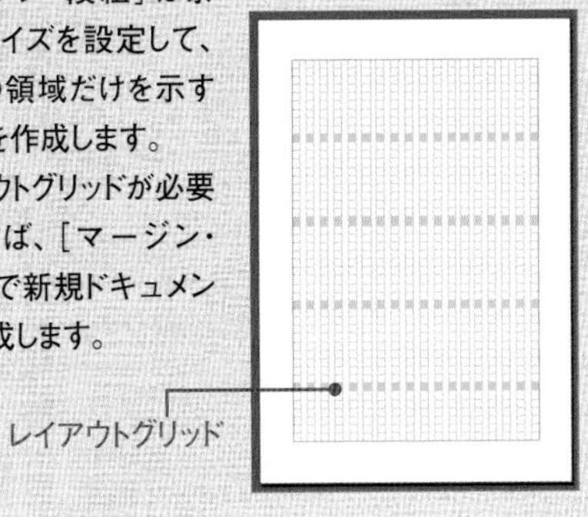

5　[ファイル]メニュー→[保存]を選びます❶。[別名で保存]ダイアログボックスが表示されたら、[ファイル名](Macでは[名前])に、新規ドキュメントを作成したときに設定した名前の「練習.indd」が入っていることを確認し❷、[保存]をクリックします❸。ここでは「Lesson02」フォルダーに保存していますが、保存場所はどこでもかまいません。以降、次のSTEPに入る前に随時保存してください。

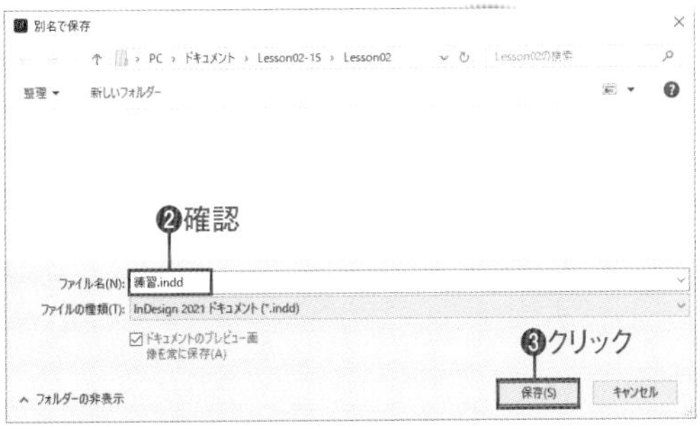

DTPのための基本操作
Lesson 02 03 04 05 06 07 08 09 10 11 12 13 14 15

STEP 02　画像の配置

2021　2020　2019

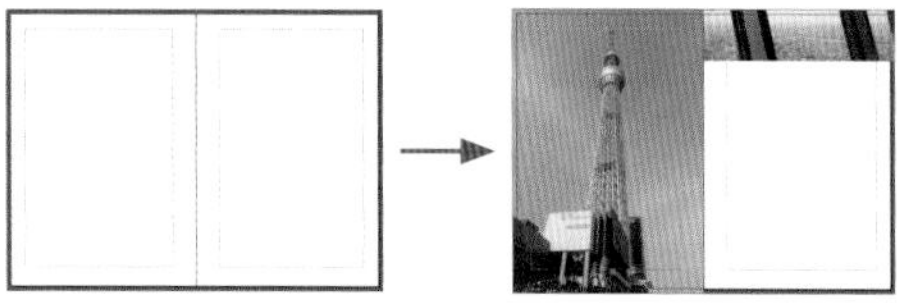

Before　　After

画像をグラフィックフレームの中に配置します。グラフィックフレームを作成せずに配置する方法と、グラフィックフレームを作成してから読み込む方法を行います。

Lesson 02 ▶ L2-1S02a.psd、L2-1S02b.psd

1 STEP01で作成したドキュメントファイルに画像を配置します。［ファイル］メニュー→［配置］を選びます❶。［配置］ダイアログボックスが表示されたら、「L2-1S02a.psd」を選択します❷。［読み込みオプションを表示］のチェックを外し❸、［開く］をクリックします❹。

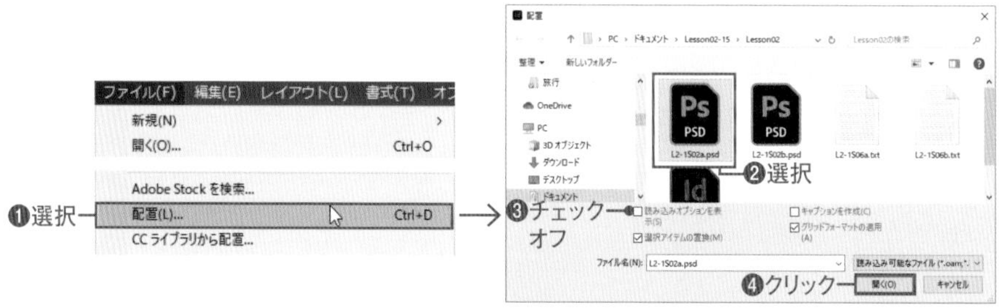

2 選択した画像のサムネールが表示されるので、グラフィック配置アイコンを左ページ左上角の赤い線に合わせてクリックします❶。クリックした位置が画像の左上になるように、画像が配置されます❷。

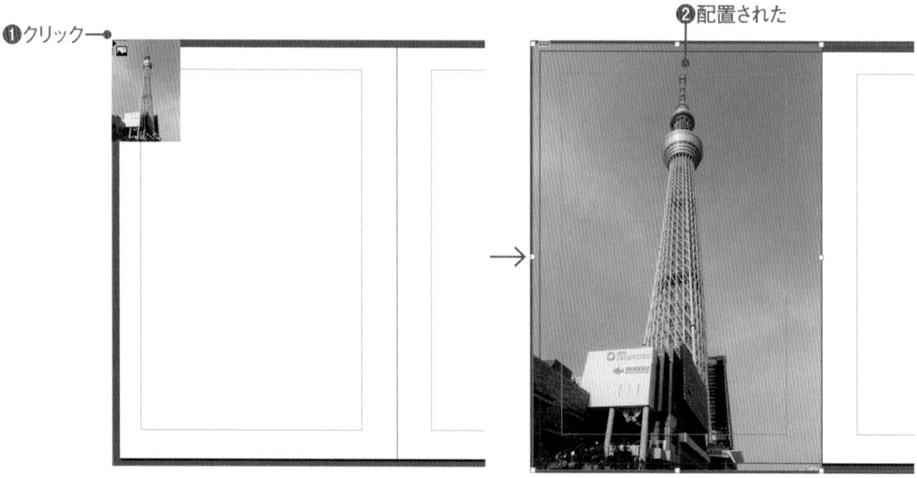

画像と同じサイズのグラフィックフレームに配置される

画像のサイズ

COLUMN

ページの端まで画像を入れるときは、用紙から外側に3mmはみ出すように配置します。サンプルの画像はクリックしただけでサイズが合うように調整しています。InDesignで配置した画像を拡大・縮小できますが、最適な解像度（P.028、P.176参照）を保持するために、あらかじめ画像の解像度とサイズをPhotoshopで調整しておくのが定石です。

Macでは、キーは次のようになります。　Ctrl → ⌘　Alt → option　Enter → return

3 長方形フレームツールを選択し❶、ノド上の赤い線の上でクリックします❷。［長方形］ダイアログボックスが表示されたら、［幅］を「131mm」［高さ］を「34mm」に設定して❸、［OK］をクリックします❹。空のグラフィックフレームが作成されます❺。

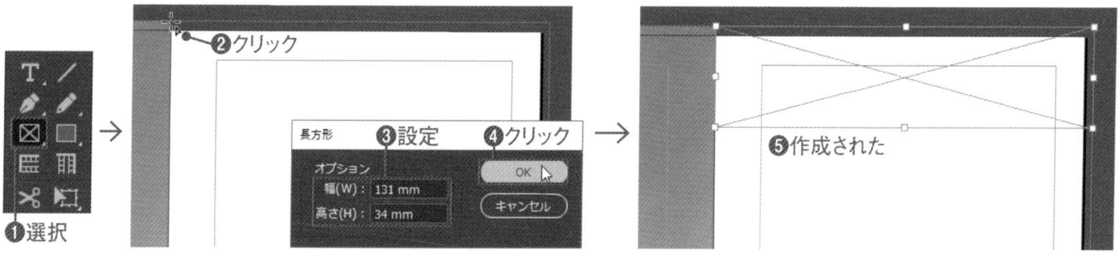

4 グラフィックフレームが選択状態のまま、［ファイル］メニュー→［配置］を選びます❶。［配置］ダイアログボックスが表示されたら、「L2-1S02b.psd」を選択し❷、［開く］をクリックします❸。フレーム内に画像が配置されます❹。

5 選択ツールを選択します❶。手順4で画像を配置したグラフィックフレームの上にマウスポインターを移動すると、「コンテンツグラバー」（ドーナツ）が表示されるので、クリックします❷。グラフィックフレーム内に配置された画像が選択されて、画像の境界線ボックスが表示されます❸。フレームのサイズより画像のほうが大きいので、現在フレーム内に表示されない隠れた部分があることが確認できます。

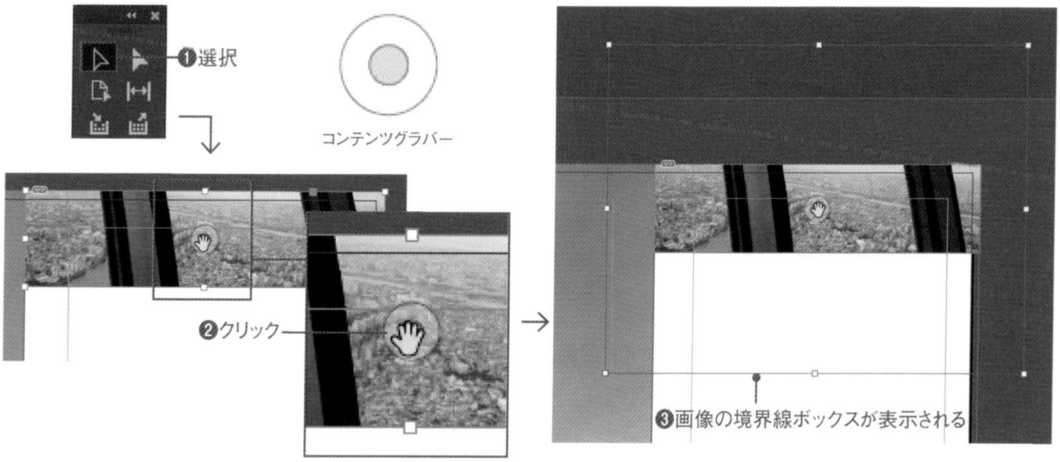

6 コンテンツグラバーを長押しすると、画像全体が表示されるので、そのまま左下に少しドラッグします（適当でかまいません）❶。グラフィックフレームの位置は動かずに、中の画像だけが移動します❷。

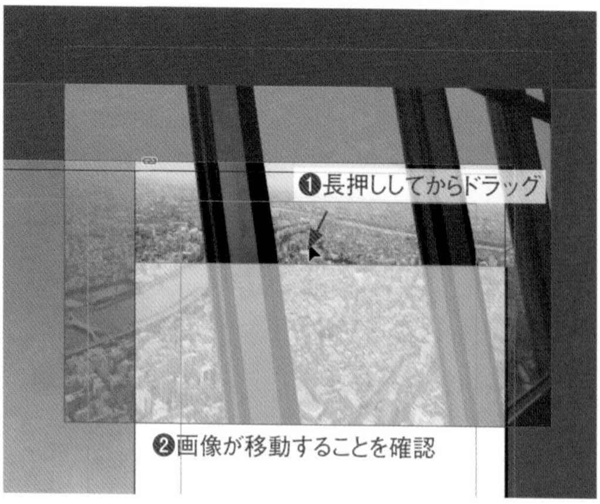

CHECK!

ライブスクリーン表示

長押ししてからドラッグすると、隠れている画像が薄く表示されます（「ライブスクリーン表示」といいます）。長押ししないですぐにドラッグすると、画像の境界線ボックスだけ表示されます。

7 画像の境界線ボックスの角のハンドルの少し外側にマウスポインターを置くと、↶に変わります❶。ドラッグして写真を回転します❷。地平線がだいたい水平に見える位置に合わせたら、オブジェクトのない場所をクリックして選択を解除します❸。

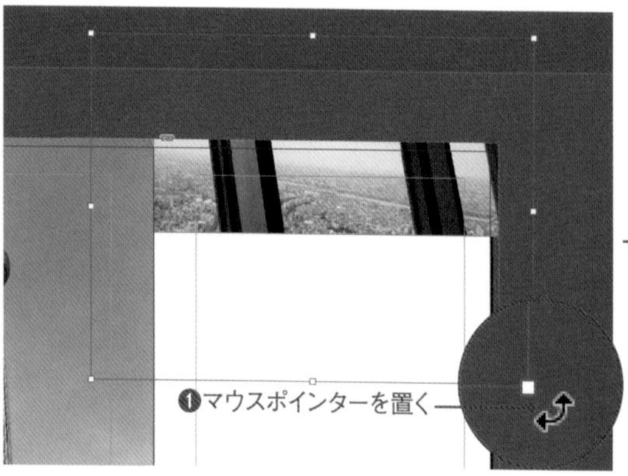

→

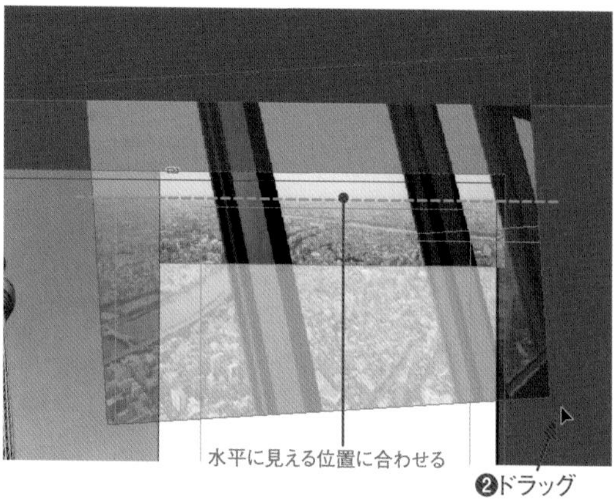

COLUMN

画像の選択

画像の選択はクリックする場所の違いで選択対象が変わります。画像とグラフィックフレームのサイズと形が同じ場合は見分けがつきにくいので特徴を覚えましょう。

Macでは、キーは次のようになります。 Ctrl → ⌘　Alt → option　Enter → return

STEP 03 レイヤーの追加

2021 2020 2019

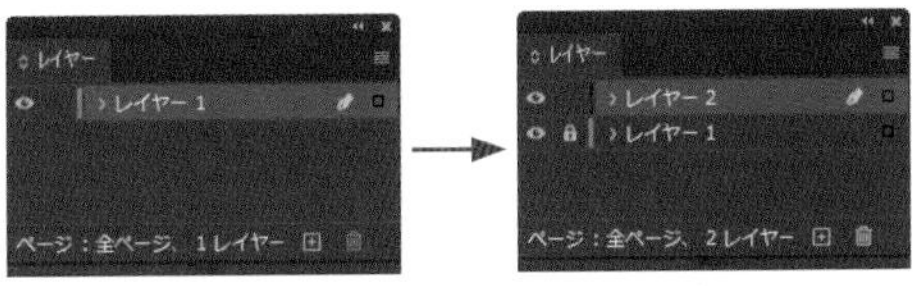

Before　After

次のSTEPでテキストを配置するための新しいレイヤーを作成します。画像を配置したレイヤーは、テキスト編集中に誤って変更しないようにロックします。

1 STEP02で作成したドキュメントファイルをそのまま使用します。[ウィンドウ]メニュー→[レイヤー]を選び❶、レイヤーパネルを表示します❷。

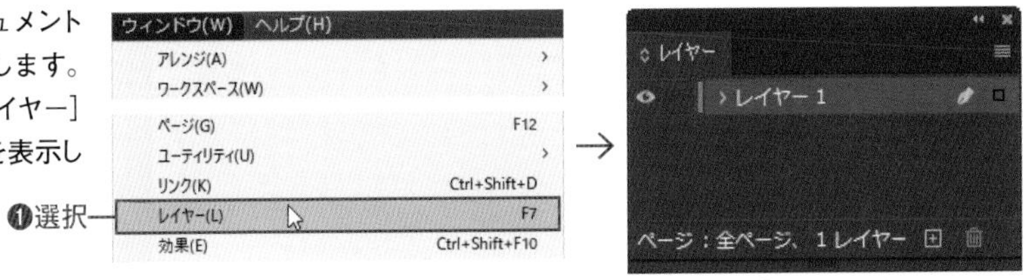

2 レイヤーパネルのの右の空白部分をクリックします❶。表示が鍵アイコンに変わります❷。「レイヤー1」レイヤーはロックされ、オブジェクトが選択できない状態になります❸。誤操作で画像を変更しないように保護しました。

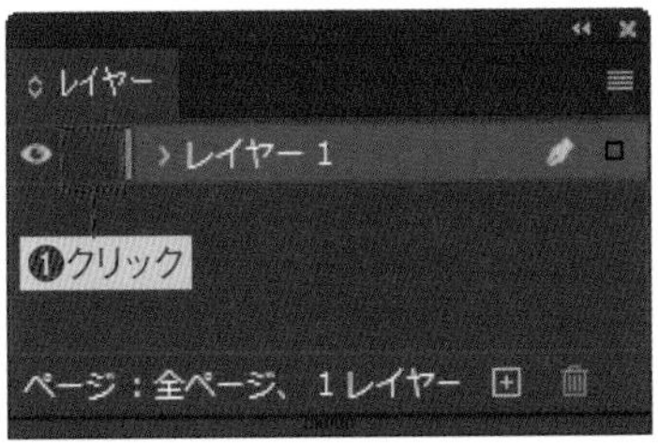

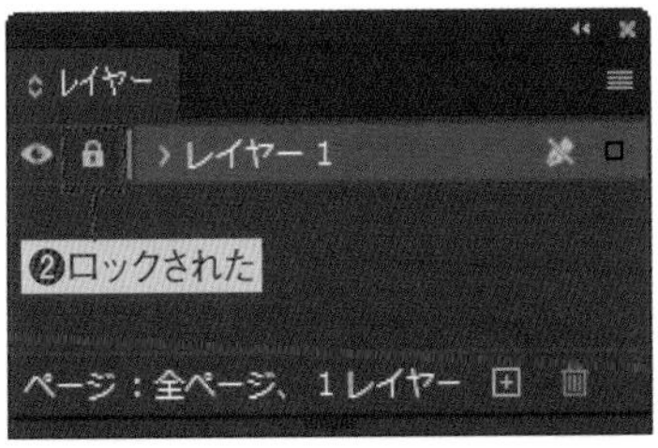

3 テキストを配置する新しいレイヤーを追加します。レイヤーパネルの[新規レイヤーを作成]をクリックします❶。新しく「レイヤー2」レイヤーが追加されました❷。

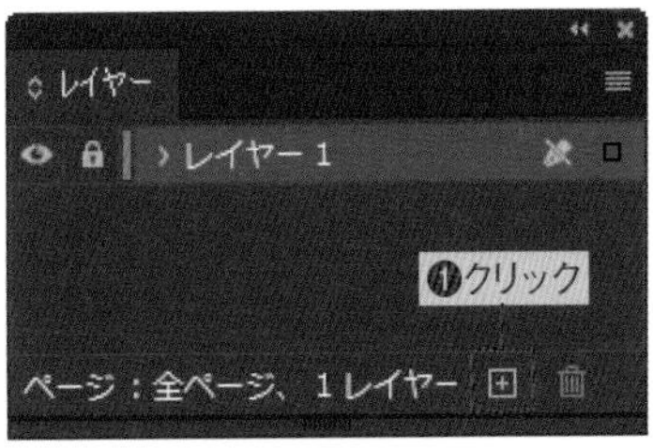

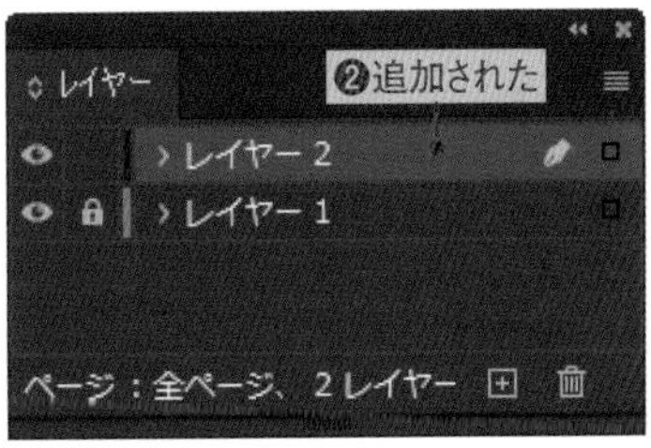

CHECK!

レイヤーの分け方

レイヤーを追加せず、画像と同じレイヤーにテキストを配置しても問題ありません。レイヤーの設定はページ単位で変えることができないので、全ページに共通する要素でレイヤーを分けます。レイヤーパネルでハイライト表示になっているのが、編集対象として選択されたレイヤーです。

STEP 04 テキストの入力

2021 2020 2019

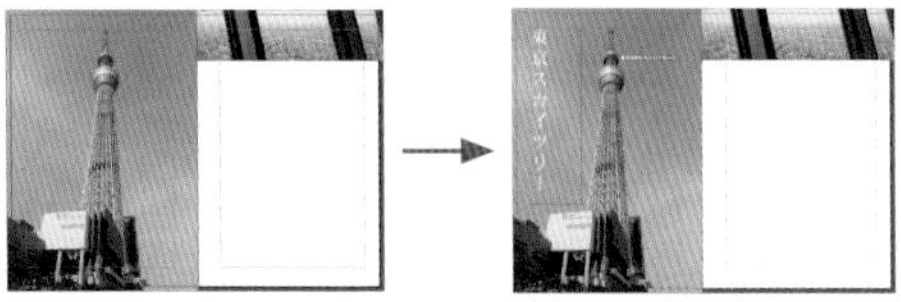

Before　　After

左ページに縦組みと横組みの文字を入力します。短い文章なので、テキストフレームに直接入力します。

1 STEP03で作成したドキュメントファイルを使用します。縦組み文字ツール を選択します❶。左ページの版面左上からタワーの下部分ぐらいまでドラッグして、テキストフレームを作成します❷（位置が多少ズレてもかまいません）。フレーム内でカーソルが点滅したら「東京スカイツリー」と入力します❸。

2 入力した文字の端から端までドラッグして、すべての文字を選択します❶。プロパティパネルの［アピアランス］にある［塗り］ボックスをクリックして❷、表示されたパネルから［紙色］を選択します❸。

選択中は文字色の補色で表示される

CHECK!

紙色

［紙色］は、印刷する紙の色をシミュレートするためのスウォッチです。白以外の色に変更した場合、ページ全体の色が変わります。なお、［紙色］はプレビュー専用で、印刷する色ではありません。

3　プロパティパネルの［文字］のフォントを［小塚明朝 Pr6N］の［M］に設定し❶、フォントサイズを「46Q」に設定します❷。［その他のオプション］をクリックして❸、［選択した文字のトラッキングを設定］を「200」に設定して文字間を広げます❹。

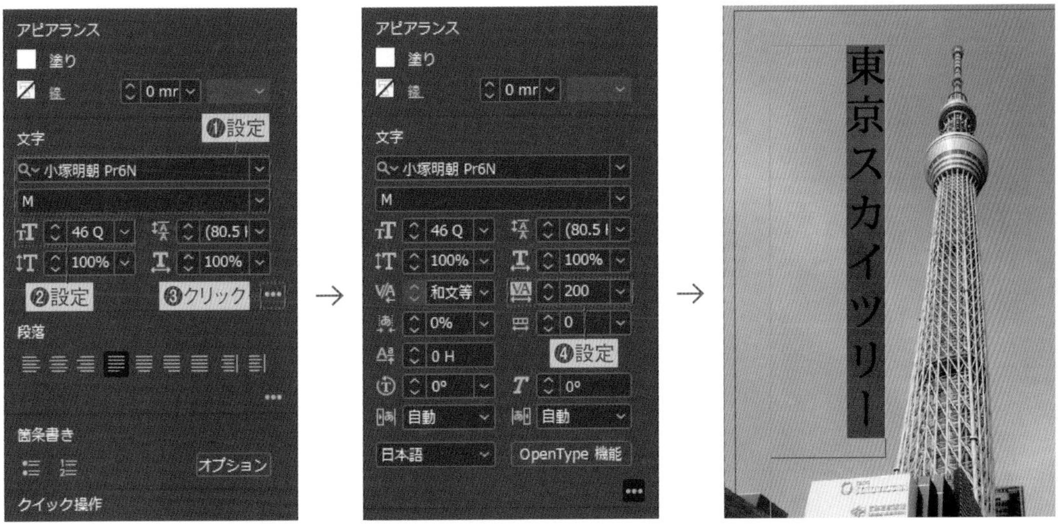

4　選択ツールを選択します❶。テキストの境界線ボックスが表示されたら、右下のハンドルをダブルクリックします❷。フレームの左上を基準に、入力した文字ピッタリのテキストフレームサイズになります❸。

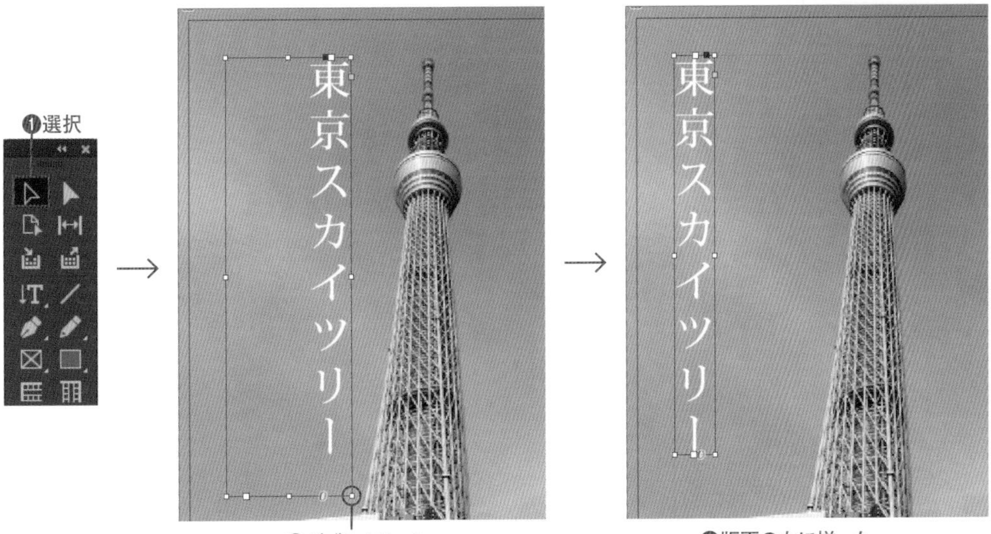

❷ダブルクリック　　❸版面の左に揃った

CHECK!

フレームを内容に合わせる

境界線ボックスのハンドルをダブルクリックすると、配置したテキストや画像に合わせたフレームサイズに調整します。

テキストフレームの場合、ダブルクリックするハンドルの対角にあるハンドルを固定してフレームサイズを変更します。グラフィックフレームの場合は、配置した画像の位置を固定してフレームサイズを変更します。

［オブジェクト］メニュー→［オブジェクトサイズの調整］→［フレームの内容に合わせる］を選択した場合、横組みのテキストフレームは左上のハンドル、縦組みは右上のハンドルを固定してフレームサイズを変更します。

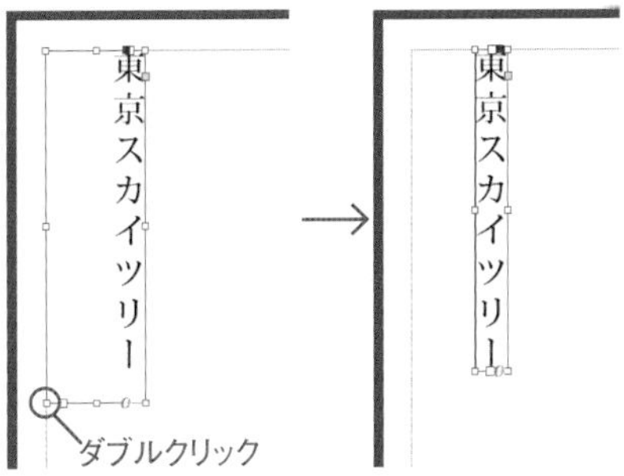

5　横組み文字ツールを選択します❶。上の展望台（天望回廊）の少し右から右のガイドまでドラッグして❷、テキストフレームを作成します。

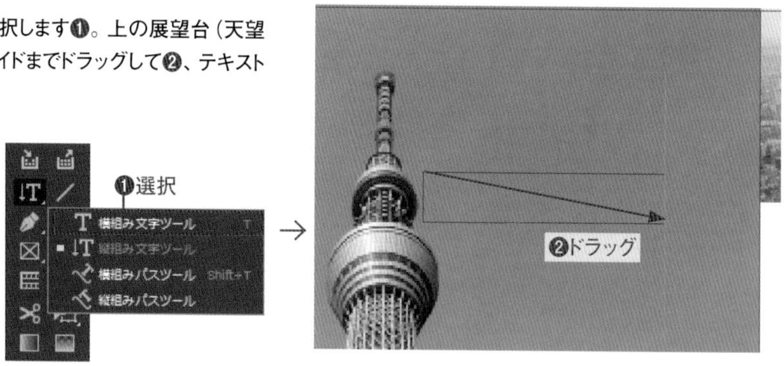

6　今度は文字を入力する前に書式設定をしてみましょう。フレーム内でカーソルが点滅した状態のまま❶、プロパティパネルで文字の［塗り］を［紙色］に設定して❷、フォントを［小塚ゴシックPr6N］の［B］に設定します❸。

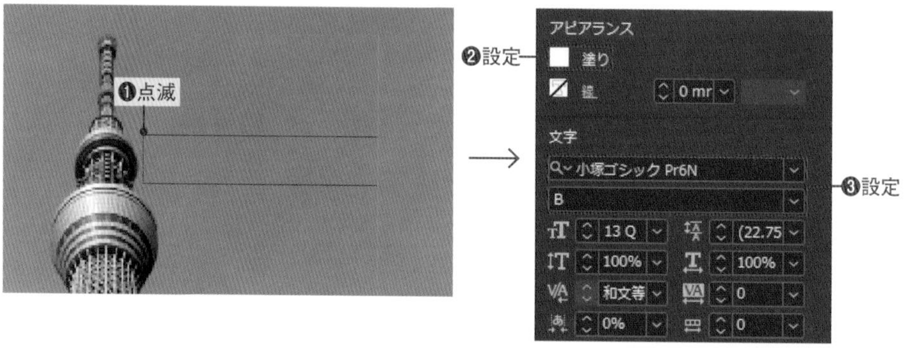

7　書式設定が終わったら、「東京の新たなランドマーク」と入力します❶。

8　選択ツールを選択します❶。テキストの境界線ボックスが表示されます❷。右下のハンドルをダブルクリックします❸。入力した文字ピッタリのテキストフレームサイズになります❹。

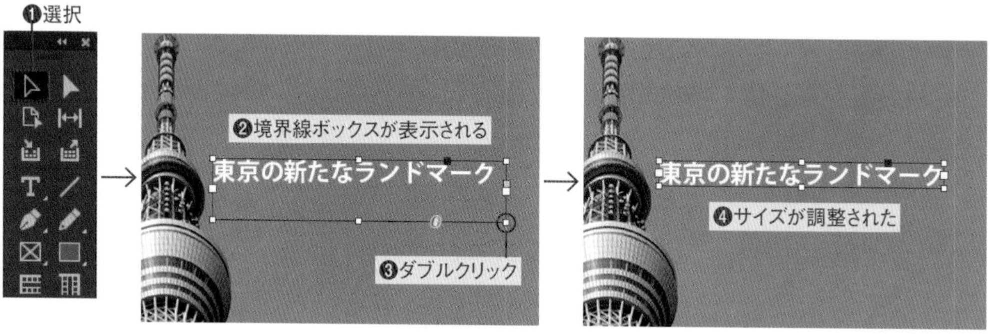

　Macでは、キーは次のようになります。　Ctrl → ⌘　Alt → option　Enter → return

STEP 05 オブジェクトの整列

2021 2020 2019

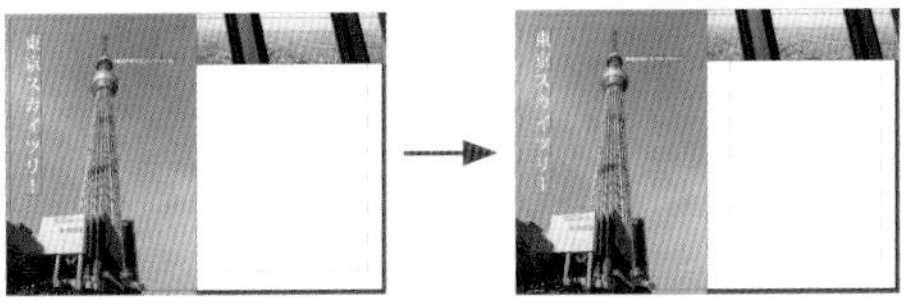

Before　After

整列機能を使用して、左ページの横組みのテキストフレームを右ページのグラフィックフレームの下端に揃えます。

1 STEP04で作成したドキュメントファイルを使用します。レイヤーパネルの🔒をクリックして❶、「レイヤー1」レイヤーのロックを解除します❷。

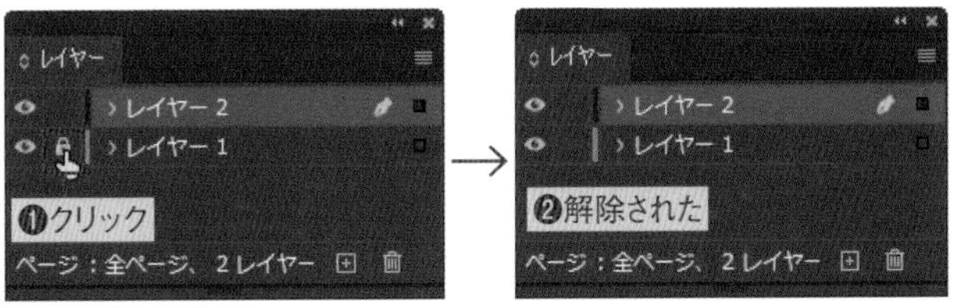

2 横組みのテキストフレームが選択状態のまま、選択ツール▶で右ページの画像のコンテンツグラバー以外を Shift キーを押しながらクリックして❶、右ページのグラフィックフレームを追加選択します。

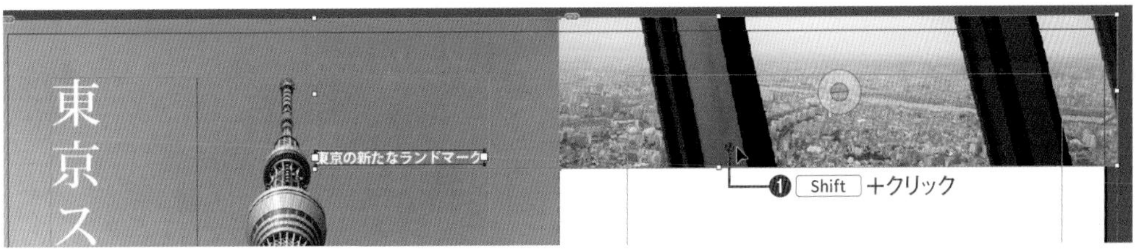

3 もう一度、右ページの画像（コンテンツグラバー以外）をクリックします❶。右ページの画像のグラフィックフレームが太い線の表示になります❷。

4 プロパティパネルの［整列］にある［垂直方向下に整列］をクリックします❶。太い線が表示されたフレームを基準にして、左ページのテキストフレームの下端が揃ったら❷、オブジェクトのない場所をクリックして選択を解除します❸。

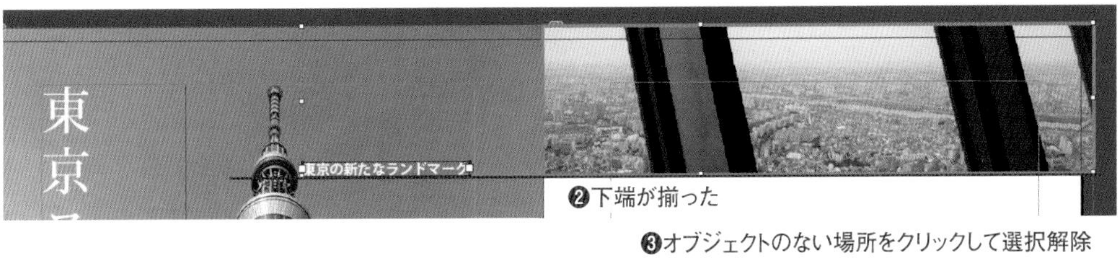

STEP 06 テキストの読み込み

2021 2020 2019

Before

After

すでに入力済みのテキストファイルを読み込んで配置します。テキストフレームを作成しない配置と、作成してからの配置を行います。

Lesson 02 ▶ L2-1S06a.txt、L2-1S06b.txt

1 STEP05で作成したドキュメントファイルを使用します。［ファイル］メニュー→［配置］を選びます❶。［配置］ダイアログボックスが表示されたら、「L2-1S06a.txt」を選択します❷。［グリッドフォーマットの適用］のチェックを外し❸、［開く］をクリックします❹。マウスポインターがプレビュー表示されたものになるので、右ページの画像の少し下、ノド側の版面ガイドの上でクリックします❺。テキストフレーム内に読み込んだテキストが配置されます❻。

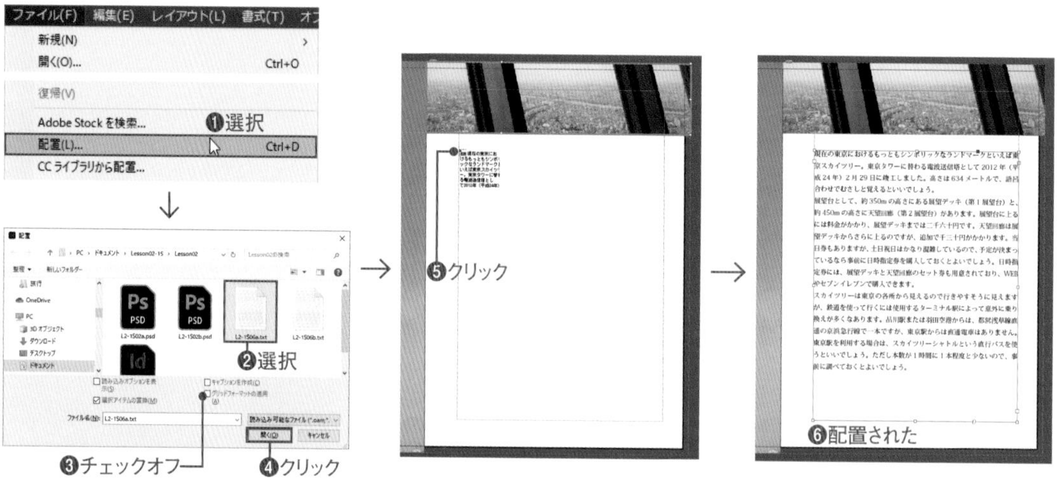

2 テキストフレームの境界線ボックスが表示された状態のまま、プロパティパネルでフォントを［小塚ゴシックPr6N］の［R］に設定します❶。フォントサイズを「12Q」、行送りを「24H」に設定します❷。文字サイズが小さくなり、行間が少し広がります❸。

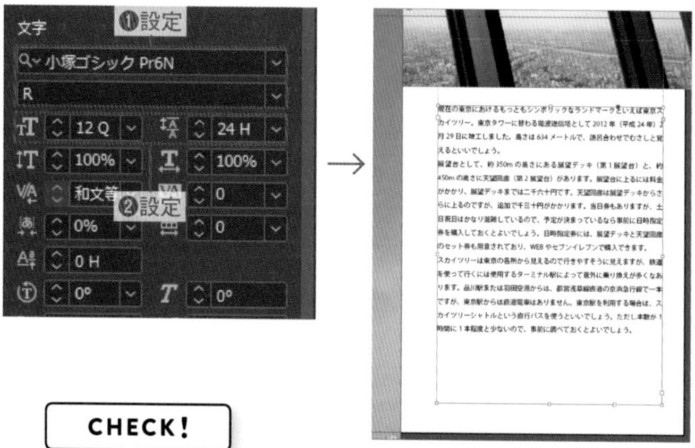

❸書式設定が反映された

テキストフレームに書式設定する

CHECK!

境界線ボックスが表示された状態で書式設定を変更すると、文字全体の書式が変更されます。ただし、文字の色は変更できません。

Macでは、キーは次のようになります。 Ctrl → ⌘ Alt → option Enter → return

3　選択ツールで下中央のハンドルをダブルクリックします❶。フレームがテキストがピッタリ収まるサイズになります❷。

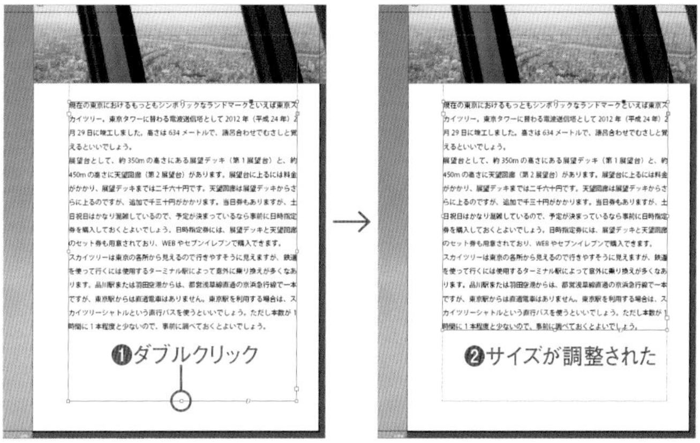

4　テキストフレームの境界線ボックスが表示された状態のまま、プロパティパネルの［変形］にある基準点を左上に設定します❶。［Y］の値を「40mm」に設定します❷。テキストフレームがページの上端から40mm下に移動します❸。

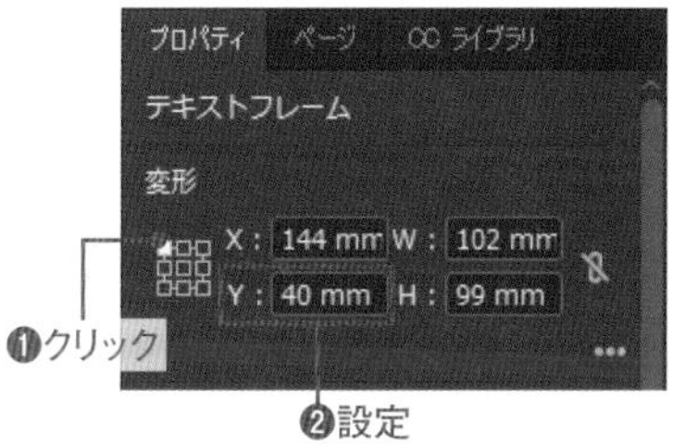

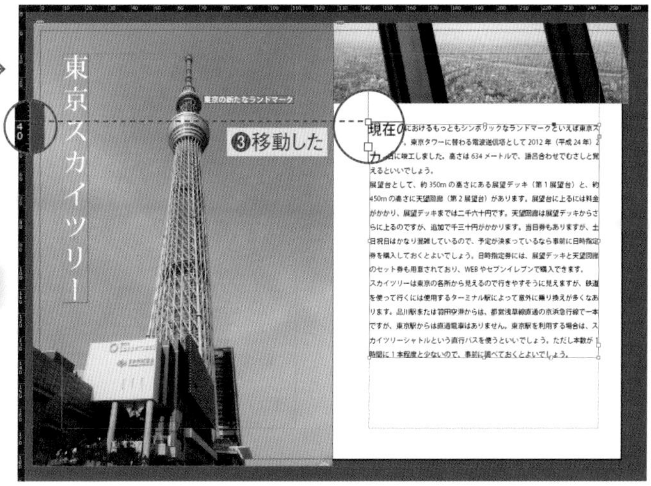

CHECK!

基準点

小さい四角が9個並んだ基準点は、選択したオブジェクトの境界線ボックスに表示される白い四角形の位置を示しています。［X］や［Y］の座標を設定して、選択したオブジェクトを正確な位置に配置できます。

5　横組み文字ツールを選択します❶。右ページのテキストフレームの下の空いているスペースにガイドの幅いっぱいのテキストフレームを作成します❷。

版面のガイドに合わせて作成する

6　テキストフレーム内にテキスト挿入点のカーソルが点滅したら❶、［ファイル］メニュー→［配置］を選びます❷。

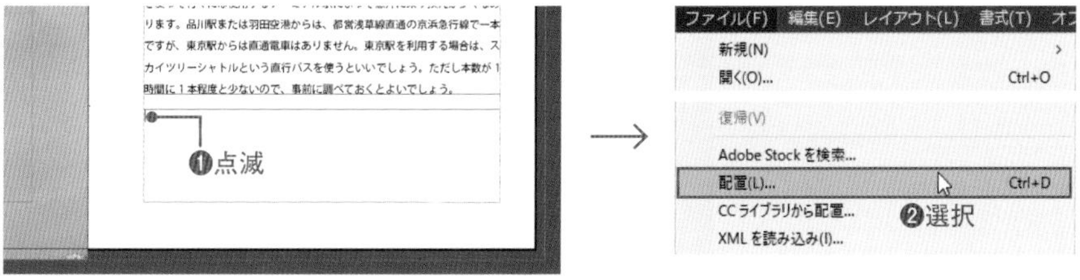

7 ［配置］ダイアログボックスが表示されたら、「L2-1S06b.txt」を選択して❶、［開く］をクリックします❷。フレームにテキストが読み込まれます❸。フレームに収まらないテキストがあると、フレームの末尾側に赤いプラス記号⊞が表示されます❹。

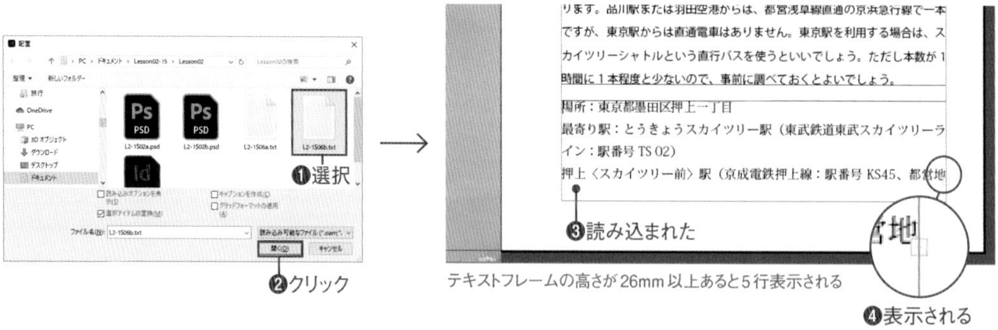

テキストフレームの高さが26mm以上あると5行表示される

8 ［編集］メニュー→［すべてを選択］を選びます❶。フレームに収まらないテキストも含めてすべて選択されます❷。

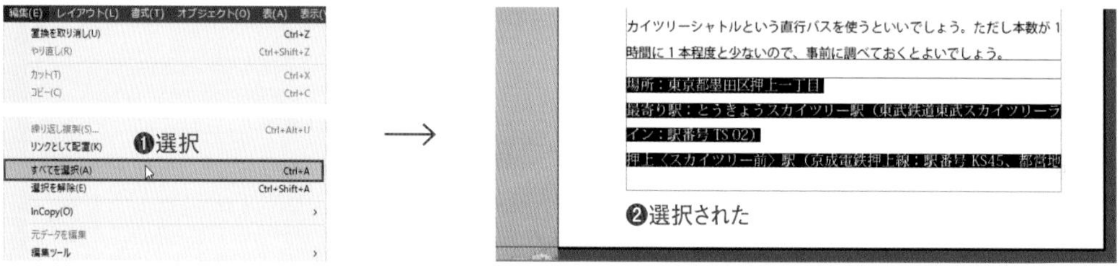

9 プロパティパネルでフォントを［小塚ゴシックPr6N］の［M］に設定します❶。フォントサイズを「9Q」、行送りを「14H」に設定します❷❸。

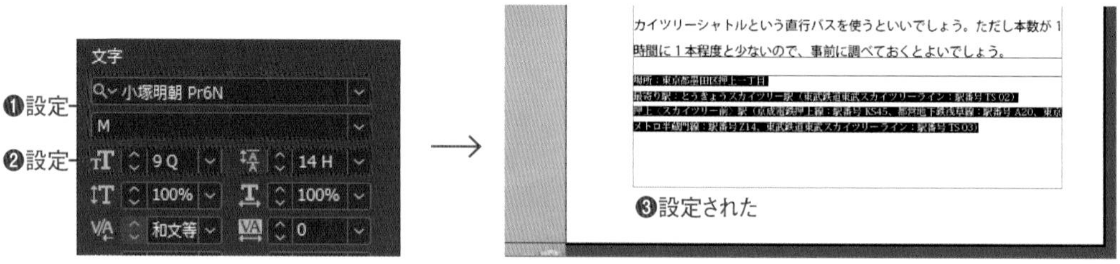

10 選択ツール▶を選択します❶。境界線ボックスの上中央のハンドルをダブルクリックすると❷、フレームの下を固定してテキストがピッタリ収まるサイズになります❸。オブジェクトのない場所をクリックして選択を解除します❹。

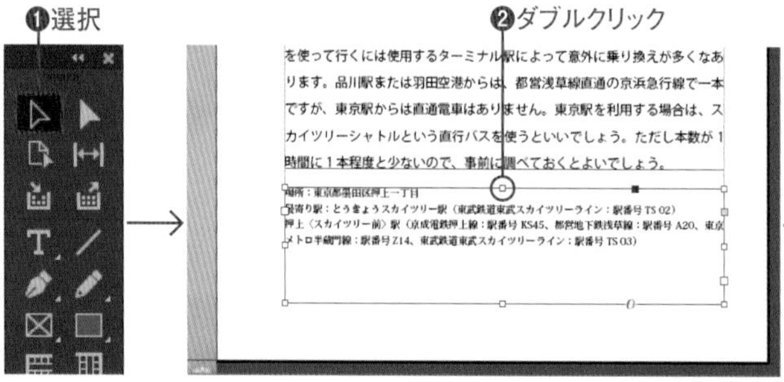

　Macでは、キーは次のようになります。 Ctrl → ⌘　Alt → option　Enter → return

STEP 07 装飾する

2021　2020　2019

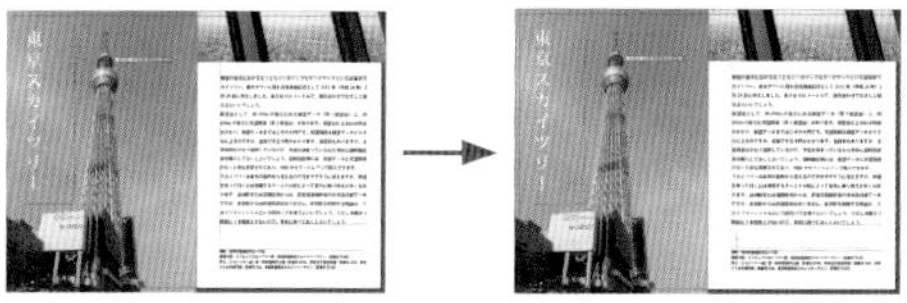

Before　　After

スカイツリーをイメージしたシンプルなマークと罫線を作成します。簡単な装飾ですが、小さい文字が見落とされないようにする視線誘導の効果があります。

1

STEP06で作成したドキュメントファイルを使用します。長方形ツールを選択します❶。レイヤーパネルで「レイヤー1」レイヤーを選択し❷、右ページの上下のテキストフレームの間でドラッグして❸、幅「2mm」、高さ「10mm」程度の長方形を作成します。

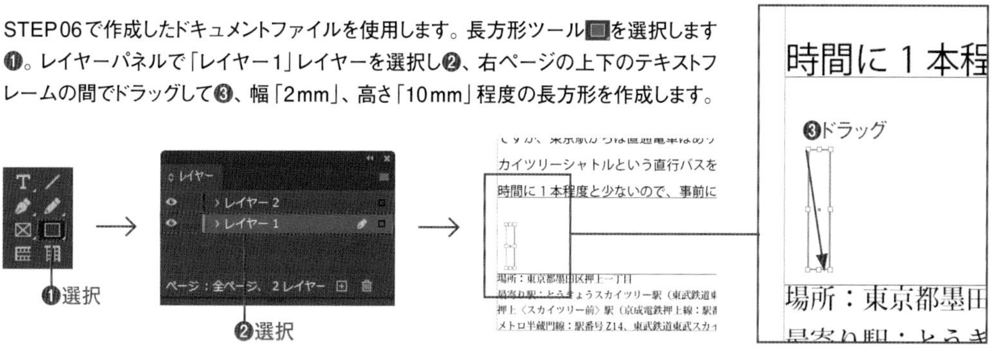

2

長方形が選択状態のまま、プロパティパネルで線幅を「0.25mm」に設定します❶。［線］のカラーボックスをクリックして❷、表示されたパネルで［C=75 M=5 Y=100 K=0］を選択します❸。

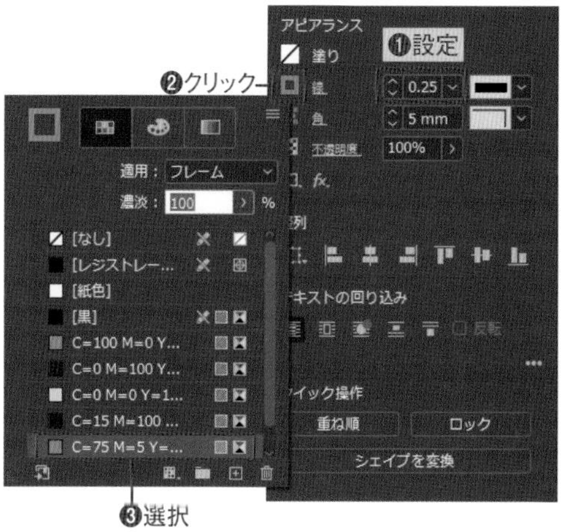

3

長方形が選択状態のまま、プロパティパネルの［クイック操作］にある［シェイプを変換］をクリックして❶、表示されたメニューから［三角］を選択します❷。長方形が三角形に変わります❸。

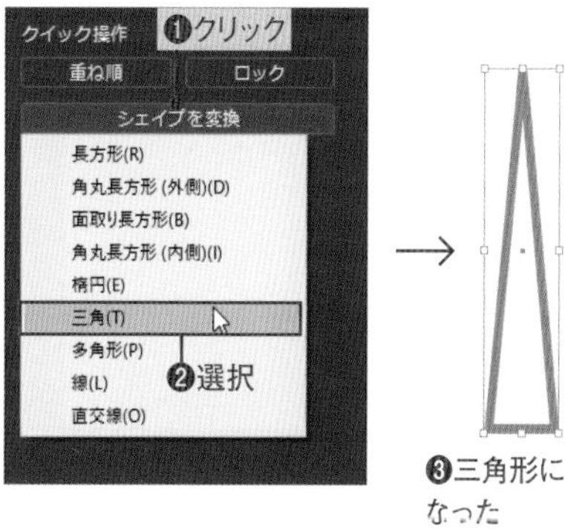

4

長方形ツールで展望台をイメージした長方形を作成して❶、プロパティパネルで線幅を「0.25mm」に設定し❷、［線］のカラーを［C=75 M=5 Y=100 K=0］に設定します❸。

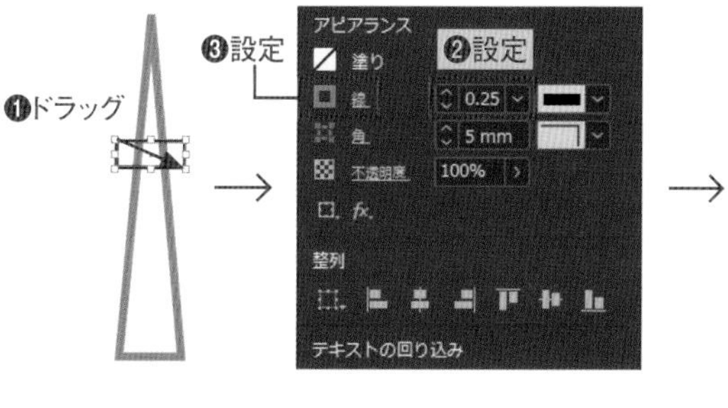

5 線ツールを選択します❶。三角形の右下から版面右まで Shift キーを押しながら右にドラッグして❷、水平線を作成します。

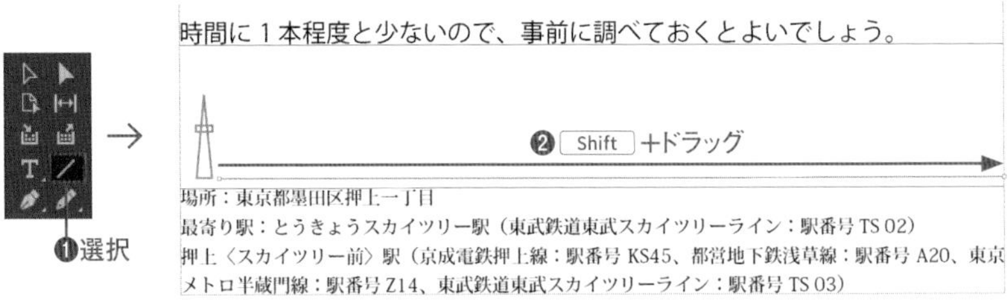
❶選択
時間に１本程度と少ないので、事前に調べておくとよいでしょう。
❷ Shift ＋ドラッグ
場所：東京都墨田区押上一丁目
最寄り駅：とうきょうスカイツリー駅（東武鉄道東武スカイツリーライン：駅番号 TS 02）
押上〈スカイツリー前〉駅（京成電鉄押上線：駅番号 KS45、都営地下鉄浅草線：駅番号 A20、東京メトロ半蔵門線：駅番号 Z14、東武鉄道東武スカイツリーライン：駅番号 TS 03）

6 線が選択状態のまま、プロパティパネルで線幅を「0.25mm」に設定し❶、［線］のカラーを［C=75 M=5 Y=100 K=0］に設定します❷。

アピアランス
❶設定
塗り
❷設定
線
0.25
角
5 mm
不透明度
100%
時間に１本程度と少ないので、事前に調べておくとよいでしょう。
場所：東京都墨田区押上一丁目
最寄り駅：とうきょうスカイツリー駅（東武鉄道東武スカイツリーライン：駅番号 TS 02）
押上〈スカイツリー前〉駅（京成電鉄押上線：駅番号 KS45、都営地下鉄浅草線：駅番号 A20、東京メトロ半蔵門線：駅番号 Z14、東武鉄道東武スカイツリーライン：駅番号 TS 03）

7 ［編集］メニュー→［選択を解除］を選んで直線の選択を解除します❶。ツールパネルのプレビューをクリックして❷、全体の仕上がりイメージを確認します❸。以上で完成です。

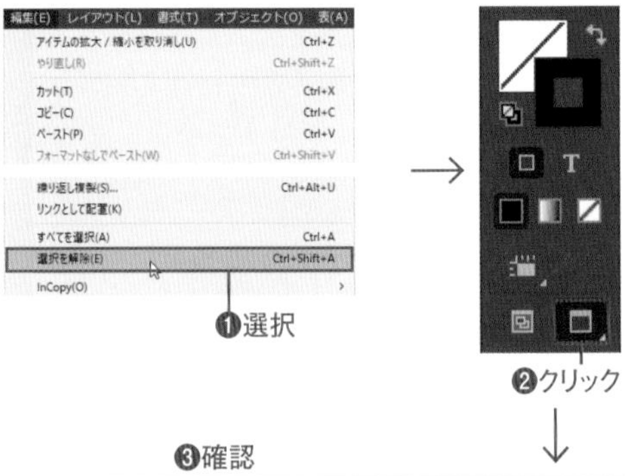
編集(E) レイアウト(L) 書式(T) オブジェクト(O) 表(A)
アイテムの拡大 / 縮小を取り消し(U) Ctrl+Z
やり直し(R) Ctrl+Shift+Z
カット(T) Ctrl+X
コピー(C) Ctrl+C
ペースト(P) Ctrl+V
フォーマットなしでペースト(W) Ctrl+Shift+V
繰り返し複製(S)... Ctrl+Alt+U
リンクとして配置(K)
すべてを選択(A) Ctrl+A
選択を解除(E) Ctrl+Shift+A
InCopy(O)
❶選択
❷クリック
❸確認

東京スカイツリー
東京の新たなランドマーク
現在の東京におけるもっともシンボリックなランドマークといえば東京スカイツリー。東京タワーに替わる電波送信塔として 2012 年（平成 24 年）2 月 29 日に竣工しました。高さは 634 メートルで、語呂合わせでむさしと覚えるといいでしょう。
展望台として、約 350m の高さにある展望デッキ（第 1 展望台）と、約 450m の高さに天望回廊（第 2 展望台）があります。展望台に上るには料金がかかり、展望デッキまでは二千六十円です。天望回廊は展望デッキからさらに上るのですが、追加で千三十円がかかります。当日券もありますが、土日祝日はかなり混雑しているので、予定が決まっているなら事前に日時指定券を購入しておくとよいでしょう。日時指定券には、展望デッキと天望回廊のセット券も用意されており、WEB やセブンイレブンで購入できます。
スカイツリーは東京の各所から見えるので行きやすそうに見えますが、鉄道を使って行くには使用するターミナル駅によって意外に乗り換えが多くなあります。品川駅または羽田空港からは、都営浅草線直通の京浜急行線で一本ですが、東京駅からは直通電車はありません。東京駅を利用する場合は、スカイツリーシャトルという直行バスを使うといいでしょう。ただし本数が 1 時間に 1 本程度と少ないので、事前に調べておくとよいでしょう。

COLUMN

Lesson02を終えて

2ページだけなら基本操作だけでレイアウトできますが、数百ページのドキュメントを作成する場合、もっと効率のよい方法を覚えないと大変です。次のLessonから各種ツールやコマンドの詳しい機能や活用方法を学びましょう。

ドキュメントの作成

An easy-to-understand guide to InDesign

Lesson 03

このLessonでは、新規ドキュメントの作成方法から、ガイドやグリッドのカスタマイズ、レイヤー、マスターページの作り方を学びます。ページ数の多いレイアウトデザインを統一するための重要な設定です。

3-1 新規ドキュメントの作成

InDesignではドキュメントの作成時に、制作物の種類や用途、サイズや綴じ方を設定する必要があります。作業開始の重要な設定なのでしっかり学びましょう。

新規ドキュメント設定

2021 2020 2019

[ファイル]メニュー→[新規]→[ドキュメント]を選択するか、ホーム画面で[新規作成]を選択します。[新規ドキュメント]ダイアログボックスが表示されたら、作成する本のサイズや綴じ方を設定します。次に[レイアウトグリッド]か[マージン・段組]のいずれかをクリックして、版面を設定します。

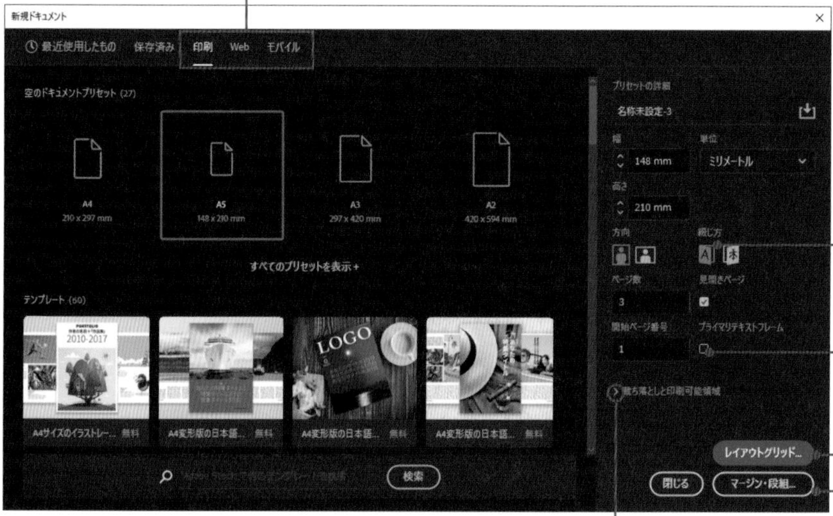

ドキュメントプロファイルを選択すると、[空のドキュメントプリセット]と[テンプレート]の内容が切り替わる

一般的に横組みは[左綴じ]、縦組みは[右綴じ]に設定

P.053参照

クリックして展開表示すると、[裁ち落とし]と[印刷可能領域]の設定ができる

裁ち落としと印刷可能領域

CHECK!

本は複数のページを大きな紙に印刷してから折りたたんでページサイズに断裁します。断裁位置は本の綴じ方や断裁機の調子で多少のズレが生じるため、余白が生じないように外側に塗り足しておく必要があります。この塗り足しの位置を示すガイドを[裁ち落とし]で設定します。印刷業界のルールでは、裁ち落としは「3mm」と決まっているので、初期設定のまま使用します。
[印刷可能領域]は、[裁ち落とし]よりも外側に印刷範囲を広げることができます。校正紙の余白に補足情報を入れたいときに利用できます。

ドキュメントファイルを分けて作る

COLUMN

1冊の本を作るとき、ひとつのドキュメントファイルにすべてレイアウトする必要はありません。特にページ数が多いときや、画像を多くレイアウトする場合は、ドキュメントファイルを章などの区切りがよいページで分割します。ドキュメントファイルを分割する理由には、[ファイルサイズを抑えることでメモリに負担をかけない][分担作業がしやすい][構成の変更がしやすい]など、さまざまな理由があります。分割するときは、ブック機能(P.290の「ブックでまとめる」を参照)を使ってページ数や書式を統一します。

Macでは、キーは次のようになります。 Ctrl → ⌘　Alt → option　Enter → return

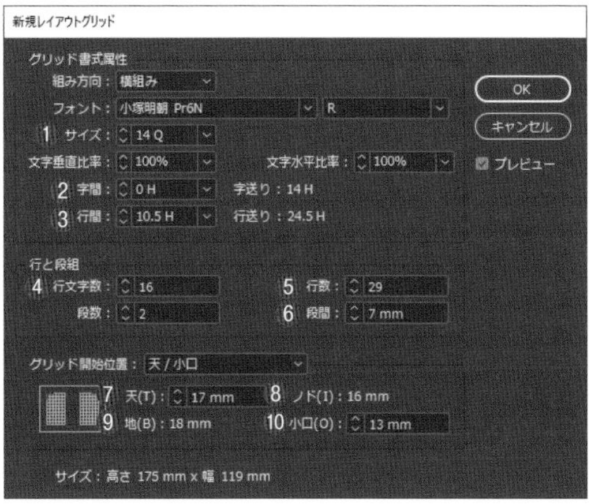

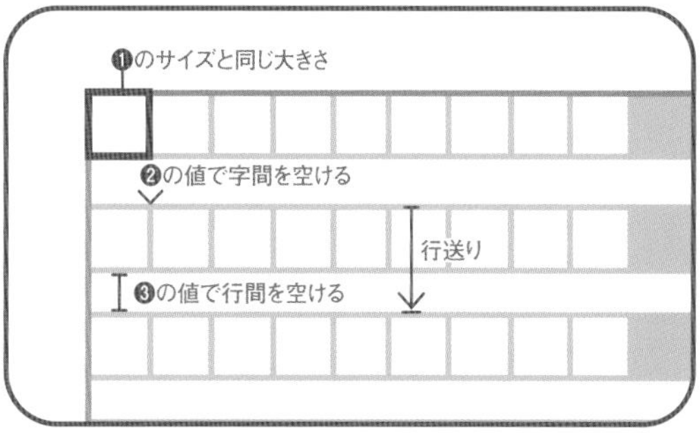

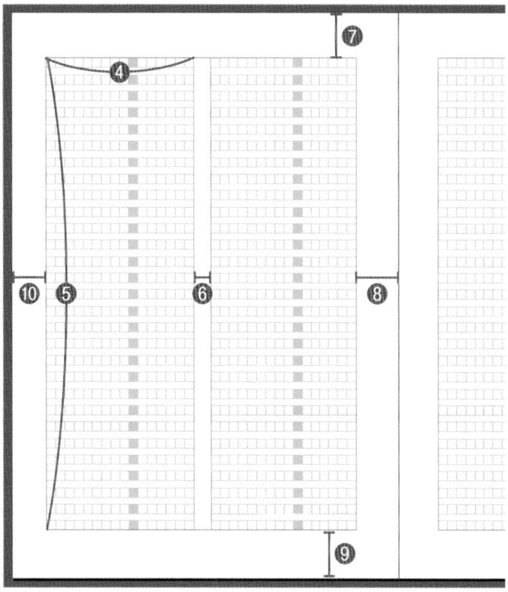

[グリッド開始位置]を[天 / 小口]に設定した場合、[地]と[ノド]のマージンはレイアウトグリッドのサイズに従う

[新規レイアウトグリッド] ダイアログボックス

[グリッド書式属性] に本文と同じ書式設定を入力します。[行と段組] に1行分の文字数と行数を入力して、グリッドの数を設定します。 [グリッド開始位置] では、グリッドを配置する座標を設定します。[OK]ボタンをクリックすると、新規ドキュメントが作成されます。ドキュメントページに原稿用紙のようなグリッドと、マージンと段組のガイドが表示されます。

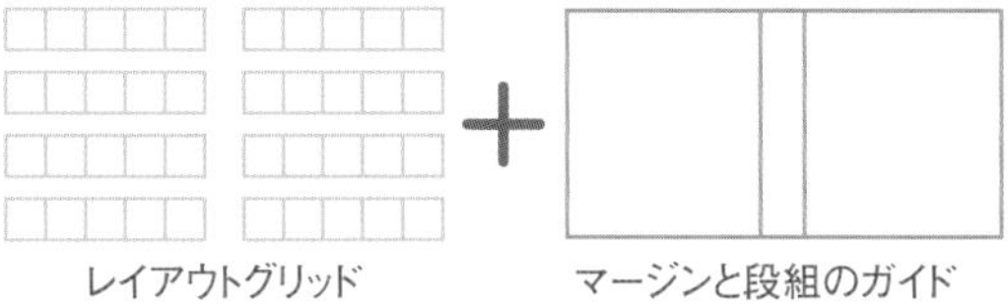

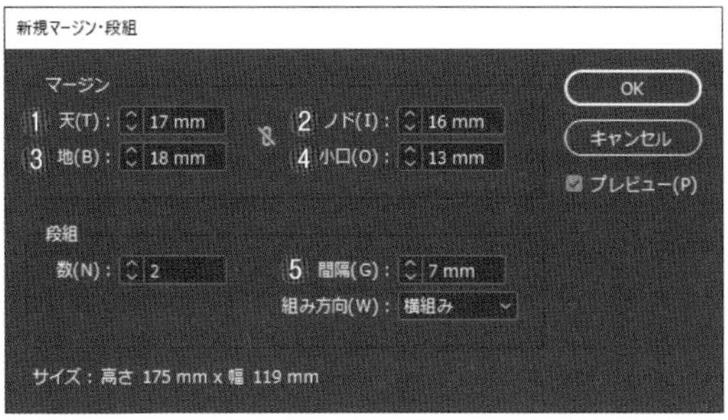

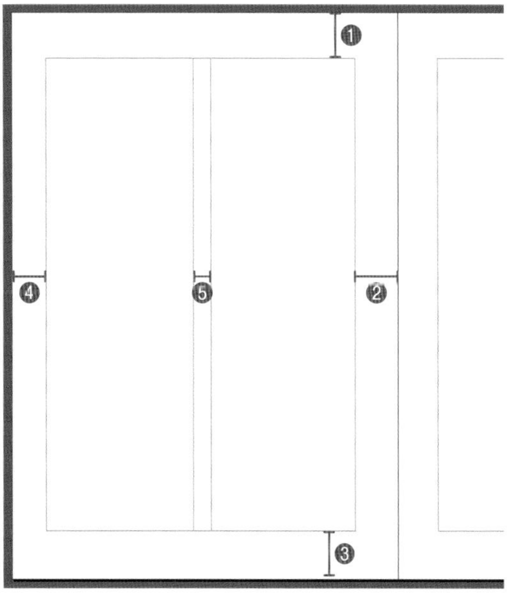

[新規マージン・段組] ダイアログボックス

[マージン] にページの端から版面までの距離を設定します。 [段組] には、段の数と間隔、組み方向を設定します。[OK] ボタンをクリックすると、新規ドキュメントが作成されます。 [OK] ボタンをクリックすると、ドキュメントページにマージンと段組のガイドが表示されます。

STEP 01 文庫本のドキュメント作成

2021 2020 2019

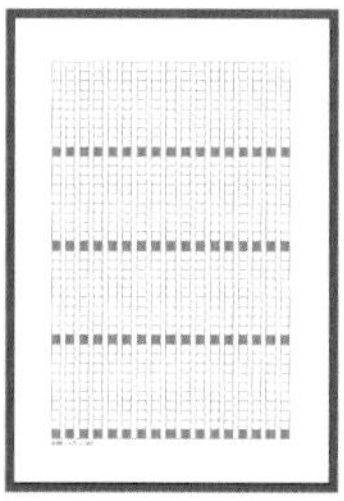

文庫本を想定したドキュメントを作成します。InDesignの[空のドキュメントプリセット]には文庫本サイズがないので、[幅]と[高さ]に値を入力する方法で設定します。

1 [ファイル]メニュー→[新規]→[ドキュメント]を選びます❶。ホーム画面にある[新規作成]ボタンをクリックしてもかまいません。[新規ドキュメント]ダイアログボックスが表示されたら、ドキュメントプロファイルの[印刷]をクリックします❷。[幅]を「105mm」、[高さ]を「148mm」に設定します❸。[綴じ方]を[右綴じ]に設定します❹。[見開きページ]と[プライマリテキストフレーム]にチェックをつけ❺❻、[レイアウトグリッド]をクリックします❼。

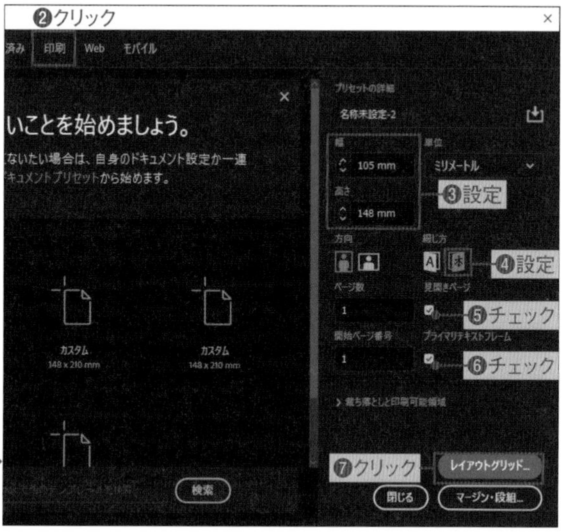

2 [新規レイアウトグリッド]ダイアログボックスが表示されたら、[グリッド書式属性]の[サイズ]を「12Q」に設定し❶、[行間]を「7H」(行送り:19H)に設定します❷。[行と段組]の[行文字数]を「40」、[行数]を「17」に設定します❸❹。ほかは初期設定のままでかまいません。[グリッド開始位置]を[天/小口]に設定し❺、[天]を「14mm」、[小口]を「13mm」に設定して❻❼、[OK]をクリックします❽。指定した設定で空のページが作成されます❾。

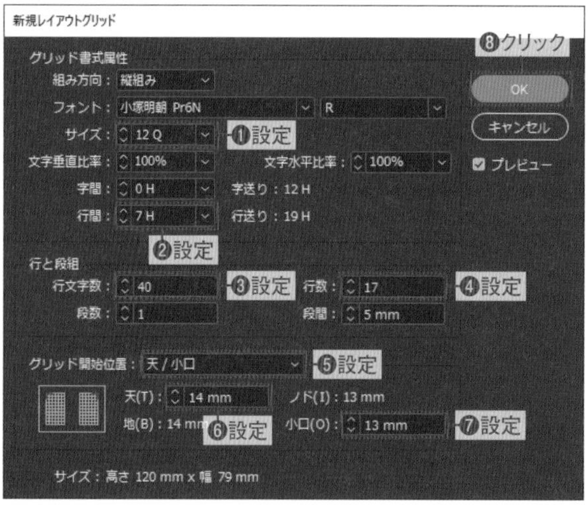

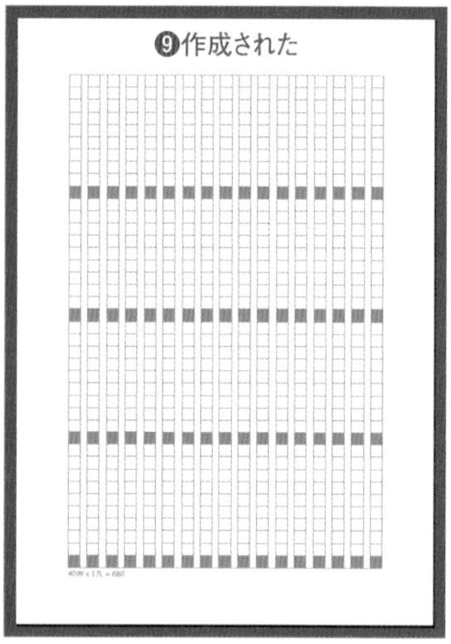

COLUMN

プライマリテキストフレーム

プライマリテキストフレームは、異なるマスターページのテキストフレームを同じテキストフレームとして扱うことができます。例えば、「A-マスター」を適用したストーリーの一部のページをレイアウトが異なる「B-マスター」に変更しても、プライマリテキストフレームは同じストーリー上のテキストフレームとして差し替えることができます。
数ページ続けて長いテキストを流し込むドキュメント作成に便利な機能です。

［新規ドキュメント］ダイアログボックスの［プライマリテキストフレーム］をチェックして、版面を［マージン・段組］で設定すると、プレーンテキストフレームのプライマリテキストフレームがマスターページに作成され、［レイアウトグリッド］で設定すると、［グリッド書式属性］と同じ書式を適用したフレームグリッドのプライマリテキストフレームが作成されます。
新規ドキュメントを作成するときにプライマリテキストフレームを作成しなくても、後からマスターページにテキストフレームを作成して、プライマリテキストフレームに設定することもできます。ただし、マスターページに配置できるプライマリテキストフレームは1ページにひとつだけです。複数のテキストフレームをマスターページに作成した場合、プライマリテキストフレーム以外は通常のテキストフレームとして扱われます。
プライマリテキストフレームと非プライマリテキストフレームの切り替えは、マスターページのテキストフレームを選択して、左上のフレームアイコンを選択ツール（またはダイレクト選択ツール）でクリックして切り替えます。

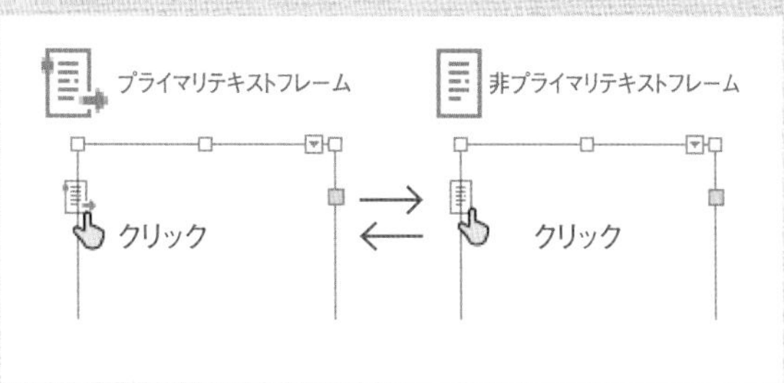

STEP 02 二つ折りパンフレットのドキュメント作成 2021 2020 2019

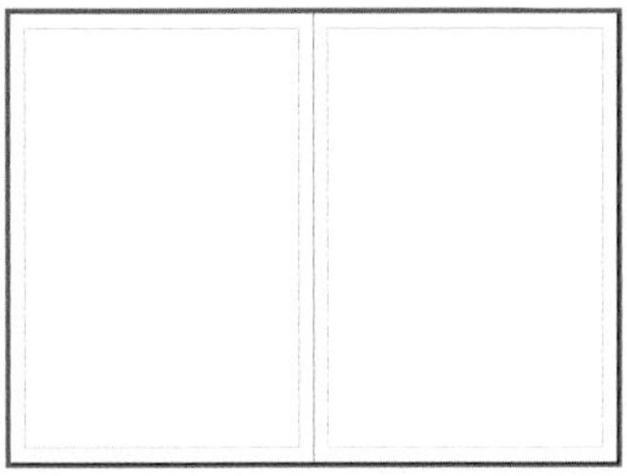

A3を二つ折りにしたパンフレットの作成を想定して、A4サイズを見開きにした表と裏（4ページ分）を作成します。1ページと2ページ、3ページと4ページを見開きで並べるドキュメントを作成します。

1 ［ファイル］メニュー→［新規］→［ドキュメント］を選びます❶。ホーム画面にある［新規作成］ボタンをクリックしてもかまいません。［新規ドキュメント］ダイアログボックスが表示されたら、ドキュメントプロファイルの［印刷］をクリックして❷、［空のドキュメントプリセット］にある［A4］をクリックします❸。

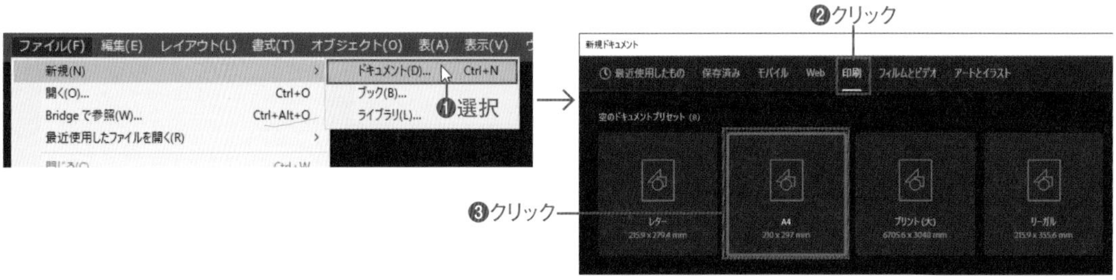

2 横組みにするので［綴じ方］を［左綴じ］に設定します❶。［ページ数］を「4」❷、［開始ページ番号］を「2」に設定したら❸、［マージン・段組］をクリックします❹。［新規マージン・段組］ダイアログボックスが表示されたら、［すべての設定を同一にする］をオンにし❺、［マージン］の［天］を「10mm」に設定します❻（［地］［左］［右］も連動して「10mm」に設定されます）。［OK］をクリックします❼。見開きページから始まる空のドキュメントが作成されます❽。

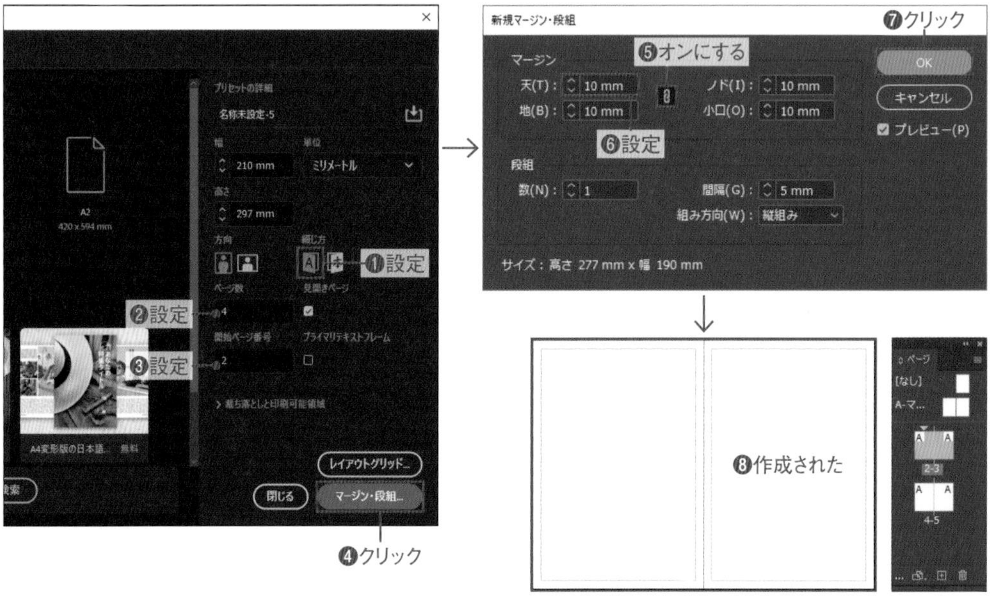

Macでは、キーは次のようになります。 Ctrl → ⌘ Alt → option Enter → return

3 ページパネルメニューの［ドキュメントページの移動を許可］を選択して❶、チェックを外します❷。

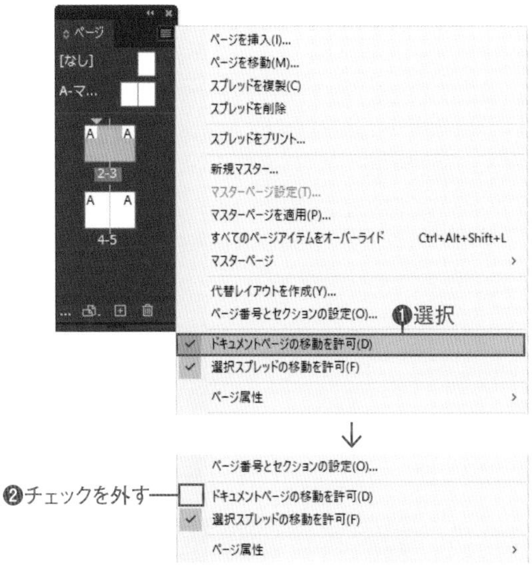

4 ページパネルの「2」ページをダブルクリックして選択します❶、パネルメニューの［ページ番号とセクションの設定］を選択します❷。

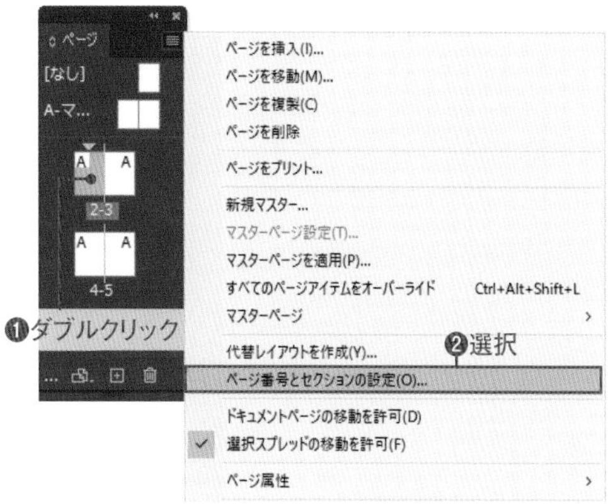

5 ［ページ番号とセクションの設定］ダイアログボックスが表示されたら、［ページ番号割り当てを開始］を「1」に設定して❶、［OK］をクリックします❷。ページパネルで先頭の左ページのページ番号が「1」になるのを確認します❸。

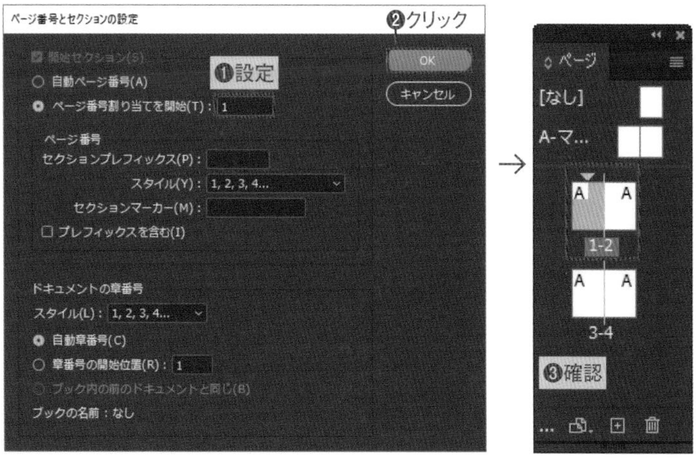

CHECK!

ブックでページ番号を管理する

複数のドキュメントをブックで管理するときは、［ページ番号とセクションの設定］ダイアログボックスの［ページ番号割り当てを開始］は設定しないで、［自動ページ番号］をチェックします。

COLUMN

ページとスプレッド

［新規ドキュメント］ダイアログボックスの［見開きページ］にチェックをつけると、複数のページを並べることができます。InDesignでは、一緒に並んで表示されるページのセットを［スプレッド］と呼びます。
スプレッドは、最大10ページまで並べることができます。3ページ以上のスプレッドを作るときは、ページパネルを使って設定します（P.056参照）。

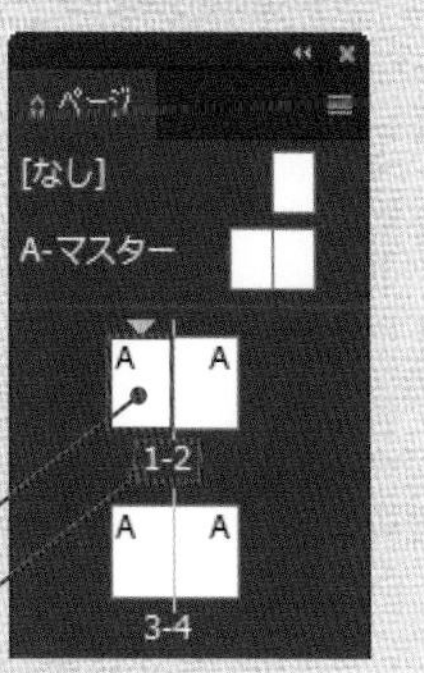

STEP 03 巻き三つ折りパンフレットのドキュメント作成 2021 2020 2019

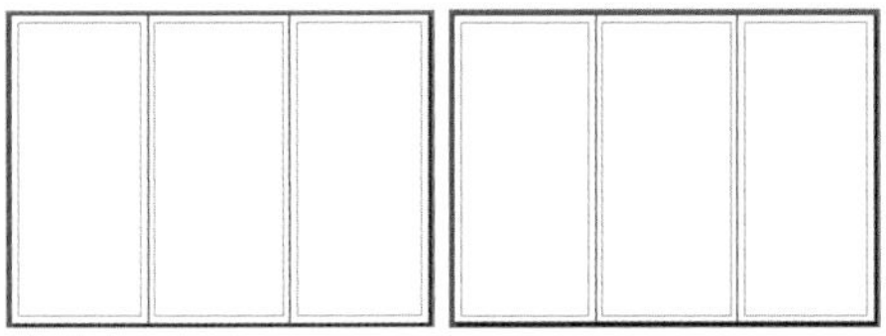

表面　　　　裏面

A4を三つ折りにしたリーフレットの作成を想定して、幅を100mm、100mm、97mmに分けた3ページのスプレッドを作ります。表面と裏面の短い面の位置に注意してください。

1 ［ファイル］メニュー→［新規］→［ドキュメント］を選びます❶。ホーム画面にある［新規作成］ボタンをクリックしてもかまいません。

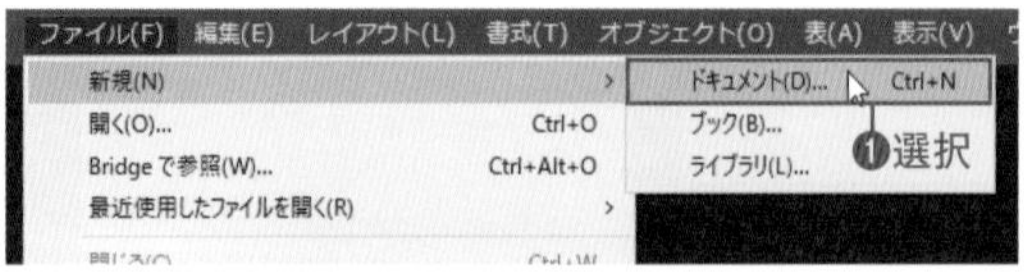

2 ［新規ドキュメント］ダイアログボックスが表示されたら、ドキュメントプロファイルの［印刷］をクリックし❶、［幅］を「100mm」、［高さ］を「210mm」に設定します❷。横組みにするので［綴じ方］を［左綴じ］に設定します❸。［見開きページ］と［プライマリテキストフレーム］のチェックを外し❹、［ページ数］を［6］に設定したら❺、［マージン・段組］をクリックします❻。

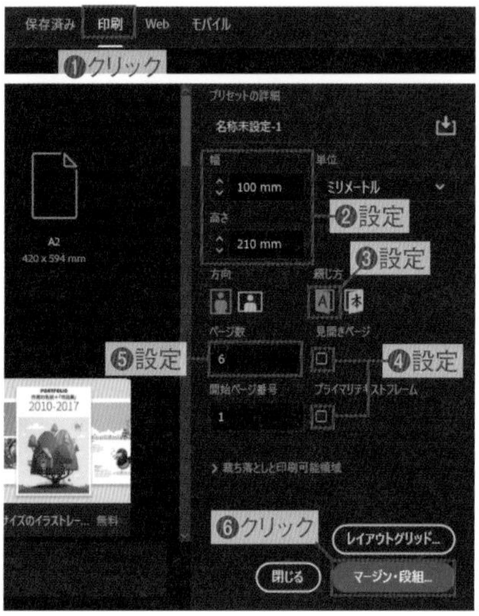

巻き三つ折りは3等分しない　CHECK!

巻き三つ折りは、1面を内側に入れて折りたたみます。内側に入る面は、紙の厚さを考慮して幅を数ミリ小さく作ります。3等分では折りたためません。最初は幅を「100mm」にしたページを3面並べてから、小さくする面を「97mm」に変更します。1面を1ページとして、表と裏を合わせて6ページ作成します。

蛇腹（Z型）で折る外三つ折りは、3等分でもOKです。

3 ［新規マージン・段組］ダイアログボックスが表示されたら、［すべての設定を同一にする］をオンにします❶。［マージン］の［天］を「5mm」に設定します❷（［地］［左］［右］も「5mm」となります）。［段組］の［数］を「1」に設定して❸、［OK］をクリックします❹。細長い形状のページが6ページ作成されます❺。

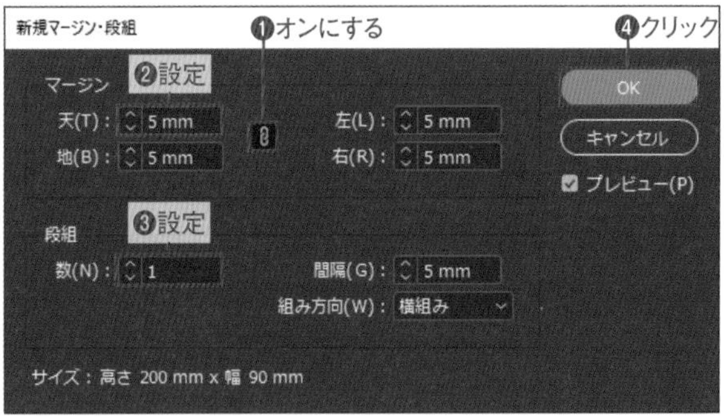

→

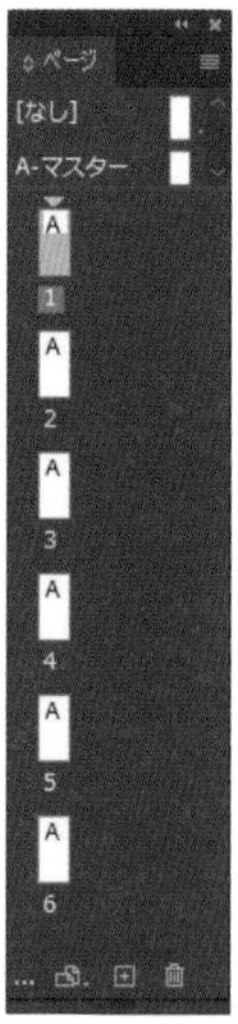

Macでは、キーは次のようになります。 Ctrl → ⌘　Alt → option　Enter → return

4 ページツールを選択し❶、ページパネルで1ページ目（内側に折り込む面）を選択します❷。プロパティパネルでページサイズの［W］を「97mm」に設定します❸。次にページパネルで6ページ（内側に折り込む1ページの裏面）を選択して❹、プロパティパネルで［W］を「97mm」に設定します❺。

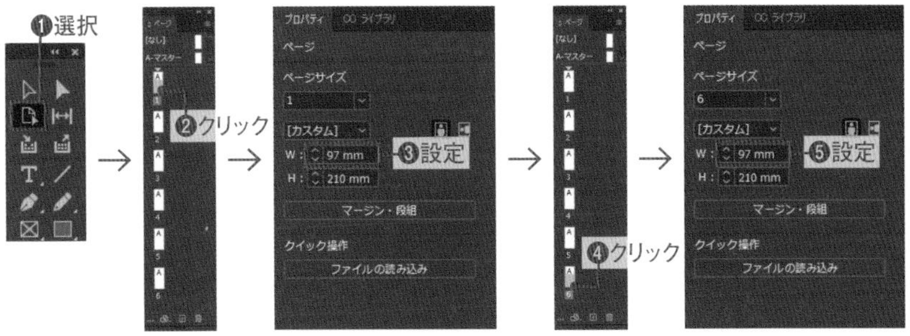

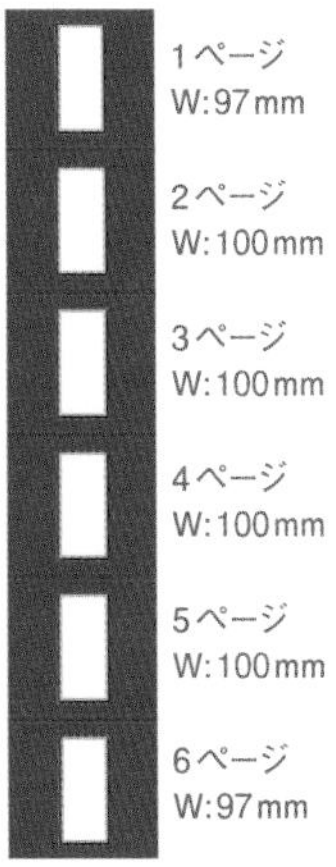

5 1ページ目を選択して❶、ページパネルメニューにある［ドキュメントページの移動を許可］をクリックして選択し❷、チェックを外します❸。

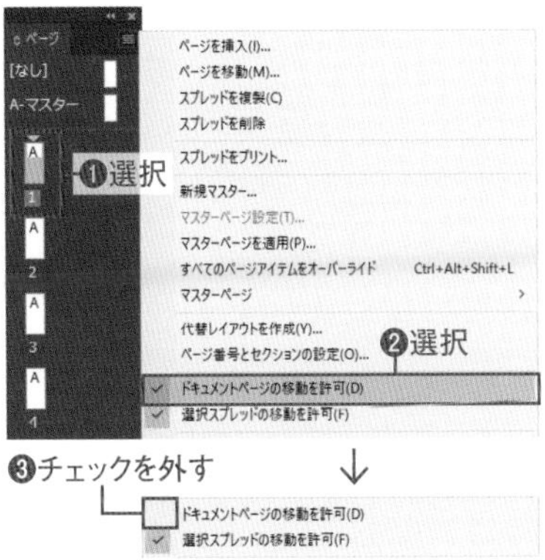

COLUMN

折り方に合わせて幅を調整する

内側に折り込む面は、折り方で変わります。あらかじめ折り方を決めておきましょう。

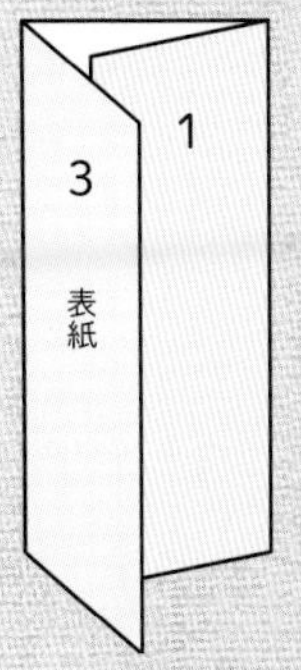

1を表紙にする折り方の場合は、3と4の幅を短くする

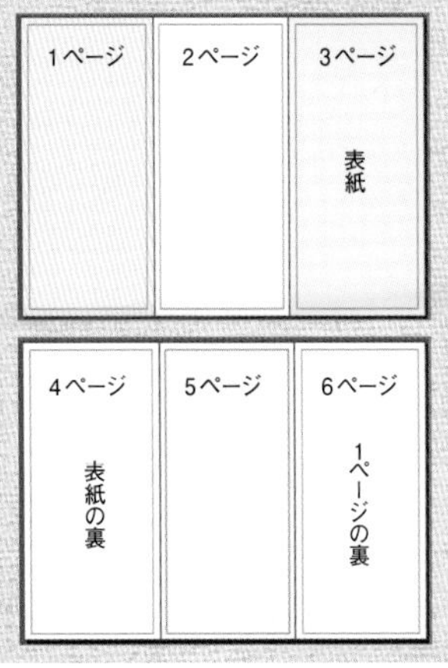

6 ページパネルで、2ページ目のサムネールを1ページ目の右隣（が表示される位置）にドラッグします❶。1ページ目の右に2ページ目がつながったら、同じ要領で3ページ目を2ページ目の右隣にドラッグします❷。3面のスプレッドが作成されました❸。これが三つ折りの表側となります。同様に裏側を作成します。5ページ目を4ページ目の隣にドラッグし❹、6ページ目を5ページ目の隣にドラッグします❺。裏側用の3面のスプレッドが作成されたら完成です❻。

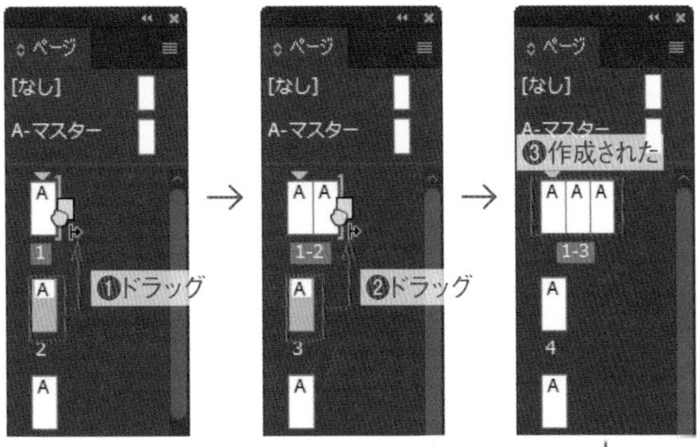

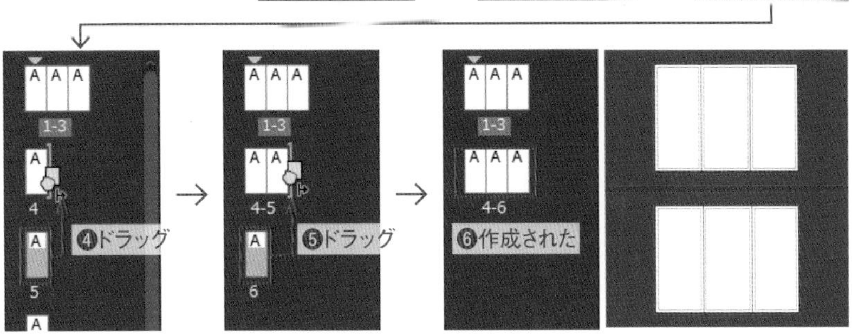

3-2 グリッドの設定

ページに設定するグリッドは、等間隔に並んだ直線の[ベースライングリッド]、作文用紙の文字枠みたいな[レイアウトグリッド]、方眼紙のような[ドキュメントグリッド]を設定できます。レイアウトするオブジェクトを揃えるための基準として利用します。

グリッドの使い方 2021 2020 2019

ベースライングリッド、レイアウトグリッド、ドキュメントグリッドは、複数ページで同じ位置に揃えるための基準線として利用します。

各種グリッドの表示・非表示の切り替えは、[表示]メニュー→[グリッドとガイド]で設定します。オブジェクトをグリッドに合わせて正確に配置するには、[グリッドにスナップ]および[レイアウトグリッドにスナップ]を選択してチェックをつけます。ただし、ベースライングリッドへのスナップは、[ガイドにスナップ]にチェックをつけると有効になります。

ベースライングリッド

ベースライングリッドの色や間隔などは、[編集](Macは[InDesign])メニュー→[環境設定]→[グリッド]で設定します。ベースライングリッドの間隔は、本文の行送りと同じ値にするのが定石です。グリッドの方向は、[レイアウト]メニューの[レイアウトグリッド設定]か[マージン・段組]にある[組み方向]と連動しています。マスターページやページごとに向きは変えられますが、グリッドの間隔は変更できません。[開始点]を[ページ]に設定するとページ全体に、[マージン]にすると版面だけにベースライングリッドが表示されます。

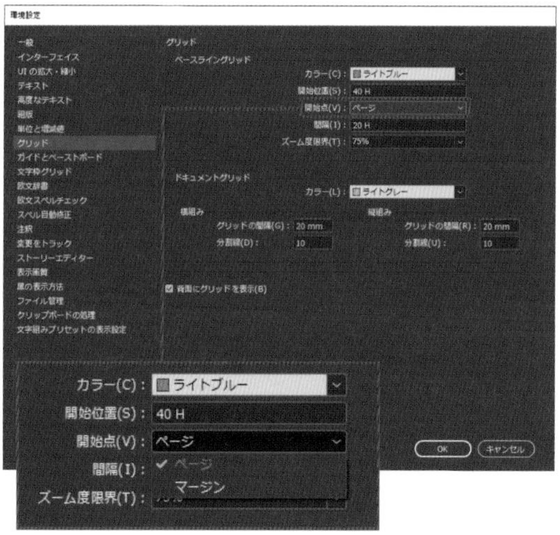

[ページ]に設定した
横組みのベースライングリッド

[マージン]に設定した
縦組みのベースライングリッド

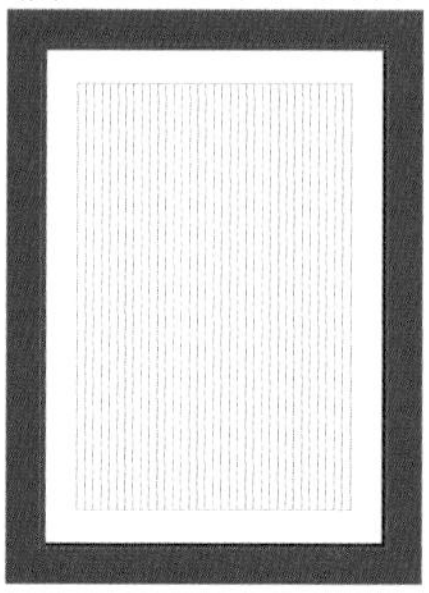

テキストフレームのベースライングリッド COLUMN

ベースライングリッドは、テキストフレームにも設定できます。テキストフレームを選択して、[オブジェクト]メニュー→[テキストフレーム設定]を選択します。[テキストフレーム設定]ダイアログボックスが表示されたら[ベースラインオプション]をクリックして、[カスタムのベースライングリッドを使用]にチェックをつけます。カスタムのベースライングリッドを使用すると、グリッド揃えの設定がテキストフレームのベースライングリッドに揃います。

レイアウトグリッド

新規ドキュメントを作成するときに［レイアウトグリッド］を設定できますが、後からマスターやページごとに設定を変更できます。
変更するときは、ページパネルでマスターページかページを選択して、［レイアウト］メニュー→［レイアウトグリッド設定］を選びます。
レイアウトグリッドもベースライングリッドと同じように本文の書式設定と同じ値にするのが定石です。ただし、レイアウトグリッドのグリッドラインは、［グリッド揃え］の対象にはなりません。基本的にレイアウトグリッドは、オブジェクトを配置するときのアタリとして使います。

横組みのレイアウトグリッド　縦組みのレイアウトグリッド

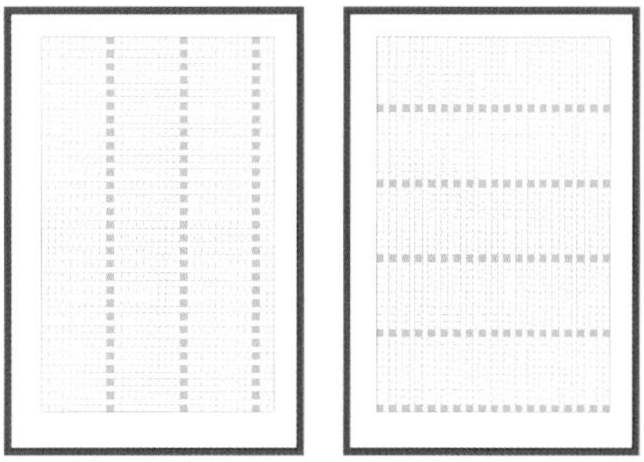

COLUMN

フレームグリッド

グリッドツールで作成するテキストフレーム（フレームグリッド）にも、文字ひとつ分のサイズを示した作文用紙のようなグリッドラインが表示されます。テキストを入力すると、強制的にフレームグリッドの枠に文字が揃います。

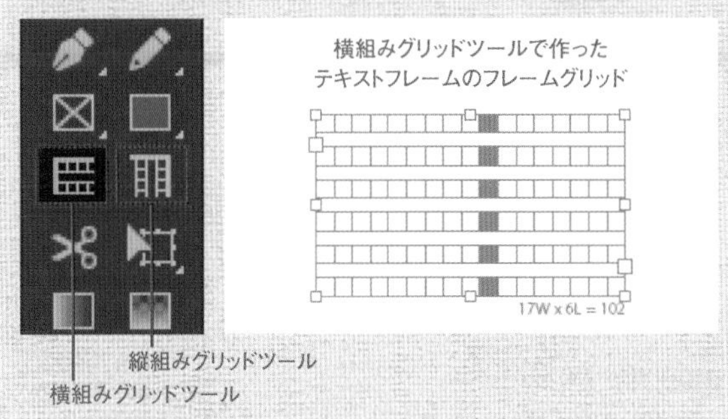

COLUMN

フレームグリッドとレイアウトグリッドのプリント

［ファイル］メニュー→［グリッドのプリント・書き出し］を選択して、フレームグリッドやレイアウトグリッドをプリントしたり、ファイル（PDFかEPS）に書き出すことができます。レイアウト指定紙を作るとき便利です。

プリントする項目にチェックする

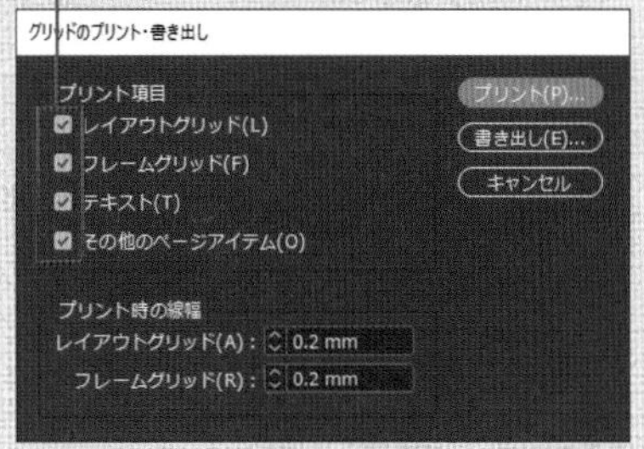

ドキュメントグリッド

ドキュメントグリッドは、ひとつのドキュメントにひとつしか設定できません。
設定を変更するときは、［編集］（Macは［InDesign］）メニュー→［環境設定］→［グリッド］を選択します。
グリッドの間隔と分割数を設定して、方眼紙のようなグリッドを作成します。グリッドラインは、ペーストボードまで表示されます。

ペーストボードにもグリッドが表示される

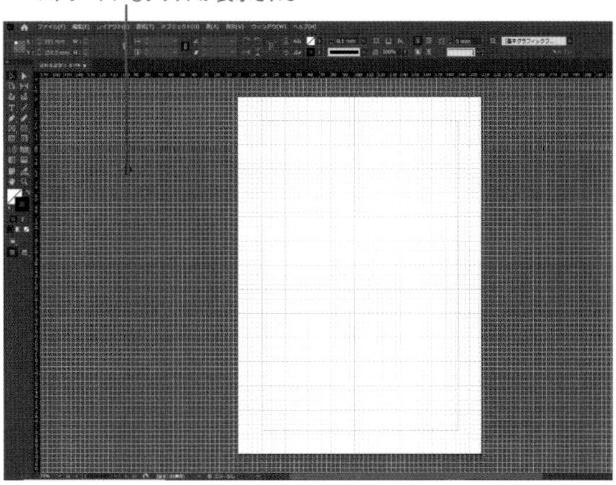

STEP 01 ベースライングリッドを本文書式に揃える

2021 2020 2019

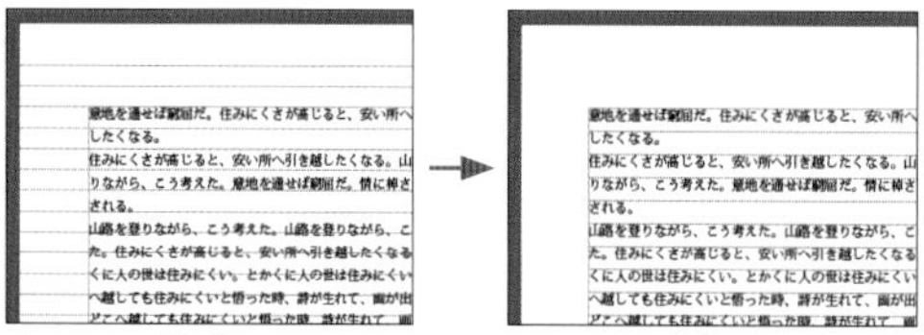

Before　After

ドキュメントページにある本文の書式設定を確認して、ベースライングリッドの間隔を本文の行送りの間隔に揃えます。

Lesson 03 ▶ L3-2S01.indd

1 レッスンファイルを開き、［表示］メニュー→［グリッドとガイド］→［ベースライングリッドを表示］を選び❶、ベースライングリッドを表示します❷。

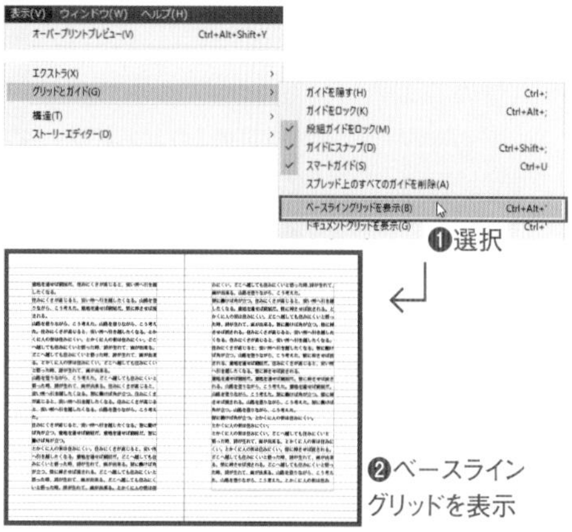

2 横組み文字ツール T を選択し❶、適当な段落テキストを選択して❷、コントロールパネルに表示される［行送り］の値が「22H」であることを確認します❸。確認したら、Shift キーと Ctrl キーと A キーを同時に押して、テキストの選択を解除します❹。

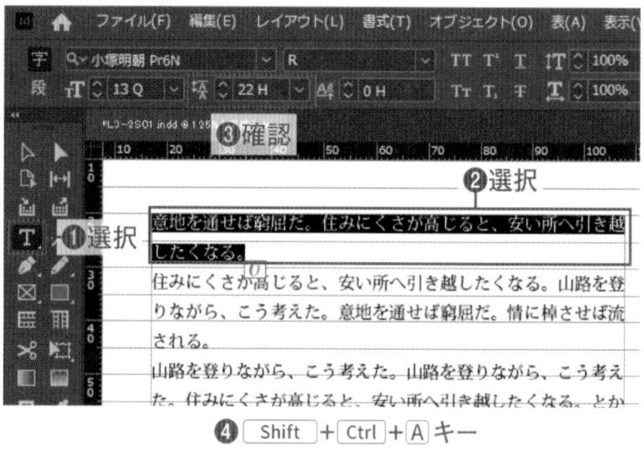

3 ［編集］（Macでは［InDesign］）メニュー→［環境設定］→［グリッド］を選び、［環境設定］ダイアログボックスを表示します❶。［開始位置］を「0H」❷、［開始点］を［マージン］❸、［間隔］をテキストの［行送り値］と同じ「22H」に設定して❹、［OK］をクリックします❺。ベースライングリッドが版面の内側だけに表示され、間隔が本文テキストの行送りと同じになります。

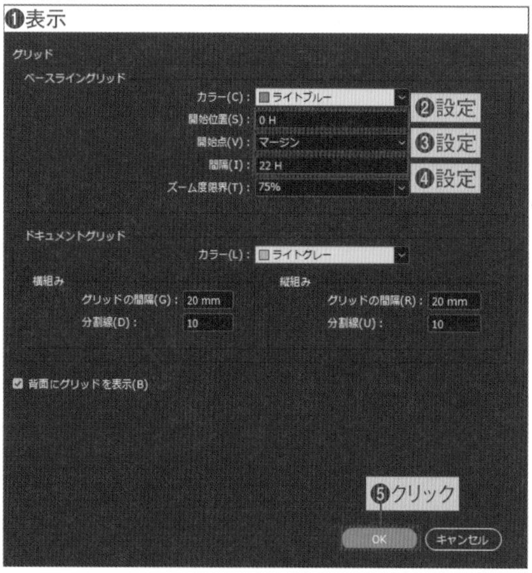

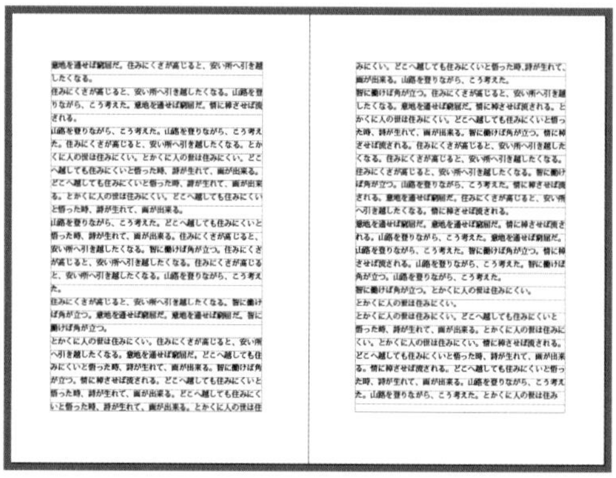

CHECK!

ズーム度限界

［ズーム度限界］には、グリッドが表示される表示倍率の下限を設定します。

Macでは、キーは次のようになります。 Ctrl → ⌘　Alt → option　Enter → return

STEP 02 レイアウトグリッドにオブジェクトをスナップさせる

2021 2020 2019

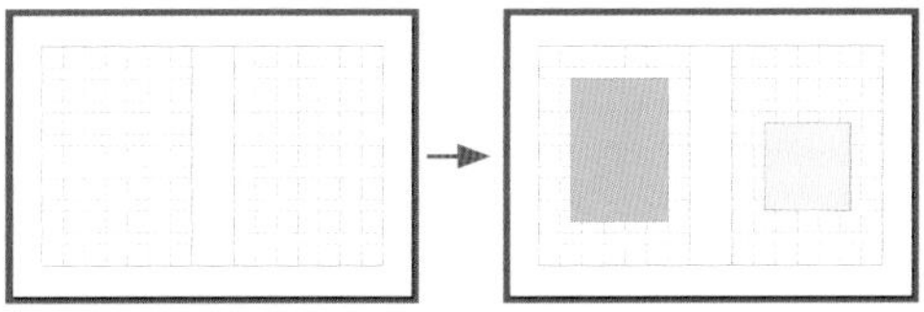

Before　After

レイアウトグリッドにピッタリ合うようにスナップ（吸着）させてオブジェクトを配置します。Ctrl キーを押しながらドラッグすると、マス目の9カ所にスナップします。

Lesson 03 ▶ L3-2S02.indd

1 レッスンファイルを開いたら、[表示] メニュー→[グリッドとガイド]→[レイアウトグリッドを表示] を選び❶、レイアウトグリッドを表示します❷。

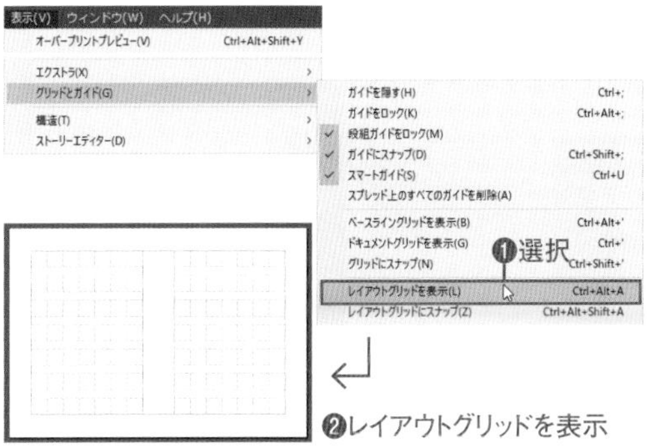

2 [表示] メニュー→[グリッドとガイド]→[ガイドにスナップ] を選択してチェックを外します❶。続けて [レイアウトグリッドにスナップ] を選択してチェックをつけます❷。

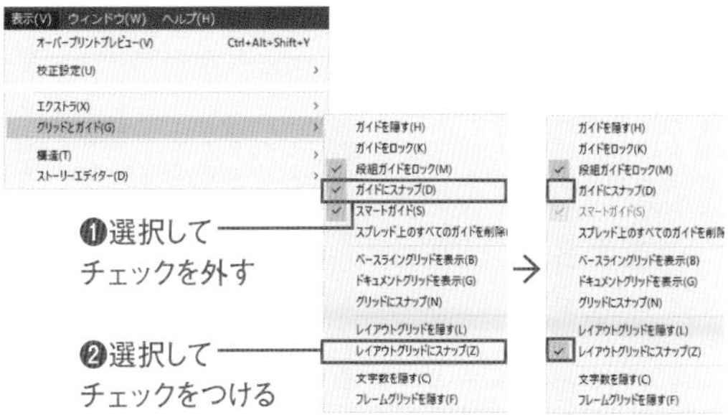

3 選択ツールを選択し❶、左側のペーストボードにあるオブジェクトをレイアウトグリッドにドラッグします❷。マウスポインターに近いオブジェクトの角がレイアウトグリッドの四隅のいずれかにスナップ（吸着）します❸。スナップするとマウスポインターが▶から▷に変わります。

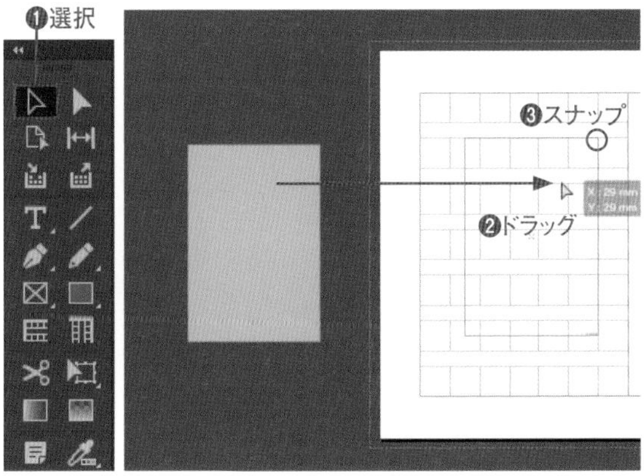

4 右側のペーストボードのオブジェクトを Ctrl キーを押しながらドラッグします❶。Ctrl キーを押すと、オブジェクトの角がレイアウトグリッドの隣り合う角、隣り合う辺の中間点にスナップします❷。狭い位置に配置する際に使用してください。

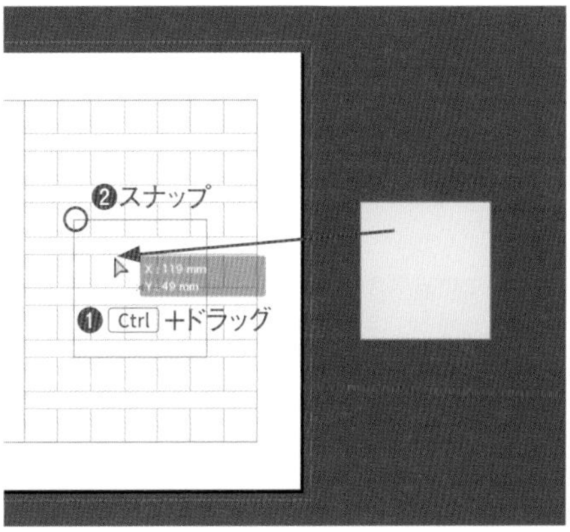

CHECK!

複数のスナップを有効にしない

グリッドやガイドへのスナップは、グリッドやガイドを非表示にしてもスナップは有効になります。使いたいスナップだけを有効にしてください。

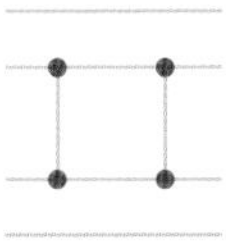

ドラッグでスナップする位置

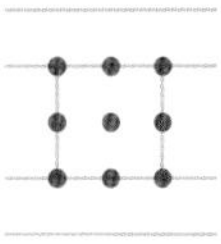

Ctrl＋ドラッグでスナップする位置

3-3 ガイドの設定

新規ドキュメントを作成するときに設定するマージンガイド、段組ガイド、裁ち落としガイド、印刷可能領域ガイド以外のガイドが必要なときは、定規ガイドを作成します。また、段組ガイド、マージンガイド、定規ガイドは、マスターやページごとに設定を変えることができます。

定規ガイド

2021 2020 2019

定規ガイドは、ペーストボード（ページの外側）を含む自由な位置に作成できます。必要な位置だけにガイドラインを作成できるので、オブジェクトの位置をピンポイントで合わせるときに便利です。定規ガイドはロックを解除して移動や削除ができるので、一時的な使用も可能です。

定規ガイドを作成する

定規ガイドは、[標準モード] で [定規] と [ガイド] を表示した状態❶❷❸で作成します。マスターに作成すると、マスターを適用したページすべてに反映され、ページに作成した場合は、そのページだけのガイドになります。レイヤーを複数作成している場合は、レイヤーパネルでガイドを作成するレイヤーを選択します。以上の準備ができたら、次のいずれかの操作を行います。

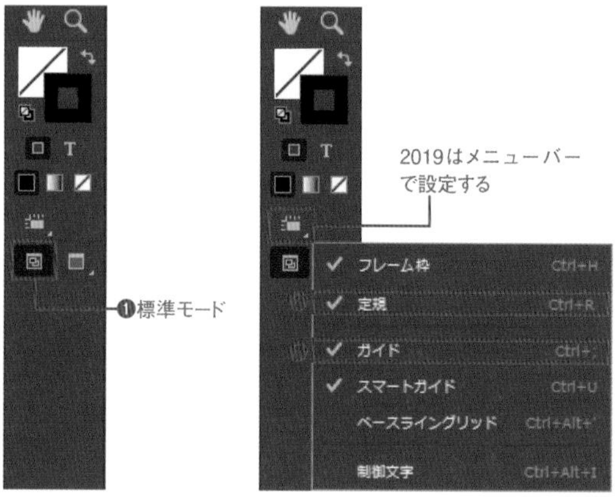

定規からページ内にドラッグ

水平定規または垂直定規の上からページの内側にドラッグすると❶、ページガイド（ページ領域だけに表示する定規ガイド）が作成されます。

ドラッグの途中で水平ガイドと垂直ガイドを切り替えたいときは、最初からドラッグし直さなくても Alt キーを押しながらマウスボタンをはなせば、水平と垂直が切り替わります。

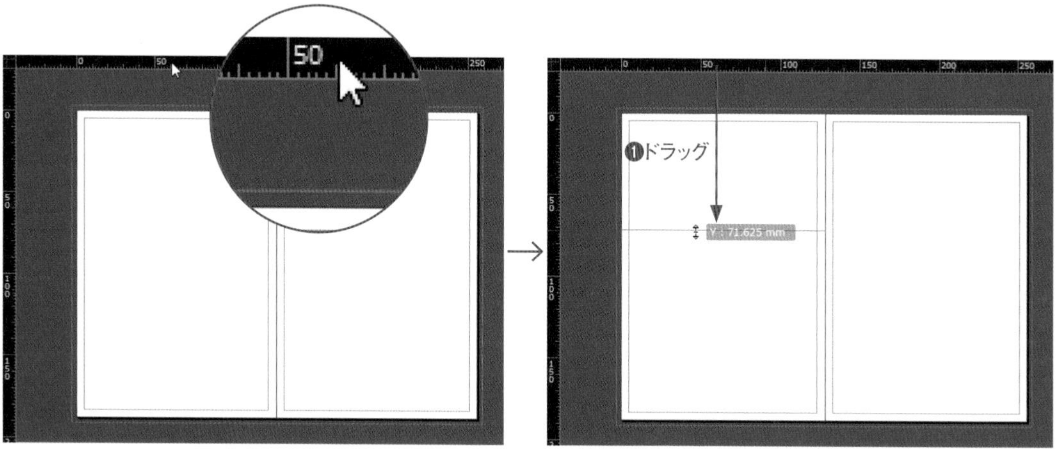

定規からペーストボードにドラッグ

水平定規または垂直定規の上からペーストボード（ページの外側）にドラッグすると❶、スプレッドガイド（ペーストボードとページの両方に表示する定規ガイド）が作成されます。マウスポインターの先端がページ内にあっても、Ctrl キーを押しながらマウスボタンをはなせばスプレッドガイドを作成できます。

定規上をダブルクリック

水平定規または垂直定規の上でダブルクリックすると❶、マウスポインターの先端位置にスプレッドガイドが作成されます。

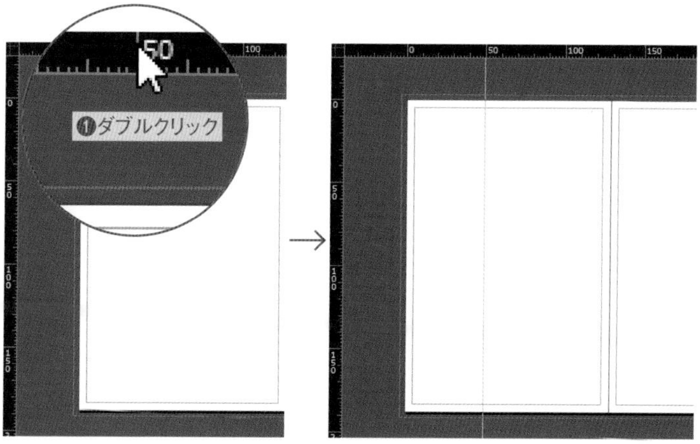

定規の交点から Ctrl +ドラッグ

水平定規と垂直定規の交点から Ctrl キーを押しながらドラッグすると❶、水平と垂直のスプレッドガイドが同時に作成されます。

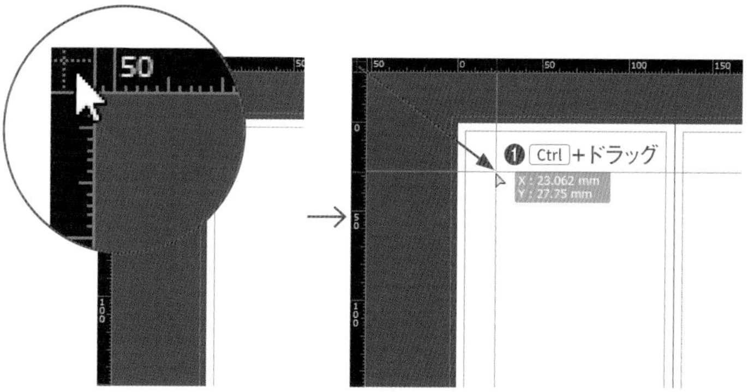

定規ガイドを削除する

［表示］メニュー→［グリッドとガイド］→［ガイドをロック］のチェックを外して、［表示］メニュー→［グリッドとガイド］→［スプレッド上のすべてのガイドを削除］を選択すると、スプレッド上にある定規ガイドをすべて削除します。

個別に削除するときは、選択ツールかダイレクト選択ツールで定規ガイドを選択して、Delete キーを押して削除します。

COLUMN

正確な位置に定規ガイドを移動する

［表示］メニュー→［グリッドとガイド］→［段組ガイドをロック］のチェックを外し、選択ツールかダイレクト選択ツールで定規ガイドを選択すると、コントロールパネルや変形パネルに座標が表示されます。この座標を示すボックスに数値を入力すると、指定した位置に定規ガイドが移動します。

マージン・段組ガイド 2021 2020 2019

マージン・段組ガイドを変更する

新規ドキュメント作成時に設定したマージン・段組ガイドは、マスターやページ別に設定を変えることができます。変更するときはページパネルでマスターかページを選択して、[レイアウト] メニュー→ [マージン・段組] を選び、表示された [マージン・段組] ダイアログボックスで設定します。マスターのマージン・段組を変更すると、マスターを適用したページのマージン・段組も更新されます。

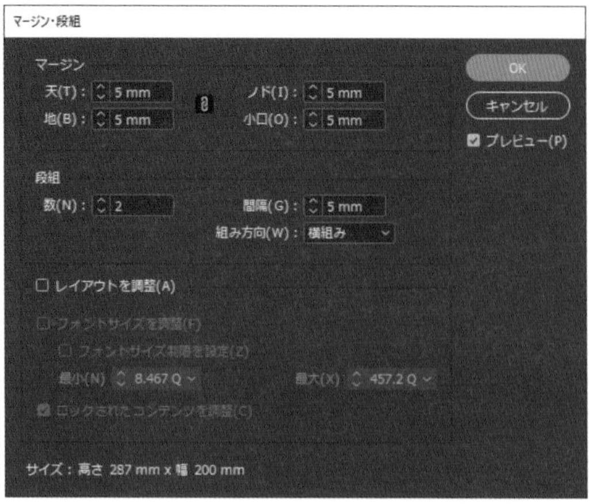

COLUMN

裁ち落としと印刷可能領域ガイドの変更

裁ち落としと印刷可能領域ガイドを変更するときは、[ファイル] メニュー→ [ドキュメント設定] を選択します。[ドキュメント設定] ダイアログボックスが表示されるので、設定を変更してください。

裁ち落としと印刷可能領域ガイドは、ひとつのドキュメントにひとつしか設定できません。

変更すると、すべてのページの裁ち落としと印刷可能領域ガイドが更新されます。

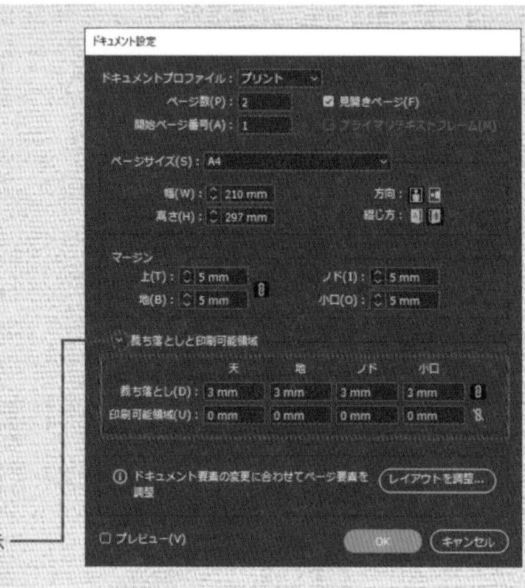

不均等な段組ガイドに変更する

[表示] メニュー→ [グリッドとガイド] → [段組ガイドをロック] を選択してチェックを外すと❶、選択ツール やダイレクト選択ツール のドラッグ操作で段組ガイドを移動できるので❷、不均等な段組に変更できます。

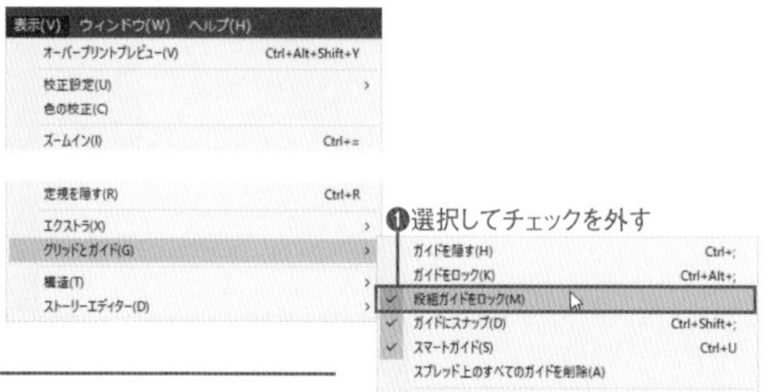

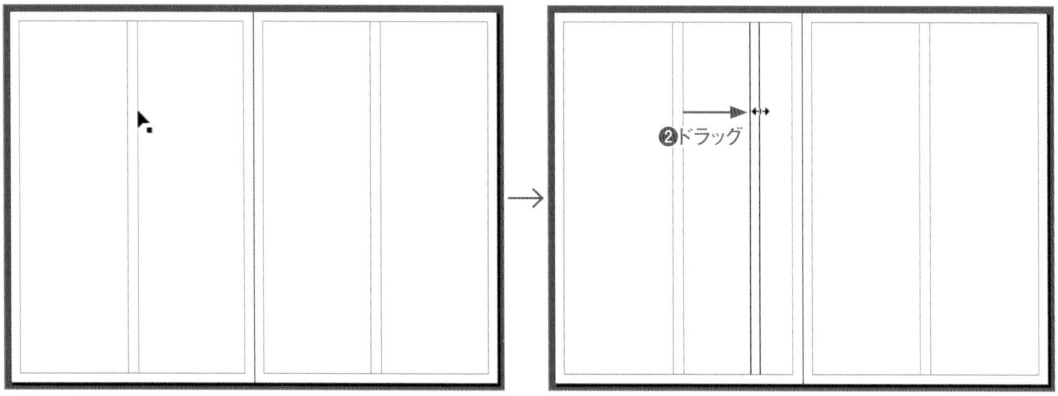

 Macでは、キーは次のようになります。 Ctrl → ⌘ Alt → option Enter → return

ガイドの表示設定

2021 2020 2019

ガイドを非表示にする

スクリーンモードを[プレビュー](または[裁ち落としモード][印刷可能領域モード][プレゼンテーション])に切り替えると、すべてのガイドやグリッドが非表示になります❶。[標準モード]で定規ガイドだけ非表示にするときは、レイヤーパネルメニューの["選択したレイヤー名"のレイヤーオプション]を選び、表示された[レイヤーオプション]ダイアログボックスの[ガイドを表示]のチェックを外します❷。[標準モード]で[表示]メニュー→[グリッドとガイド]→[ガイドを隠す]を選ぶと❸、すべてのガイドが非表示になります。表示するときは、[表示]メニュー→[グリッドとガイド]→[ガイドを表示]を選択します。

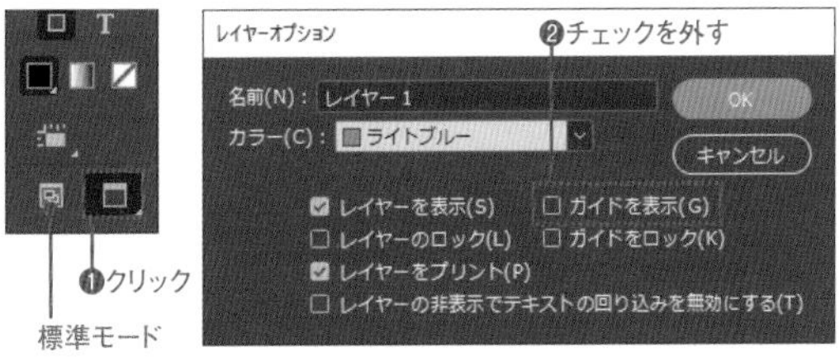

ガイドの色を変更する

定規ガイドの色は、[レイアウト]メニュー→[定規ガイド]を選び、[定規ガイド]ダイアログボックスの[カラー]のメニューから選択します。[カスタム]を選ぶとメニュー以外のカラーを設定できます❶。
定規ガイド以外のガイドは、[環境設定]ダイアログボックスにある[ガイドとペーストボード]で設定します❷。

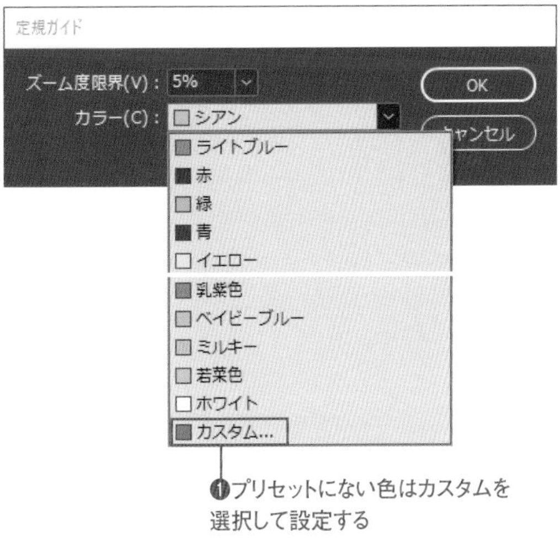

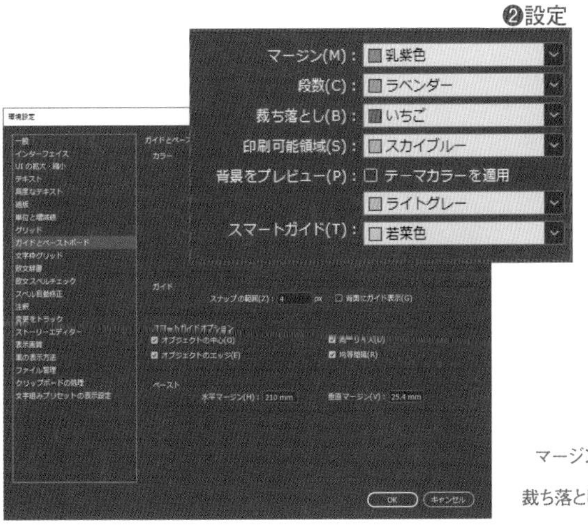

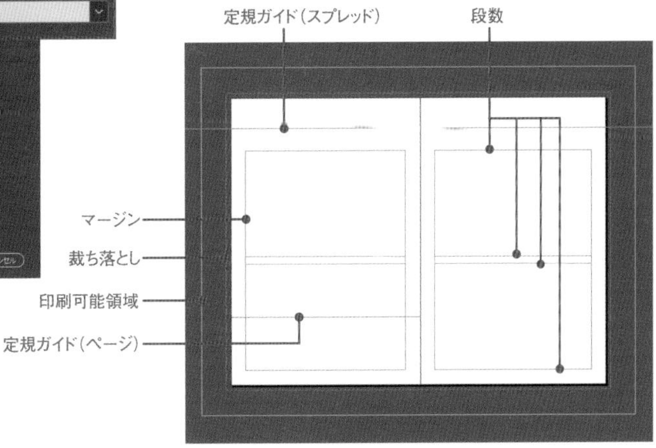

STEP 01 不均等な段組を作成する

2021 2020 2019

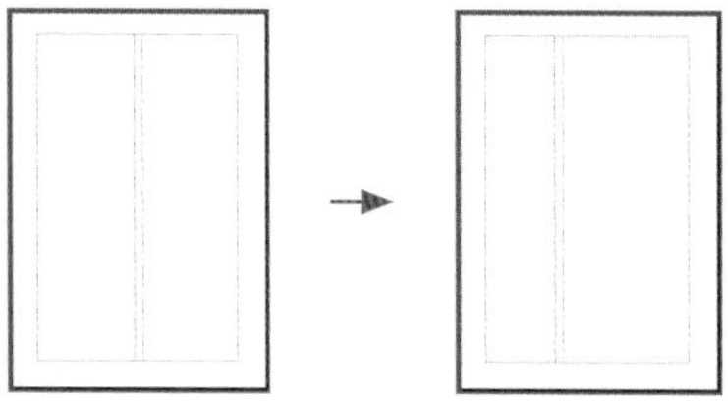

Before　After

左の段の幅が5cm、右が10cm、段間が6mmの不均等な段組を作成します。正確な位置に設定できるように、定規ガイドを使います。

Lesson 03 ▶ L3-3S01.indd

1 レッスンファイルを開きます。［表示］メニュー→［グリッドとガイド］の［ガイドをロック］のチェックを外し❶、作成した定規ガイドを正確な位置まで修正できるようにします。段組ガイドを移動できるように［段組ガイドをロック］のチェックを外します❷。段組ガイドが定規ガイドにスナップするように［ガイドにスナップ］にチェックをつけます❸。

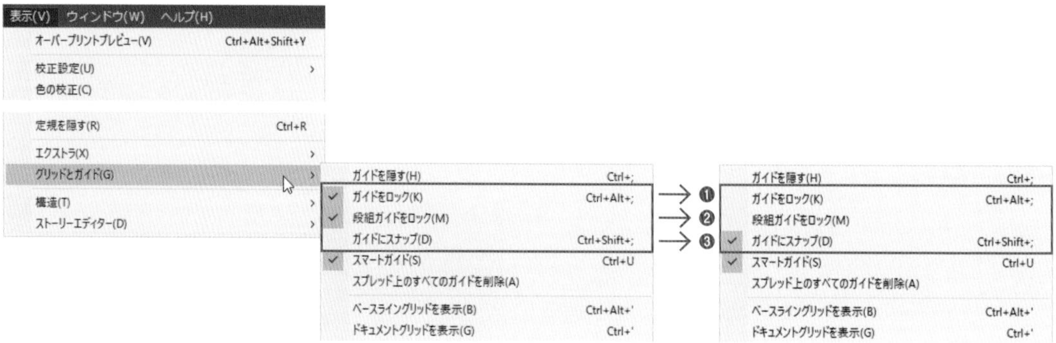

2 版面を基準に座標を測れるように、定規の交点から版面の左上角までドラッグします❶。版面の左上角が原点（X:0 Y:0）になります❷。

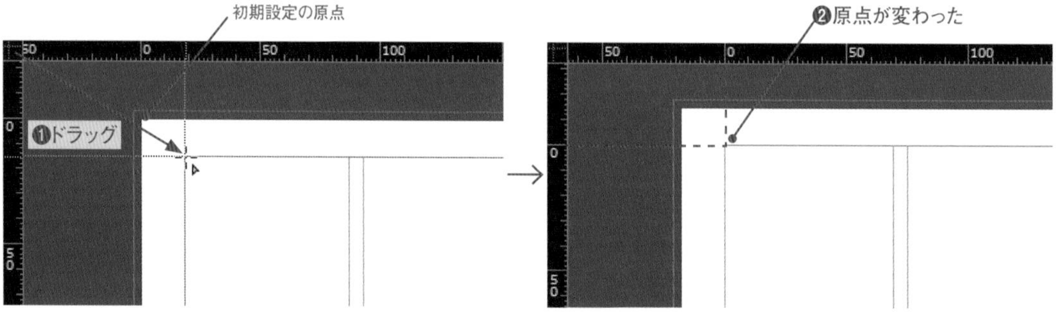

3 水平定規の「50mm」の位置でダブルクリックして❶、垂直の定規ガイドを作成します。位置は修正するので、だいたい50mmでかまいません。

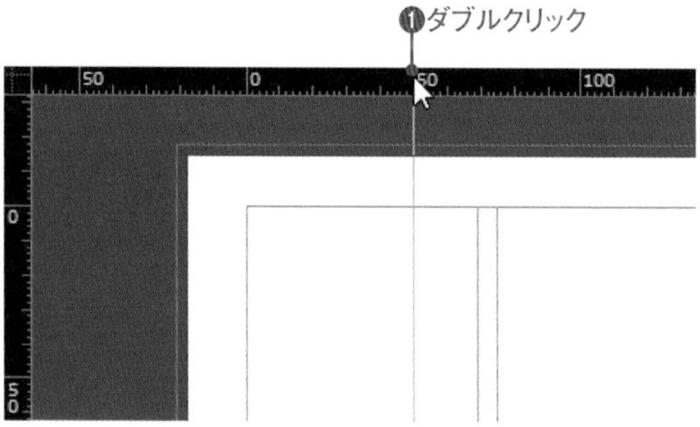

Macでは、キーは次のようになります。 Ctrl → ⌘　Alt → option　Enter → return

4　選択ツール[▷]を選択し❶、作成した定規ガイドをクリックして選択します❷。ガイドのロックを解除しているので、定規ガイドを選択できます。コントロールパネルに選択した定規ガイドの座標が表示されるので、[X] を「50mm」に設定して❸、正確な位置に修正します。

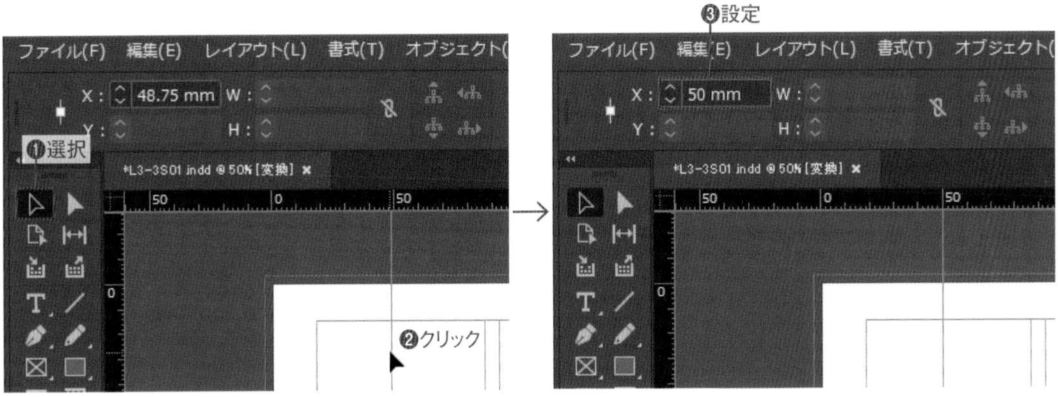

5　選択ツール[▷]で、段組ガイドの左の線を定規ガイドにスナップする位置までドラッグします❶。

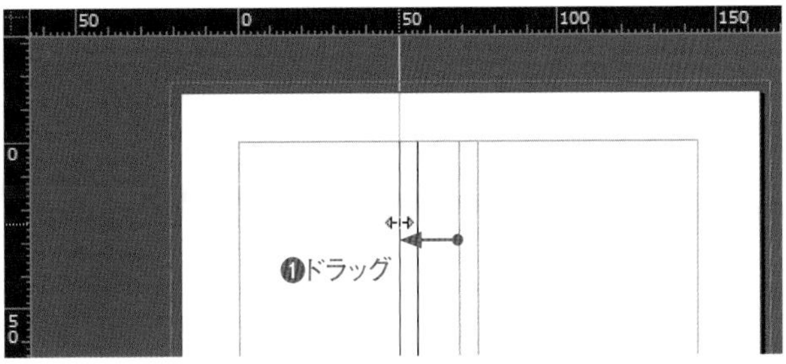

6　選択ツール[▷]で定規ガイドをクリックして選択します❶。Delete キーを押して削除します❷。

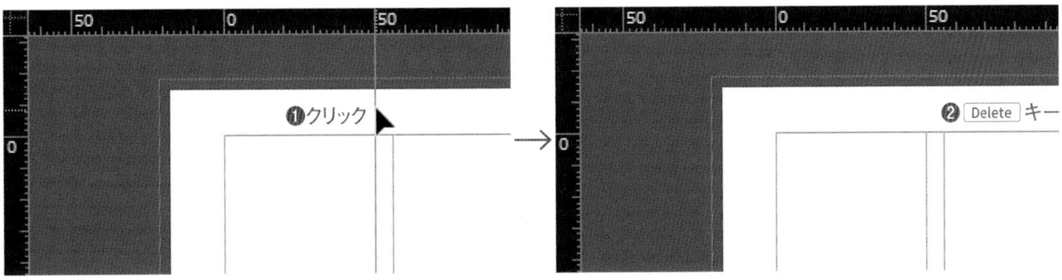

7　誤操作でガイドがズレないように、[表示] メニュー→[グリッドとガイド] の [ガイドをロック] と [段組ガイドをロック] を選択してチェックをつけます❶。

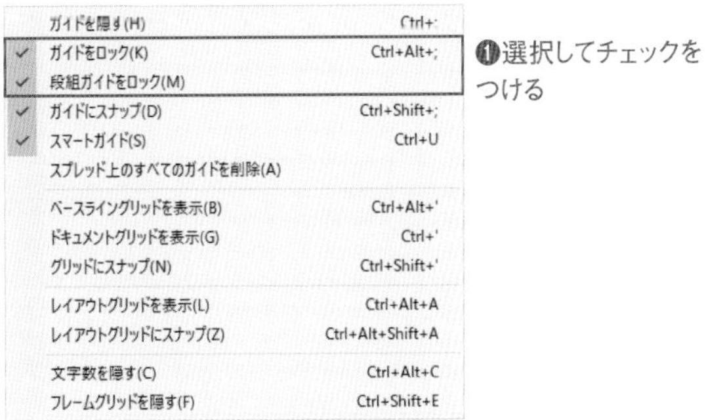

3-4 マスターページの作成

ページ番号や柱、ツメなど、複数のページに共通するデザイン要素はマスターに作成します。マスターに配置したオブジェクトを変更すると、マスターを適用したページに同じ変更が適用されるので、正確にデザインを統一することができます。

マスターページの作り方

2021 2020 2019

複数のページに共通する要素といっても、全ページに共通するノンブル、章ごとに変わるツメ、節ごとに使う見出しやアイコンなど、適用する範囲がそれぞれ異なります。
まずはマスターページを作る前に、共通するオブジェクトの使用頻度を考慮して、マスターページに作るオブジェクトを検討します。

マスターページを使ったドキュメントページ

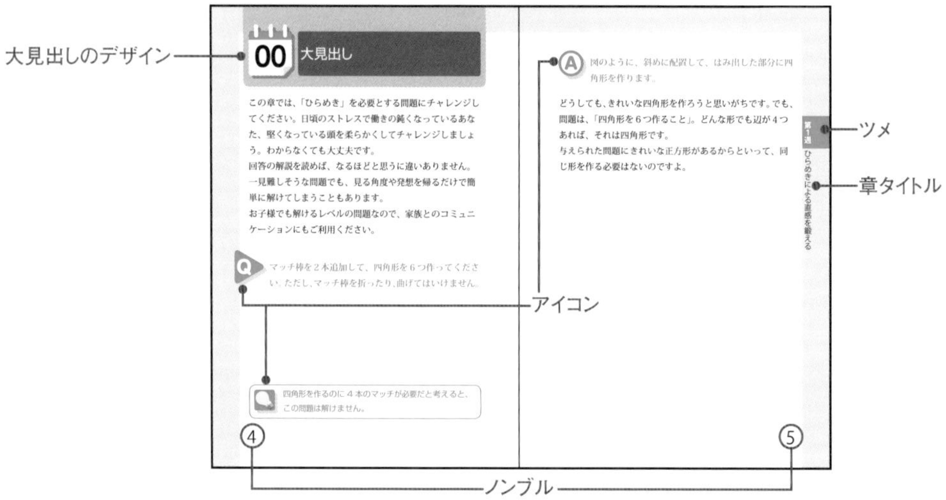
大見出しのデザイン
00
大見出し
この章では、「ひらめき」を必要とする問題にチャレンジしてください。日頃のストレスで働きの鈍くなっているあなた、堅くなっている頭を柔らかくしてチャレンジしましょう。わからなくても大丈夫です。
回答の解説を読めば、なるほどと思うに違いありません。
一見難しそうな問題でも、見る角度や発想を帰るだけで簡単に解けてしまうこともあります。
お子様でも解けるレベルの問題なので、家族とのコミュニケーションにもご利用ください。
Q
マッチ棒を2本追加して、四角形を6つ作ってください。ただし、マッチ棒を折ったり、曲げてはいけません。
四角形を作るのに4本のマッチが必要だと考えると、この問題は解けません。
A
図のように、斜めに配置して、はみ出した部分に四角形を作ります。
どうしても、きれいな四角形を作ろうと思いがちです。でも、問題は、「四角形を6つ作ること」。どんな形でも辺が4つあれば、それは四角形です。
与えられた問題にきれいな正方形があるからといって、同じ形を作る必要はないのですよ。
第1週
ひらめきによる直感を鍛える
ツメ
章タイトル
アイコン
4
5
ノンブル

全ページに共通するオブジェクト

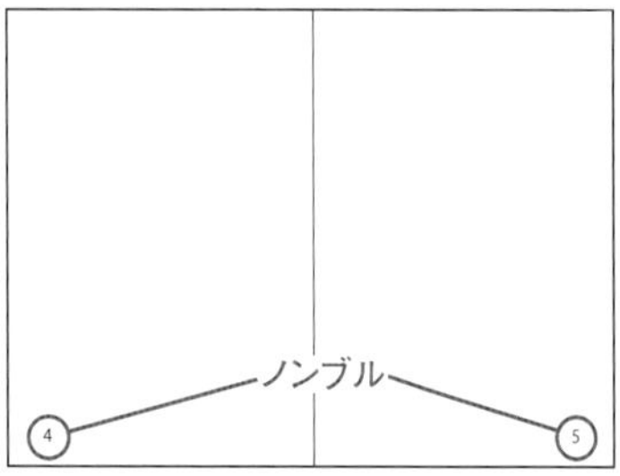
ノンブル
4
5

これは必ずマスターページに作る

章で共通するオブジェクト

ツメ
章タイトル

これもマスターページに作るほうがよい

節で共通するオブジェクト

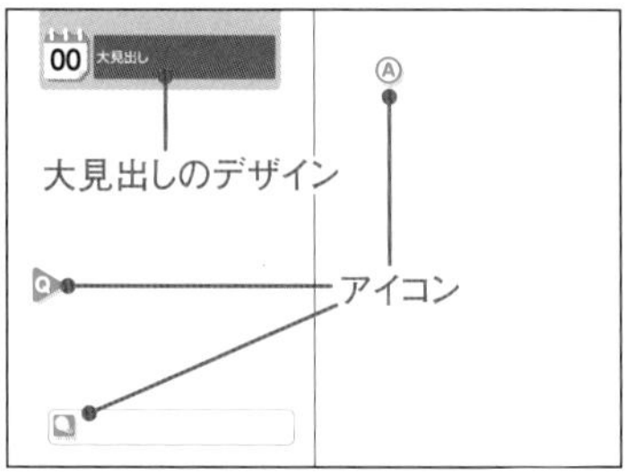
00
大見出し
A
大見出しのデザイン
アイコン

位置が変わるオブジェクトはマスターに作らない

マスターページは、基準マスター（P.070 の「基準マスター」を参照）を使い、親子関係を作れます。ノンブルなどの全ページに共通するオブジェクトは親マスターに設定し、章タイトルなどの章ごとに共通となるオブジェクトは、親マスターを適用した章ごとの子マスターとして作成するとよいでしょう。

 Macでは、キーは次のようになります。 Ctrl → ⌘ Alt → option Enter → return

マスターをドキュメントウィンドウに表示する

新規ドキュメントを作成すると、ページパネルの上段に[なし]と[A-マスター]が表示されます。
[なし]は、オブジェクトを配置できないので、マスターを必要としないページ(本扉や奥付けなど)に利用します。
[A-マスター]には、オブジェクトを配置できます。ページパネルの[A-マスター]の文字をダブルクリックすると❶、ドキュメントウィンドウに[A-マスター]が表示されます。ドキュメントページと同様に、マスター用のオブジェクトを作成します。マスターページに配置されたオブジェクトは、マスターページを適用したすべてのドキュメントページに配置されます。

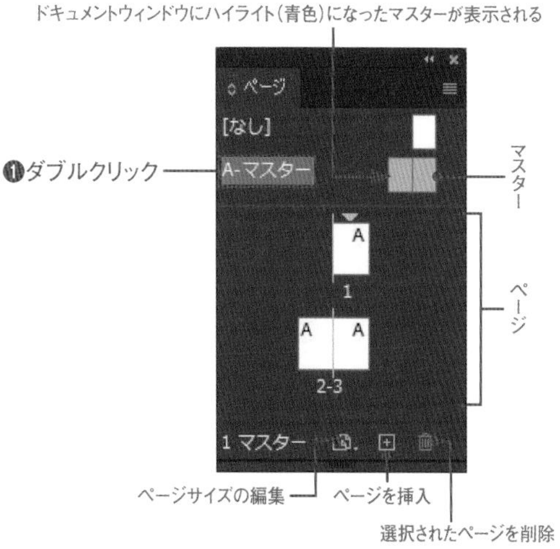

新規マスターの作成

マスターは複数作成できます。ページの内容によって最適なレイアウトマスターを作ると、レイアウト作業が効率的になります。
新しいマスターを作成するときは、ページパネルメニューから[新規マスター]を選択します。[新規マスター]ダイアログボックスが表示されたら、[名前]や[基準マスター](P.070参照)を設定します❶。

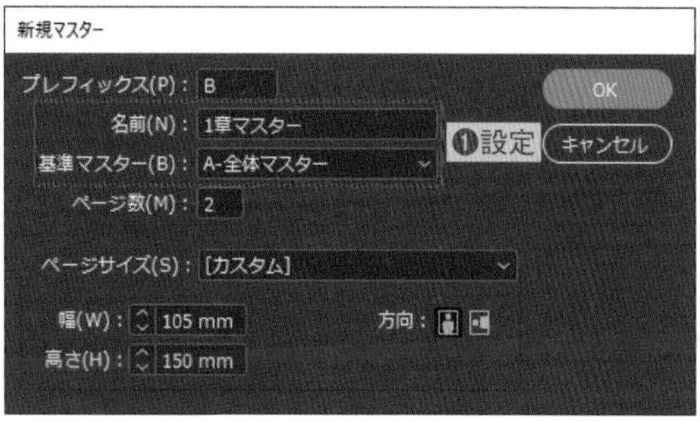

マスターページ設定

ページパネルのマスターの文字をクリックして選択し、パネルメニューの[マスターページ設定"マスター名"]を選ぶと、[マスターページ設定]ダイアログボックスが開きます。
[マスターページ設定]ダイアログボックスでは、マスターの名前やプレフィックス、基準マスターやページ数を変更できます。

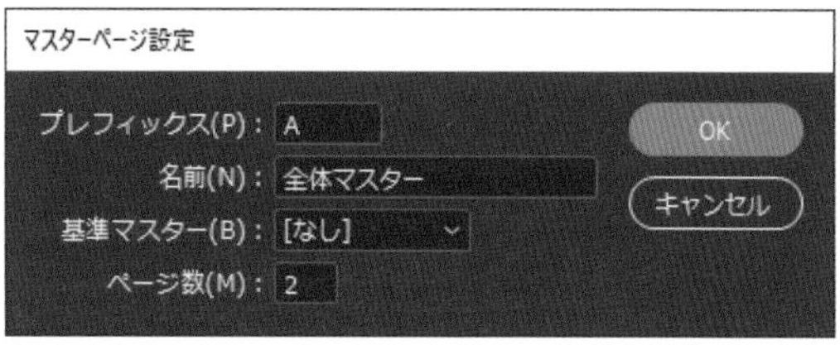

CHECK!

マスターのコピーと削除

マスターをコピーするときは、ページパネルのマスター名をパネル下にある[ページ挿入]までドラッグするか、マスタースプレッドアイコンを選択して、パネルメニューの[マスタースプレッド"マスタースプレッド名"の複製]を選びます。
マスターを削除するときは、ページパネルのマスター名をパネル下にある[選択されたページを削除]までドラッグするか、マスタースプレッドアイコンを選択して、パネルメニューの[マスタースプレッド"マスタースプレッド名"の削除]を選びます。削除したマスターを適用したドキュメントページは、[なし]マスターが適用されます。

COLUMN

プレフィックス

マスターをページに適用すると、マスターのプレフィックスの文字がページアイコンに表示されます。
マスターに基準マスターを設定している場合、親マスターのプレフィックスがマスターページアイコンに表示されます。
プレフィックスは、[マスターページ設定]か[新規マスター]ダイアログボックスで設定できます。初期設定のままなら、アルファベットのAから順番に設定されます。
プレフィックスは最大四文字まで設定できます。

基準マスター

［新規マスター］ダイアログボックスにある［基準マスター］には、これから作成するマスターの元になるマスターを設定します。［基準マスター］をクリックすると、作成済みのマスターがリストに表示され、これから作成するマスターに基準マスターのオブジェクトが表示されます。基準マスターがなければ［なし］の設定で作成します。
例えば、最初に全ページに共通するノンブルを入れた「全体マスター」を作成します❶。次に、デザインを変えたマスターを追加するとき、「全体マスター」を基準マスターに設定します❷。すると、追加したマスターに同じ「全体マスター」のノンブルが表示されます。後でノンブルのデザインを変更したければ、「全体マスター」のノンブルを変更するだけで、追加したマスターのノンブルにも変更が反映されます。このように、マスターを親子関係にすると、親マスターの変更が子マスターにも適用されるため、正確にデザインを統一することができます。

全ページに共通するオブジェクトを配置したマスター

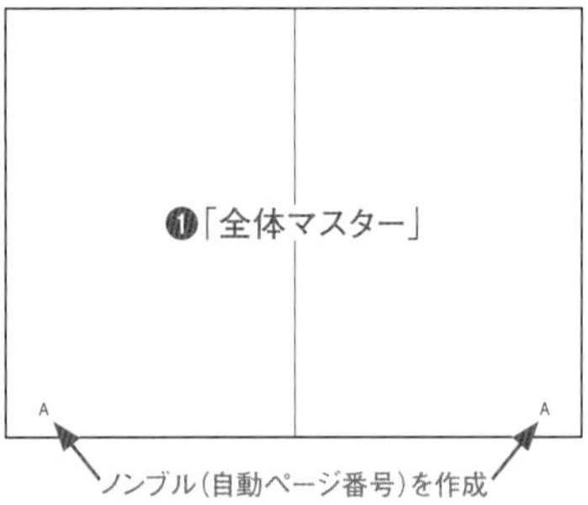

「全体マスター」を基準マスターに設定したマスター

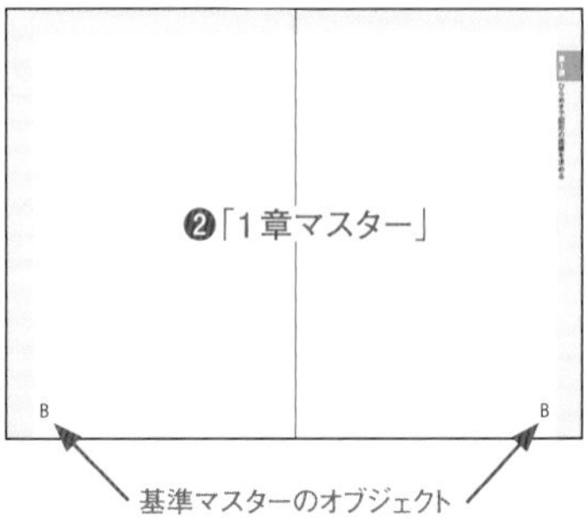

マスターページをページに適用する

2021 2020 2019

ドキュメントページには、次のいずれかの方法でマスターを適用します。ページサムネールには、適用したマスターのプレフィックスの文字が表示されます。

ドラッグによる適用

ページパネルのマスターページサムネールをページサムネールにドラッグして、目的のページが黒い四角で囲まれたらマウスボタンをはなします❶。スプレッドに適用するときは、スプレッドサムネールのコーナーにマウスポインターを合わせて、スプレッド全体が黒い四角形で囲まれたらマウスボタンをはなします❷。

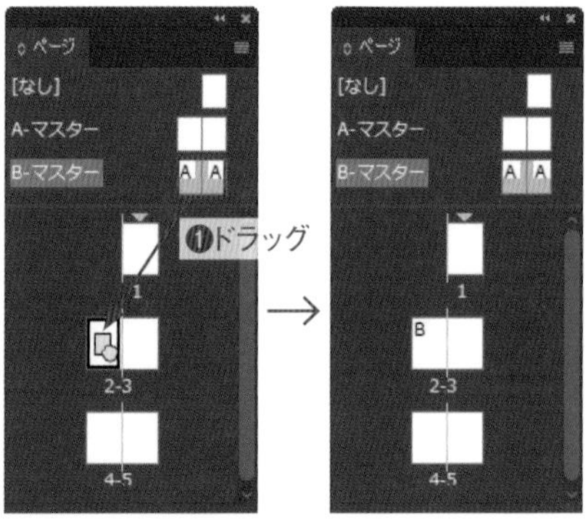

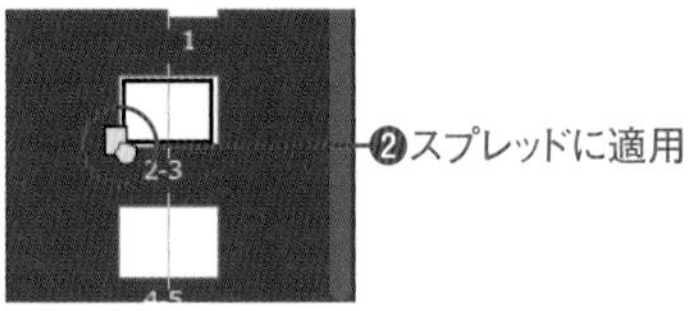

Alt ＋クリックで適用

ドキュメントページのページサムネールやスプレッドサムネールを選択して、Alt キーを押しながら適用したいマスターをクリックします。

パネルメニューの［マスターページを適用］で適用

ページパネルメニューの［マスターページを適用］を選び、［マスターページを適用］ダイアログボックスが表示されたら、［マスターページ］で適用するマスターを選択し、［適用ページ］でマスターを適用するページを設定して❸、［OK］をクリックします❹。

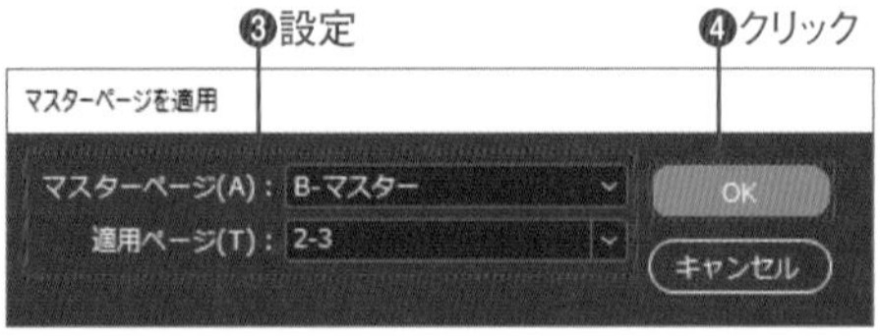

 Macでは、キーは次のようになります。 Ctrl → ⌘ Alt → option Enter → return

マスターオブジェクトのオーバーライド

2021 2020 2019

マスターオブジェクトのオーバーライド

通常は、マスターに作成したオブジェクトをドキュメントページで選択することはできません。ただし、Ctrl＋Shiftキーを押しながらマスターオブジェクトをクリックすれば、マスターオブジェクトのロックを解除して属性を変更（オーバーライド）できます。
マスターオブジェクトの属性を変更すると、ドキュメントページでロックを解除して変更していない属性はマスターページのオブジェクトと同じ設定に更新します。完全にマスターとのリンクを切るときは、ページパネルメニューの［すべてのオブジェクトをマスターから分離］を選択します。

基準マスターオブジェクトのオーバーライド

基準マスターを設定したマスターページも、Ctrl＋Shiftキーを押しながら親マスターのオブジェクトのリンクを解除してオーバーライドできます。例えば、「1章マスター」を基準マスターに設定した「2章マスター」と「3章マスター」を作成して、ツメの位置とテキストを変更します❶。この「1章マスター」のツメの色を変更すれば❷、「2章マスター」と「3章マスター」のツメの色も自動的に更新されます❸。
マスターをたくさん作るときは、基準マスターのオーバーライドも利用して、できるだけ一元管理ができるようにします。

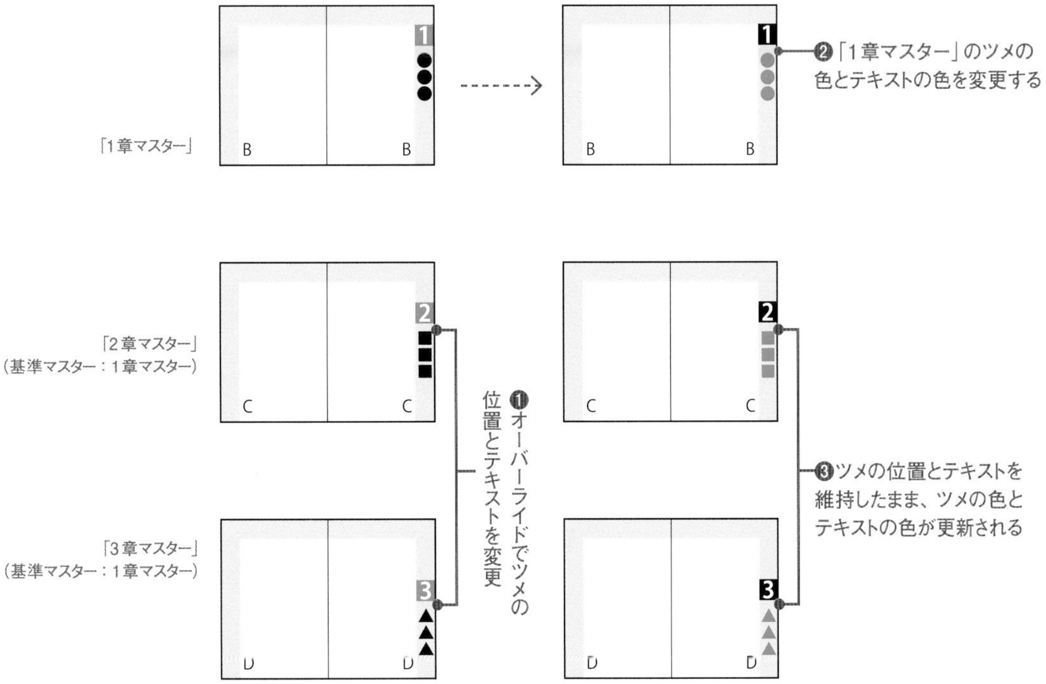

オーバーライドを防止する

マスターページにあるオブジェクトを選択して、ページパネルメニュー→［マスターページ］→［選択範囲のマスターページアイテムのオーバーライドを許可］のチェックを外せば、オーバーライドを防止できます。オーバーライドできないオブジェクトは、ドキュメントページでフレーム枠が表示されません。
このオブジェクトは、Ctrl＋Shiftキーを押しながらクリックしたり、ページパネルメニューの［すべてのページアイテムをオーバーライド］を選んでも、オーバーライドできません。

STEP 01 自動ページ番号の作成

2021 2020 2019

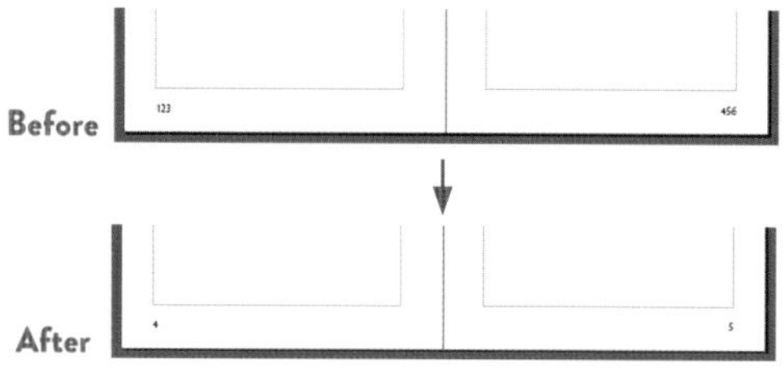

マスターページに自動ページ番号を作成します。マスターページにはプレフィックスの文字が表示され、ドキュメントページにはページサムネールの下の数字が表示されます。

Lesson 03 ▶ L3-4S01.indd

1 レッスンファイルを開きます。ページパネルの［A-マスター］の文字をダブルクリックして❶、マスターページを表示します❷。

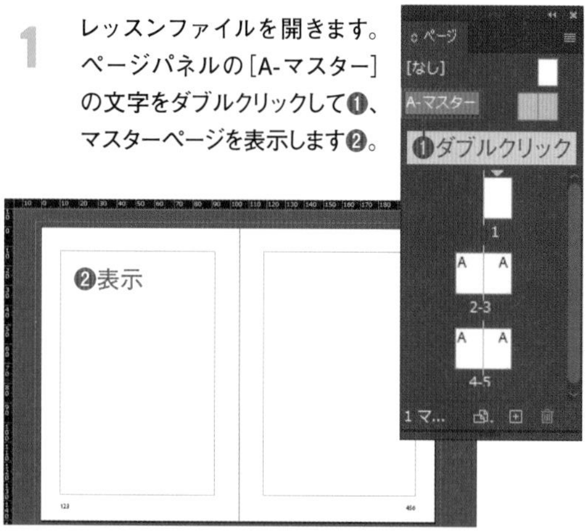

2 横組み文字ツールを選択し❶、左ページの下部に入力してあるダミーのページ番号「123」を選択します❷。

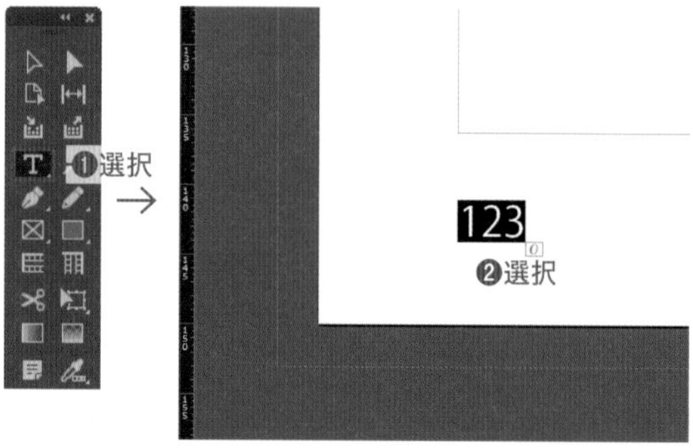

3 ［書式］メニュー→［特殊文字を挿入］→［マーカー］→［現在のページ番号］を選びます❶。選択したテキストフレームに、マスターのプレフィックスである「A」が表示されます❷。

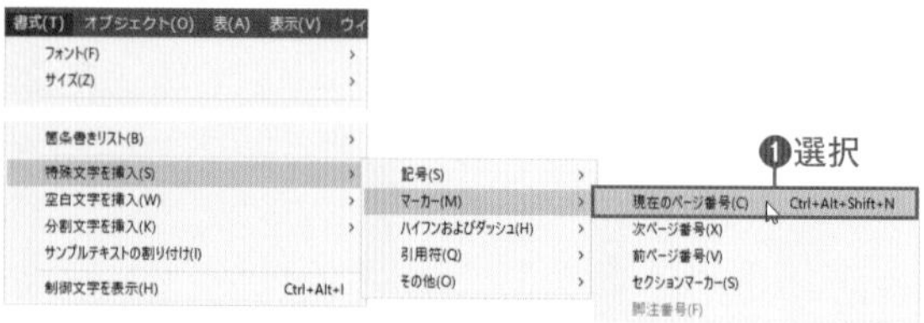

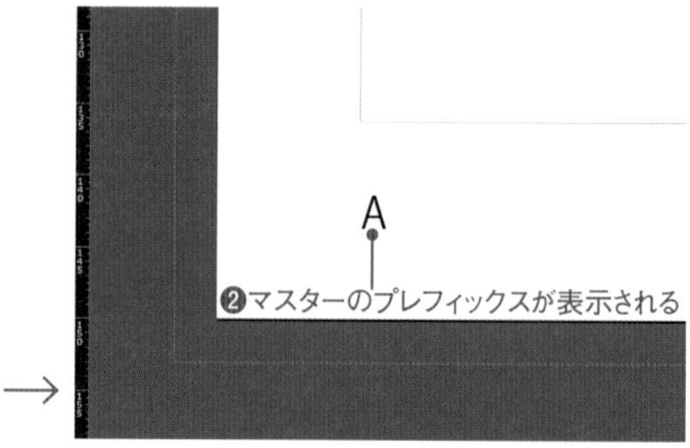

4 右ページのダミーページ番号「456」も選択して❶、［現在のページ番号］に変更します。ここではショートカットキーの Alt + Shift + Ctrl + N キーで入力してみましょう❷。

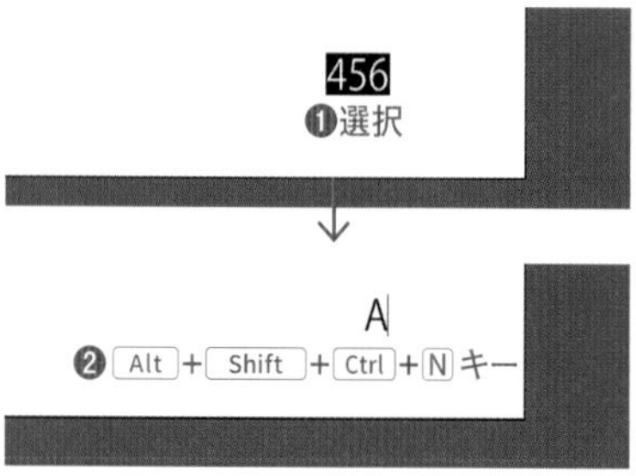

5 ページパネルの［4-5］の文字をダブルクリックして❶、4ページと5ページのスプレッドを表示します。現在のページ番号には、ページサムネールの下にある数字が表示されます❷。

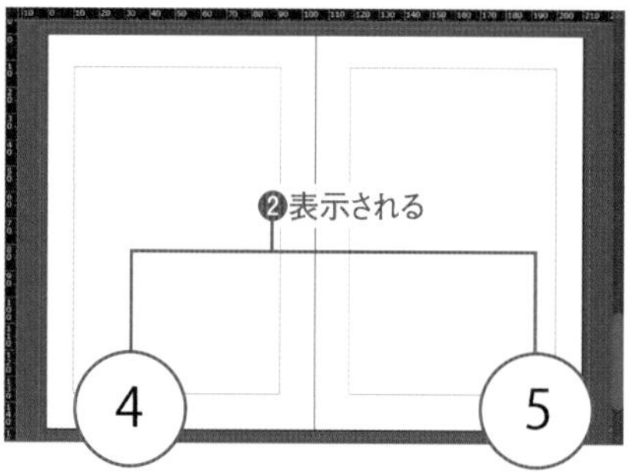

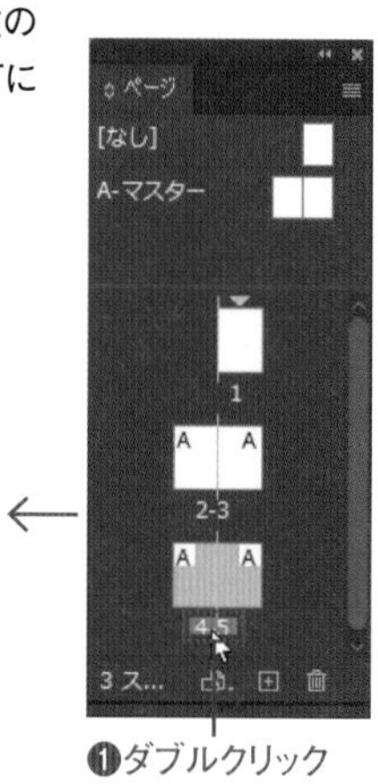

Macでは、キーは次のようになります。 Ctrl → ⌘ Alt → option Enter → return

STEP 02 マスターオブジェクトをオーバーライドする 2021 2020 2019

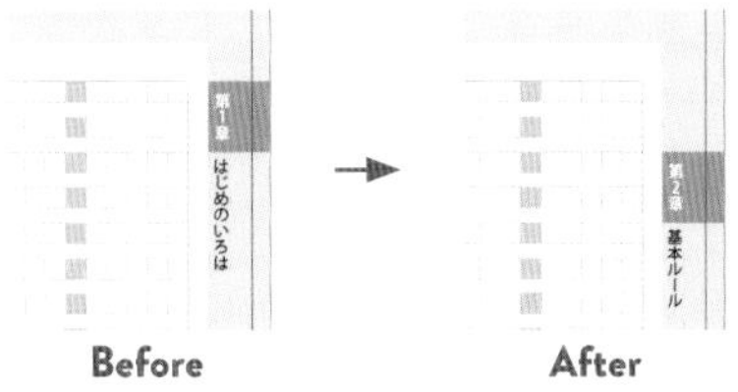

基準マスターのオブジェクトをオーバーライドして、ツメの位置やテキストを変更したマスターを作成します。

Lesson 03 ▶ L3-4S02.indd

1 レッスンファイルを開き、ページパネルメニューの［新規マスター］を選び、［新規マスター］ダイアログボックスを表示します❶。［名前］を「2章マスター」と入力し❷、［基準マスター］を「B-1章マスター」に設定します❸。［OK］をクリックします❹。

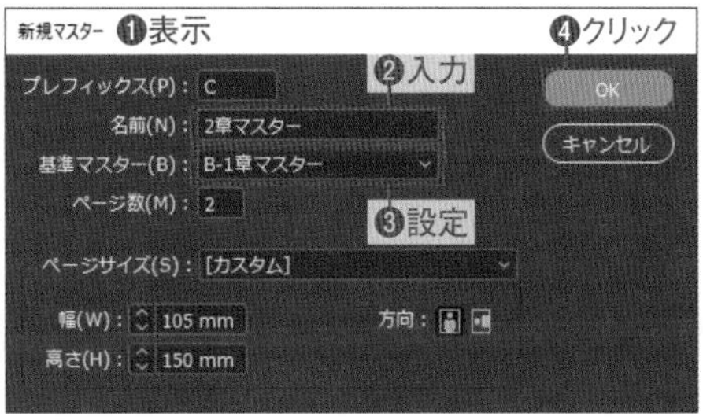

2 選択ツールを選択します❶。ツメの文字❷、ツメの長方形❸、章タイトル❹をCtrlキーとShiftキーを押しながらクリックして、オーバーライドします。

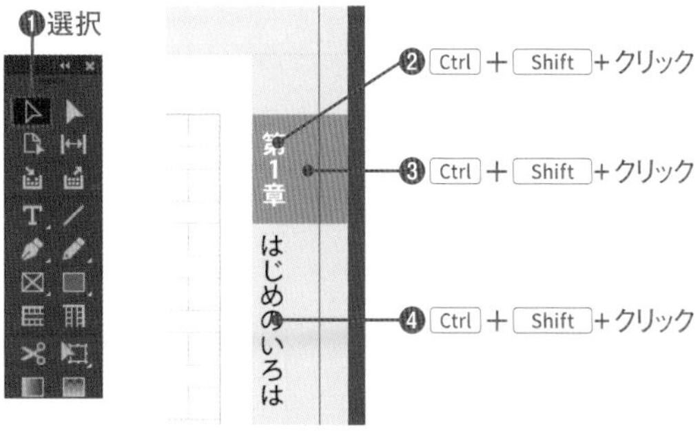

3 手順2でオーバーライドしたオブジェクトが選択された状態で作業します❶。コントロールパネルかプロパティパネルで基準点を左上に設定し❷、［Y］を「23mm」に設定します❸。選択したツメの長方形の高さ分下に移動します❹。

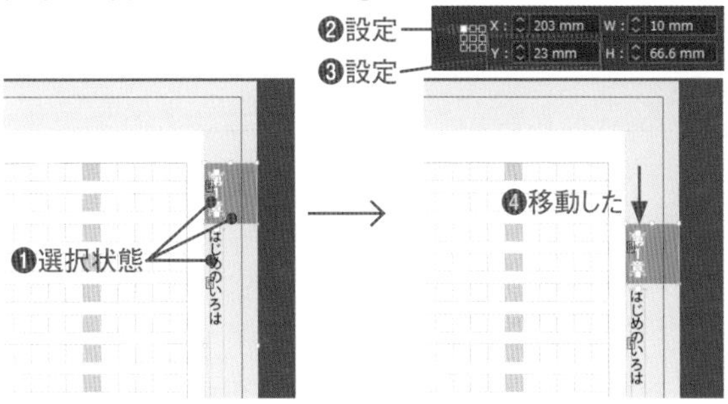

4 横組み文字ツールを選択し❶、ツメの文字を「第2章」に❷、章タイトルを「基本ルール」に変更します❸。

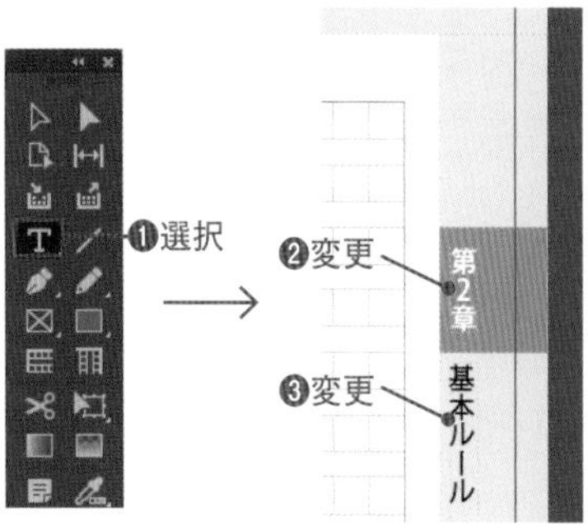

5 ページパネルの「B-1章マスター」の文字をダブルクリックして❶、1章のマスターページを表示します。選択ツールを選択し❷、ツメの長方形を選択します❸。コントロールパネルかプロパティパネルで［塗り］をクリックして❹、メニューから［黒］を選択して❺、ツメの色を変えます❻。基準マスターを変更したので、自動的に「C-2章マスター」のツメの色も更新されます❼。

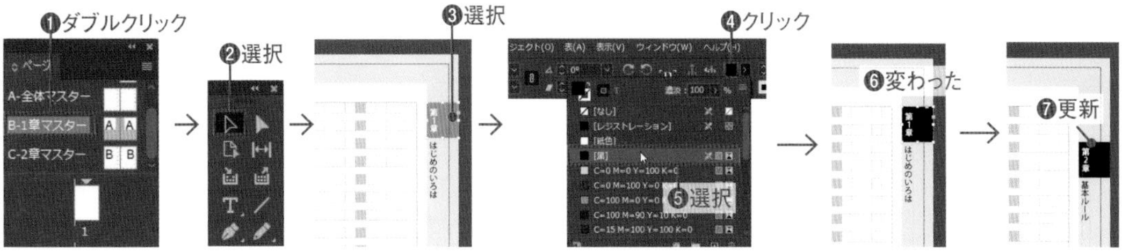

3-5 レイヤーの設定

雑誌のように誌面を飾る要素がたくさんあるときは、レイヤーを使ってレイアウトする素材を分類すると、オブジェクトの管理が楽になります。レイヤーの使い方を覚えましょう。

新規レイヤーを作成する

2021 2020 2019

新規ドキュメントには、あらかじめ「レイヤー1」レイヤーがあります。新規レイヤーを作成して複数のレイヤーにすると、パネルの上位にあるレイヤーが前面に表示されます。

レイヤーパネルの［新規レイヤーを作成］をクリックすると、選択したレイヤーの上に新しいレイヤーを追加します。Ctrl キーを押しながら［新規レイヤーを作成］をクリックすると、選択したレイヤーの下に新しいレイヤーを追加します。

レイヤーの順番は、レイヤーパネル内をドラッグして変更できます。レイヤーを削除するときは、［選択されたレイヤーを削除］までドラッグします。

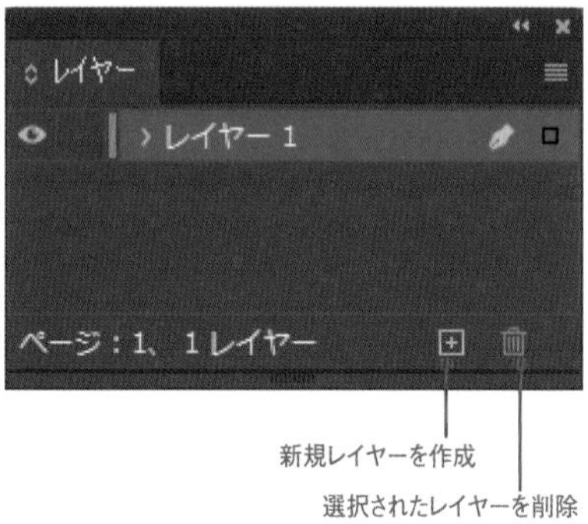

編集対象のレイヤーと選択したレイヤー

現在の編集対象のレイヤーにはペン先のアイコンが表示されます。テキストフレームやグラフィックフレームを作成できるのは、このアイコンが表示されたレイヤーで、「ターゲットレイヤー」と呼びます。

レイヤーパネルの各項目をクリックすると、選択を示すハイライト表示になりますが、ペン先のアイコンはレイヤーパネルのレイヤー名をクリックしたときだけに表示され、レイヤーに内包しているオブジェクト名をクリックしても表示されません。

複数のレイヤーを選択するときは、Ctrl キーを押しながら別のレイヤーをクリックします。

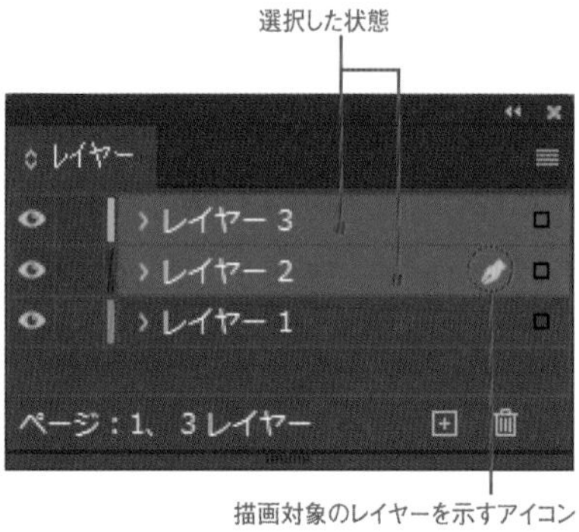

レイヤーの名前変更

レイヤーを選択してから、名前の部分をクリックすると、レイヤー名を変更できる状態になります。レイヤー名は、オブジェクトの分類方法を理解できるような名前にしておくとよいでしょう。

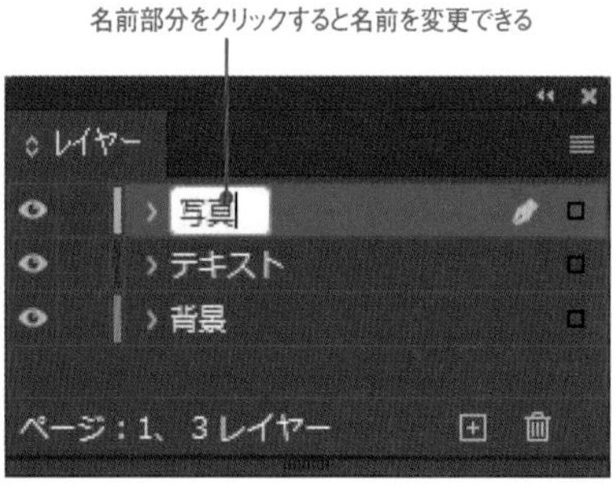

Macでは、キーは次のようになります。 Ctrl → ⌘ Alt → option Enter → return

レイヤーオプション

レイヤーの名前の部分をダブルクリックすると、[レイヤーオプション] ダイアログボックスが表示されます。ここでレイヤーの名前やレイヤーのカラーを設定できます。オブジェクトを選択すると、フレーム枠などがレイヤーのカラーで表示されるので、どのレイヤーにあるのかが区別できます。[レイヤーをプリント] のチェックを外すと、レイヤーのオブジェクトをプリント対象から除外できます。

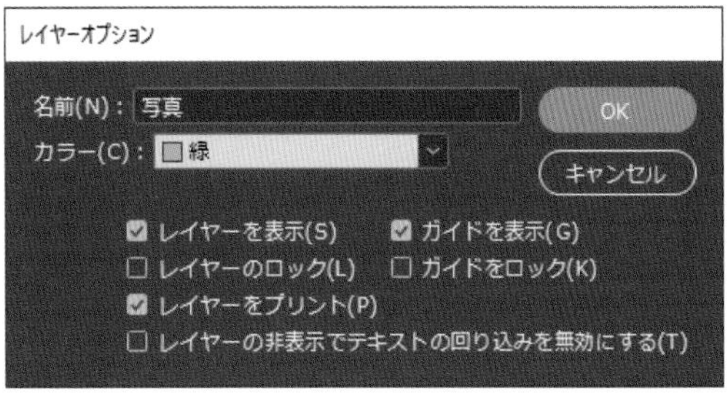

レイヤーの名前やカラーを設定できる

レイヤーの使い方

2021 2020 2019

レイヤーパネルを使ってオブジェクトを選択する

レイヤー名の右にある選択コラムをクリックすると、レイヤー上にあるすべてのオブジェクトを選択できます。レイヤー名の先頭に表示された三角形 をクリックすると、レイヤーにあるすべてのオブジェクトが表示されるので、個々のオブジェクトも選択コラムで選択できます。 Shift ＋クリックで複数のオブジェクトを選択できます。レイヤー内のオブジェクトを選択すると、レイヤー名の選択コラムもカラー表示されます。

ドキュメントページを表示しているときは、マスターページのオブジェクトは表示されません。オーバーライドしたオブジェクトだけ表示されます。

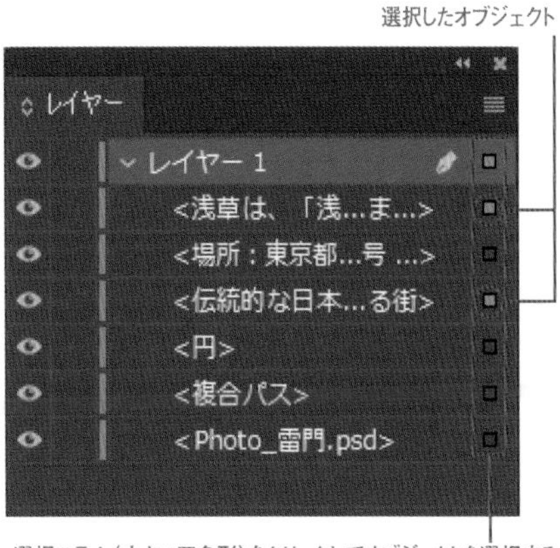

選択コラム（小さい四角形）をクリックしてオブジェクトを選択する

レイヤーの表示とロック

レイヤーパネルの左側にある目のアイコンをクリックして、レイヤー全体、あるいはオブジェクト単位で表示を切り替えます。

編集対象外のレイヤーやオブジェクトを非表示にすると、画面表示の速度が速くなります。また、非表示のオブジェクトはプリント対象外になるので、例えば文字を校正するときに必要のない背景を非表示にして視認性を高めたりプリンターインクの消費を抑えることもできます。なお、レイヤーオプションの [レイヤーをプリント] のチェックを外したときは、レイヤーを表示してもプリントはされません。

表示／非表示の切り替えの右隣をクリックして、レイヤー全体、あるいはオブジェクト単位でロックを切り替えます。鍵のアイコンを表示したロック状態にすると、オブジェクトが誤操作で変更されないように選択ができなくなります。

非表示やロックを解除するときは、同じ場所をクリックして切り替えます。

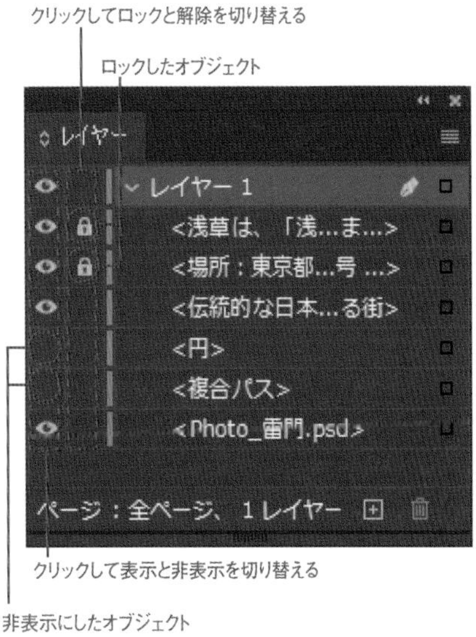

レイヤーの編集

2021 2020 2019

レイヤーの順序の変更

レイヤーパネルの項目をドラッグすると❶、レイヤーやオブジェクトの重ね順を並べ変えることができます。ただし、レイヤーの重ね順を変更すると、ドキュメントにあるすべてのページのレイヤーが変わるので注意してください。
オブジェクトの重ね順を変更する操作は、[オブジェクト] メニューの [重ね順] のコマンドからでも実行できます。

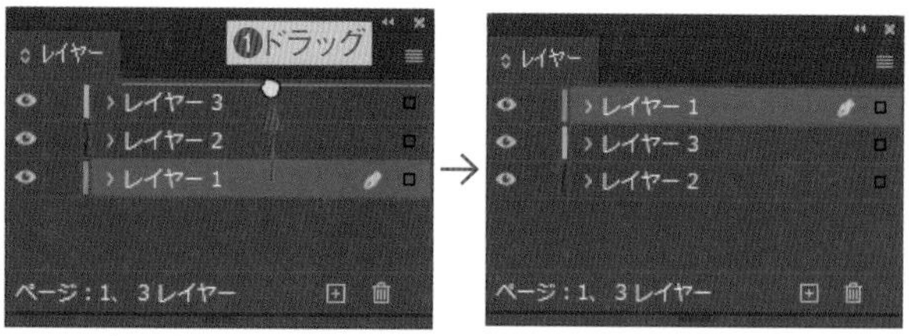

ドラッグして重ね順を変更

レイヤーの削除

選択したレイヤーやオブジェクトは❶、レイヤーパネルの下にある [選択されたレイヤーを削除] を クリックして削除できます❷。削除の確認ダイアログボックスが表示されるので❸、削除してよい場合は、[OK] をクリックしてください。
レイヤーを削除すると、すべてのページを対象にレイヤー内にあるオブジェクトも一緒に削除します。
[選択されたレイヤーを削除] は、レイヤーパネルのハイライト表示したリストが削除対象で、パネルの右にある選択コラムの状態は関係ありません。

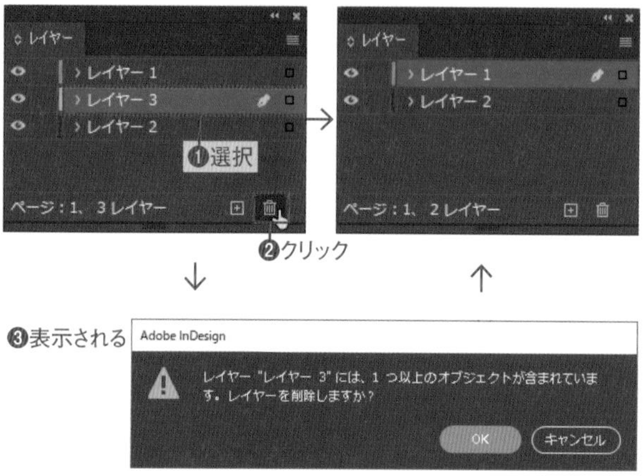

削除してよい場合は [OK] をクリック

レイヤーの結合

レイヤー内のオブジェクトを削除しないでレイヤーの数を減らしたいときは、レイヤーを結合します。最初にターゲットレイヤー (ペン先アイコンが表示されるレイヤー) を選択して❶、レイヤーオプションの設定を残すレイヤーにします。削除するレイヤーは、Ctrl キーを押しながら追加選択します❷。
パネルメニューから [レイヤーの結合] を選ぶと❸、ターゲットレイヤーに削除したレイヤーのオブジェクトが配置されます。オブジェクトの重ね順は、結合前の順位が保持されます。

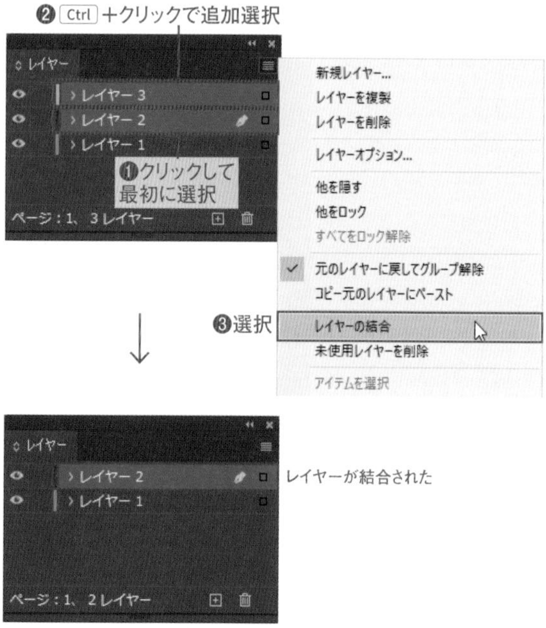

STEP 01 レイヤーを操作する

2021 2020 2019

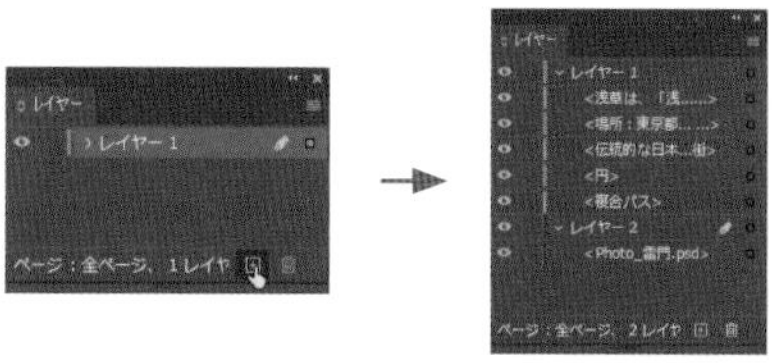

Before　After

新しいレイヤーを作成して、写真を新しいレイヤーに移動します。写真は最背面に配置したいので、新しいレイヤーは「レイヤー1」レイヤーの下に追加します。

Lesson 03 ▶ L3-5S01.indd

1 レッスンファイルを開きます❶。レイヤーパネルの「レイヤー1」レイヤーが選択状態（ハイライト表示）になっているのを確認して❷、Ctrl キーを押しながら［新規レイヤーを作成］をクリックします❸。「レイヤー1」レイヤーの下に「レイヤー2」レイヤーが作成されます❹。

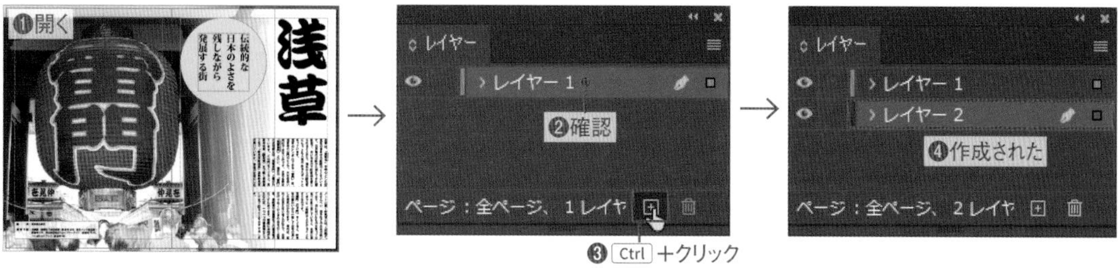

2 「レイヤー1」レイヤーの をクリックして❶、展開表示します。パネルの表示が狭い場合は、パネル下をドラッグして❷、すべて表示できるまでパネル表示を広げます❸。

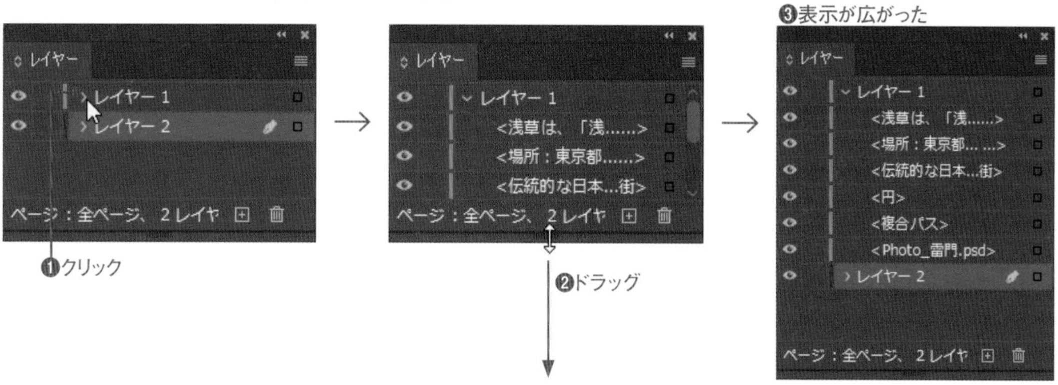

3 「Photo_雷門.psd」を「レイヤー2」レイヤーの下に線が表示される位置までドラッグします❶。「レイヤー2」レイヤーの をクリックして展開表示し❷、「Photo_雷門.psd」が「レイヤー2」レイヤーに移動したのを確認します❸。ドキュメントページの写真の重なりに変更はありません。

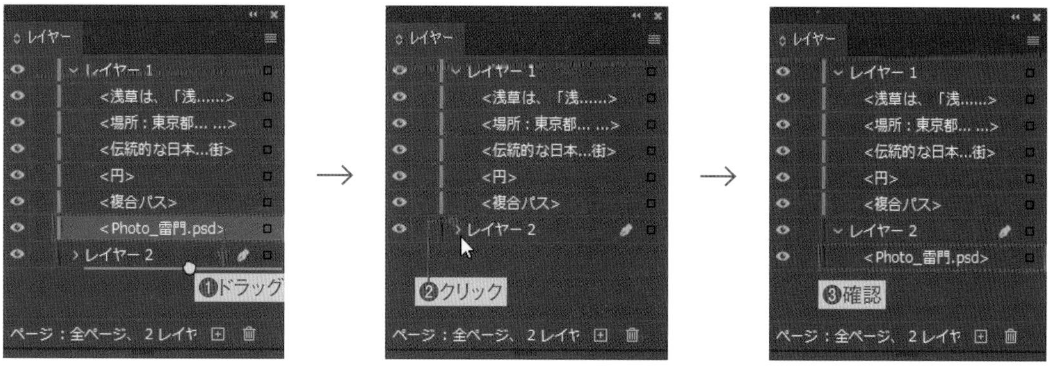

Lesson 03 練習問題

Q

印刷を目的としたA5判サイズの新規ドキュメントを作成しましょう。[幅]は「148mm」、[高さ]は「210mm」、[左綴じ](横組み)とします。マージンの[天]は「15mm」、[地]は「20mm」、[ノド]は「19mm」、[小口]は「17mm」として、[段組]の[数]は「1」にしてください。ドキュメントの名前など、指定条件以外の設定は任意です。

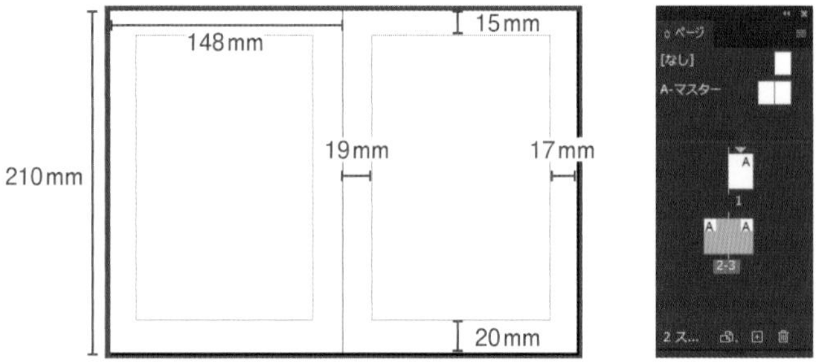

A

❶[ファイル]メニュー→[新規]→[ドキュメント]を選択します。
❷ドキュメントプロファイルを[印刷]に設定します。
❸[幅]と[高さ](問題文参照)を設定します。[綴じ方]を[左綴じ]に設定します。[見開きページ]にチェックをつけ、[ページ数]を「3」に設定します。
❹[マージン・段組]をクリックして、[新規マージン・段組]ダイアログボックスでマージンと段組の値(問題参照)を設定し[OK]をクリックします。

Q

印刷を目的とした新書サイズの新規ドキュメントを作成しましょう。[幅]は「103mm」、[高さ]は「182mm」、[右綴じ](縦組み)とします。[フォントサイズ]は「14Q」、[字間]は「0H」(ベタ)、[行間]は「10.5H」、[行文字数]は「40」、[行数]は「13」、[段数]は「1」として、版面サイズがページの中央([天][地][ノド][小口]の値がそれぞれ同じ値)に設定してください。ドキュメントの名前など、指定条件以外の設定は任意です。

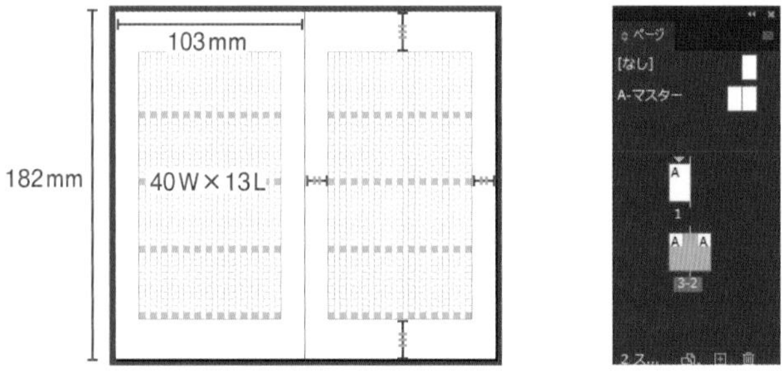

A

❶[ファイル]メニュー→[新規]→[ドキュメント]を選択します。
❷ドキュメントプロファイルを[印刷]に設定します。
❸幅と高さ(問題文参照)を設定します。綴じ方を[右綴じ]に設定します。[見開きページ]にチェックをつけ、[ページ数]を「3」に設定します。
❹[レイアウトグリッド]をクリックして、[新規レイアウトグリッド]ダイアログボックスで[グリッド書式属性](問題参照)と行と段組の値(問題参照)を設定します。グリッド開始位置の[天]と[地]、[ノド]と[小口]の値がそれぞれ同じ値になるように調整します。[OK]をクリックします。

文字の入力

An easy-to-understand guide to InDesign

Lesson 04

InDesignにおいて、文字の入力は基本となるレイアウト作業です。文字は通常テキストフレームに入力しますが、テキストフレームの種類や設定についてしっかり理解することが重要です。特にページ数の多いドキュメントの制作には、設定によってその後の作業効率が変わってきます。しっかり学びましょう。

4-1 プレーンテキストフレームとフレームグリッド

InDesignはプレーンテキストフレームとフレームグリッドの、2種類のテキストフレームに文字を入力できます。ふたつのテキストフレームについて学びましょう。

プレーンテキストフレームとフレームグリッド

2021 2020 2019

文字を入力するフレームが2種類ある

文字を入力するテキストフレームには、「プレーンテキストフレーム」と「フレームグリッド」のふたつの種類があります。ただし、「プレーンテキストフレーム」は、メニューコマンドの中では単に「テキストフレーム」と記述されることがあります❶。本書では、メニューコマンドの名前以外で「テキストフレーム」と表記している場合は、プレーンテキストフレームとフレームグリッドの両方を含みます。

日本語版のInDesignは、英語版をベースに機能を追加しています。フレームグリッドもそのひとつで、テキストフレームに日本語組版用のグリッド機能を追加したものです。

プレーンテキストフレームは［フレームグリッド設定］を使いませんが、フレームグリッドはグリッド機能に関することを［フレームグリッド設定］❷で行い、それ以外は［テキストフレーム設定］❸で設定します。

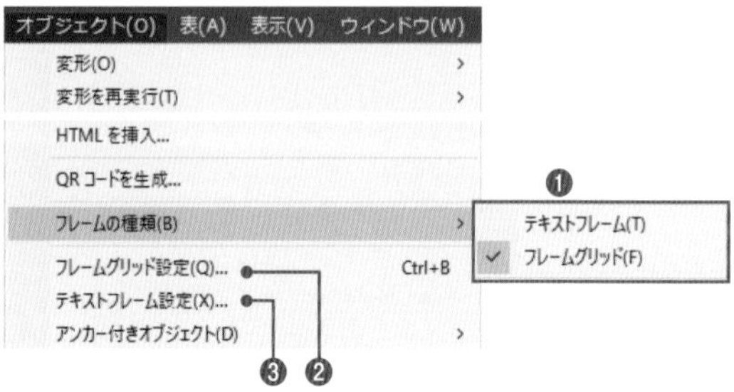

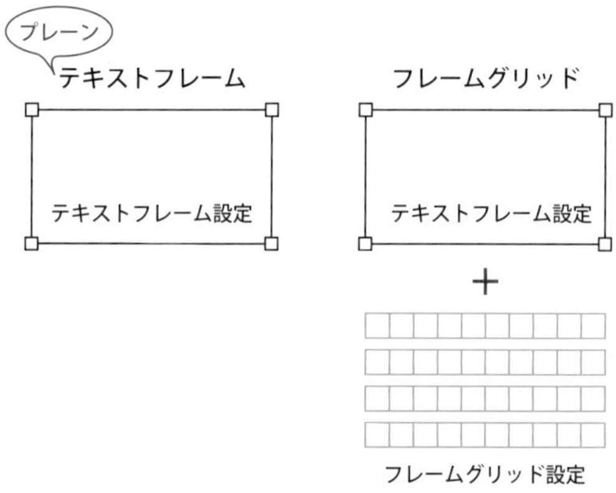

見た目の違い

［スクリーンモード］を［標準モード］にすると、プレーンテキストフレーム❶はフレーム全体の枠線だけが表示され、フレームグリッド❷は枠線の内側に原稿用紙のようなグリッドが表示されます。初期設定のグリッドは全角文字ひとつ分の大きさの正方形が先頭から10文字ごとに塗りつぶされ、行末近くのフレーム外に1行の文字数と列数、フレーム内の総文字数が表示されます。

フレームグリッドの場合、フレームのサイズがグリッドにピッタリ合う大きさに制限されますが、プレーンテキストフレームは、フレームのサイズを自由に設定できます。

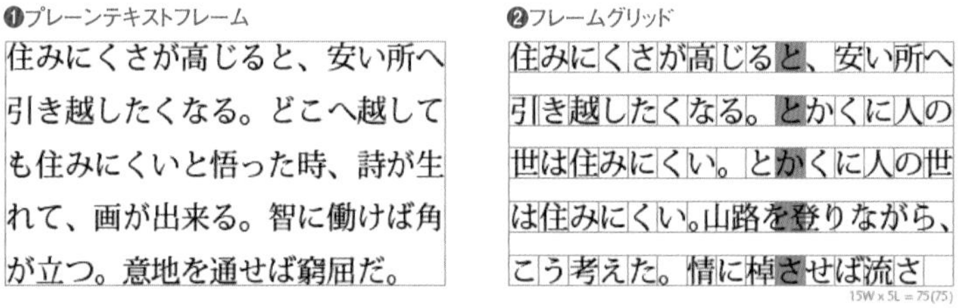

Macでは、キーは次のようになります。 Ctrl → ⌘　Alt → option　Enter → return

プレーンテキストフレームの作成と文字入力

プレーンテキストフレームを作成するには、横組み文字ツール T ❶、または縦組み文字ツール IT ❷でドラッグしてサイズを指定します❸。ドラッグしたサイズのフレームが作成され、テキスト挿入点が点滅して、文字入力できる状態になります❹。文字パネルや段落パネルまたはプロパティパネルあるいはコントロールパネルで書式を設定し❺、文字を入力します❻。書式は、入力後に文字を選択して変更できます。

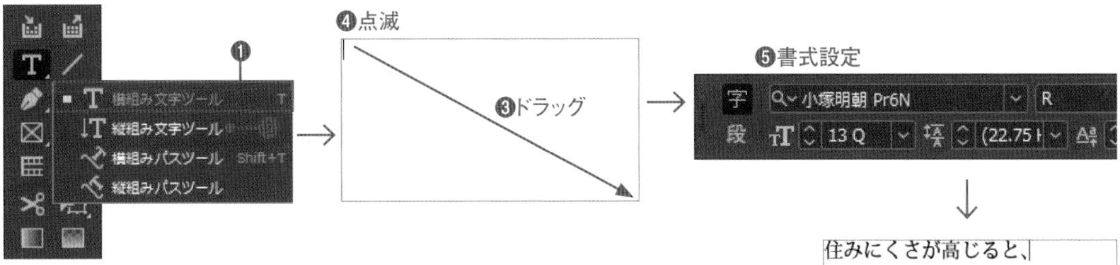

フレームグリッドの作成と文字入力

横組みグリッドツール ❶または縦組みグリッドツール ❷でドラッグすると❸、ドラッグしたサイズのフレームグリッドを作成できます。フレームグリッドの書式属性などは、[オブジェクト]メニュー→[フレームグリッド設定]を選び、表示された[フレームグリッド設定]ダイアログボックスで設定します❹。

フレームグリッド内に文字を入力するには、横組み文字ツール T ❺、または縦組み文字ツール IT ❻でフレームグリッド内をクリックします❼。フレーム内のテキスト挿入点が点滅して、文字入力できる状態になるので❽、文字を入力します❾。

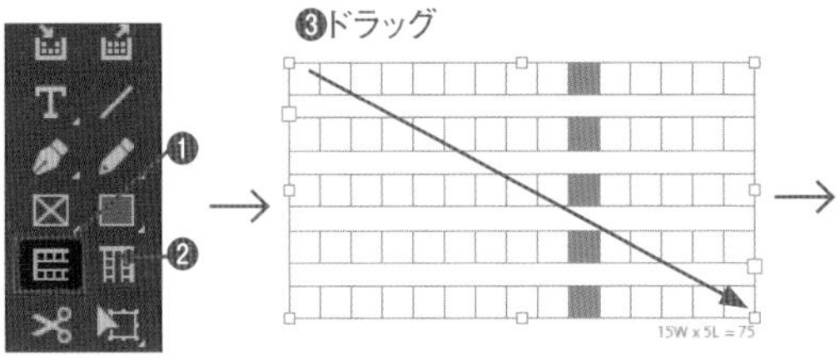

CHECK!

グリッド書式属性

フレームグリッドに文字を入力すると、[フレームグリッド設定]ダイアログボックスの[グリッド書式属性]に設定した書式が適用されます。

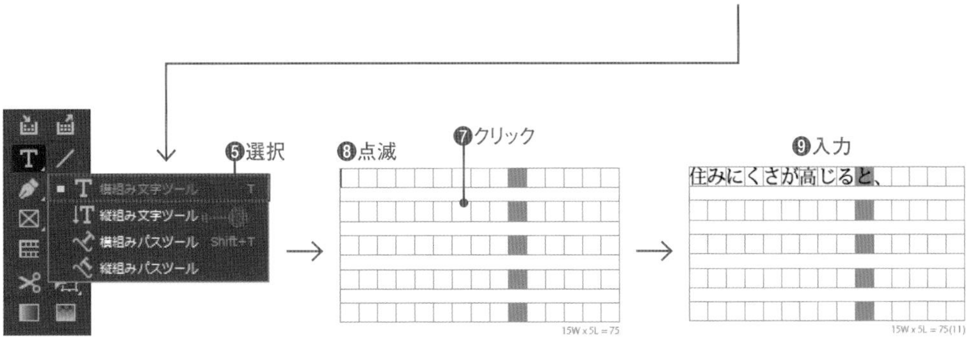

ほかのフレームや図形をテキストフレームにする

長方形フレームツールなどのフレームツールで作ったフレームや、楕円形ツールなどで作った図形の上を❶❷、文字ツールやグリッドツール❸でクリックすると❹、テキストフレームになります。正確な寸法でテキストフレームを作ったり、長方形以外のテキストフレームを作ったりできます。

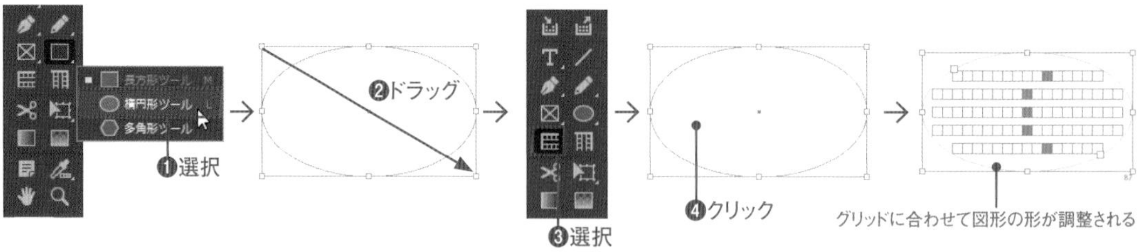

テキストフレームの種類を切り替える　CHECK!

プレーンテキストフレームとフレームグリッドは、ストーリーパネルか、[オブジェクト]メニューにある[フレームの種類]で切り替えることができます。ただし、プレーンテキストフレームからフレームグリッドに切り替えても、入力した文字と同じ書式設定のグリッドには変換されません。

逆に、フレームグリッドからプレーンテキストフレームに切り替えるときは、グリッド書式設定の[字間]は「0」、[グリッド揃え]は「なし」のテキストに変換されます。このとき、プレーンテキストフレームに変換してもグリッド書式設定は保持したままなので、フレームグリッドに戻すと、元の設定と同じ[字間]と[グリッド揃え]で表示します。

フレームグリッド設定　2021 2020 2019

フレームグリッドを選択して[オブジェクト]メニュー→[フレームグリッド設定]を選ぶと、そのフレームにだけ設定を適用できます。何も選択しないで[フレームグリッド設定]を選ぶと、そのドキュメントのグリッドツールの初期設定になります。
すべてのドキュメントを閉じているときに[フレームグリッド設定]を設定すると、その後に作成する新規ドキュメントの初期設定になります。

❶配置したテキストに適用する文字属性を設定する
❷行の揃え方を設定する
❸グリッド書式属性の文字サイズより大きい文字を配置したとき、文字のどこをグリッドに揃えるか設定する
❹小さい文字を大きい文字のどこに揃えるか設定する
❺フレームグリッドのグリッド数と配置した文字数をどこに表示するか設定する。[なし]にすると、情報を表示しない
❻文字数表示のサイズを設定する
❼グリッドの表示方法を設定する

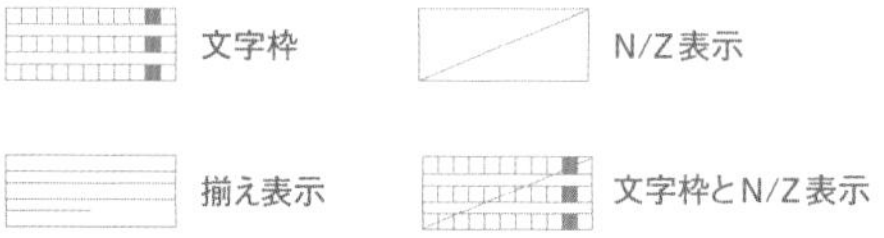

❽1行分の文字数を設定する
❾フレーム内に配置できるテキストの行数を設定する
❿段の数を設定する
⓫段間の距離を設定する

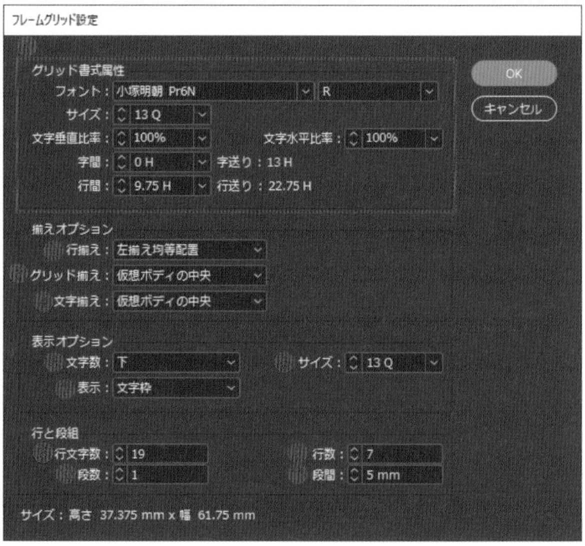

　Macでは、キーは次のようになります。　Ctrl → ⌘　Alt → option　Enter → return

テキストフレーム設定

2021 2020 2019

フレームグリッドかプレーンテキストフレームを選択して、[オブジェクト] メニュー→ [テキストフレーム設定] を選ぶと、[テキストフレーム設定] ダイアログボックスが表示され、そのフレームにだけ設定を適用できます。何も選択しない場合は、そのドキュメントの文字ツールとグリッドツールでの初期設定になります。

すべてのドキュメントを閉じているときに [テキストフレーム設定] を設定すると、その後に作成する新規ドキュメントの初期設定になります。

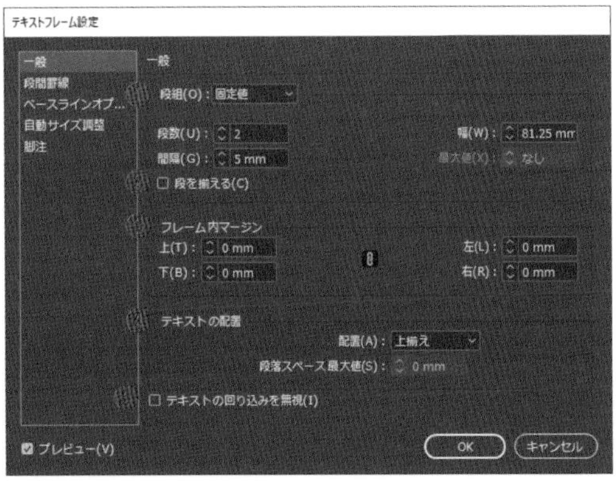

【一般】

❶テキストフレーム内に作成する段を設定する。[固定値] はテキストフレームのサイズを変更するとき、段の数と間隔を固定する。[固定幅] は幅と間隔を固定する。[可変幅] は [最大値] を幅の上限値として段数と幅が変わる

❷チェックをつけると、テキストの列の高さが揃う位置で改段する

❸フレームの端からテキストまでのマージンを設定する

❹フレームの端を基準にテキストの位置を設定する。[均等配置] は [段落スペース最大値] で段落間のスペースを調整できる

❺チェックをつけると、このテキストフレームには回り込みはしない

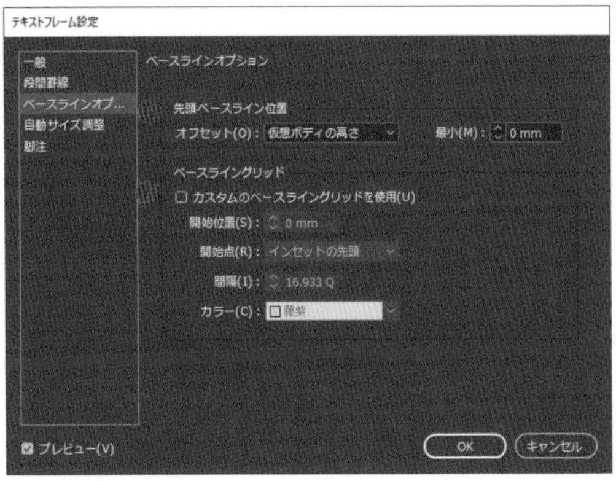

【ベースラインオプション】

❻先頭行の開始位置を設定する

❼チェックをつけるとテキストフレーム内にベースライングリッドを表示する。フレームグリッドにベースライングリッドを設定した場合、グリッド揃えはベースライングリッドを優先する

【自動サイズ調整】

❽選択した内容に応じて、テキストフレーム内の文字量に合わせてテキストフレームのサイズ（「幅」と「高さ」）を自動調整する。初期設定の [オフ] の場合、フレームサイズは変わらない

❾テキストがなくても指定サイズより小さくならない

❿チェックをつけるとテキストをすべての段落を1行で表示する

【脚注】

⓫両方にチェックをつけると、テキストフレーム内のすべての段にまたがって脚注を表示する

【段間罫線】（2020～）

⓬段間罫線の長さを設定する。初期設定の「0mm」は段間の端から端までの長さになる

⓭段間罫線の位置を移動する（横組みは上下、縦組みは左右）。初期設定の「0mm」は段間の中央になる

⓮段間罫線のデザインを設定する

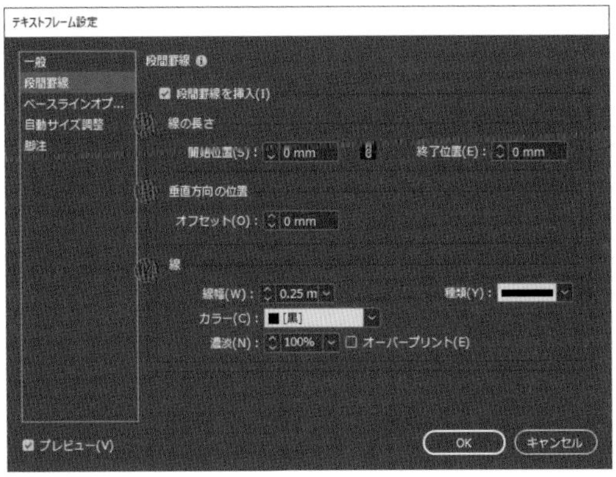

グリッドフォーマット

2021 2020 2019

フレームグリッドの設定をグリッドフォーマットパネルに登録すると、同じ設定をフレームグリッドに適用して、グリッドフォーマットスタイルとリンクできます。

あらかじめパネルに表示される［レイアウトグリッド］は、新規ドキュメントを作成時の［新規レイアウトグリッド］ダイアログボックスで設定した［グリッド書式属性］と同じになるフォーマットです。

ただし、マスターページの［レイアウトグリッド設定］を変更した場合、そのマスターを適用しているページ上では、変更した設定の［レイアウトグリッド］に変わります。

レイアウト済みの［レイアウトグリッド設定］を変更した場合、ドキュメントページ上にあるフレームグリッドの設定は更新しないで、［レイアウトグリッド］とのリンクが解除されます。

新しく登録したグリッドフォーマットは、パネル内の名前をダブルクリックして開く［グリッドフォーマットの編集］ダイアログボックスで設定を変更できます。この場合、同じグリッドフォーマットスタイルを適用したレイアウトのフレームグリッドも同時に更新されます。

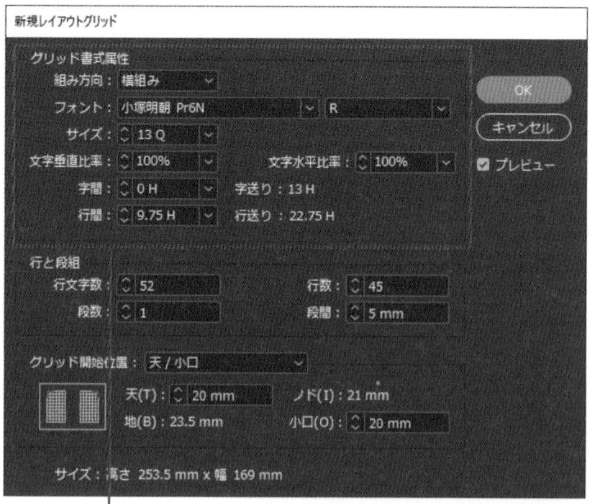

新規ドキュメントを［レイアウトグリッド］で作成したときの設定が反映される

グリッドフォーマットを作成してからオブジェクトスタイルを作成する

COLUMN

オブジェクトスタイルには、フレームに設定できるすべての属性をスタイルとして登録できます。ただし、グリッドフォーマットスタイルを設定していないフレームグリッドでオブジェクトスタイルを作成しても、グリッド書式属性の設定は登録されません。フレームグリッドのオブジェクトスタイルは、［オブジェクトスタイルオプション］ダイアログボックスの［ストーリーオプション］にある［グリッドフォーマット］で設定します。［レイアウトグリッド］と異なるグリッド書式属性にするときは、グリッドフォーマットパネルで、新しいグリッドフォーマットを作成してから選択します。

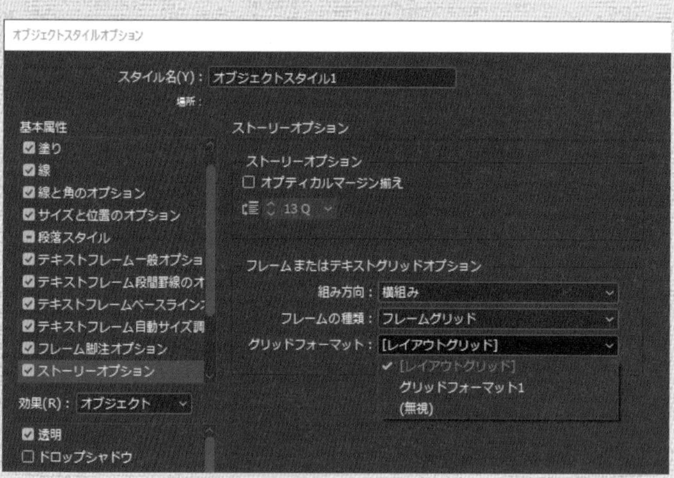

COLUMN

グリッド以外の設定

グリッドフォーマットは、フレームグリッドのグリッド機能に関する設定だけのスタイルです。組み方向や段組などの設定は、元のフレームの設定を保持します。

グリッド以外の設定もスタイルにするときは、オブジェクトスタイルを作成します。

 Macでは、キーは次のようになります。 Ctrl → ⌘ Alt → option Enter → return

STEP 01 グリッドフォーマットの作成と適用と変更 2021 2020 2019

Before　After

グリッドフォーマットを使えば、簡単にフレームグリッドの設定を統一できます。グリッドフォーマットスタイルとリンクしたフレームは、設定の変更も自動更新します。

Lesson 04 ▶ L4-1S01.indd

1 レッスンファイルを開きます。上❶は[レイアウトグリッド]のスタイルで作成したフレームグリッドです。下❷は、[フレームグリッド設定]ダイアログボックスでフォントやサイズを変更したフレームグリッドです。
ここでは、上のフレームを下に揃えるためにグリッドフォーマットを利用してみましょう。

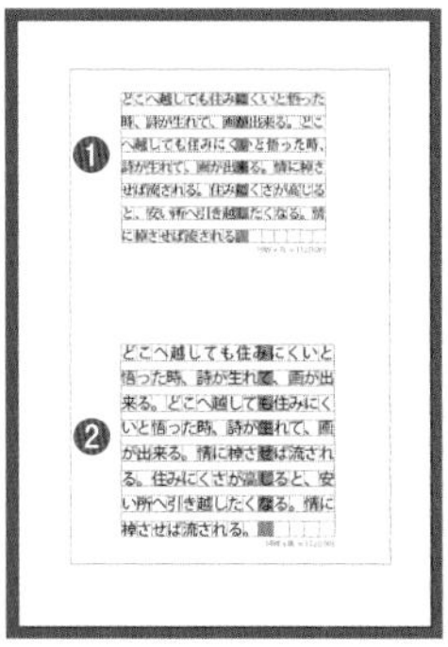

2 選択ツール を選択します❶。下のフレームグリッドを選択し❷、グリッドフォーマットパネルの[新規グリッドフォーマット] をクリックします❸。

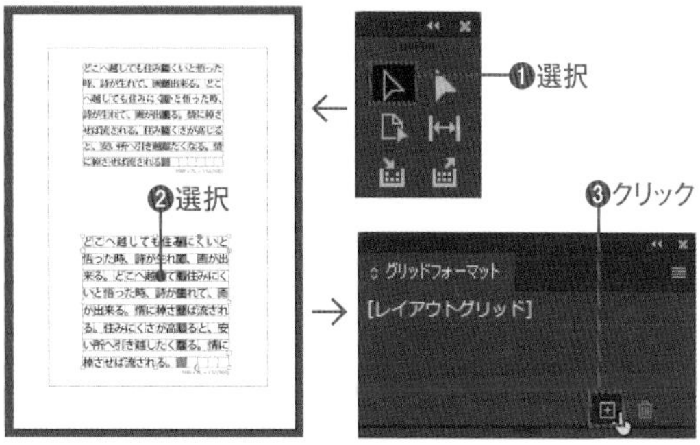

3 この時点では、まだ新しいグリッドフォーマットと下段のフレームグリッドはリンクしていません。
下のフレームグリッドが選択状態のまま❶、新しいグリッドフォーマットの名前[グリッドフォーマット1]をクリックします❷。これで下段のフレームグリッドと[グリッドフォーマット1]がリンクします。

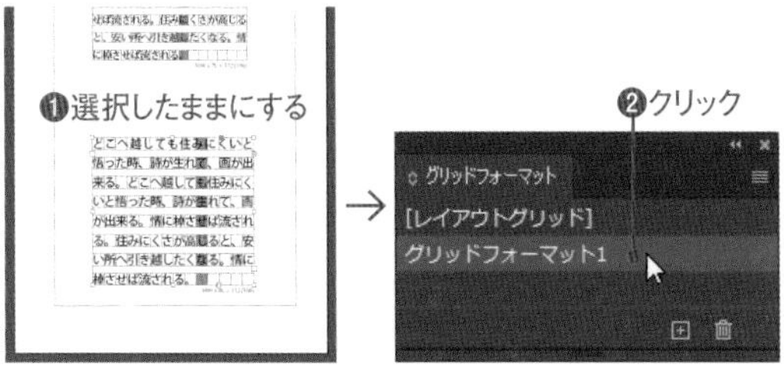

4 上のフレームグリッドを選択します❶。グリッドフォーマットパネルの[グリッドフォーマット1]をクリックします❷。上のフレームグリッドが[グリッドフォーマット1]とリンクし、フォントとサイズが変わります❸。

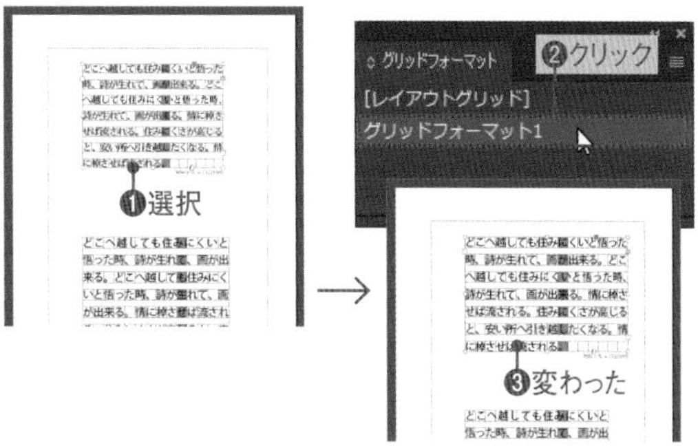

5 グリッドフォーマットパネルの[グリッドフォーマット1]をダブルクリックします❶。[グリッドフォーマットの編集]ダイアログボックスが表示されたら、[サイズ]を「11Q」に設定して❷、[OK]をクリックします❸。上と下のフレームグリッドが同時に更新されます❹。

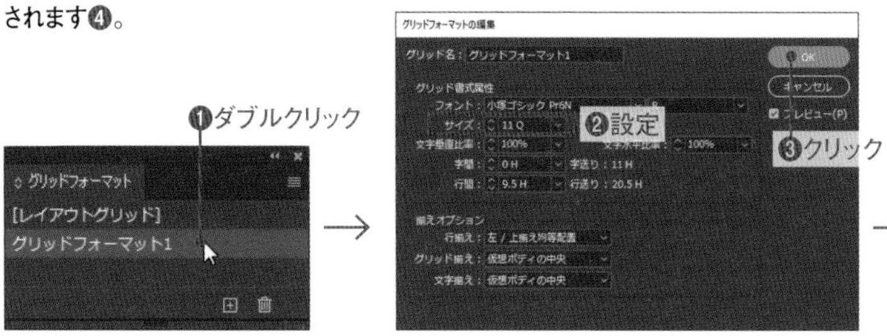

4-2 文字の配置

原稿のファイルがある場合は、テキストデータを読み込んで配置できます。また、ワープロソフトなどで選択したテキストを、InDesignにコピー&ペーストしてテキストフレームに配置することもできます。文字の配置方法について学びましょう。

テキストをコピー&ペーストで配置する

2021 2020 2019

ほかのアプリケーションで作成したテキストをコピーして、InDesignのドキュメントにペーストできます。テキストフレームを作成していなくても、ペーストするとプレーンテキストフレームが自動的に作成されます。初期設定では、ほかのアプリケーションからコピー&ペーストした文字には、InDesignで設定した書式設定が適用されます。
ほかのアプリケーションで設定されたフォントやサイズ、カラーなどの属性を含めてコピー&ペーストするときは、[編集](Macでは[InDesign])メニュー→[環境設定]→[クリップボードの処理]を選択し、[環境設定]ダイアログボックスの[他のアプリケーションからテキストおよび表のペースト]オプションを[すべての情報(索引マーカー、スウォッチ、スタイルなど)]❶に設定します。この設定のときは、[ペースト]ですべての情報をペーストする方法と、[フォーマットなしでペースト]でテキストのみペーストする方法とで、使い分けることができます。

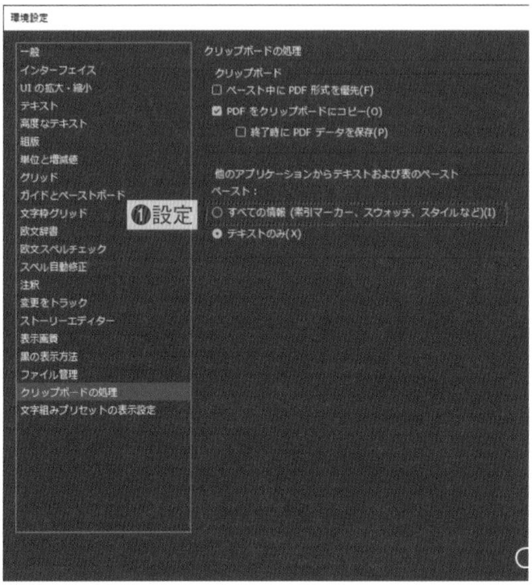

配置コマンドでテキストファイルを読み込む

2021 2020 2019

[ファイル]メニュー→[配置]を選択して❶、テキストデータの文章を読み込みます。テキストフレームを用意しなくても、テキストフレームの作成と読み込みを同時に行うことができます。
[配置]ダイアログボックスが表示されるので、[グリッドフォーマットの適用]❷にチェックをつけると、フレームグリッドを作成してテキストを読み込みます。チェックを外した場合は、プレーンテキストフレームになります。
テキストデータに設定されたフォントやサイズ、カラーなどの属性を含めないで読み込むときは、[配置]ダイアログボックスの[読み込みオプションを表示]❸にチェックをつけて読み込みます。読み込むファイルに応じたダイアログボックスが表示されます。

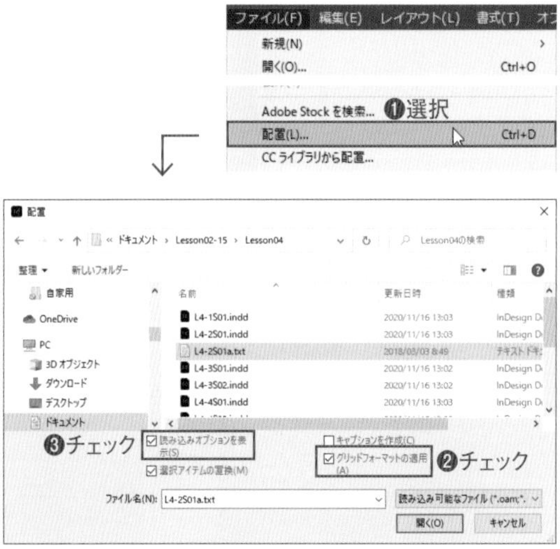

例えば、Wordのデータは[Microsoft Word読み込みオプション]ダイアログボックスが開いて、[テキストと表からスタイルおよびフォーマットを削除]❹にチェックをつけます(初期設定は[テキストと表のスタイルおよびフォーマットを保持]❺にチェックがついています)。テキスト形式で保存したファイルは[テキスト読み込みオプション]ダイアログボックス❻が開くので、文字セットなどを設定します。
ダイアログボックスの[OK]をクリックすると、テキストのプレビューが表示されたマウスポインターになります❼。この状態で版面の内側でドラッグすると、ドラッグした分のサイズのフレームにテキストが配置されます。クリックした場合は、その位置から版面と同じ幅のフレームが作成され、テキストが配置されます。
また、キー操作を併用することで、複数のページに一気に流し込むこともできます。

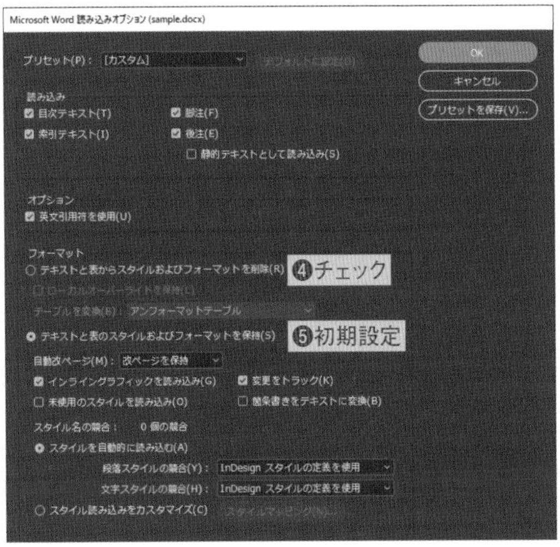

書式設定を保持したテキストファイルの読み込みオプションダイアログボックス

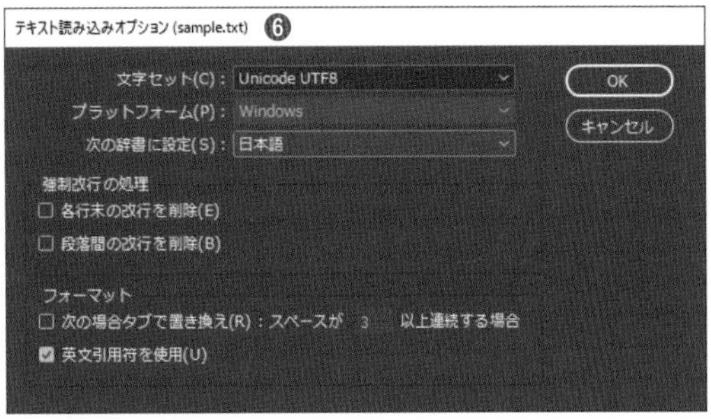

書式設定のないテキストファイルの読み込みオプションダイアログボックス

❼テキストのプレビューが表示されたマウスポインターになる

用意したテキストフレームに文字を配置する 2021 2020 2019

用意したテキストフレームにペーストする

ほかのアプリケーションでテキストをコピーしたら、テキストフレームにテキスト挿入点を置いてペーストします。
ペーストしたテキストには、テキスト挿入点を置いたときの文字パネルと段落パネル(またはコントロールパネル)に表示される書式設定が適用されます。
ただし、InDesignのドキュメントにあるテキストをコピーした場合は、コピー元の書式設定が維持されます。

用意したテキストフレームに配置する

[ファイル]メニュー→[配置]でテキストを配置できる状態のマウスポインターにして、空のテキストフレームの上でクリックすると、テキストフレームにテキストが配置されます。すでに配置されているテキストを、別のテキストの内容で入れ替える場合は、テキストフレームを選択してから[ファイル]メニュー→[配置]を実行し、[配置]ダイアログボックスで[選択アイテムの置換]❶にチェックをつけます。

COLUMN

マスターに作成したテキストフレーム

マスターページのテキストフレームは、ページ上で選択できませんが、[配置]で読み込んだテキストがプレビュー表示されたマウスポインターでクリックすると、自動的にオーバーライドして流し込みます。コピーしたテキストをペーストするときは、Shift+Ctrlキーを押しながらテキストフレームをクリックして、オーバーライドできる状態にしてからペーストします。

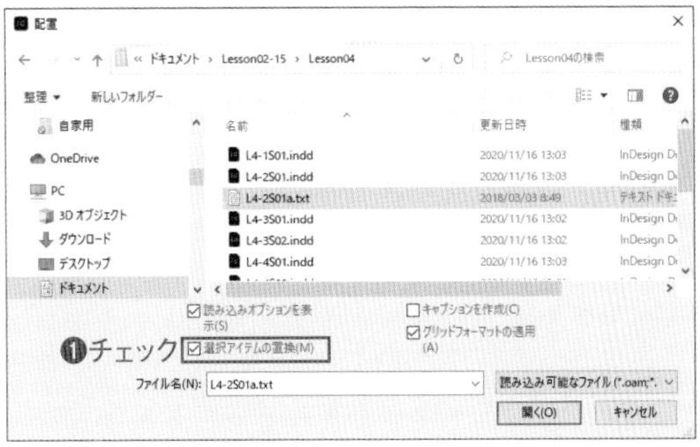

サンプルテキストを入力する

2021 2020 2019

テキストフレームを選択して[書式]メニュー→[サンプルテキストの割り付け]を選択すると、テキストフレームいっぱいにダミーのテキストが入力されます。まだ原稿が上がっていない段階でのデザインカンプを作成するときに便利です。

また、Ctrl キーを押しながら[書式]メニュー→[サンプルテキストの割り付け]を選択すると、入力するダミーテキストの言語を選択できます。

とかくに人の世は住みにくい。山路を登りながら、こう考えた。住みにくさが高じると、安い所へ引き越したくなる。どこへ越しても住みにくいと悟った時、詩が生れて、画が出来る。智に働けば角が立つ。とか

サンプルテキストを入力したテキストフレーム例

記号や異体字を入力する

2021 2020 2019

字形パネルで文字の入力や異体字に変換する

テキストフレーム内にテキスト挿入点を置いて、字形パネル❶にある文字をダブルクリックするか、右下にある三角形のアイコンを長押しして、ポップアップメニューから入力する文字を選択すると、文字を挿入できます。入力済みの文字を異体字に変換するには、変換する文字を選択します。字形パネルに選択した文字がハイライト表示されるので、右下にある三角形のアイコンを長押しして、ポップアップメニューから変換する文字を選択します。選択した文字に異体字がない場合は、三角形のアイコンは表示されません。

❶字形パネル

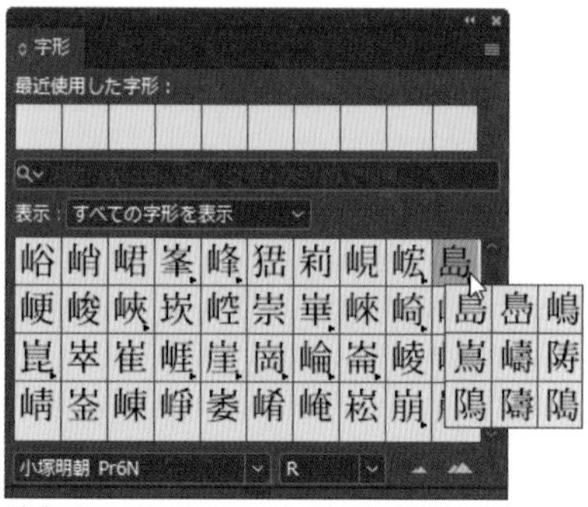

ダブルクリックで入力できる。長押しして、表示された異体字を選択しても入力できる

異体字ポップアップから選択する

文字ツールで1文字選択すると❷、異体字がポップアップ表示されます。ポップアップには最大5つ表示されます。表示されない文字は字形パネルから選択します。

❷1文字選択

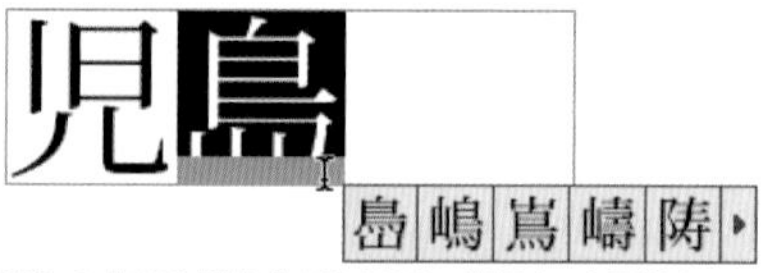

選択した文字の異体字が表示され、選択すると置換される

特殊文字を入力する

入力する位置にテキスト挿入点を置き、[書式]メニューの[特殊文字を挿入]から選択します。

挿入できる特殊文字

記号			
ビュレット	•	段落記号	¶
中点	·	登録商標記号	®
著作権記号	©	セクション記号	§
省略記号	…	商標記号	™
マーカー			
現在ページ番号	マスターページにはプレフィックスの文字を表示します		
次ページ番号			
前ページ番号			
セクションマーカー	[ページ番号とセクションの設定]のセクションマーカーの文字を表示します		
脚注番号	脚注の位置に手動で番号を入力します		
ハイフンおよびダッシュ			
EMダッシュ	—		
ENダッシュ	–		
任意ハイフン	単語が行末で分割されるときだけ、挿入した位置にハイフンを表示します		
分散禁止ハイフン	- 行末での分散を回避します		

引用符	
左二重引用符	"
右二重引用符	"
左引用符	'
右引用符	'
半角二重引用符	"
半角一重引用符（アポストロフィ）	'
その他	
タブ	Tab を挿入します
右インデントタブ	挿入した後ろのテキストをフレームの右端に揃えます
「ここまでインデント」文字	段落のインデント値とは別に、段落内の行をインデントします
先頭文字スタイルの終了文字	先頭文字スタイルの終了する位置を定義するとき挿入します
結合なし	連続する縦中横の文字を分けて回転させたい位置に挿入します

[環境設定]ダイアログボックスの[欧文辞書]カテゴリーに設定した文字を挿入します

STEP 01 テキストを配置する

2021 2020 2019

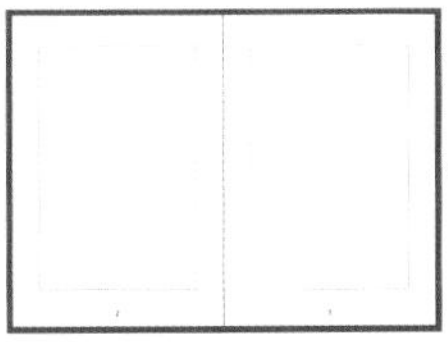

Before

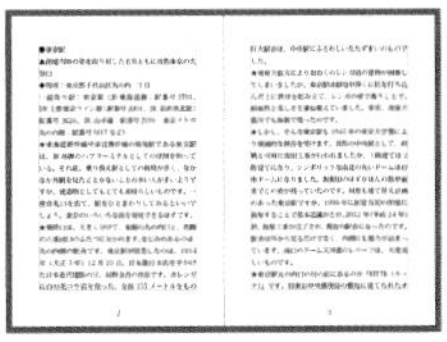

After

テキストファイルを読み込んでページに配置します。テキストがすべて配置されるまでプレーンテキストフレームとページを自動作成する方法です。

Lesson 04 ▶ L4-2S01.indd、L4-2S01a.txt

1 レッスンファイル「L4-2S01.indd」を開き、ページパネルで3ページのドキュメントであることを確認します❶。［ファイル］メニュー→［配置］を選びます❷。［配置］ダイアログボックスが表示されたら、「L4-2S01a.txt」を選び❸、［読み込みオプションを表示］のチェックをオフにします❹。続けて［グリッドフォーマットの適用］をオフにして❺、［開く］をクリックします❻。

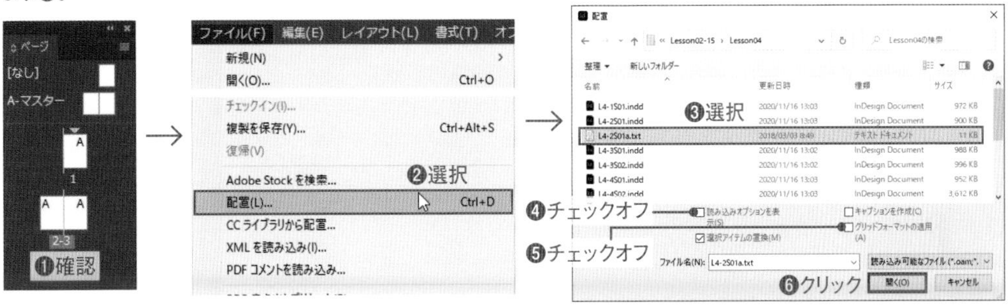

2 2ページ目の、版面左上角で Shift キーを押しながらクリックします❶。 Shift キーを押しながらクリックしたので、選択したテキストがすべて配置されるまで、ページとテキストフレームが自動作成されます❷❸。

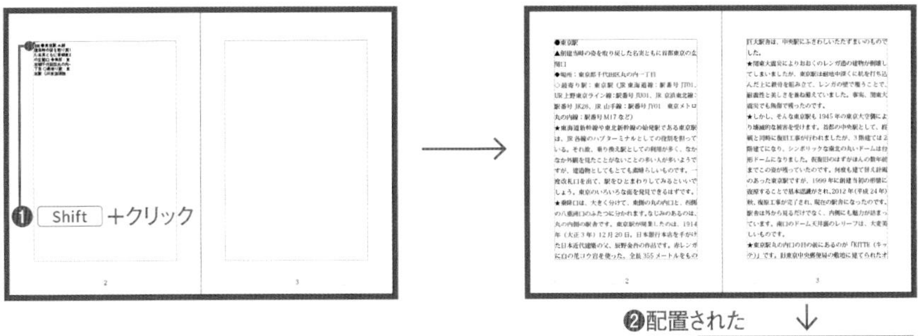

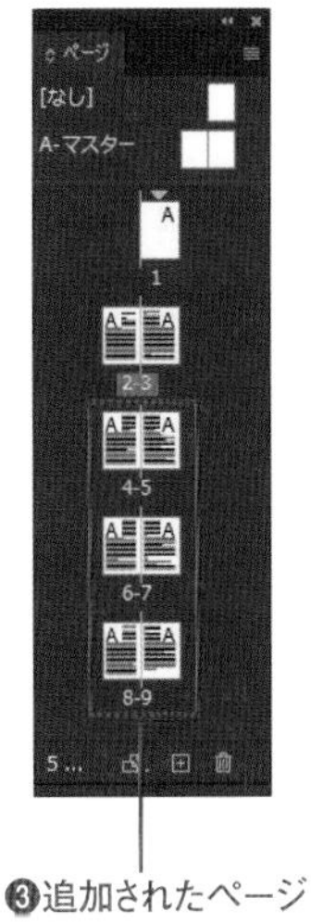

CHECK!

クリックと Shift + Alt +クリック

テキストの配置時に、ただクリックした場合は、クリックしたページだけにテキストフレームを作成して、そのフレームに収まる分だけのテキストを配置します。 Shift + Alt +クリックした場合は、ページは追加しないで配置できるところまでテキストフレームを自動作成してテキストを配置します。

クリック

Shift + Alt +クリック

4-3 テキストのペーストの使い分け

ドキュメント上にあるテキストをコピーして別のテキストフレームにペーストするときは、フレームの種類によって書式が保持されるなど、InDesignの特徴があります。フレームの種類に合わせて［ペースト］［フォーマットなしでペースト］［グリッドフォーマットを適用せずにペースト］を使い分けましょう。

ペーストを使い分ける

2021 2020 2019

ペースト

コピーしたテキストを別のテキストフレームに［ペースト］❶すると、プレーンテキストフレームにはコピー元の書式設定を保持したテキストをペーストしますが、フレームグリッド同士ではグリッド書式属性の部分だけが書き換わり、ベースラインシフトやコンポーザーなどの設定はコピー元の設定を保持します。
基本的にフレームグリッドには［ペースト］は使用しないで、［フォーマットなしでペースト］❷か［グリッドフォーマットを適用せずにペースト］❸を使用します。

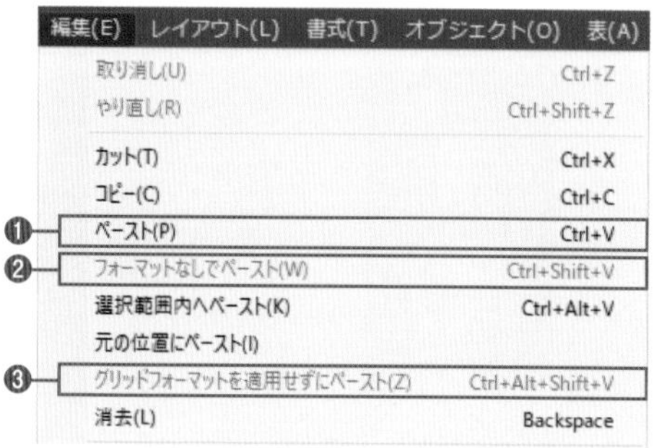

フォーマットなしでペースト

コピーしたテキストを別のテキストフレーム内に［フォーマットなしでペースト］すると、コピー元の書式設定をすべて削除してテキストのみをペーストします。ペーストしたテキストには、カーソルを挿入した位置（あるいは選択した文字）に設定してある書式設定が適用されます。

グリッドフォーマットを適用せずにペースト

［グリッドフォーマットを適用せずにペースト］は、ペースト先のフレームグリッド内にコピー元の書式設定と同じテキストをペーストするとき使用します。

CHECK!

書式設定のオーバーライド

グリッドフォーマットを適用せずにペーストすると、コピー元のグリッド書式属性を保持してペーストします。ペースト先のグリッド書式属性が異なる場合、フォントや文字サイズなどをオーバーライドして書き換えるため、グリッドフォーマットスタイルやフレームグリッド設定とのリンクが切れてしまいます。

COLUMN

コピー元の書式設定を保持してペーストする・しない

コピー元の書式設定を保持してペーストする・しないは、下記表のように使い分けてください。

	保持する	しない
ペースト先がプレーンテキストフレームの場合	ペースト	フォーマットなしでペースト
ペースト先がフレームグリッドの場合	グリッドフォーマットを適用せずにペースト	フォーマットなしでペースト

STEP 01 プレーンテキストフレームからのコピー&ペースト 2021 2020 2019

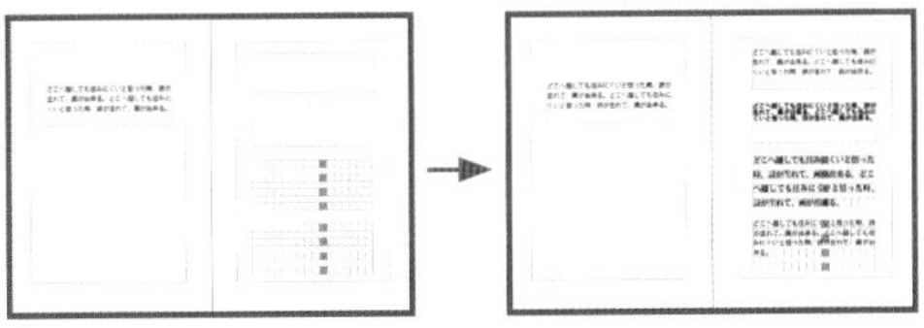

Before After

プレーンテキストフレームのテキストをコピーして、空のプレーンテキストフレームと空のフレームグリッドにペーストします。

Lesson 04 ▶ L4-3S01.indd

プレーンテキストフレームにペーストする

1 レッスンファイルを開き、横組み文字ツールを選択します❶。左ページのプレーンテキストフレーム内のテキストをすべて選択して❷、[編集]メニュー→[コピー]を選びます❸。

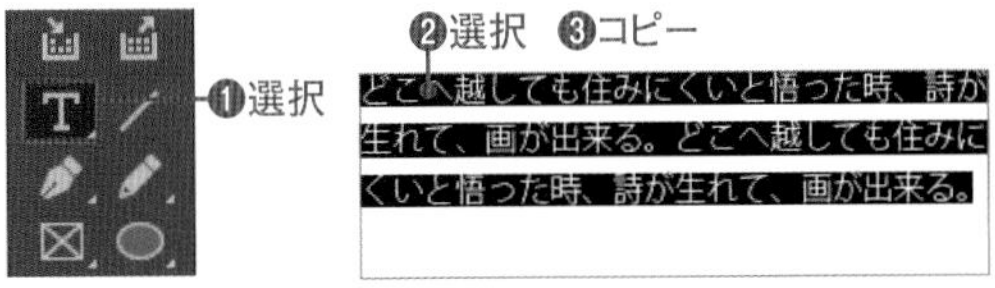
❶選択
❷選択 ❸コピー
どこへ越しても住みにくいと悟った時、詩が生れて、画が出来る。どこへ越しても住みにくいと悟った時、詩が生れて、画が出来る。

2 右ページの一番上の空のプレーンテキストフレームをクリックして❶、テキスト挿入点を点滅させたら、[編集]メニュー→[ペースト]を選びます❷。コピー元の書式設定を保持したテキストがペーストされます。

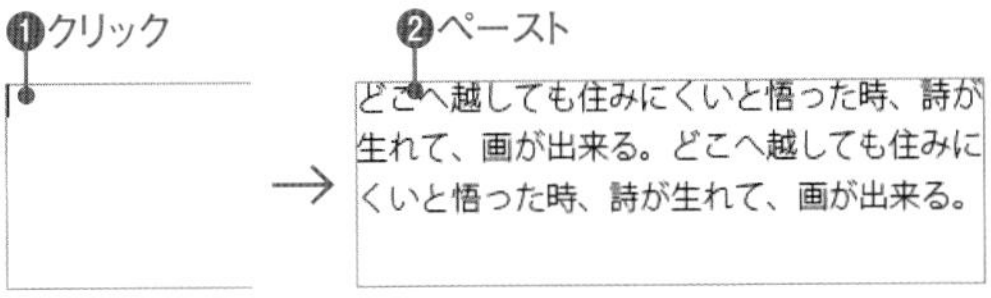
❶クリック
❷ペースト
どこへ越しても住みにくいと悟った時、詩が生れて、画が出来る。どこへ越しても住みにくいと悟った時、詩が生れて、画が出来る。

プレーンテキストフレームにフォーマットなしでペーストする

1 横組み文字ツールで左ページのプレーンテキストフレームのテキストをすべて選択して❶、[編集]メニュー→[コピー]を選びます❷。

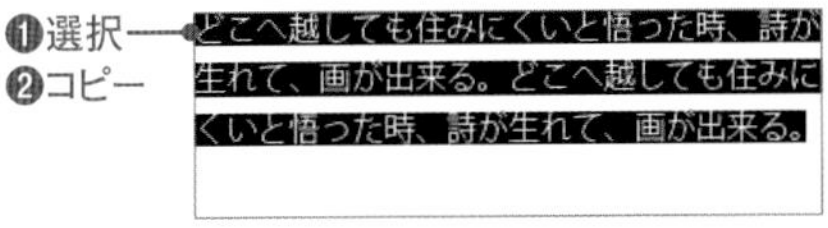
❶選択
❷コピー
どこへ越しても住みにくいと悟った時、詩が生れて、画が出来る。どこへ越しても住みにくいと悟った時、詩が生れて、画が出来る。

2 コントロールパネルかプロパティパネルでフォントやサイズ、行送りなどの書式設定を確認します❶。

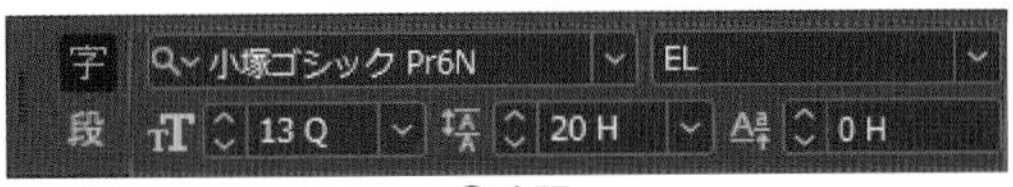
字
段
小塚ゴシック Pr6N
EL
13 Q
20 H
0 H

❶確認

3 右ページの上からふたつ目の空のプレーンテキストフレームをクリックして❶、テキスト挿入点を点滅させたら、コントロールパネルかプロパティパネルでフォントやサイズ、行送りなどの書式設定を確認します(空のフレームには、コピー元のテキストと一部異なる書式を設定しています)❷。

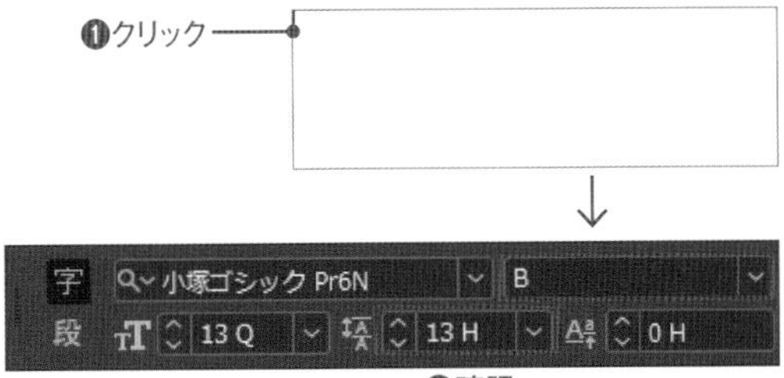
❶クリック
字
段
小塚ゴシック Pr6N
B
13 Q
13 H
0 H

❷確認

4 [編集]メニュー→[フォーマットなしでペースト]を選びます❶。空のプレーンテキストフレームの書式設定を適用したテキストがペーストされます。

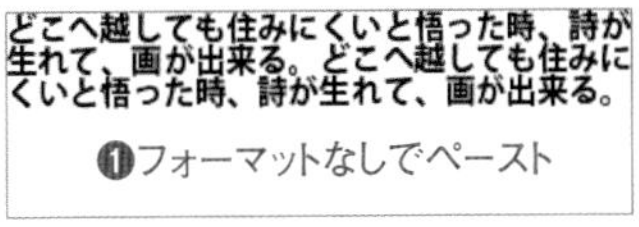
どこへ越しても住みにくいと悟った時、詩が生れて、画が出来る。どこへ越しても住みにくいと悟った時、詩が生れて、画が出来る。
❶フォーマットなしでペースト

CHECK!

プレーンテキストフレームの書式設定

プレーンテキストフレームは、フレームを作成したときの文字パネルや段落パネルの書式設定を保持しています。プレーンテキストフレームの書式設定は、文字を入力する前に文字パネルや段落パネル、またはコントロールパネルで変更できます。なお、文字を入力していなくてもフォント検索の使用フォントとして認識されます。

フレームグリッドにフォーマットなしでペーストする

1 横組み文字ツールTで左ページのプレーンテキストフレームのテキストをすべて選択して❶、[編集] メニュー→ [コピー] を選びます❷。

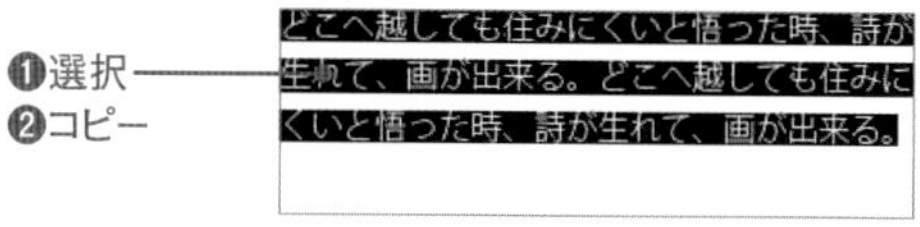

2 右ページの下からふたつ目の空のフレームグリッドをクリックし❶、テキスト挿入点を点滅させたら、[編集] メニュー→ [フォーマットなしでペースト] を選びます❷。空のフレームグリッドのグリッドフォーマットの書式設定を適用したテキストがペーストされます。

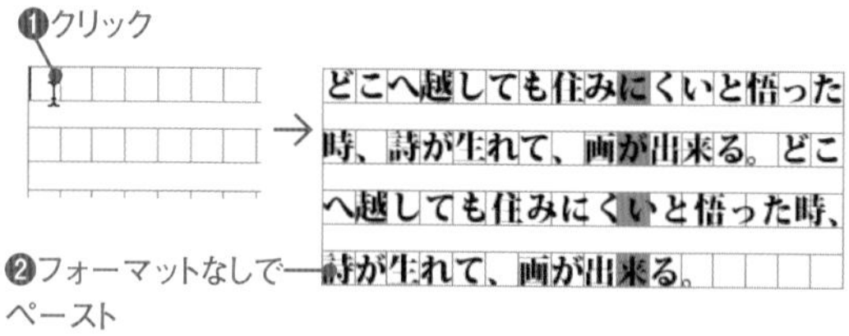

フレームグリッドにグリッドフォーマットを適用せずにペーストする

1 横組み文字ツールTで左ページのプレーンテキストフレームのテキストをすべて選択して❶、[編集] メニュー→ [コピー] を選びます❷。

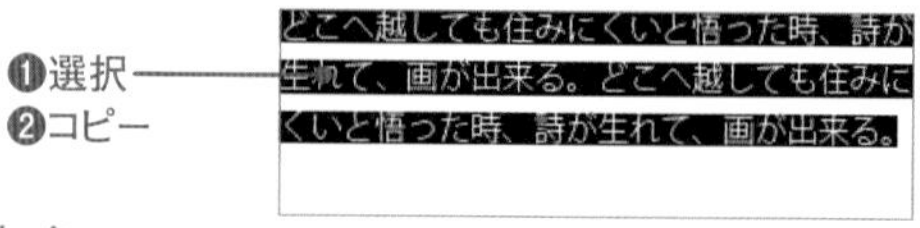

2 右ページの一番下の空のフレームグリッドをクリックし❶、テキスト挿入点を点滅させたら、[編集] メニュー→ [グリッドフォーマットを適用せずにペースト] を選びます❷。コピー元の書式設定を適用したテキストがペーストされます。

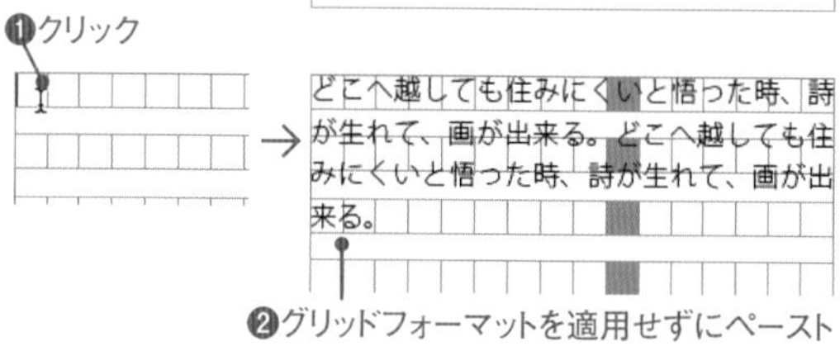

STEP 02 フレームグリッドからのコピー&ペースト 2021 2020 2019

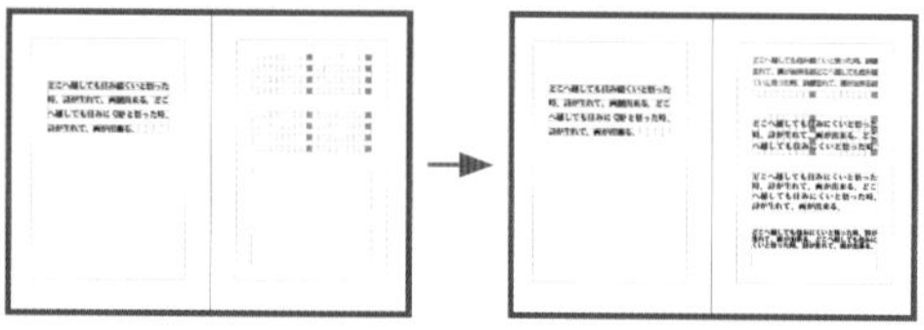

Before After

フレームグリッドのテキストをコピーして、空のフレームグリッドとプレーンテキストフレームにペーストします。

Lesson 04 ▶ L4-3S02.indd

フレームグリッドにフォーマットなしでペーストする

1 レッスンファイルを開き、横組み文字ツールTを選択します❶。左ページのフレームグリッドのテキストをすべて選択して❷、[編集] メニュー→ [コピー] を選びます❸。

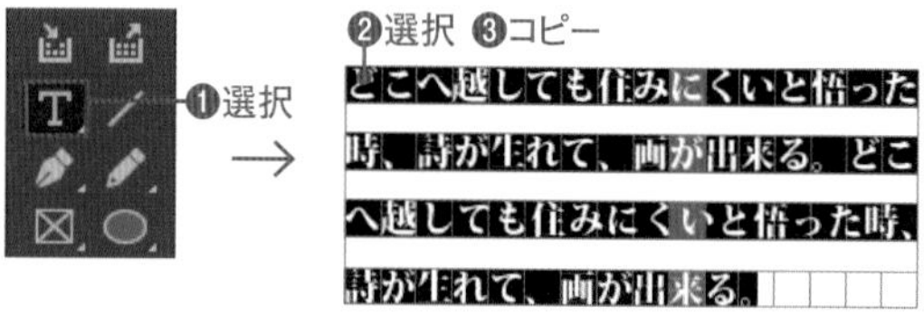

2 右ページの一番上の空のフレームグリッドをクリックし❶、テキスト挿入点を点滅させたら、[編集] メニュー→ [フォーマットなしでペースト] を選びます❷。空のフレームグリッドのグリッドフォーマットの書式設定が適用されたテキストがペーストされます。

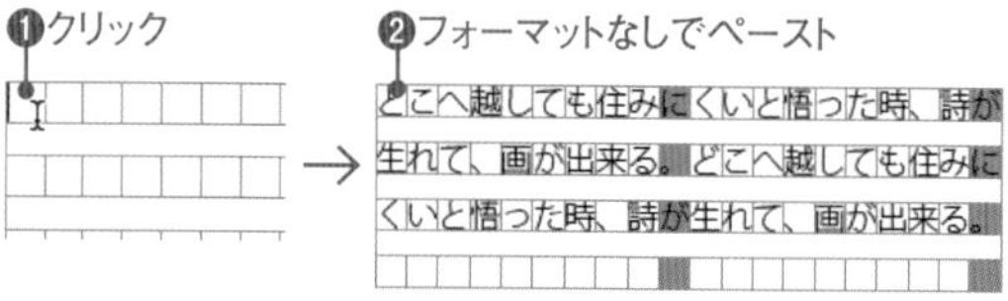

フレームグリッドにグリッドフォーマットを適用せずにペーストする

1　横組み文字ツール T で、左ページのフレームグリッドのテキストをすべて選択して❶、[編集] メニュー→[コピー] を選びます❷。

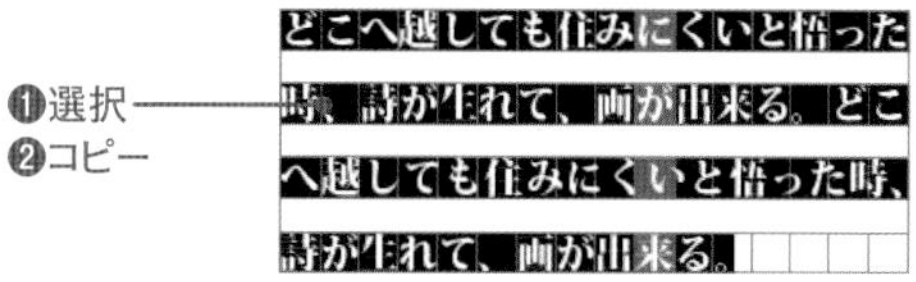

2　右ページの上からふたつ目の空のフレームグリッドをクリックし❶、テキスト挿入点を点滅させたら、[編集] メニュー→ [グリッドフォーマットを適用せずにペースト] を選びます❷。コピー元の書式設定が適用されたテキストが配置されます。文字サイズがグリッドより大きいため、グリッドとの位置がズレてしまいます。

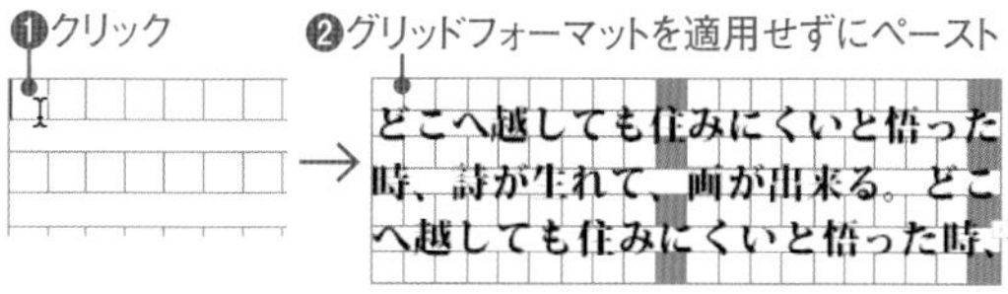

プレーンテキストフレームにペーストする

1　横組み文字ツール T で、左ページのフレームグリッドのテキストをすべて選択して❶、[編集] メニュー→[コピー] を選びます❷。

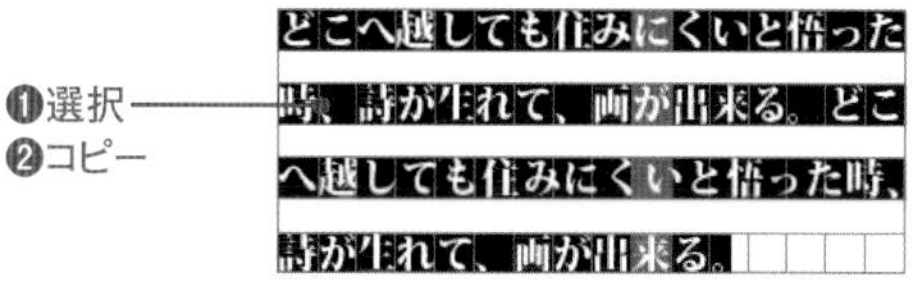

2　右ページの下からふたつ目の空のプレーンテキストフレームをクリックし❶、テキスト挿入点を点滅させ、[編集] メニュー→ [ペースト] を選びます❷。コピー元の書式設定が適用されたテキストがペーストされます。ただし、グリッド揃えがドキュメントのベースラインにスナップします。

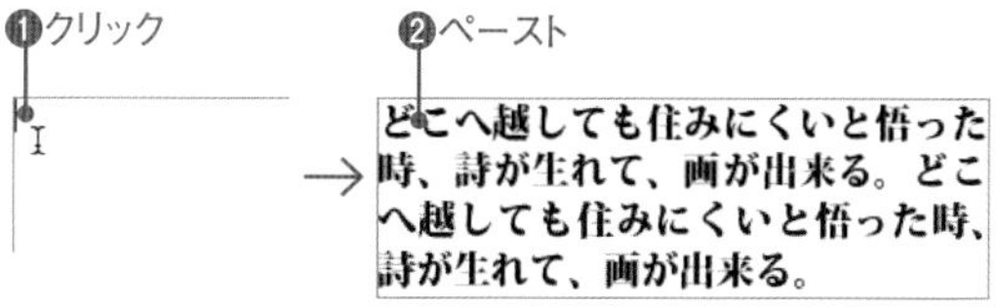

プレーンテキストフレームにフォーマットなしでペーストする

1　横組み文字ツール T で、左ページのフレームグリッドのテキストをすべて選択して❶、[編集] メニュー→[コピー] を選びます❷。

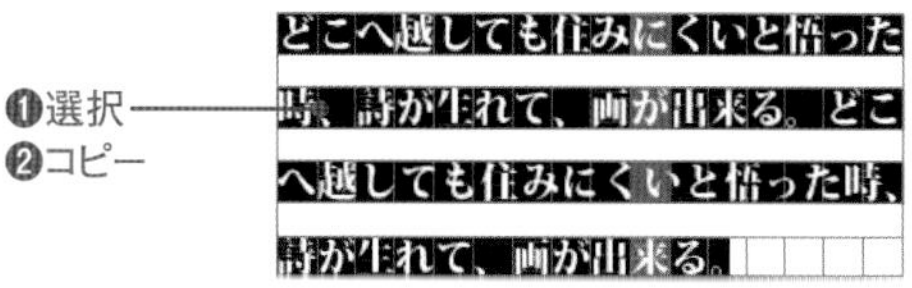

2　右ページの一番下の空のフレームグリッドにテキストをクリックし❶、テキスト挿入点を点滅させたら、[編集] メニュー→ [フォーマットなしでペースト] を選びます❷。空のプレーンテキストフレームの書式設定が適用されたテキストがペーストされます。

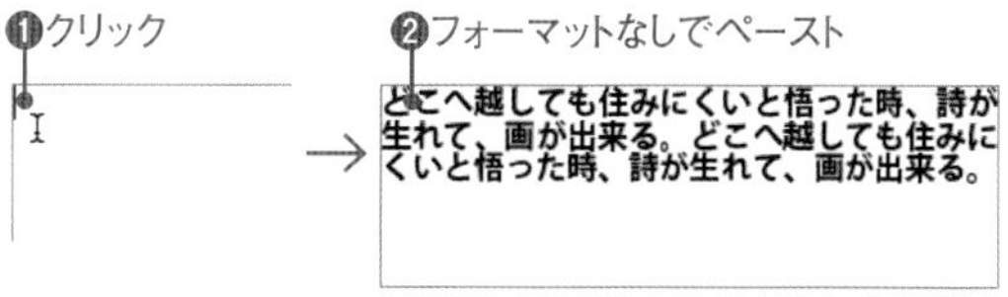

4-4 テキストフレームのサイズ設定

テキストフレームにすべての文章が入らないときは、テキストフレームのサイズを大きくしたり、ほかのテキストフレームに連結して配置する範囲を広げたりするなどの対応が必要となります。テキストフレームのサイズ設定についてしっかり覚えましょう。

テキストフレームのサイズ

2021 2020 2019

テキストフレームのサイズを計算する

例えば横組みのテキストフレームのサイズを設定するとき、字間を調整しないベタ組みでの幅は「フォントサイズ×行文字数」、高さは「フォントサイズ×行数＋行間×（行数-1）」に設定します。

フレームグリッドの場合はグリッド書式設定に合わせたサイズにスナップしますが、プレーンテキストフレームはサイズの制限がないため、書式に合わせて計算した値を設定しないと正確なサイズになりません。

CHECK!

本文のサイズを最初に決める

誌面のデザインを考えるときは、まずはじめに本文の書式設定を決めるとスムーズに制作を進行できます。版面のサイズ、および段の幅や間隔なども基本は本文の1文字1行のサイズを基準に設定します。

レイアウトグリッドを本文の書式に合わせて作成すれば、プレーンテキストフレームでもグリッドに合わせるだけで正確なサイズに設定できます。

COLUMN

級数と歯数

初期設定のフォントサイズは、級数（Q）で指定します。

1級は0.25mmで換算します。

例えば13Qの文字は「0.25mm×13」で計算するので、1文字が「3.25mm」の大きさになります。

行送りは歯数（H）で指定します。1歯も0.25mmで換算します。

級と歯の単位に馴染みがない場合は、［環境設定］の［単位と増減値］にある［他の単位］でポイントに変更できます。

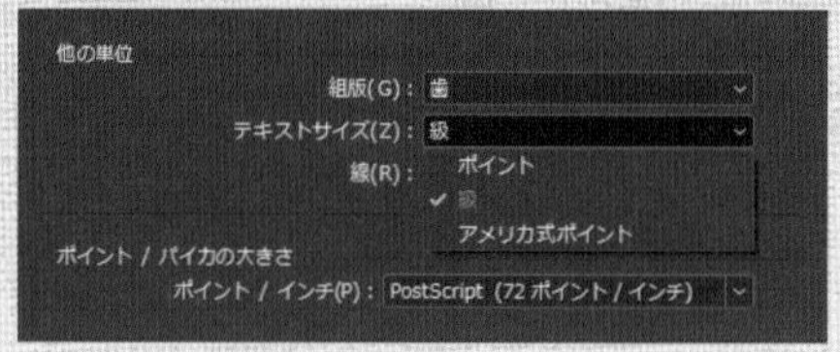

プレーンテキストフレームのサイズを数値で設定する

選択ツール▶でプレーンテキストフレームを選択して❶、コントロールパネルかプロパティパネル、または変形パネルの［W］（幅）や［H］（高さ）に数値を入力します❷。

数値入力ボックスは四則計算ができるので、「13Q*20」（13級の文字が20文字分の値）のように式を入力して設定できます。

変形パネルでは、テキストフレームにテキスト挿入点を置いたままフレームサイズを変更できます。

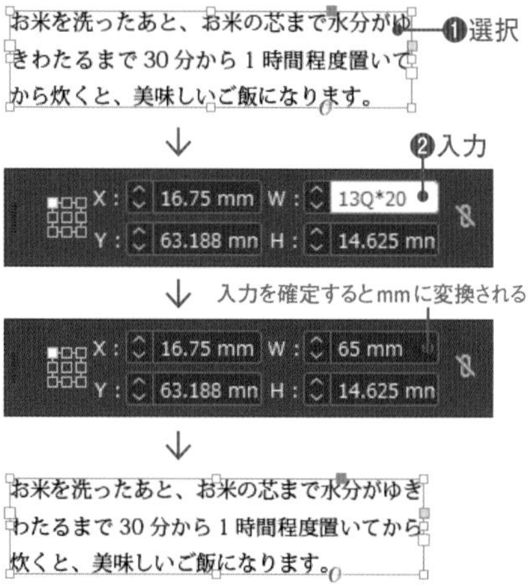

テキストがフレームに収まらない場合の対応

2021 2020 2019

テキストフレームの末尾側に赤いプラス記号⊞が表示されているときは、テキストフレームに入りきらなかったテキストがあることを示しています。テキストをすべて配置するには、以下の方法で対処します。

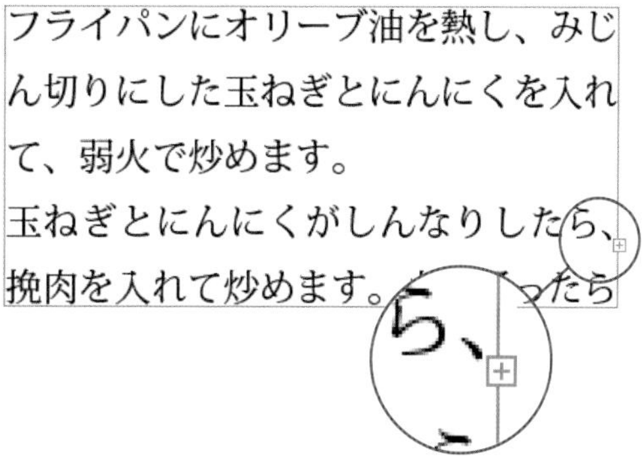
フライパンにオリーブ油を熱し、みじ
ん切りにした玉ねぎとにんにくを入れ
て、弱火で炒めます。
玉ねぎとにんにくがしんなりしたら、
挽肉を入れて炒めます。
ら、

文章を短くする

DTPと執筆（あるいは編集）の作業を同時に行う場合の手段です。

文字間隔を詰める

収まらない文字数が少ないときの手段です。

文字サイズを小さくする

デザインを変更できる場合の手段です。

行間を詰める

デザインを変更できる場合の手段です。

テキストフレームを広げる

スペースに余裕があるときの手段です。

続きの文章を別のフレームに流す

スペースやページ数に余裕があるときの手段です。

> COLUMN
>
> **オーバーセットテキスト**
>
> テキストフレームに入りきらないテキストを「オーバーセットテキスト」と呼びます。

ハンドル操作でオーバーセットテキストをすべて表示する

選択ツール▶でテキストフレームを選択して、四隅とその中間に表示されるハンドルを操作してフレームのサイズを変更します。8つあるいずれかのハンドルをダブルクリックすると、オーバーセットテキストがすべて表示されるサイズに変わります。テキストフレームを広げる方向は、ダブルクリックするハンドルの位置で変わります。例えば、横組みのテキストフレームの下中央のハンドルをダブルクリックすると❶、フレームの幅を保持したまま、オーバーセットテキストがすべて表示される位置までフレームの高さが下方向に広がります。
逆に、文字量よりもフレームのサイズが大きい場合は、フレームが狭くなります❷。
ハンドルをドラッグする場合は、1秒程度長押ししてからドラッグすると、オーバーセットテキストを表示しながらサイズを変更できます。

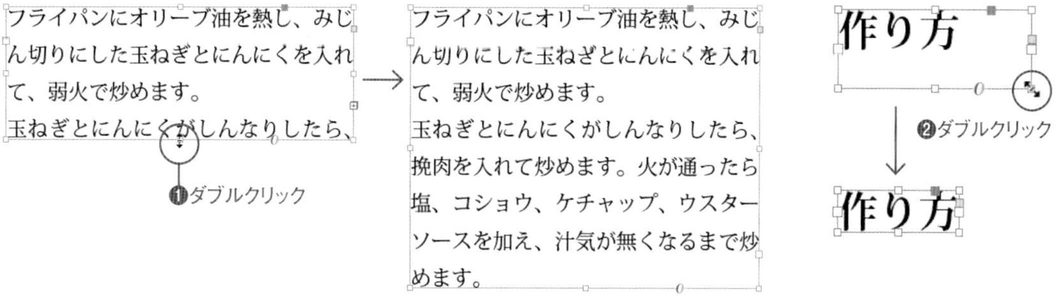
フライパンにオリーブ油を熱し、みじ
ん切りにした玉ねぎとにんにくを入れ
て、弱火で炒めます。
玉ねぎとにんにくがしんなりしたら、
❶ダブルクリック
フライパンにオリーブ油を熱し、みじ
ん切りにした玉ねぎとにんにくを入れ
て、弱火で炒めます。
玉ねぎとにんにくがしんなりしたら、
挽肉を入れて炒めます。火が通ったら
塩、コショウ、ケチャップ、ウスター
ソースを加え、汁気が無くなるまで炒
めます。
作り方
❷ダブルクリック
作り方

テキストフレームの自動サイズ調整

選択ツール▶でテキストフレームを選択して、[オブジェクト]メニュー→[テキストフレーム設定]を選びます。[テキストフレーム設定]ダイアログボックスが表示されたら、[自動サイズ調整]をクリックします❶。

[自動サイズ調整]をクリックして表示されるメニューで調整する方向を設定して❷、9つのブロックに分かれた基準点(伸縮しない固定する位置)を設定します❸。

自動サイズ調整を設定したテキストフレームは、フレーム内のテキストを編集すると同時にフレームサイズが変わります。

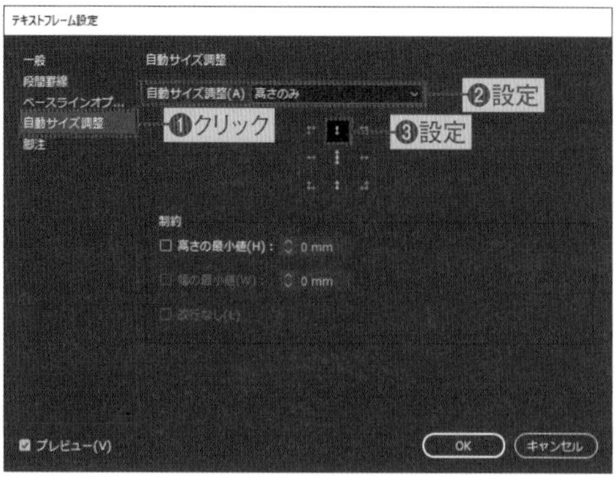

オーバーセットテキストを別のテキストフレームに流す

オーバーセットテキストは、別のフレームに連結して流し込むことができます。連結するときは、ハンドルよりも少し大きい四角形のポートを使って設定します。文章の先頭側にあるのがインポート(入り口)で、末尾側にあるのがアウトポート(出口)です。いずれかのポートを選択ツール▶でクリックすると、ほかのテキストフレームと連結できる状態になります。

連結先のフレームを用意してある場合は、そのフレームをクリック(フレーム内のどこでもOK)します。用意していなければ、そのままドラッグかクリックして新しいテキストフレームを作成します。

例えば、テキストフレームAのアウトポートをクリックしてから❶、テキストフレームBをクリックすると❷、Aに入らないテキストがBに流れます。逆に、テキストフレームBのインポートをクリックしてからテキストフレームAをクリックしても、同じ順番で文章が流れます。ただし、テキストフレームの種類や設定に関しては、先にクリックしたテキストフレームの設定に変わります❸。

[表示]メニュー→[エクストラ]→[テキスト連結を表示]を選ぶと、連結したポート同士の間に線が表示されます。

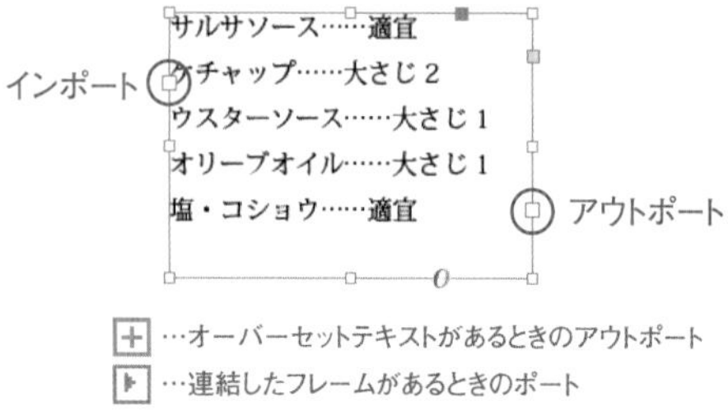

プライマリテキストフレームは自動的に連結している

CHECK!

新規ドキュメントを作成するとき、[新規ドキュメント]ダイアログボックスで[プライマリテキストフレーム]にチェックをつけると、スプレッドの左右で連結したテキストフレームが作成されます。手動で作成するときも、空のテキストフレーム同士で連結できます。

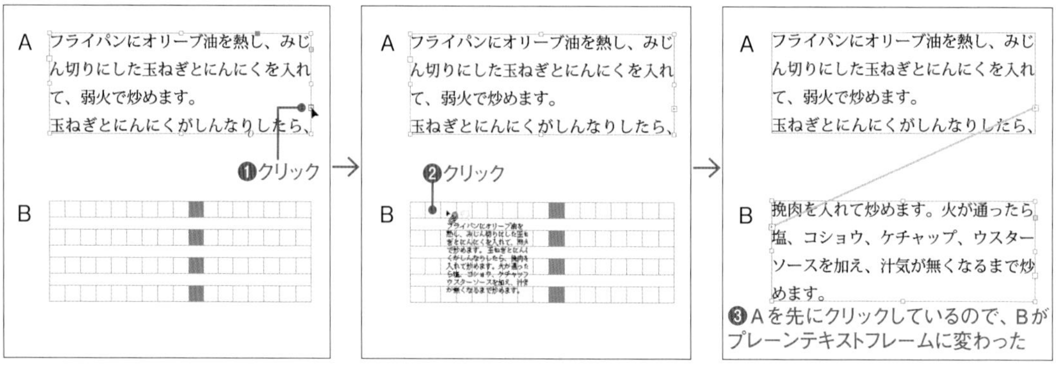

STEP 01　フレームの幅を文字サイズに合わせて設定する　2021 2020 2019

Before

お米を洗ったあと、お米の芯まで水分がゆき
わたるまで 30 分から 1 時間程度置いてから
炊くと、美味しいご飯になります。

↓

After

お米を洗ったあと、お米の芯まで水分がゆきわたる
まで 30 分から 1 時間程度置いてから炊くと、美味
しいご飯になります。

テキストフレーム内の文字サイズを確認して、1行に「23」文字入るように修正します。ただし、1行目の先頭文字の位置は変わらないようにします。

Lesson 04 ▶ L4-4S01.indd

1　レッスンファイルを開き、選択ツールを選択します❶。プレーンテキストフレームをクリックして選択します❷。プロパティパネルで文字サイズの値を確認します❸（コントロールパネルで文字サイズを確認する場合は、一時的に文字ツールTに切り替えます）。

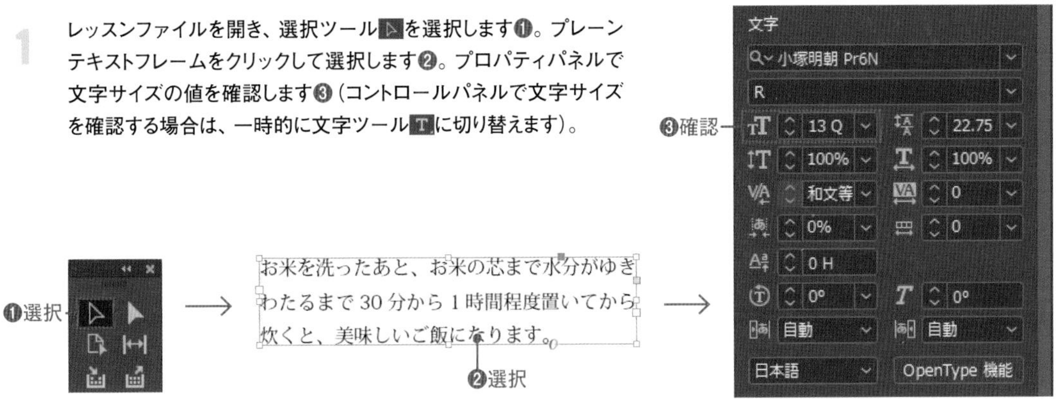

2　テキストフレームを選択したまま、プロパティパネルで現在のフレームサイズを確認します❶。「65mm」なので、13Q（3.25mm）が20文字入る設定であることが確認できます。基準点の左上をクリックして❷、テキストフレームの左上を固定するように設定します。

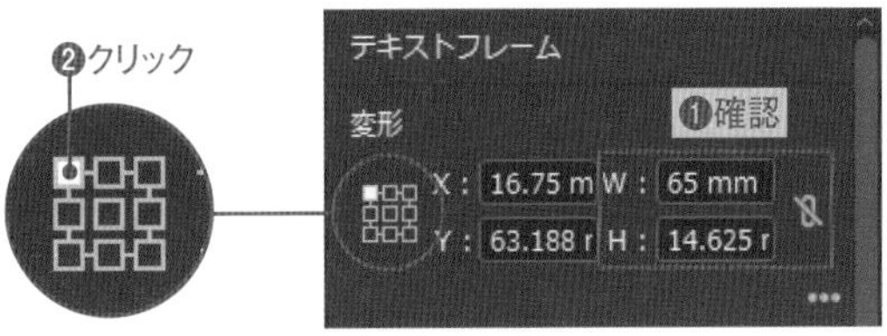

3　[W] に半角英数字で「13Q*23」と入力します❶。Enter キーを押して入力を確定すると❷、ミリメートル（mm）の値に変換されます❸。テキストフレームのサイズは23文字入る幅になります❹。

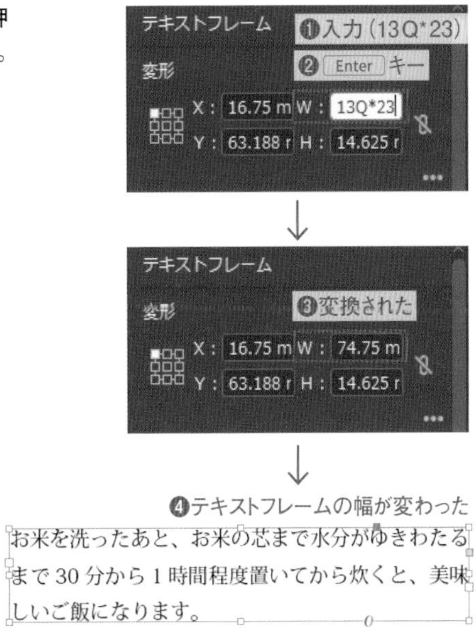

CHECK!

差分で計算してもOK

サイズを変更するときは、現在の数値に差分を足したり引いたりする方法もあります。
例えば、このLessonの場合、13Qの文字を3文字分広げたいので、「+39Q」を[W]の値の最後に追加します。ただし、この方法は元のフレームサイズも文字サイズに合わせて設定されている場合に限ります。
「Q」は小文字の「q」でもOKです。

STEP 02 テキストフレームの自動サイズ調整

2021 2020 2019

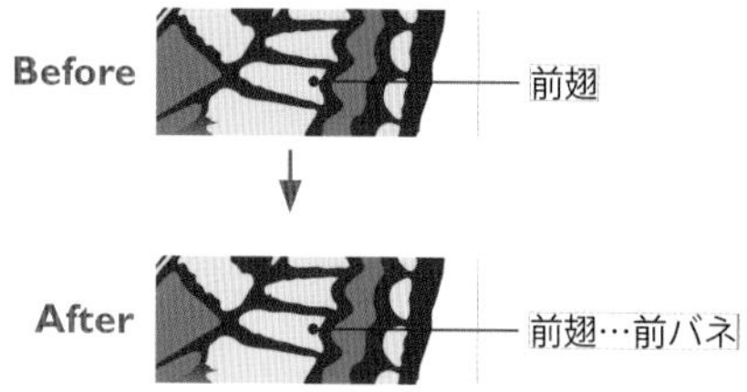

引き出し線の文字を入力するテキストフレームに自動サイズ調整を設定します。引き出し線と先頭文字の位置を固定して伸縮させます。

Lesson 04 ▶ L4-4S02.indd

1　レッスンファイルを開きます。選択ツールを選択し❶、「前翅」と入力されているテキストフレームを選択します❷。

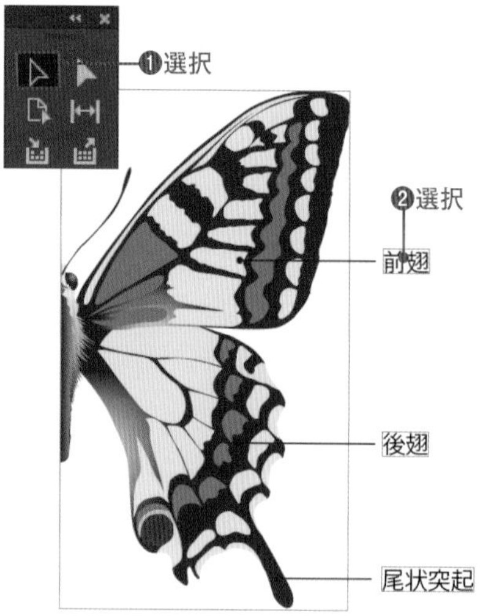

2　[オブジェクト] メニュー→ [テキストフレーム設定] を選びます。[テキストフレーム設定] ダイアログボックスが表示されたら、[自動サイズ調整] をクリックします❶。
[自動サイズ調整] を [幅のみ] に設定して❷、9つのブロックに分かれた基準点の中央左のブロックをクリックします（引き出し線側にフレームが伸びないようにします）❸。[幅の最小値] にチェックをつけ❹、「6.5mm」に設定します❺（6.5mm＝13Q×2で、テキストをすべて削除しても2文字分より縮まない値です）。設定したら [OK] をクリックします❻。

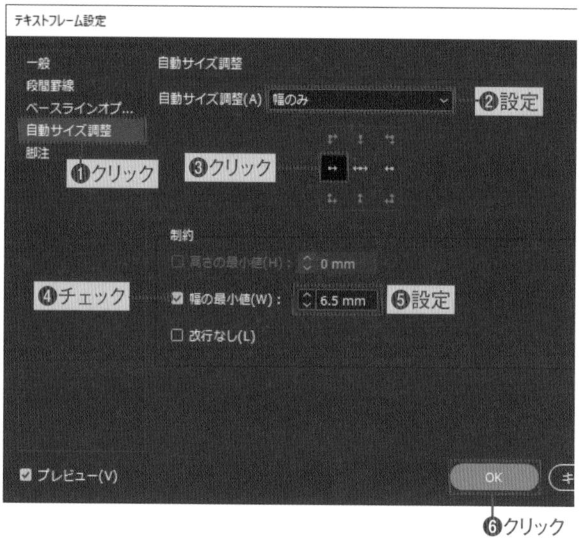

CHECK!

手間とオーバーセットを防ぐ

作例のような引き出し線の文字は、最小限のフレームサイズにしたいので、自動サイズ調整の機能は大変便利です。
入力時のサイズ調整の手間を省き、オーバーセットテキストの発生を防ぐことができます。

3　横組み文字ツールを選択します❶。テキストフレームの文末をクリックし❷、「…前バネ」と文字を追加すると、同時にテキストフレームの幅が広がります❸。

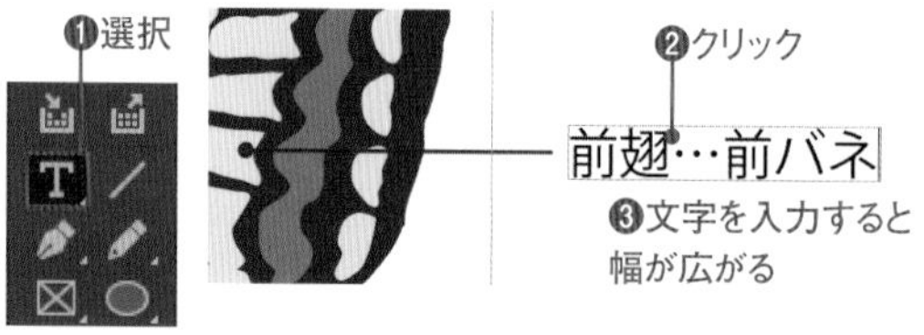

4　テキストフレームの文字を削除していくと❶、残り2文字からは幅が狭くなりません❷。文字をすべて削除しても2文字分の幅は維持されます。

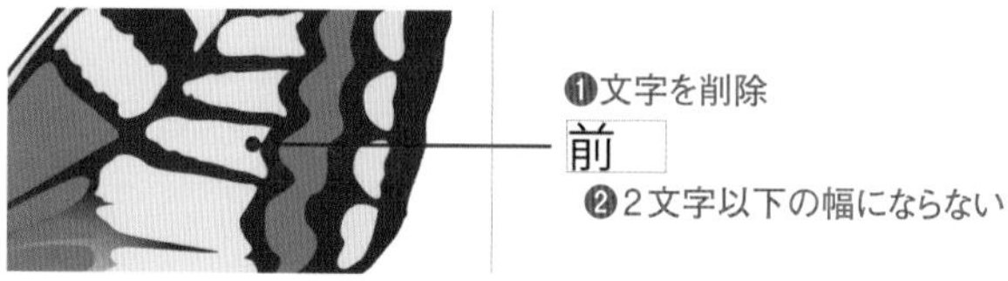

　Macでは、キーは次のようになります。 Ctrl → ⌘　Alt → option　Enter → return

STEP 03　テキストフレームを連結・解除する　2021 2020 2019

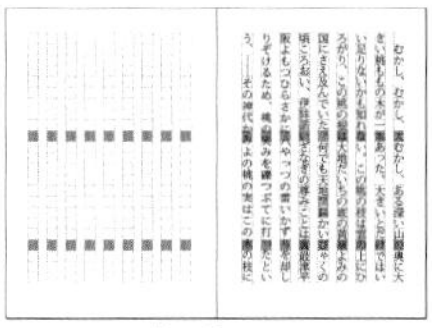

Before

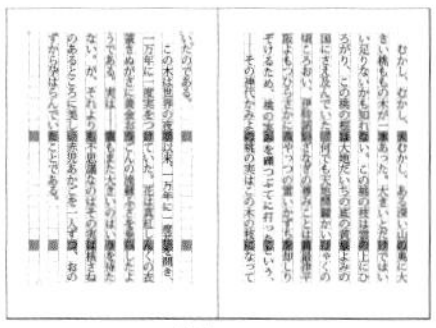

After

テキストフレームを連結・解除する練習をします。縦組みのテキストフレームは、フレームの左下にアウトポートが表示されます。

Lesson 04 ▶ L4-4S03.indd

1 レッスンファイルを開きます。選択ツール を選択し❶、オーバーセットテキストがあるテキストフレームを選択します❷。オーバーセットしているので、アウトポートの赤いプラス記号をクリックします❸。左ページの空のテキストフレームの上でクリックします❹。空のテキストフレームにオーバーセットテキストが配置されます❺。

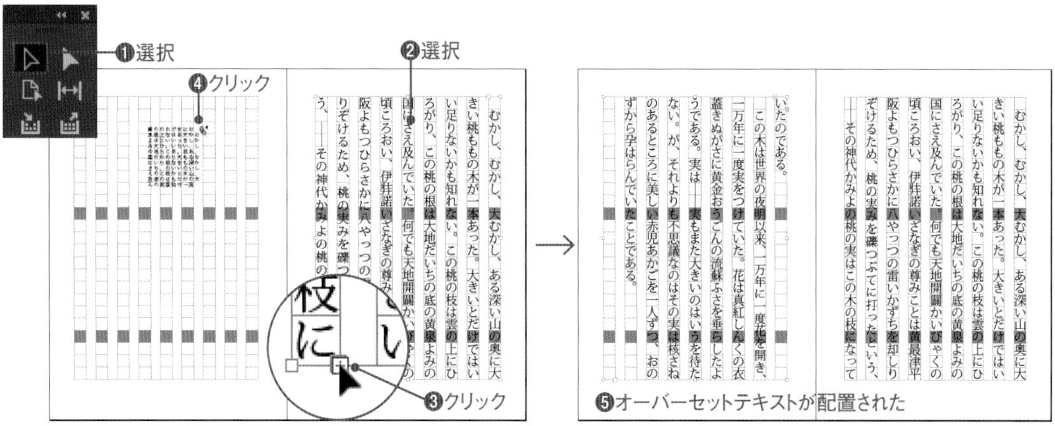

2 [表示]メニュー→[エクストラ]→[テキスト連結を表示]または[テキスト連結を隠す]を選択して、連結したポート間の線の表示／非表示を確認します❶(連結テキストフレームを選択していないときには線は表示されません)。

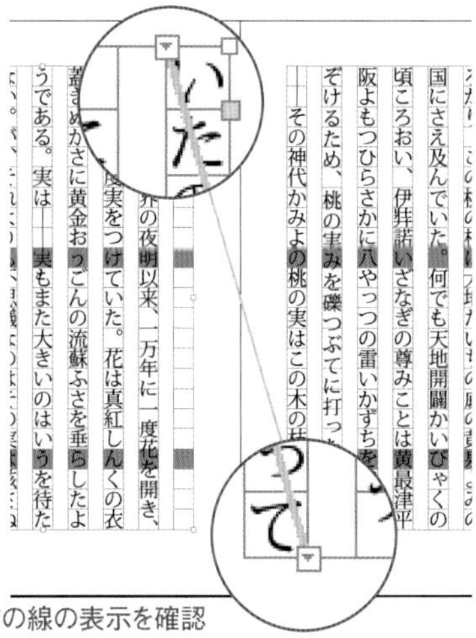

3 テキスト連結の線があるインポートかアウトポートをダブルクリックします❶。連結が解除され、配置したすべてのテキストは文頭側のテキストフレームに残り、文末側のテキストフレームは空になります❷。

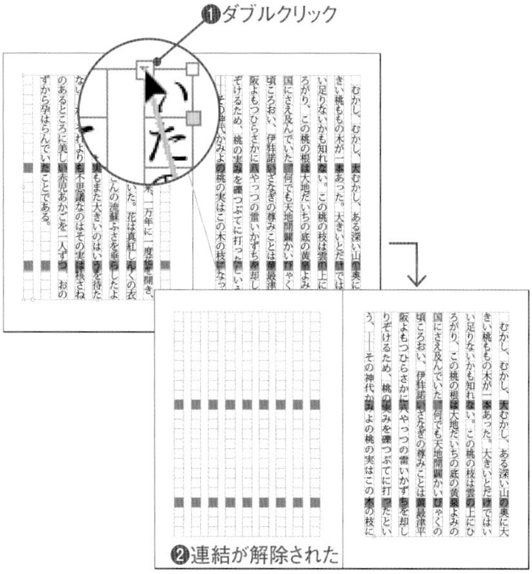

4-5 段組の設定

段組は、文字を読みやすくするための基本的なレイアウト方法です。InDesignでは、ひとつのテキストフレーム内に複数の段を作る方法と、段ごとにテキストフレームを作成する方法があります。用途によって使い分けられるようにしましょう。

STEP 01 ひとつのテキストフレームで段組を作る 2021 2020 2019

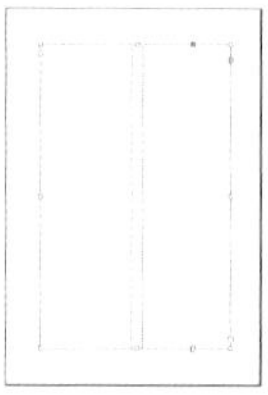

段組ガイドと同じ横組み2段のレイアウトを、プレーンテキストフレームひとつで作成します。

Lesson 04 ▶ L4-5S01.indd

1 レッスンファイルを開きます。[レイアウト]メニュー→[マージン・段組]を選び、[マージン・段組]ダイアログボックスを表示します❶。[段組]オプションの[間隔]の値(6.5mm)を確認し❷、[OK]をクリックします❸。

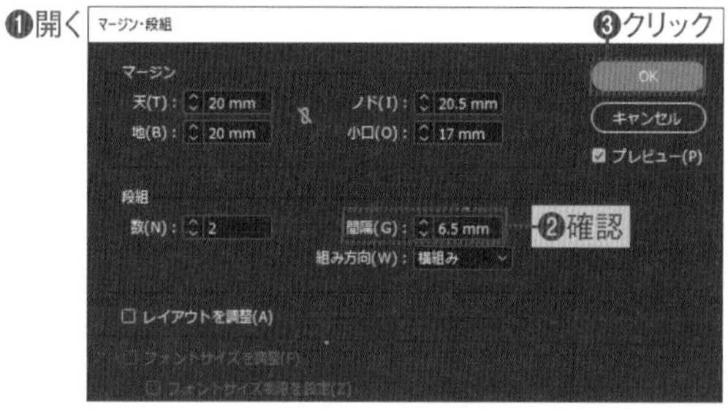

2 横組み文字ツール[T]を選択し❶、版面の左上から右下までドラッグして、版面と同じサイズのプレーンテキストフレームを作成します❷。

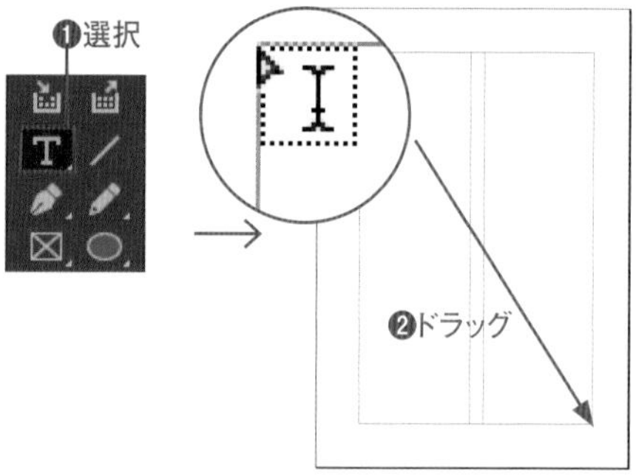

3 作成したテキストフレーム内のテキスト挿入点が点滅している状態で、[オブジェクト]メニュー→[テキストフレーム設定]を選んで、[テキストフレーム設定]ダイアログボックスを表示します❶。[段組]オプションの[段数]を「2」、[間隔]を「6.5mm」に設定し❷、[OK]をクリックします❸。2段組で間隔が6.5mmのテキストフレームになります❹。

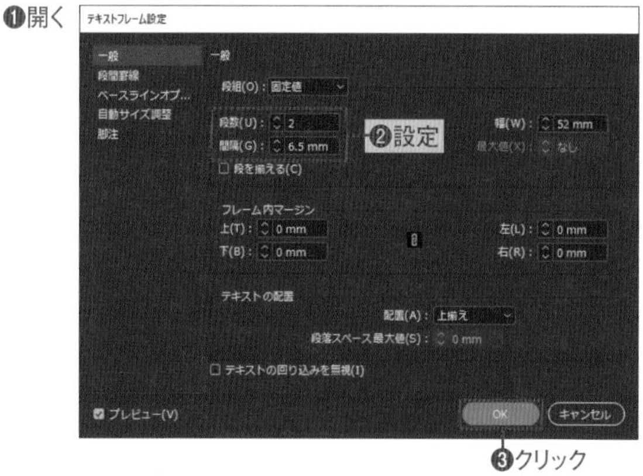

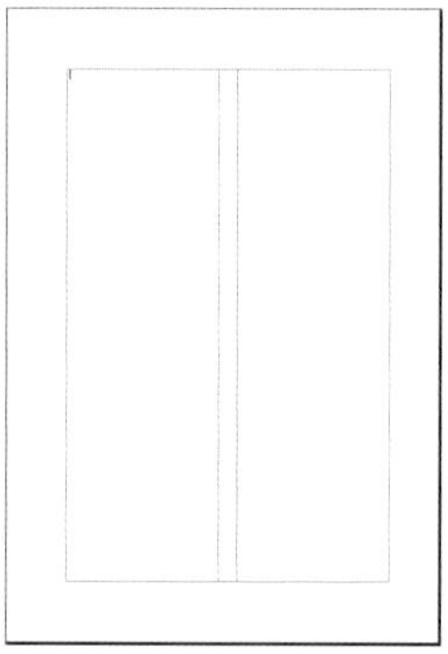

❹2段組のテキストフレームになった

STEP 02 連結したテキストフレームで段組を作る 2021 2020 2019

段組ガイドと同じ横組み２段のレイアウトを、プレーンテキストフレームふたつを連結して作成します。

Lesson 04 ▶ L4-5S02.indd

1 レッスンファイルを開き、横組み文字ツール を選択します❶。ドラッグして左側の段と同じサイズのプレーンテキストフレームを作成します❷。

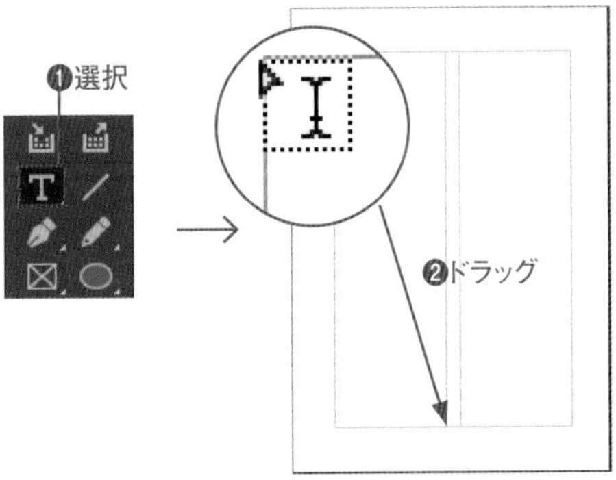

2 選択ツール を選択します❶。左の段に作成したプレーンテキストフレームが選択状態になるので、アウトポートをクリックします❷。

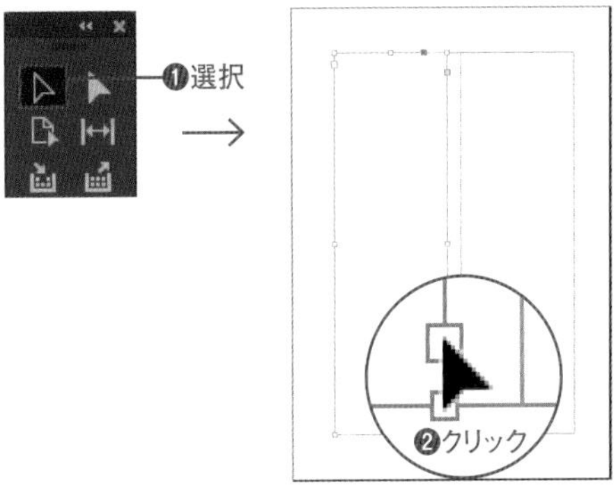

3 右の段組ガイドの上辺にマウスポインターを合わせてクリックします❶。段組ガイドと同じサイズの連結したプレーンテキストフレームが作成されます❷。

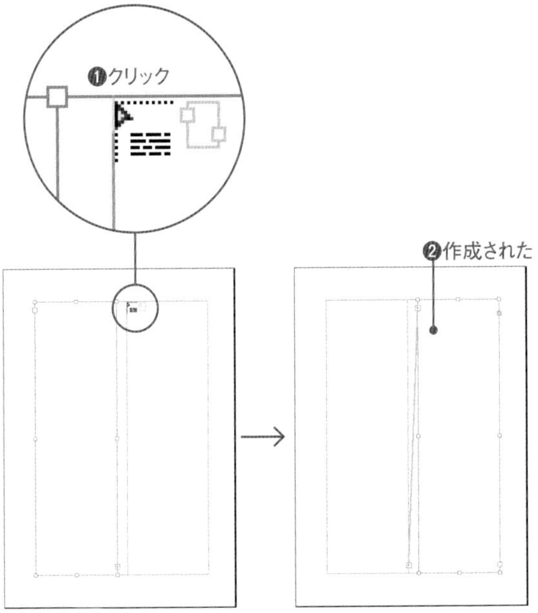

連結線が表示されない場合は、[表示] メニュー→ [エクストラ] → [テキスト連結を表示] を選択

COLUMN

段組

1行の文字数が多いと次の行頭を見失いやすくなります。文章を段に分けることで1行の文字数が少なくなり、読みやすくなります。
また、段に揃えて図と文字をレイアウトすると、整理されたきれいなレイアウトに見えます。

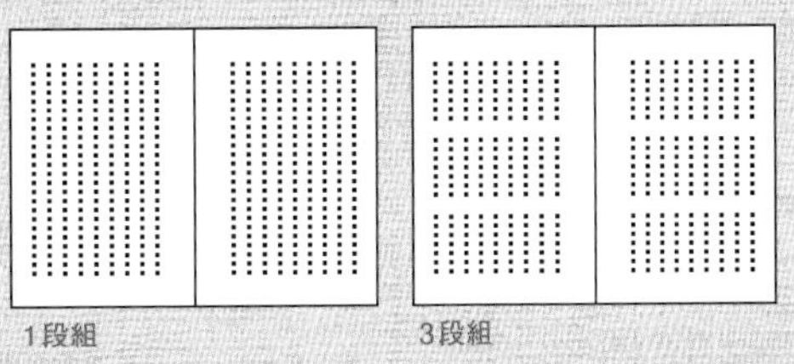

ひとつのテキストフレーム内に複数の段を作る方法は、ダイアログボックスの設定で段数と段間を簡単に変更できます。各段は等間隔に分割され、個別に大きさを変えることはできません。
テキストフレームを連結して段組を作ると、段間を除いたテキストフレームの領域に [塗り] や [線] の設定ができます。また、サイズや形、位置なども自由に変更できますが、その分設定の手間もかかります。

Lesson 04　練習問題

Lesson 04 ▶ L4EX1.indd

Q

テキストフレーム内のテキストの書式は変更しないで、1行に13文字が7行入るのテキストフレームに変更しましょう。

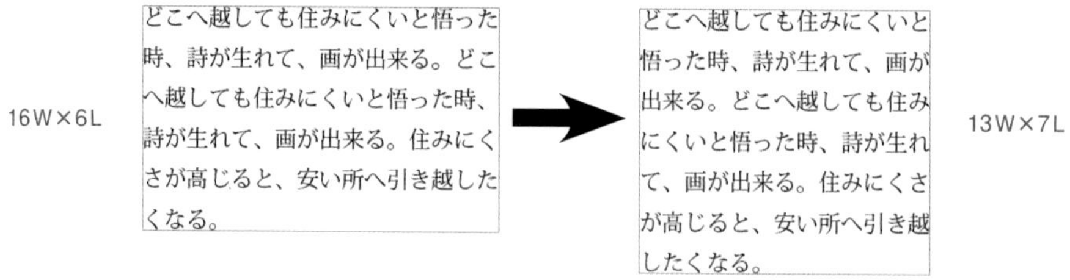

16W×6L
どこへ越しても住みにくいと悟った
時、詩が生れて、画が出来る。どこ
へ越しても住みにくいと悟った時、
詩が生れて、画が出来る。住みにく
さが高じると、安い所へ引き越した
くなる。
どこへ越しても住みにくいと
悟った時、詩が生れて、画が
出来る。どこへ越しても住み
にくいと悟った時、詩が生れ
て、画が出来る。住みにくさ
が高じると、安い所へ引き越
したくなる。
13W×7L

Before　　After

A

❶横組み文字ツールを選択して、テキストフレーム内にテキスト挿入点を置くか、文字を選択して、テキストのサイズと行送りの値をコントロールパネルかプロパティパネルで確認します。

❷選択ツールを選択して、テキストフレームを選択します。

❸コントロールパネルまたはプロパティパネルで、［テキストフレーム］の［W］を「80mm」から3文字分の幅「15mm」を引いた「65mm」に、［H］を「48.75mm」から1行分の高さ「8.75mm」を追加した「57.5mm」に設定します。

Lesson 04 ▶ L4EX2.indd

Q

現在オーバーセットしているテキストフレームを自動サイズ調整の機能を使ってテキストをすべて表示しましょう。テキストフレームの幅と先頭行の位置は変わらないようにしてください。

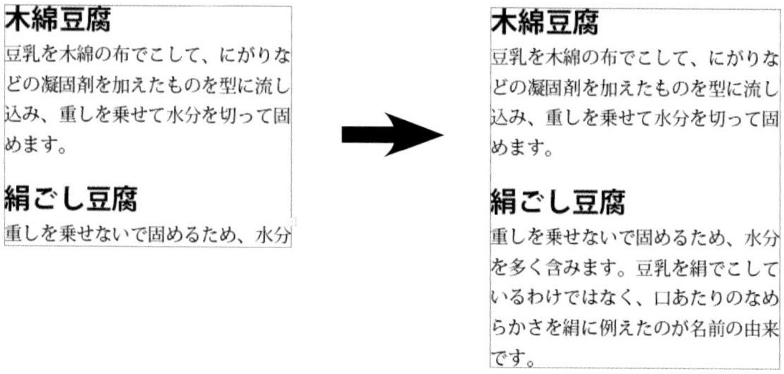

木綿豆腐
豆乳を木綿の布でこして、にがりな
どの凝固剤を加えたものを型に流し
込み、重しを乗せて水分を切って固
めます。
絹ごし豆腐
重しを乗せないで固めるため、水分
木綿豆腐
豆乳を木綿の布でこして、にがりな
どの凝固剤を加えたものを型に流し
込み、重しを乗せて水分を切って固
めます。
絹ごし豆腐
重しを乗せないで固めるため、水分
を多く含みます。豆乳を絹でこして
いるわけではなく、口あたりのなめ
らかさを絹に例えたのが名前の由来
です。

Before　　After

A

❶選択ツールでテキストフレームを選択して、［オブジェクト］メニュー→［テキストフレーム設定］を選択します。

❷［テキストフレーム設定］ダイアログボックスが表示されたら、［自動サイズ調整］をクリックします。

❸［自動サイズ調整］を［高さのみ］に設定します。基準点（伸縮しないで固定する位置）を中央上に設定して［OK］をクリックします。

書式の設定

An easy-to-understand guide to InDesign

Lesson 05

InDesignにおけるレイアウト作業で、配置した文字の書式設定は、全体の見た目だけでなく、読みやすさ、わかりやすさを決める大切な設定です。InDesignには、多くの書式設定が用意されているので、しっかり習得しましょう。

5-1 文字属性と段落属性

テキストの書式設定は、文字属性に関する設定と段落属性に関する設定があります。どちらの属性を設定すると、どこに反映されるかを覚えておきましょう。

文字属性と段落属性

2021 2020 2019

文字パネルと段落パネル

文字パネルには文字の属性、段落パネルには段落の属性と、それぞれ設定する属性が別れています。各種文字ツールを選択すると、コントロールパネルには、文字属性と段落属性の両方が表示されます。表示範囲の狭いディスプレイの場合、すべての設定項目が表示されないので、左側にある［字］❶、［段］❷のボタンで、文字属性か段落属性のどちらを左側に表示するか切り替えます。右端のメニュー❸には、文字パネルと段落パネル両方のメニューが一緒に表示されます。プロパティパネルの場合は、テキストを編集する状態になると、文字パネルと段落パネルをそのまま表示した状態になりますが、パネルメニューを選択することはできません。

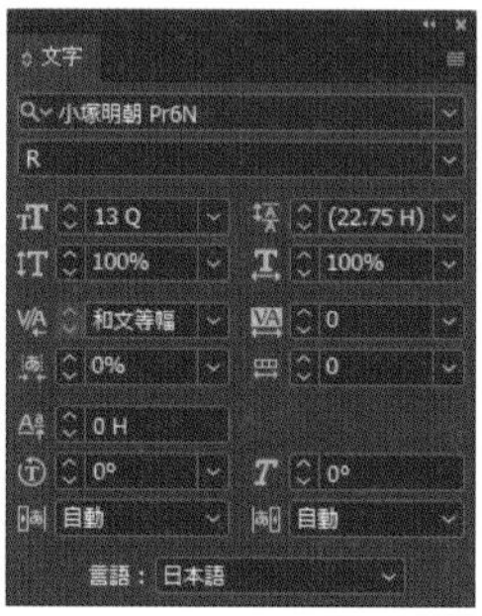

文字パネル

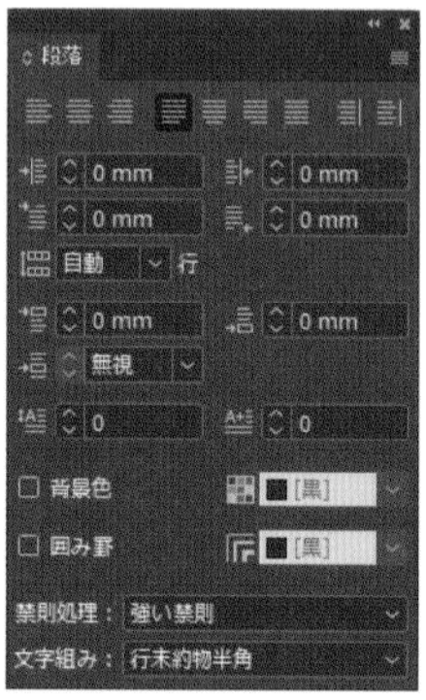

段落パネル

コントロールパネルの文字属性設定表示

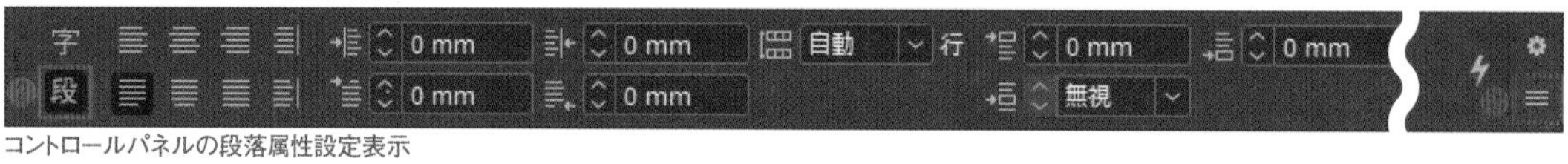

コントロールパネルの段落属性設定表示

文字スタイルと段落スタイル

文字スタイルは、多くの文字属性の設定の組み合わせを登録したもので、段落スタイルは文字属性と段落属性の両方を登録したものです。よく使う文字属性や段落属性の組み合わせをスタイルに登録すると、スタイルを選択するだけで属性が適用されます。段落スタイルは、段落全体のテキストに文字属性と段落属性が適用され、文字スタイルはテキストの一部に段落スタイルと異なる文字属性を適用するとき使用します。新規ドキュメントのプレーンテキストフレームのテキストには、［基本段落］という段落スタイルが適用されます。

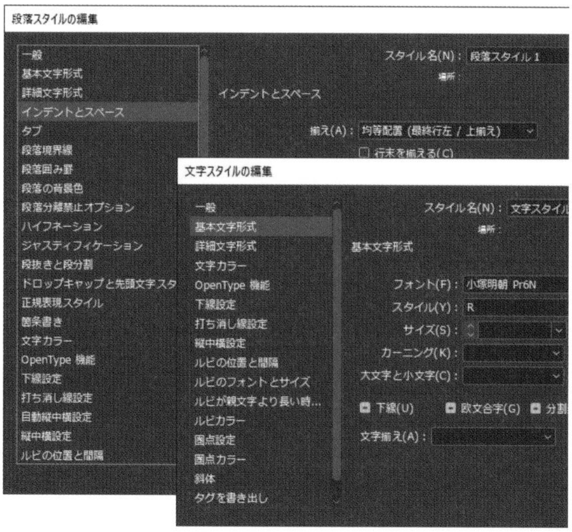

フレームグリッド設定

フレームグリッドの書式は、[オブジェクト]メニュー→[フレームグリッド設定]を選択し、[フレームグリッド設定]ダイアログボックスで設定します。このダイアログボックスで設定する書式属性は、少ししかありません。ここで設定できない属性は、段落スタイルや文字スタイル、段落パネルや文字パネルを使って、フレームグリッドのテキストにオーバーライドします。
新規ドキュメントを作成時にレイアウトグリッドを設定すると、同じ書式設定のグリッドフォーマットである[レイアウトグリッド]が作成され、最初にグリッドツールを使って入力したフレームグリッドのテキストには、[レイアウトグリッド]の書式が適用されます。

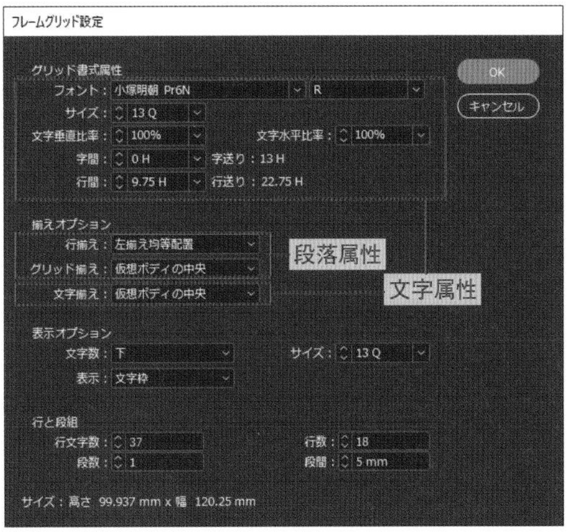

COLUMN

書式設定の優先順位

InDesignには、テキストの書式を設定するための機能がいろいろありますが、異なる設定方法を重ねた場合、優先度の高い設定方法に従います。優先度は右図の通りです。

高 ↑	1	文字属性のオーバーライド（文字パネル、コントロールパネル、プロパティパネルで設定）
	2	文字スタイル
優先度	3	段落属性のオーバーライド（段落パネル、コントロールパネル、プロパティパネルで設定）
	4	段落スタイル
↓ 低	5	グリッドフォーマット（フレームグリッドの場合）

書式を設定する範囲の選択

2021　2020　2019

選択ツールでテキストフレーム全体を選択する

選択ツール でテキストフレームをクリックしたときは、フレーム内にあるテキスト全体が設定の対象になります。

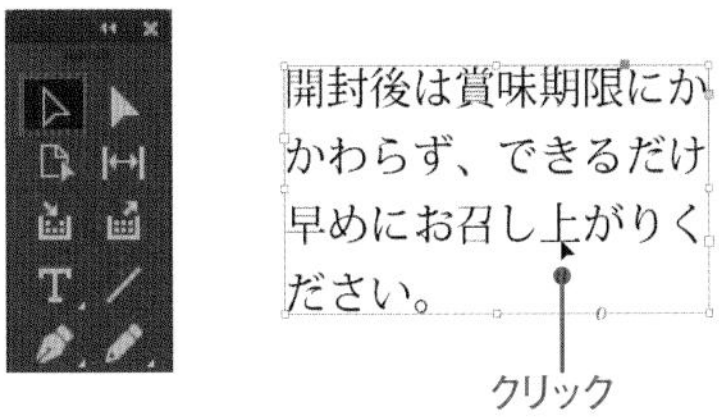

文字ツールでテキストの一部を選択する

部分的に書式を変更するときは、横組み文字ツール などの文字ツール（どの文字ツールでもかまいません）で対象範囲の文字列を選択します。複数の段落を同時に設定するときは、対象範囲の段落テキストを選択します。

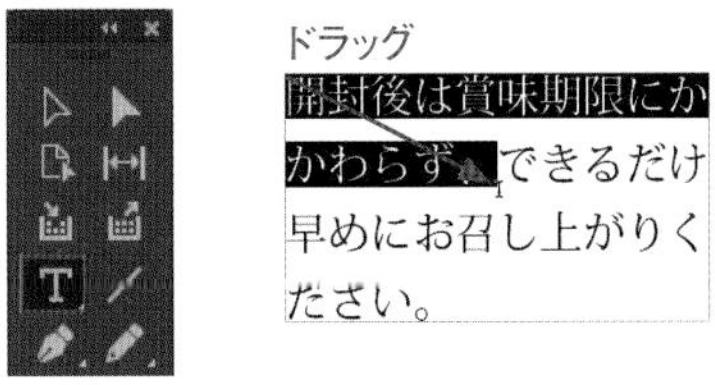

文字ツールでテキスト挿入点を置く

新しく入力する文字の書式を設定するときや、文字パネルの[カーニング]（文字の間隔）を設定するときには、横組み文字ツール などの文字ツールでクリックしてテキスト挿入点を置きます。段落属性を変更すると、段落全体に反映します。

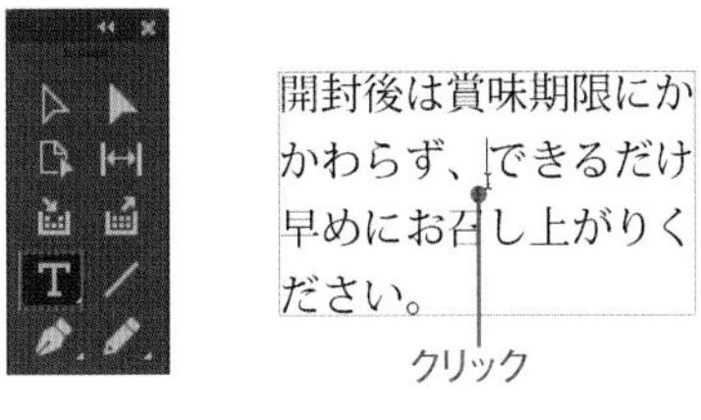

STEP 01　文字属性の設定

2021　2020　2019

Before　冬物セール25％OFF

After　冬物セール25%OFF

文字パネルにある使用頻度の高い文字属性の設定を操作して、各項目の役割を理解しましょう。

Lesson 05 ▶ L5-1S01.indd

フォントスタイルの設定

選択ツール を選択し❶、Aのプレーンテキストフレームを選択します❷。文字パネルのフォント名の部分の をクリックして❸、表示された一覧から［小塚ゴシック Pr6N］の › をクリックします❹。スタイルが表示されたら［M］を選びます❺。フレーム内のテキストのフォントが変わりました❻。

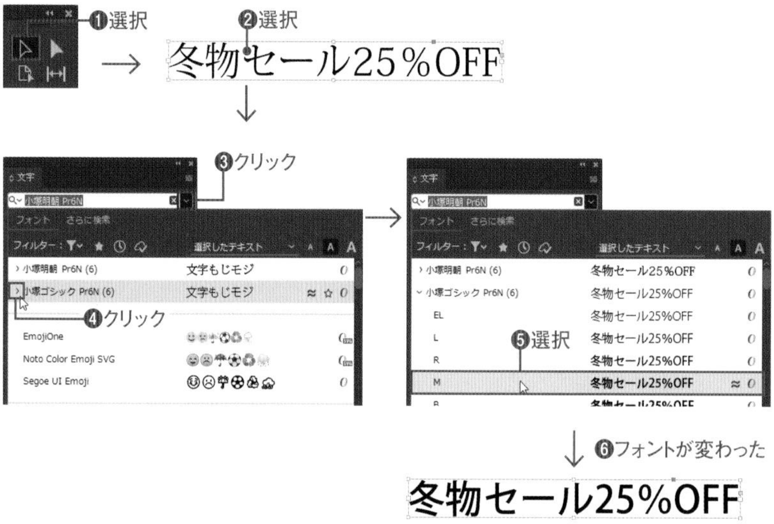

COLUMN

スタイル

フォントの太さは、［スタイル］のポップアップメニューからでも選択できます。

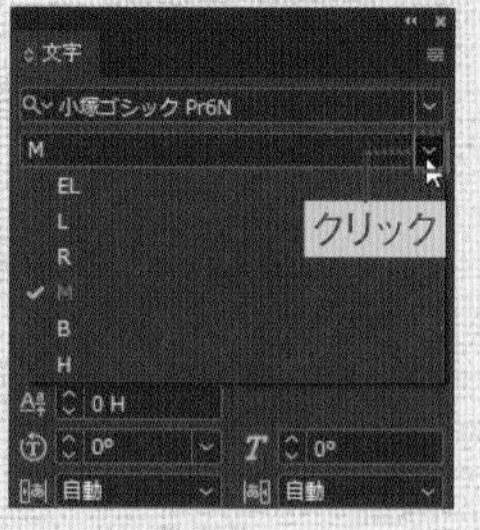

フォントサイズの設定

選択ツール でBのプレーンテキストフレームを選択します❶。文字パネルの［フォントサイズ］を「26Q」に設定します❷。フレーム内の文字のサイズが大きくなりました❸。

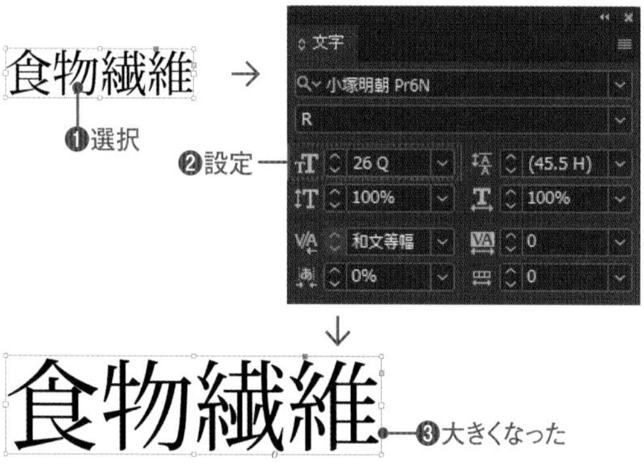

フォントサイズに合わせてフレームサイズを変える　CHECK!

このサンプルのプレーンテキストフレームは、フォントサイズの大きさに合わせてフレームサイズが変わるように自動サイズ調整が設定されています。

［自動サイズ調整］を［高さと幅］に設定して、1行を維持するように［改行なし］にチェックをつけています。詳しい設定は、テキストフレームを選択して、［オブジェクト］メニュー→［テキストフレーム設定］を選び、［テキストフレーム設定］ダイアログボックスの［自動サイズ調整］をクリックして確認してください。

　Macでは、キーは次のようになります。 Ctrl → ⌘　Alt → option　Enter → return

行送りの設定

選択ツール でCのプレーンテキストフレームを選択します❶。文字パネルの［行送り］を「25H」に設定します❷。元の設定の「20H」から1.25mm（5H）行間が広がります❸。

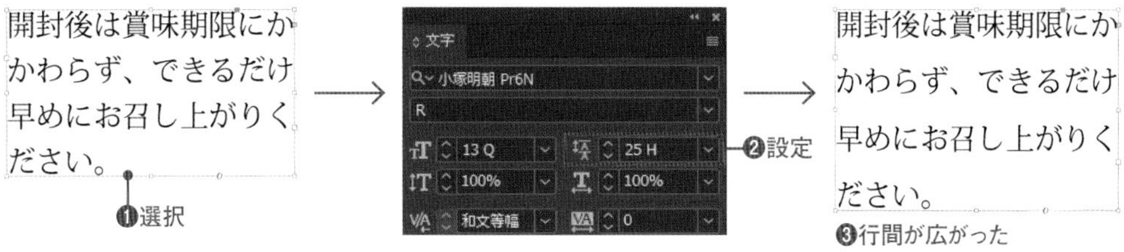

［自動］はフォントサイズに合わせて行送りが変わる

CHECK!

行送りを［自動］に設定すると、フォントサイズの1.75倍（初期設定）の値が（　）付きで表示されます。自動行送りの倍率は、段落パネルメニューの［ジャスティフィケーション］で設定します。

文字サイズを変更すると、設定した倍率に合わせて行送りの値を自動で更新します。

フレームグリッドの行送り設定

COLUMN

フレームグリッドに配置したテキストの行送りは、［フレームグリッド設定］ダイアログボックスの［行間］で設定します。文字パネルの［行送り］は［自動］のまま変更しないでください。

比率の設定

横組み文字ツール を選択し❶、Dの「-」をドラッグして選択します❷。文字パネルの［水平比率］の をクリックして❸、リストから「200%」を選びます❹。文字が水平方向に2倍広がります❺。

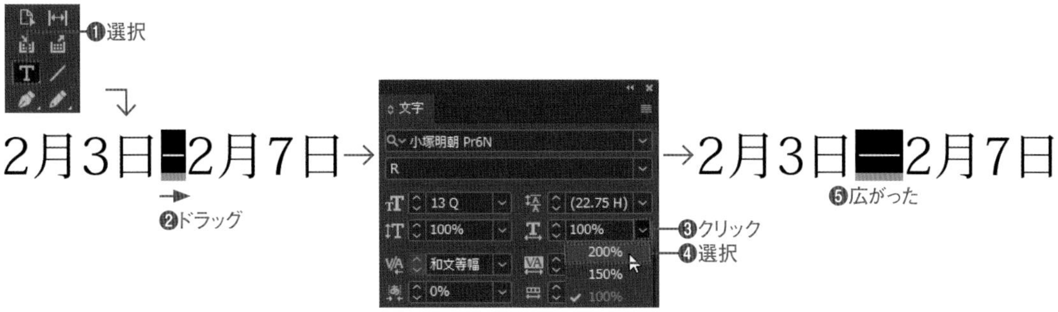

変形しすぎに注意

COLUMN

デザインやスペースの都合で文字を変形する場合、変形しすぎて読みにくくならないように注意してください。同じ比率でもフォントのデザインや太さで読みやすさが違います。

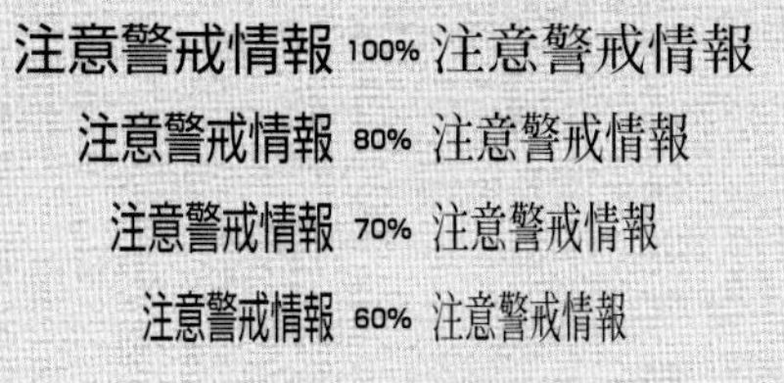

垂直比率も同様

CHECK!

ここでは［水平比率］で説明しましたが、［垂直比率］も同様の操作で設定します。

カーニングの設定

1 選択ツール▶を選択し❶、Eのプレーンテキストフレームを選択します❷。文字パネルの［カーニング］を［メトリクス］に設定します❸。テキストフレームにあるすべての文字間隔が自動で調整されます❹。

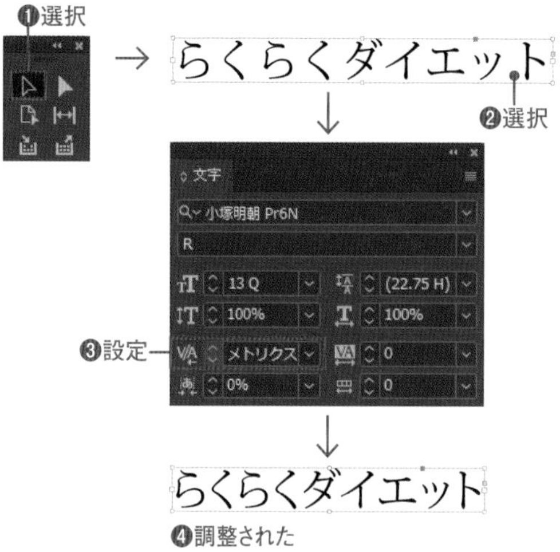

2 横組み文字ツールTを選択し❶、Fのプレーンテキストフレームの「上」と「N」の間にテキスト挿入点を置きます❷。文字パネルの［カーニング］を「200」に設定します❸。「上」と「N」の文字間隔が2.6Q分広がります❹。

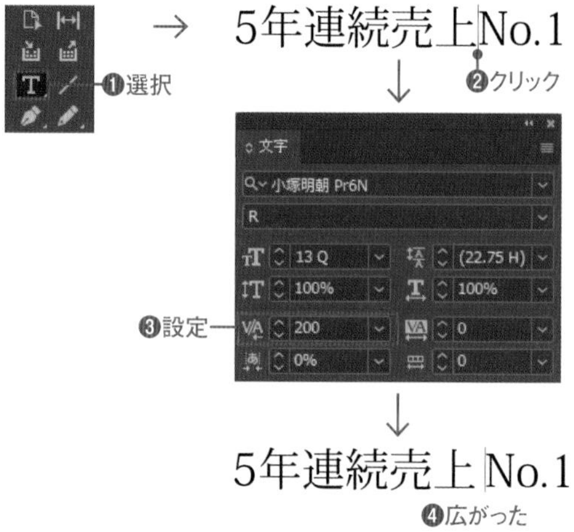

COLUMN

カーニングの自動調整と個別調整

フォントが持つ詰め情報を使って文字間隔を自動調整するときは、［メトリクス］に設定します。ただし、詰め情報を持たないフォントは［メトリクス］による詰めができません。このような場合、［オプティカル］に設定すると、InDesignが文字の形を判断して詰めを適用します。［和文等幅］は和文のカーニングを「0」にして、英数字にはペアカーニングの詰めを適用します。「0」に設定すると、和文も欧文も詰めの自動調整を行いません。

文字の間にテキスト挿入点を置くと、カーニングを個別に数値指定できます。正の値にすると間隔が広くなり、負の値にすると狭くなります。（　）付きの数値が表示されている箇所には、自動調整のカーニングが適用されています。値はフォントサイズを基準にした1/1000em単位で指定します。例えば、13Qの文字は1000emを13Qで換算するので、カーニング値を「100」に設定すると1.3Q間隔が広くなります。

トラッキングの設定

横組み文字ツールTで、Gのテキストの「Since」を選択します❶。文字パネルの［選択した文字のトラッキングを設定］を「200%」に設定します❷。「Since2」の「e」と「2」の間まで文字間隔が2.6Q分広がります❸。

COLUMN

トラッキングとカーニング

トラッキングとカーニングはどちらも文字間隔を調整する機能です。

カーニングは文字と文字の間に対して設定します。

トラッキングは選択した文字に対して次に並ぶ文字側の幅を設定します。

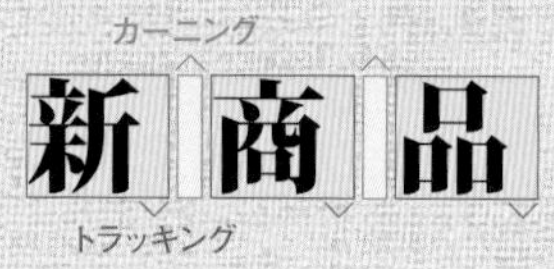

文字ツメの設定

横組み文字ツール[T]で、[H]のテキストの「・」をドラッグして選択します❶。文字パネルの［文字ツメ］を「50%」に設定します❷。「・」の左右の間隔が狭くなります❸。

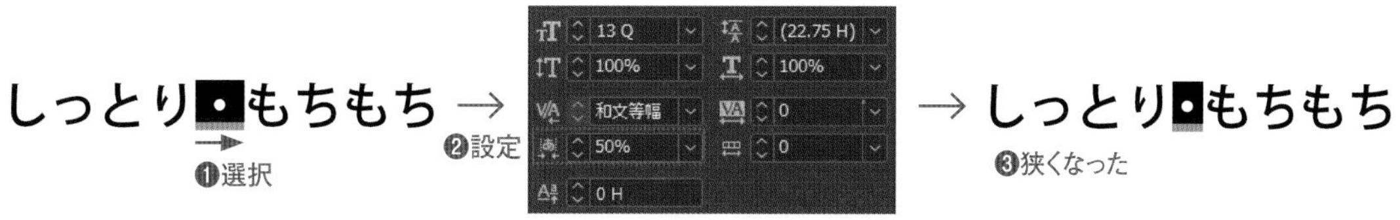

プロポーショナルメトリクスとペアカーニング

COLUMN

和文フォントの仮想ボディ（P.118を参照）と字面の間にあるアキ量に合わせて字間を自動調整するのがプロポーショナルメトリクスです。欧文フォントは「T」や「Y」などの字面の内側に隙間が多い特定の文字が並んだときの字間を自動調整するペアカーニング情報が含まれています。ペアカーニングは、一部の和文フォント（小塚明朝Proや小塚ゴシックProなど）のひらがなやカタカナ、英数字にも含まれています。

［カーニング］を「0」に設定して、文字パネルメニューの［OpenType機能］にある［プロポーショナルメトリクス］にチェックをつけると、OpenTypeフォントが持つ詰め情報のうち、ペアカーニングを適用しない自動の詰めを行います。カーニングを［メトリクス］にしたときは、プロポーショナルメトリクスとペアカーニングの両方を適用します。

文字ツメの比率

COLUMN

文字ツメは日本語版独自のオプションで、設定した比率分のベアリング（文字と仮想ボディの間のスペース）を削って文字間隔を詰めます。和文文字の場合、縦横両方に組めるように正方形の仮想ボディで設計されているため、左右のベアリングが文字ごとに大きく異なります。欧文にも文字ツメを設定できますが、ベアリングがほとんどないので、あまり意味がありません。詰め情報のないフォントにも適用でき、詰め具合を0%（ベタ組み）～100%（字面ピッタリ）まで調整できます。

文字ツメを設定するときは、メトリクス、オプティカル、プロポーショナルメトリクスのオプションは使用しないでください。詰めオプションを複数設定すると過剰に詰めが適用されます。意図的に食い込ませるときは、文字間にテキスト挿入点を置いて［カーニング］をマイナス値に設定します。

和文字は仮想ボディのサイズが同じなので、文字ごとのベアリングの差が大きい

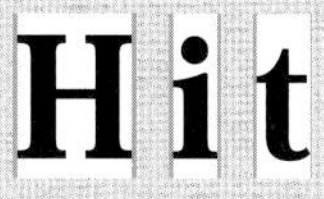

欧文字はベアリングがほとんどない

字取りの設定

横組み文字ツール[T]で、[I]のテキストの「脂質」を選択します❶。文字パネルの［字取り］を「4」に設定します❷。「脂質」の文字が設定した4文字分と同じ幅になるように、選択した文字の間隔が等間隔に広がります❸。ただし、これはテキストフレームのグリッド書式属性とテキストの書式設定が同じ場合に限ります。

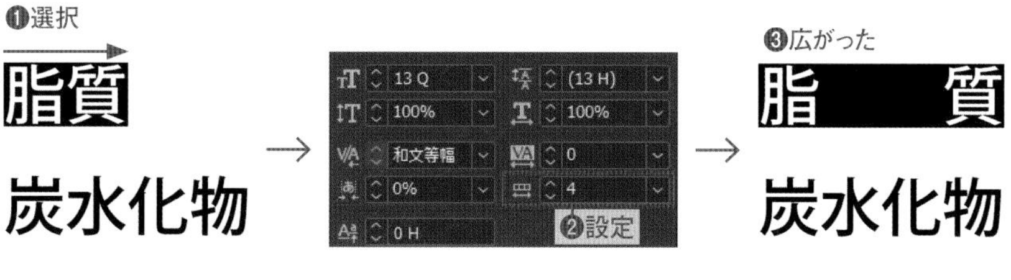

アキ量の設定

横組み文字ツール T で、J のテキストの「無」を選択します❶。文字パネルの［文字前のアキ量］を［全角］❷、［文字後のアキ量］を［二分］に設定します❸。「無」の前に全角（13Q）のアキが追加され、後ろに半角（6.5Q）のアキが追加されます❹。

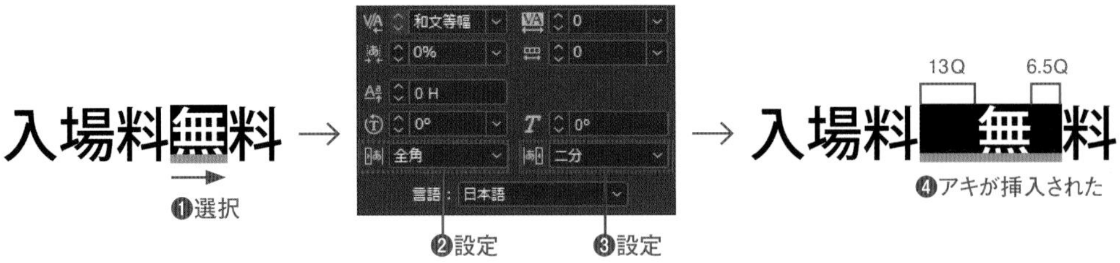

COLUMN

アキ量

選択した文字の前後別々にフォントサイズを基準としたアキを追加します。
文字の間隔を広げる日本語組版独自のオプションです。

自動	行揃えが均等配置の場合、文字の前後のアキ量を自動調整して折り返した行末の端を揃えます。
ベタ	アキを追加しません。ベタに設定した文字には均等配置を行うためのアキ量調整を行いません。
八分	フォントサイズ8分の1のアキを追加します。
四分	フォントサイズ4分の1のアキを追加します。
三分	フォントサイズ3分の1のアキを追加します。
二分	フォントサイズ半分のアキを追加します。
二分四分	フォントサイズ4分の3のアキを追加します。
全角	フォントサイズ分のアキを追加します。

ベースラインシフトの設定

横組み文字ツール T で、K のテキストの「g」を選択します❶。文字パネルの［ベースラインシフト］を「5H」に設定します❷。「g」が5H分、上に移動します❸。下方向に移動するときは、負の値を設定します。縦組みの場合は、文字は左右に移動します。

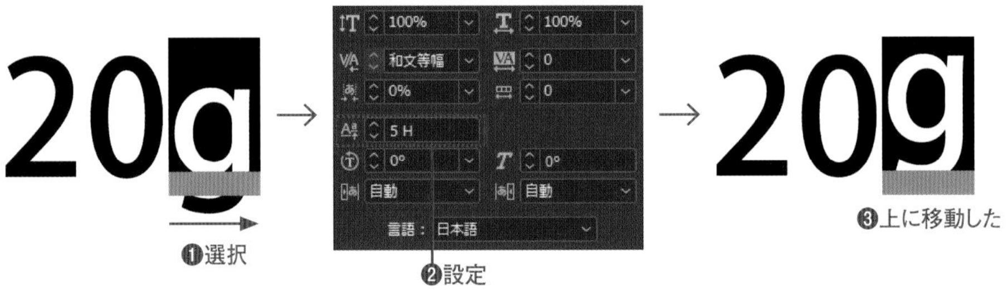

　Macでは、キーは次のようになります。　Ctrl → ⌘　Alt → option　Enter → return

COLUMN

文字のベースラインと その他の基準ライン

文字はさまざまな基準線に合わせて設計されています。和文字と欧文字が並ぶときも、ベースラインに合わせて配置します。

❶	アセントライン	小文字の「b」「d」「f」「h」「k」「l」の上端を揃える基準です。
❷	キャップライン	大文字の上端を揃える基準です。ベースラインからキャップラインまでの高さを「キャップハイト」と呼びます。
❸	ミーンライン	小文字の「a」「c」「e」などの上端を揃える基準です。「x」の上端と同じ高さなので、ベースラインからミーンラインまでの高さを「xハイト」と呼びます。
❹	ベースライン	大文字の下端や小文字の下端を揃える基準です。縦組み和文字は中心を揃える基準です。
❺	ディセントライン	ベースラインからはみ出す小文字の下端を揃える基準です。

文字回転の設定

横組み文字ツールTで、Lのテキストの「!」を選択します❶。文字パネルの［文字回転］を「-20°」に設定します❷。「!」が右周りに20°回転します❸。左周りで回転するときは、正の値を設定します。

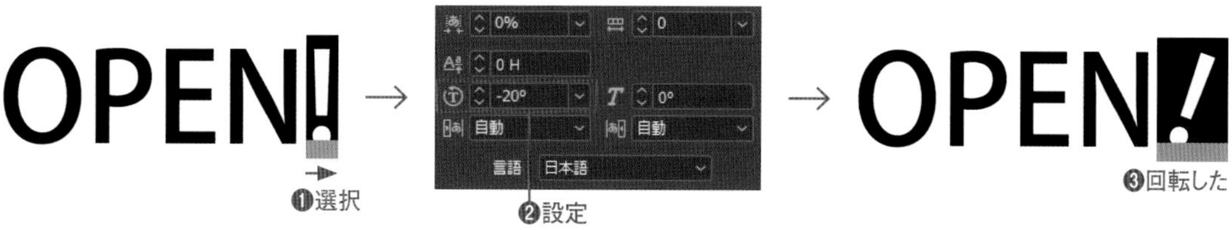

歪みの設定

横組み文字ツールTで、Mのテキストの「スピード」を選択します❶。文字パネルの［歪み］を「20°」に設定します❷。「スピード」が右に20°傾斜します❸。左に傾斜するときは、正の値を設定します。

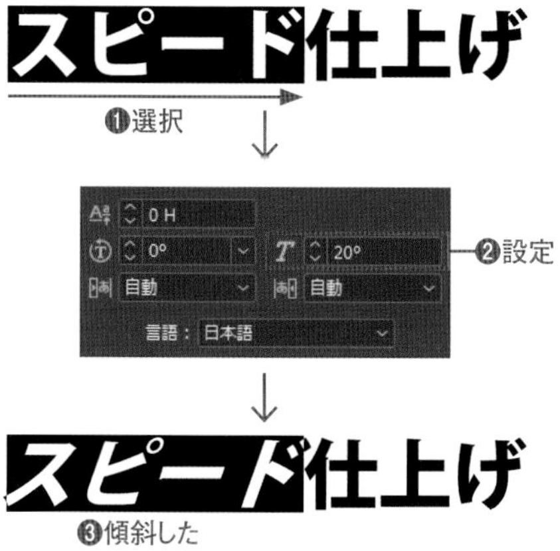

COLUMN

歪み／斜体／欧文イタリック

文字パネルにある［歪み］オプションは、単純に字形を傾斜する機能です。文字パネルメニューに［斜体］がありますが、こちらは写植機で行う斜体処理をシミュレートします。

OpenType機能の［欧文イタリック］をオンにすると、OpenTypeフォントに含まれるイタリック体に切り替わります。フォントファミリーメニューにある欧文の「Italic」スタイルは、斜体専用にデザインされた書体です。

STEP 02 段落属性の設定

2021 2020 2019

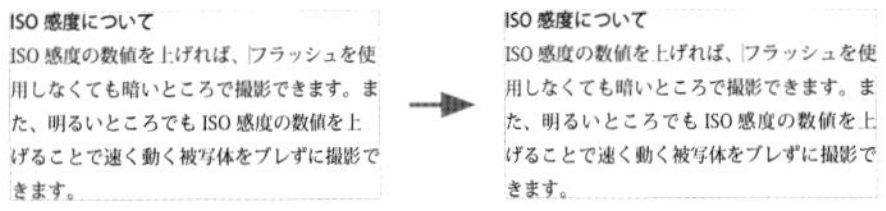

Before　　After

段落パネルの設定属性の中で使用頻度の高い段落属性に対して設定し、各属性の役割を理解しましょう。

Lesson 05 ▶ L5-1S02.indd

揃えの設定

レッスンファイルを開きます。横組み文字ツール[T]を選択します❶。[A]のプレーンテキストフレームの2行目以降の適当な場所をクリックして❷、テキスト挿入点を置きます。この段落は［左揃え］なので、テキストフレームの左側に揃っていますが、行末はバラバラです❸。段落パネルの［均等配置（最終行左／上揃え）］をクリックします❹。最終行は左に揃い、ほかの行は行頭と行末の位置が揃います❺。

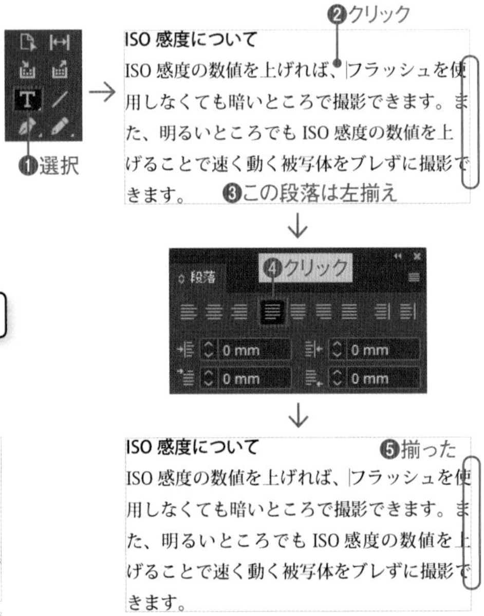

そのほかの段落揃え

CHECK!

そのほかの段落揃えです。1行目にも同じ揃えを適用しています。

中央揃え
テキストフレームの中央に揃う

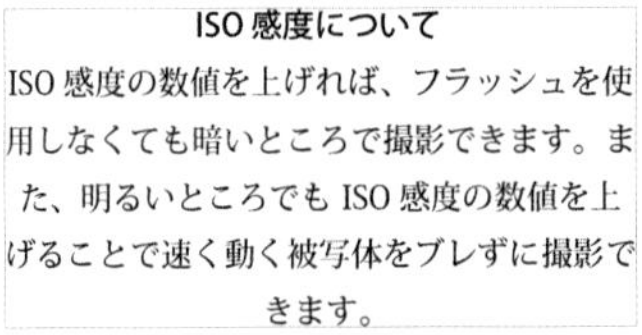

右揃え
テキストフレームの右（縦組みは下）に揃う

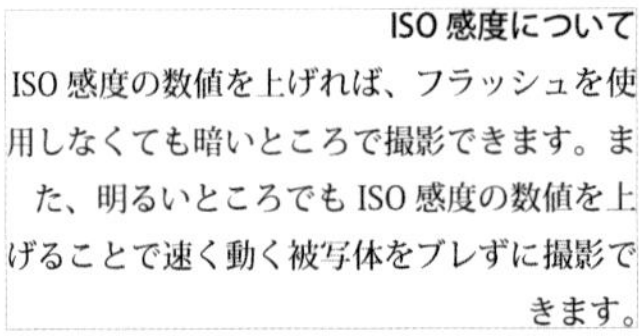

均等配置（最終行中央揃え）
最終行だけ中央に揃えて、ほかの行は行頭と行末の位置が揃う

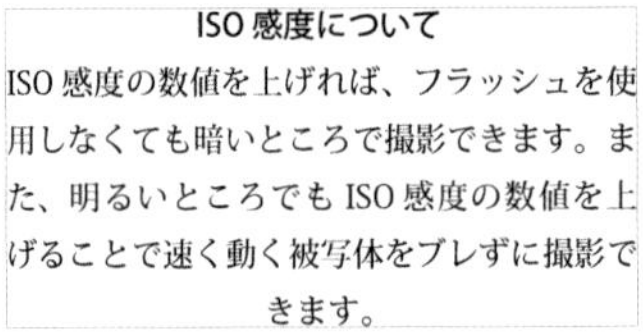

均等配置（最終行右／下揃え）
最終行だけ右（縦組みは下）に揃えて、ほかの行は行頭と行末の位置が揃う

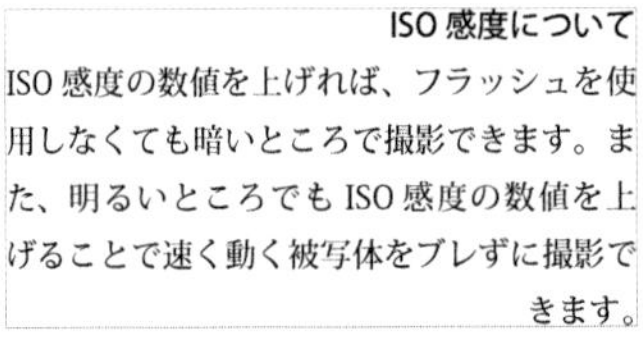

両端揃え
すべての行の行頭と行末の位置が揃う

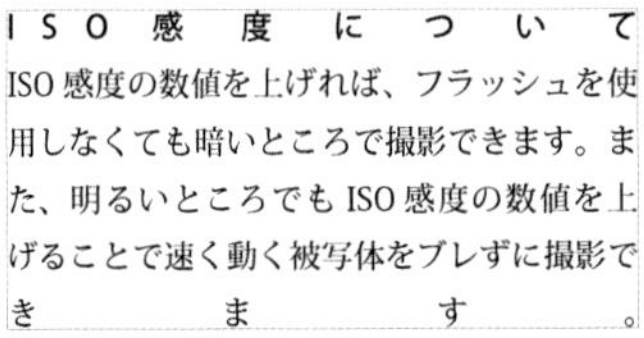

COLUMN

ノドを基準に揃える

ノドを基準にした段落揃えは、横組みのテキストに適用します。
［ノド元に向かって整列］は、テキストフレームのノド側に揃います。
［ノド元から整列］は、テキストフレームの小口側に揃います。
この揃え方は、ページを左右に移動しても、その都度位置が調整されます。

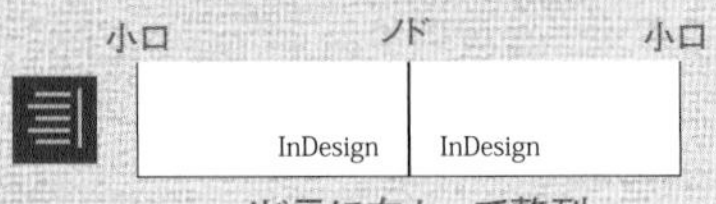

ノド元に向かって整列

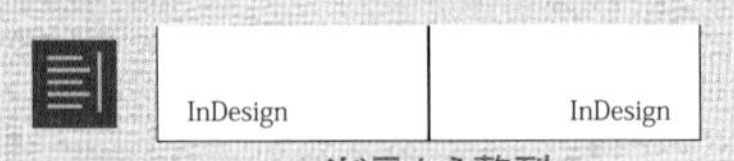

ノド元から整列

インデントの設定

横組み文字ツール T で、B のプレーンテキストフレームの2行目以降の適当な場所をクリックして❶、テキスト挿入点を置きます。段落パネルの［左／上インデント］を「3.25mm」に設定します❷。段落全体の行頭の位置が右に3.25mm移動します❸。

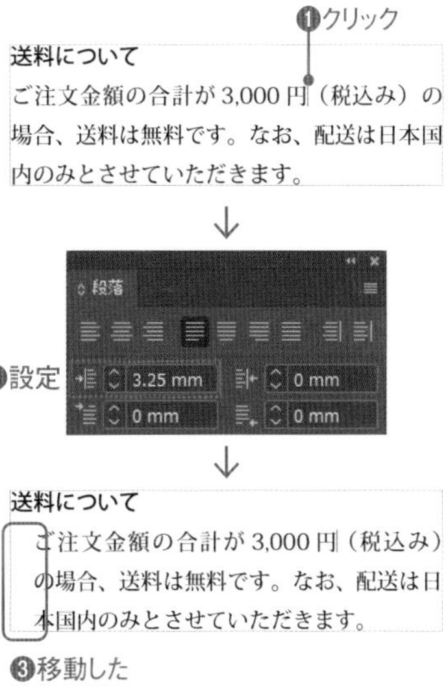

COLUMN

字下げと突き出し

段落の先頭を1字下げる場合は、［1行目左／上インデント］に文字サイズと同じ値を設定します。

段落の先頭を突き出す場合は、［左／上インデント］で段落全体を下げてから、［1行目左／上インデント］をマイナス値に設定します 。

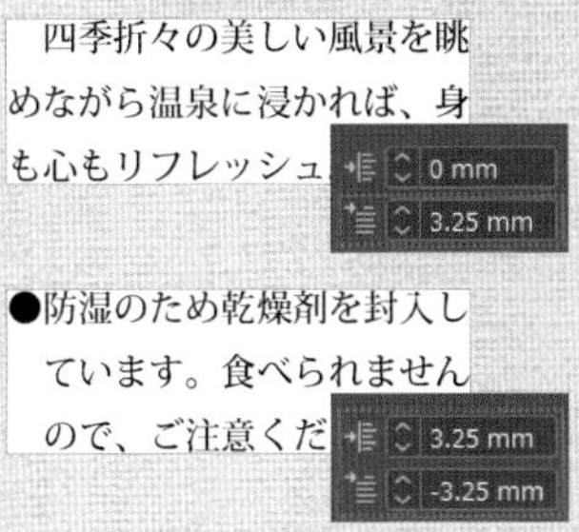

段落前後のアキ設定

横組み文字ツール T で、C のプレーンテキストフレームの6行目の「作り方」のどこでもいいのでクリックして❶、テキスト挿入点を置きます。段落パネルの［段落前のアキ］を「2mm」に設定します❷。「作り方」の前が「2mm」広がります❸。

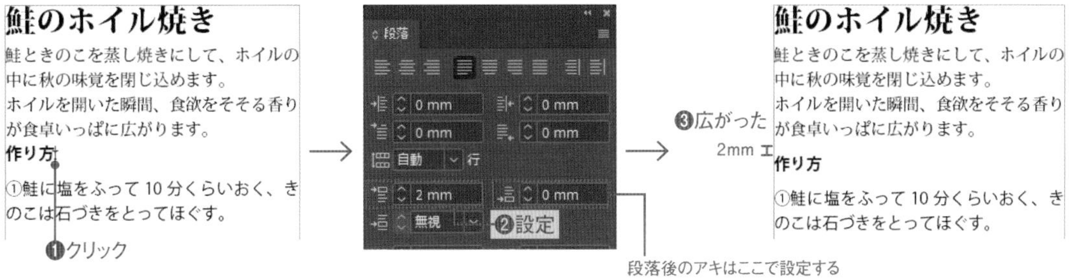

段落後のアキはここで設定する

同一設定段落の間隔

横組み文字ツール T で、C のプレーンテキストフレームの7行目から13行目のテキストを選択します❶。段落パネルの［段落前のアキ］が「2mm」、［段落後のアキ］の値が「2mm」、［同一設定段落の間隔］が［無視］に設定されており、段落の間に［段落前のアキ］と［段落後のアキ］が適用されて「4mm」のアキが広がっていることを確認します❷。［同一設定段落の間隔］を「0mm」に設定すると❸、7行目の段落前と13行目の後ろにだけアキが適用されます❹。

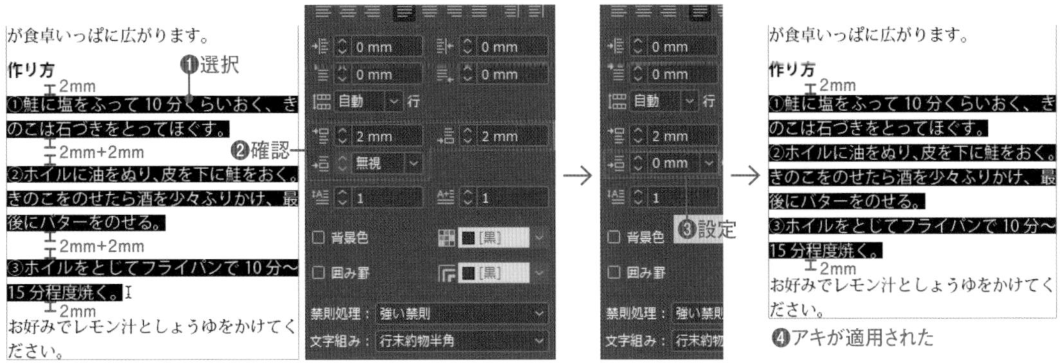

行取りの設定

縦組み文字ツールで、2ページ目のDの1行目のどこでもいいのでクリックして❶、テキスト挿入点を置きます。段落パネルの［行取り］を「2」に設定します❷。選択した段落が2行取りのセンターに配置されます❸。

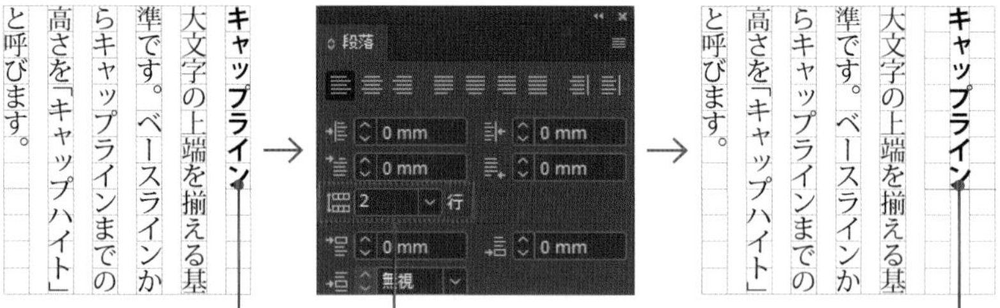

❶クリック　❷設定　❸2行取りになった

COLUMN

字取りと行取り

文字パネルにある［字取り］と段落パネルの［行取り］は、フレームグリッドのグリッド書式属性に連動している機能です。プレーンテキストフレームでは、正しい結果になりません。

段落行取りの設定

1 縦組み文字ツールで、2ページ目のEで1行目か2行目のどこでもいいのでクリックして❶、テキスト挿入点を置きます。段落パネルの［行取り］を「3」に設定します❷。設定した段落の1行目と2行目が、それぞれ3行取りのセンターに配置されます❸。

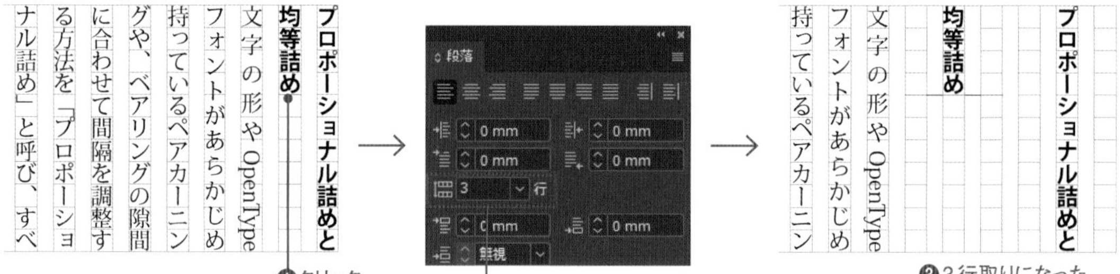

❶クリック　❷設定　❸3行取りになった

2 テキスト挿入点を置いたまま、段落パネルメニューの［段落行取り］を選びます❶。設定した段落が3行取りのセンターに配置されます❷。

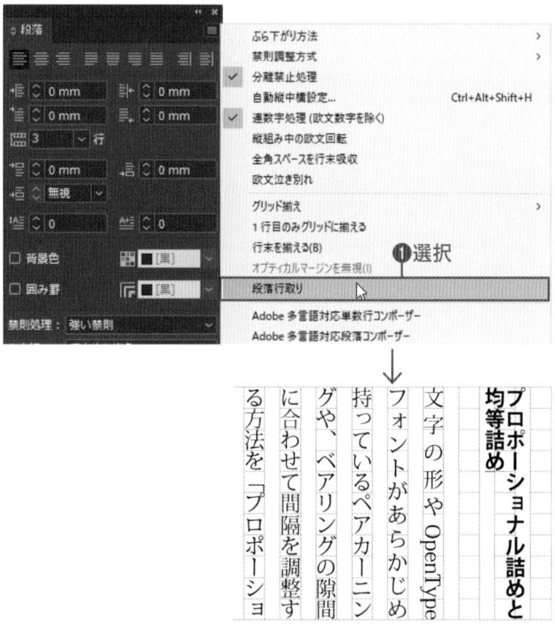

❷3行取りセンターになった

COLUMN

行末を揃える

段落パネルメニューの［行末を揃える］にチェックをつけると、行末の位置がほぼ揃う位置で行を折り返します。ただし、均等揃えや単数行コンポーザーに設定した段落には適用できません。本来は欧文の単語間で行を折り返す機能です。和文にも適用できますが、必ず端が揃うとは限りません。任意の位置で折り返す場合は、分割文字の強制改行を挿入します。

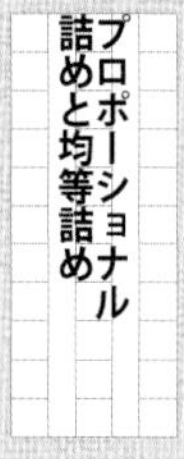

［行末を揃える］にチェックをつけた場合

Macでは、キーは次のようになります。 Ctrl → ⌘ 　Alt → option 　Enter → return

ドロップキャップの設定

横組み文字ツールで、2ページ目のFの1行目のどこでもいいのでクリックして❶、テキスト挿入点を置きます。段落パネルの［行のドロップキャップ数］を「2」に❷、［1またはそれ以上の文字のドロップキャップ］を「1」に設定します❸。段落の先頭1文字が2行分の大きさになります❹。

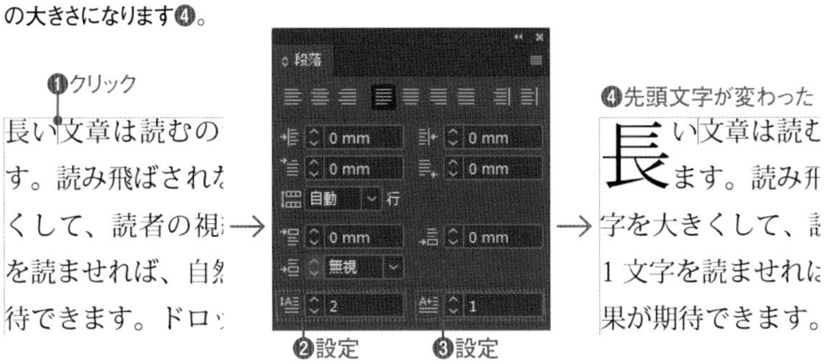

COLUMN

文字数と行数

［1またはそれ以上の文字のドロップキャップ］の数を「2」に設定して、［行のドロップキャップ数］を「3」に設定すると、段落の先頭2文字が3行分の大きさになります。

ぶら下がり方法の設定

選択ツールを選択します❶。3ページ目のGのフレームグリッドを選択します❷。段落パネルメニューから［ぶら下がり方法］→［強制］を選びます❸。行末にある句読点がすべてフレームの外側にはみ出します❹。また、ぶら下がりが許可されたことで、改行する位置が変わる段落もあります。［標準］を選ぶと❺、ぶら下げないほうが字間の調整量が少なくなる場合は、フレーム内に収まります❻。

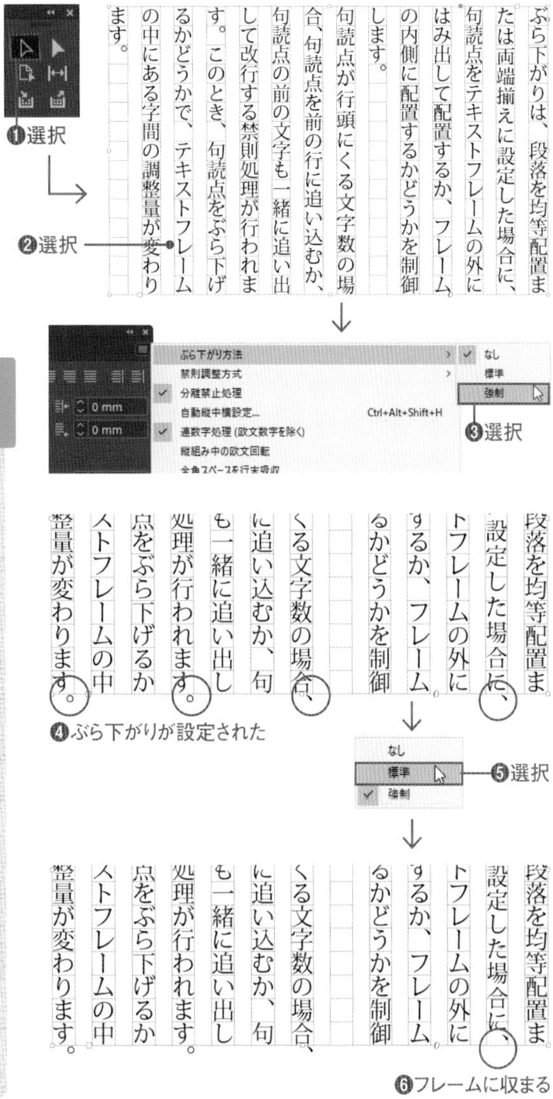

COLUMN

ぶら下がり文字

ぶら下がりになる文字は、［書式］メニュー→［禁則処理セット］を選ぶと表示される［禁則処理セット］ダイアログボックスにある［ぶら下がり文字］です。

プリセットの［強い禁則］と［弱い禁則］には、同じ文字が設定してあります。［禁則処理］を［なし］にすると、ぶら下がりにはなりません。

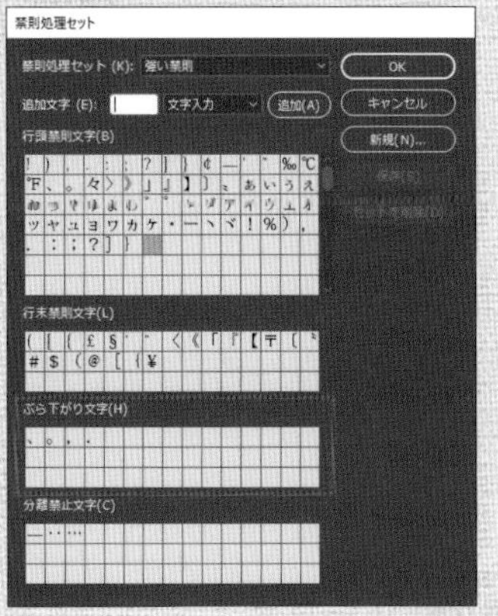

5-2 タブ揃え

タブを使うと、テキストをテキストフレームの特定の位置に揃えることができます。通常のタブのほかに、テキストをフレームの右端に揃える［右インデントタブ］や、突き出しを簡単に設定できる［ここまでインデント］の使い方も覚えましょう。

STEP 01 タブでテキストを揃える

2021 2020 2019

料金表

スタンダード	30分	..................5,000円
ハイスタンダード	40分	..................8,000円
スペシャルケア	60分	...............10,000円〜

テキストをタブで区切り、特定の位置に揃えます。タブで空けたスペースが広いときは、行を見失わないようにリーダーを設定します。

Lesson 05 ▶ L5-2S01.indd

1 レッスンファイルを開きます❶。横組み文字ツール T を選択し❷、A のテキストフレームのテキストの「30分」「40分」「60分」のそれぞれ前後に Tab キーを押してタブを入力します❸。

制御文字の表示

CHECK!

［書式］メニュー→［制御文字を表示］を選ぶと、入力したタブが » で表示されます。制御文字を隠すときは、［書式］メニュー→［制御文字を隠す］を選びます。

2 横組みテキストツール T で2行目以降のテキストを選択します❶。［書式］メニュー→［タブ］を選んでタブウィンドウを表示します❷。

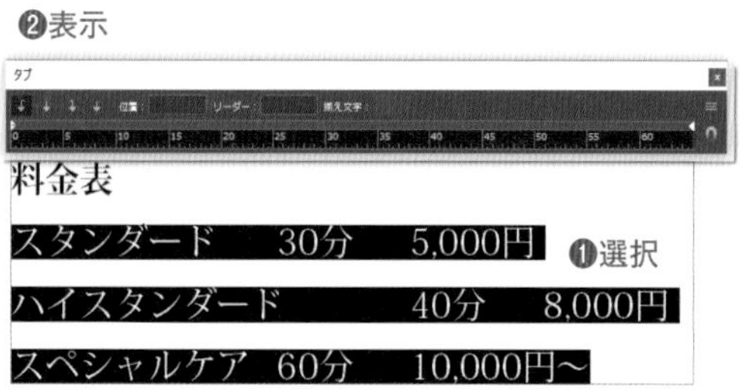

3 ［右/下揃えタブ］ボタンをクリックします❶。タブ定規の上をクリックして❷、最初のタブで揃える位置を設定します。定規上でタブマーカーが選択された状態で、［位置］に値（ここでは「35.75mm」）を入力すると❸、正確な位置に設定できます。ひとつ目のタブの後ろの文字が右揃えになります❹。

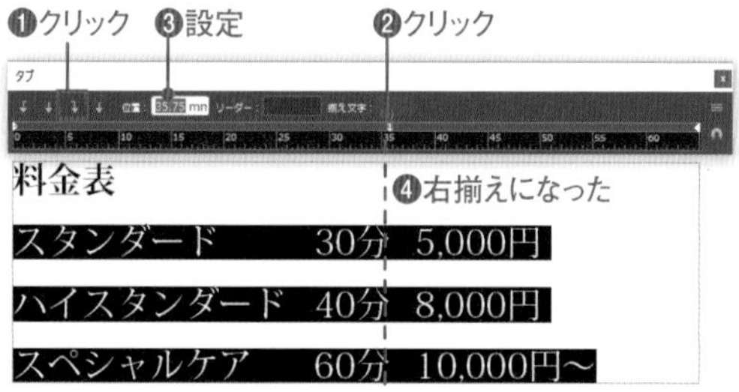

4　タブ定規の上をクリックして❶、ふたつ目のタブで揃える位置を設定します。［位置］に値（58.5mm）を入力し❷、正確な位置に設定します。ふたつ目のタブの後ろの文字が指定した位置で右揃えになります❸。

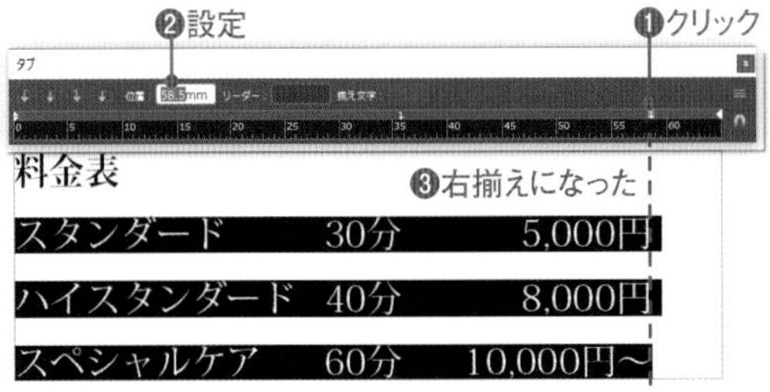

5　［少数点（または指定文字）揃えタブ］ボタンをクリックし❶、タブの種類を変えます。［揃え文字］を「円」に設定します❷。「円」の左が［少数点（または指定文字）揃えタブ］の位置に揃います❸。

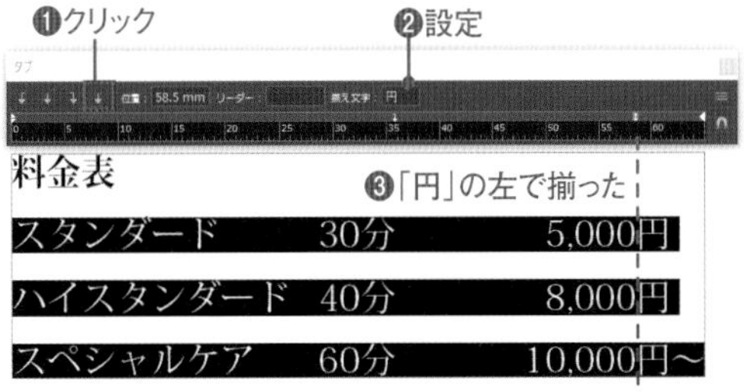

6　［少数点（または指定文字）揃えタブ］を選択したまま［リーダー］に「.」（ピリオド）を入力します❶。ふたつ目のタブで広げたスペースにリーダー文字が繰り返し配置されます❷。

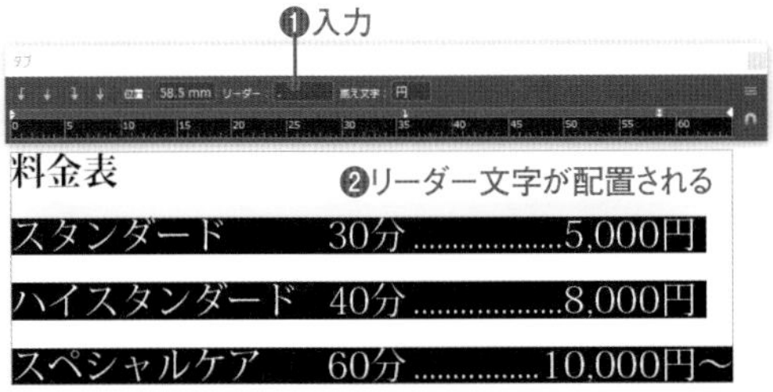

タブパネルでインデントを設定する

COLUMN

タブパネルのインデントマーカーをドラッグしてテキストのインデントを設定することができます。左端の上にある三角形❶は［1行目左／上インデント］、左下の三角形❷は［左／上インデント］。右端の三角形❸は［右／下インデント］の位置を設定します。ただし、［最終行の右インデント］のマーカーはありません。

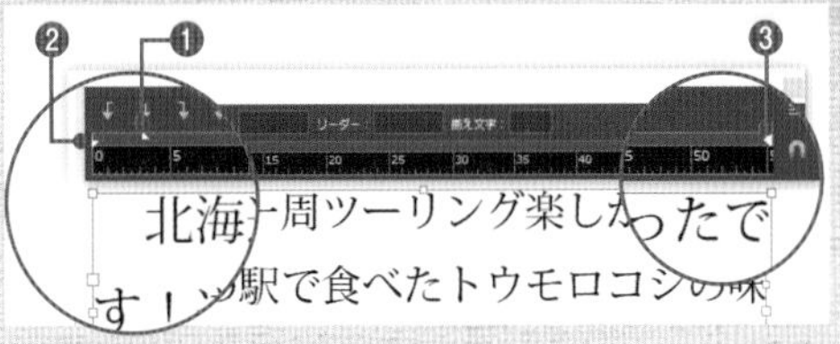

右インデントタブ

横組みテキストツール［T］で、［B］のテキストフレームの最終行の「。」の後ろにテキスト挿入点を置き、［書式］メニュー→［特殊文字を挿入］→［その他］→［右インデントタブ］を選びます❶。右インデントタブが挿入され、右インデントタブに続くテキストが右揃えになります❷。右インデントタブは、［Shift］キーを押しながら［Tab］キーを押しても入力できます。

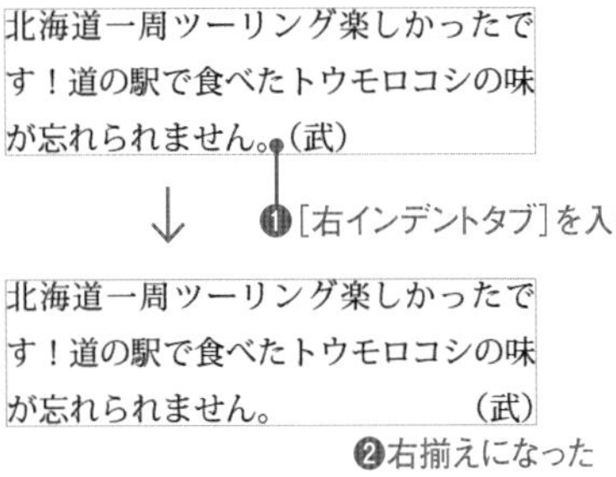

ここまでインデント

横組みテキストツール［T］で、［C］の「②」の文字の後ろにテキスト挿入点を置き、［書式］メニュー→［特殊文字を挿入］→［その他］→［「ここまでインデント」文字］を選びます❶。「ここまでインデント」文字が入力され、文字に続くテキストが行を折り返したとき、次の行頭が「ここまでインデント」文字の位置に揃います❷。

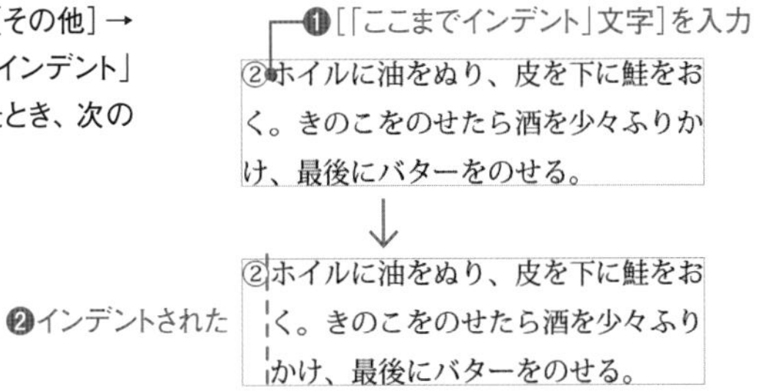

5-3 文字揃えと行送り

行内に異なるサイズの文字があるときの、文字の揃え方や、文字のどこを基準に行送りを行うか設定します。また、グリッド揃えについても学びましょう。

文字揃えの基準を設定する

2021 2020 2019

同じ行に文字サイズの異なる書式を設定したとき、小さい文字を大きい文字のどこに揃えるか、文字パネルメニューの［文字揃え］で設定します。

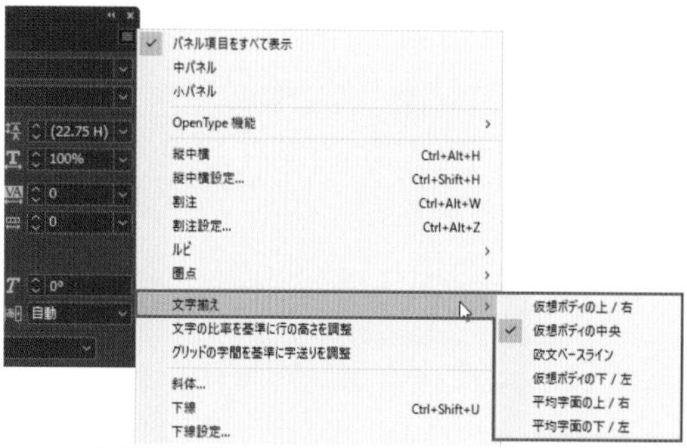

［上］［下］は横組みの揃え位置、［右］［左］は縦組みの揃え位置

仮想ボディの中央

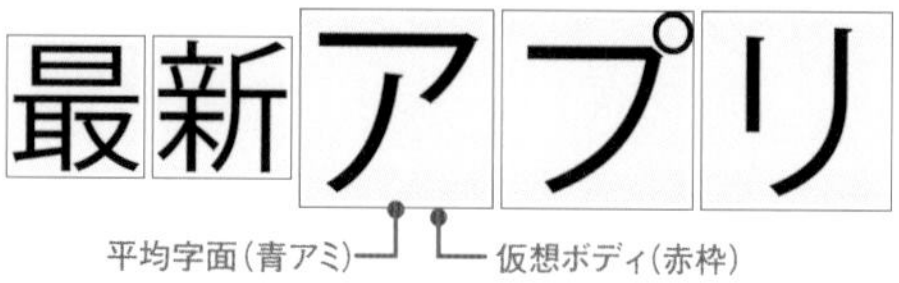

欧文ベースライン

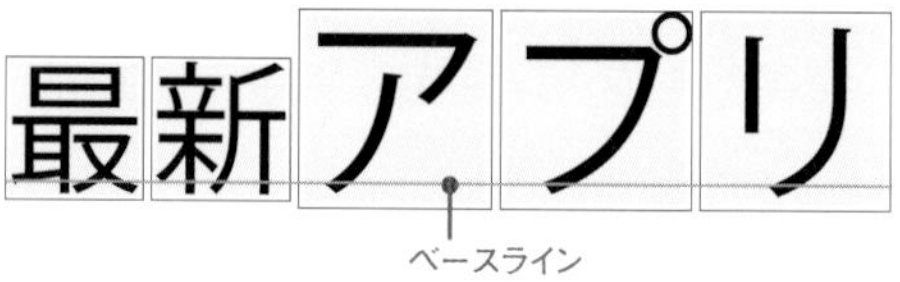

仮想ボディの上／右　［仮想ボディの下／左］は下／左で揃う

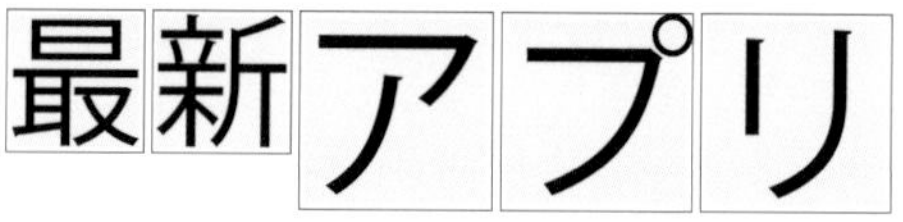

平均字面の上／右　［平均字面の下／左］は下／左で揃う

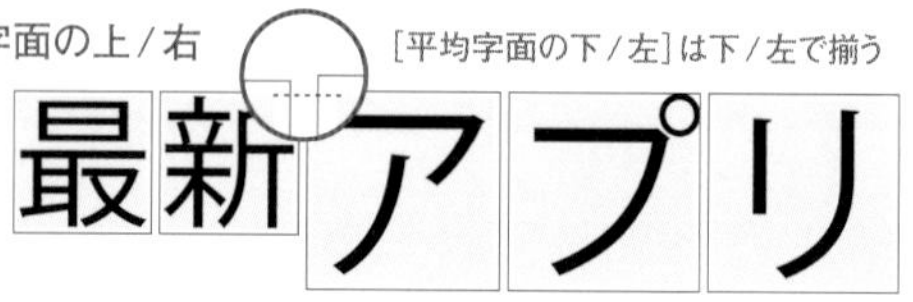

行送りの基準位置を設定する

2021 2020 2019

テキストフレーム内のすべての文字サイズが同じであれば、段落パネルメニューにある［行送りの基準位置］❶をどこに設定しても同じ間隔で行を送ることができます。［行送りの基準位置］の設定が必要になるのは、段落内に文字サイズの異なる書式設定があるときで、文字揃えの基準と併せて設定します。

初期設定の［仮想ボディの上／右］は、先頭行にある文字の仮想ボディの上（縦組みは右）から次の行の仮想ボディの上（縦組みは右）の位置を［行送り］に設定した距離まで移動する設定です。このとき基準となる仮想ボディは、各行で一番大きい文字が基準になるので、［行送りの基準位置］を［文字揃え］の位置と同じに設定すれば、等間隔の行送りになります。ただし、［行送り］を［自動］に設定していると、行送りがバラバラになるので必ず数値を指定します。

COLUMN

仮想ボディと平均字面

「仮想ボディ」は書体を設計するときの基準にする枠です。文字はこの枠からはみ出さないように作られます。例えば、フォントサイズを「13Q」に設定すると、仮想ボディのサイズを13Qにした文字が表示されます。

和文の文字は、縦横両方に組めるように正方形の仮想ボディで設計されます。

字面とは文字自体の大きさで、その書体の平均サイズが「平均字面」です。平均サイズなので、平均字面からはみ出す文字もあります。

❶段落パネルメニューの［行送りの基準位置］

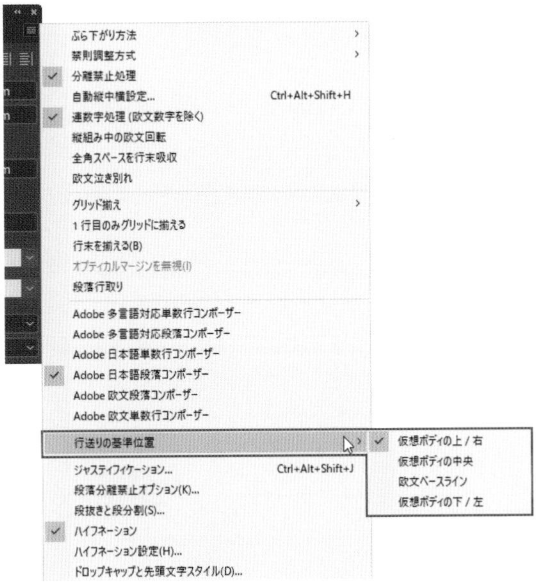

段落パネルメニューの［行送りの基準位置］で基準位置を設定できる

文字揃え：仮想ボディの中央
行送りの基準位置：仮想ボディの上 / 右

異なるサイズの文字の揃え方や、文字のどこを基準に行送りを行うか設定します。また、グリッド揃えについても学びましょう。

文字揃え：仮想ボディの中央
行送りの基準位置：仮想ボディの中央

異なるサイズの文字の揃え方や、文字のどこを基準に行送りを行うか設定します。また、グリッド揃えについても学びましょう。

文字の比率を基準に行の高さを調整　COLUMN

垂直・水平比率で大きくした文字に文字パネルメニューの［文字の比率を基準に行の高さを調整］をオフに設定すると、拡大する前の仮想ボディ、ベースラインのままの基準で文字揃えや行送りを適用します。

フレームグリッドの文字揃え

2021　2020　2019

フレームグリッドの文字揃えは、［フレームグリッド設定］ダイアログボックスの［揃えオプション］で設定します。
テキストの一部だけ文字を大きくして、［グリッド揃え］と［文字揃え］を初期設定の［仮想ボディの中央］以外に変更すると、小さい文字がグリッドからズレてしまいます。
［グリッド揃え］と［文字揃え］は［仮想ボディの中央］に設定して、ベースラインシフトで大きい文字の位置を調整すれば、小さい文字がグリッドからズレることはありません。

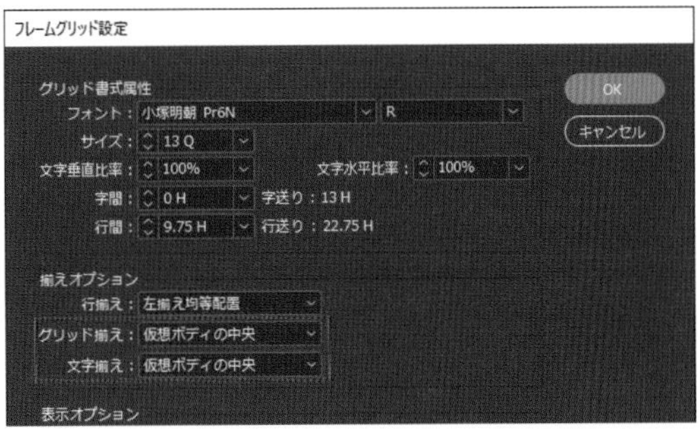

一行目の文字サイズ変更による行取りの回避　COLUMN

フレームグリッドの1行目の文字サイズを大きくすると、グリッドからズレて行取りしたような状態になります。これを回避するには、［テキストフレーム設定］ダイアログボックスの［ベースラインオプション］にある［先頭ベースライン位置］を［固定］に設定します。

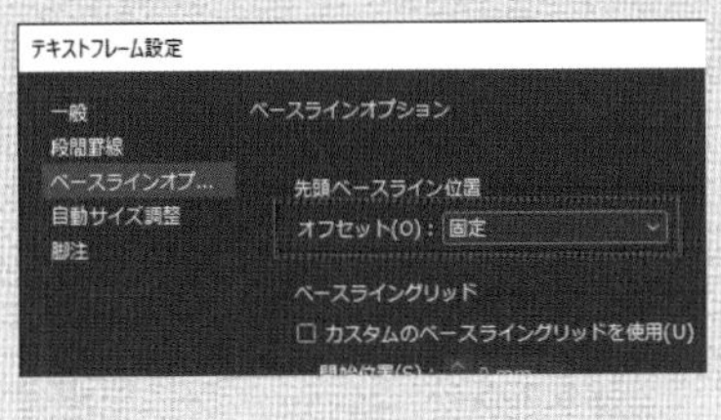

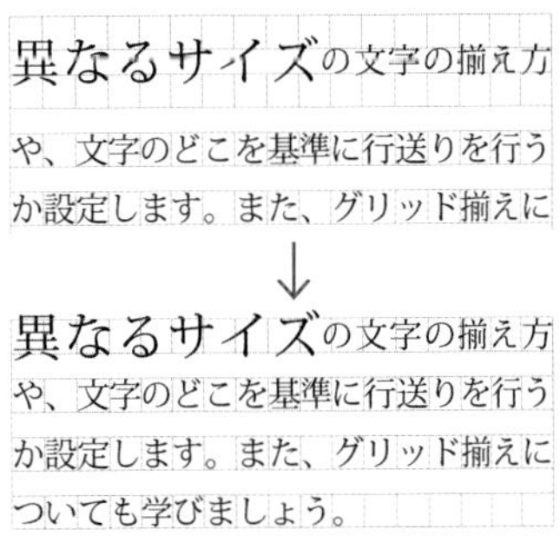

STEP 01　行送りの値と基準を設定する

2021　2020　2019

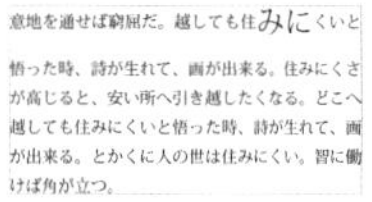

Before

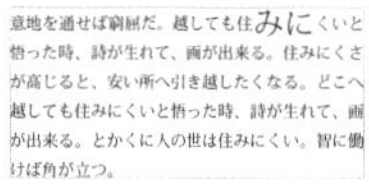

After

小さい文字の行間が均等に揃うように行送りの値と基準を修正します。

Lesson 05 ▶ L5-3S01.indd

1　レッスンファイルを開きます❶。横組みテキストツールを選択し❷、プレーンテキストフレームの小さい文字を選択して❸、コントロールパネルで［文字サイズ］（「13Q」）と［行送り］（自動で「22.75H」）の値を確認します❹。次に、大きい文字を選択して❺、［文字サイズ］（「24Q」）と［行送り］（自動で「42H」）の値を確認します❻。

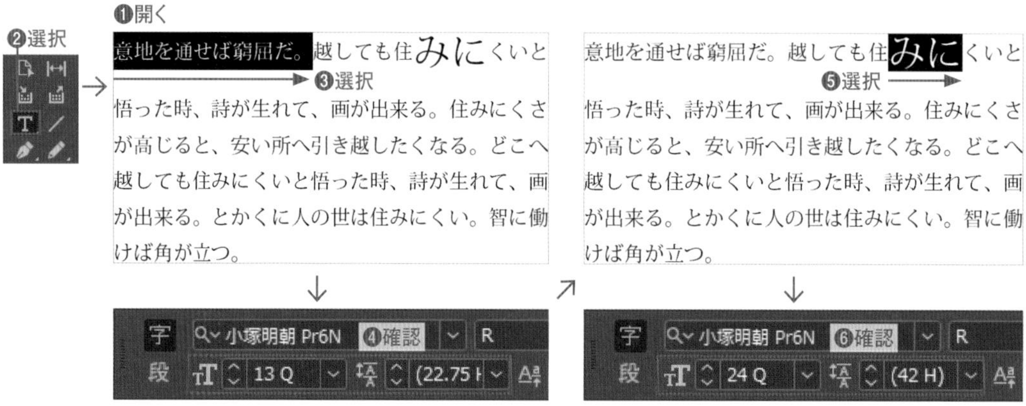

2　選択ツールを選択し❶、テキストフレームを選択します❷。文字パネルの［行送り］を「22.75H」に設定します❸。フレーム内のテキストの行送りがすべて［22.75H］になり、大きな文字の部分も行送りが狭くなります❹。

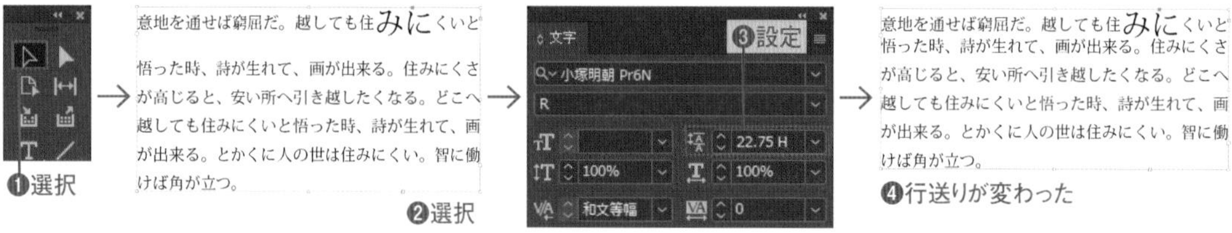

3　テキストフレームを選択したまま、段落パネルメニューから［行送りの基準位置］→［仮想ボディの中央］を選びます❶。［行送りの基準位置］が［文字揃え］の設定と同じになったので、小さい文字の行間が均等になります❷。

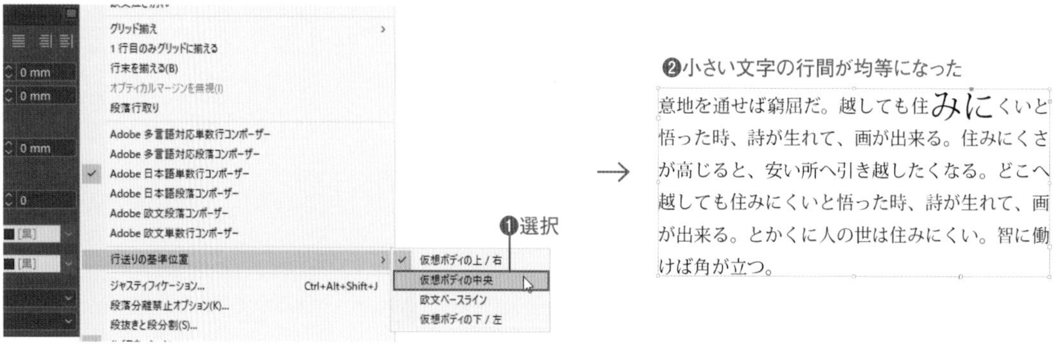

STEP 02 プレーンテキストフレームのグリッド揃え 2021 2020 2019

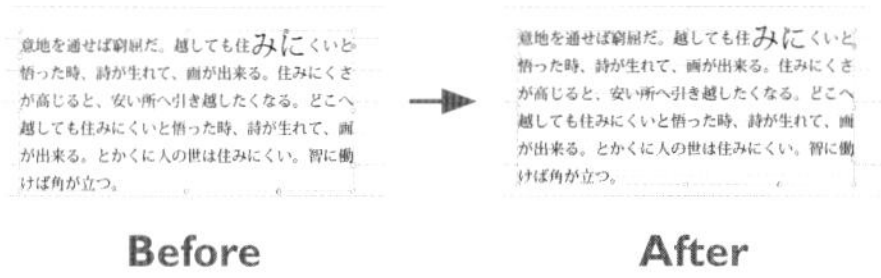

プレーンテキストフレームもフレームグリッドのように、行送りをグリッドに揃えることができます。

Lesson 05 ▶ L5-3S02.indd

1 レッスンファイルを開きます❶。[表示]メニュー→[グリッドとガイド]→[ベースライングリッドを表示]を選びベースライングリッドを表示します❷。続いて、選択ツール を選択し❸、プレーンテキストフレームを選択します❹。

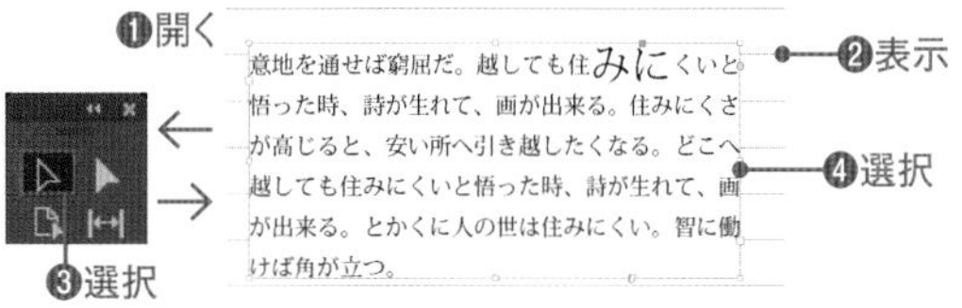

2 段落パネルメニューの[グリッド揃え]→[仮想ボディの中央]を選びます❶。テキストの仮想ボディの中央がドキュメントのベースライングリッドに揃います❷。

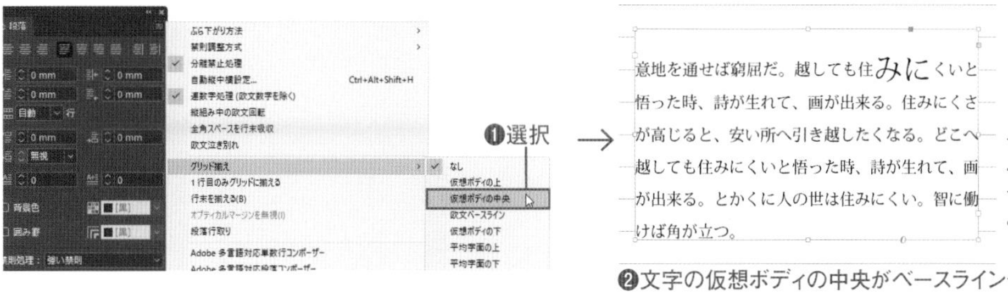

フレームを移動しても、テキストはベースライングリッドに揃うことを確認する

❷文字の仮想ボディの中央がベースライングリッドに揃った

3 プレーンテキストフレームを選択したまま、[オブジェクト]メニュー→[テキストフレーム設定]を選びます。[テキストフレーム設定]ダイアログボックスが表示されたら、[ベースラインオプション]を選択します❶。[オフセット]を[固定]にして❷、[カスタムのベースライングリッドを使用]にチェックをつけます。[開始位置]を「1.625mm」(13Qの半分)、[開始点]を[インセットの先頭]、[間隔]を「22.75Q」、[カラー]を[緑]に設定します❸。[OK]をクリックします❹。テキストの中央がテキストフレームに設定したベースライングリッドに揃います❺。

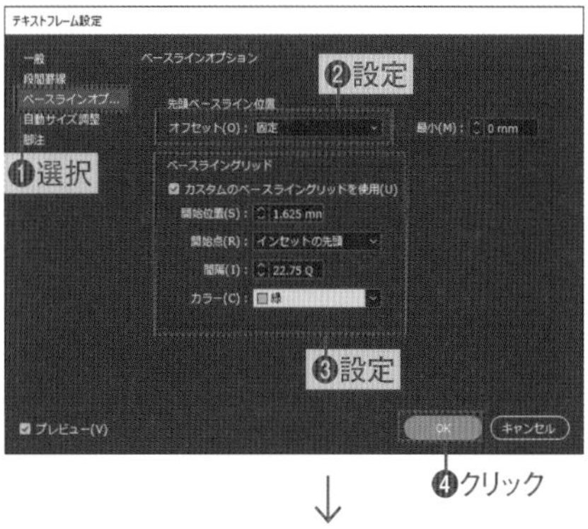

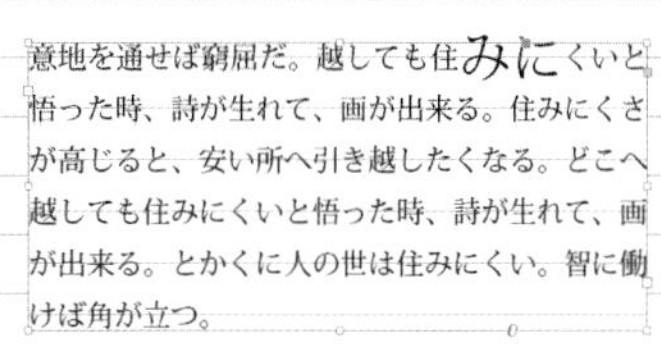

❺文字の仮想ボディの中央がテキストフレームのベースライングリッドに揃った

COLUMN ベースライングリッドの使い分け

グリッド揃えは、ドキュメントのベースライングリッドより、テキストフレームに設定したベースライングリッドを優先します。
版面に合わせて位置を固定したプレーンテキストフレームはドキュメントのベースライングリッドに揃えて、コラムなどレイアウトが変わるフレームは、カスタムのベースライングリッドで揃える使い分けができます。
ドキュメントのベースライングリッドは、[環境設定]ダイアログボックスの[グリッド]で設定します。カスタムのベースライングリッドは、テキストフレームごとに設定を変えることができますが、ドキュメントのベースライングリッドはひとつのドキュメントにひとつしか設定できません。

5-4 英数字の縦方向回転

縦組みテキストの半角英数字を段落でまとめて回転するときは、段落パネルメニューの［縦組み中の欧文回転］と［自動縦中横設定］で設定します。特定の文字だけ回転するときは文字パネルメニューの［縦中横］で設定します。

STEP 01 英数字を縦方向に回転する

2021 2020 2019

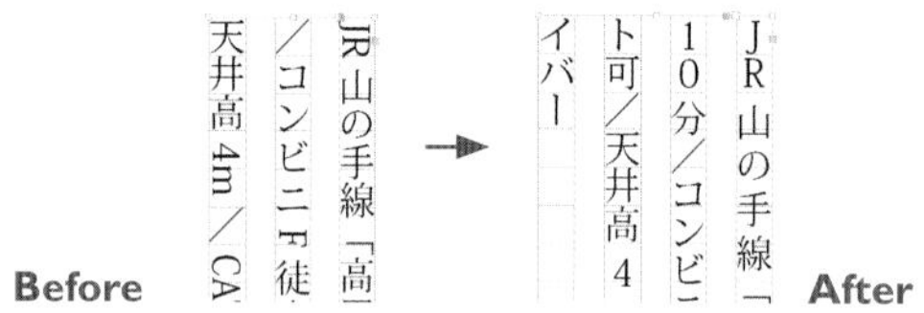

縦組みのテキスト内にある半角英数字を縦方向に回転します。自動でまとめて回転する方法と、個別に文字を選んで回転する方法があります。

Lesson 05 ▶ L5-4S01.indd

段落内の英数字を1文字ずつ縦に回転する

レッスンファイルを開き、選択ツール▶を選択します❶。Aのフレームグリッドを選択します❷。段落パネルメニューの［縦組み中の欧文回転］を選びます❸。フレーム内の半角英数字が1文字ずつ回転します❹。

段落内の英数字を組みにして縦に回転する

1 選択ツールでBのフレームグリッドを選択します❶。段落パネルメニューの［自動縦中横設定］を選びます❷。

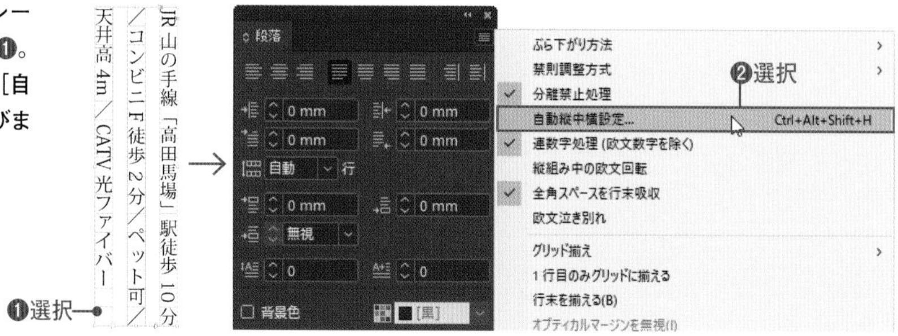

　Macでは、キーは次のようになります。 Ctrl → ⌘　Alt → option　Enter → return

2 ［自動縦中横設定］ダイアログボックスが表示されたら、［数字の縦中横］を「1」に設定します❶。［プレビュー］にチェックをつけ❷、数字の「2」だけ回転することを確認します❸。2桁の「10」と数字の後ろに「m」がある「4」は回転しません。

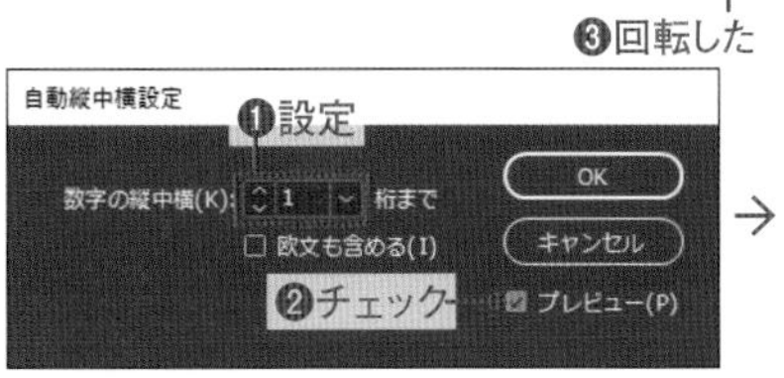

3 ［数字の縦中横］を「2」に設定し❶、［欧文も含める］にチェックをつけます❷。2桁（文字）の英数字の組みが回転するのを確認し❸、［OK］をクリックします❹。

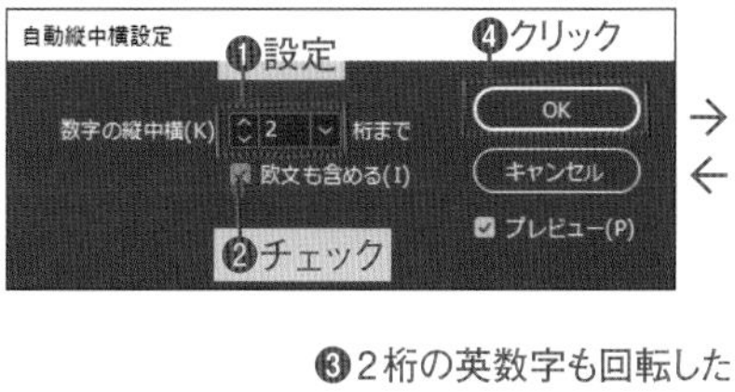

特定の文字を縦に回転する

1 縦組み文字ツールを選択し❶、Cのフレームグリッドの「7」を選択します❷。文字パネルメニューの［縦中横］にチェックをつけます❸。「7」が回転します❹。

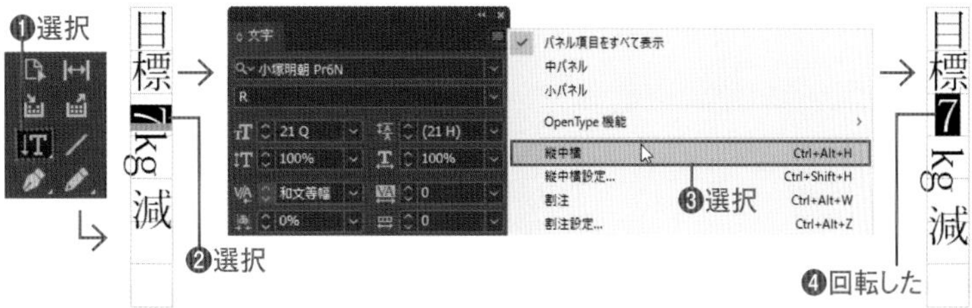

2 「kg」を選択し❶、文字パネルメニューの［縦中横］にチェックをつけます❷。「7kg」が組みになって回転します❸。

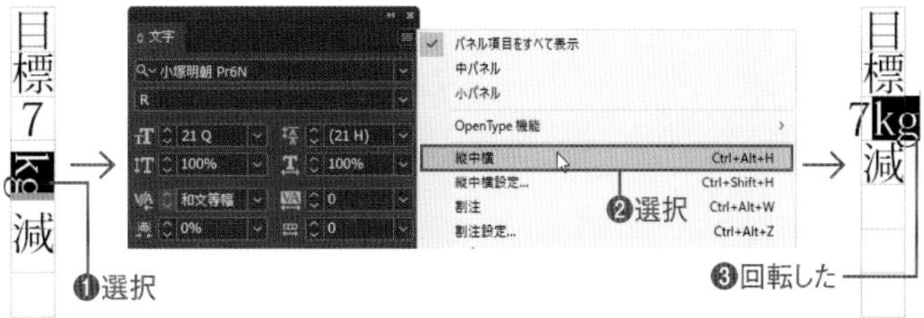

3 「7」と「kg」の間をクリックしてテキスト挿入点を置きます❶（テキスト挿入点が上や下に置かれたときは、↑キーや↓キーでカーソルを移動してください）。［書式］メニュー→［特殊文字を挿入］→［その他］→［結合なし］を選びます❷。「7」と「kg」が分かれて回転します❸。

COLUMN

縦中横設定

回転した文字を選択して、文字パネルメニューの［縦中横設定］を選ぶと、［縦中横設定］ダイアログボックスで文字の上下左右の位置を調整できます。段落パネルで自動回転した文字も、個別に選んで調整できます。

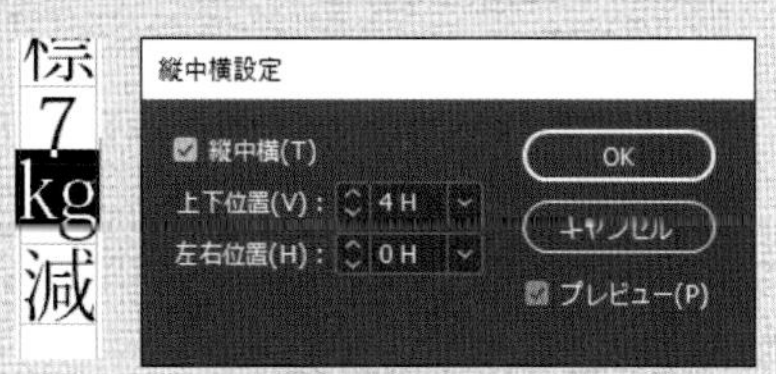

5-5 ルビ／割注／圏点の作成

[ルビ] はふりがな、[割注] は1行の高さに組み込む補足説明、[圏点] は「傍点」とも呼ばれる強調したい文字に付加する点です。入力方法を学びましょう。

STEP 01 ルビの設定

2021 2020 2019

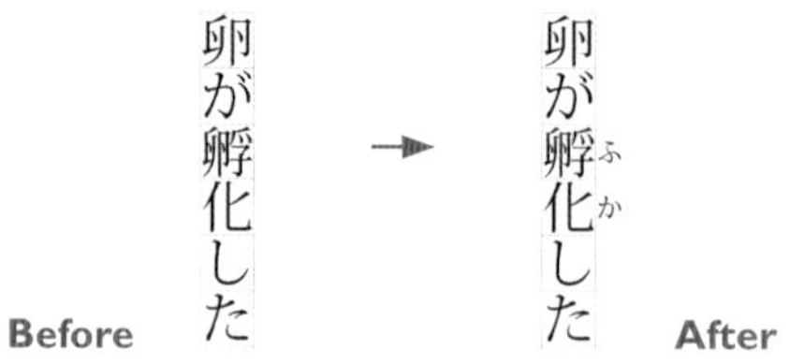

ルビをふる文字を選択して、[ルビ] ダイアログボックスにルビ文字を入力します。

Lesson 05 ▶ L5-5S01.indd

レッスンファイルを開きます。縦組み文字ツール を選択し❶、「孵化」の文字を選択します❷。文字パネルメニューの [ルビ] → [ルビの位置と間隔] を選びます❸。[ルビ] ダイアログボックスが開いたら、[種類] を [モノルビ] に設定して❹、[ルビ] に「ふ　か」と入力します❺。このとき、「ふ」と「か」の間にスペース（全角または半角）を挿入して、各親文字に割り当てるルビ文字を区切ります。入力したら [OK] をクリックします❻。選択した文字にルビがふられました❼。ルビを消すときは、文字パネルメニュー→ [ルビ] → [なし] を選びます。

COLUMN

モノルビとグループルビ

「昨日《きのう》」や「明後日《あさって》」など、親文字ひとつひとつにふりがなをつけることができないときに、[種類] を「グループルビ」に設定します。また、グループルビは分離禁止文字（行をまたいで分離しない）になります。

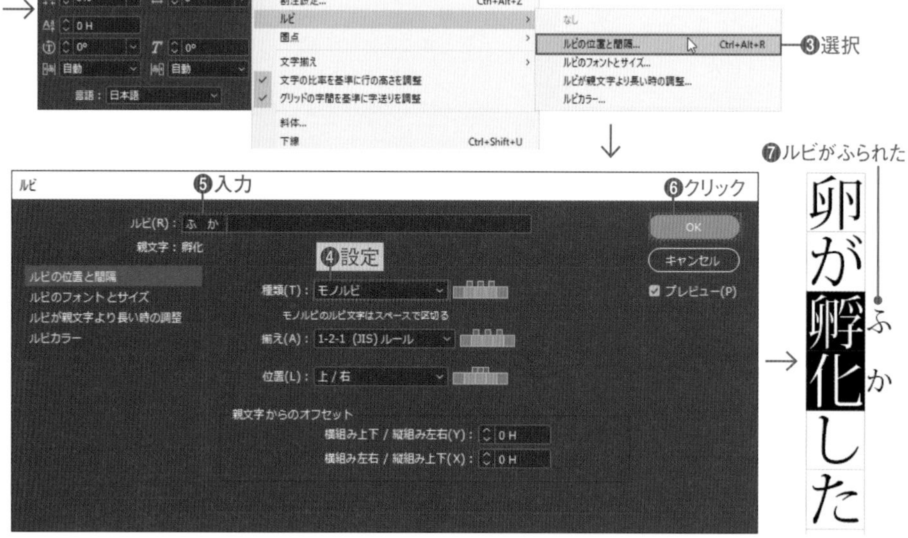

STEP 02 割注の設定

2021 2020 2019

Before
エンボス加工（模様が浮き出す形成方法）のカバー
↓
After
エンボス加工（模様が浮き出す形成方法）のカバー

割注機能を使って、選択した文字列（主に簡単な補足説明文）を1行分の高さになる2行で表示しましょう。

Lesson 05 ▶ L5-5S02.indd

1 レッスンファイルを開きます。横組み文字ツール T を選択し❶、「模様が浮き出す形成方法」の文字列を選択します❷。続けて、文字パネルメニュー→［割注設定］を選びます❸。

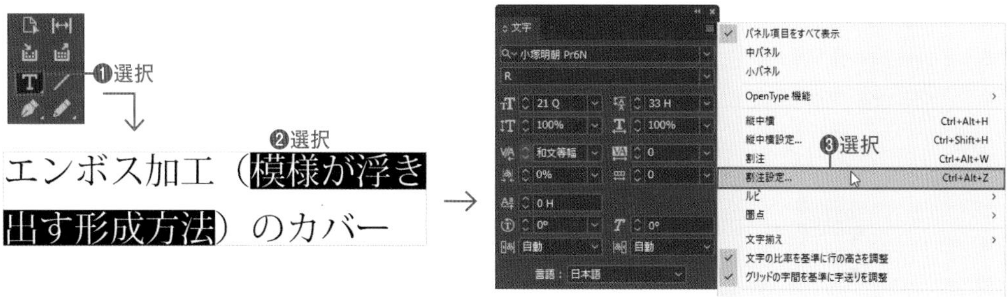

［割注設定］ダイアログボックスを表示しないで、現在の設定のまま割注にするときは、文字パネルメニュー→［割注］を選ぶ

2 ［割注設定］ダイアログボックスが表示されるので、［割注］にチェックをつけ❶、［OK］をクリックします❷。選択した文字が、割注になりました❸。

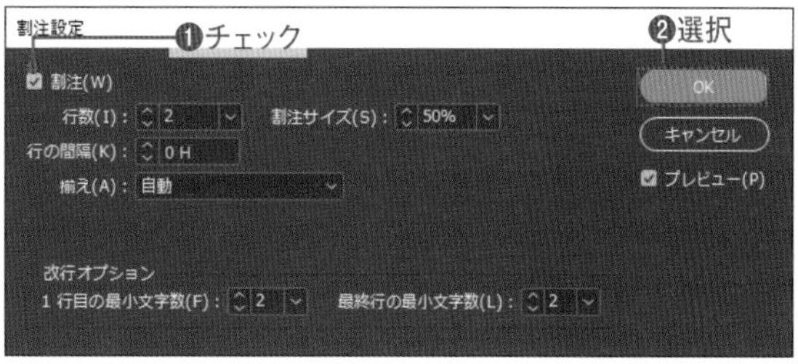

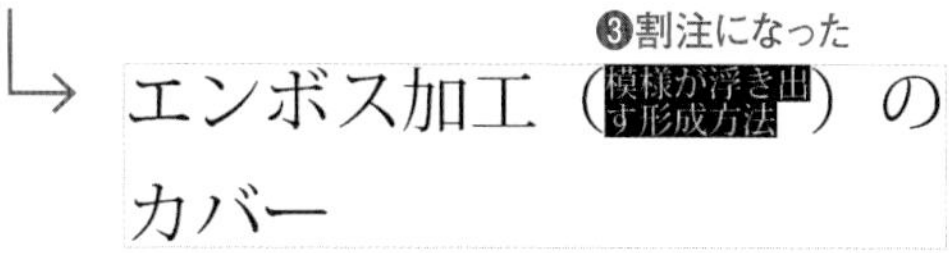

割注を解除するときは、もう一度［割注設定］ダイアログボックスを表示して、［割注］のチェックを外すか、文字パネルメニュー→［割注］を選ぶ

割中の改行オプション

CHECK!

割中のテキストが改行位置に重なる場合、［割注設定］ダイアログボックスの［改行オプション］にある［1行目の最小文字数］と［最終行の最小文字数］に設定した文字数を確保できる位置で改行されます。

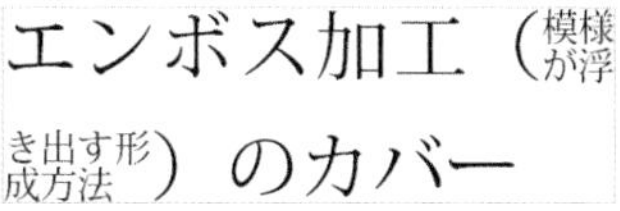

割注文字の改行

COLUMN

割注にした文字を任意の場所で改行するときは、改行したい位置にテキスト挿入点を置き、Shift＋Enterキーを押すか、［書式］メニュー→［特殊文字の挿入］→［強制改行］を選びます。

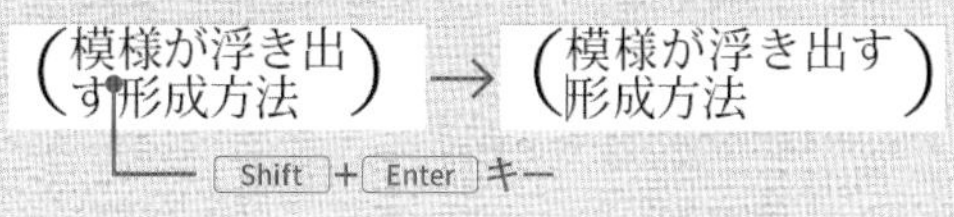

STEP 03　圏点の設定

2021　2020　2019

Before　パンの袋を閉じるプラスチックのアレの名前

↓

After　パンの袋を閉じるプラスチックのアレの名前

圏点機能を使って、強調したい文字の点を付加します。点はプリセットから選ぶか、カスタムの文字を設定します。

Lesson 05 ▶ L5-5S03.indd

1　レッスンファイルを開きます。横組み文字ツール T を選択し❶、「アレ」の文字を選択します❷。続けて、文字パネルメニュー→［圏点］→［圏点設定］を選択します❸。

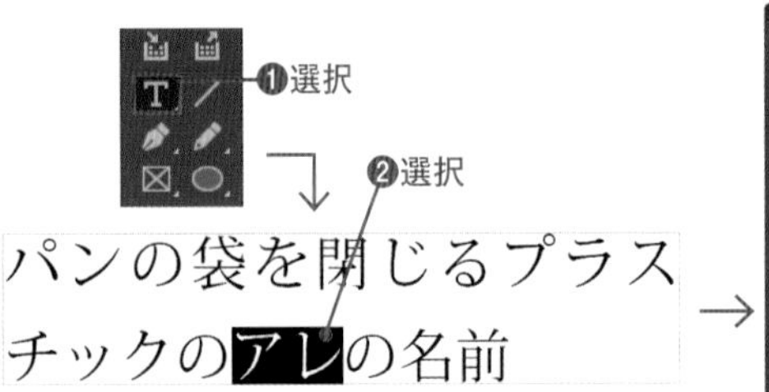

文字パネルメニューの［圏点］にある圏点種類を選択した場合は、現在の圏点設定のままダイアログボックスを開かずに圏点を作成できる

2　［圏点］ダイアログボックスが表示されるので、［圏点種類］を「小さい黒丸」に設定します❶。［サイズ］を「8Q」に設定し❷、［OK］をクリックします❸。選択した文字に圏点が設定されます❹。

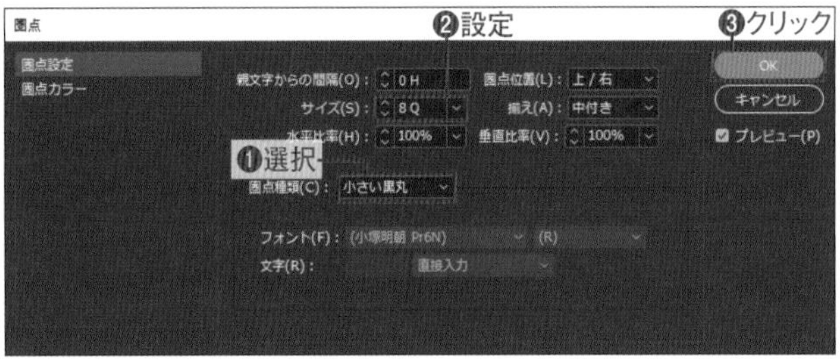

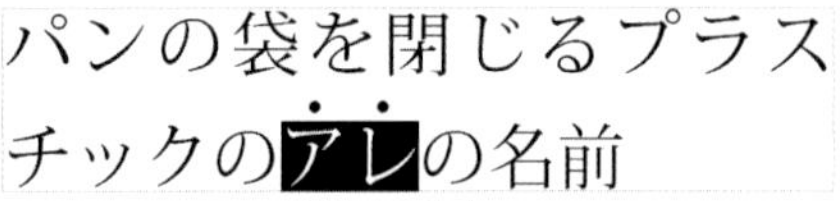

❹設定された

圏点を消すときは、文字パネルメニュー→［圏点］→［なし］を選ぶ

CHECK!

カスタムの圏点

［圏点種類］を「カスタム」に設定して、［文字］に任意の文字を入力して、圏点に表示できます。

COLUMN

プリセットの圏点

圏点のサイズは［自動］に設定しています。

ゴマ	二重丸
白ゴマ	黒三角
蛇の目	白三角
黒丸	白丸
小さい黒丸	小さい白丸

Macでは、キーは次のようになります。 Ctrl → ⌘　Alt → option　Enter → return

5-6 合成フォントの作成

合成フォントは、「漢字」「かな」「全角約物」「全角記号」「半角欧文」「半角数字」に異なるフォントを割り当てて、ひとつのフォントとして扱う機能です。

STEP 01 合成フォント

2021 2020 2019

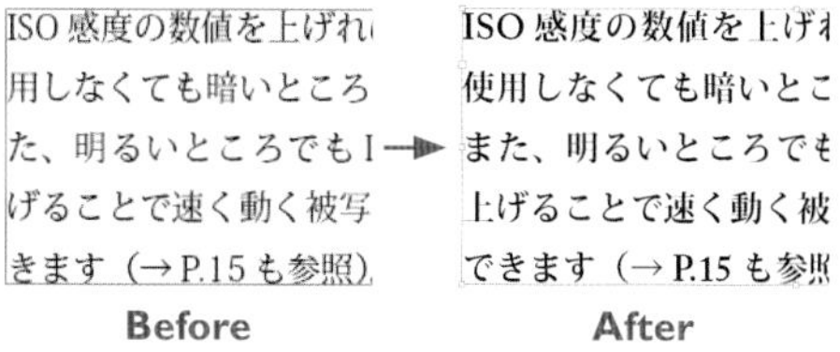

全角文字は「小塚明朝Pr6N」「B」、半角文字は「Adobe Caslon Pro」「Semi Bold」で組み合わせます。さらに、「→」などの矢印だけ「小塚ゴシックPr6N」「EL」に変更した合成フォントを作成します。

Lesson 05 ▶ L5-6S01.indd

1 レッスンファイルを開きます❶。[書式]メニュー→[合成フォント]を選び、[合成フォント]ダイアログボックスを開き❷、[新規]をクリックします❸。

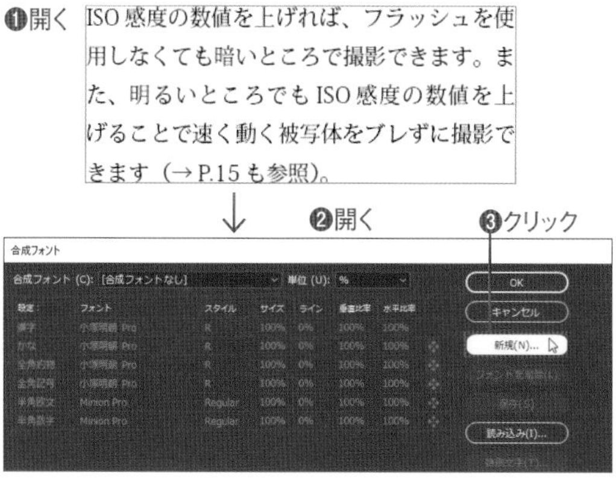

2 表示された[新規合成フォント]ダイアログボックスの[名前]に「KozBp6N-CasSB」と入力し❶、[OK]をクリックします❷。

CHECK!

元とするセット

新しい合成フォントと新しい特例文字セットを作成すると、次回から[元とするセット]に選ぶことができます。新しい合成フォントを作るとき、近い設定のセットを選んで手間を省くことができます。

3 [漢字]をクリックして選択し❶、続けて Shift キーを押しながら[全角記号]をクリックして❷、全角文字をまとめて選択します。選択したカテゴリーのどれでもいいので、[フォント]を[小塚明朝Pr6N]、[スタイル]を「B」に設定します❸。選択したカテゴリーがすべて同じ設定になります❹。

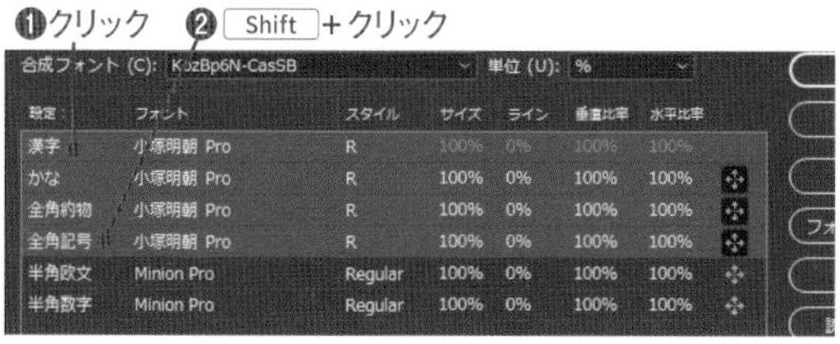

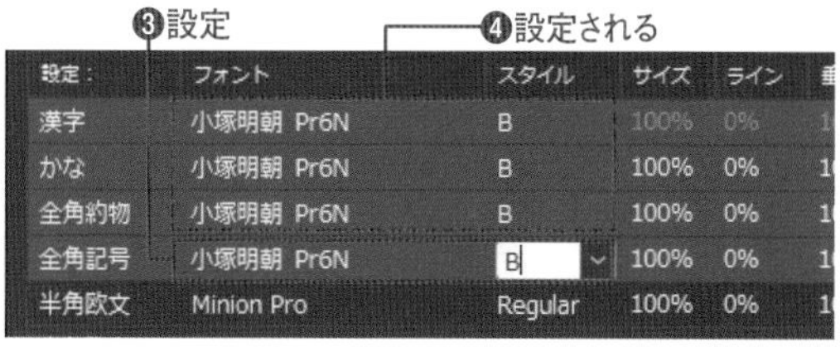

4 [半角欧文]をクリックして選択します❶。続けて Shift キーを押しながら[半角数字]をクリックして❷、半角文字のふたつを選択します。[フォント]を「Adobe Caslon Pro」、[スタイル]を「Semibold」に設定します❸。

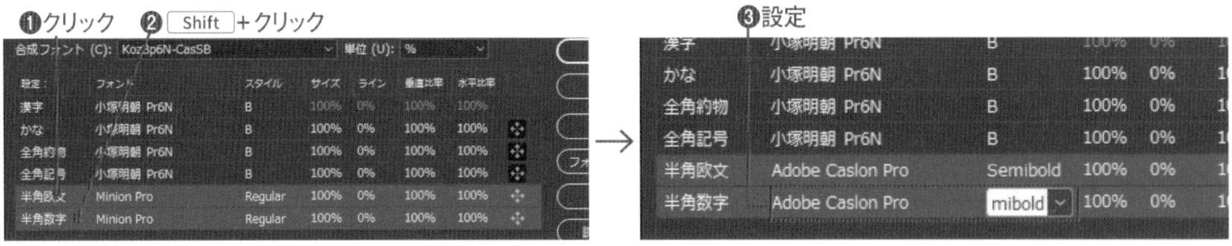

5 [ズーム]を「400%」に設定します❶。[ベースライン]と[キャップハイト]ボタンをクリックして❷、サンプルにラインを表示します。

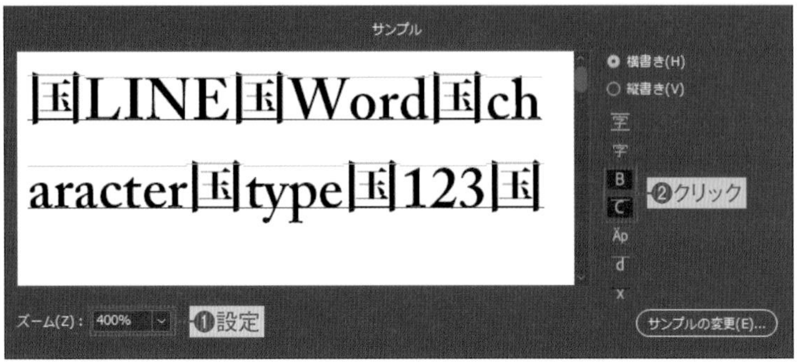

6 半角欧文と半角数字が、漢字に比べて小さいので、[サイズ]を「105%」に設定します❶。

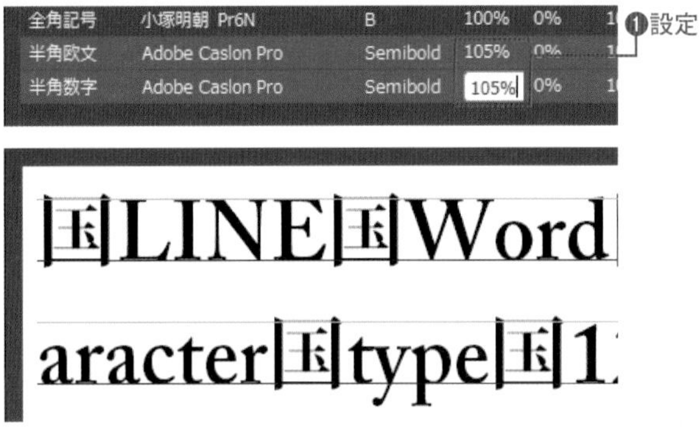

COLUMN

和文フォントと欧文フォントのバランス

和文フォントと欧文フォントのキャップハイトを揃えると、だいたいバランスよく合わせることができます。ただし、フォントの組み合わせ次第で微調整も必要になるので、あくまで目安のひとつとして考えてください。ここでは[サイズ]だけ調整していますが、[ライン](ベースライン)の位置も併せてバランスを調整してください。

7 [サンプルの変更]をクリックします❶。[サンプルの変更]ダイアログボックスが表示されたら、先頭に「→」(矢印)を入力して❷、[OK]をクリックします❸。サンプルのテキスト先頭に「→」が表示されます❹。

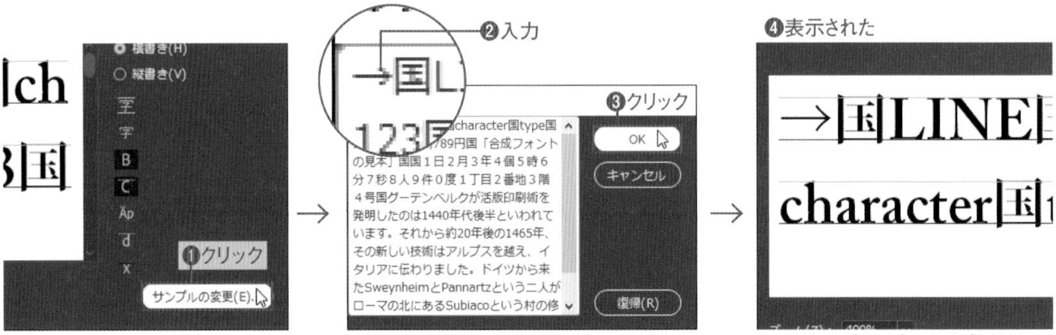

元に戻すときは、[サンプルの変更]ダイアログボックスを表示して、[復帰]をクリックする

 Macでは、キーは次のようになります。 Ctrl → ⌘ Alt → option Enter → return

8 ［特例文字］をクリックします❶。［特例文字セット編集］ダイアログボックスが表示されたら、［新規］をクリックします❷。［新規特例文字セット］ダイアログボックスが表示されたら、［名前］に「矢印」と入力して❸、［OK］をクリックします❹。

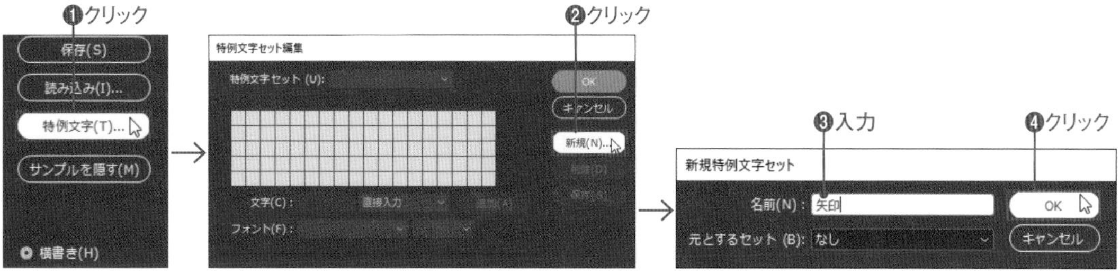

9 ［特例文字セット編集］ダイアログボックスに戻ったら、［文字］に「→」を入力して❶、［追加］をクリックします❷。続けて同様の手順で、「←」「↑」「↓」も繰り返し追加します❸。文字の追加が終了したら、［フォント］を［小塚ゴシック Pr6N］［EL］に設定します❹。［保存］と［OK］を順番にクリックします❺❻。特例文字セットの「矢印」がカテゴリーに追加されます❼。

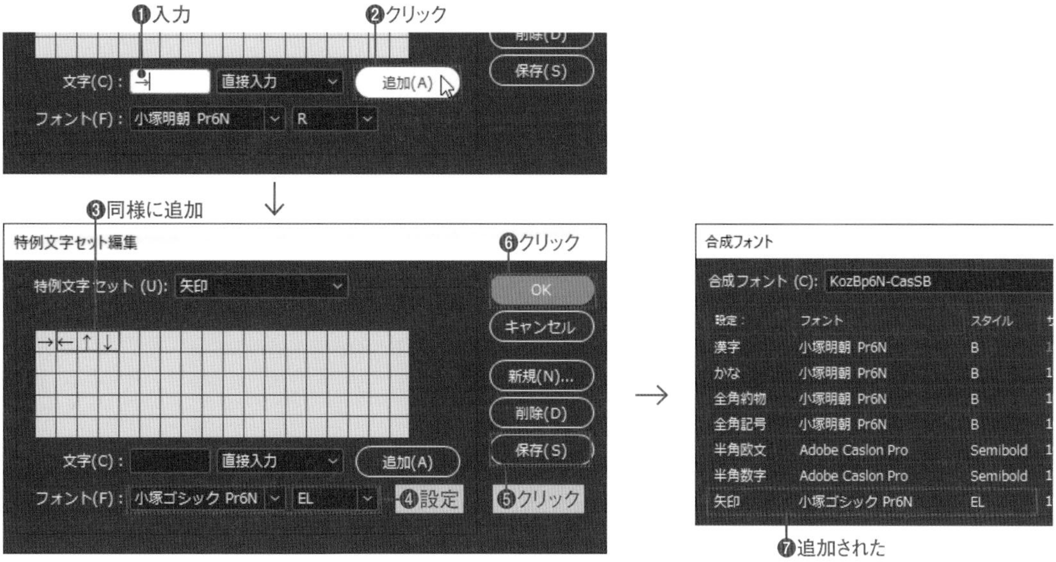

10 ［合成フォント］ダイアログボックスの設定が終了したら、［保存］と［OK］を順番にクリックします❶❷。

11 選択ツールを選択し❶、テキストフレームをクリックして選択します❷。文字パネルでフォントメニューを開いて、最近使用したフォントの下にある合成フォントを選びます❸。合成フォントが適用されました❹。

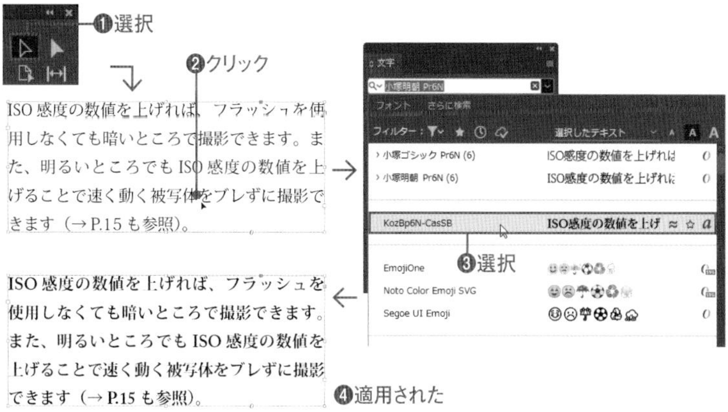

5-7 文字組みアキ量設定

「文字組みアキ量設定」は、隣り合う文字と文字のアキ量を条件別に設定できる機能で、「プリセットを選ぶ」「基本設定でカスタマイズする」「詳細設定でカスタマイズする」の三段階のレベルで設定できます。

STEP 01 文字組みアキ量設定

2021 2020 2019

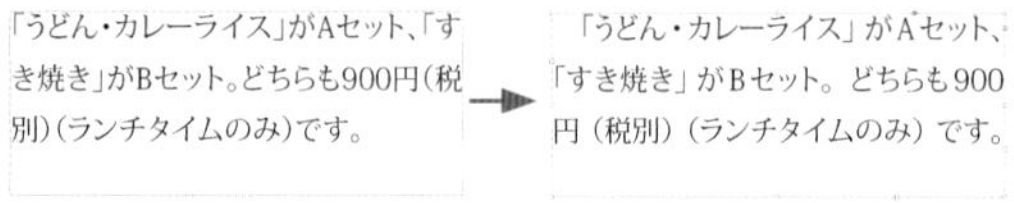

Before　　After

プリセットの［行末約物半角・段落1字下げ］をベースに、徐々に設定をカスタマイズして、独自の文字組みアキ量の作成手順を学びましょう。

Lesson 05 ▶ L5-7S01.indd

文字組みのプリセットを適用する

レッスンファイルを開きます。選択ツール▶を選択し❶、Aのフレームを選択します❷。段落パネルの［文字組み］から［行末約物半角・段落1字下げ］を選びます❸。フレーム内のテキストの文字組みが変わりました❹。確認したら、選択を解除してください。［文字組み］は、連続するふたつの文字のアキ量を設定して、日本語組版を美しくするための機能です。

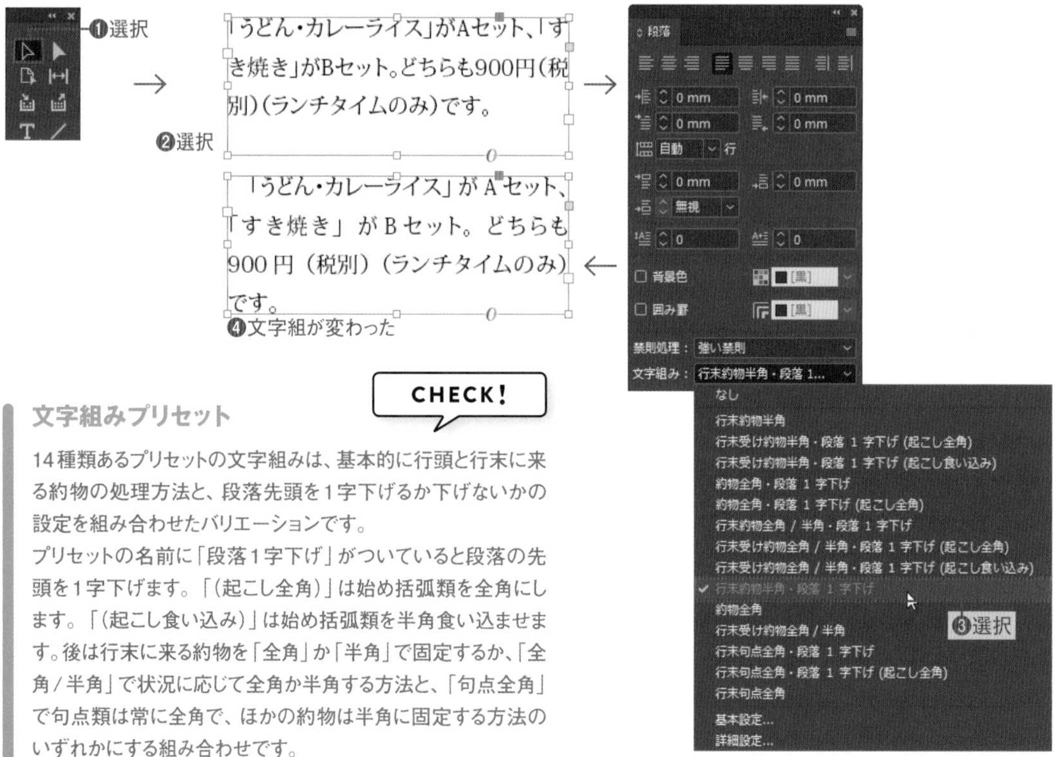

CHECK!

文字組みプリセット

14種類あるプリセットの文字組みは、基本的に行頭と行末に来る約物の処理方法と、段落先頭を1字下げるか下げないかの設定を組み合わせたバリエーションです。
プリセットの名前に「段落1字下げ」がついていると段落の先頭を1字下げます。「（起こし全角）」は始め括弧類を全角にします。「（起こし食い込み）」は始め括弧類を半角食い込ませます。後は行末に来る約物を「全角」か「半角」で固定するか、「全角／半角」で状況に応じて全角か半角する方法と、「句点全角」で句点類は常に全角で、ほかの約物は半角に固定する方法のいずれかにする組み合わせです。

基本設定でカスタマイズする

1 Aのフレームの選択を解除してから、段落パネルの［文字組み］から［基本設定］を選びます❶。［文字組みアキ量設定］ダイアログボックスが表示されたら［新規］をクリックします❷。

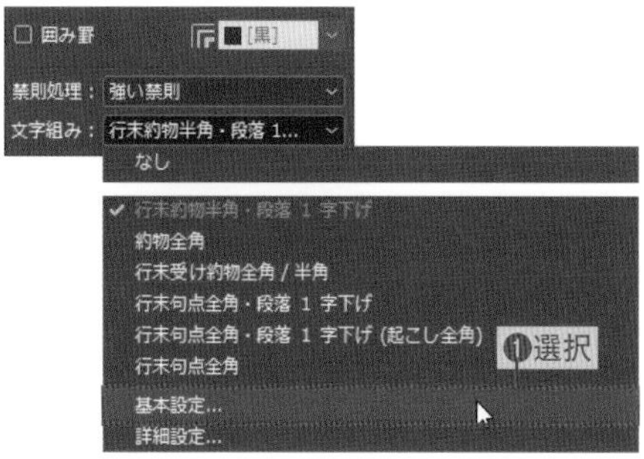

2 ［新規文字組みセット］ダイアログボックスが表示されるので、［名前］を「詰めカスタマイズ練習」に設定し❶、［OK］をクリックします❷。

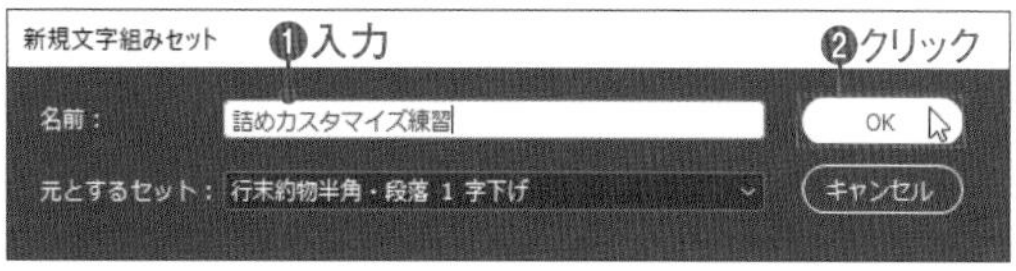

3 ［文字組みアキ量設定］ダイアログボックスに戻ったら、［和文と欧文、英数字の間］を［12.5%（0%～50%）］に設定し❶、［保存］をクリックしてから❷［OK］をクリックします❸。段落パネルの［文字組み］メニューに新しい文字組みセットの［詰めカスタマイズ練習］が表示されます❹。

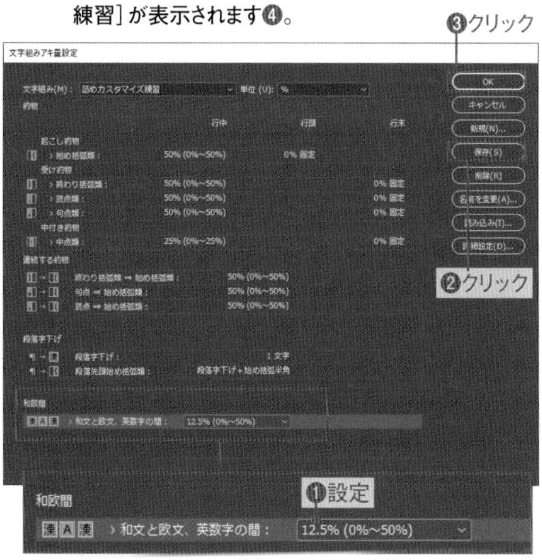

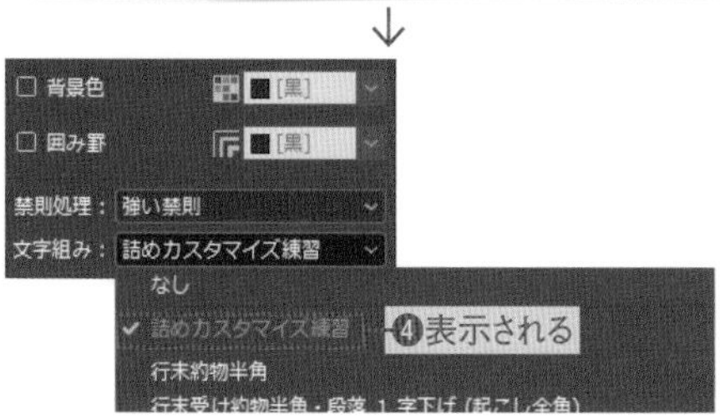

連続する約物と和欧間のアキを調整

COLUMN

14種類ある文字組みアキ量設定は、連続する約物と、和欧間のアキ量がすべて同じ設定です。ここを変更したアキ量設定を作ってみます。

CHECK!

アキ量を6段階で設定する

基本設定は、各適用場所に全角分の文字サイズを基準にした比率のアキ量を設定します。このとき、アキ量が適用される約物は文字幅を半角で扱い、その前後にどれだけアキを追加するのかを設定します。

例えば、括弧類に半角分（50%）のアキを設定すると、アキと括弧類で全角分の幅になります。ただし、［50%（0%～50%）］で設定すると、半角分のアキを基本として、状況に応じてアキなし（0%）から半角（50%）を上限に調整します。

［0%固定］は常にアキを追加しない設定です。

中付き約物は文字の前後にアキを追加します。

文字組みアキ量の適用場所

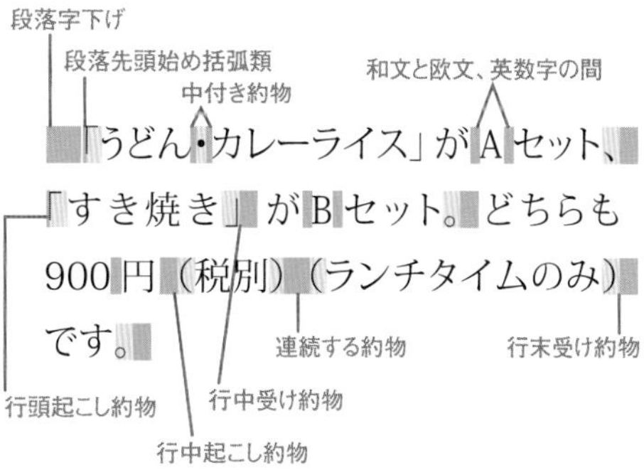

詳細設定でカスタマイズする

1 段落パネルの［文字組み］から［詳細設定］を選びます❶。［文字組みアキ量設定］ダイアログボックスが表示されたら［新規］をクリックします❷。

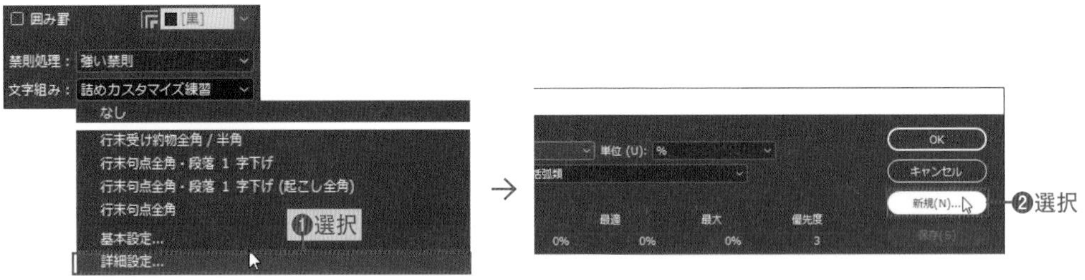

2 ［新規文字組みセット］ダイアログボックスが表示されたら、［元とするセット］を［詰めカスタマイズ練習］に設定します❶。［名前］を「詰めカスタマイズ練習2」に設定し❷、［OK］をクリックします❸。

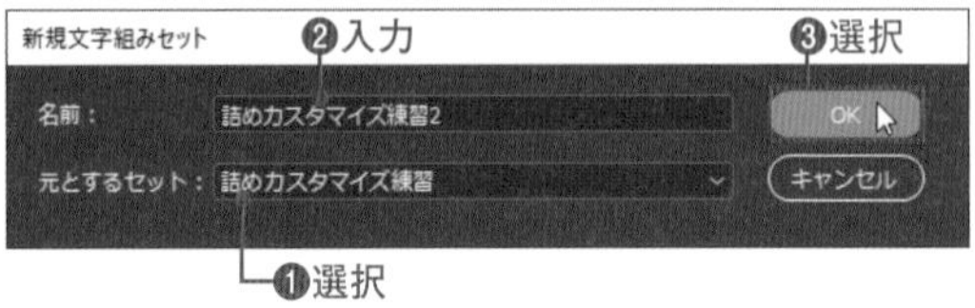

3 ［文字組みアキ量設定］ダイアログボックスに戻り、［前の文字クラス］と［終わりかぎ括弧］に設定します❶❷。これは、文字組みを設定する連続するふたつの文字のうち、前の文字が［終わりかぎ括弧］のときの設定をするということです。

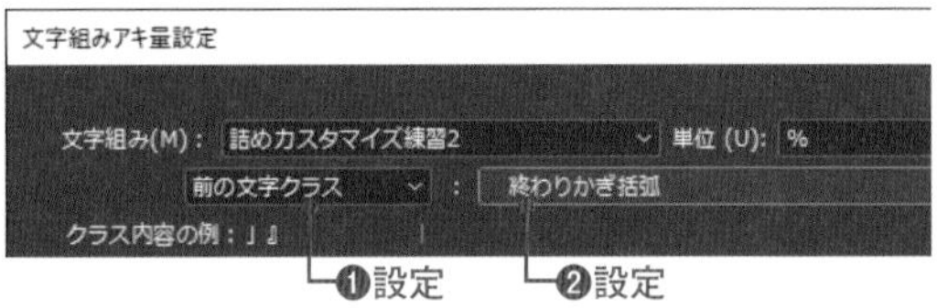

4 ［後の文字クラス］の［ひらがな］を選択します❶。［最小］［最適］［最大］をすべて「25%」❷、［優先度］を［1］に設定します❸。これは、［終わりかぎ括弧］に属する文字の後ろに［ひらがな］が続いた際、ふたつの文字間のアキを、すべて「25%」にするという設定です。［優先度］はアキ処理の優先度です。設定を変更すると、赤い文字で表示されます。［保存］をクリックし（赤い文字が白くなります）❹、続けて［OK］をクリックします❺。

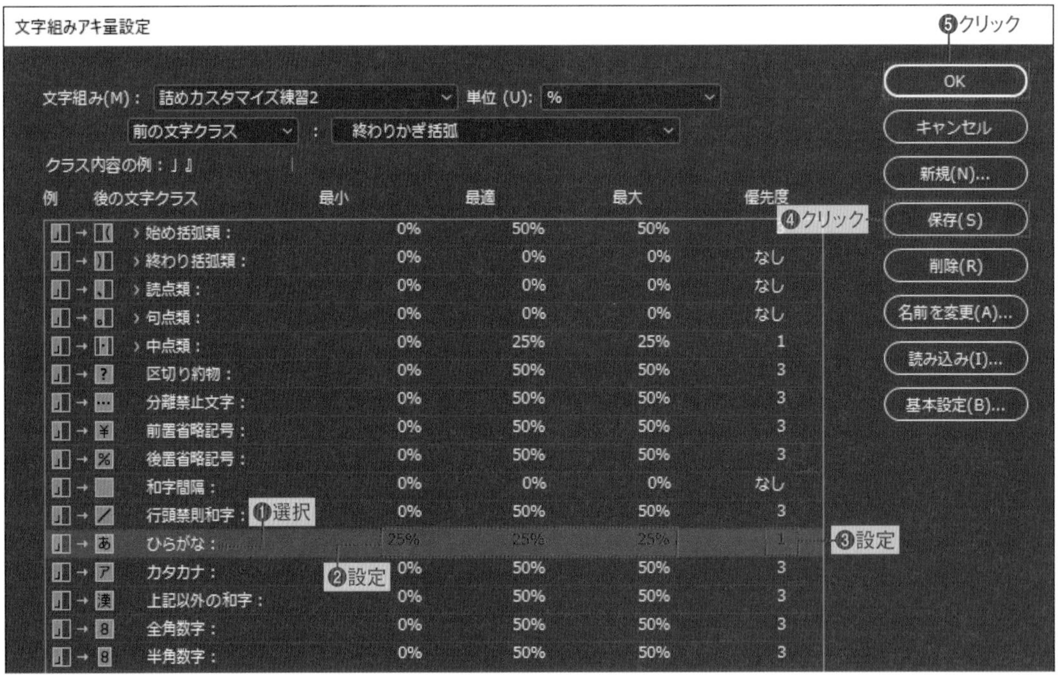

　Macでは、キーは次のようになります。 Ctrl → ⌘　Alt → option　Enter → return

COLUMN

文字クラス別にアキ量を設定して優先度を考える

［詳細設定］では［単位］を［%］にすると、負の値を入力してアキを詰める設定も可能です。［最小］を「0%」、［最適］を「50%」、［最大］を「50%」に設定すると、［基本設定］における［50%（0 %～50%）］と同じアキ量設定になります。［優先度］は、数字の「1」から「9」と「なし」で設定します。まず最優先の「1」の文字のアキ量を確保してから、一番最後は［なし］の文字を調整します。
絶対にアキ量を変えたくない場合は、［最小］［最適］［最大］を同じ値に設定して、［優先度］を「1」にします。文字のアキ量調整は、適用する文章と、その改行位置を決めるぶら下がりの設定や禁則調整方式も関係します。1回の設定で満足のいく結果を得ることは難しいので、少しずつ設定を詰めましょう。

文字組みアキ量設定を比較する

Cのプレーンテキストフレームを選択して❶、段落パネルの［文字組み］から［行末約物半角・段落1字下げ］を適用します❷。同様に、Dのプレーンテキストフレームを選択して❸、［詰めカスタマイズ練習］を適用します❹。Eのプレーンテキストフレームを選択して❺、［詰めカスタマイズ練習2］を適用します❻。
設定しないBも含めて詰め具合を比較してください。

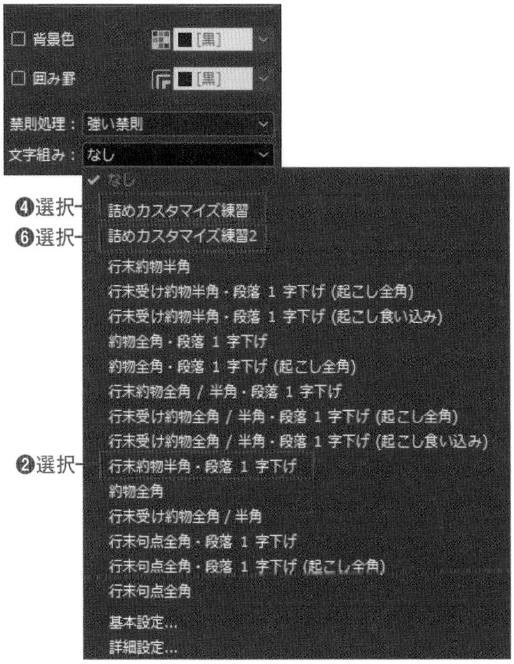

文字組み:なし

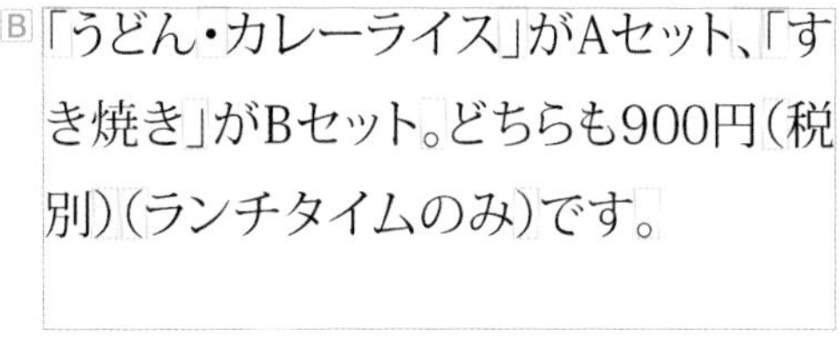

約物が半角サイズで、文字間にアキがない

文字組み:行末約物半角・段落1字下げ　❶Cを選択

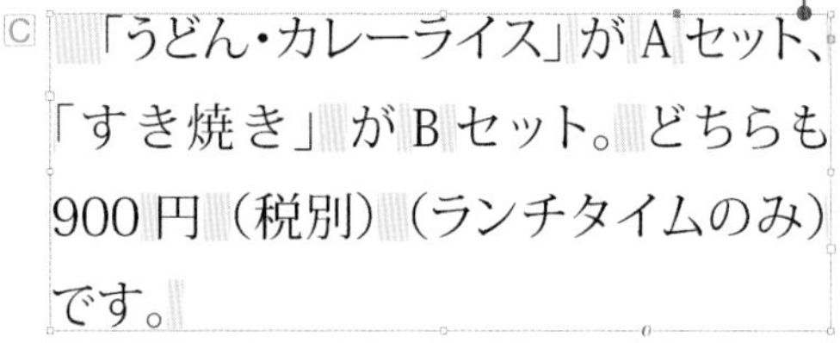

段落先頭文字の前に1字分のアキが追加される。約物の前後に0%～50%のアキが追加される

文字組み:詰めカスタマイズ練習　❸Dを選択

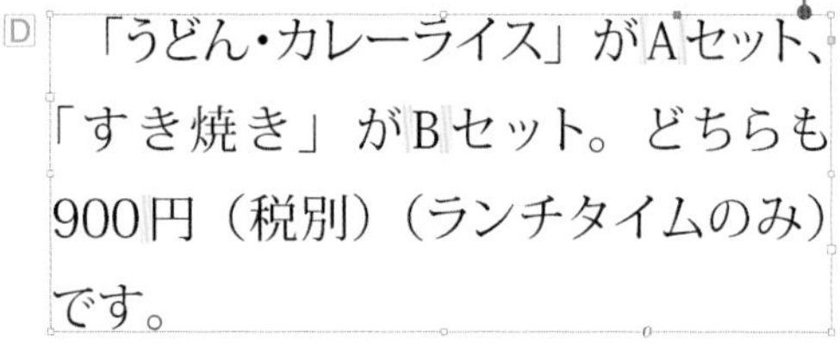

「行末約物半角・段落1字下げ」をベースに和欧間のアキを狭くした

文字組み:詰めカスタマイズ練習2　❺Eを選択

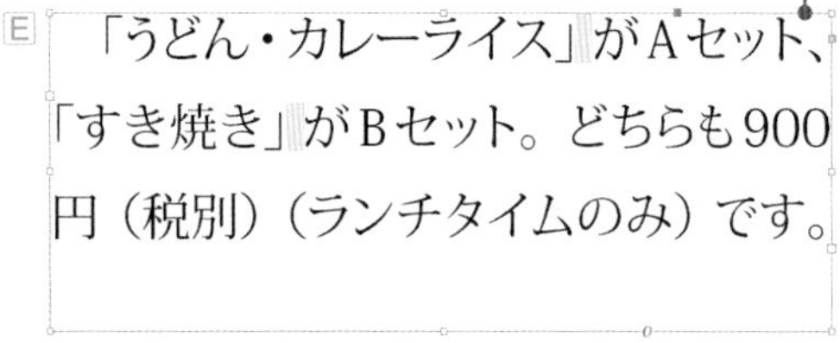

「詰めカスタマイズ練習」をベースに終わりかぎ括弧とひらがなのアキを「25%」に固定した

5-8 禁止処理

特定の文字が行頭や行末に配置されないように、行の折り返し位置を調整する禁則処理の設定方法について学びます。また、段落や組版の禁止事項についても学びましょう。

禁則処理する文字と調整方法

2021 2020 2019

禁則処理セット

禁則処理の対象となる文字は、[禁則処理セット] ダイアログボックスで設定します。[書式] メニュー→ [禁則処理セット]、または段落パネルの [禁則処理] で [設定] を選ぶと、ダイアログボックスが開きます。[強い禁則] は、[弱い禁則] よりも禁則対象に設定してある文字数が多くなります。[なし] を選択すると、禁則処理を行わずに、単純な文字数で行を送ります。

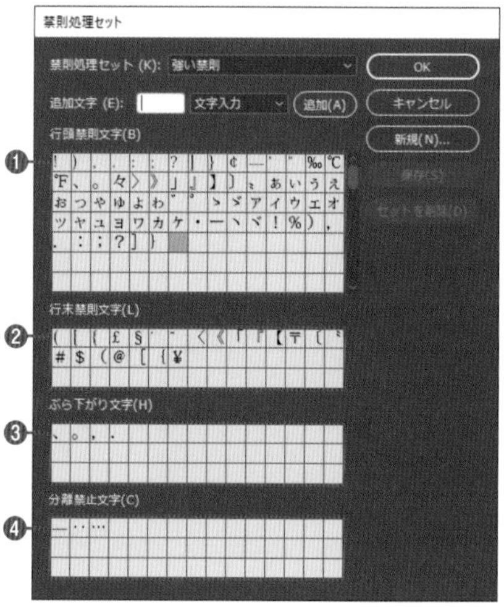

❶行頭への配置を禁止した文字
❷行末への配置を禁止した文字
❸フレームの外側に出す文字（ぶら下がりが [標準] か [強制] の場合）
❹この文字が連続するとき、字間で行を折り返すのを禁止する（分離禁止処理がオンの場合）

禁則調整方式

禁則処理セットの [行頭禁則文字] と [行末禁則文字] が行頭や行末に来るとき、段落パネルメニューにある [禁則調整方式] に従って行の折り返し位置を調整します。

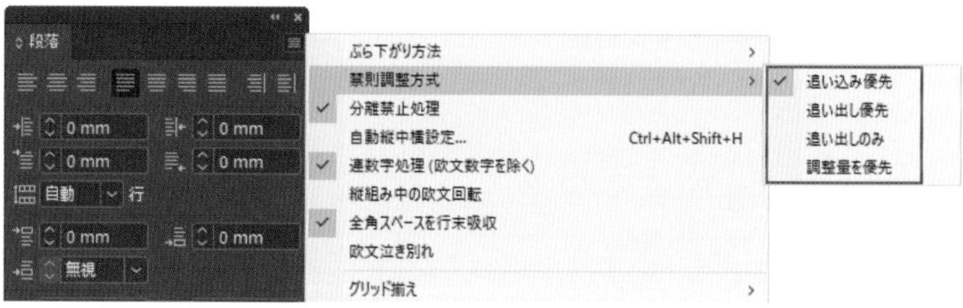

追い込み優先	禁則文字が行頭や行末に来るときに、行中の約物のアキなどで字間を詰めることが可能な場合は、詰めを優先して回避します。
追い出し優先	禁則文字が行頭や行末に来るときに、字間を詰めることが可能な場合でも、次の行に移動することを優先します。
追い出しのみ	必ず禁則文字を次の行に移動します。
調整量を優先	字間の調整量が、もっとも少ない位置で行を折り返します。禁則文字がない行にも同じ方式を適用します。

ぶら下がり

行末の句読点をテキストフレームの外側に配置するときは、段落パネルメニューの［ぶら下がり方法］を［標準］または［強制］に設定します。［標準］は、フレーム内に収まらない場合のみぶら下がりを適用しますが、［強制］は行末に来る句読点をすべて外に配置します。ぶら下がる文字は、禁則処理セットの［ぶら下がり文字］で設定します。詳細は、P.115「ぶら下がり方法の設定」を参照してください。

分離禁止処理

段落パネルメニューの［分離禁止処理］にチェックをつけると、禁則処理セットの［分離禁止文字］の間で行を折り返すことを禁止します。

そのほかの禁止処理

2021 2020 2019

段落分離禁止オプション

段落が段間やフレームをまたぐ場合、分離させない位置を段落パネルメニューの［段落分離禁止オプション］を選んで表示される［段落分離禁止オプション］ダイアログボックスで設定します。

❶チェックをつけると、前の段落との間で分離することを禁止する
❷次の段落の行数を保持できない場合は、現在の段落の前で分離する
❸段落中に分離することを禁止する
❹設定した値より少ない行で分離することを禁止する
❺段落を開始する位置を設定する。［次のフレーム］に設定すると、必ずフレームの先頭行から段落が始まる。［任意の位置］の場合、［段落の分離禁止］の設定に従う

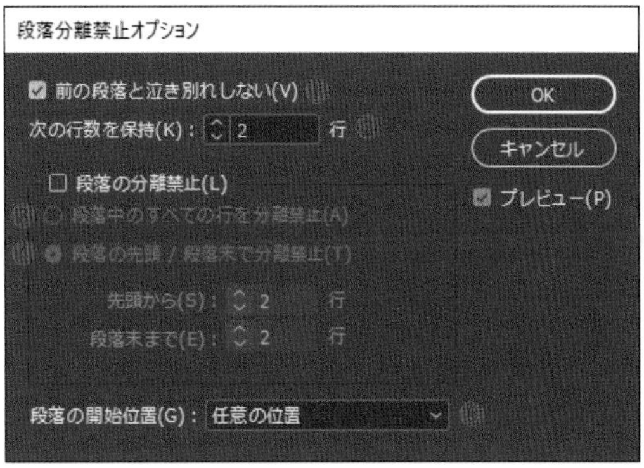

連数字処理

段落パネルメニューの［連数字処理］にチェックをつけると、連続する数字の途中で行を折り返すことを禁止します。

欧文泣き別れ

段落パネルメニューの［欧文泣き別れ］にチェックをつけると、欧文単語を区切って行を折り返し、ハイフンも挿入しません。チェックを外すと単語を区切って行を折り返すことを禁止します。言語オプションを［日本語］に設定しているとき有効です。

分割禁止

一部のテキスト（単語など）を選択して、文字パネルメニューの［分割禁止］にチェックをつけると、そのテキストを区切って行を折り返すことを禁止します。

組版コンポーザー

単数行コンポーザーに設定した段落テキストを修正すると、修正した行から後ろだけ最適化（和文は禁則処理や文字組みアキ量設定など、欧文はハイフネーションやジャスティフィケーションなど）します。段落コンポーザーに設定した段落テキストを修正すると、段落全体で最適化し直すため、前の行の改行位置も変わる可能性があります。責了してからの訂正を任されることがある印刷会社では、意図しない改行による組版の変化を避けるため、［Adobe 日本語単数行コンポーザー］に設定するのが入稿条件になっています。ただし、［Adobe 日本語単数行コンポーザー］を設定した段落には、［行末を揃える］機能は適用できません。

Lesson 05　練習問題

Lesson05 ▶ L5EX1.indd

Q

先頭1行目のフォントを「小塚ゴシック Pr6N」、スタイルを「B」に設定して、2行取りに変更しましょう。

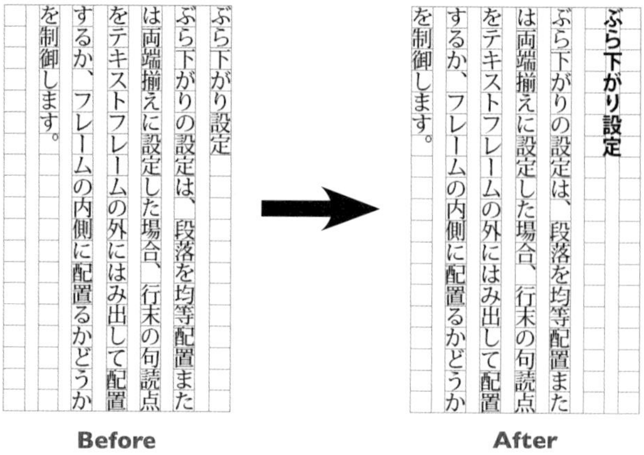
ぶら下がり設定
ぶら下がりの設定は、段落を均等配置また
は両端揃えに設定した場合、行末の句読点
をテキストフレームの外にはみ出して配置
するか、フレームの内側に配置るかどうか
を制御します。
Before
ぶら下がり設定
ぶら下がりの設定は、段落を均等配置また
は両端揃えに設定した場合、行末の句読点
をテキストフレームの外にはみ出して配置
するか、フレームの内側に配置るかどうか
を制御します。
After

A

❶縦組み文字ツールなどの文字ツールで先頭1行目のテキストを選択します。

❷文字パネルでフォントを［小塚ゴシック Pr6N］、スタイルを［B］に設定します。

❸段落パネルで行取りを「2」に設定します。

Lesson05 ▶ L5EX2.indd

Q

「紫陽花」に「あじさい」、「剪定」に「せんてい」とルビを設定しましょう。

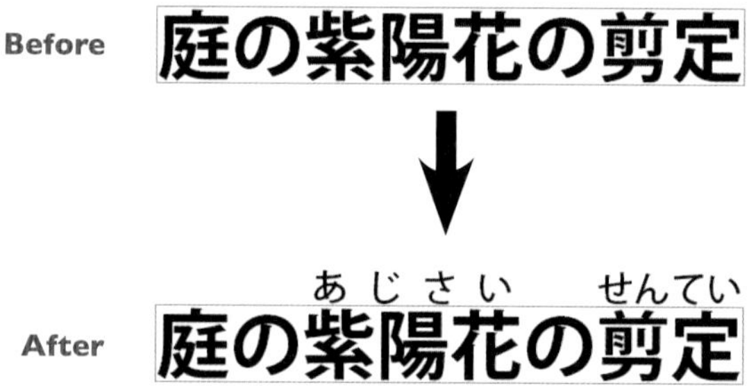
Before
庭の紫陽花の剪定
After
庭の紫陽花《あじさい》の剪定《せんてい》

A

❶横組み文字ツールで「紫陽花」の文字を選択します。

❷文字パネルメニューから［ルビ］→［ルビの位置と間隔］を選びます。［ルビ］ダイアログボックスが開いたら、［種類］を［グループルビ］に設定して、［ルビ］に「あじさい」と入力して、［OK］をクリックします。

❸「剪定」の文字を選択します。

❹文字パネルメニューから［ルビ］→［ルビの位置と間隔］を選びます。［ルビ］ダイアログボックスが開いたら、［種類］を［モノルビ］に設定して、［ルビ］に「せん　てい」と入力します。このとき、「せん」と「てい」の間にスペース（全角または半角）を挿入します。［OK］をクリックします。

段落スタイルと文字スタイルの設定

An easy-to-understand guide to InDesign

Lesson 06

文字の書式は、フォントやサイズ以外にたくさんの属性があります。これらの属性を、ひとつひとつ設定していたら、時間がかかるだけでなく、誤設定が増えて統一感がなくなります。書式の設定は、スタイルに登録することで、管理と運用が楽になります。ここでは、段落スタイルと文字スタイルについて学びます。

6-1 段落スタイルと文字スタイル

書式設定用のスタイルは、段落全体に適用する段落スタイルと、特定の文字に適用する文字スタイルに分けて作成します。それぞれの違いを理解して、基本的な使い方を学びましょう。

段落スタイルと文字スタイルについて

2021 2020 2019

段落スタイルと文字スタイルの適用範囲

段落スタイルは、段落全体を対象に書式を設定します。文字スタイルは、段落内の一部の文字列に適用して、段落スタイルの書式から変更したい属性だけを文字スタイルに設定します。

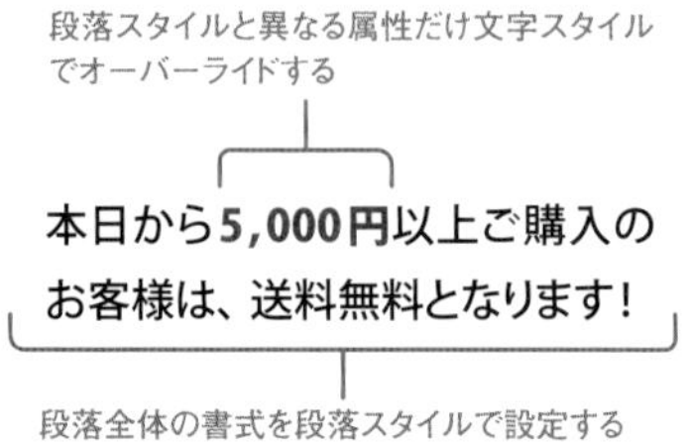
段落スタイルと異なる属性だけ文字スタイルでオーバーライドする
本日から5,000円以上ご購入の
お客様は、送料無料となります！
段落全体の書式を段落スタイルで設定する

書式設定の優先順位

テキストに段落スタイルや文字スタイルを適用して属性設定が重複するときは、右図の優先順位（1が最優先）に従って属性が適用されます。

優先度の低い設定を変更しても、上位の属性は変更されません。ただし設定は保持されているので、上位の属性を消去すれば優先度の低い設定が適用されます。例えば、テキストの一部に文字スタイルが適用されている場合、新しい段落スタイルを適用しても文字スタイルの書式は変更されません。

高 ↑	1	文字属性のオーバーライド（文字パネル、コントロールパネル、プロパティパネルで設定）
	2	文字スタイル
優先度	3	段落属性のオーバーライド（段落パネル、コントロールパネル、プロパティパネルで設定）
	4	段落スタイル
↓ 低	5	グリッドフォーマット（フレームグリッドの場合）

オーバーライド…設定を上書きして変更すること

［基本段落］スタイル

段落スタイルパネルには、はじめから［基本段落］という名前の段落スタイルがあります。自分で新しい段落スタイルを作成しなければ、プレーンテキストフレームに入力したテキストには、［基本段落］スタイルの書式設定が適用されます（フレームグリッドは［段落スタイルなし］にグリッドフォーマットの設定がオーバーライドされます）。

この［基本段落］スタイルの名前をダブルクリックすると、［段落スタイルの編集］ダイアログボックスが開いて設定を変更できますが、名前を変更したりパネルから削除することはできません。複数のドキュメントを扱うとき、同じ名前で異なる書式設定の段落スタイルがあるとトラブルの原因になるので、［基本段落］スタイルの設定変更は、おすすめしません。

［基本段落］スタイルが適用されたテキストに文字パネルや段落パネルで書式を変更すると、パネルの名前に「+」がつきます。この「+」は「スタイルの書式設定とは異なる属性がオーバーライドされました」という意味があります。

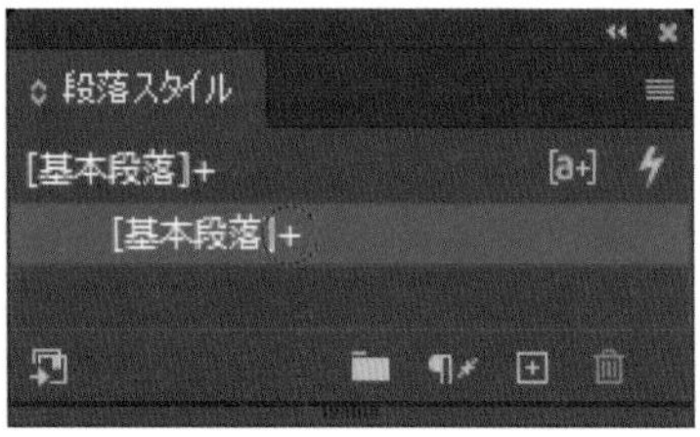
段落スタイル
[基本段落]+
[基本段落]+

オーバーライドしたスタイルには「+」が表示される

スタイルを作成する順番について

2021 2020 2019

段落スタイルから先に作る

段落スタイルパネルの［新規スタイルを作成］をクリックすると、テキストを選択しているかどうかにかかわらず、現在の段落パネルと文字パネルに設定された書式で段落スタイルが作成されます。
文字スタイルの場合は、テキストを選択しないで文字スタイルパネルの［新規スタイルを作成］をクリックすると、設定のない文字スタイルが作成されます。テキストを選択して［新規スタイルを作成］をクリックした場合は、段落スタイルにオーバーライドしている文字属性を文字スタイルに設定します。オーバーライドしていなければ、設定は「なし」になります。
文字スタイルに設定する文字属性は段落スタイルが基準になります。そのため、段落スタイルを作成してから文字スタイルを作成するのが基本的な手順となります。

親スタイルから先に作る

スタイルを設定するダイアログボックスの［基準］に親となるスタイルを設定すると、スタイル同士を親子の関係にできます。例えば、先に作成した「大見出し」を親にして、サイズだけ小さく変更した「小見出し」を作ります。この場合、親のスタイルである「大見出し」のフォントを変更すれば、子のスタイル「小見出し」のフォントが自動で更新されます。
ただし、子が変更したサイズは互いに更新されません。スタイルを親子にする場合、先に親のスタイルの作成が必要です。

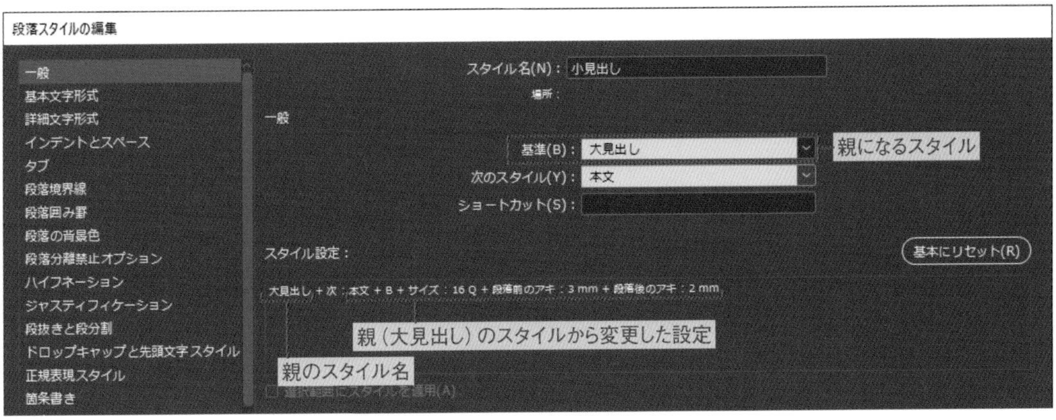

COLUMN

［段落スタイルなし］と［基本段落］

最初に作る段落スタイルの［基準］に設定できるのは、［段落スタイルなし］か［基本段落］です。
［段落スタイルなし］は、ユーザーが何も設定しないときに適用する書式設定で、［基本段落］は［段落スタイルなし］の書式設定をそのまま段落スタイルにしたものです。［段落スタイルなし］の書式設定は変更できないので、［基準］にしても親子の関係にはなりません。親子関係を築きたくない独立した段落スタイルにするとき［段落スタイルなし］を設定します（文字スタイルは［なし］を設定します）。
［基本段落］スタイルは、設定の変更が許されているので親子関係にできますが、スタイル名の変更が禁止されているので、複数のドキュメントを同時に扱う場合に設定の異なる［基本段落］があると、どの設定の［基本段落］が親になるのか問題になります。できれば［基本段落］は、すべての共通の親として設定を変更しないか、親にしないほうがよいでしょう。

6-2 段落スタイルと文字スタイルの作成

段落スタイルと文字スタイルの書式設定を作成して、同じ設定を簡単にテキストに適用できるようにします。適用したスタイルとテキストはリンクしているので、スタイルの設定を変更するとテキストも自動更新します。

STEP 01 段落スタイルと文字スタイルの作成 2021 2020 2019

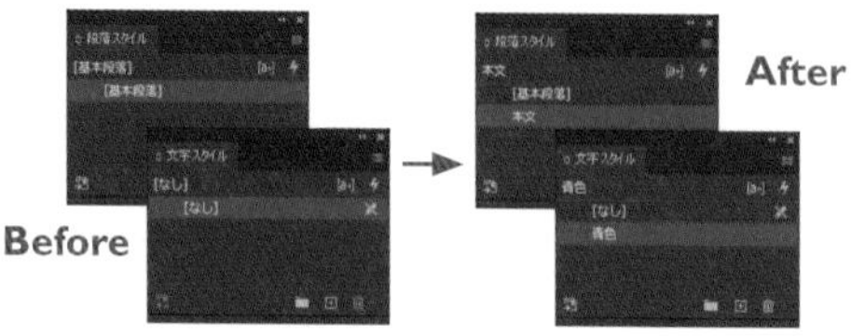

テキストに設定した書式設定をオーバーライドして、段落スタイルと文字スタイルを作成してみましょう。

Lesson 06 ▶ L6-2S01.indd

段落スタイルに設定する書式をテキストに設定する

1 レッスンファイルを開き、横組み文字ツール T を選択します❶。3行目からの段落テキストを選択します❷。

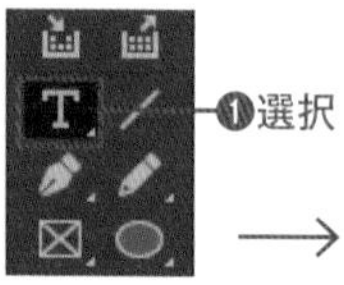

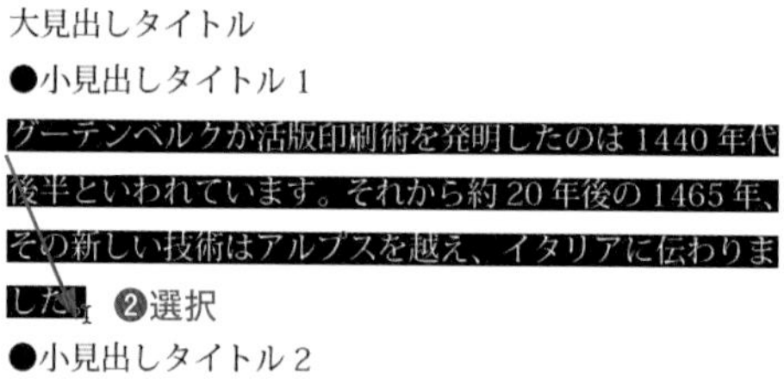

2 段落パネルの［文字組み］を［行末約物半角・段落1字下げ］に設定します❶。続いて、段落パネルメニューの［Adobe日本語単数行コンポーザー］を選択します❷。次に、文字パネルの［行送り］を［20H］に設定します❸。これらの設定によって行頭テキストが一字下げになり、行間が詰まります❹。テキストは選択したままにします。

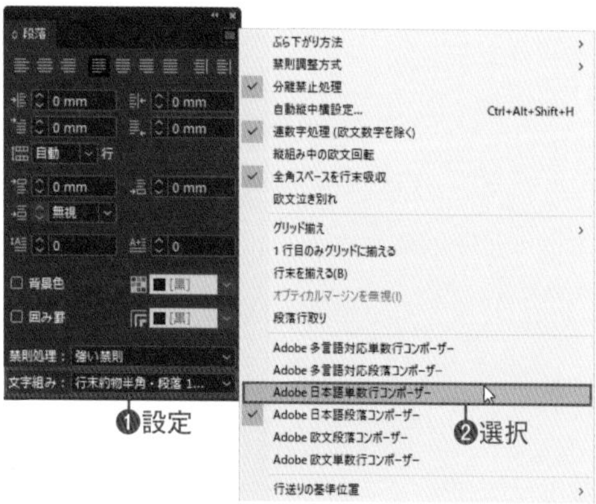

コンポーザーは、文字組みを処理する方式のこと。ここでは変更しても見た目に変化はない

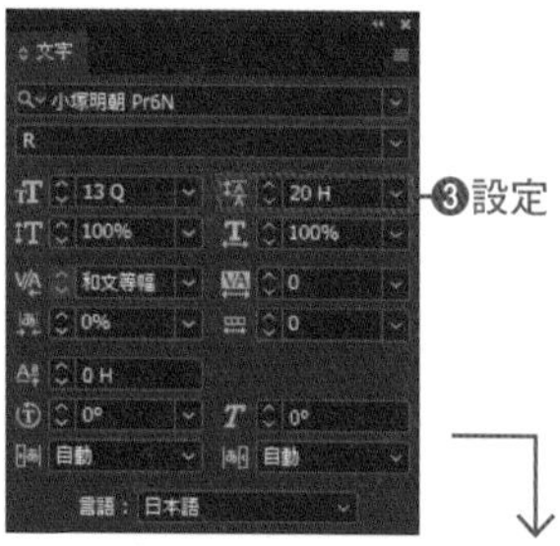

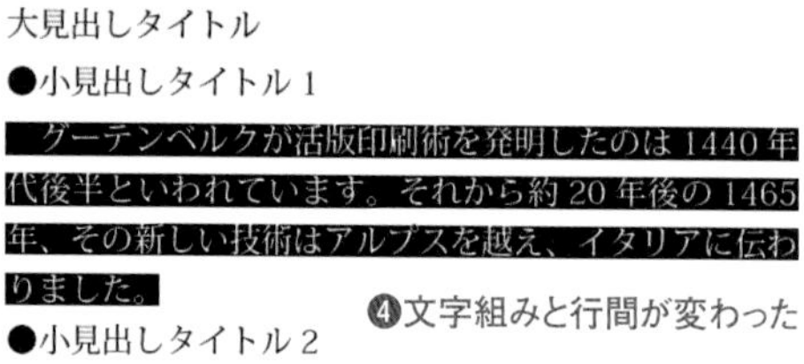

段落スタイルを作成する

1 段落スタイルパネルの下にある［新規スタイルを作成］⊞を Alt キーを押しながらクリックします❶。

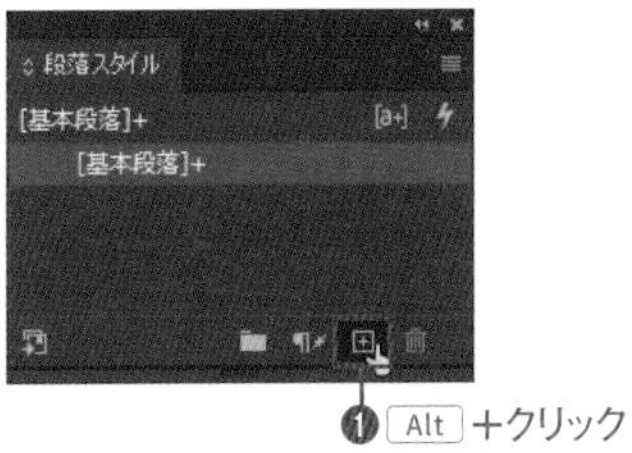

2 ［新規段落スタイル］ダイアログボックスが表示されたら、［スタイル名］に「本文」と入力します❶。［選択範囲にスタイルを適用］にチェックをつけ❷、［OK］をクリックします❸。選択した段落に設定した書式の段落スタイル「本文」が作成され、適用された状態になります❹。

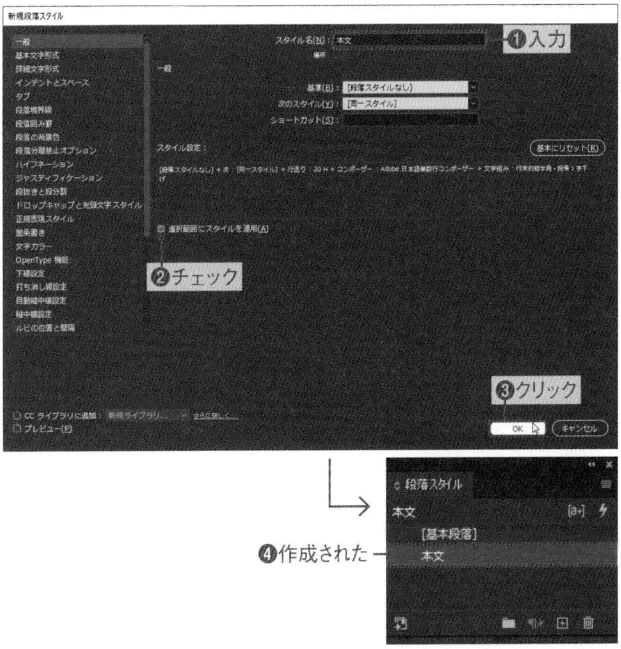

CHECK!

ダイアログボックスを表示しないで作成

Alt キーを押さないで［新規スタイルを作成］⊞をクリックすると、［新規段落スタイル］ダイアログボックスが表示されずに段落スタイルが作成されます。スタイル名は自動で設定されます。選択範囲に作成したスタイルは適用されません。

COLUMN

フレームグリッドのテキストを段落スタイルに設定する場合

フレームグリッドのテキストにはグリッド揃えが設定されているので、フレームグリッドの行送りとテキストの行送りが異なる場合があります。段落スタイルに設定されるのは、文字パネルや段落スタイルに表示される設定です。また、グリッド揃えが設定された段落スタイルをプレーンテキストフレームに使用すると、行送りの位置がベースラインに揃います。

基本的に、フレームグリッドのテキストを使って段落スタイルを作成したときは、同じグリッド書式属性を設定したフレームグリッドのテキストに段落スタイルを使用します。

文字スタイルに設定する書式をテキストに設定する

横組み文字ツール T を使用して、5行目にある「イタリア」を選択します❶。スウォッチパネルの［C=100 M=0 Y=0 K=0］をクリックします❷。反転しているのでわかりませんが、テキストの色は変わっています❸。テキストは選択したままにします。

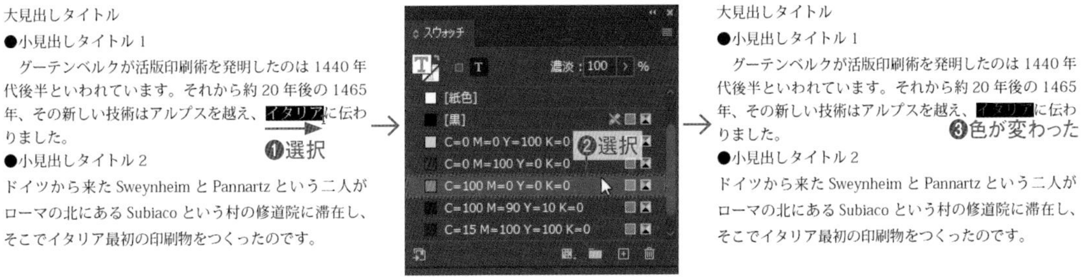

段落スタイルと文字スタイルの設定　Lesson 06 07 08 09 10 11 12 13 14 15

文字スタイルを作成する

テキストの「イタリア」を選択したまま❶、文字スタイルパネルの下にある［新規スタイルを作成］⊞を Alt キーを押しながらクリックします❷。［新規文字スタイル］ダイアログボックスが表示されたら、［スタイル名］に「青色」と入力します❸。［選択範囲にスタイルを適用］にチェックをつけ❹、［OK］をクリックします❺。文字スタイルパネルに「青色」が作成されました❻。［編集］メニュー→［選択を解除］を選んで選択を解除します❼。色の変わった「イタリア」の文字には、文字スタイルが適用されています❽。

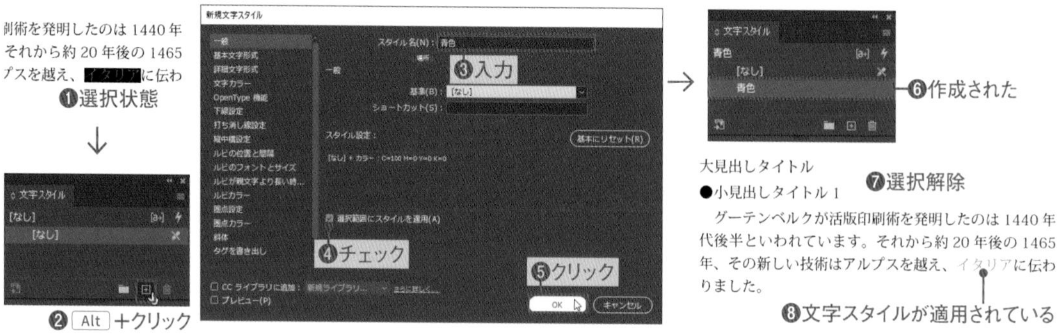

STEP 02 段落スタイルと文字スタイルの適用

2021 2020 2019

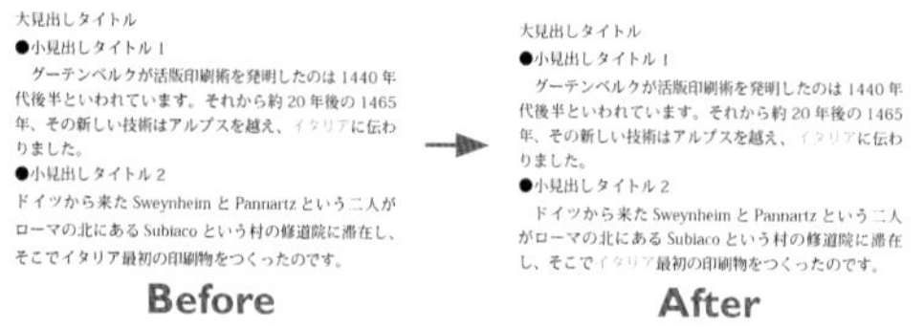

STEP01 の続きです。作成した段落スタイルを、一番下の段落テキストに適用します。文字スタイルは同じ「イタリア」という文字に適用します。

段落スタイルを適用する

STEP01 のレッスンファイルを続けて使います。横組み文字ツール T を選択します❶。一番下の段落のどこか任意の位置にテキスト挿入点を置きます❷。段落スタイルパネルの「本文」をクリックします❸。カーソルのある段落のテキストすべてに「本文」段落スタイルが適用されます❹。

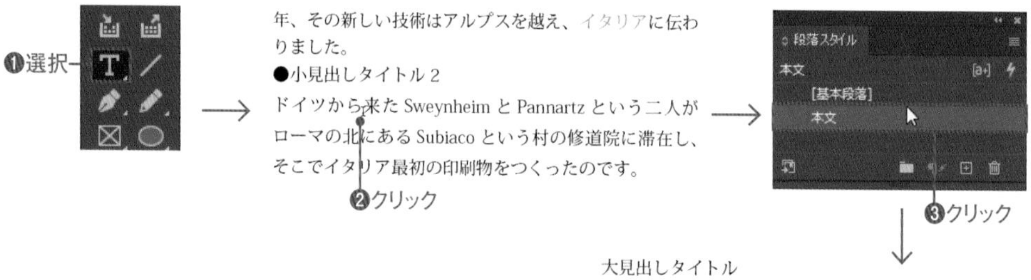

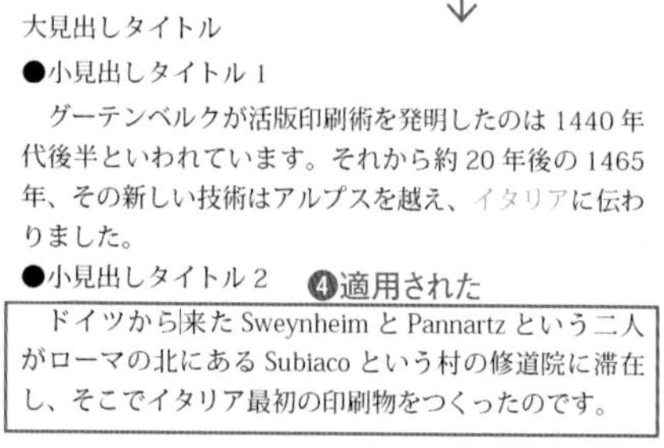

CHECK!

段落スタイルの適用範囲

段落スタイルはテキスト挿入点を置くだけで、その段落全体のテキストに書式を設定できます。複数の段落に適用するときは。段をまたぐように文字列を選択します。選択ツール ▶ でテキストフレームを選択すると、フレーム内にあるすべてのテキストに段落スタイルを適用します。

文字スタイルを適用する

横組み文字ツールTで最下行にある「イタリア」を選択します❶。文字スタイルパネルの「青色」をクリックします❷。[編集]メニュー→[選択を解除]を選んでテキストの選択を解除します❸。選択した文字だけに「青色」文字スタイルが適用されたのがわかります❹。

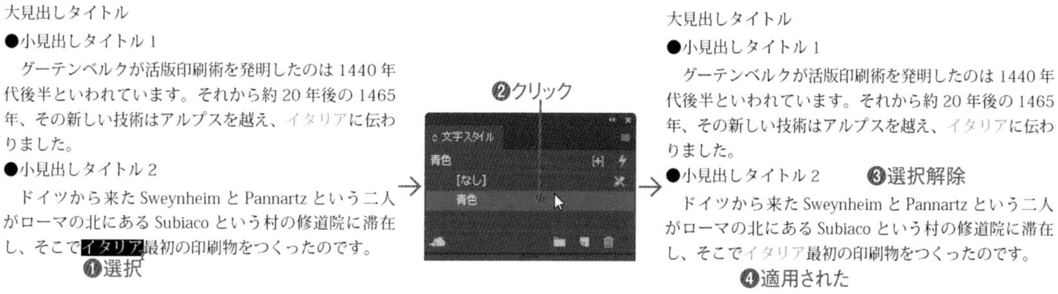

STEP 03 文字スタイルを変更する

2021 2020 2019

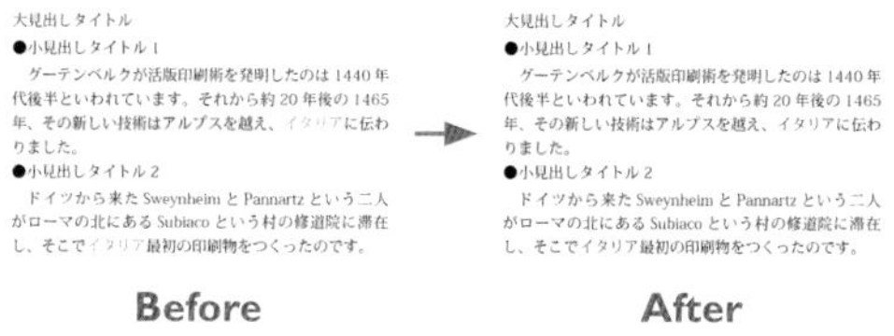

STEP02の続きです。「イタリア」の文字と文字スタイルの「青色」はリンクしているので、文字スタイルの設定(カラー)を変更すると、「イタリア」のカラーが更新されます。

STEP02のレッスンファイルを続けて使います。文字スタイルパネルの「青色」の文字でない部分をダブルクリックします❶。[文字スタイルの編集]ダイアログボックスが表示されたら、[文字カラー]をクリックし❷、[C=15 M=100 Y=100 K=0]を選択します❸。[スタイル名]を「赤色」に変更し❹、[OK]をクリックします❺。「イタリア」の文字カラーが赤色に更新され❻、文字スタイルパネルの表示も変わります❼。

スタイルの設定を変更するときは、テキストを選択していない状態から操作をはじめる

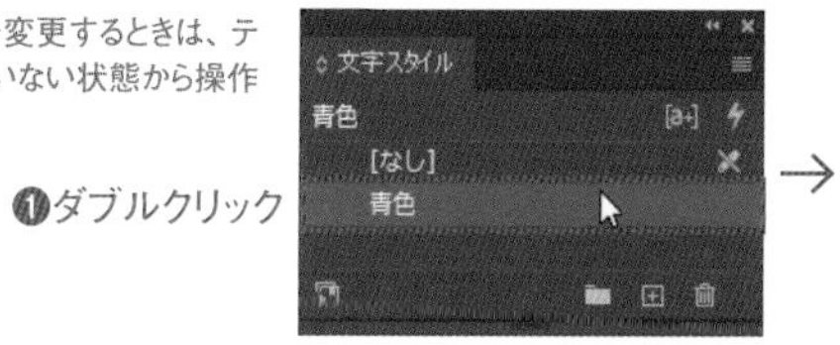

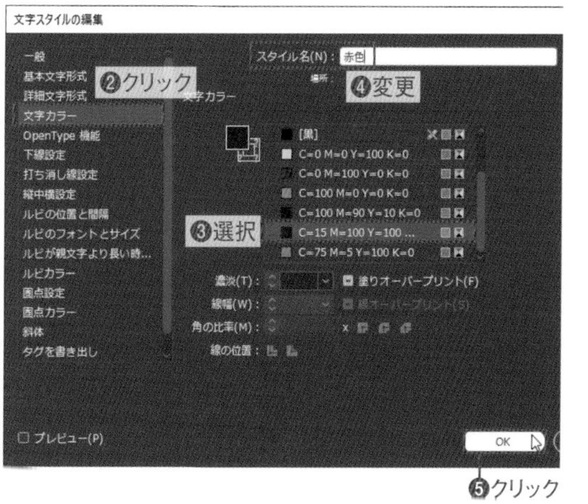

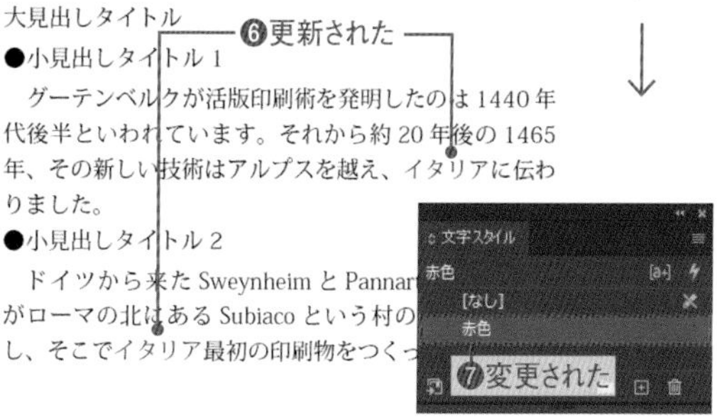

COLUMN

段落スタイルの変更も同じ

段落スタイルパネルのスタイル名をダブルクリックすると[段落スタイルの編集]ダイアログボックスが表示されます。書式属性を変更すると、スタイルを適用したテキストの書式も自動で更新されます。

6-3 基準スタイルの設定

スタイルには、基準となるスタイルを設定でき、スタイル同士を親子の関係にできます。親スタイルの設定を変更すると、子スタイルの設定も自動で更新されるので、スタイルのバリエーションを作成する際に便利です。

STEP 01 基準になる段落スタイルの作成

2021 2020 2019

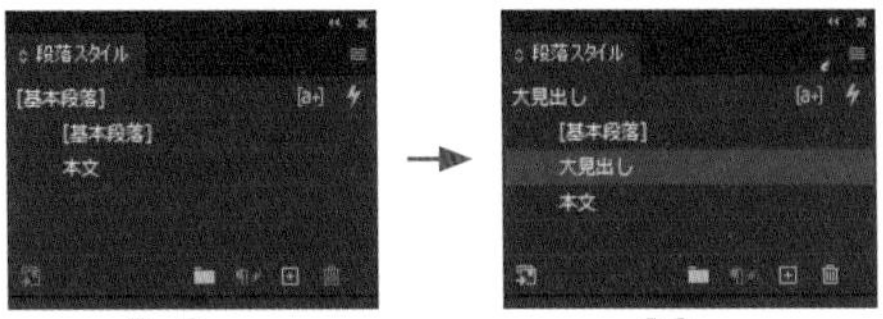

Before　　After

大見出しと小見出しの段落スタイルが親子になる設定を行います。はじめに親になる大見出しの段落スタイルを作成します。

Lesson 06 ▶ L6-3S01.indd

1 レッスンファイルを開きます。テキストには、本文部分に段落スタイル「本文」が適用されています。横組み文字ツール T を選択します❶。ひとつ目の段落テキスト「大見出しタイトル」を選択します❷。

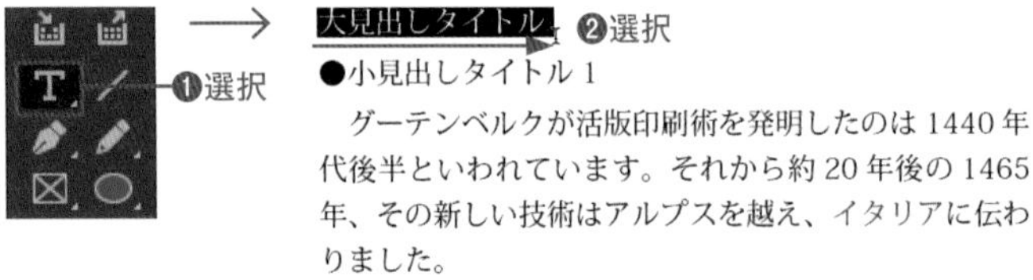

2 段落パネルの［左揃え］を選択します❶。［段落後のアキ］を「5mm」に設定し❷、［文字組み］を［なし］に設定します❸。文字パネルの［フォント］を［小塚ゴシック Pr6N H］、❹［サイズ］を「19.5Q」❺、［行送り］を［20H］❻、［カーニング］を［メトリクス］に設定します❼。書式が変わりました❽。テキストは選択したままにします。

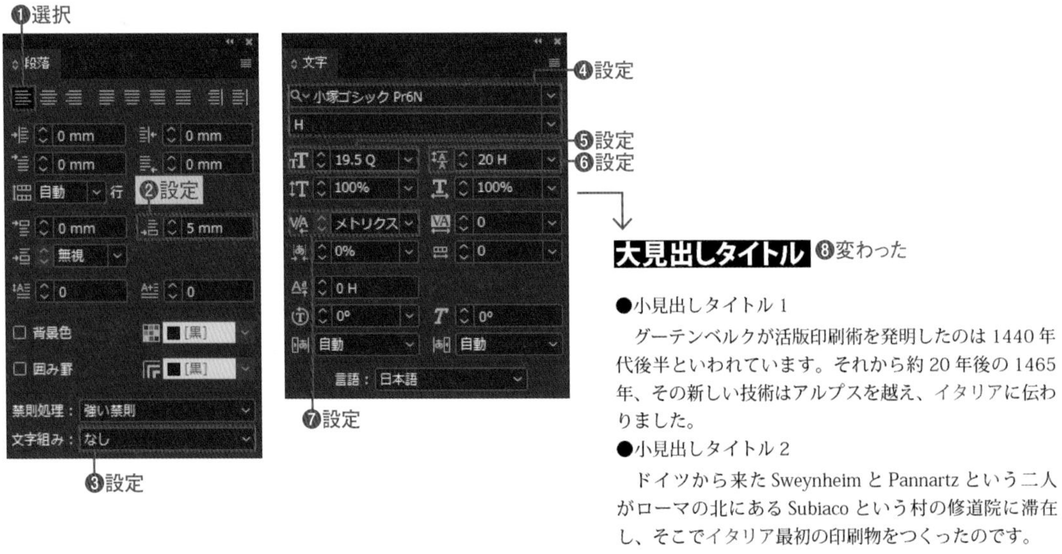

Mac では、キーは次のようになります。 Ctrl → ⌘　Alt → option　Enter → return

3 段落スタイルパネルの下にある［新規スタイルを作成］を Alt キーを押しながらクリックします❶。［新規段落スタイル］ダイアログボックスが表示されたら、［スタイル名］に「大見出し」と入力します❷。［選択範囲にスタイルを適用］にチェックをつけます❸。［OK］をクリックします❹。段落スタイルが作成されました❺。

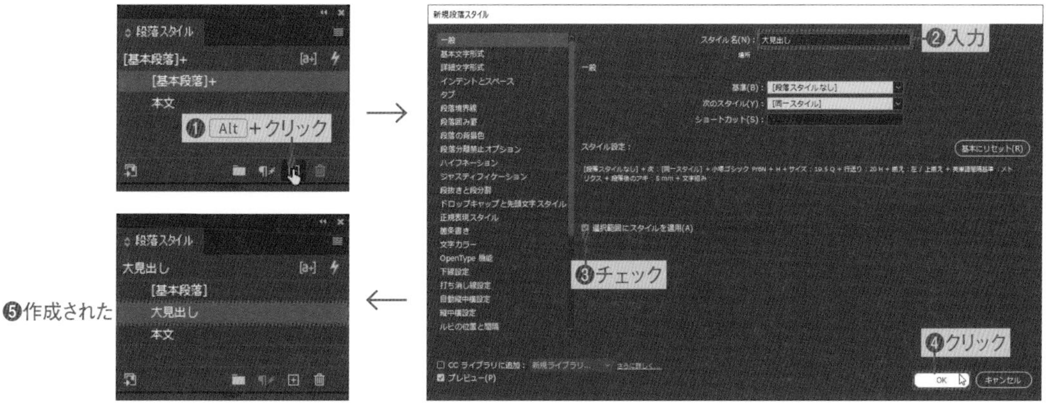

4 ［編集］メニュー→［選択を解除］を選んでテキストの選択を解除します❶。

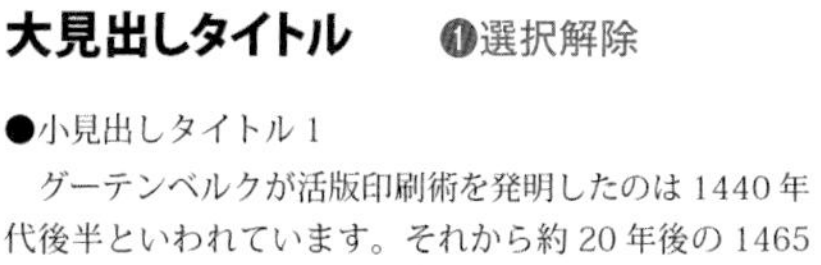

STEP 02 子になる段落スタイルの作成

2021 2020 2019

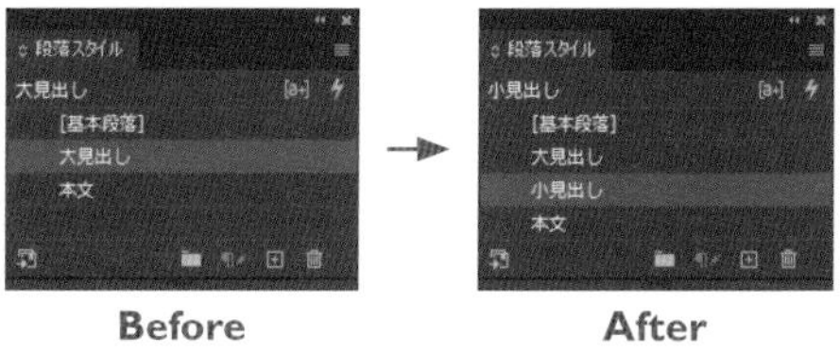

STEP01の続きです。「大見出し」スタイルを［基準］に設定して、「小見出し」の段落スタイルを作成します。変更する書式をダイアログボックスで設定します。

1 STEP01で作業したレッスンファイルを続けて使います。テキストを選択していない状態からはじめます。段落スタイルパネルで、［基準］にする段落スタイルの「大見出し」を選択して❶、パネル下にある［新規スタイルを作成］を Alt キーを押しながらクリックします❷。

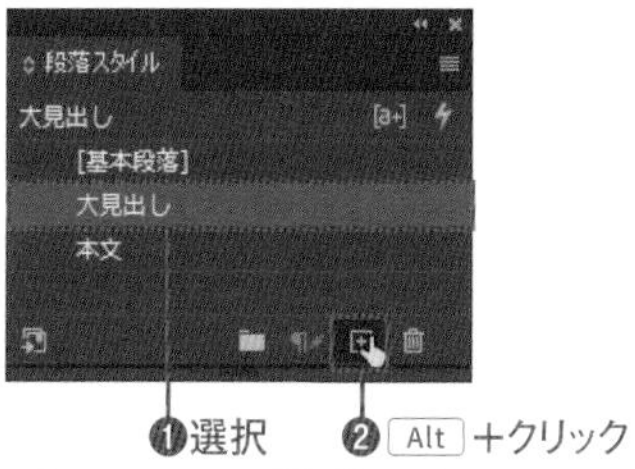

選択したスタイルが［基準］に設定される

2 ［新規段落スタイル］ダイアログボックスが表示されたら、［スタイル名］に「小見出し」と入力します❶。［基本文字形式］をクリックし❷、［スタイル］を［B］❸、［サイズ］を「16Q」に設定します❹。

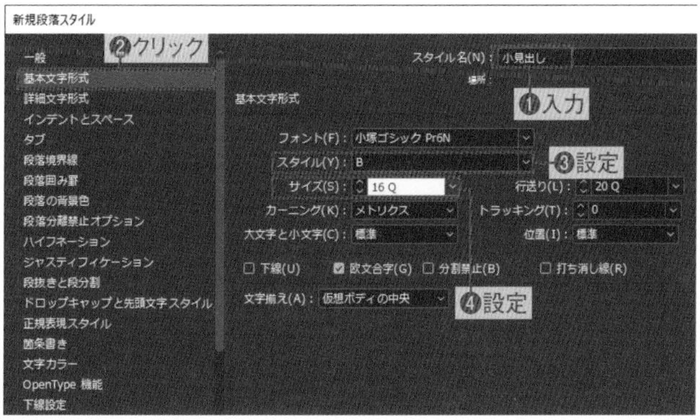

3 [インデントとスペース]をクリックします❶。[段落前のアキ]を「3mm」❷、[段落後のアキ]を「2mm」に設定し❸、[OK]をクリックします❹。段落パネルに「小見出し」のスタイルが作成されます❺。

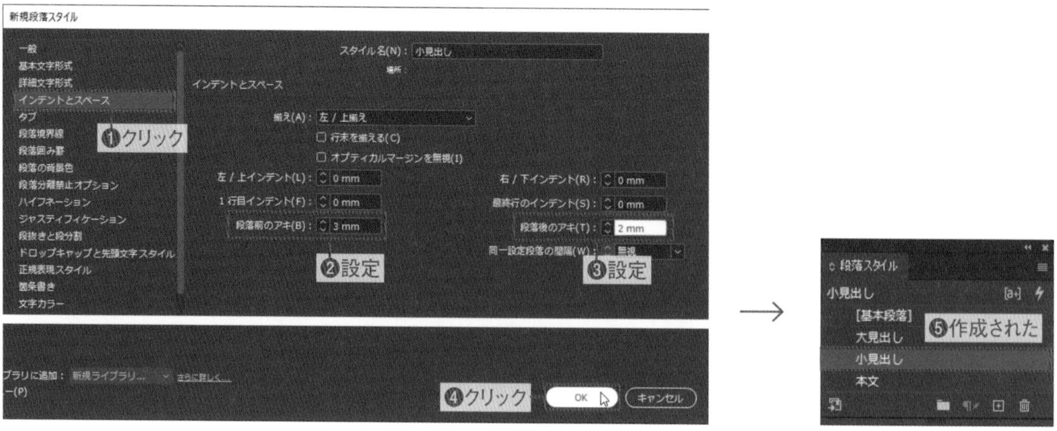

4 横組み文字ツール T を選択し❶、「●小見出しタイトル 1」を選択します❷。段落スタイルパネルの「小見出し」をクリックします❸。選択した文字に、段落スタイルが適用されました❹。

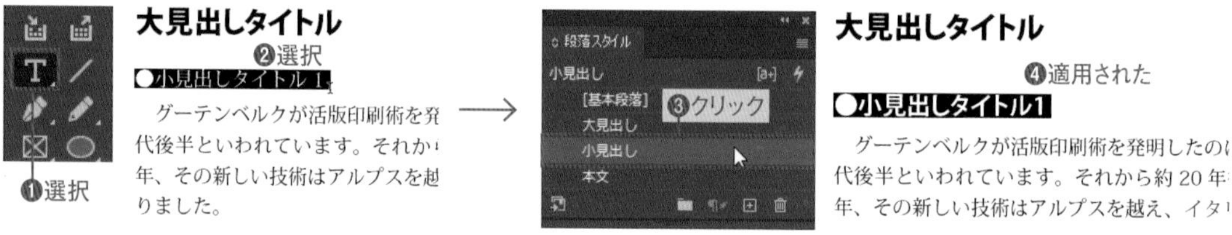

5 横組み文字ツール T で「●小見出しタイトル 2」を選択します❶。段落スタイルパネルの「小見出し」をクリックします❷。[編集]メニュー→[選択を解除]を選んでテキストの選択を解除します❸。これですべてのテキストとスタイルがリンクしました。

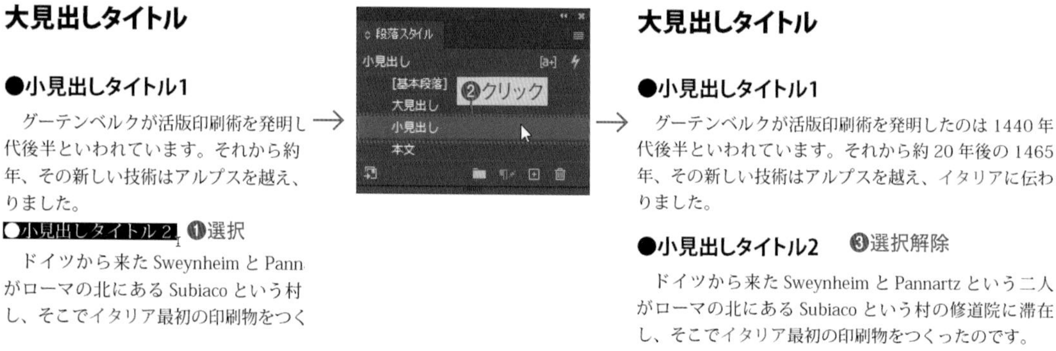

Macでは、キーは次のようになります。 Ctrl → ⌘ Alt → option Enter → return

STEP 03　基準スタイルを変更する

2021　2020　2019

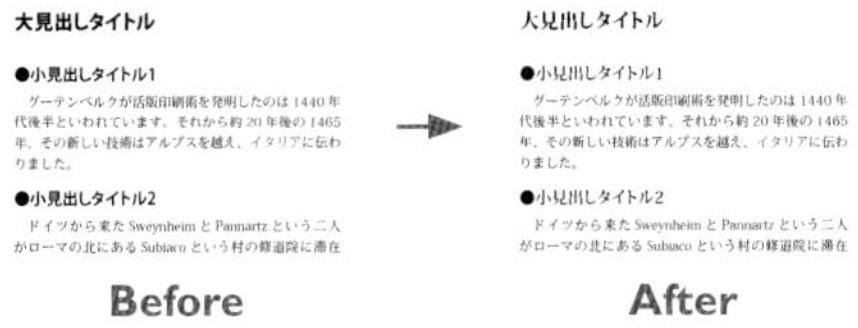

STEP02の続きです。［小見出し］スタイルの親として基準に設定された［大見出し］スタイルを変更してみましょう。

STEP02で作業したレッスンファイルを続けて使います。テキストが選択されていない状態で、段落スタイルパネルの「大見出し」の文字のない部分をダブルクリックします❶。［段落スタイルの編集］ダイアログボックスが表示されたら、［基本文字形式］をクリックします❷。次に、［フォント］を［小塚明朝 Pr6N］に変更し❸、［OK］をクリックします❹。「大見出し」のフォントが「小塚明朝 Pr6N」に変わり❺、「大見出し」を基準スタイルにしている「小見出し」のテキストおよびスタイルも小塚明朝 Pr6Nに変わります❻（［スタイル］の［B］は前の設定を保持しています）。

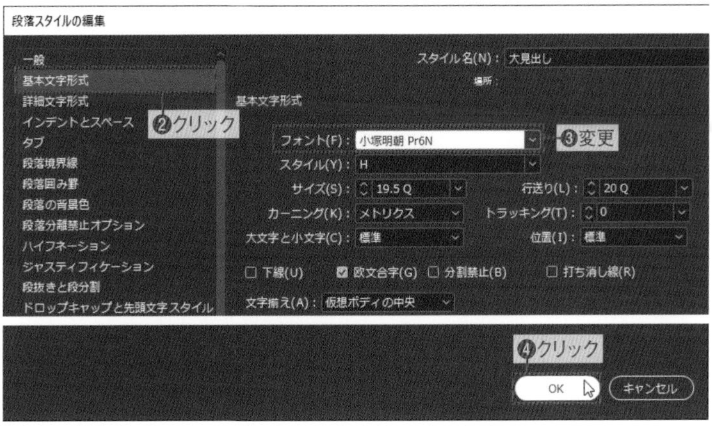

❺フォントが変わった──大見出しタイトル

❻フォントが変わった──●小見出しタイトル1

グーテンベルクが活版印刷術を発明したのは1440年代後半といわれています。それから約20年後の1465年、その新しい技術はアルプスを越え、イタリアに伝わりました。

●小見出しタイトル2

ドイツから来たSweynheimとPannartzという二人がローマの北にあるSubiacoという村の修道院に滞在し、そこでイタリア最初の印刷物をつくったのです。

COLUMN

基準スタイルについて

スタイルに設定する属性は、変更する設定よりも共通に揃える設定のほうが多くなります。この共通する設定を親としてまとめて管理できるのが、［基準］に指定されたスタイルの役割です。例えば、テキストに適用しない管理用のスタイルを作るのもひとつのテクニックです。

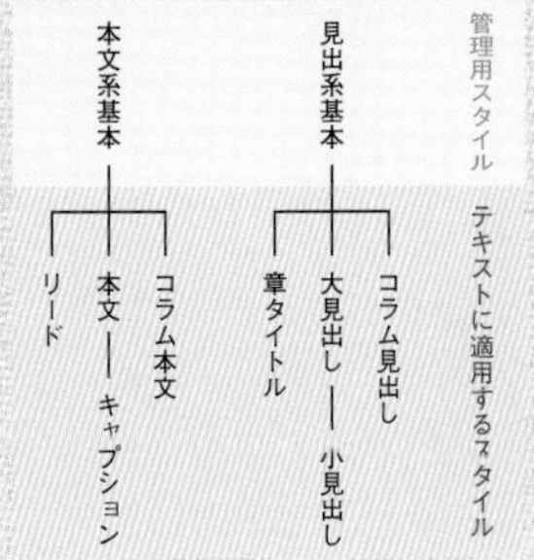

設定を揃えるとリンクが成立する

CHECK!

［基準］に設定した親の属性を変更しても、子がオーバーライドした属性は、更新されません。ただし、子がオーバーライドしている属性を親と同じに変更した場合は、リンクが成立するので注意してください。何がオーバーライドしているかは、［一般］の［スタイル設定］で確認できます。

6-4 オーバーライドテキスト

段落スタイルや文字スタイルで対応できない部分は、段落パネルや文字パネルで変更します。変更した属性はスタイルの更新が反映されないので、意図せずにオーバーライドしたテキストは修正が必要です。

オーバーライドテキストについて

2021 2020 2019

オーバーライドする場面

最終行が1文字だけの場合の段落だけ、部分的に詰めの設定を変えて追い込むなど、書式設定をオーバーライドすることはよくあります。オーバーライドすることがダメではなく、スタイルとのリンクが外れる変更を意図的にしたかどうかが問題です。

意図的でないオーバーライドになる例として、テキストのコピー&ペーストがあります。テキストのコピーは、コピーしたテキストに設定してある書式設定も含んでいます。［フォーマットなしでペースト］すれば入力先の書式に従いますが、通常の［ペースト］をすると、コピー元の書式のまま入力されるため、ペースト部分だけがオーバーライドすることがあります。

見出し
本文

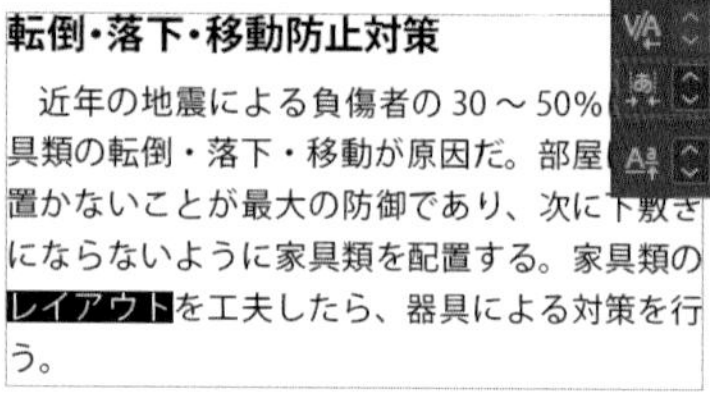

転倒・落下・移動防止対策
近年の地震による負傷者の30～50%
具類の転倒・落下・移動が原因だ。部屋
置かないことが最大の防御であり、次に下敷き
にならないように家具類を配置する。家具類の
レイアウトを工夫したら、器具による対策を行
う。

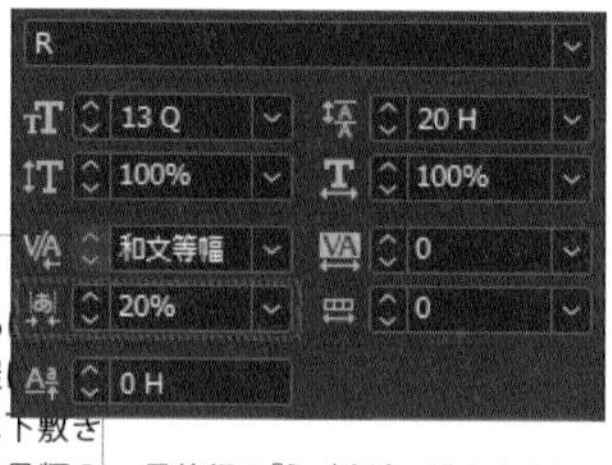

R
13 Q
20 H
100%
100%
和文等幅
0
20%
0
0 H

最終行の「う。」を追い込むために、「レイアウト」の［文字ツメ］を変更（オーバーライド）した

見出し
本文+

オーバーライドの表示

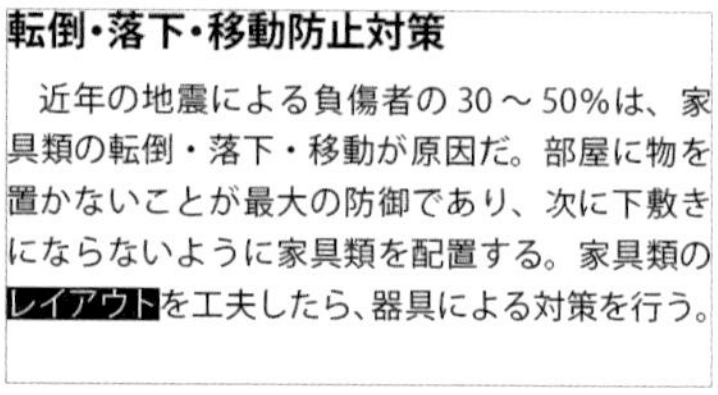

転倒・落下・移動防止対策
近年の地震による負傷者の30～50%は、家
具類の転倒・落下・移動が原因だ。部屋に物を
置かないことが最大の防御であり、次に下敷き
にならないように家具類を配置する。家具類の
レイアウトを工夫したら、器具による対策を行う。

オーバーライドテキストを探す

段落スタイルパネルと文字スタイルパネルにある［スタイルオーバーライドハイライター］をオンにすると、スクリーンモードが［標準モード］のとき、ドキュメント全体を対象にオーバーライドしている部分をハイライト表示します。

プリフライトでオーバーライドテキストを探す方法は、エラーリストのページ番号をクリックすると、オーバーライドした文字を選択表示するので、素早く修正できます。

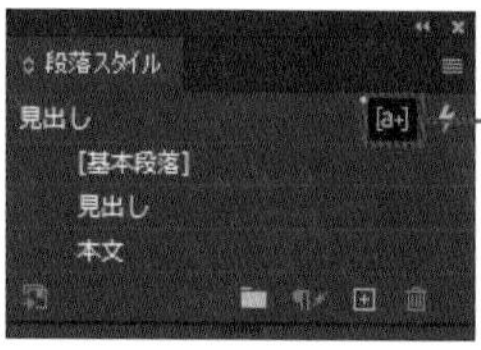

段落スタイル
見出し
［基本段落］
見出し
本文
スタイルオーバーライドハイライター

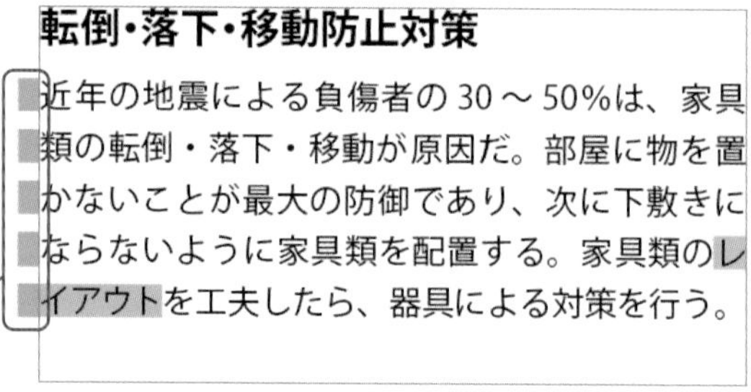

転倒・落下・移動防止対策
近年の地震による負傷者の30～50%は、家具
類の転倒・落下・移動が原因だ。部屋に物を置
かないことが最大の防御であり、次に下敷きに
ならないように家具類を配置する。家具類のレ
イアウトを工夫したら、器具による対策を行う。

段落属性のオーバーライドは、ここがハイライトになる

STEP 01 オーバーライドテキストを探す

2021 2020 2019

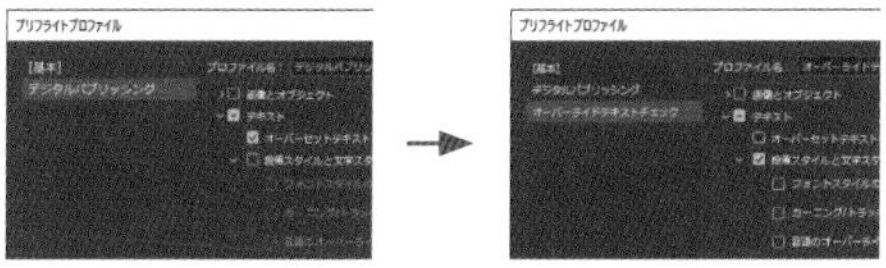

Before　After

プリフライト機能で、オーバーライドテキストだけをチェックする専用のプロファイルを作成し、そのプロファイルを使ってオーバーライドテキストを検索してみましょう。

Lesson 06 ▶ L6-4S01.indd

1 レッスンファイルを開きます。プリフライトパネルメニューから［プロファイルを定義］を選びます❶、［プリフライトプロファイル］ダイアログボックスが表示されたら、［新規プリフライトプロファイル］をクリックします❷。［プロファイル名］に「オーバーライドテキストチェック」と入力し❸、すべてのチェックをオフにします❹。

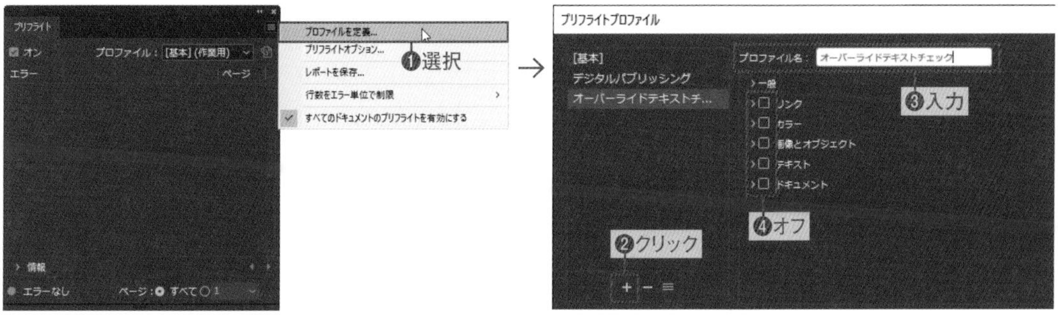

2 ［テキスト］のチェックボックスの左にある▶をクリックして展開し❶、［段落スタイルと文字スタイルのオーバーライド］にチェックをつけます❷。［保存］をクリックしてから❸、［OK］をクリックします❹。

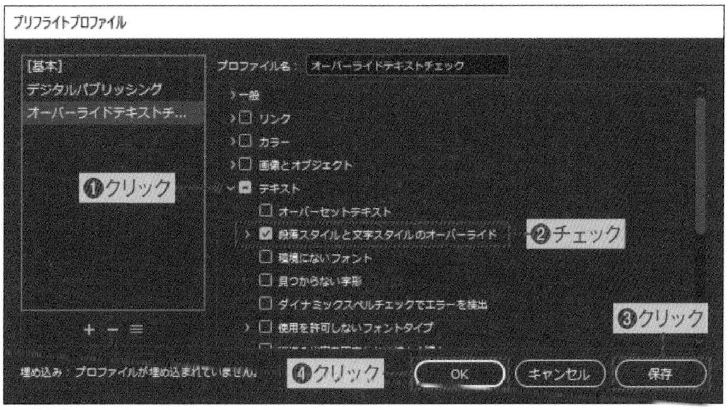

CHECK!

オーバーライドの条件を絞る

［段落スタイルと文字スタイルのオーバーライド］をさらに展開表示すると、4つの条件をエラー対象から除いて絞り込むことができます。必要に応じてチェックをつけてください。

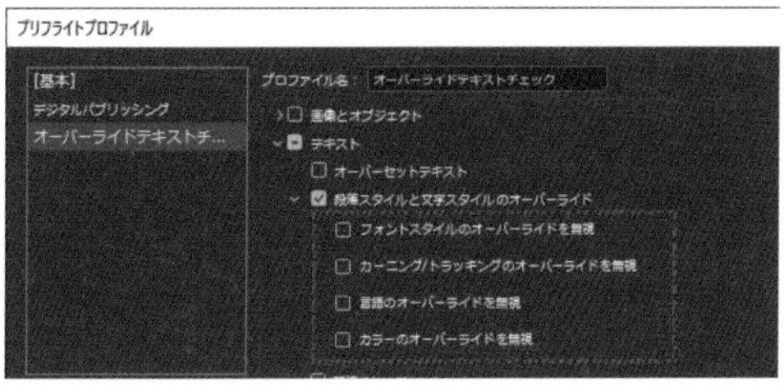

3 プリフライトパネルの［オン］にチェックされていることを確認します❶（チェックされていなければチェックします）。［プロファイル］を［オーバーライドテキストチェック］に設定します❷。プリフライトが実行され、エラーの結果が表示されるので、［テキスト］の▶をクリックし❸、続けて［スタイルのオーバーライド］の▶をクリックして展開表示します❹。スタイルにオーバーライドしているテキストがエラーリストに表示され❺、最下部にはエラー数が表示されます❻。

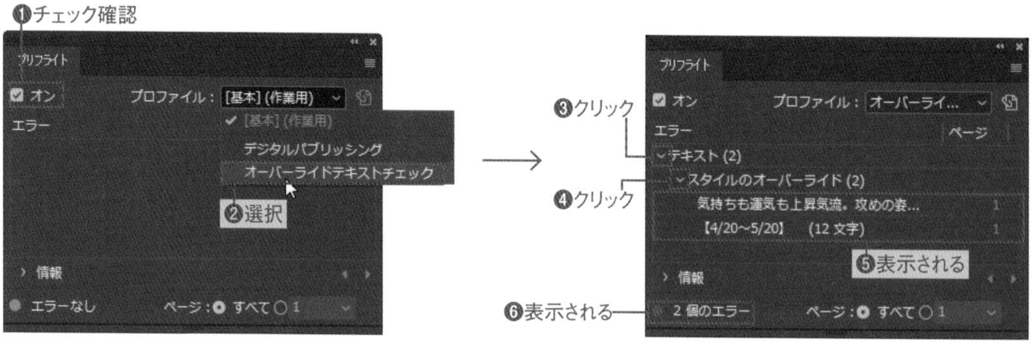

STEP 02 オーバーライドを消去・再定義する 2021 2020 2019

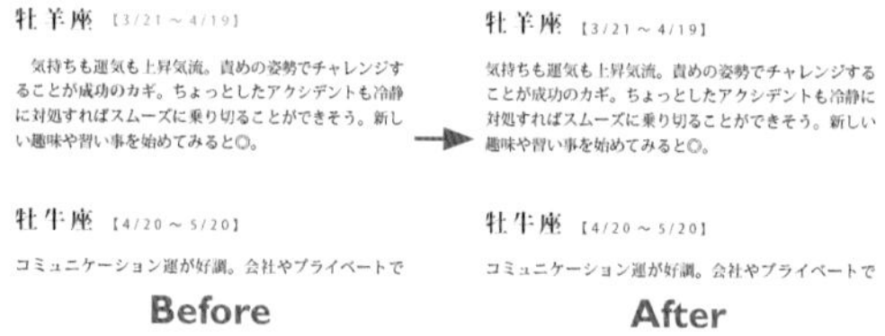

STEP01の続きです。プリフライトパネルでオーバーライドしているテキストを選択します。オーバーライドした属性を消去する操作と、オーバーライドした文字属性を文字スタイルに再定義する手順を学びましょう。

1 STEP01で作業したレッスンファイルを続けて使います。プリフライトパネルのエラーリストに表示された「気持ちも～」の右に表示されたページ番号［1］をクリックします❶。オーバーライドしているテキストが選択状態になり❷、「成功のカギ」の書式がオーバーライドされていることがわかります。

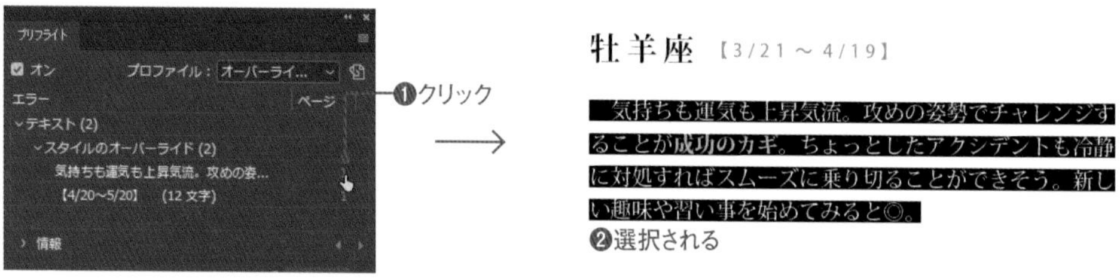

2 段落スタイルパネルの下にある［選択範囲のオーバーライドを消去］をクリックします❶。テキストが「本文」スタイルだけの書式設定に戻ります❷。消去したオーバーライドテキストは、プリフライトパネルのエラーリストから外れます❸。最下部に表示されるエラー数も減ります❹。

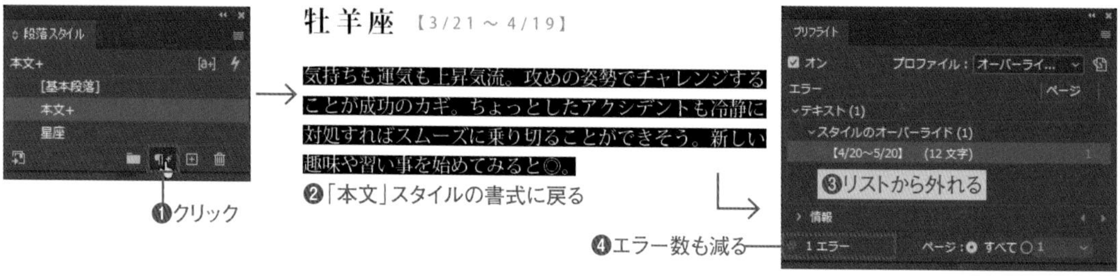

 Macでは、キーは次のようになります。 Ctrl → ⌘ Alt → option Enter → return

CHECK!

オーバーライドした段落属性と文字属性を分けて消去する

段落スタイルパネルの［選択範囲のオーバーライドを消去］をクリックすると、段落属性と文字属性のオーバーライドを両方とも消去します。
Ctrl キーを押しながらクリックすると、文字属性のオーバーライドだけ消去します。
Ctrl キーと Shift キーを押しながらクリックすると、段落属性のオーバーライドだけ消去します。

段落属性の文字組み「約物半角・段落1字下げ」がオーバーライドしている

　気持ちも運気も上昇気流。攻めの姿勢でチャレンジすることが**成功のカギ**。ちょっとしたアクシデントも冷静に対処すればスムーズに乗り切ることができそう。新しい趣味や習い事を始めてみると◎。

文字属性のフォントスタイル［H］と、文字カラー［C=15 M=100 Y=100 K=100］がオーバーライドしている

クリックした結果

気持ちも運気も上昇気流。攻めの姿勢でチャレンジすることが成功のカギ。ちょっとしたアクシデントも冷静に対処すればスムーズに乗り切ることができそう。新しい趣味や習い事を始めてみると◎。

Ctrl +クリックした結果

　気持ちも運気も上昇気流。攻めの姿勢でチャレンジすることが成功のカギ。ちょっとしたアクシデントも冷静に対処すればスムーズに乗り切ることができそう。新しい趣味や習い事を始めてみると◎。

Ctrl + Shift +クリックした結果

気持ちも運気も上昇気流。攻めの姿勢でチャレンジすることが**成功のカギ**。ちょっとしたアクシデントも冷静に対処すればスムーズに乗り切ることができそう。新しい趣味や習い事を始めてみると◎。

3 プリフライトパネルのエラーリストに表示された「【4/20～5/20】（12文字）」の右に表示されたページ番号「1」をクリックします❶。オーバーライドしているテキストが選択状態になります❷。

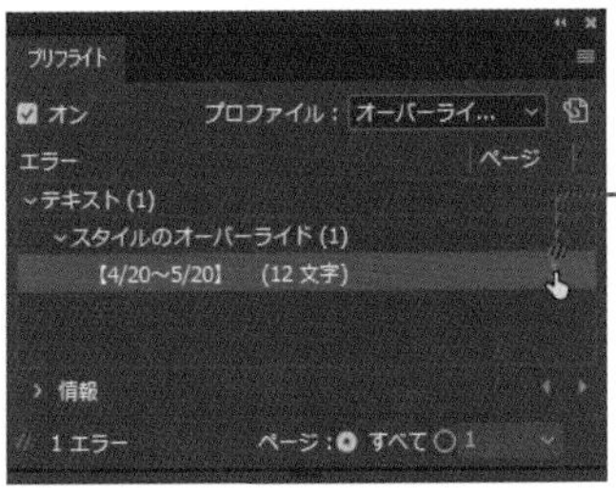

❶クリック →

牡牛座　【4/20～5/20】 ❷選択される

コミュニケーション運が好調。会社やプライベートでも人気急上昇。積極的に人が集まる所へ出かけるのが吉。周囲のアドバイスに刺激されたり、役に立つ情報がキャッチできる。メールには「ありがとう」の一言を添えると◎。気分転換には近所の公園がおすすめ。

4 文字スタイルパネルメニューの［スタイル再定義］を選びます❶。オーバーライドしたテキストの設定が「誕生月」スタイルの内容として再定義されて、同じスタイルを適用したほかのテキストも更新されます❷。

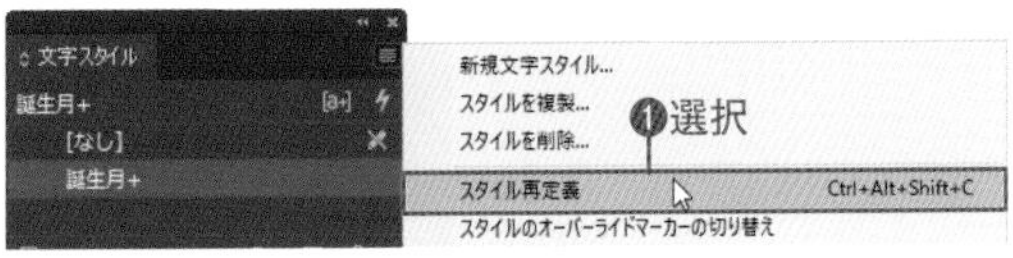

❷オーバーフイドしていた書式に更新される

牡羊座　【3/21～4/19】

気持ちも運気も上昇気流。攻めの姿勢でチャレンジすることが**成功のカギ**。ちょっとしたアクシデントも冷静に対処すればスムーズに乗り切ることができそう。新しい趣味や習い事を始めてみると◎。

牡牛座　【4/20～5/20】

コミュニケーション運が好調。会社やプライベートでも人気急上昇。積極的に人が集まる所へ出かけるのが

CHECK!

段落スタイルの再定義

段落スタイルにオーバーライドした設定を再定義するときは、段落パネルメニューにある［スタイル再定義］を選びます。

6-5 テキストスタイルの読み込みと削除

段落スタイルや文字スタイルは、ほかのドキュメントに登録していたスタイルを読み込んで使うことができます。読み込むとき必要なスタイルだけ選択できます。

STEP 01 ほかのドキュメントからテキストスタイルを読み込む　2021 2020 2019

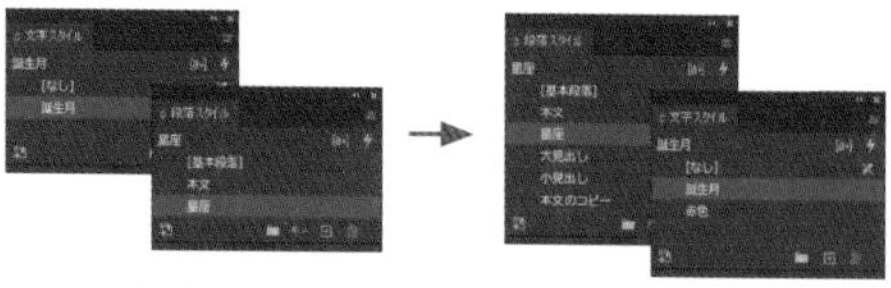

Before　→　After

段落スタイルと文字スタイル両方を同時に読み込みます。読み込みたくないスタイルはチェックを外します。

Lesson 06 ▶ L6-5S01.indd、L6-5S01b.indd

1 レッスンファイル「L6-5S01.indd」を開きます。段落スタイルパネルと文字スタイルパネルで、既存のスタイルを確認します❶。段落スタイルパネルメニューの［すべてのテキストスタイルの読み込み］を選びます❷。［開く］ダイアログボックスが表示されたら、レッスンファイルの「L6-5S01b.indd」を選び❸、［開く］をクリックします❹。

2 ［スタイルを読み込み］ダイアログボックスが表示されるので、［基本段落］を選択します❶。下部に表示された［新しいスタイル定義］と［既存のスタイル定義］を比較します❷。同じ設定なので、読み込む必要がないため、チェックを外します❸。

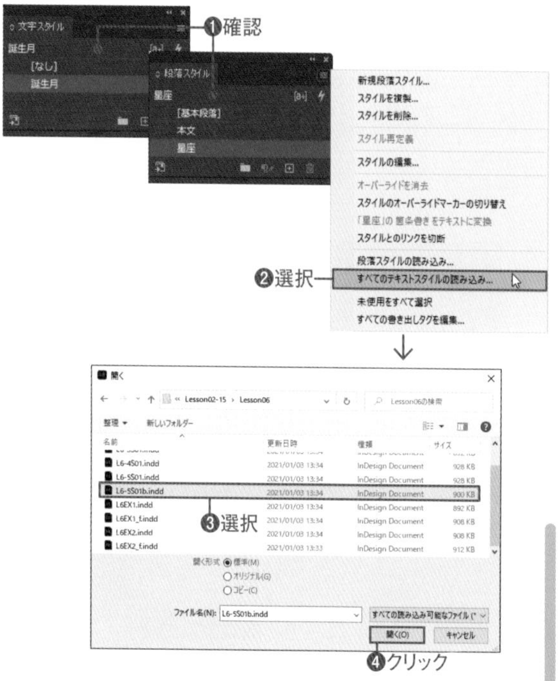

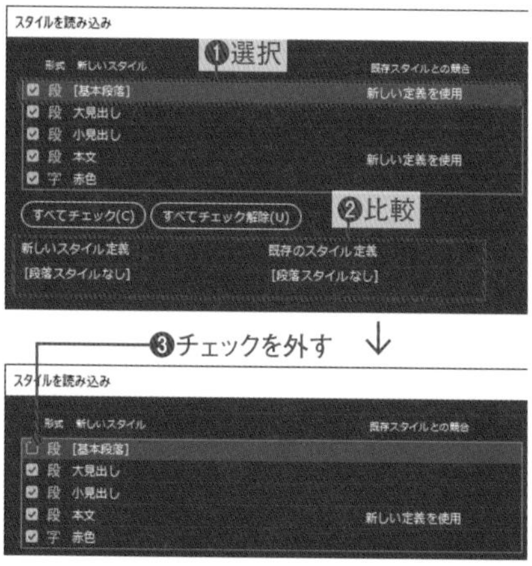

CHECK!

［基本段落］のチェック

段落スタイルの読み込みを行うときは、まず［基本段落］にオーバーライドした設定がないか確認します。
［新しいスタイル定義］と［既存のスタイル定義］の設定が異なるときは、［既存スタイルとの競合］を［自動名前変更］に設定して読み込みます。

3 ［既存スタイルとの競合］に［新しい定義を使用］が表示されている「本文」を選択します❶。［自動名前変更］に変更し❷、［OK］をクリックします❸。読み込んだスタイルが段落スタイルパネルと文字スタイルパネルに追加されます❹。「本文」は重複しているため「本文のコピー」として追加されます。

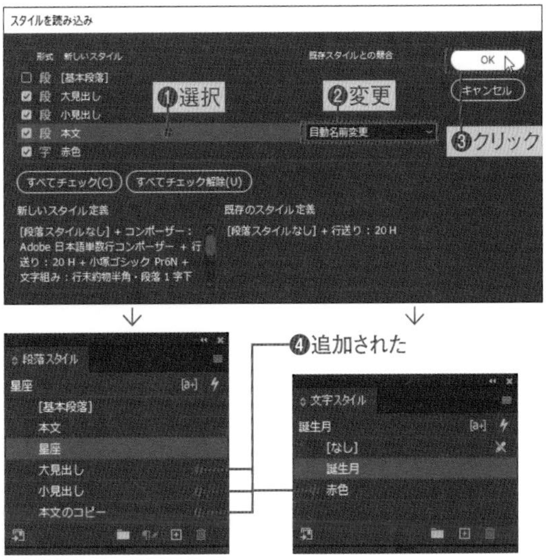

CHECK!

［新しい定義を使用］と［自動名前変更］

ここでは「本文」の段落スタイル名が競合しています。「本文」の設定をまるごと入れ替えたいときは、［新しい定義を使用］に設定します。
既存の「本文」を残したまま読み込むときは、［自動名前変更］に設定します。
スタイル名が競合していなくても、読み込む必要のないスタイルは、チェックを外します。

COLUMN

段落スタイルと文字スタイルを分けて読み込む

段落スタイルパネルメニューの［段落スタイルの読み込み］、あるいは文字スタイルパネルメニュー［文字スタイルの読み込み］を選ぶと、使用したパネルのスタイルだけチェックがついた［スタイルを読み込み］ダイアログボックスが表示されます。

STEP 02 テキストスタイルを削除する

2021　2020　2019

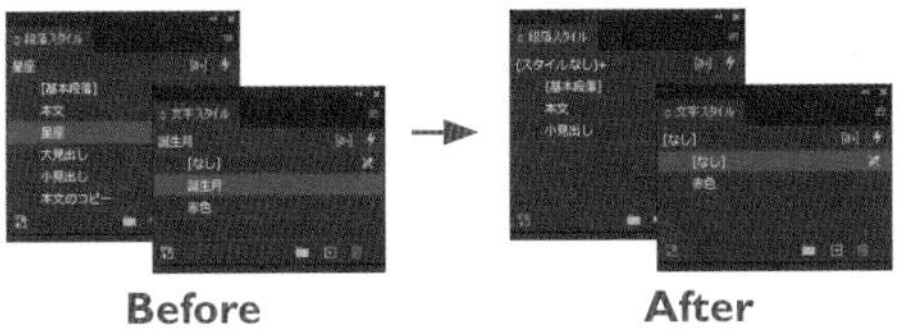

STEP01の続きです。テキストスタイルを削除するとき、代わりに適用するスタイルを設定するか、同じ書式設定を保持するか選択できます。

1 STEP01で作業したレッスンファイルを続けて使います。段落スタイルパネルの「本文のコピー」を選びます❶。パネル下の［選択したスタイル / グループを削除］をクリックします❷。ドキュメントに選択したスタイルを適用したテキストがなければ、そのまま削除されます❸。

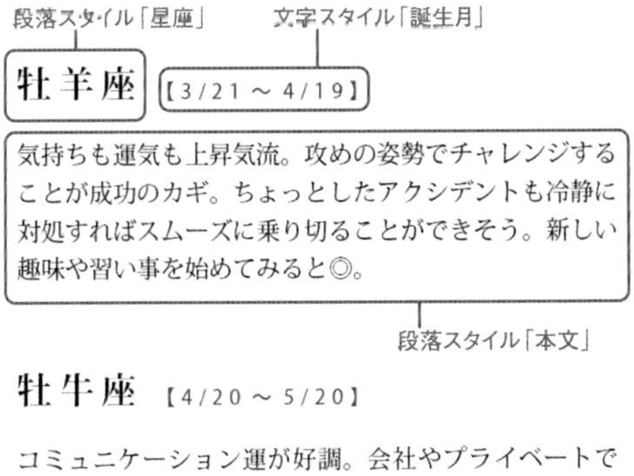

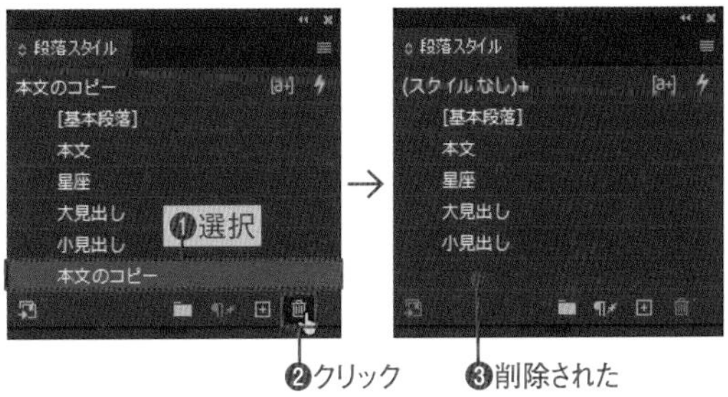

2 段落スタイルパネルの「星座」を選択します❶。パネル下の［選択したスタイル / グループを削除］をクリックします❷。［段落スタイルを削除］ダイアログボックスが表示されたら、［次で置換］を［小見出し］に設定し❸、［OK］をクリックします❹。「星座」スタイルを適用していたテキストが「小見出し」スタイルに置き変わります❺。また、段落スタイルパネルから「星座」スタイルが削除されます❻。

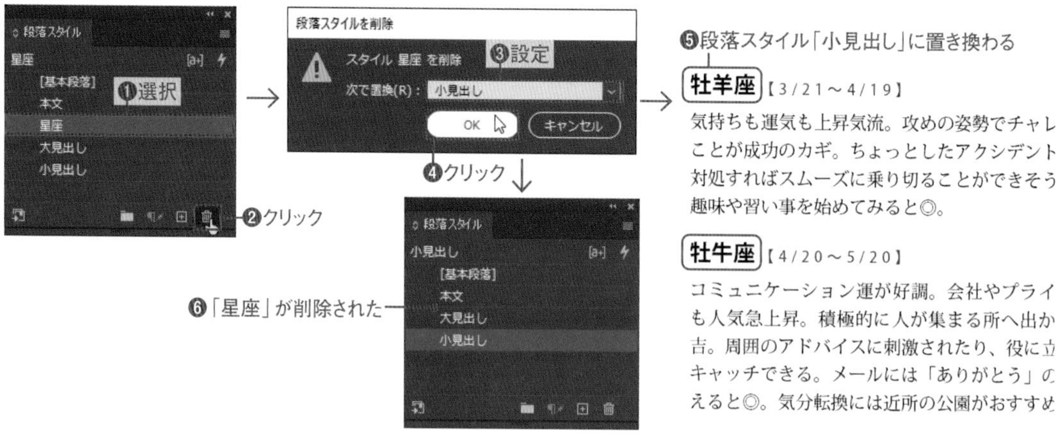

3 段落スタイルパネルの「大見出し」を選択します❶。パネル下の［選択したスタイル / グループを削除］をクリックします❷。［段落スタイルを削除］ダイアログボックスが表示されます❸。レッスンファイルには「大見出し」は適用されていないため、本来ダイアログボックスは表示されないのですが、「小見出し」の基準スタイルに「大見出し」が設定されているため表示されます。［次で置換］を［段落スタイルなし］に設定し❹、［フォーマットを保持］にチェックをつけ❺、［OK］をクリックします❻。「小見出し」スタイルの書式を変えずに❼、削除できました❽。

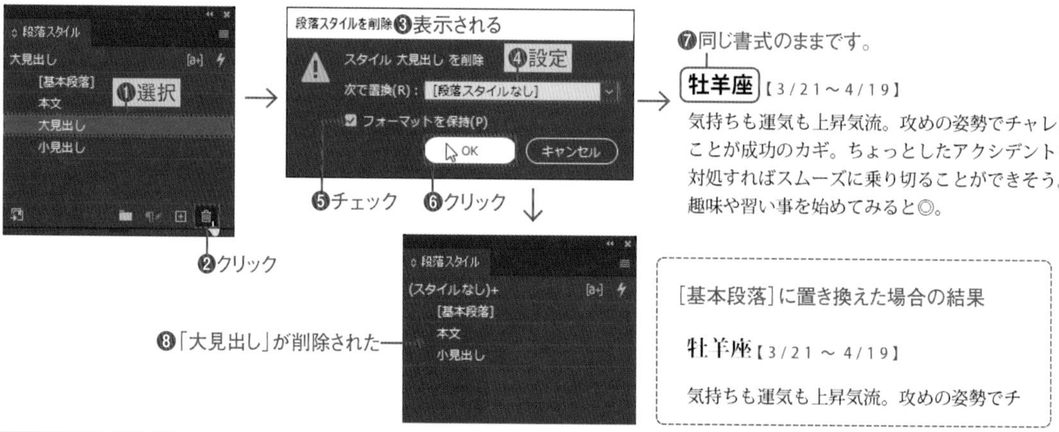

COLUMN

未使用スタイルを選択する

段落スタイルパネルや文字スタイルパネルのメニューにある［未使用をすべて選択］を選ぶと、ドキュメントのテキストに適用していない未使用のスタイルを選択します。そのまま［選択したスタイル / グループを削除］をクリックすれば、まとめて削除できます。

直接テキストに使用していなくても、ほかの使用スタイルの基準スタイルに使われている場合は、未使用スタイルの選択から除外されます。

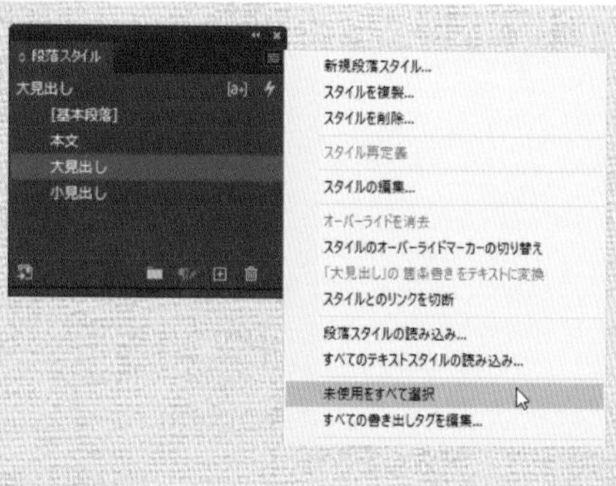

4　文字スタイルパネルの「誕生月」を選択します❶。パネル下の[選択したスタイル/グループを削除]をクリックします❷。[文字スタイルを削除]ダイアログボックスが表示されるので、[次で置換]を[なし]に設定します❸。[フォーマットを保持]にチェックをつけ❹、[OK]をクリックします❺。「小見出し」スタイルの書式を変えず❻、「誕生月」スタイルを削除できました❼。

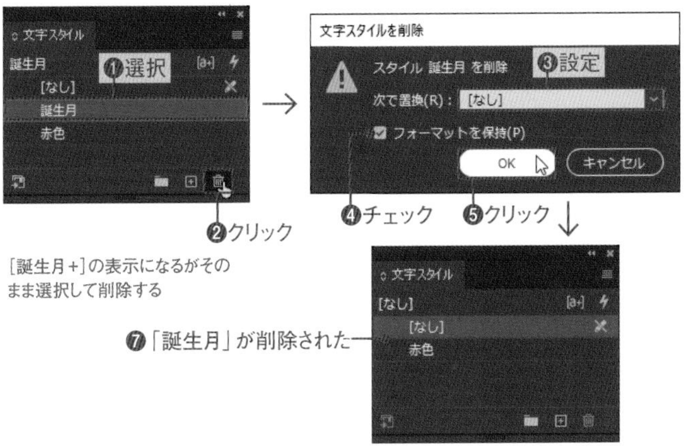

❻同じ書式のまま

牡羊座【3/21～4/19】

気持ちも運気も上昇気流。攻めの姿勢でチャレ
ことが成功のカギ。ちょっとしたアクシデント
対処すればスムーズに乗り切ることができそう
趣味や習い事を始めてみると◎。

[フォーマットを保持]のチェックを外して[なし]に置き換えた場合の結果

牡羊座【3/21～4/19】

気持ちも運気も上昇気流。攻めの姿勢でチ
ことが成功のカギ。ちょっとしたアクシデ

CHECK!

スタイルグループの作成

スタイルパネル(段落、文字、オブジェクト、セル、表などすべて)の下にある[新規スタイルグループを作成]をクリックすると、スタイルパネルにフォルダーのアイコンがついた新しいスタイルグループが作成されます。
パネルメニューの[新規スタイルグループ]を選ぶか、Alt キーを押しながら[新規スタイルグループを作成]をクリックすると、[新規スタイルグループ]ダイアログボックスが表示されるので、グループの名前を設定してから新しいグループフォルダーを作成できます。
また、スタイルを選択(複数可)してから❶、パネルメニューの[スタイルからグループを作成]を選ぶと❷、選択したスタイルを含んだ新しいグループフォルダーを作成できます。[新規スタイルグループ]ダイアログボックスで名称を入力してください❸。グループフォルダーの中や外にあるスタイルは、パネル内でドラッグして移動できます❹。スタイルをたくさん作成したときは、グループフォルダーに分けることで管理や選択しやすくなります。必要に応じて作成してください。

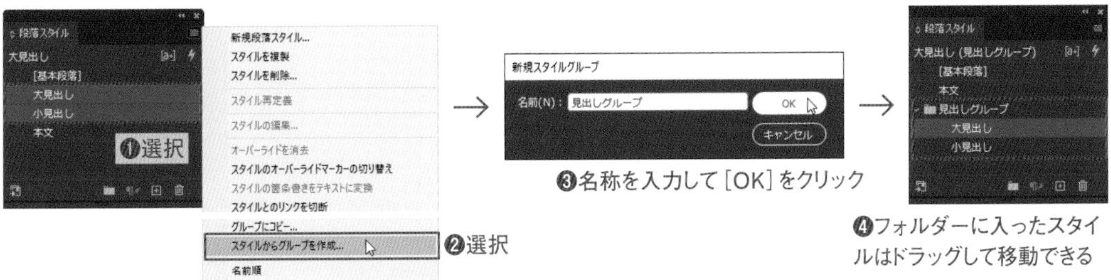

COLUMN

グループフォルダーのスタイル読み込みと削除

グループフォルダー内にあるスタイルを読み込むと、グループフォルダーと一緒に読み込みます。グループフォルダーを削除するときは、各スタイルのリンク状況に合わせて置き換えを設定するダイアログボックスが順番に表示されます。

COLUMN

スタイルとのリンクを切断

スタイルとリンクしているテキストを選択して、スタイルパネルメニューにある[スタイルとのリンクを切断]を選ぶと、以降、スタイルの設定を変更してもテキストには反映されません。

Lesson 06　練習問題

Lesson 06 ▶ L6EX1.indd

Q

Aのテキストの書式設定で段落スタイルを作成して、AとBに同じ段落スタイルを適用しましょう。

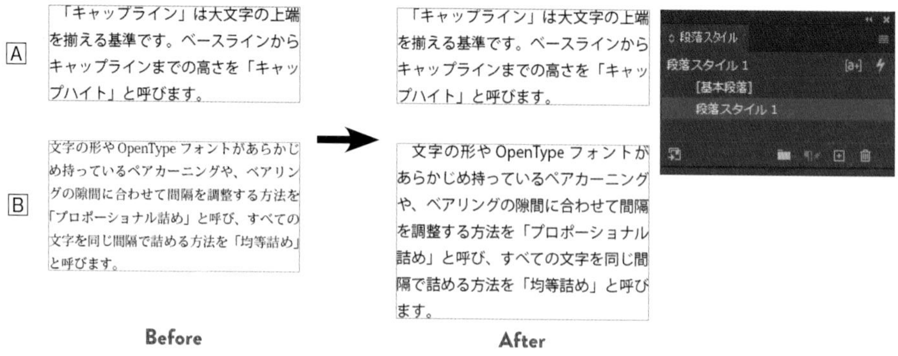

A

❶横組み文字ツール T で、Aのテキストを選択して、段落スタイルパネルの［新規スタイルを作成］を Alt キーを押しながらクリックします。
❷［新規段落スタイル］ダイアログボックスが表示されたら、［選択範囲にスタイルを適用］にチェックをつけます。［OK］をクリックします。
❸横組み文字ツール T で、Bのテキストを選択します。段落スタイルパネルにある作成した段落スタイルをクリックします。

Lesson 06 ▶ L6EX2.indd

Q

Aのテキストにある青色の文字（キャップライン）の書式設定で文字スタイルを作成して、AとBのカギ括弧内の文字に同じ文字スタイルを適用しましょう。

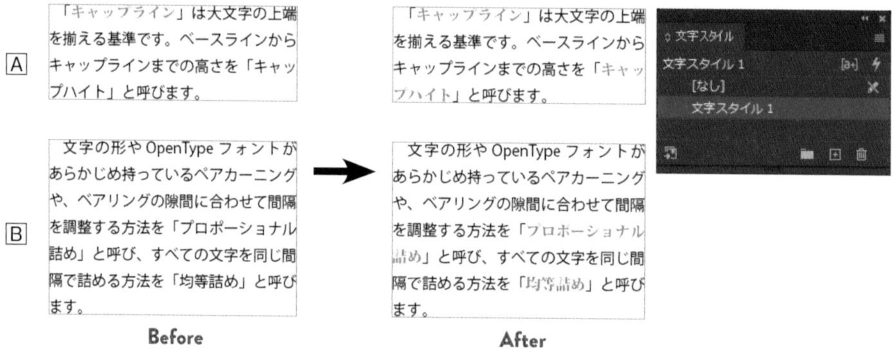

A

❶横組み文字ツール T で、Aの青いテキストを選択します。
❷文字スタイルパネルの［新規スタイルを作成］を Alt キーを押しながらクリックします。
❸［新規文字スタイル］ダイアログボックスが表示されたら、［選択範囲にスタイルを適用］にチェックをつけて、［OK］をクリックします。
❹横組み文字ツール T で、Aのカギ括弧内の「キャップハイト」を選択します。
❺文字スタイルパネルにある作成した文字スタイルをクリックします。
❻Bのカギ括弧内のテキストも同様に文字スタイルを適用します。

　Macでは、キーは次のようになります。　Ctrl → ⌘　Alt → option　Enter → return

画像の配置と編集

An easy-to-understand guide to InDesign

Lesson 07

ここでは、画像や写真、イラストなどのグラフィックを、InDesignのドキュメントにレイアウトする方法を学びます。サイズ変更やトリミングなどの編集を行うには、フレームと画像の関係を理解することが重要です。

7-1 画像の配置と移動

Photoshop や Illustrator などの画像はグラフィックフレームの中に配置します。グラフィックフレームと画像は別々のオブジェクトなので、グラフィックフレームの選択と画像だけの選択に分けて操作します。

画像の配置

2021　2020　2019

画像はグラフィックフレームに配置する

画像はグラフィックフレームに配置します。グラフィックフレームは形状の異なる、長方形フレームツール❶、楕円形フレームツール❷、多角形フレームツール❸の３種類で作成します。これらのフレームを作成してから画像を配置するか、グラフィックフレームを作成せずに画像を読み込んで直接配置します。直接配置した場合は、長方形フレームツールで作成したのと同じ長方形のグラフィックフレームが自動で作成されます。

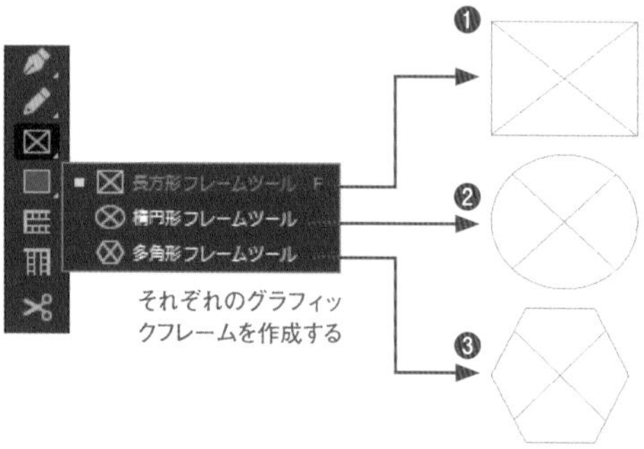

配置コマンドで画像を配置する

画像の配置方法には何種類かありますが、配置コマンド（[ファイル] メニュー→ [配置]）を使うのが、もっとも基本的な方法です。配置コマンドを実行すると、[配置] ダイアログボックスが表示されるので、配置する画像ファイルを選択します。複数の画像を選択できます。

配置画像を選択し [開く] をクリックすると、選択した画像のサムネールが表示され、マウスポインターがグラフィック配置アイコンになります。

❶ [読み込みオプション] ダイアログボックスを開く（P.166の「画像の読み込みオプション」を参照）
❷選択している画像フレームの内容を置き換える
❸画像ファイルに設定したメタデータをキャプションとして配置と同時に作成する
❹グリッドフォーマットを適用する

CHECK!

読み込みオプション

[配置] ダイアログボックスで [読み込みオプションを表示] にチェックをつけると、ファイル形式固有のオプションを設定できるダイアログボックスが表示されます。ダイアログボックスに表示される内容は、選択した画像のファイル形式で変わります。詳細は、P.166の「画像の読み込みオプション」を参照ください。

　Mac では、キーは次のようになります。　Ctrl → ⌘　Alt → option　Enter → return

配置コマンドで読み込んだ画像は、以下の3つの方法で読み込んだ画像を配置します。

❶空のグラフィックフレームの上でクリック
フレーム内に原寸サイズの画像が配置され、フレームと画像の中心が揃います。

❷フレームのない場所でクリック
原寸サイズで画像が配置されます。

❸ドラッグして配置
ドラッグしたサイズに合わせて画像が配置されます。

❶空のグラフィックフレームの上でクリック

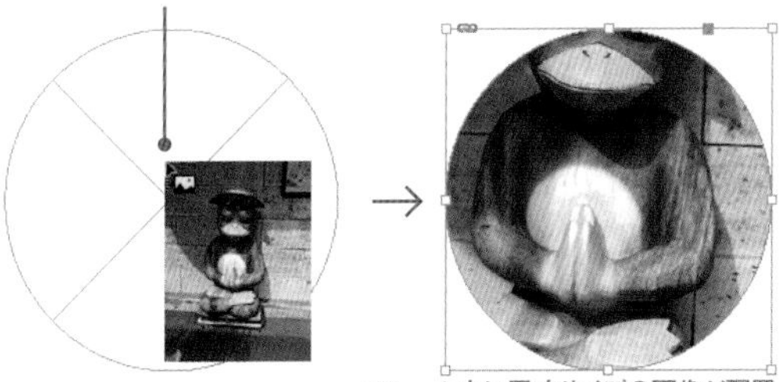

フレーム内に原寸サイズの画像が配置され、フレームと画像の中心が揃う

❷フレームのない場所でクリック

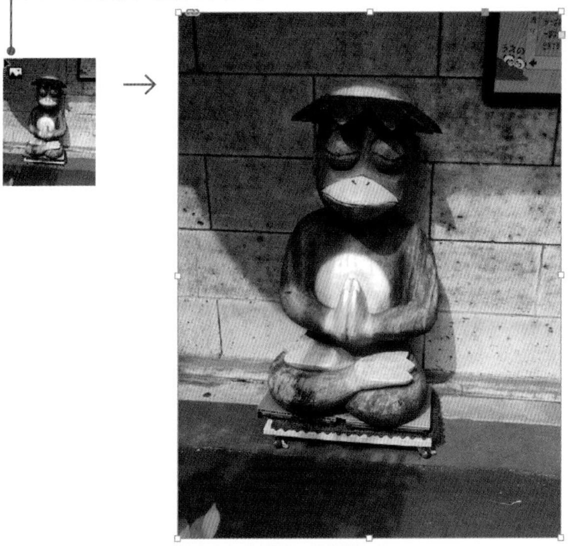

原寸サイズで画像が配置される

❸ドラッグして配置

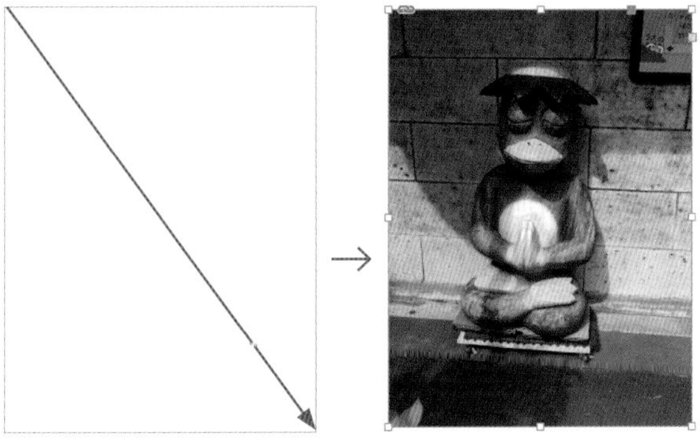

ドラッグしたサイズに合わせて画像が配置される

CHECK!

入れ替えて配置

画像を配置したグラフィックフレームの上で Alt キーを押しながらクリックすると❶、画像が入れ替わります。

❶ Alt +クリック

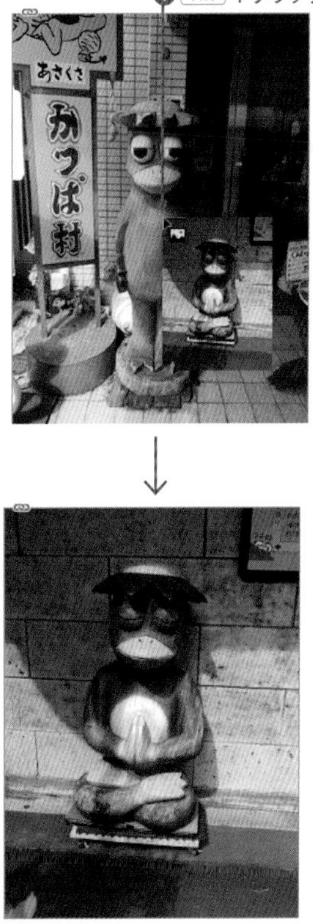

COLUMN

グラフィックフレームを選択してから配置コマンドを実行する

空のグラフィックフレームを選択してから［配置］コマンドを実行すると、選択したフレーム内に画像を配置します。グラフィックフレームに画像がある場合は、［配置］ダイアログボックスの［選択アイテムの置換］にチェックをつけると、画像を差し替えて配置します。

ドラッグ&ドロップで配置する

エクスプローラー（MacではFinder）で表示した画像ファイルのアイコンをInDesignのドキュメントにドラッグ&ドロップして配置できます。
ドロップ先をグラフィックフレームにすると、フレーム内に画像が配置され、フレーム外のときはマウスポインターがグラフィック配置アイコンになるので、［配置］コマンドと同じ操作（前ページ参照）で画像を配置できます。

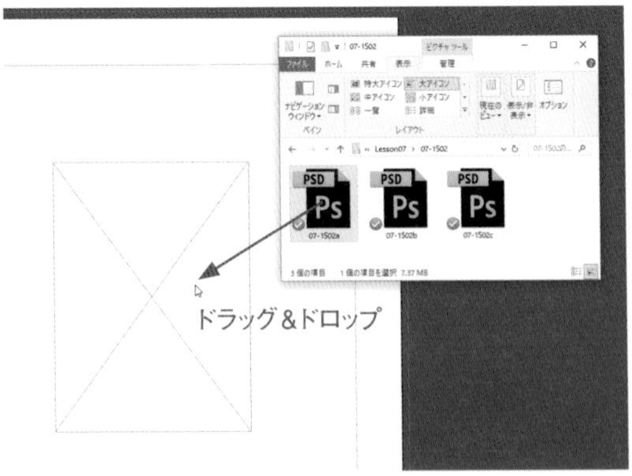

コピー&ペーストで配置する

グラフィックソフト（Photoshopなど）で画像をコピーしてからInDesignに切り替えます。
グラフィックフレームを選択して［編集］メニュー→［選択範囲内へペースト］を選ぶと、フレーム内に画像を配置します。［ペースト］を選んだときは、新しいフレームに画像を配置します。なお、画像のデータはドキュメントに埋め込まれます。

COLUMN

Illustratorのパスをコピー&ペーストする

Illustratorのパスは、InDesignで編集可能なパスとしてペーストできます。ただし、［塗り］と［線］の色と［線幅］以外の属性は保持できません。例えば、破線のパスをペーストすると、線分ごとのパスに変わります。

画像とグラフィックフレーム

2021 2020 2019

配置した画像はグラフィックフレームにマスク処理された状態になり、画像を含んだグラフィックフレームと画像だけの選択に分けて編集できます。選択ツールでグラフィックフレームをクリックすると、画像を含んだグラフィックフレームが選択されます。このときの境界線ボックスの色はレイヤーカラーと同じです。
選択ツールでグラフィックフレームの中心に表示されるコンテンツグラバー（ドーナツ型の表示部分）をクリックするか、ダイレクト選択ツールで画像をクリックすると、画像だけが選択されます。画像だけ選択したときの境界線ボックスの色は、レイヤーカラーの補色になります。

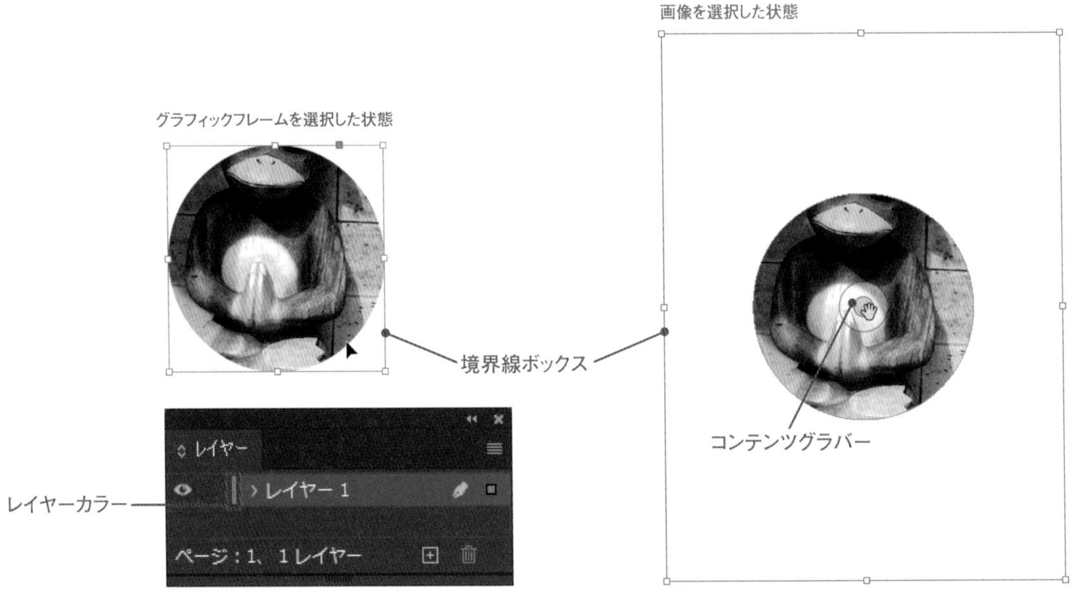

Macでは、キーは次のようになります。 Ctrl → ⌘　Alt → option　Enter → return

STEP 01 画像を配置する ／ 削除する

2021 2020 2019

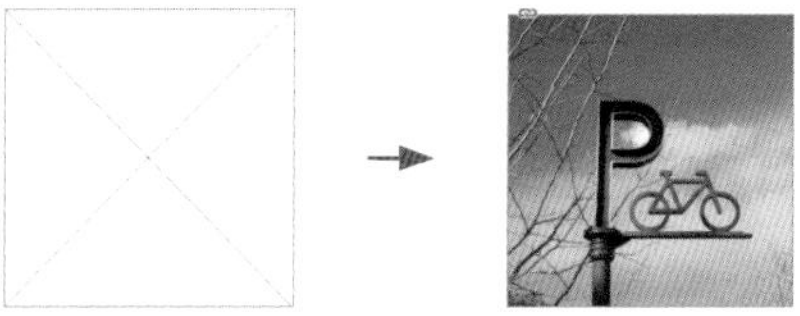

Before　　After

あらかじめ作成してあるグラフィックフレームに画像を配置します。その後にグラフィックフレームを残したまま、配置した画像だけを削除します。

Lesson 07 ▶ L7-1S01.indd、L7-1S01.psd

1 レッスンファイル「L7-1S01.indd」を開きます。選択ツール を選択し❶、空のグラフィックフレームを選択します❷。［ファイル］メニュー→［配置］を選びます❸。

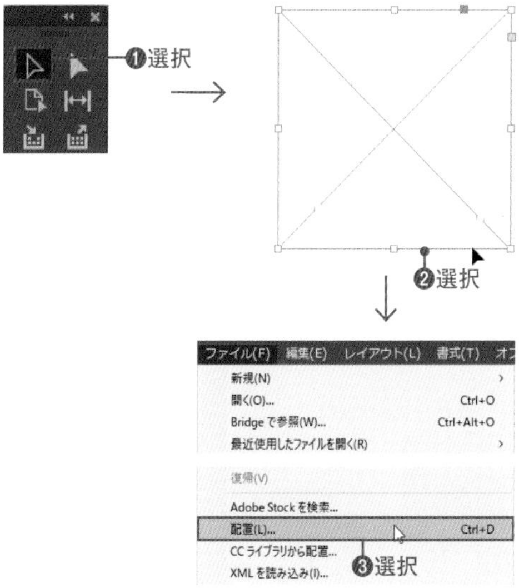

2 ［配置］ダイアログボックスが表示されたら、「L7-1S01」フォルダーにある「L7-1S01.psd」を選択します❶。［読み込みオプションを表示］のチェックを外し❷、［開く］をクリックします❸。グラフィックフレームに画像が配置されます❹。

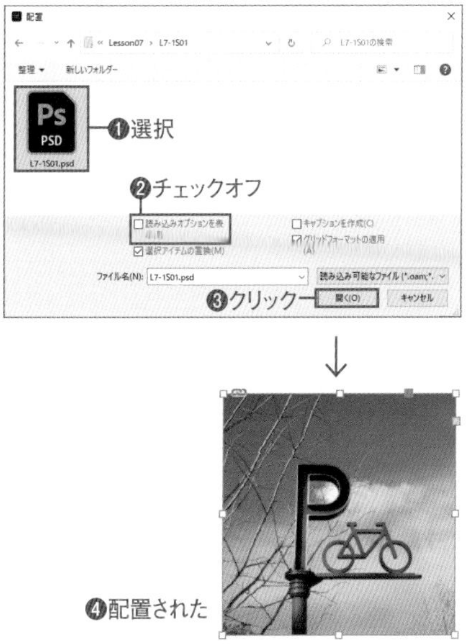

3 選択ツール をグラフィックフレームの中心に移動し、半透明の二重丸をしたコンテンツグラバーが表示されたらクリックします❶。ここをクリックすると、グラフィックフレームの中にある画像だけを選択できます❷。Delete キーを押します❸。画像だけ削除されます。

STEP 02　複数の画像を連続して配置する

2021　2020　2019

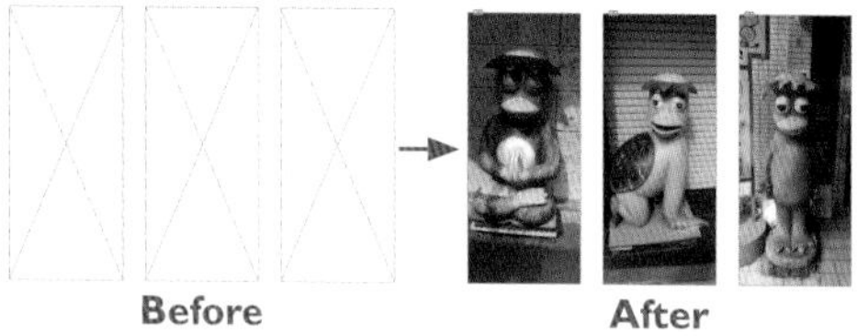

複数の画像を選択して、順番に画像を配置します。配置する画像は、グラフィック配置アイコンに表示されるサムネールで確認できます。

Lesson 07 ▶ L7-1S02.indd、L7-1S02a.psd
L7-1S02b.psd、L7-1S02c.psd

1　レッスンファイル「L7-1S02.indd」を開きます。[ファイル]メニュー→[配置]を選びます❶。[配置]ダイアログボックスが表示されたら、「L7-1S02」フォルダーを開きます。[読み込みオプションを表示]がオフなのを確認し❷。配置するファイルを選択します(ここでは全部)。複数のファイルを選択するときは、Ctrl キーを押しながら追加するファイルをクリックします❸。[開く]をクリックします❹。

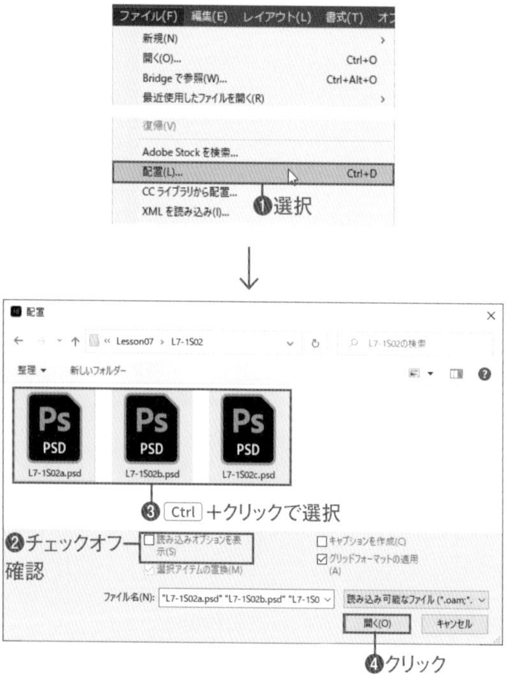

2　選択したグラフィックのサムネールが表示されたグラフィック配置アイコンに選択した画像の枚数と、配置する画像のサムネールが表示されます❶。グラフィックフレームをクリックすると❷、サムネールの画像が配置され❸、次に配置できる画像のサムネールが表示されるので、空いている中央のグラフィックフレームをクリックします❹。同様に最後のフレームにもクリックして配置します❺。配置する画像がなくなると、通常のマウスポインターに戻ります❻。

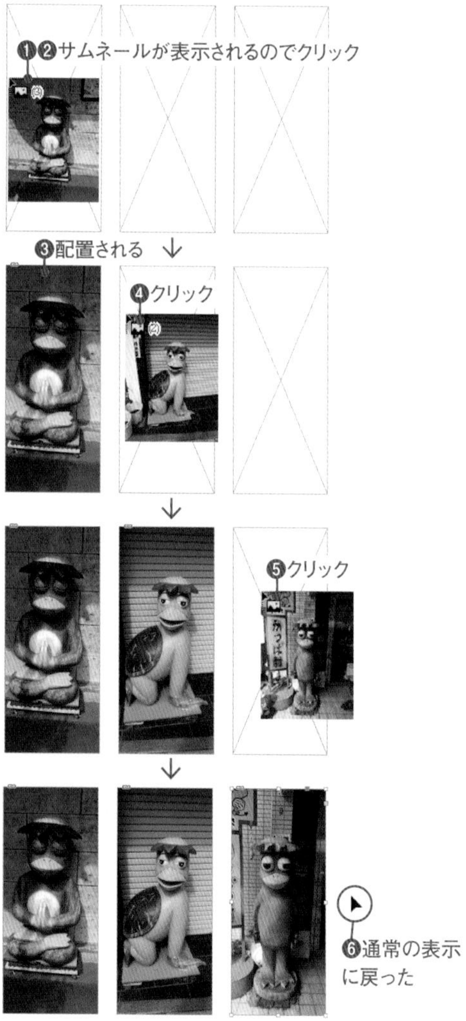

CHECK!

配置する画像の順番

グラフィック配置アイコンに表示されるサムネールの順番は、[配置]ダイアログボックスで選択した順番に関係なく、ファイル名の昇順に並びます。あらかじめ順番を考慮してファイル名を設定しておくと、効率よく配置できます。

　Macでは、キーは次のようになります。 Ctrl → ⌘　Alt → option　Enter → return

STEP 03　一度に複数の画像を配置する

2021　2020　2019

グラフィックフレームをタイル状に作成して、複数の画像を同時に配置します。フレームの数は、矢印キーで設定します。

Lesson 07 ▶ L7-1S03.indd、L7-1S03a.psd
L7-1S03b.psd、L7-1S03c.psd
L7-1S03d.psd、L7-1S03e.psd、L7-1S03f.psd

1　レッスンファイル「L7-1S03.indd」を開き、［ファイル］メニュー→［配置］を選びます。［配置］ダイアログボックスが表示されたら、「L7-1S03」フォルダーの中にあるファイルをすべて選択し❶、［開く］をクリックします❷。

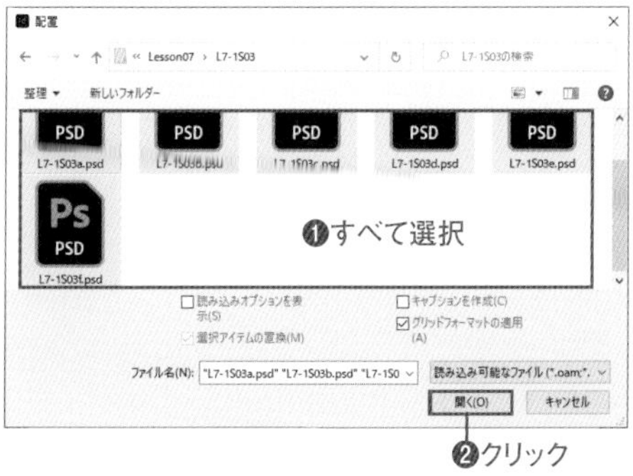

CHECK!

間隔の調整

マウスボタンをはなす前に、Page Up（ページアップ）キーを押すとフレームの間隔が広がり、Page Down（ページダウン）キーを押すと間隔が狭くなります。

COLUMN

フレームの順番と配置する画像の順番

ドキュメントの文字組み（縦組みや横組みの違い）に関係なく、上の行の左から右へ順番に配置します。配置する画像はファイル名の昇順に並びます。

COLUMN

似た画像を検索

2020以降はドキュメントに配置した画像を選択して、右クリックして表示されるメニューから［似た画像を検索］を選択すると、CCライブラリパネルにAdobe Stockにある似た画像が表示されます。

2　選択したグラフィックのサムネールが表示されたマウスポインターでドラッグを開始し、マウスボタンを押した状態で❶、→キーを2回押して列を3分割❷、↑キーを1回押して行を2分割します❸。分割しすぎたときは、反対方向の矢印キーを押します。マウスボタンをはなすと❹、すべてのフレームに画像が配置されます❺。なお、各フレームの縦横比を画像と同じに固定することはできません。

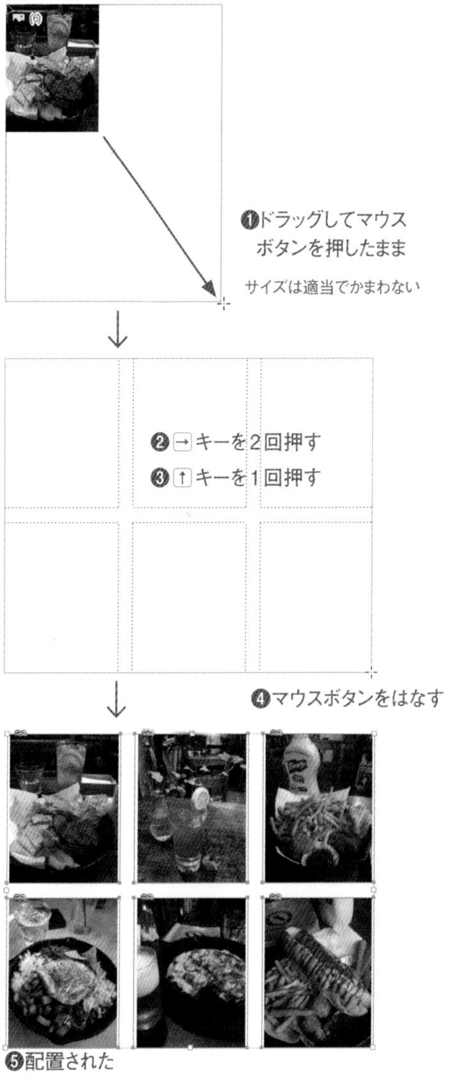

STEP 04 配置した画像を別のグラフィックフレームに配置する

2021 2020 2019

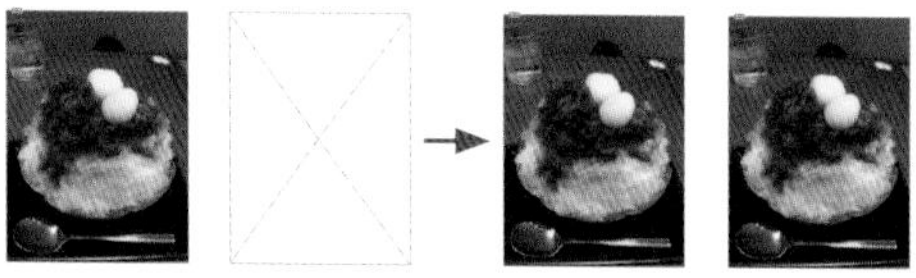

Before　　After

グラフィックフレームから画像だけをコピーして、別のグラフィックフレームにペーストする方法を学びましょう。

Lesson 07 ▶ L7-1S04.indd

1 レッスンファイルを開きます。選択ツール でグラフィックフレームの中心にあるコンテンツグラバー（ドーナツ）をクリックします❶。画像だけを選択したら、［編集］メニュー→［コピー］を選びます❷。

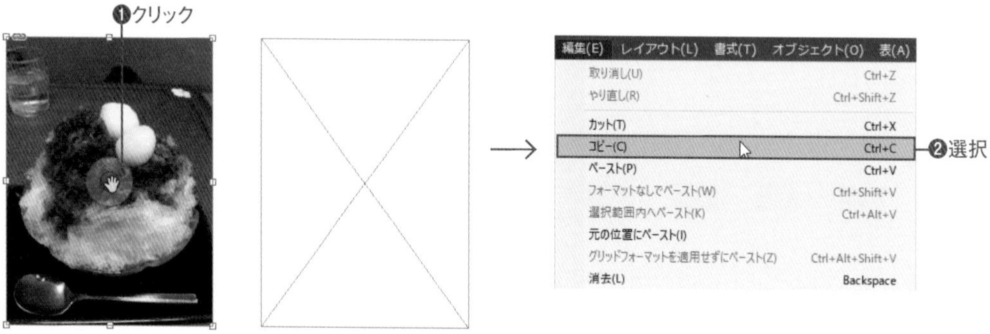

2 選択ツール で右側の空のグラフィックフレームを選択します❶。続いて［編集］メニュー→［選択範囲内へペースト］を選びます❷。空のグラフィックフレームに、コピーした画像が配置されました❸。

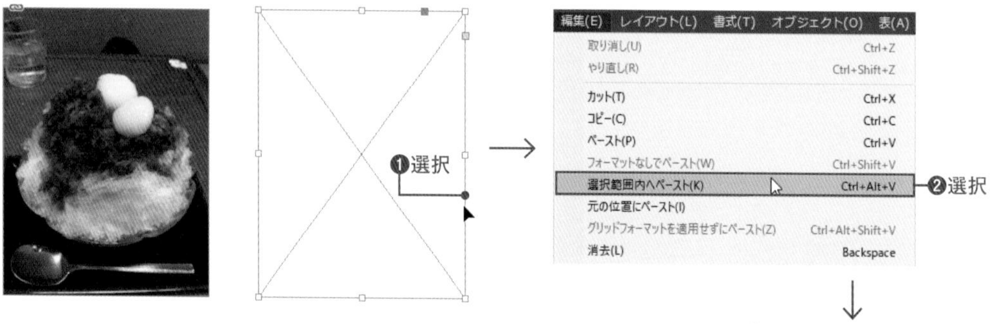

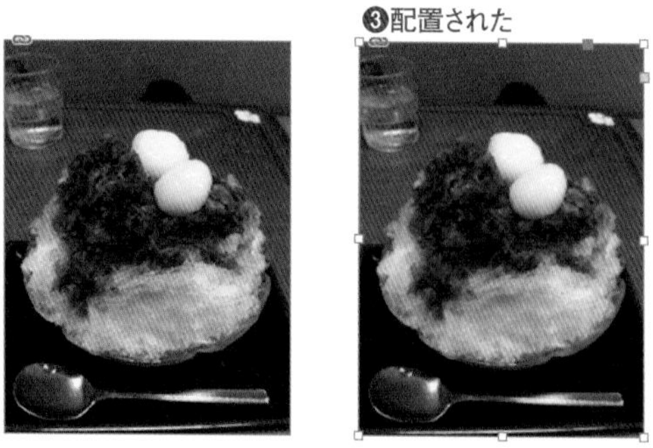

フレームは入れ子にできる　COLUMN

グラフィックフレームにかかわらず、すべてのフレームは入れ子の構造にできます。画像を配置したグラフィックフレームをコピーして別のフレームにペーストすると、フレームの中にコピーしたフレームと画像が配置されます。

　Macでは、キーは次のようになります。 Ctrl → ⌘　Alt → option　Enter → return

STEP 05 画像を移動する

2021 2020 2019

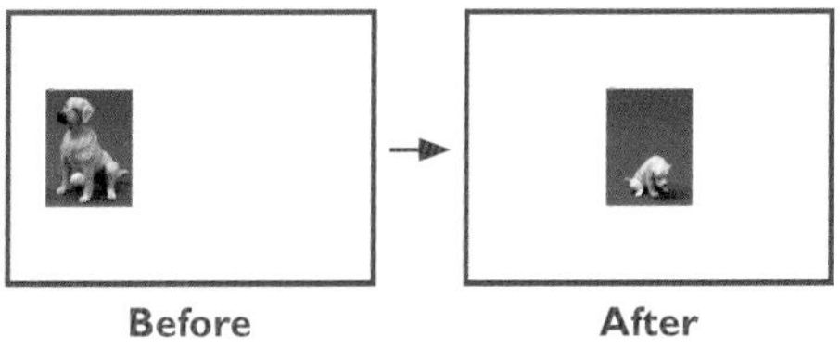

グラフィックフレームと画像を一緒に移動する方法と、画像だけ移動する方法を学びましょう。

Lesson 07 ▶ L7-1S05.indd

グラフィックフレームを移動する

レッスンファイルを開きます。選択ツールで、グラフィックフレームの内側でコンテンツグラバー以外の場所からドラッグします❶。グラフィックフレームと画像が一緒に移動します❷。

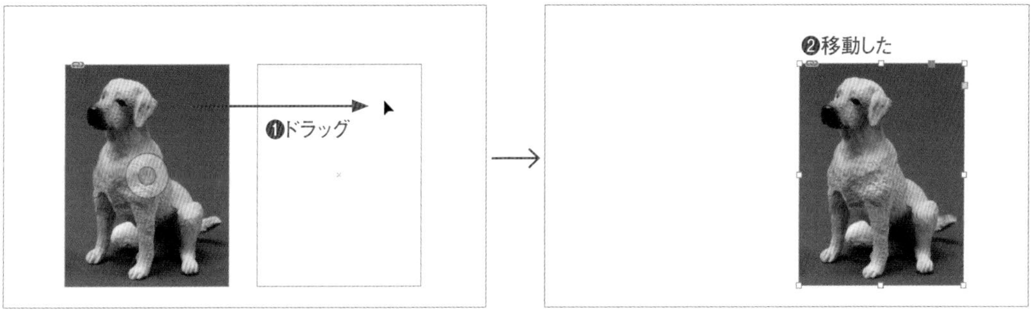

画像だけ移動する

選択ツールでグラフィックフレームの中心にあるコンテンツグラバー(ドーナツ)にマウスポインターを合わせてから❶、ドラッグします❷。ドラッグ中に表示される画像の境界線を目安に位置を設定します。フレームの位置はそのままで、フレーム内の画像だけが移動します❸。

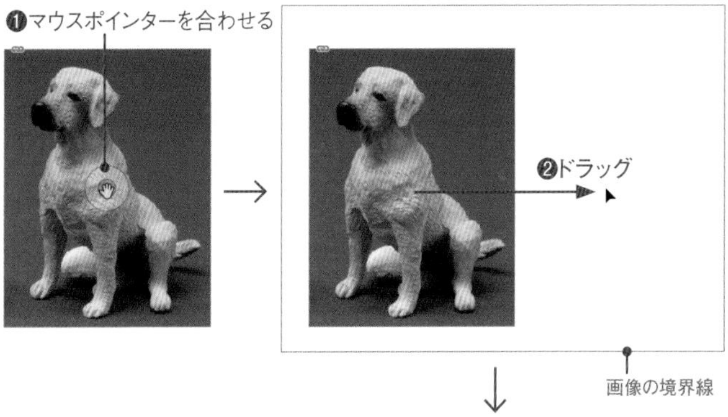

COLUMN

ダイレクト選択ツールで移動

ダイレクト選択ツールでグラフィックフレームの画像部分をクリックすると、フレーム内の画像を選択でき、ドラッグして移動できます。また、選択した状態であれば、矢印キーを押して移動できます。

7-2 画像の読み込みオプション

画像を配置する前に［読み込みオプション］でファイル形式固有のオプションを設定できます。ここでは代表的なPhotoshopネイティブ形式と、Illustratorネイティブ形式の読み込みオプションについて学びましょう。

読み込みオプションの設定

2021 2020 2019

［読み込みオプション］ダイアログボックスの表示

画像の配置時に表示される［配置］ダイアログボックスで［読み込みオプションを表示］にチェックをつけると［読み込みオプション］ダイアログボックスが表示されます。複数の画像を配置する場合、1枚1枚画像を配置するたびに［読み込みオプション］ダイアログボックスが表示されるため、設定を変更する必要がなければチェックは外しておきましょう。わざわざ配置するときに設定しなくても、後から編集できるオプションもあります。
一部のオプションは、1回ごとに初期設定に戻るのものと、変更した設定を保持するものがあります。［読み込みオプションを表示］のチェックを外して配置するときは、その設定が以降継続されるので注意してください。

Photoshop形式の読み込みオプション

Photoshop形式ファイルを配置する際に表示される、［画像読み込みオプション］ダイアログボックスの［画像］タブでは、［Photoshopクリッピングパスを適用］❶で、切り抜き用のクリッピングパスを適用するかを設定します。アルファチャンネルを使うときは、適用するアルファチャンネルを選択します❷。この設定は継続するオプションで、［オブジェクト］メニュー→［クリッピングパス］→［オプション］を選んで表示される、［クリッピングパス］ダイアログボックスの［タイプ］で変更できます。［カラー］タブは、色について設定します。［プロファイル］に［ドキュメントのデフォルトを使用］が選択されている場合は❸、何も変更しません。［レイヤー］タブのオプションは、配置時に表示するレイヤーを選択します❹。ここでの設定も、［オブジェクト］メニュー→［オブジェクトレイヤーオプション］で配置後でも、変更できます。

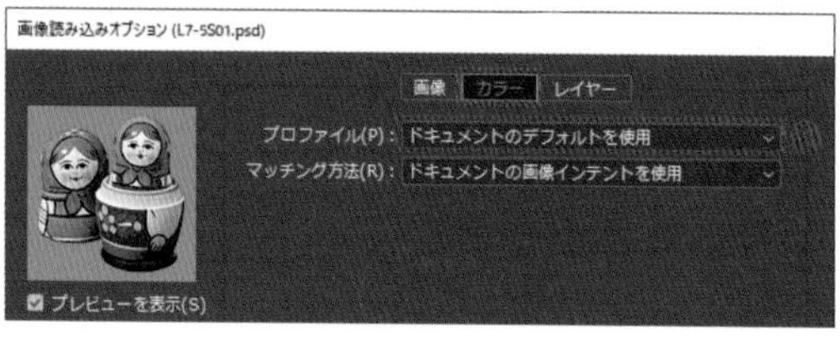

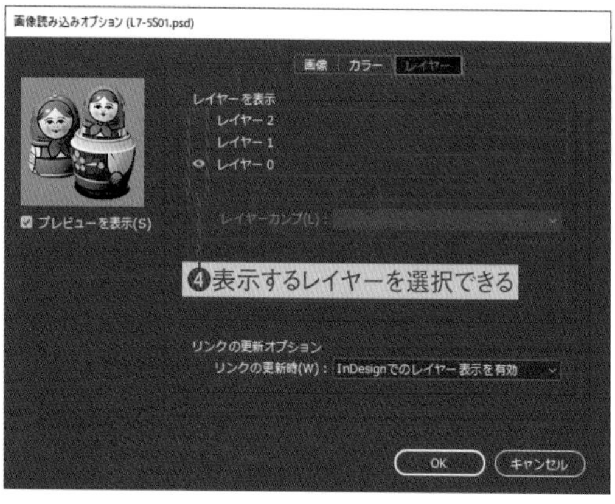

Illustrator形式の読み込みオプション

Illustrator形式ファイルを配置する際の読み込みオプションは、PDFの配置と同じ［PDFを配置］ダイアログボックスで設定します。

ひとつのドキュメントに複数のアートボードがある場合、［一般］タブの［ページ］で指定します❶。［プレビューされたページ］では、左側のプレビューで表示されたページを配置します。［範囲］では、ページ番号を指定して、任意のアートボードだけを配置できます。［すべて］に設定したときは、連続してアートボード単位の画像を配置できます。後から配置した画像のページ（アートボード）を変更ができないため、複数のアートボードがある場合は、必ず読み込みオプションの設定が必要になります。

［トリミング］は、読み込む範囲のどこまでを画像として認識させるか設定します❷。アートボードは無視して、プレビューで表示されるオブジェクトだけ読み込む場合は、［バウンディングボックス（表示中のレイヤー）］に設定します。アートボードと同じサイズで読み込む場合は［仕上がり］に設定します。ドキュメントに設定した裁ち落としの範囲まで広げて読み込む場合は［裁ち落とし］に設定します。この［トリミング］と［背景を透明に］は、設定が継続され、配置した後から編集することができないので、注意してください。

［レイヤー］タブでは、配置時に表示するレイヤーを選択します❸。この設定は、［オブジェクト］メニュー→［オブジェクトレイヤーオプション］で、配置した後から同じ編集ができます。

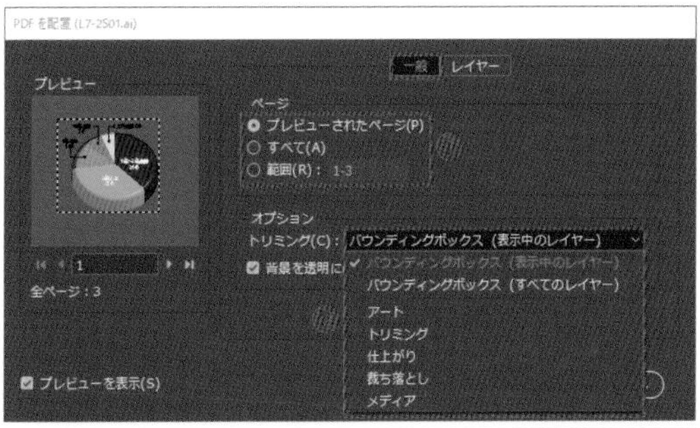

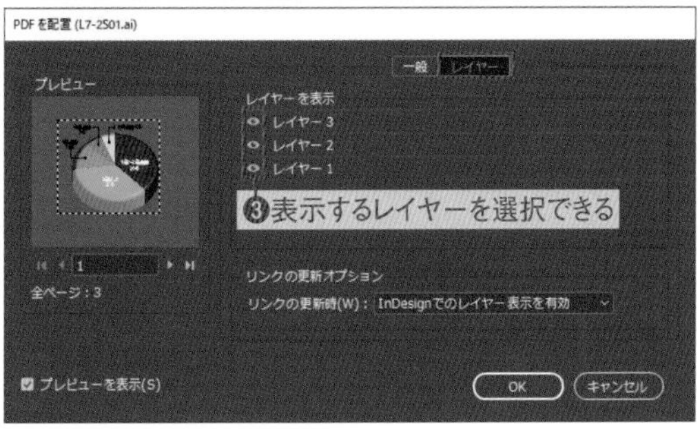

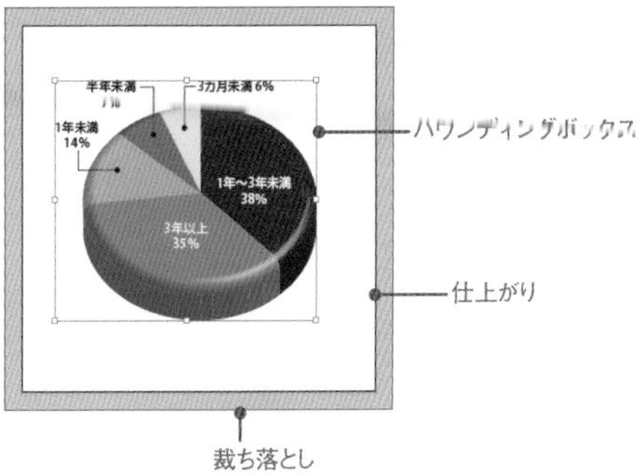

レイヤーオプション

レイヤー構造を持つことができるPhotoshop形式とIllustrator形式の画像は、InDesignのドキュメントに配置後でもレイヤーの表示／非表示を切り替えられます。

画像を配置するときに設定したければ、［画像読み込みオプション］ダイアログボックスで設定します。

配置後に変更する場合は、［オブジェクト］メニュー→［オブジェクトレイヤーオプション］を選択します❶。非表示にするレイヤーは、👁アイコンをクリックして■にします。表示に戻すときは、同じところをクリックして👁にします❷。

［リンクの更新オプション］の［リンクの更新時］は、リンク画像が変更されたときに、InDesignとPhotoshopのどちらの設定でレイヤーを表示するかを設定します❸。

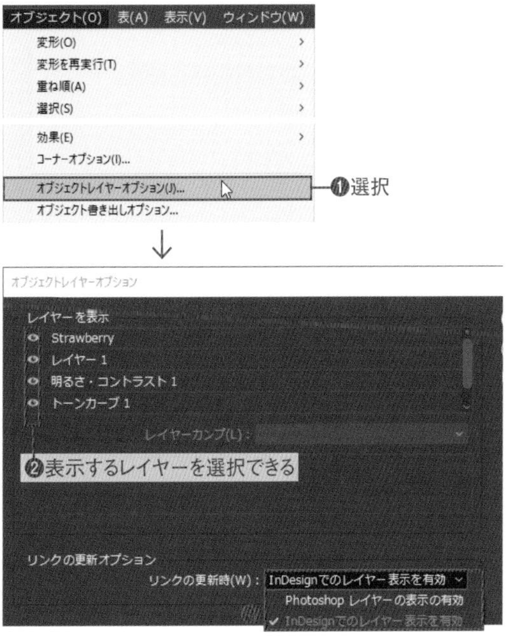

STEP 01　表示するアートボードを選択して配置する　2021 2020 2019

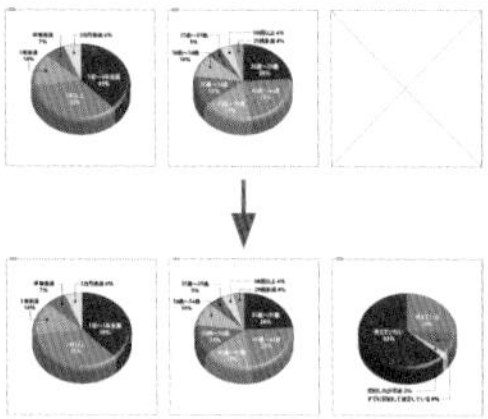

［配置］コマンドの読み込みオプションを表示して、Illustratorファイルにある複数のアートボードから、目的のアートボードを選んで配置します。

Lesson 07 ▶ L7-2S01.indd、L7-2S01.ai

1　レッスンファイル「L7-2S01.indd」を開きます。選択ツールを選択し❶、一番右の空のグラフィックフレームを選択します❷。［ファイル］メニュー→［配置］を選び、❸、［配置］ダイアログボックスが表示されたら、「L7-2S01」フォルダーにある「L7-2S01.ai」を選択します❹。［読み込みオプションを表示］にチェックをつけ❺、［開く］をクリックします❻。

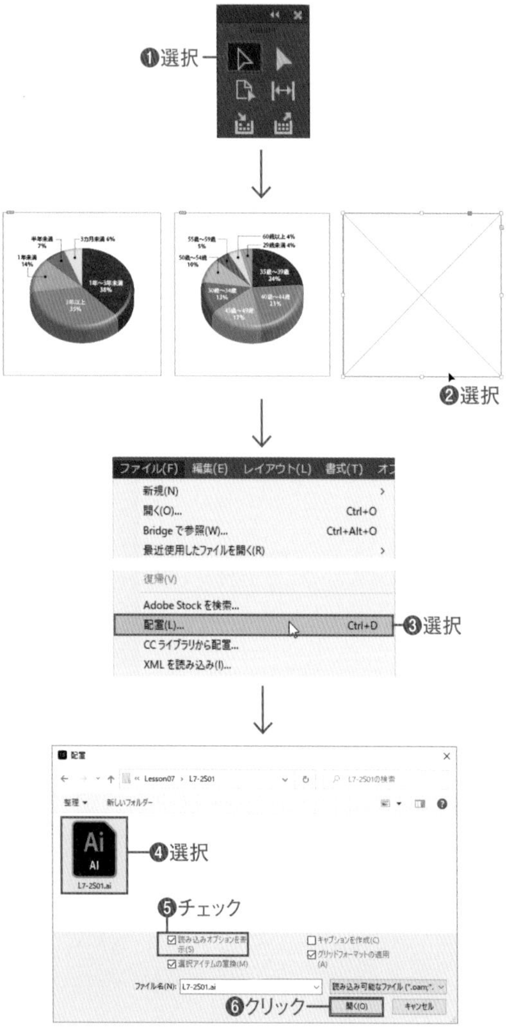

2　［PDFを配置］ダイアログボックスが表示されるので、［プレビューを表示］にチェックをつけます❶。［プレビューされたページ］を選択し❷、［オプション］の［トリミング］を［仕上がり］に設定します❸。プレビュー画像の下にある▶を2回クリックして❹、3ページ目が表示されるので（配置するアートボード番号は「3」）、［オプション］の設定を反映したトリミング範囲が破線で表示されることを確認します❺。［OK］をクリックします❻。「L7-2S01.ai」のアートボード3の画像が配置されます❼。

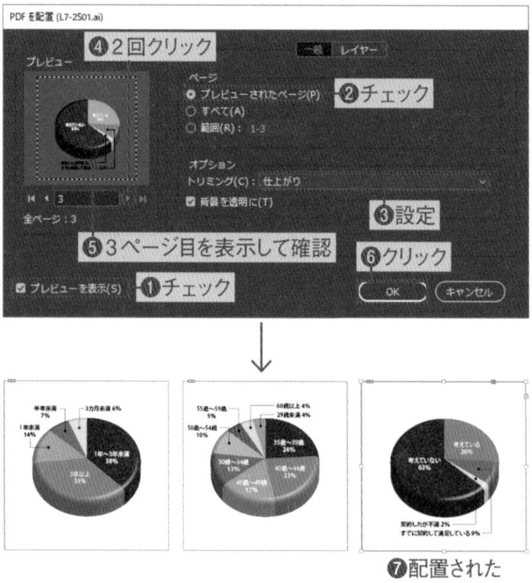

トリミング　COLUMN

この作例のIllustratorファイルは、グラフィックフレームと同じサイズのアートボードにグラフの位置も揃えて作成しています。［トリミング］を［仕上がり］にすることで、そのまま同じ位置で表示できます。［トリミング］の設定は次の配置にも適用されます。変更する前と同じ設定（初期設定は［バウンディングボックス（表示中のレイヤー）］）に戻してください。

STEP 02 表示するレイヤーを設定する

2021 2020 2019

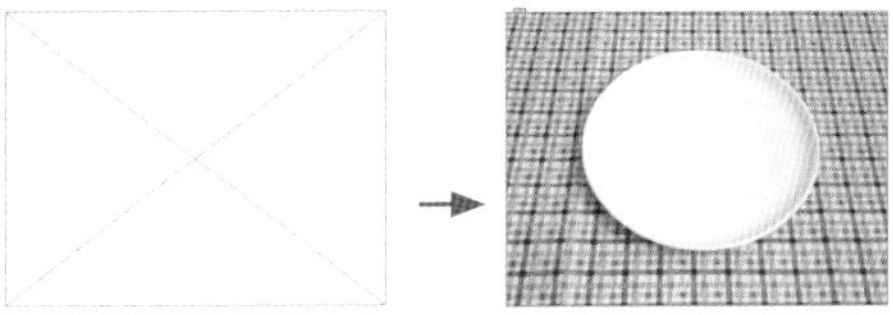

Before　After

配置した画像にレイヤーが設定されていれば、配置後でもオブジェクトレイヤーオプションで表示するレイヤーを選択できます。

Lesson 07 ▶ L7-2S02.indd、L7-2S02.psd

1 レッスンファイル「L7-2S02.indd」を開きます。選択ツールを選択し❶、空のグラフィックフレームを選択します❷。［ファイル］メニュー→［配置］を選び、表示された［配置］ダイアログボックスで「L7-2S02」フォルダーにある「L7-2S02.psd」を選択します❸。［読み込みオプションを表示］のチェックを外します❹。［開く］をクリックします❺。グラフィックフレームに画像が配置されます❻。

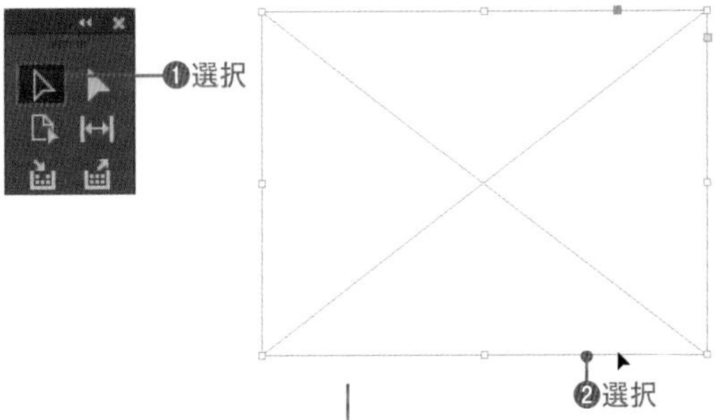

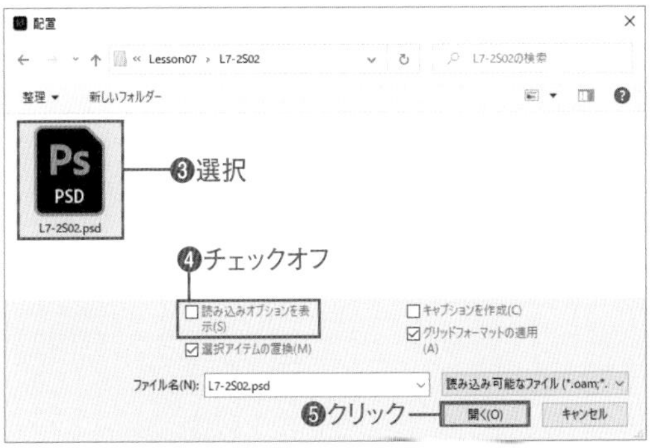

2 グラフィックフレームが選択状態のまま、［オブジェクト］メニュー→［オブジェクトレイヤーオプション］を選びます❶。［オブジェクトレイヤーオプション］ダイアログボックスが表示されるので、［プレビュー］にチェックをつけます❷。「Strawberry」と「レイヤー1」のをクリックして非表示に変更し❸、［OK］をクリックします❹。「Strawberry」レイヤーの文字と、「レイヤー1」レイヤーのイチゴの画像が非表示になりました❺。

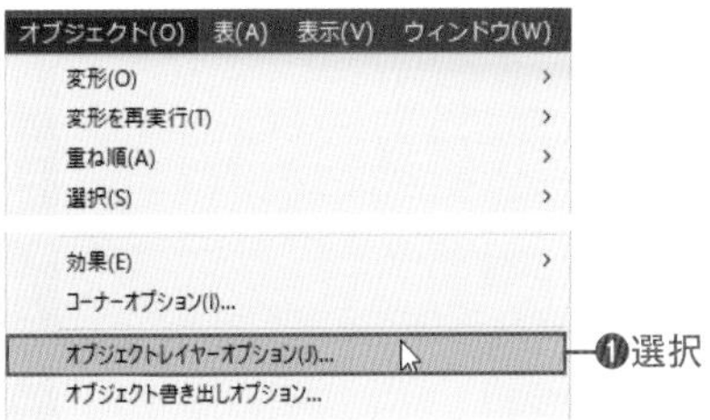

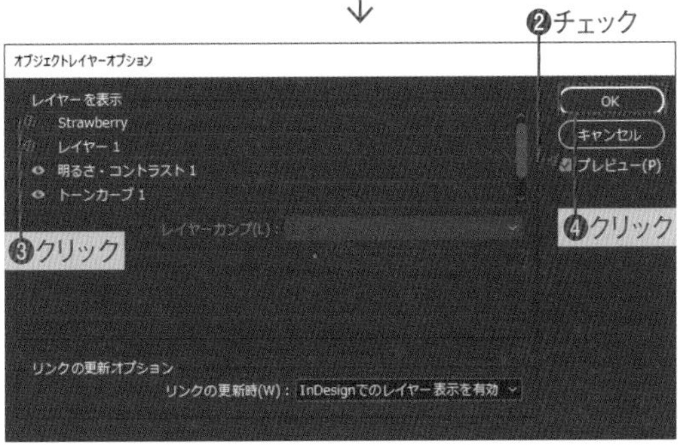

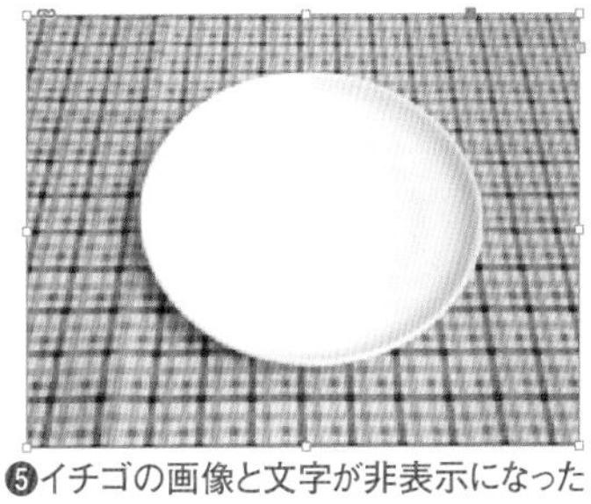

7-3 画像のリンク

InDesignに配置する写真やイラストなどのグラフィックデータは、リンクするか埋め込むかのふたつの方法があります。リンクで配置するのが一般的で、配置ファイルはリンクパネルで管理します。ここでは、画像のリンクについて学びます。

リンクと埋め込み

2021 2020 2019

InDesignで配置する画像のデータは、外部ファイルとリンクする方法と、ドキュメントに埋め込む方法があります。外部ファイルとリンクする方法は、画像のデータがInDesignのドキュメントに含まれないので、ファイルサイズが極端に大きくなりません。一方、ドキュメントに埋め込む方法は、画像を配置するたびにInDesignのファイルサイズが大きくなります。

[配置]コマンドとドラッグ&ドロップでの配置はリンクとなりますが、コピー&ペーストは埋め込みとなります。

リンクで配置したグラフィックはリンクパネルで確認できますが、コピー&ペーストで埋め込んだ画像はリンクパネルに表示されません。ただし、リンクで配置したグラフィックを埋め込みにした場合は、リンクパネルに表示されます。

リンクパネルでは、リンクしているファイルの所在とデータの更新状況をチェックしています。

パネルに?アイコンが表示されているときは、リンクしている元データの所在を見失っています。元データを削除したり、保存先のフォルダーを移動すると表示されます。?のアイコンが表示されたら、パネル下の[再リンク]ボタンをクリックして、リンク元のファイルを探してください。

⚠アイコンが表示されているときは、リンクしているグラフィックの元のファイルが更新されたのに、配置した画像が更新されていないことを示してします。⚠のアイコンが表示されたら、パネル下の[リンクを更新]ボタンをクリックして更新してください。

また、画像の横に表示されるページ番号をクリックすると、その画像が選択状態のページが表示されます。

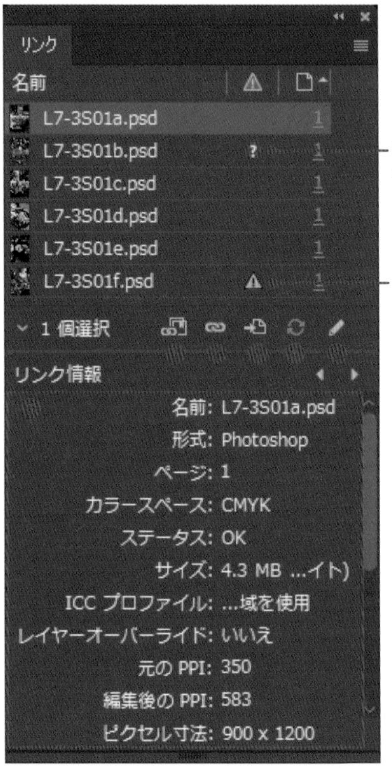

❶CCライブラリから再リンク
❷再リンク
❸選択したグラフィックを表示
❹最新の状態に更新
❺編集アプリケーションを開いて編集
❻選択したグラフィックの詳細情報を表示

COLUMN

リンクしたファイルにリンクがある場合

InDesignのパッケージ機能では、配置したグラフィック内でリンクしているファイルは収集できません。Illustratorで画像を配置したイラストを作るときは、埋め込みで保存するとトラブルを回避できます。

STEP 01 画像のリンク修正

2021 2020 2019

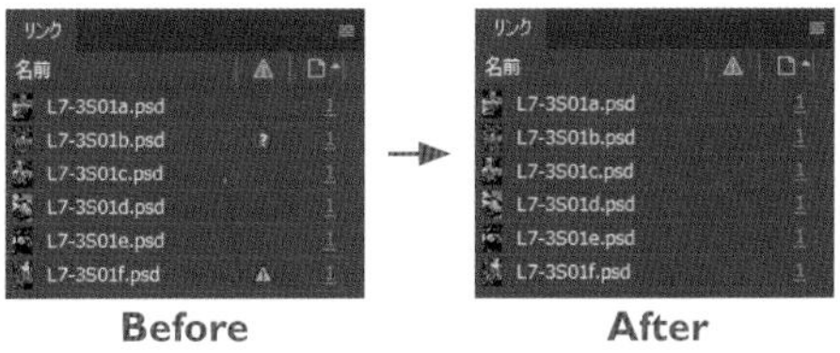

画像のリンクが正常でないInDesignデータを開く際、リンクを更新しないで開いてから修正する方法を学びましょう。

Lesson 07 ▶ L7-3S01.indd

1 レッスンファイルを開きます。このレッスンファイルは画像のリンクが正常でないので、警告ダイアログボックスが表示されます❶。［リンクを更新しない］をクリックします❷。警告ダイアログボックスが表示される理由がわからないときは、リンクを更新せずに開きます。

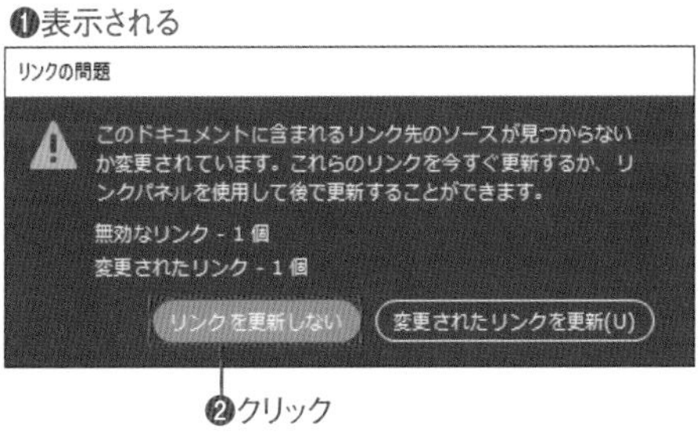

2 ドキュメントが開くと、画像とリンクパネルに警告アイコンが表示されます❶。

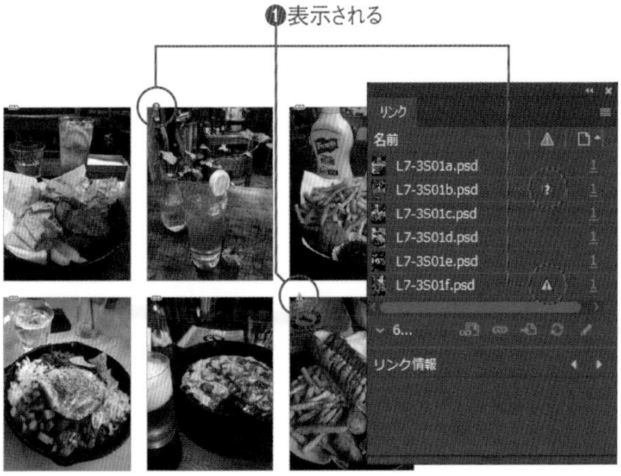

3 リンクパネルで、が表示されている「L7-3S01f.psd」を選択し❶、［リンクを更新］をクリックします❷。リンクが最新に更新され、警告アイコンが消えます❸。ここでの警告の理由は、カラースペースをRGBからCMYKに変更したのに更新していない画像でした。

4 リンクパネルにがついた「L7-3S01b.psd」を選択します❶。この画像は、リンクしたファイルを削除または移動したため、リンク元がわからなくなっています。[再リンク]をクリックします❷。

5 [場所]ダイアログボックスが表示されたら、「L7-3S01」フォルダー内の「img」フォルダーをダブルクリックして開きます❶。リンクファイルが保存されているので「L7-3S01b.psd」を選択して❷、[開く]をクリックします❸。

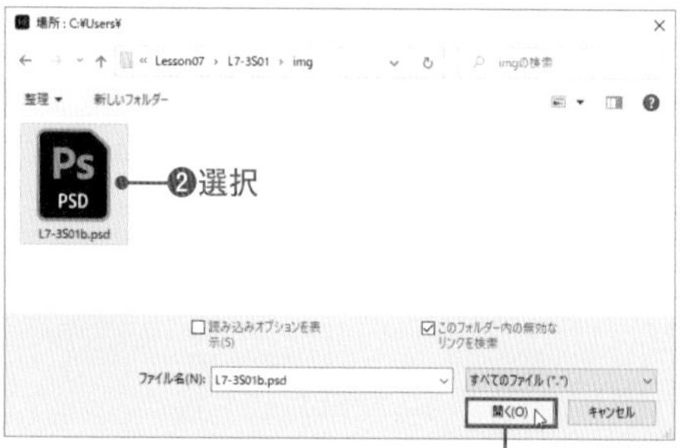

CHECK!

リンクパネルで画像を表示・選択する

リンクパネルの右端に表示されるページ番号をクリックすると、配置した画像が選択状態でドキュメントウィンドウの中心に表示されます。

6 警告アイコンが消えます❶。警告の理由は、ファイルの保存場所を移動したために、リンク元を見失っていたからです。正しくリンクしたので、[ステータス]が[OK]になりました❷。

CHECK!

リンク画像を埋め込む

リンクパネルの画像を選択して、パネルメニューの[リンクを埋め込み]を選択すると、埋め込み画像になります。

COLUMN

CCライブラリの画像

CCライブラリから画像を配置した場合、クラウドにあるデータとリンクしています。CCライブラリを共有していない相手にドキュメントを渡す場合は、CCライブラリとリンクしている画像を埋め込みに変換するか、パッケージしてクラウドにある画像データをダウンロードしてください。

CCライブラリとリンクしている画像のアイコン

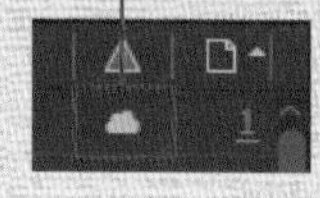

埋め込み画像のアイコン

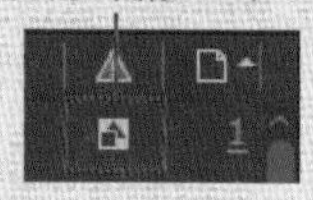

Macでは、キーは次のようになります。 Ctrl → ⌘　Alt → option　Enter → return

STEP 02 オブジェクトをリンクして使いまわす

2021 2020 2019

コンテンツ収集ツール、コンテンツ配置ツールを使って、埋め込み画像などのパーツをリンクしたコピーとして配置します。

コンテンツコンベヤーを使って配置する

1 STEP01の続きを使います。選択ツールを選択します❶。左上にあるプッシュピンのイラストを左上の写真の上に移動します❷。このイラストはIllustratorからコピー＆ペーストしたので、InDesignに埋め込まれている編集できるオブジェクトです。

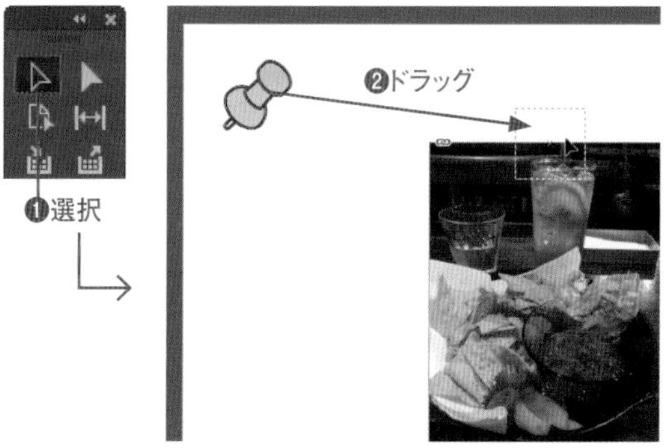

2 コンテンツ収集ツールを選択し❶、プッシュピンのイラストをクリックします❷。画面下部に表示されたコンテンツコンベヤーに追加されます❸。

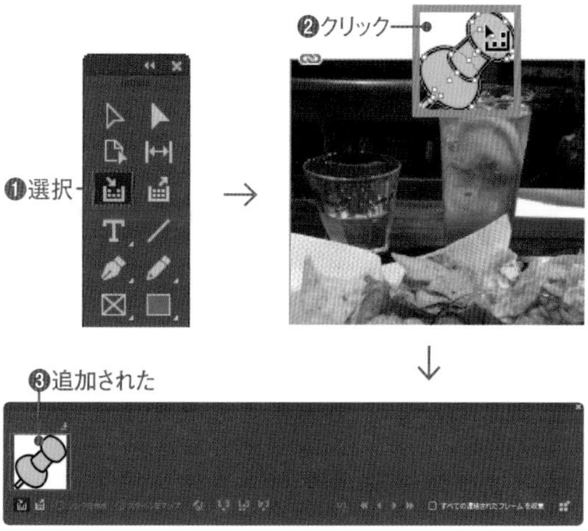

3 コンテンツコンベヤーのコンテンツ配置ツールを選択します❶。[リンクを作成] にチェックをつけ❷、[コンベヤーに保持し、複数回配置] を選択します❸。

4 隣の写真の上をクリックして、子オブジェクトを配置します❶。

5　ほかの画像上でもクリックしてオブジェクトを配置します❶❷❸❹。配置し終わったら、Escキーを押して❺、子オブジェクトの配置を終了します。配置した子オブジェクトがリンクパネルに表示されます❻（親オブジェクトは表示されません）。配置した位置は、多少ズレていてもかまいません。

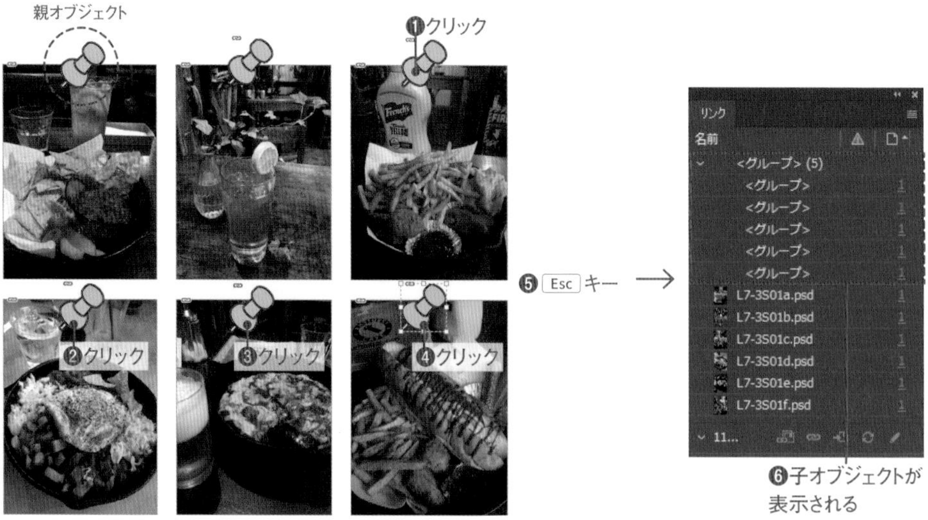

オブジェクトの属性を変更する

1　オブジェクトを配置したファイルを引き続き利用します。ダイレクト選択ツールを選択します❶。子オブジェクト（どれでも可）の右上の楕円のパスをクリックして選択します❷。

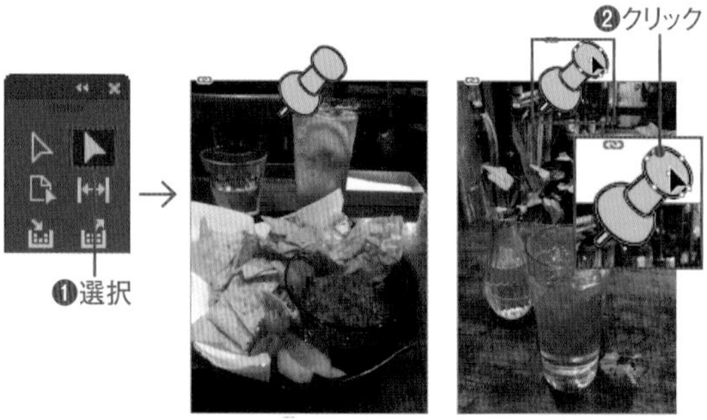

2　スウォッチパネルの［塗り］をアクティブにして❶［C=75 M=5 Y=100 K=0］をクリックします❷。選択したパスの色が変わります❸。

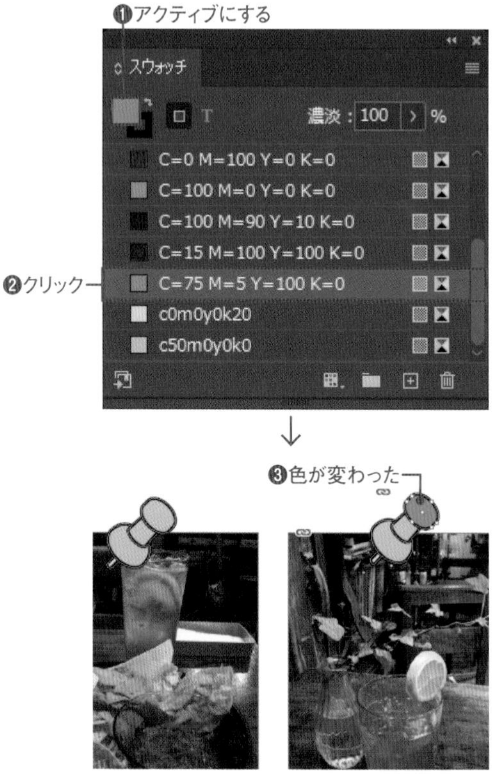

COLUMN

Illustratorのパスをコピー＆ペーストするとスウォッチにカラーが追加される

IllustratorのパスオブジェクトをInDesignにコピー＆ペーストすると、［塗り］や［線］に設定したカラーがInDesignのスウォッチに追加されます。スウォッチのカラーとペーストしたオブジェクトの色はリンクしています。

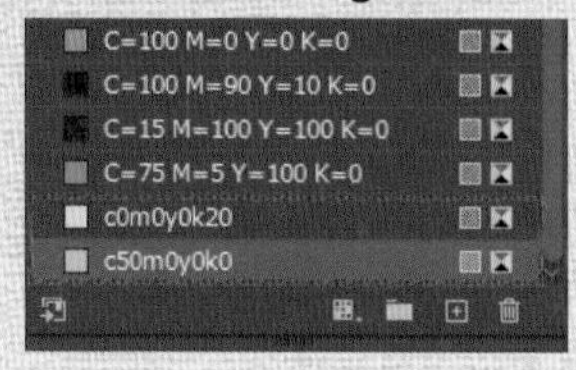

3 ダイレクト選択ツール で親オブジェクトの一部のパス（図を参照）をクリックして選択します❶。スウォッチパネルの［C=0 M=0 Y=100 K=0］をクリックします❷。

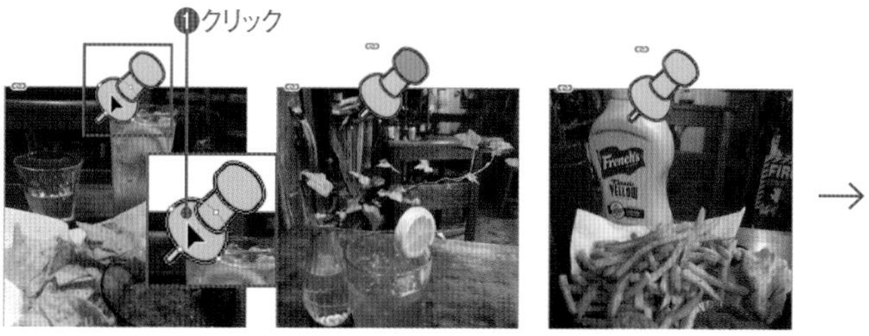

4 親オブジェクトのパスの一部の色が変わりました❶。親オブジェクトを変更したので、リンクパネルの子オブジェクトに の警告アイコンが表示されます❷。

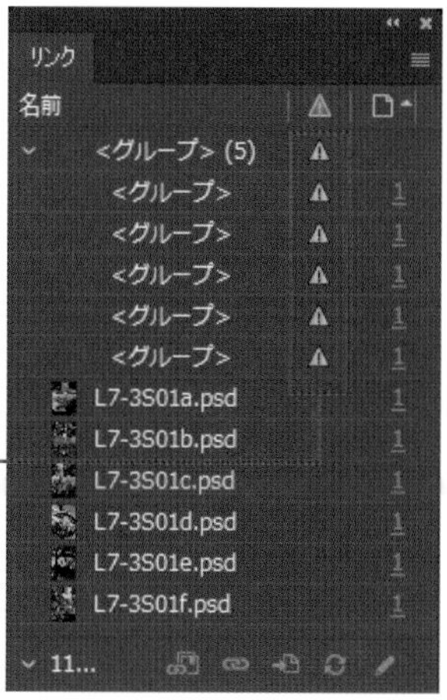

親オブジェクトの変更を更新する

リンクパネルの「<グループ> (5)」を選択します❶。パネルの下にある をクリックします❷。オーバーライドした子オブジェクトがあると、警告ダイアログボックスが表示されるので、［はい］をクリックします❸。すべての子オブジェクトが親オブジェクトと同じに更新されます❹。緑色に変更した子オブジェクトのオーバーライド部分もなくなります。

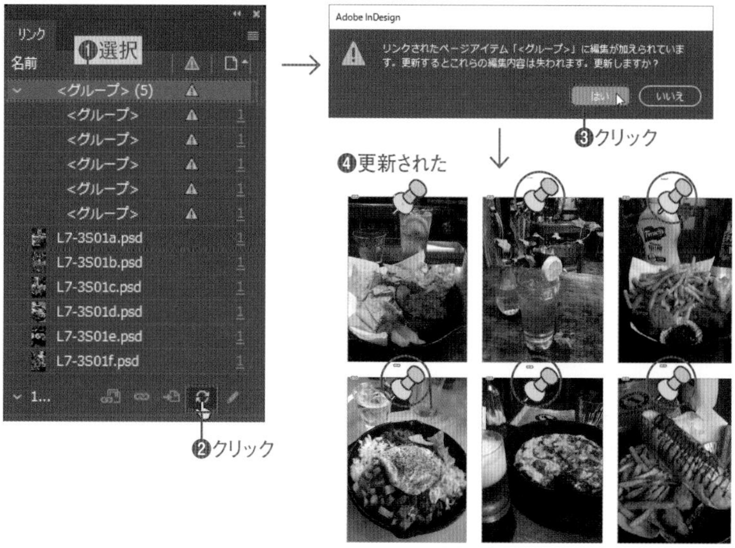

CHECK!

［いいえ］の場合

［いいえ］をクリックすると、オーバーライドした子オブジェクトだけ除いて更新します。更新自体をキャンセルするわけではありません。

7-4 画像のサイズの変更

配置した画像のサイズを変更する際には、解像度に注意してください。操作として拡大できても、印刷時に粗い画像にならないようにします。サイズの変更には、いくつもの方法があるので、しっかり学びましょう。

解像度に注意する 2021 2020 2019

印刷物の制作において、配置した画像のサイズと解像度はもっとも注意すべきポイントです。Illustratorの画像は、解像度をあまり意識しないで自由にサイズを変更できますが、Photoshopの画像は解像度に注意してサイズを変更します。

ここで注目するのは、画像データ自体に設定した解像度ではありません。配置した画像を選択して、リンクパネルに表示される[編集後のppi]を確認します❶（情報パネルにも表示されます❷）。この値が「300ppi」未満のときは、商用印刷での標準解像度に達していません。例えば、Photoshopで解像度を350ppiに設定した画像をInDesignで200％拡大すると、[編集後のppi]が「175ppi」になります。

ただし、「175ppi」だからプリントエラーが出るわけではないので、画質が悪いことを承知した上で印刷することは可能です。逆に、縮小して[編集後のppi]を「700ppi」にしても画質が倍に向上するわけではありません。

最適な解像度（300～350ppi）に合わせると、きれいな画質を保持でき、メモリへの負担を減らすことができます。

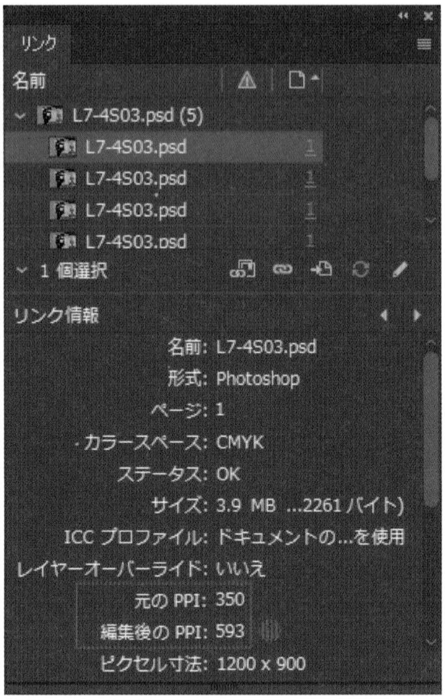

[元のPPI]は100％で配置したときの解像度で、[編集後のPPI]が実際に配置しているサイズの解像度となる

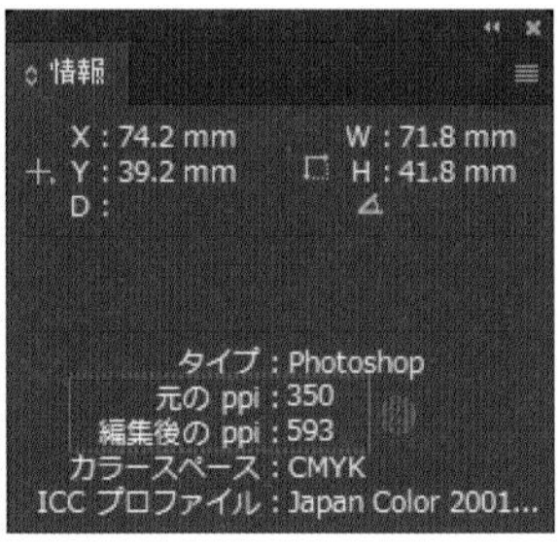

情報パネルにも表示される

COLUMN Illustratorのデータは縮小に注意

解像度に依存することなく出力できるIllustratorですが、縮小したときに細い線が印刷されないくらいまで細くなる可能性があります。Photoshopのグラフィックは拡大するときに注意して、Illustratorは縮小するときに注意してください。

紙面版

電脳会議

DENNOUKAIGI

一切無料

今が旬の情報を満載してお送りします!

『電脳会議』は、年6回の不定期刊行情報誌です。A4判・16頁オールカラーで、弊社発行の新刊・近刊書籍・雑誌を紹介しています。この『電脳会議』の特徴は、単なる本の紹介だけでなく、著者と編集者が協力し、その本の重点や狙いをわかりやすく説明していることです。現在200号を超えて刊行を続けている、出版界で評判の情報誌です。

毎号、厳選ブックガイドもついてくる!!

『電脳会議』とは別に、テーマごとにセレクトした優良図書を紹介するブックカタログ(A4判・4頁オールカラー)が同封されます。

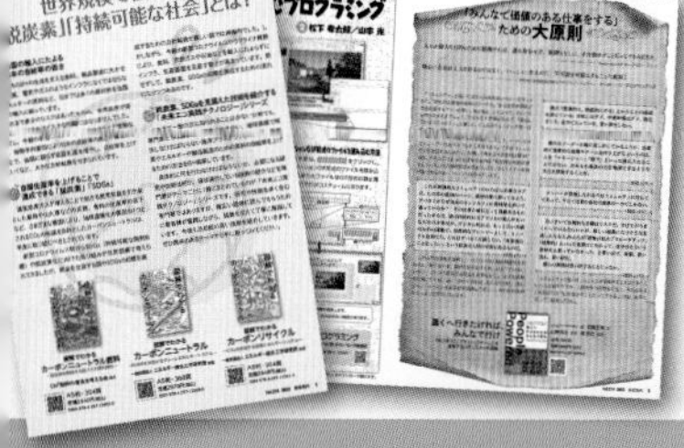

STEP 01　フレームと画像のサイズを一緒に変更する　2021 2020 2019

Before

After

境界線ボックスのハンドル操作で、グラフィックフレームと画像のサイズを一緒に変更します。

Lesson 07 ▶ L7-4S01.indd

1　レッスンファイルを開きます。選択ツールを選択し❶、グラフィックフレームを選択して❷、境界線ボックスを表示します❸。

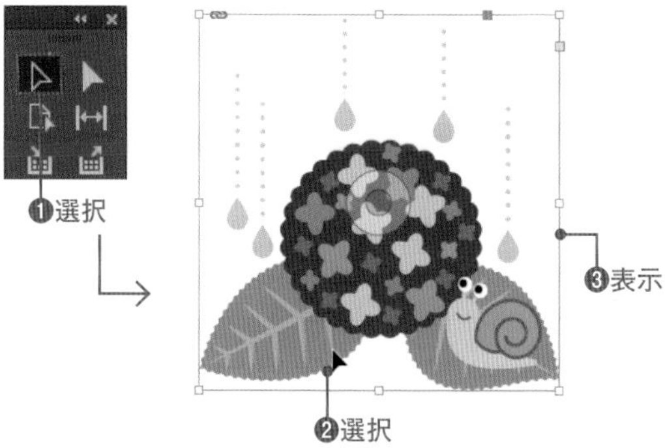

2　コントロールパネルまたはプロパティパネルの［自動調整］のチェックを外します❶。Shift キーと Ctrl キーを押しながら、角のハンドルをドラッグすると❷、グラフィックフレームの縦横比を固定して変形します❸。なお、Ctrl キーだけを押しながらドラッグすると、フレームサイズに合わせて画像を拡大・縮小できます。

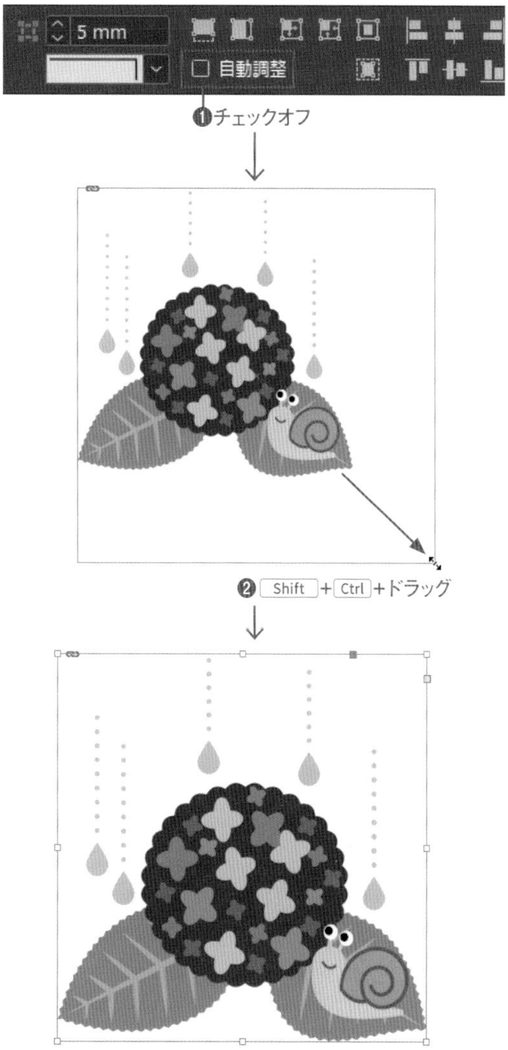

❸縦横比を保持したまま拡大できた

CHECK!

［自動調整］

［自動調整］もグラフィックフレームのサイズに合わせて画像サイズを変更する機能です。チェックした状態でフレームのハンドルをドラッグすると、画像のサイズがフレームに合わせて変形します。変形時の調整方法は［オブジェクト］メニュー→［オブジェクトサイズの調整］→［フレーム調整オプション］でカスタマイズできます。

COLUMN

画像だけサイズ変更する

選択ツールでコンテンツグラバーをクリックすると、画像の境界線ボックスが表示されます。そのハンドルをドラッグすると、グラフィックフレームのサイズは変えず、画像だけサイズを変更できます。画像の縦横比を固定するときは Shift キーを押しながらドラッグします。

STEP 02 倍率設定とサイズ設定の使い分け

2021 2020 2019

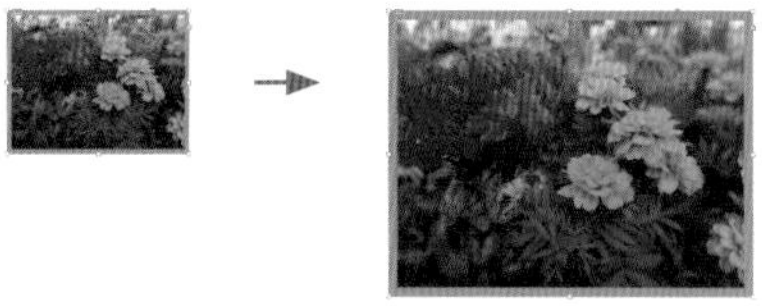

Before　After

拡大・縮小率を設定してサイズを変更する方法と、幅と高さのサイズを設定してフレームサイズを変更する方法の違いを覚えましょう。

Lesson 07 ▶ L7-4S02.indd

拡大・縮小率を設定してサイズを変更する

1 レッスンファイルを開きます。選択ツールでAのグラフィックフレームを選択します❶。このフレームは［自動調整］のチェックを外しています❷。

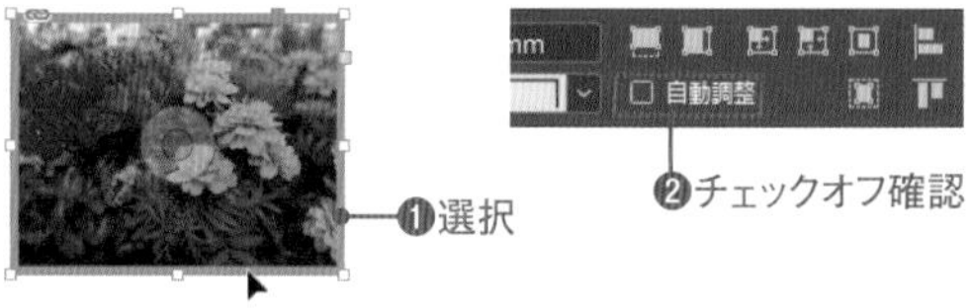

2 コントロールパネルで基準点を左上に設定します❶。［拡大／縮小の縦横の比率の固定］をオン（鎖がつながった状態）にして❷、［拡大・縮小Xパーセント］を「200」に設定します❸。フレーム、画像、線幅が左上を基準に2倍のサイズになります❹。

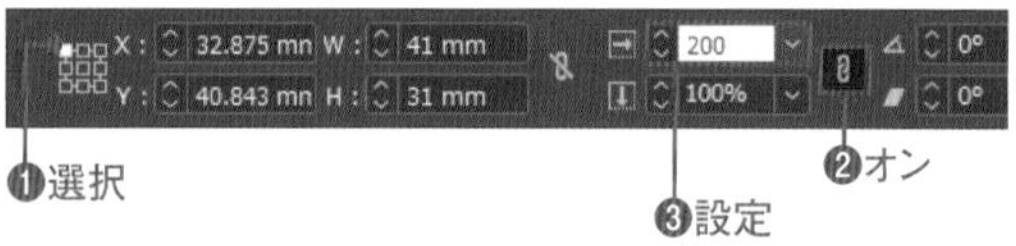

ダイレクト選択ツールで画像だけを選択すると、画像のサイズだけを変更できる

❹フレーム、画像、線幅が2倍になった

幅と高さのサイズ設定してサイズを変更する

1 選択ツールでBのグラフィックフレームを選択します❶。このフレームも［自動調整］のチェックを外しています❷。

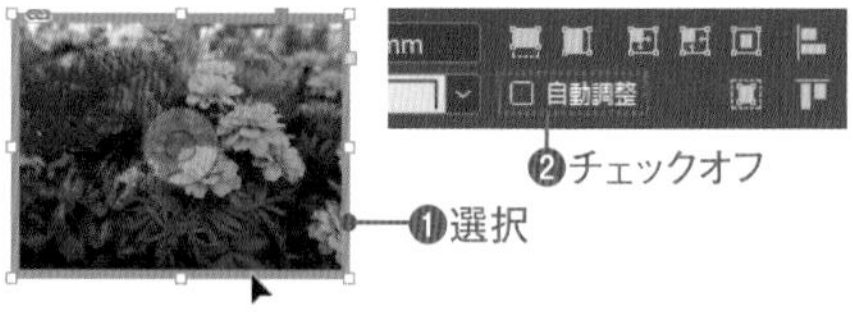

2 コントロールパネルの基準点を上中央に設定します❶。［幅／高さの縦横の比率の固定］をオン（鎖がつながった状態）にして❷、［W］に元の数値の2倍の「82」と入力します❸。フレームが上中央を基準に2倍のサイズになります❹。

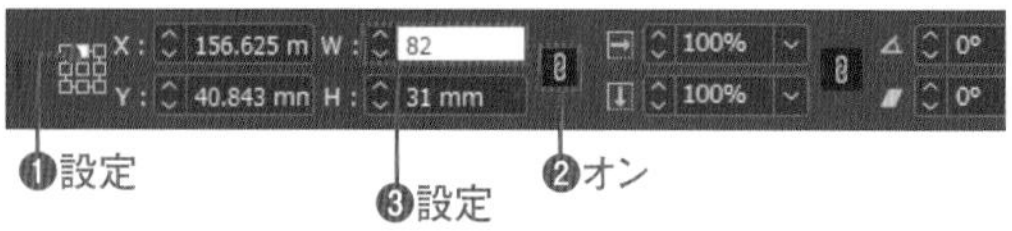

［自動調整］にチェックをつけた場合は、フレームと画像が2倍になり、線幅は変わらない

❹フレームだけが2倍になった

STEP 03 オブジェクトのサイズ調整

2021 2020 2019

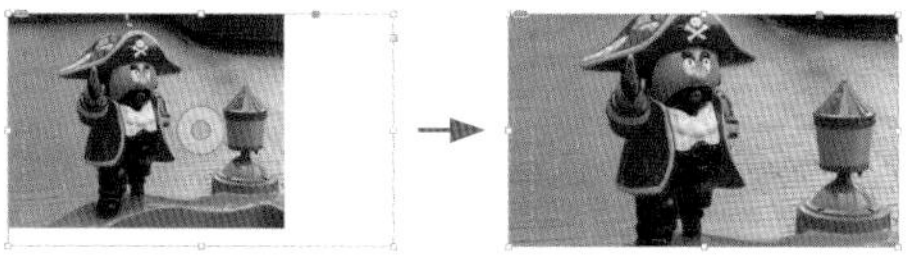

Before After

画像とフレームのサイズを揃えたいときは、コントロールパネルにある［オブジェクトのサイズ調整］ボタンが便利です。

Lesson 07 ▶ L7-4S03.indd

フレームに均等に流し込む

レッスンファイルを開きます。選択ツールでAのグラフィックフレームを選択します❶。画像のサイズがグラフィックフレームよりも小さい状態です。画像とフレームの縦横比も異なります。コントロールパネルの［フレームに均等に流し込む］をクリックします❷。フレームと画像の間に隙間ができない大きさまで画像の縦横比を保持してサイズが変わり、フレームの中央に画像の中央が揃います❸。

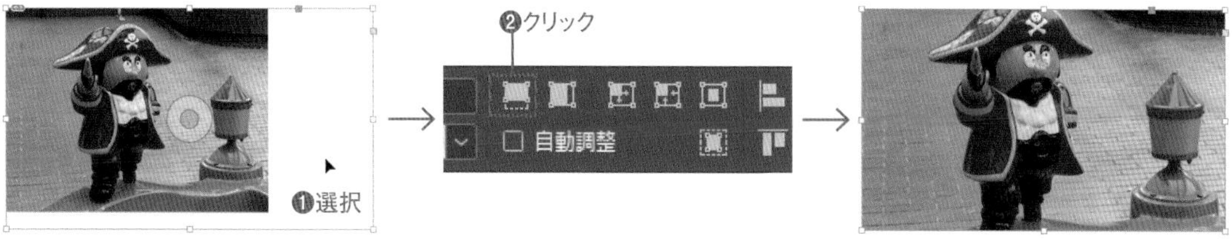

画像サイズがグラフィックフレームよりも小さい

❸画像サイズが変わった

内容を縦横比に応じて合わせる

選択ツールでBのグラフィックフレームを選択します❶。コントロールパネルの［内容を縦横比に応じて合わせる］をクリックします❷。画像全体がフレームに収まる大きさで画像の縦横比を保持してサイズが変わり、フレームの中央に画像の中央が揃います❸。

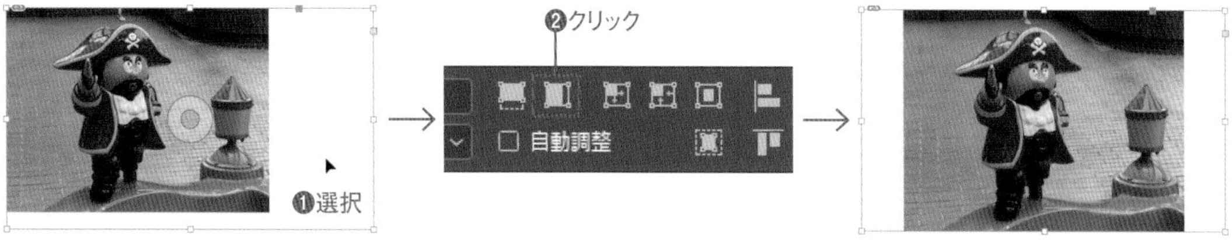

❸画像サイズが変わった

内容をフレームに合わせる

選択ツールでCのグラフィックフレームを選択します❶。コントロールパネルの［内容をフレームに合わせる］をクリックします❷。フレームと画像の間に隙間ができない大きさまで画像のサイズが変更されます❸。縦横比は保持されません。

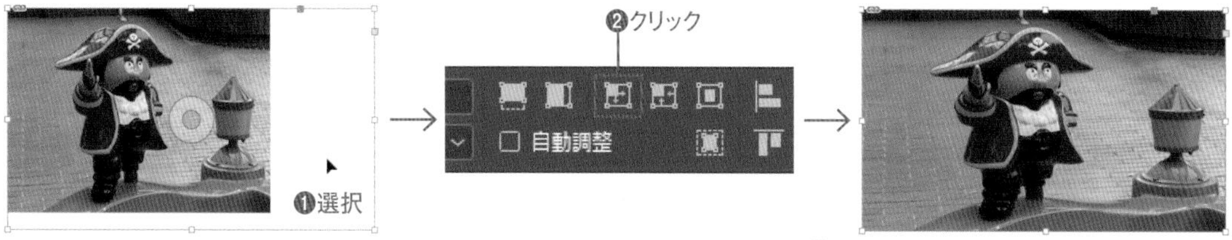

❸フレームに合わせて画像サイズが変わった

フレームを内容に合わせる

選択ツールでDのグラフィックフレームを選択します❶。コントロールパネルの［フレームを内容に合わせる］をクリックします❷。フレームと画像の間に隙間ができない大きさまでフレームのサイズが変わります❸。画像の位置は変わりません。

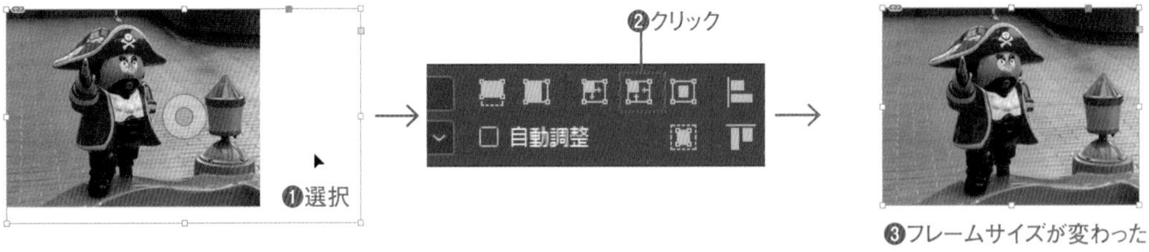

内容を中央に揃える

選択ツールでEのグラフィックフレームを選択します❶。コントロールパネルの［内容を中央に揃える］をクリックします❷。画像が移動してフレームの中央に画像の中央が揃います❸。フレームと画像のサイズは変わりません。

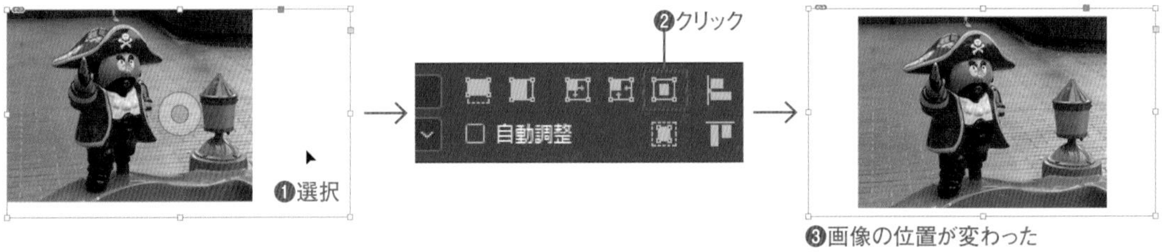

内容を自動認識に応じて合わせる

選択ツールでFのグラフィックフレームを選択します❶。コントロールパネルの［内容を自動認識に応じて合わせる］をクリックします❷。InDesignが被写体に合わせて自動的にトリミングします❸。フレームのサイズは変わりません。

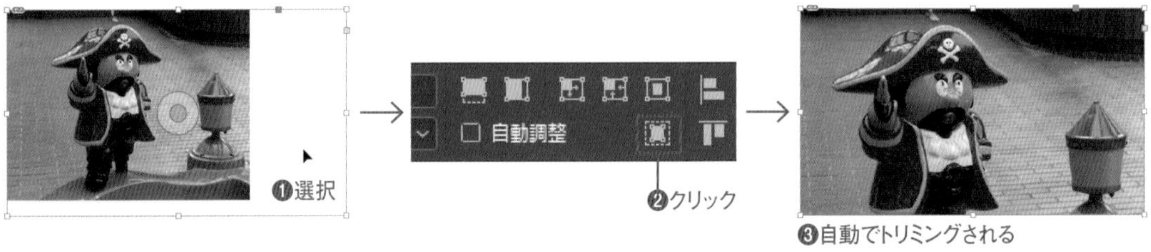

COLUMN

フレーム調整オプション

画像を配置する前に、グラフィックフレームにフレーム調整オプションを設定して、画像がフレームに配置すると同時に［オブジェクトサイズの調整］を適用できます。グラフィックフレームを選択して、［オブジェクト］メニュー→［オブジェクトサイズの調整］→［フレーム調整オプション］を選ぶと、［フレーム調整オプション］ダイアログボックスが開きます。また、何も選択していない状態でフレームツールを選択して［フレーム調整オプション］を設定すると、以降作成する新しいグラフィックフレームに同じ設定を適用します。

STEP 04 ハンドルでフレームサイズを調整する 2021 2020 2019

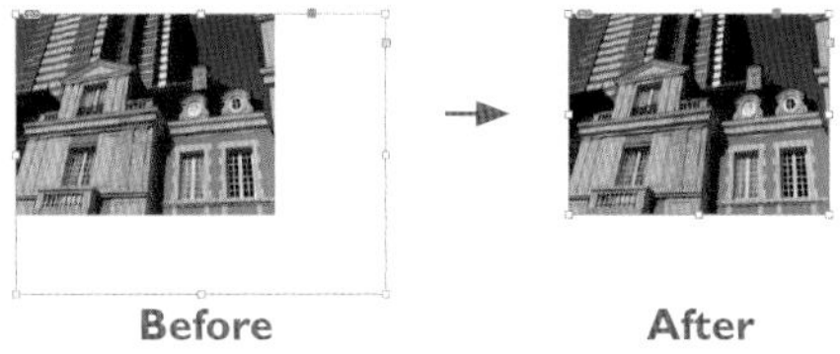

ハンドルをダブルクリックして、グラフィックフレームのサイズを調整します。角と中央にあるハンドルの使い分けを学びましょう。

Lesson 07 ▶ L7-4S04.indd

1 レッスンファイルを開きます。選択ツールでAのグラフィックフレームを選択して、境界線ボックスを表示します❶。角のハンドルをダブルクリックすると❷、グラフィックフレームが画像の境界線と同じサイズになります❸。

2 選択ツールでBのグラフィックフレームを選択して、境界線ボックスを表示します❶。右中央（または左中央）のハンドルをダブルクリックすると❷、グラフィックフレームの幅が画像の幅と同じサイズになります❸。フレームの高さは変わりません。

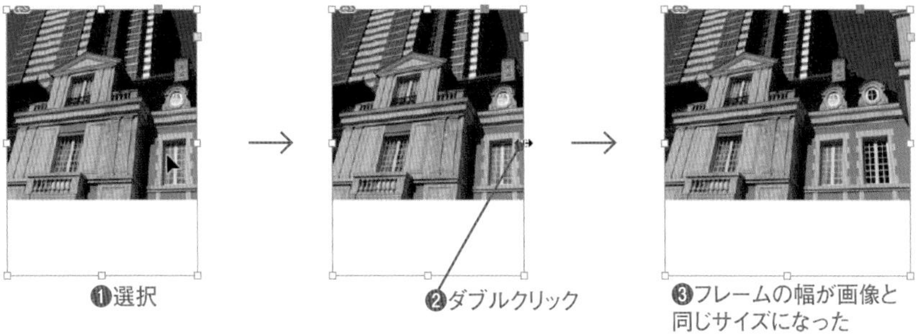

3 選択ツールでCのグラフィックフレームを選択して、境界線ボックスを表示します❶。下中央（または上中央）のハンドルをダブルクリックすると❷、グラフィックフレームの高さが画像の高さと同じサイズになります❸。フレームの幅は変わりません。

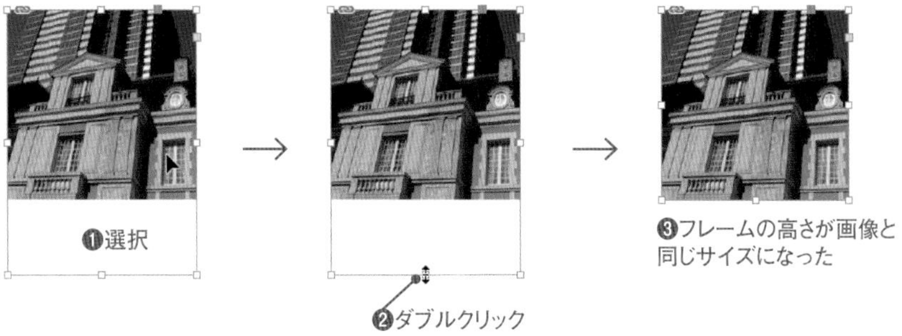

7-5 テキストの回り込み設定

オブジェクトにテキストの回り込みを適用すると、オブジェクトに設定した境界内にはテキストが重ならないように回り込みます。

テキストの回り込み 2021 2020 2019

オブジェクトを選択してから、テキストの回り込みパネル、コントロールパネル、プロパティパネルのいずれかのボタンで設定します。

ただし、コントロールパネルとプロパティパネルでは、[回り込み] オプションは設定できません。テキストの回り込みを適用したくないテキストフレームは、[テキストフレーム設定] ダイアログボックスを表示して、[テキストの回り込みを無視] にチェックをつけます。

コントロールパネル

[回り込みなし] の設定

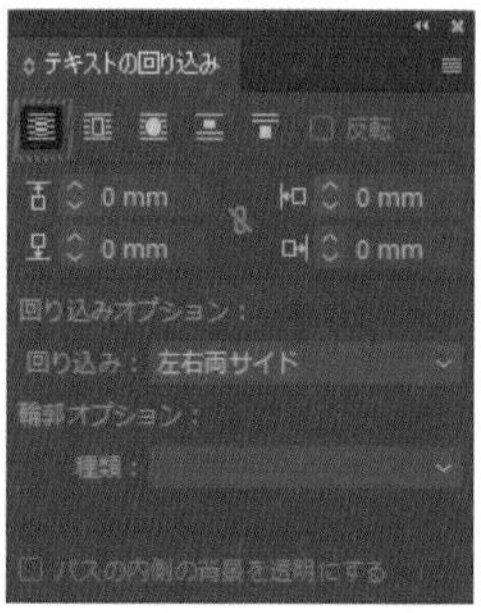

テキストの回り込みパネル

境界線ボックスで回り込む

↓

オブジェクトとテキストが近いときは、オフセットで間隔を広げる

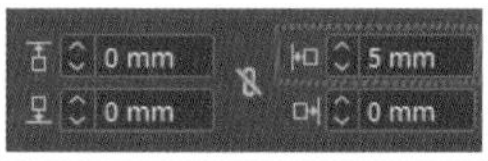

オブジェクトのシェイプで回り込む

↓

オブジェクトをまたいで読みにくいときは、回り込みオプションで調整

オブジェクトを挟んで回り込む

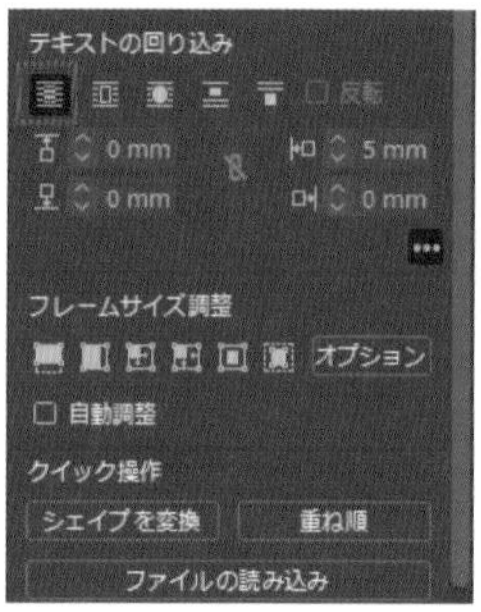

プロパティパネル

次の段へテキストを送る

Macでは、キーは次のようになります。 Ctrl → ⌘ Alt → option Enter → return

STEP 01 テキストの回り込みを設定する

2021 2020 2019

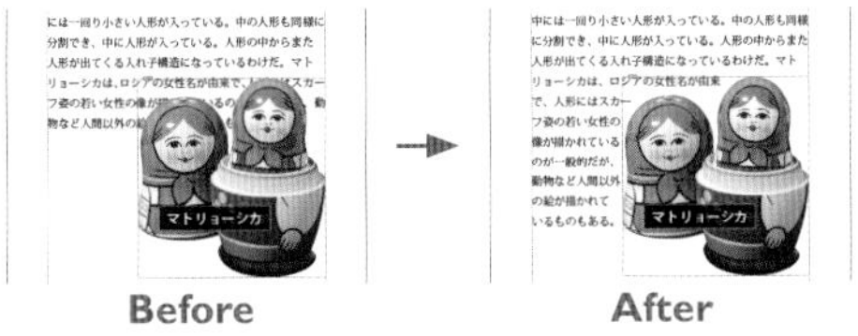

画像のオブジェクトにテキストの回り込みを設定して、上に重ねたテキストフレームにテキストの回り込みを無視する設定をします。

Lesson 07 ▶ L7-5S01.indd

1 レッスンファイルを開きます。選択ツールを選択します❶。グラフィックフレームを選択します❷。この画像は、Photoshopのクリッピングマスクで切り抜かれています。

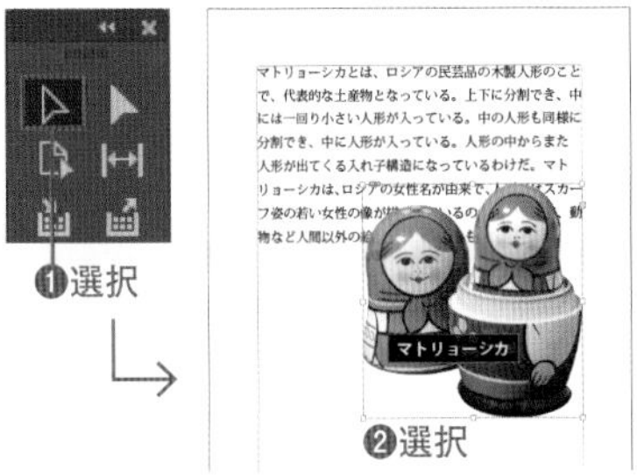

2 テキストの回り込みパネルの［オブジェクトのシェイプで回り込む］ をクリックします❶。上オフセットを「1 mm」❷、回り込みオプションの［回り込み］を［最大領域］❸、輪郭オプションの［種類］を［Photoshopパス］に設定します❹（パスは自動で［パス1］になります）。テキストが、配置画像の輪郭から1 mmオフセットした輪郭線に入らないように回り込みます❺。

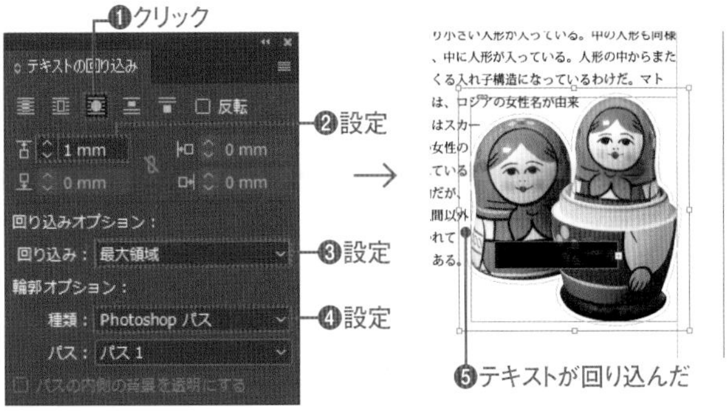

3 選択ツールでグラフィックフレームの上にある黒いテキストフレームを選択します❶。このフレームにあったテキストは、回り込みの影響でオーバーセットしています。

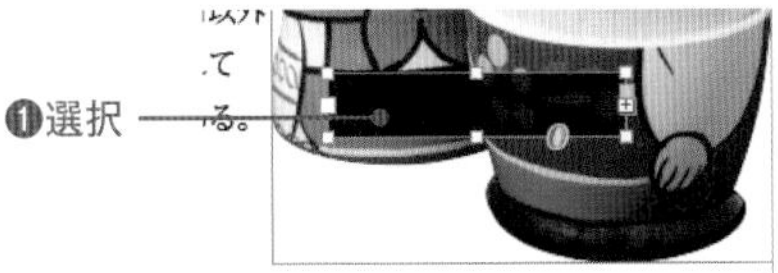

COLUMN 被写体を選択

2021から画像の被写体をInDesignが認識して、回り込み用のパスを自動で作成できるようになりました。クリッピングマスクやアルファチャンネルのない画像の被写体に回り込みを設定するとき便利です。ただし、回り込み用のパスを使って画像を切り抜くことはできません。

4 ［オブジェクト］メニュー→［テキストフレーム設定］を選んで❶、表示された［テキストフレーム設定］ダイアログボックスの［テキストの回り込みを無視］にチェックをつけて❷、［OK］をクリックします❸。テキストの回り込みが無視されて、オーバーセットしていたテキストが表示されました❹。

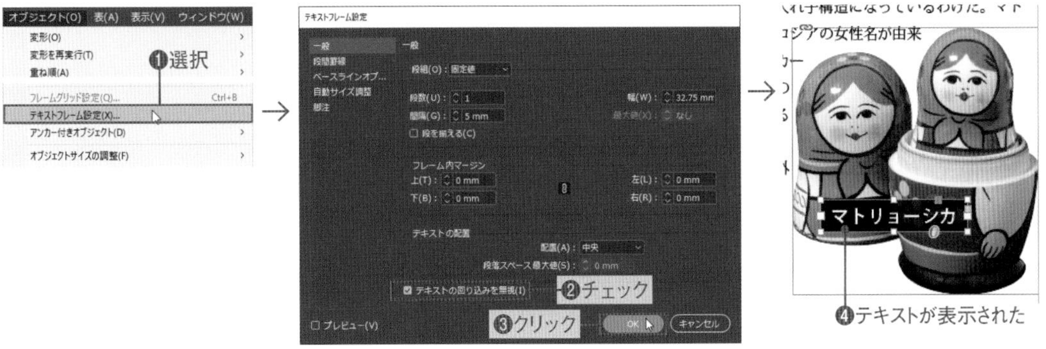

7-6 アンカー付きオブジェクト

画像やイラストなどのオブジェクトは、自由な位置に配置できますが、テキストと連動して位置が変わったほうが編集時に便利な場合もあります。アンカー付きオブジェクトを使うと、テキストと連動して位置を自動で変更できるようになります。

アンカーポイント付きオブジェクトの設定

2021　2020　2019

アンカー付きオブジェクトとは

アンカー付きオブジェクトとは、テキストに対して位置を固定したオブジェクトです。テキストを編集しても、特定の行や文字の間を基準に配置した位置を維持したいときに、アンカー付きオブジェクトを設定します。指定できるオブジェクトの位置は、［インライン］［行の上］［カスタム］の３つです。
テキストに対するオブジェクトの位置などの細かな設定は、［オブジェクト］メニュー→［アンカー付きオブジェクト］→［オプション］で表示される［アンカーポイント付きオブジェクトオプション］ダイアログボックスで設定します。

インライン

アンカー付きオブジェクトを文字と文字の間に配置します。［親文字からの間隔］の［インラインまたは行の上］を選択して設定します。［Yオフセット］の設定で、オブジェクトがベースラインから上または下方向に移動します。アンカー付きオブジェクトも文字揃えや行揃えの対象になります。

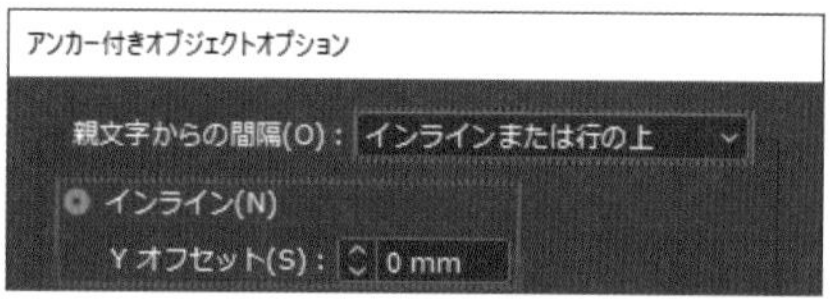

行の上

アンカー付きオブジェクトを行の上に配置します。［親文字からの間隔］の［インラインまたは行の上］を選択して設定します。オブジェクトの位置を［揃え方］と［前スペース］［後ろスペース］で設定できます。［前スペース］にプラスの値を指定すると、オブジェクトとその下のテキストの両方が下方向に移動します。マイナスの値を指定すると、オブジェクトの下のテキストが、オブジェクトに向かって上方向に移動します。

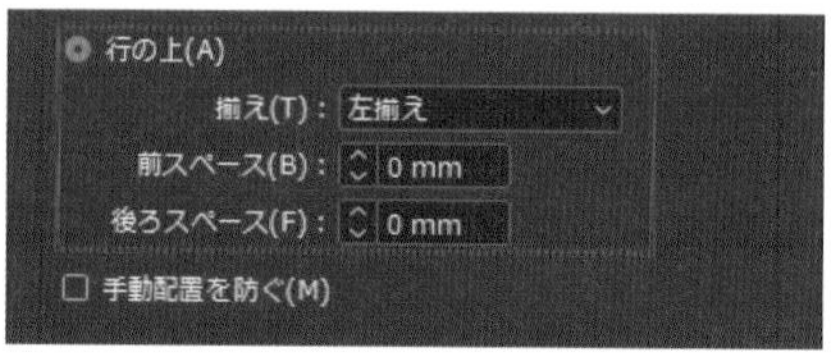

カスタム

アンカー付きオブジェクトをテキストフレームの内側でも外側でも自由な位置に配置できます。オブジェクトをドラッグして位置を指定できます。［アンカー付きオブジェクトオプション］ダイアログボックスで［親文字からの間隔］の［カスタム］を選択し、オブジェクトを揃えるページ上の位置と、オブジェクトの基準点を設定できます。

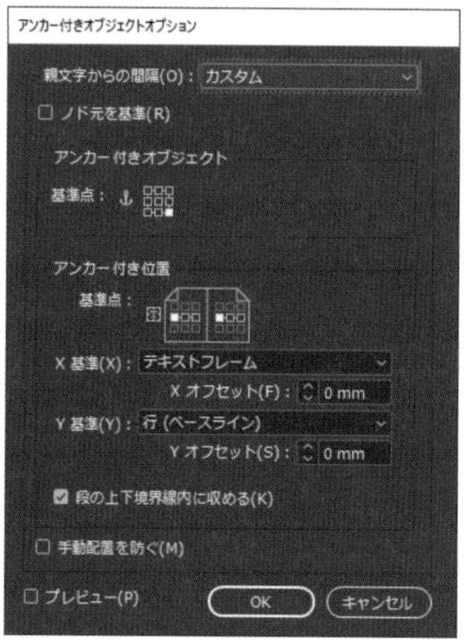

STEP 01 インラインで行内に配置する

2021 2020 2019

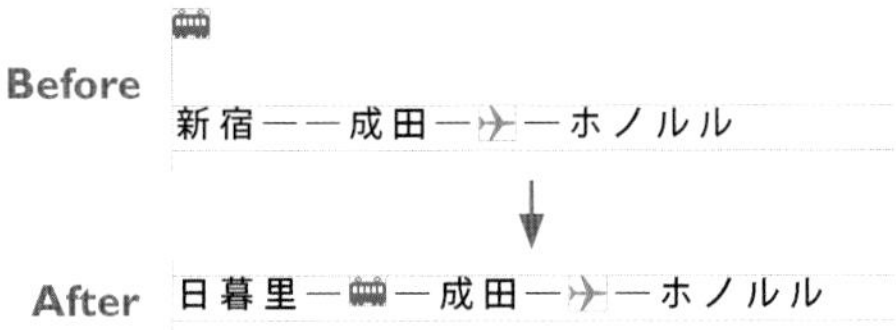

Illustratorで作成したアイコン画像をインラインのアンカー付きオブジェクトとして配置します。配置した後で、テキストを編集してみましょう。

Lesson 07 ▶ L7-6S01.indd

1 レッスンファイルを開きます。選択ツールを選択し❶、電車のイラストのオブジェクトを選択します❷。Ctrlキーと X キーを押してカットします❸。

2 横組み文字ツールを選択します❶。Ⓐの位置をクリックしてテキスト挿入点を置きます❷。Ctrlキーと V キーを押してペーストします❸。オブジェクトが挿入されます。このオブジェクトは、インラインのアンカー付きオブジェクトとなります。

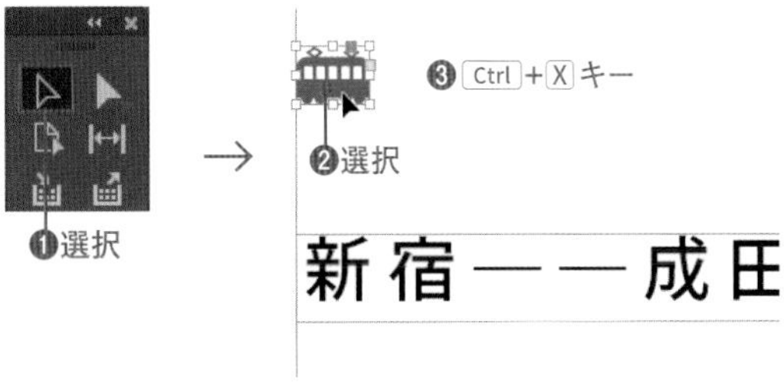

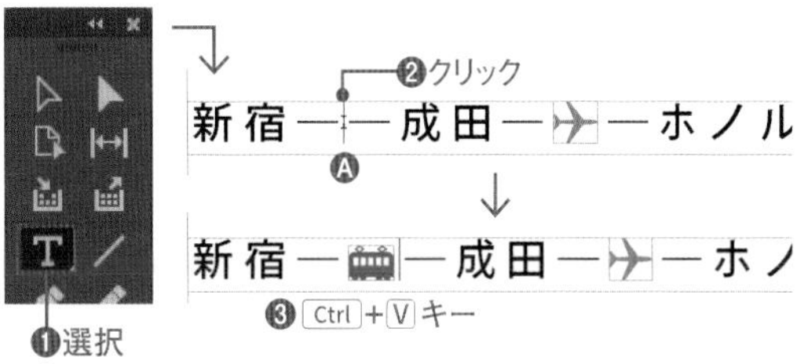

3 選択ツールを選択し❶、ペーストしたオブジェクトを選択します❷。［オブジェクト］メニュー→［アンカー付きオブジェクト］→［オプション］を選びます❸。［アンカー付きオブジェクトオプション］ダイアログボックスが表示されたら、［親文字からの間隔］が［インラインまたは行の上］となることを確認します❹。［Yオフセット］を「1mm」に設定し❺、［OK］をクリックします❻。オブジェクトの位置が上方向に1mm移動しました❼。

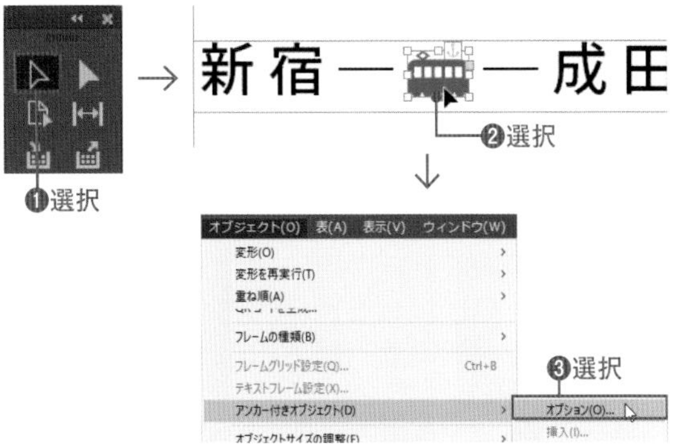

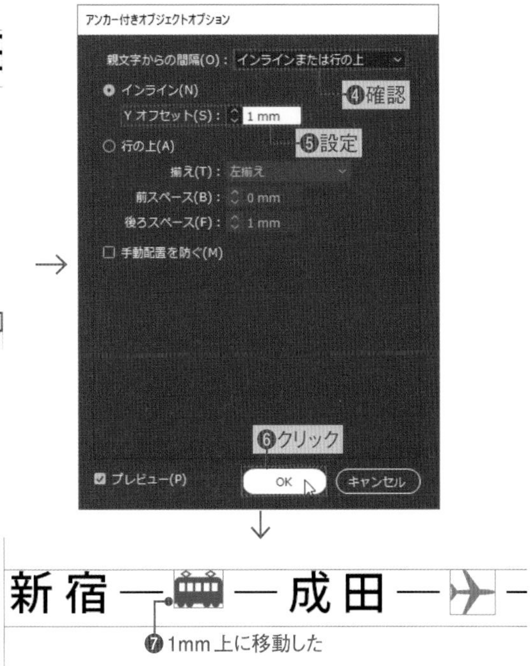

COLUMN

［アンカー付きオブジェクトオプション］ダイアログボックスを表示する

アンカー付きオブジェクトを選択すると表示されるを Alt キーを押しながらクリックすると、［アンカー付きオブジェクトオプション］ダイアログボックスが表示されます。

4 横組み文字ツール🅃を選択します❶。「新宿」の文字を選択し❷、「日暮里」と入力して変更します❸。文字量が増えましたが、アンカー付きオブジェクトも文字と同様に一緒に移動します❹。

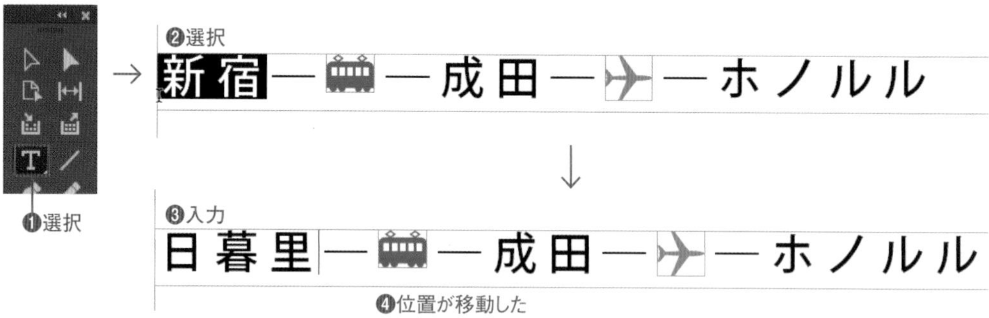

STEP 02 カスタムで正確な位置に配置する

2021 2020 2019

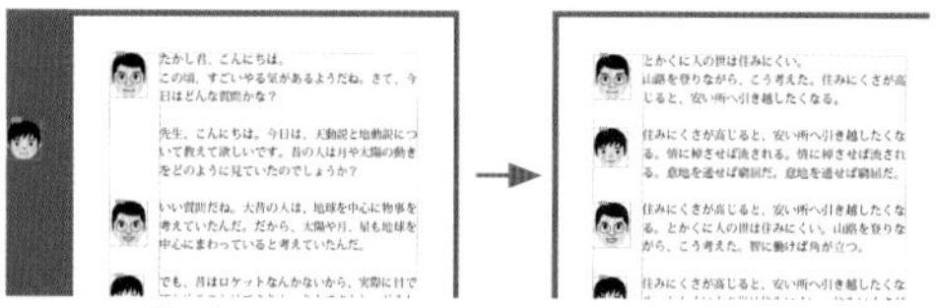

Before After

自由に配置できるカスタムのアンカー付きオブジェクトを［アンカー付きオブジェクトオプション］ダイアログボックスで正確な位置を設定します。

Lesson 07 ▶ L7-6S02.indd

1 レッスンファイルを開きます。選択ツール▶を選択します❶。ページの外にあるイラストを選択します❷。境界線ボックスの右上に表示されている塗りつぶされた四角形■をⒶの位置までドラッグします❸。

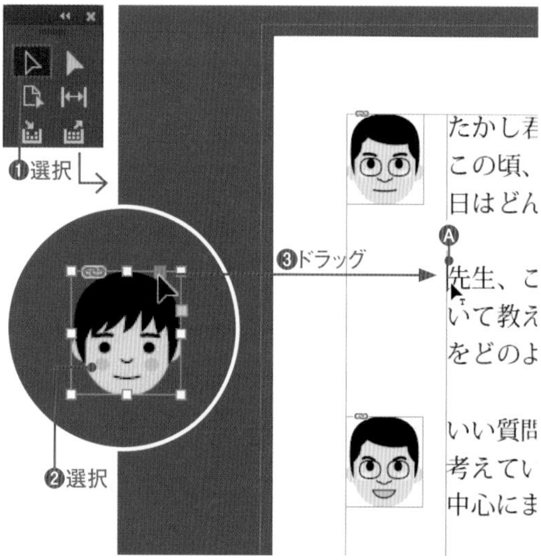

塗りつぶされた四角形■が表示されていないときは、［表示］→［エクストラ］→［アンカー付きオブジェクトの制御マークを表示］を選択

2 イラストの四角形■があった位置に⚓のアイコンが表示されるので、Alt キーを押しながらクリックします❶。［アンカー付きオブジェクトオプション］ダイアログボックスが表示されるので❷、［親文字からの間隔］は［カスタム］となることを確認します❸。このダイアログボックスには、現在の位置が設定されています。

❷表示される

 Macでは、キーは次のようになります。 Ctrl → ⌘ Alt → option Enter → return

3　イラストの左が版面の位置に揃う設定をします。［プレビュー］にチェックをつけ❶、［アンカー付きオブジェクト］の［基準点］を左上に設定します❷。［アンカー付き位置］の基準点は左のまま❸、［X基準］を［ページマージン］に設定します❹。［Xオフセット］を「0mm」に設定します❺。これで版面に揃います❻。

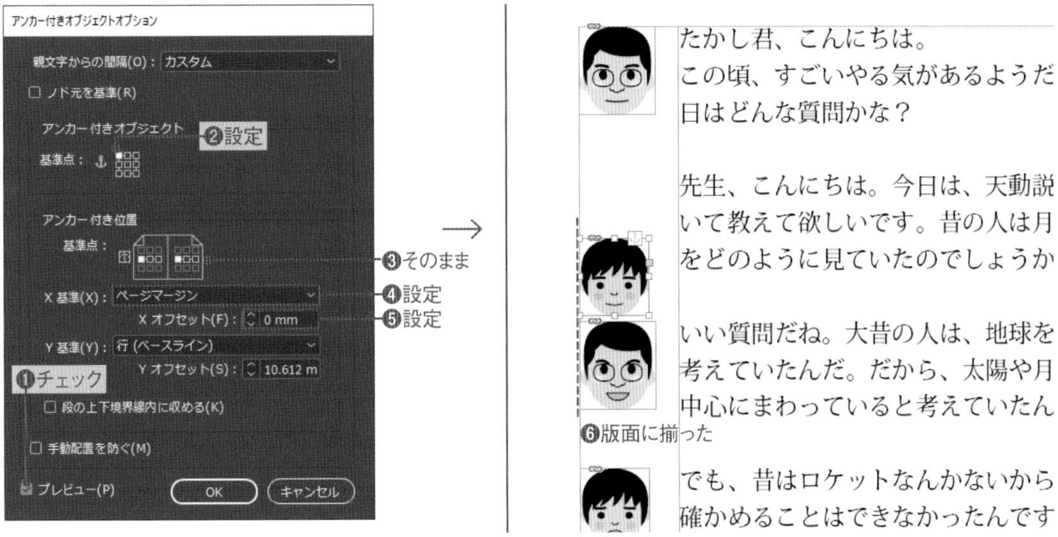

4　続いてイラストとテキストの上面が揃う設定をします。［Y基準］を［仮想ボディの上］に設定し❶、［Yオフセット］を「0mm」に設定します❷。これでアンカー付きオブジェクトとアンカーを挿入したテキストの上が揃うので❸、［OK］をクリックします❹。アンカー付きオブジェクトなので、一段落目の適当な位置で改行して、オブジェクトが連動することを試してみてください。

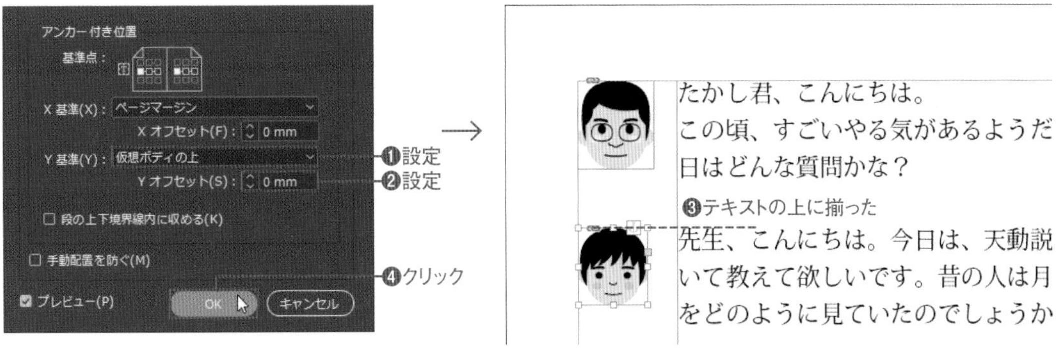

COLUMN

ノド元を基準に設定する

［ノド元を基準］にチェックをつけると❶、［アンカー付きオブジェクト］の基準点アイコンが2ページのスプレッドとして表示されます❷。ページを移動すると鏡面反転します❸。アンカー付きオブジェクトを小口側またはノド側を基準に配置したいときに設定します。

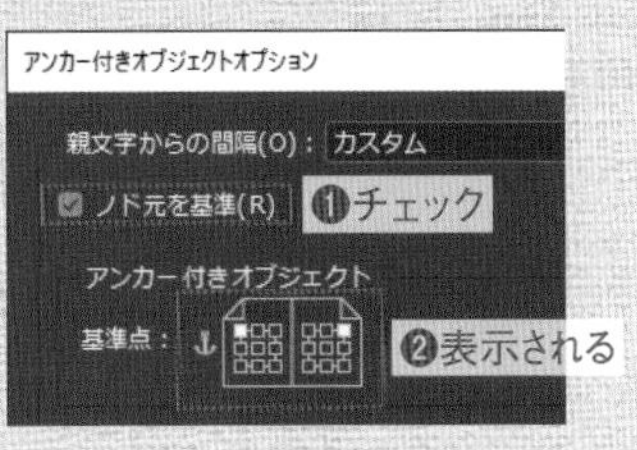

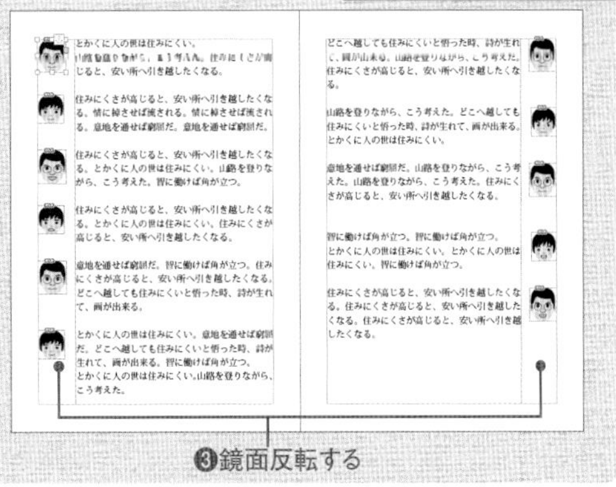

Lesson 07　練習問題

Lesson 07 ▶ L7EX1.indd

Q

写真のサイズを「60%」縮小しましょう。ただし、線幅は「2mm」のままにしてください。

Before
After

A

❶選択ツールでグラフィックフレームを選択します。
❷コントロールパネルの［自動調整］にチェックをつけます。
❸コントロールパネルの［幅/高さの縦横の比率を固定］を有効にします。
❹コントロールパネルの［W］に現在の幅の値から60%縮小した「60mm」を設定します。

Lesson 07 ▶ L7EX2.indd

Q

写真の下にテキストが隠れないように、テキストの回り込みを設定しましょう。写真とテキストの間は「8mm」空ける設定にしてください。

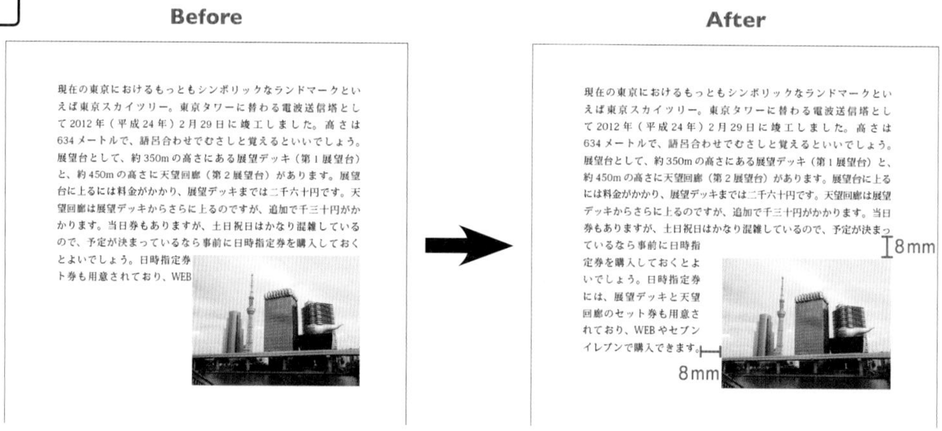
Before
現在の東京におけるもっともシンボリックなランドマークといえば東京スカイツリー。東京タワーに替わる電波送信塔として2012年（平成24年）2月29日に竣工しました。高さは634メートルで、語呂合わせでむさしと覚えるといいでしょう。展望台として、約350mの高さにある展望デッキ（第1展望台）と、約450mの高さに天望回廊（第2展望台）があります。展望台に上るには料金がかかり、展望デッキまでは二千六十円です。天望回廊は展望デッキからさらに上るのですが、追加で千三十円がかかります。当日券もありますが、土日祝日はかなり混雑しているので、予定が決まっているなら事前に日時指定券を購入しておくとよいでしょう。日時指定券
ト券も用意されており、WEB
After
現在の東京におけるもっともシンボリックなランドマークといえば東京スカイツリー。東京タワーに替わる電波送信塔として2012年（平成24年）2月29日に竣工しました。高さは634メートルで、語呂合わせでむさしと覚えるといいでしょう。展望台として、約350mの高さにある展望デッキ（第1展望台）と、約450mの高さに天望回廊（第2展望台）があります。展望台に上るには料金がかかり、展望デッキまでは二千六十円です。天望回廊は展望デッキからさらに上るのですが、追加で千三十円がかかります。当日券もありますが、土日祝日はかなり混雑しているので、予定が決まっているなら事前に日時指定券を購入しておくとよいでしょう。日時指定券には、展望デッキと天望回廊のセット券も用意されており、WEBやセブンイレブンで購入できます。
8mm
8mm

A

❶選択ツールでグラフィックフレームを選択します。
❷テキストの回り込みパネルの［境界線ボックスで回り込む］をクリックします。
❸テキストの回り込みパネルの［すべての設定を同一にする］を無効にして、［上オフセット］を「8mm」、［左オフセット］を「8mm」に設定します。

Macでは、キーは次のようになります。 Ctrl → ⌘　Alt → option　Enter → return

カラーと効果の設定

An easy-to-understand guide to InDesign

Lesson 08

グラフィックフレームやテキストフレームには、内部や境界線に色を設定できます。また、文字も同様に文字と境界線に色を設定できます。単色だけでなく、グラデーションの設定も可能です。ここでは色の設定と、透明度やドロップシャドウなどの効果の設定について学びます。

8-1 オブジェクトにカラーを適用

テキストフレームやグラフィックフレームなどのオブジェクトやテキストに対して、内側の[塗り]と境界線の[線]に色を設定できます。ここではカラーパネルを使用して、フレームやテキストにカラーを適用します。

カラーの適用について

2021 2020 2019

[塗り]と[線]

オブジェクトの色は、[塗り]と[線]に分けて設定します。オブジェクトを選択したら、[塗り]ボックスか[線]ボックスをクリックして、適用するほうをアクティブにします。
線は、[線幅]を先に設定すると、カラーが自動で設定され、カラーを先に設定すると、線幅が自動で設定されます。また、[線幅]を「0」にすると、カラーも[なし]になり、逆にカラーを[なし]にすれば、[線幅]も「0」になります。

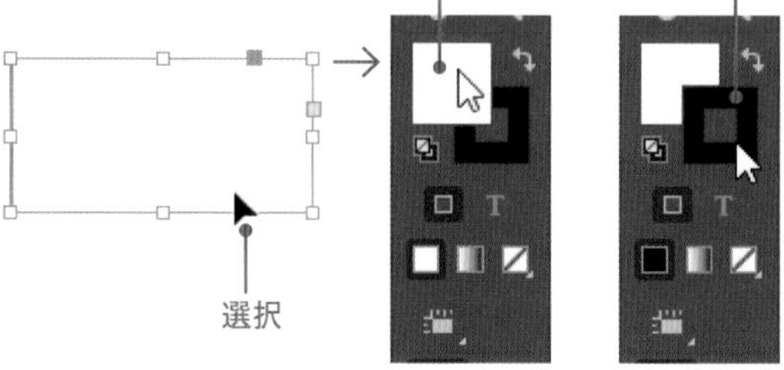

[なし]の表示

白い背景のドキュメントでは、[紙色]を適用したオブジェクトは、選択するまで[なし]か[紙色]を適用しているのか区別がつきません。オブジェクトを選択したとき、ボックスに赤い斜線▱が表示されているときは、カラーが適用されていない[なし]の設定です。

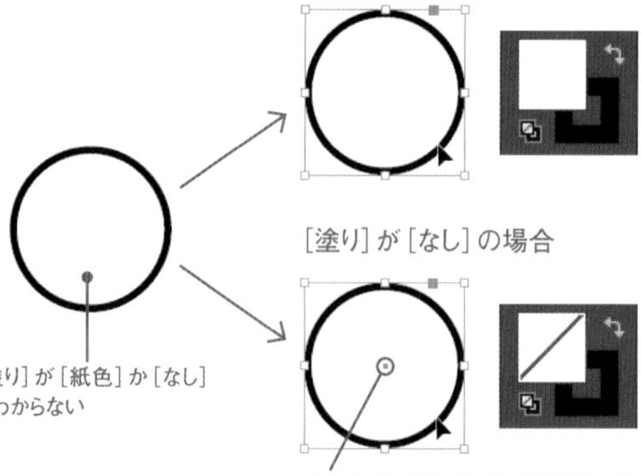

カラーパネル

スウォッチパネルにない新しい色を適用するときは、カラーパネルを使用します。スライダーをドラッグしたり、カラースペクトルの色をクリックするか、数値を直接入力します。

以下のいずれかの操作でカラーを設定できる

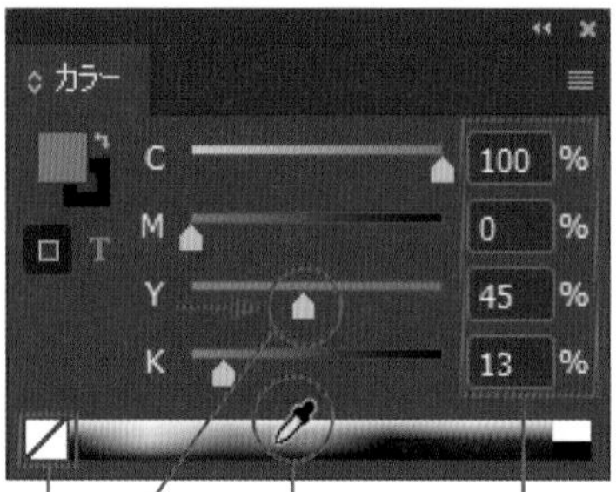

COLUMN

デフォルトの塗りと線

ツールパネルの[塗り]ボックスと[線]ボックスの左下にある[デフォルトの塗りと線]をクリックすると、フレームを選択したときは[塗り]が[なし]と[線]が[ブラック]になり、テキストを選択したときは[塗り]が[ブラック]と[線]が[なし]になります。色が変わるだけで、[線幅]は変わりません。

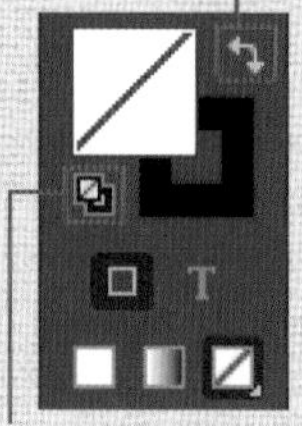

STEP 01 フレームにカラーを適用する

2021 2020 2019

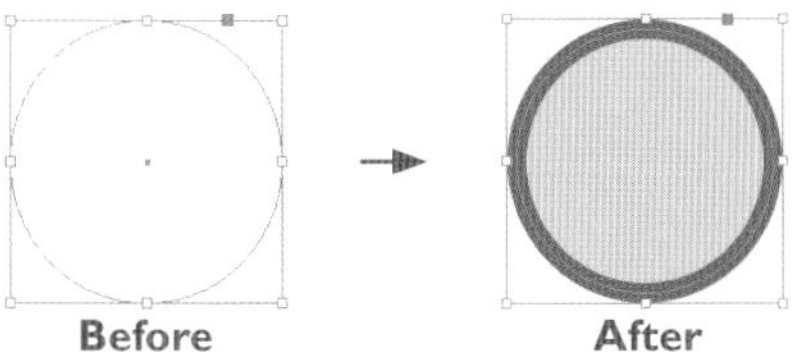

カラーパネルを使用して、割り当てなしのフレームに、[塗り] と [線] のカラーを適用します。[線幅] は線パネルで設定します。

Lesson 08 ▶ L8-1S01.indd

1 レッスンファイルを開きます。選択ツール を選択します❶。フレームの境界部分をクリックして選択します❷。このフレームは、オブジェクトの属性がテキストフレームでもなくグラフィックフレームでもない [割り当てなし] です。カラーパネルの [塗り] ボックスをクリックして、[塗り] の設定をアクティブにします❸。

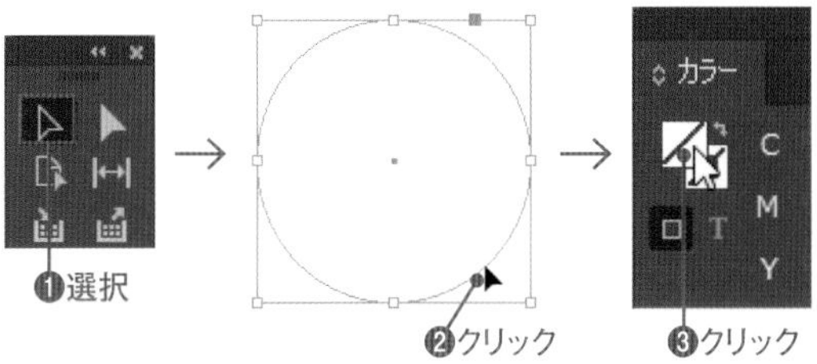

CHECK!

[塗り] のない割り当てなしのフレーム選択

[塗り] のない [割り当てなし] のフレームを選択するときは、フレームの境界線をクリックします。グラフィックフレームやテキストフレームの場合、コンテンツを配置していなくても、フレームの内側をクリックするだけで選択できます。

2 カラー値を「C=0 M=20 Y=50 K=0」に設定します❶。フレームの内側が塗りつぶされます❷。[線] ボックスをクリックして [線] をアクティブにします❸。カラー値を「C=35 M=70 Y=0 K=0」に設定します❹。見た目ではよくわかりませんが、[線] に色が設定されました❺。

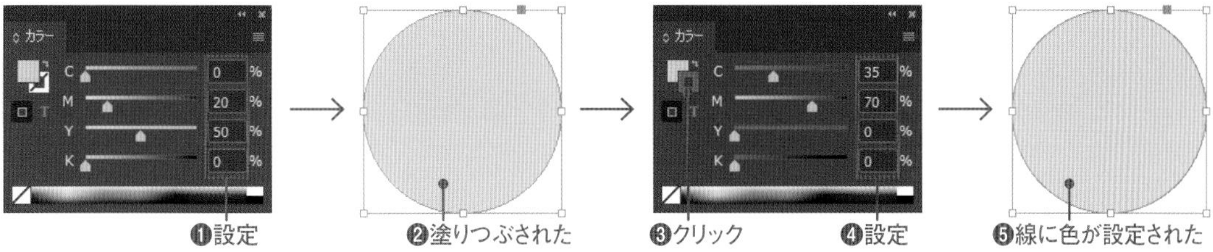

線幅の細い状態での色はプレビューモードで確認する

3 線パネルの [線幅] を「2mm」に設定します❶。線幅が広くなり、色が設定されていることもわかります❷。

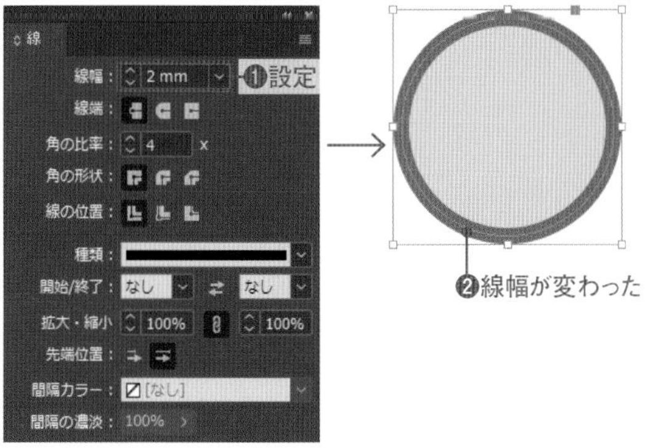

COLUMN

カラーモデルの選択

[黒] や [紙色] からカラー指定ができるカラーモデルを表示するときは、カラーパネルメニューからカラーモードを選択します❶。

STEP 02 テキストにカラーを適用する

2021 2020 2019

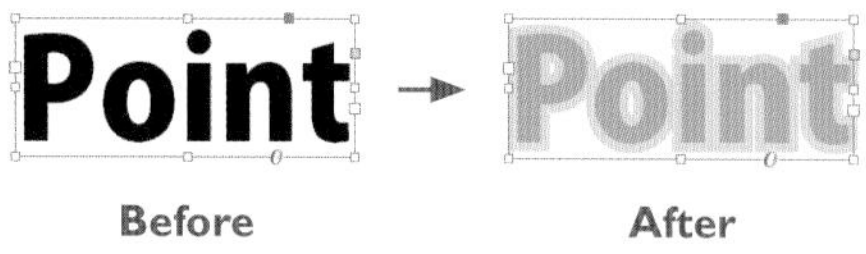

フレーム内のテキストを選択して、文字の［塗り］と［線］にカラーを適用します。

Lesson 08 ▶ L8-1S02.indd

1 レッスンファイルを開きます。選択ツールを選択し❶、テキストフレームをクリックして選択します❷。カラーパネルの［テキストに適用］をクリックし、設定対象をテキストにします❸。自動で［塗り］がアクティブになり、［塗り］のボックスにテキストが選択されたことを示す「T」が表示されるのを確認します❹。カラーパネルメニューから［CMYK］を選択します❺。

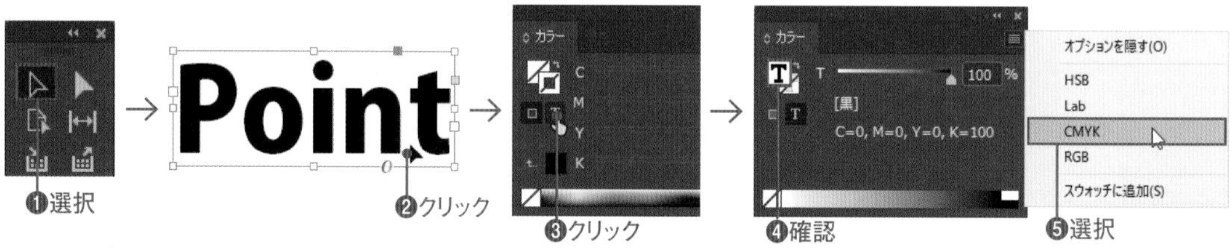

2 カラー値を「C=60 M=0 Y=20 K=0」に設定します❶。テキストの色が変わりました❷。続いて［線］ボックスをクリックして、［線］をアクティブにし❸、カラー値を「C=20 M=0 Y=40 K=0」に設定します❹。テキストの境界線に色が設定されました❺。

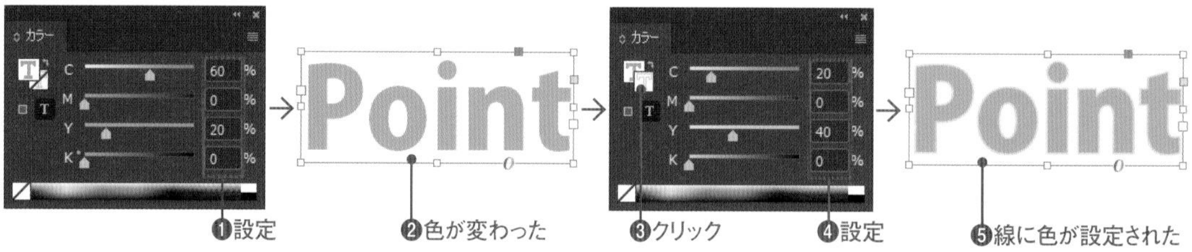

3 線パネルで［線幅］を「1 mm」に設定します❶。線幅が変わりました❷。

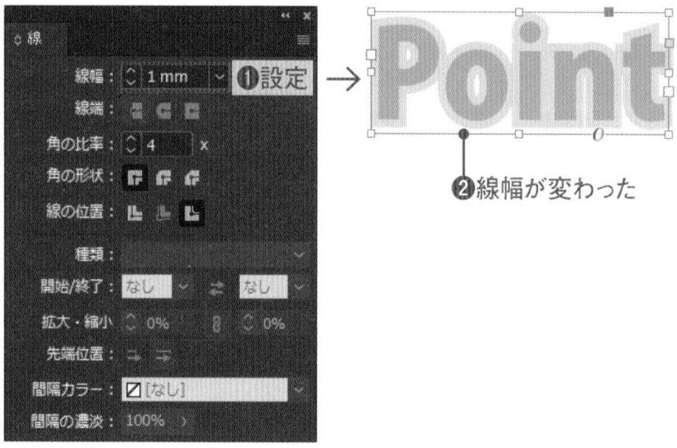

COLUMN

一部の文字にカラーを適用する

テキストの一部の文字にカラーを適用するときは、文字ツールで適用対象の文字を選択してから、カラーを適用します。

Macでは、キーは次のようになります。 Ctrl → ⌘ Alt → option Enter → return

STEP 03 モノクロ2階調画像にカラーを適用する 2021 2020 2019

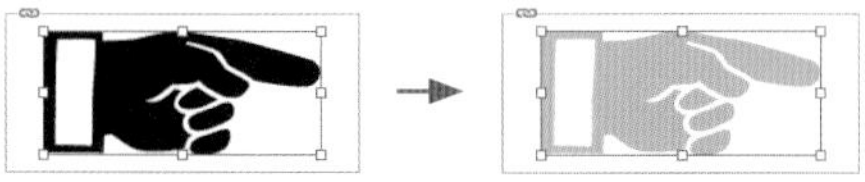

配置したモノクロ2階調の画像には、InDesignでカラーを適用できます。黒いピクセルが［塗り］の色に変わります。

Lesson 08 ▶ L8-1S03.indd

1 レッスンファイルを開きます。モノクロ2階調の画像が配置されているので、選択ツールを選択し❶、グラフィックフレームのコンテンツグラバーをクリックして画像を選択します❷。カラーパネルの［塗り］ボックスをクリックして、アクティブにし❸、カラーパネルメニューから［CMYK］を選択します❹。

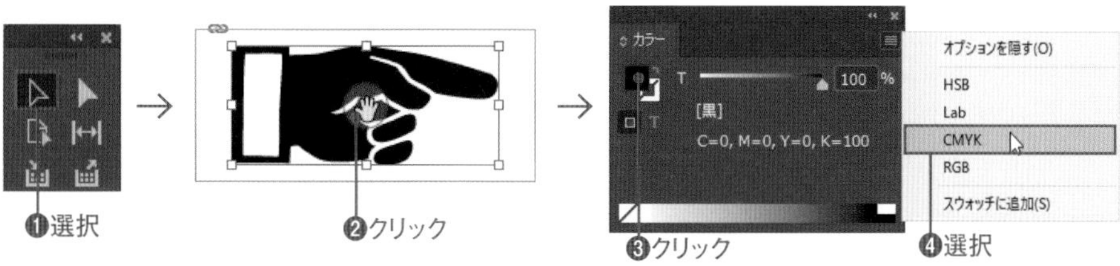

2 カラー値を「C=40 M=0 Y=100 K=0」に設定します❶。モノクロ画像の黒い部分が設定した色に変わりました❷。

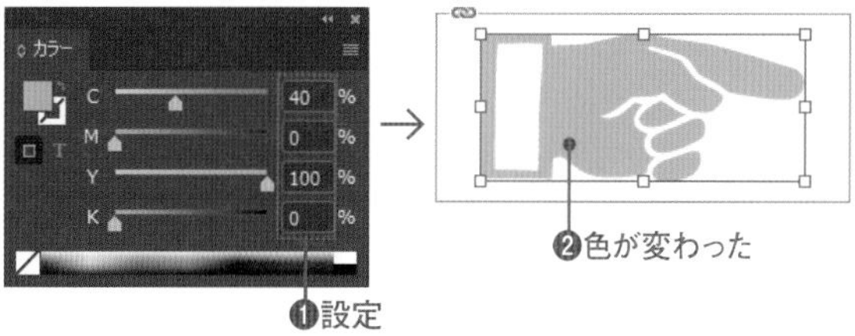

COLUMN

グレースケール画像にもカラーを適用できる

グレースケール画像にもカラーを適用することができます。ただし、背景が透明なグレースケール画像には適用できません。また、アルファチャンネルや特色チャンネルが含まれている場合もカラーを適用できません。

CHECK！

［線］のカラーは適用できない

モノクロ2階調の画像に［塗り］のカラーは適用できますが、［線］としてカラーや線幅を適用することはできません。ただし、効果を設定して、擬似的に［線］を設定したように見える表現はできます。

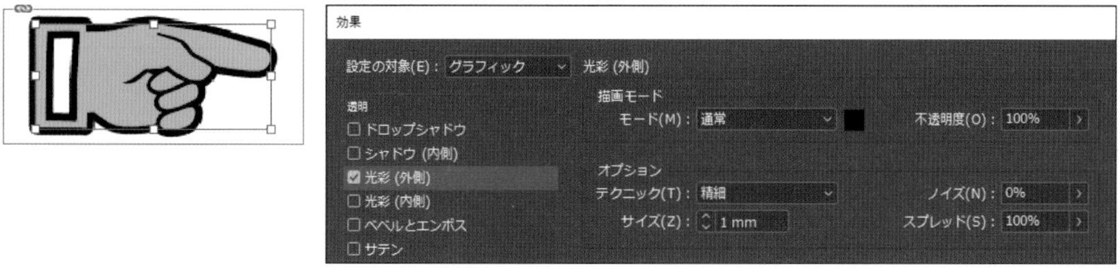

8-2 スウォッチの使用

InDesignのスウォッチは、すべて設定したオブジェクトとリンクするグローバルカラーです。同じ色を繰り返し適用するときは、必ずスウォッチを利用しましょう。

スウォッチについて

2021 2020 2019

スウォッチパネル

新規ドキュメントを作成すると、あらかじめいくつかのスウォッチカラーがスウォッチパネルに表示されます。
のアイコンが表示されたスウォッチは、カラー値の変更ができません。ブラケット（カギ括弧）がついた名前のスウォッチは、名前を変更したり、パネルから削除したりできません。［紙色］は、パネルから削除できませんが、カラーの変更は可能です。［紙色］は名前が示すように、印刷に使う用紙の色に設定することで、擬似的な仕上がりイメージを画面に表示します。例えば新聞紙に印刷するドキュメントとして、紙色を少しグレーの色に設定すると、ドキュメントの用紙全体がグレーで表示されます。［紙色］は画面表示だけに適用する色で、実際の印刷には適用されません。

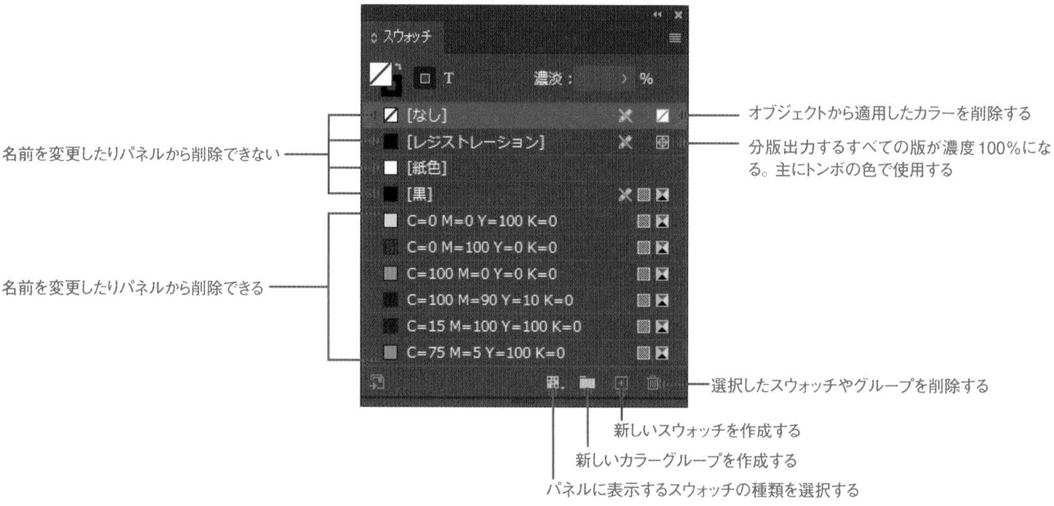

スウォッチはオブジェクトとリンクしている

InDesignのスウォッチは、スウォッチカラーと適用したオブジェクトの色がリンクしているグローバルカラーです。スウォッチカラーを編集すると、適用したすべてのオブジェクトの色がまとめて更新されます。また、オブジェクトを選択すれば、その［塗り］または［線］に適用されているスウォッチがハイライト表示されるので、リンクを確認することができます。

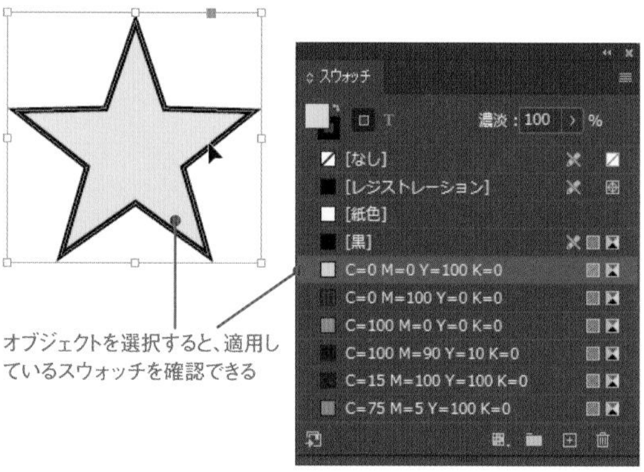

STEP 01 スウォッチを追加する

2021 2020 2019

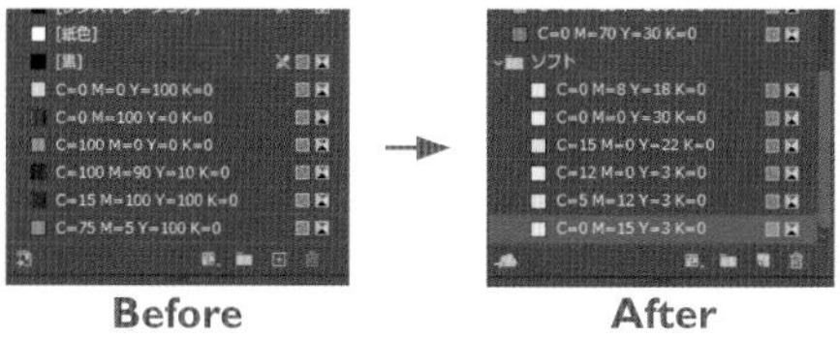

スウォッチパネルに新しいスウォッチカラーを追加します。スウォッチの数が多くなったら、グループに分けて整理します。

Lesson 08 ▶ L8-2S01.indd、L8-2S01B.indd

1 レッスンファイル「L8-2S01.indd」を開きます。オブジェクトを選択してしない状態から操作します。カラーパネルにスウォッチカラーに追加する色として「C=0 M=50 Y=100 K=0」を設定します❶。スウォッチパネルの下にある[新規スウォッチ]をクリックします❷。カラーパネルに設定した色がスウォッチパネルに追加されます❸。

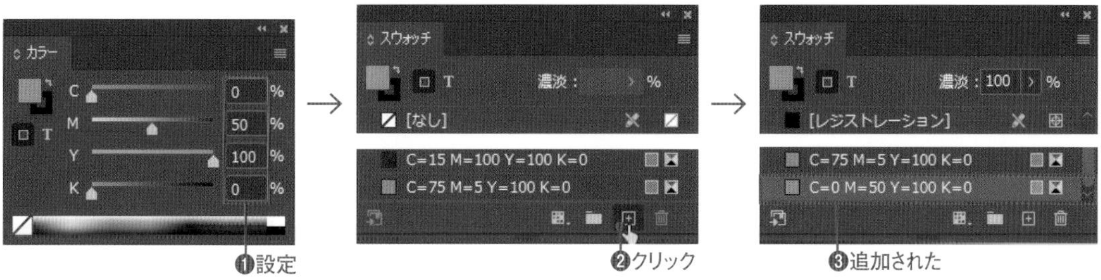

2 選択ツールを選択し❶、オブジェクトをクリックして選択します❷、スウォッチパネルの［塗り］ボックス（線の色を追加したいときは[線]）をクリックして選択し❸、パネルの下にある[新規スウォッチ]をクリックします❹。オブジェクトの[塗り]の色がスウォッチパネルに追加されます❺。

CHECK!

スウォッチを追加する前にスウォッチ名を設定する

Alt キーを押しながら[新規スウォッチ]をクリックすると、[新規カラースウォッチ]ダイアログボックスが表示されます。ここで[カラー値を名前にする]のチェックを外すと、スウォッチ名を自由に設定できます。[OK]をクリックすると、スウォッチパネルに新しいスウォッチが追加されます。

COLUMN

名称未設定カラー

スウォッチに追加していないカラーパネルで設定しただけの色を「名称未設定カラー」と呼びます。また、スウォッチに追加していないグラデーションも「名称未設定グラデーション」と呼びます。

3　続いて、ほかのドキュメントからスウォッチを読み込んでみましょう。スウォッチパネルメニューの［スウォッチの読み込み］を選びます❶。［開く］ダイアログボックスが表示されたら、レッスンファイル「L8-2S01B.indd」を選択して❷、［開く］をクリックします❸。選択したドキュメントのスウォッチが追加されます❹。

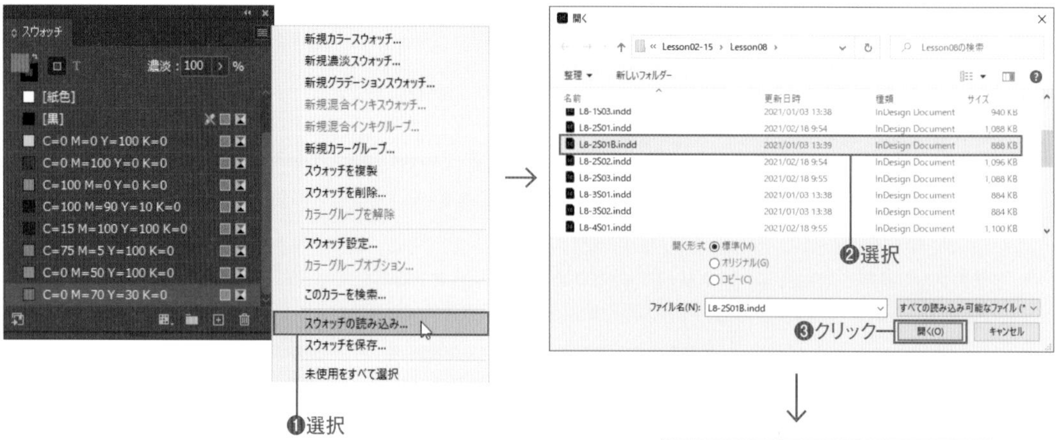

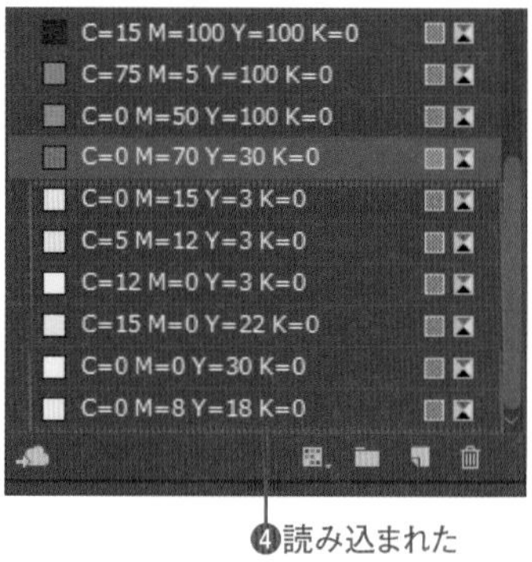

CHECK!

カラーの違う同じ名前のスウォッチを読み込む場合

読み込むファイルにカラー値の違う同じ名前のスウォッチがある場合、読み込むほうのスウォッチ名が変わります。

4　［編集］メニュー→［選択を解除］を選んでオブジェクトを選択していない状態から操作します。スウォッチパネルで、手順3で読み込んだすべてのスウォッチを選択します❶❷。パネルの下にある［新規カラーグループ］を Alt キーを押しながらクリックします❸。［新規カラーグループ］ダイアログボックスが表示されたら、［名前］を「ソフト」（任意）に設定して❹、［OK］をクリックします❺。作成されたカラーグループフォルダーに選択したスウォッチが内包されます❻。

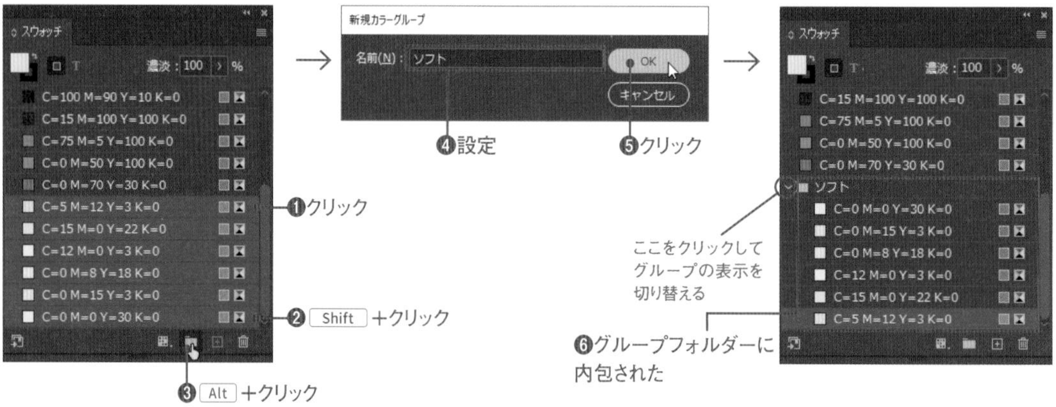

STEP 02　スウォッチカラーをオブジェクトに適用する　2021 2020 2019

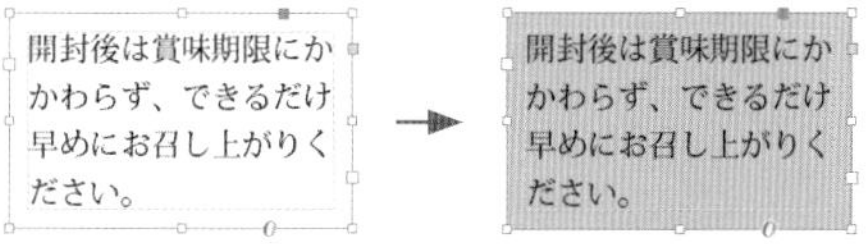

Before　After

STEP01で追加したスウォッチカラーをオブジェクトに適用します。スウォッチは、濃淡の指定もできるので、使ってみましょう。

Lesson 08 ▶ L8-2S02.indd

スウォッチの濃淡を設定する

1　レッスンファイルを開きます（STEP01で作業したレッスンファイルを続けて使用してもかまいません）。選択ツール▷を選択し❶、テキストフレームの B を選択します❷。スウォッチパネルの［塗り］をクリックして［塗り］をアクティブにし❸、「C=0 M=70 Y=30 K=0」のスウォッチをクリックします❹。テキストフレームの［塗り］にスウォッチカラーが適用されます❺。

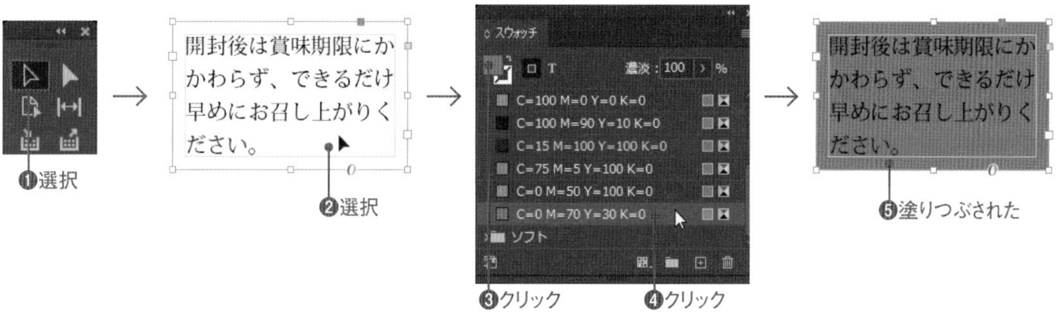

2　テキストフレームが選択された状態で❶、スウォッチパネルの［濃淡］を「50」%に設定します❷。テキストフレームの［塗り］を適用したスウォッチカラーは薄くなりますが❸、同じスウォッチカラーを適用した A のオブジェクトの濃さは変わらないことを確認してください❹。このように、同じスウォッチを適用しても、［濃淡］の設定で見た目の色が異なることを覚えておきましょう。

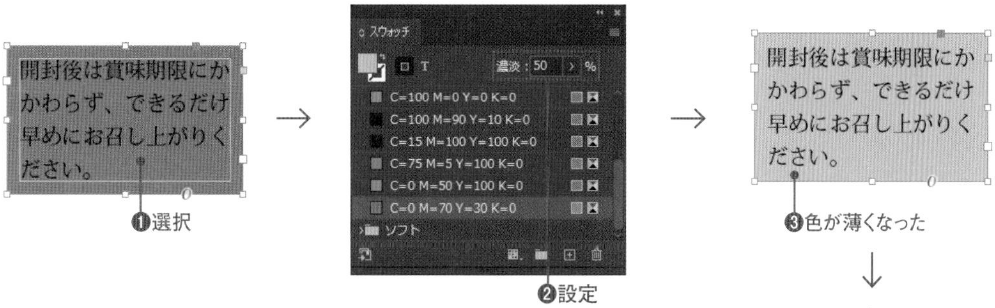

COLUMN

スウォッチカラーを親子にする

スウォッチカラーの濃淡を変更したカラーをさらにスウォッチに追加することができます。元（100%）のスウォッチカラーが親となり、濃淡を変えたスウォッチカラーが子になります。親のカラーを変更すると、子の濃度は維持したままカラーが更新されます。

スウォッチの設定を変更する

1 ［編集］メニュー→［選択を解除］を選んでオブジェクトを選択していない状態から操作します。スウォッチパネルの「C=0 M=70 Y=30 K=0」のスウォッチの何も表示されていない部分をダブルクリックします❶。

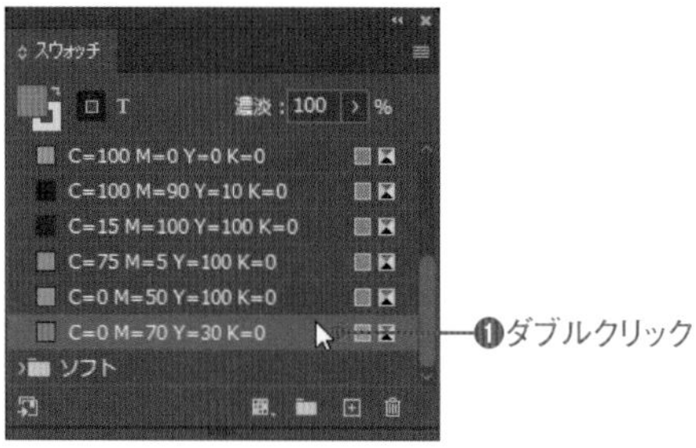

2 ［スウォッチ設定］ダイアログボックスが表示されたら、カラー値を「C=60 M=0 Y=30 K=0」に設定し❶、［OK］をクリックします❷。

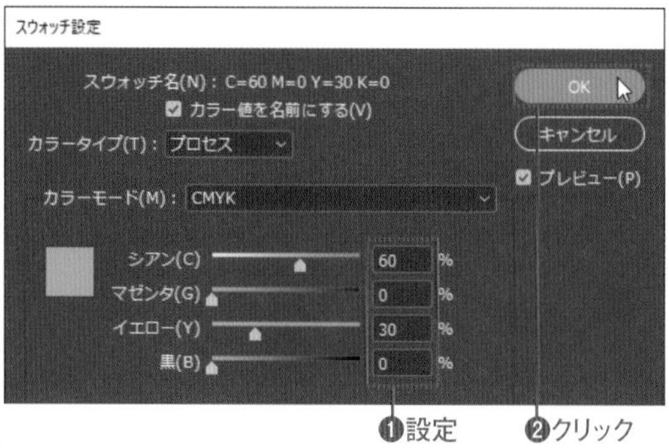

3 スウォッチのカラーと名前が変わり❶、オブジェクトの［塗り］の色も更新されます❷。

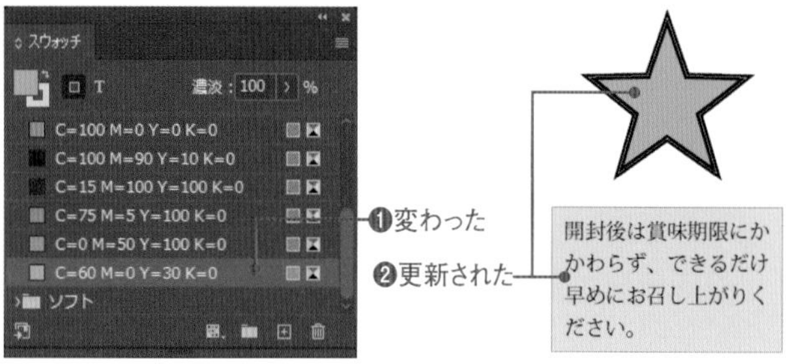

CHECK!

名前だけ変更する

スウォッチの名前だけ変更するときは、スウォッチパネルのスウォッチを選択してから、もう一度スウォッチの名前の上をクリックすると、スウォッチの名前を変更できる状態になります。

STEP 03 スウォッチを削除する

2021 2020 2019

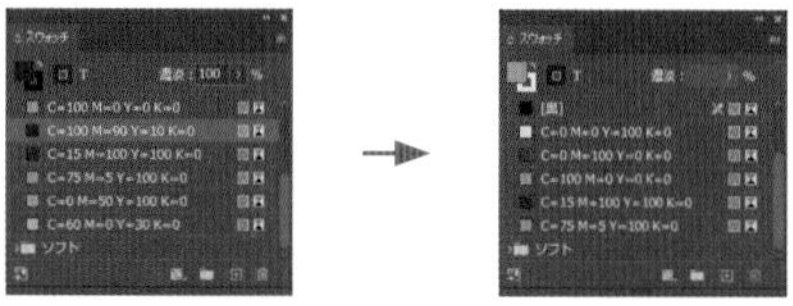

Before　After

使わないスウォッチは削除して整理しましょう。オブジェクトに適用しているスウォッチを削除するときは、表示されるダイアログボックスに変更方法を設定します。

Lesson 08 ▶ L8-2S03.indd

スウォッチを選んで削除する

レッスンファイルを開きます（STEP02で作業したレッスンファイルをそのまま使用してもかまいません）。オブジェクトを選択していない状態から操作します。スウォッチパネルの「C=100 M=90 Y=10 K=0」のスウォッチを選択します❶。パネルの下にある［選択したスウォッチ／グループを削除］をクリックします❷。このスウォッチは、オブジェクトに適用されていないので、すぐに削除されます❸。

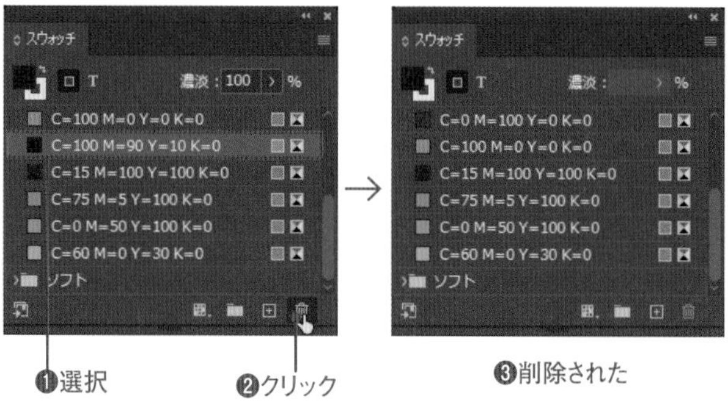

スウォッチを差し替えて削除する

1　オブジェクトを選択していない状態から操作します。スウォッチパネルの「C=60 M=0 Y=30 K=0」のスウォッチ（現在オブジェクトに適用しているスウォッチカラー）を選択し❶、パネルの下にある［選択したスウォッチ / グループを削除］をクリックします❷。

2　［スウォッチを削除］ダイアログボックスが表示されるので、［定義されたスウォッチ］のポップアップメニューから「C=0 M=50 Y=100 K=0」を選び❶、［OK］をクリックします❷。

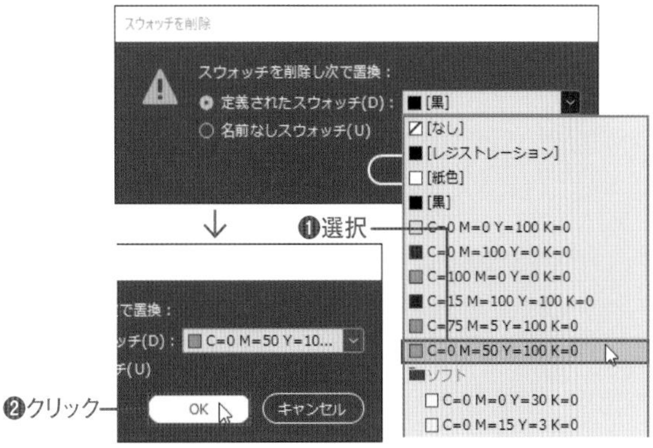

3　「C=0 M=70 Y=30 K=0」のスウォッチが削除され❶、削除したスウォッチを適用していたオブジェクトの［塗り］が手順2で指定した「C=0 M=50 Y=100 K=0」のスウォッチカラーに更新されます❷。スウォッチカラーの濃淡も維持されます。

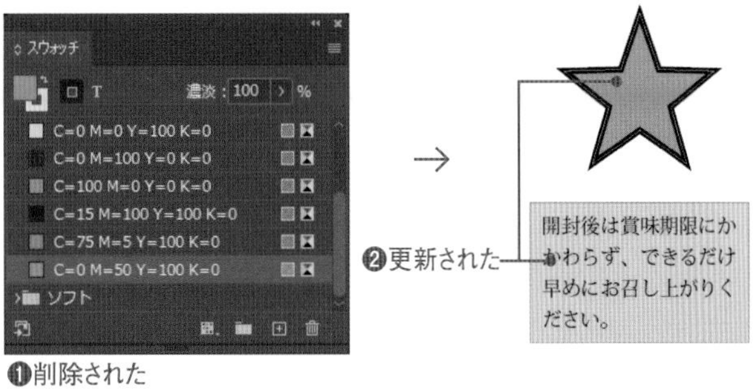

名前なしスウォッチに変えて削除する

1　オブジェクトを選択していない状態から操作します。スウォッチパネルの「C=0 M=50 Y=100 K=0」のスウォッチ（現在オブジェクトに適用しているスウォッチカラー）を選択します❶。パネルの下にある［選択したスウォッチ / グループを削除］をクリックします❷。

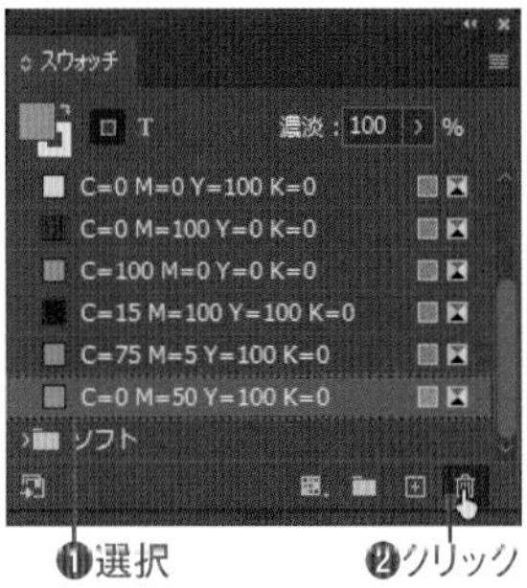

2　［スウォッチを削除］ダイアログボックスが表示されます。［名前なしスウォッチ］を選択し❶、［OK］をクリックします❷。スウォッチは削除されますが❸、オブジェクトの［塗り］の色は変わりません❹。どのスウォッチともリンクしていない名称未設定カラーになります。

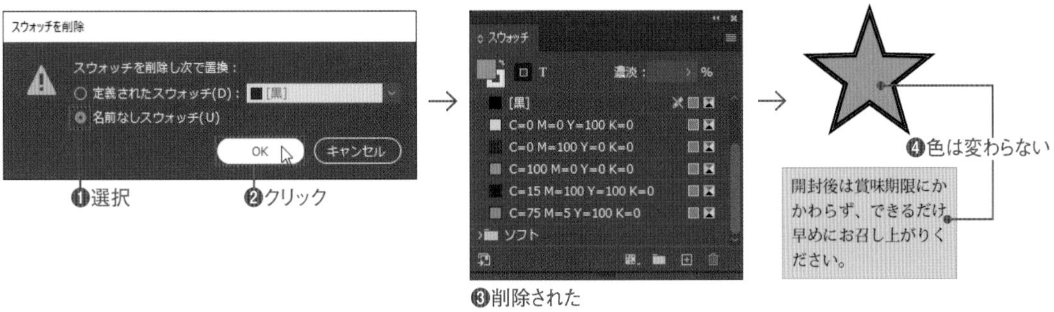

8-3 特色スウォッチ

CMYK 以外のインキを「特色」（またはスポットカラー）と呼びます。日本で多く使われている、「DIC」「TOYO」「PANTONE」のインキもスウォッチカラーのプリセットに用意されています。

STEP 01 特色インキをスウォッチに追加する　2021 2020 2019

Before

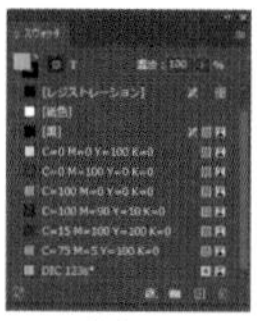
After

スウォッチパネルに特色インキを追加します。よく使用されるDICのインキを追加してみましょう。

Lesson 08 ▶ L8-3S01.indd

1 レッスンファイルを開きます（何もレイアウトされていません）。スウォッチパネルメニューから［新規カラースウォッチ］を選択します❶。

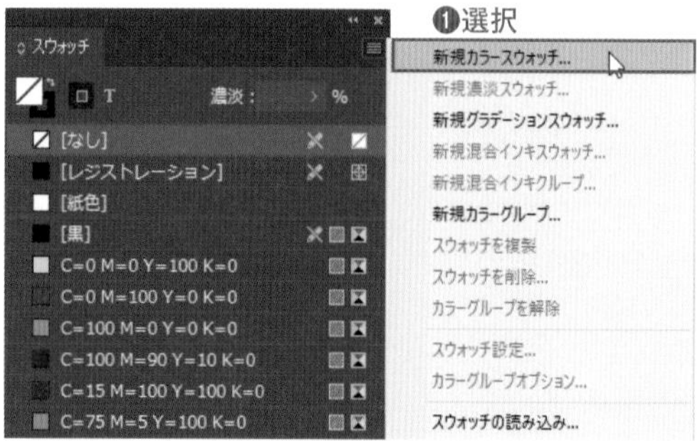

2 ［新規カラースウォッチ］ダイアログボックスが表示されたら、［カラーモード］をクリックし❶、ポップアップメニューから［DIC Color Guide］を選びます❷。

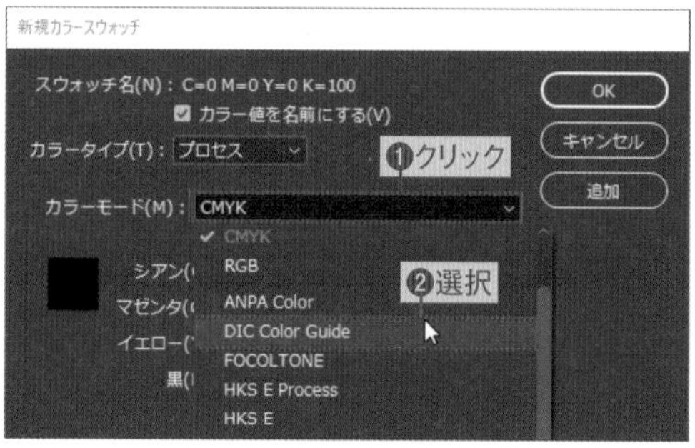

3 ［DIC］のボックスに選択するカラー番号（ここでは「123」）を入力し❶（数字以外は自動入力されます）、［追加］をクリックします❷（下のリストにある番号をクリックしても選択できます）。スウォッチパネルに「DIC123s*」が追加されます❸。［終了］をクリックして❹、［新規カラースウォッチ］ダイアログボックスを閉じます。閉じる前に新しい番号を入力して、追加を繰り返すこともできます。

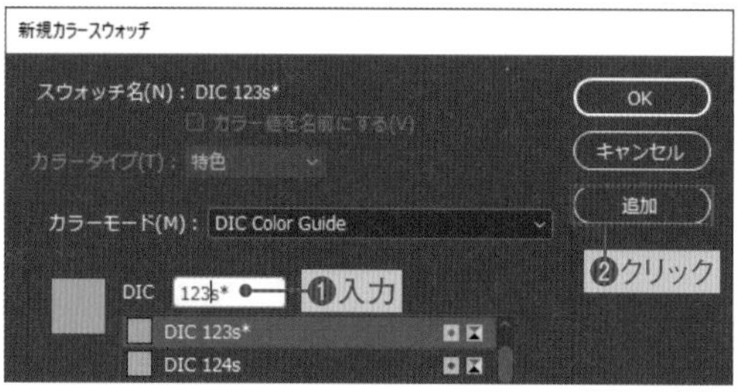

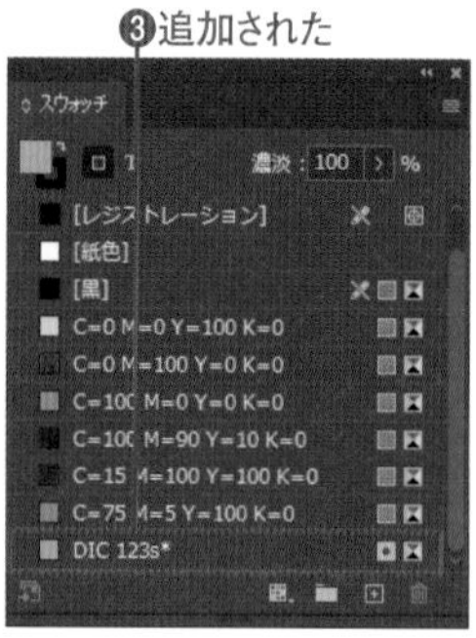

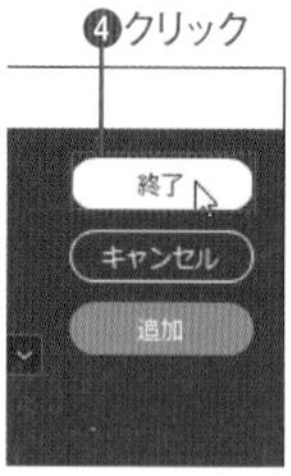

［CCライブラリに追加］にチェックされていると、CCライブラリにも登録される。登録しないときはチェックをオフにする

CHECK!

特色を使用した画像を配置すると

特色を使用した画像を配置すると、画像に使用されている特色が自動的にスウォッチパネルに追加されます。
画像に使用されている特色のスウォッチは、スウォッチパネルから削除することはできません。また、プリセットにあるインキメーカーのスウォッチ名は変更できません。

COLUMN

ドキュメントを開いて設定する

このレッスンファイルのドキュメントには、使用するオブジェクトがありません。ワークスペースにドキュメントを表示しないでスウォッチを追加すると、以降作成するドキュメントのスウォッチにも追加したスウォッチが入ってしまいます。初期状態のスウォッチをカスタマイズするときは、ドキュメントをすべて閉じた状態でスウォッチパネルを編集します。

STEP 02 混合インキスウォッチ

2021 2020 2019

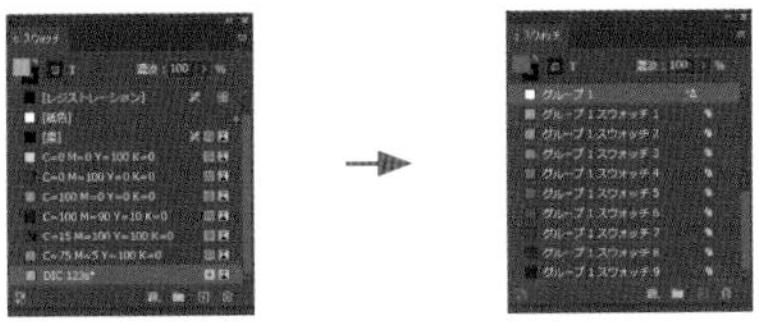

Before　After

特色インキとプロセスカラー（CMYK）をかけあわせたスウォッチカラーを作成します。レッスンファイルを開くか、STEP01でのファイルを引き続き使用します。

Lesson 08 ▶ L8-3S02.indd

混合インキスウォッチを作成する

1 レッスンファイルを開きます（STEP01で作業したレッスンファイルをそのまま使用してもかまいません）。スウォッチパネルメニューから［新規混合インキスウォッチ］を選びます❶。

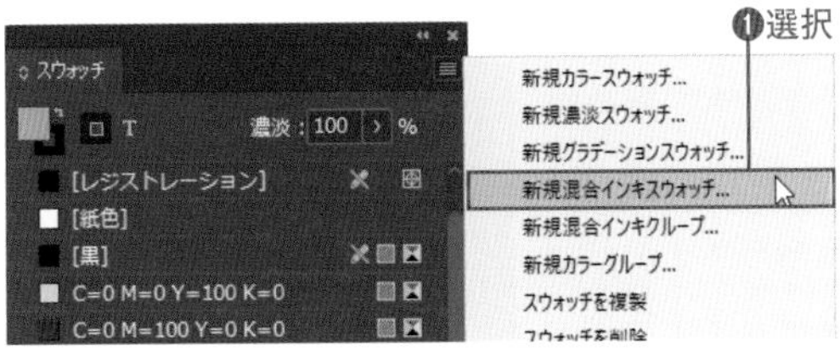

スウォッチパネルに特色のスウォッチがないと選択できない

2 ［新規混合インキスウォッチ］ダイアログボックスが表示されます。［名前］はそのままにして❶、特色を含むふたつ以上のインキにチェックマークをつけます（ここでは［DIC 123s*］と［プロセスブラック］）❷。インキを混合する割合として［プロセスブラック］を「50」、［DIC 123s*］を「100」に設定し❸、［OK］をクリックします❹。

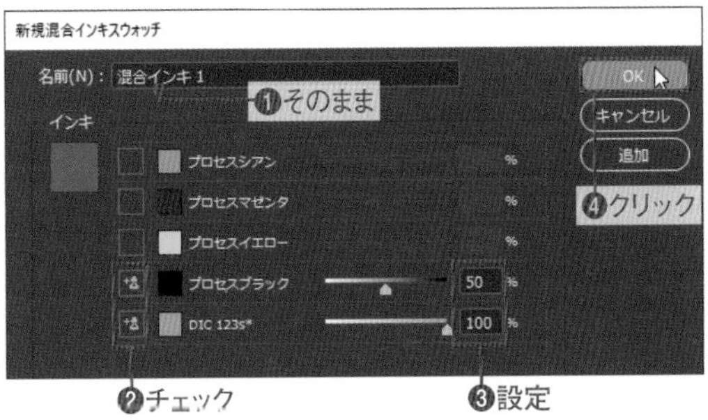

3 スウォッチパネルに「混合インキ1」が追加されます❶。「混合インキ1」をダブルクリックすると❷、［スウォッチ設定］ダイアログボックスが表示され、スウォッチの名前や混合比の編集ができます。ここでは編集の必要がないので［キャンセル］をクリックします❸。

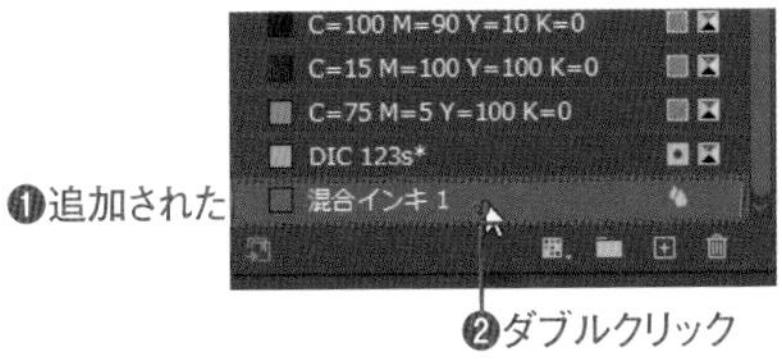

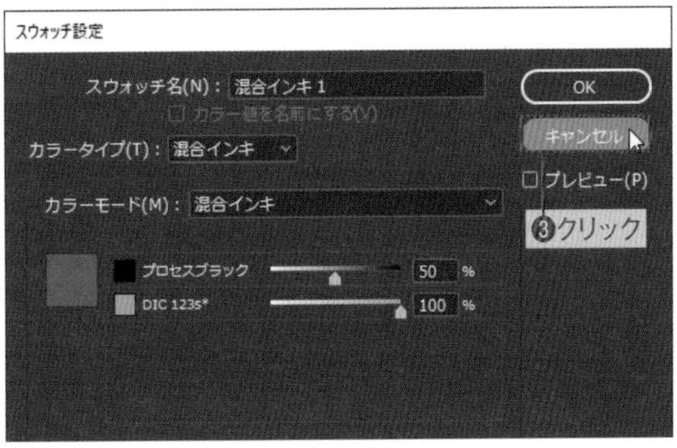

混合インキグループを作成する

1 スウォッチパネルメニューから［新規混合インキグループ］を選びます❶。

スウォッチパネルに特色のスウォッチがないと選択できない

2 ［新規混合インキグループ］ダイアログボックスが表示されます。［名前］を「グループ 1」のままにします❶。自動生成するスウォッチカラーには、グループ名の後ろに連番が付きます。

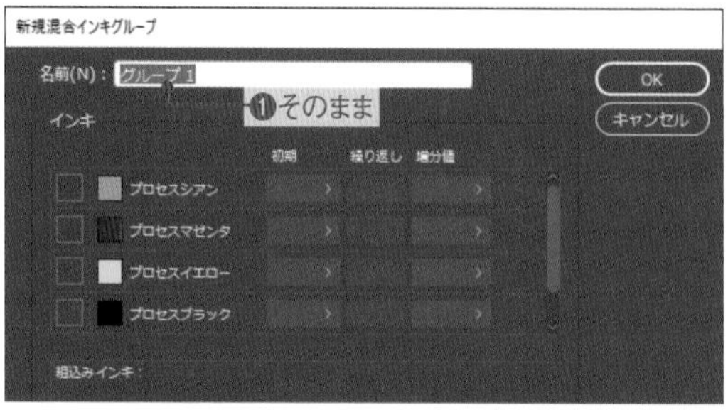

3 特色を含むふたつ以上のインキにチェックをつけます（ここでは［DIC123s*］と［プロセスブラック］）❶。［初期］に最初に混合する割合として、［プロセスブラック］は「10%」、「DIC123s*」は「100%」に設定します❷。［繰り返し］に追加するインキ数は［プロセスブラック］は「8」、「DIC123s*」は「0」に設定し❸、［増分値］に増加するインキの割合は、［プロセスブラック］は「10%」（［DIC123s*］は「0%」のまま）に設定します❹。

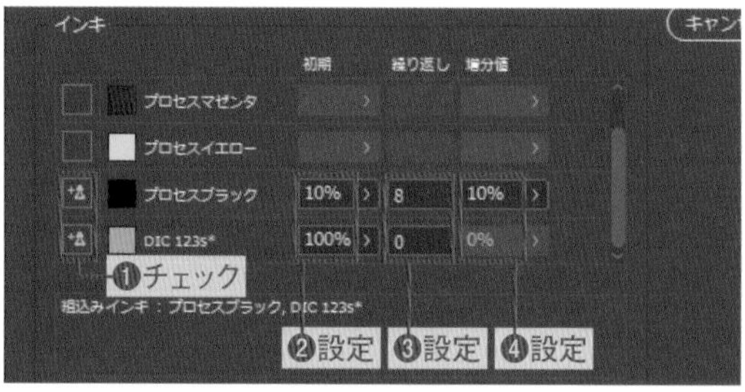

4 ［スウォッチをプレビュー］をクリックします❶。下部に作成されるスウォッチが表示されるので確認します❷。［OK］をクリックすると❸、スウォッチパネルに自動生成された混合インキスウォッチが追加されます❹。

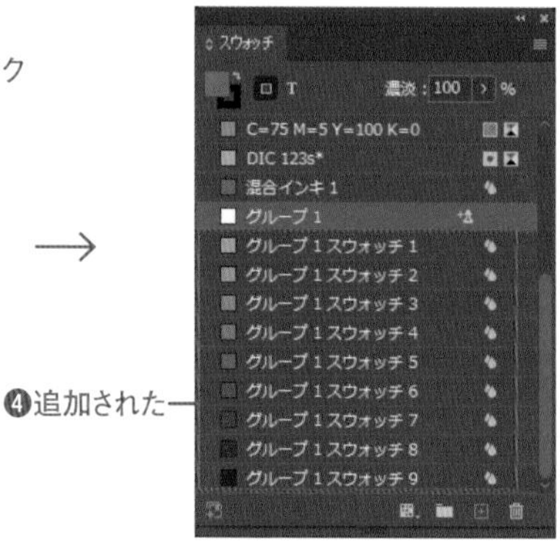

COLUMN

［混合インキグループオプション］ダイアログボックス

スウォッチパネルで混合インキグループの親をダブルクリックすると、［混合インキグループオプション］ダイアログボックスが表示されます。ここでインキを編集すると、インキグループの子の設定も更新されます。［混合インキスウォッチをプロセスカラーに変換］にチェックをつけると、特色インキを使用しない近似色のプロセスカラーに変換します。

8-4 グラデーション

フレームやテキストにグラデーションを適用できます。同じグラデーションを繰り返し適用するときは、グラデーションスウォッチを作成します。グラデーションの使い方を覚えましょう。

グラデーションについて

2021 2020 2019

グラデーションスウォッチと名称未設定グラデーション

InDesignには、グラデーションのプリセットはありません。グラデーションパネルにある初期設定の白黒グラデーション以外は、新しく作成してオブジェクトに適用します。

グラデーションパネルには、最後に適用したグラデーションしか表示されません。同じグラデーションを繰り返し適用するなら、スウォッチに追加します。スウォッチに追加したグラデーションはグラデーションスウォッチと呼び、オブジェクトに適用したグラデーションとリンクします。

グラデーションパネルの[塗り]ボックスに表示されるグラデーションは、名称未設定グラデーションと呼ばれる独立したグラデーションです。グラデーションスウォッチを選択すると、グラデーションパネルにも同じカラーが表示されますが、これはスウォッチではない同じカラーの名称未設定グラデーションなので、注意してください。

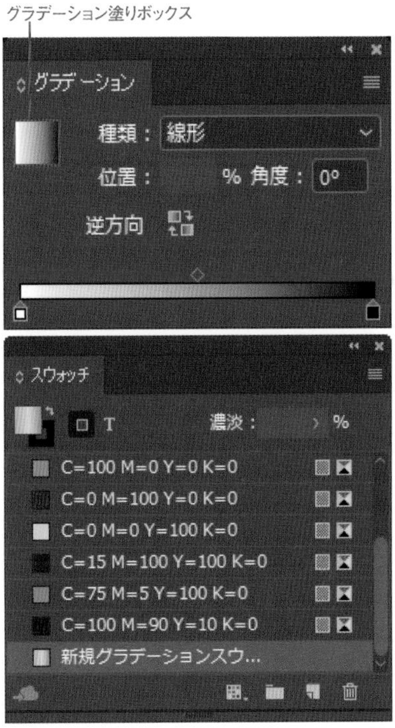

線形と円形

[線形]のグラデーションは、方向と角度を指定して直線的に色をブレンドします。[円形]は、中心から放射状に色をブレンドします。グラデーションの方向と角度や中心の位置は、グラデーションスウォッチツールを使って設定します。

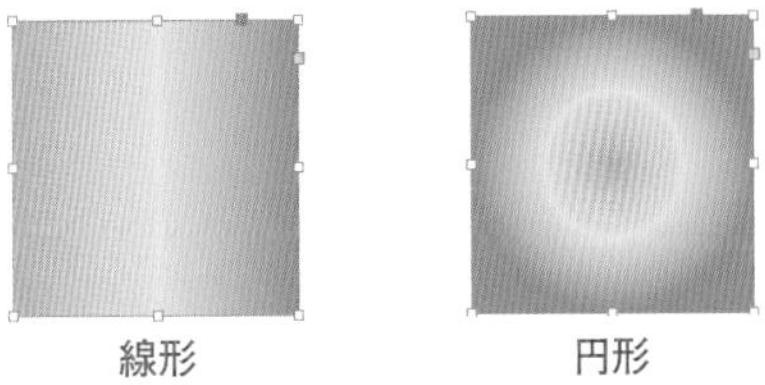

ストップカラーの設定

グラデーションの色は、グラデーションバーの下にある四角(ストップカラー)に設定します。左がグラデーションの開始カラーで、右が終了カラーです。間に新しいストップカラー(中間カラー)を追加して、色の変化を増やすこともできます。開始カラーは、円形グラデーションの中心に適用されます。線形グラデーションの場合、初期設定はオブジェクトの左端に適用されます。ストップカラーには、スウォッチカラーや名称未設定カラーを設定できます。ストップカラーにスウォッチカラーを設定した場合、スウォッチカラーを編集すると、グラデーションのストップカラーも更新されます。

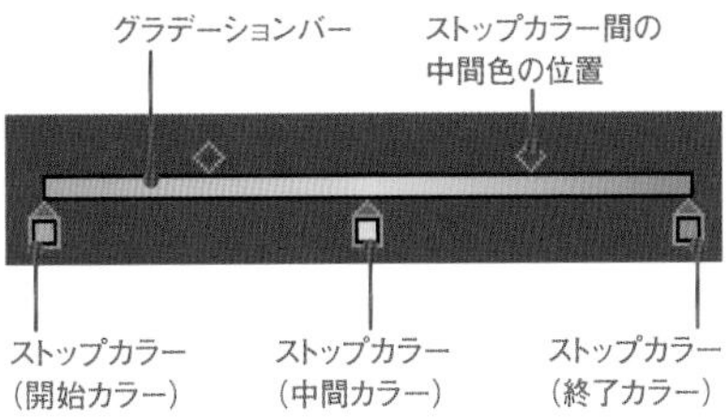

STEP 01　新規グラデーションスウォッチを作成する　2021 2020 2019

Before

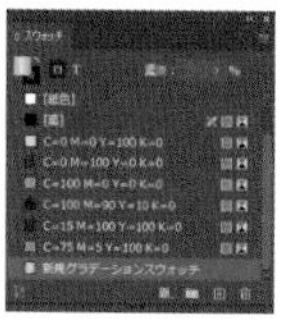

After

繰り返し適用するグラデーションは、スウォッチを作成します。実際に作成してみましょう。作成したスウォッチは、カラースウォッチと同じように使えます。

Lesson 08 ▶ L8-4S01.indd

1　レッスンファイルを開きます。オブジェクトを選択していない状態から操作します。スウォッチパネルメニューから［新規グラデーションスウォッチ］を選びます❶。

2　［新規グラデーションスウォッチ］ダイアログボックスが表示されたら、［スウォッチ名］を「新規グラデーションスウォッチ」（変更も可能）のまま❶、［タイプ］を［線形］に設定します❷。

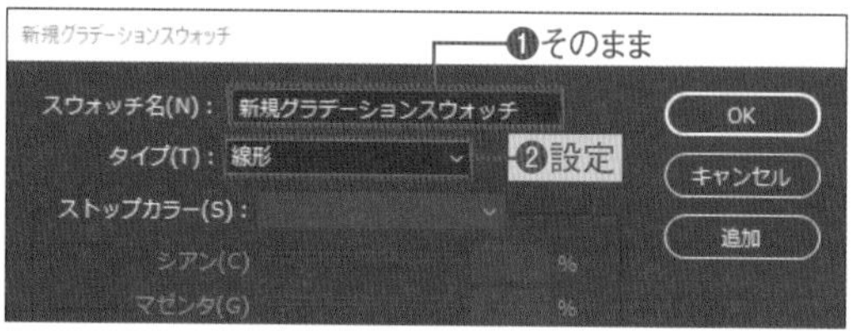

3　グラデーションバーの左下にある開始カラーをクリックします❶。現在のストップカラーのカラー値が表示されるので❷、「C=0 M=40 Y=70 K=0」に設定します❸。

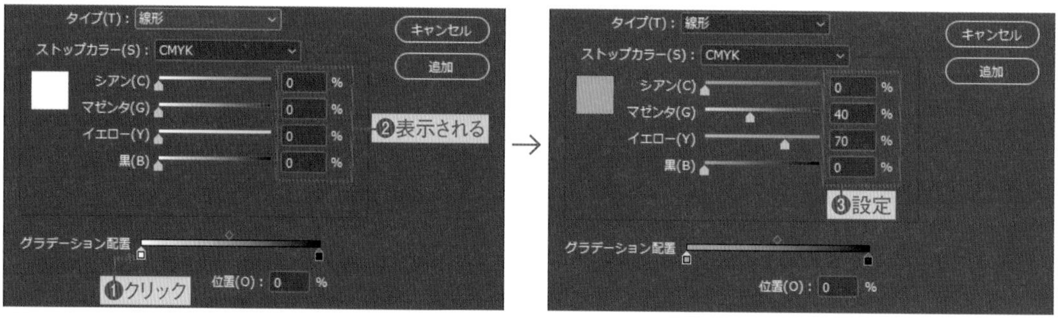

4　グラデーションバーの右下にある終了カラーをクリックします❶。現在のストップカラーの［黒］スウォッチがハイライト表示されます❷。［ストップカラー］のポップアップメニューで［CMYK］を選び❸、カラー値を「C=80 M=0 Y=70 K=0」に設定します❹。

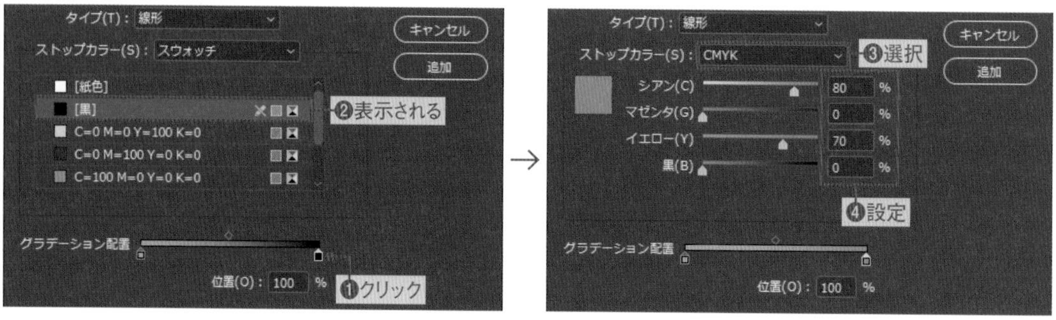

5　グラデーションバーの少し下をクリックします❶。新しいストップカラーが追加されます❷。［位置］を「50」に設定して❸、正確な中間に設定します。カラー値を「C=0 M=0 Y=80 K=0」に設定し❹、［OK］をクリックします❺。スウォッチパネルに「新規グラデーションスウォッチ」が追加されます❻。

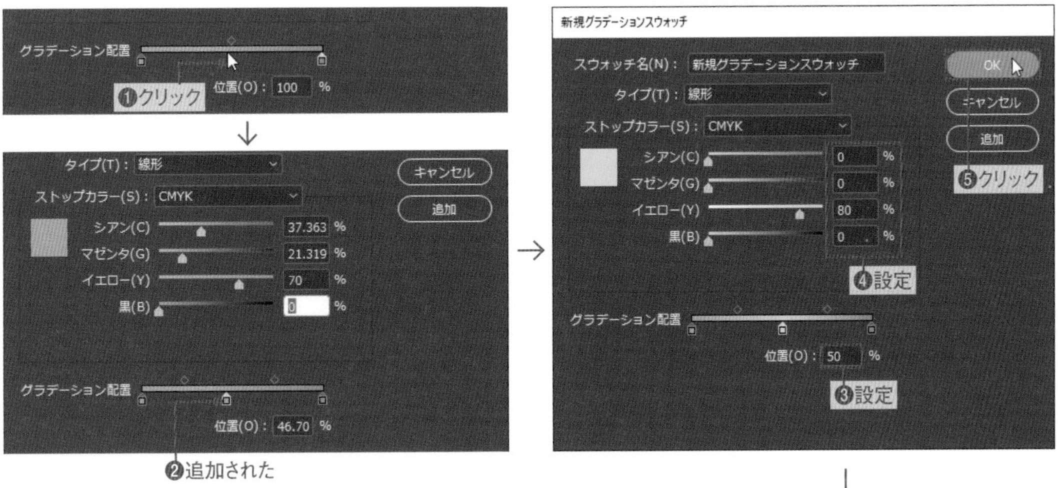

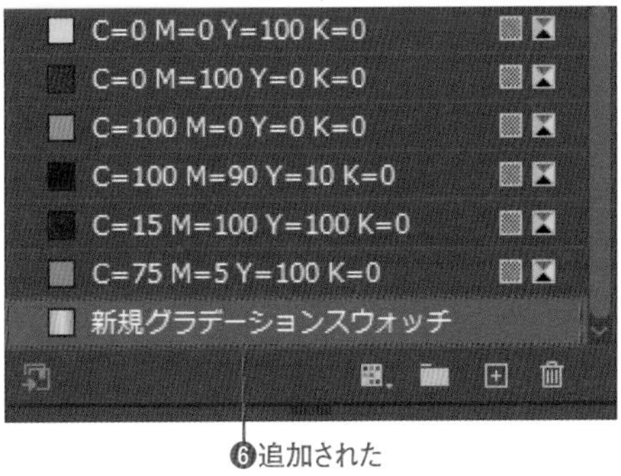

CHECK!

続けてスウォッチを追加する

［追加］をクリックすると、［新規グラデーションスウォッチ］ダイアログボックスを閉じないで、スウォッチパネルにグラデーションスウォッチを追加します。現在の設定を編集して、また新しいグラデーションスウォッチを追加できます。

COLUMN

グラデーションの変化に強弱をつける

グラデーションバーの上にある菱形のスライダー（中間色の位置）を移動して、グラデーションの変化に強弱をつけることができます。グラデーションパネルも同じ操作で移動できます。

COLUMN

ストップカラーの削除

追加したストップカラーを削除するときは、四角をダイアログボックスの外にドラッグします。削除できるのは、追加した分の数だけです。グラデーションパネルも同じ操作で削除できます。

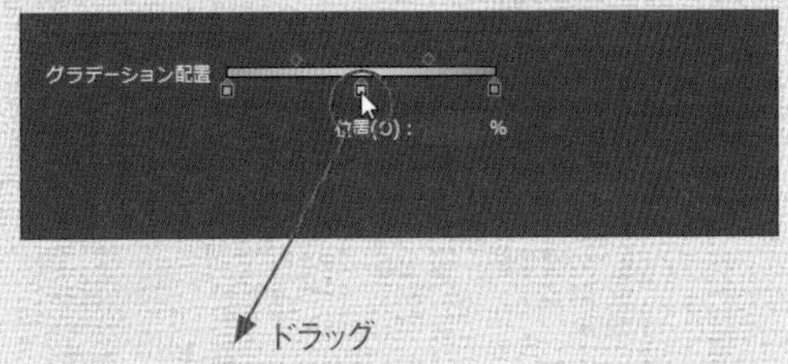

STEP 02 オブジェクトにグラデーションを適用する 2021 2020 2019

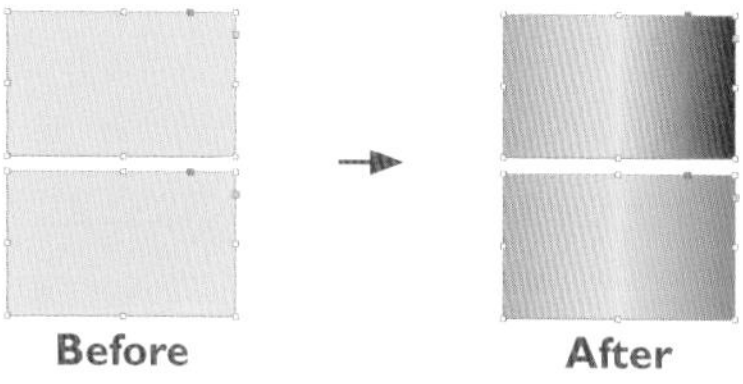

STEP01の続きです。オブジェクトに名称未設定グラデーションを適用する方法と、グラデーションスウォッチを適用する方法を学びましょう。

Lesson 08 ▶ L8-4S02.indd

1 レッスンファイルを開きます（STEP01で作業したレッスンファイルをそのまま使用してもかまいません）。選択ツールを選択し❶、Aの割り当てなしのフレームを選択します❷。ツールパネルの［塗り］ボックスをクリックして、［塗り］の設定をアクティブにします❸。グラデーションパネルを表示します。現在、グラデーションの［塗り］ボックスには、STEP01で追加した「新規グラデーションスウォッチ」と同じ色のグラデーションが表示されています。［塗り］ボックスをクリックすると❹、フレームの［塗り］に名称未設定グラデーションが適用されます❺。

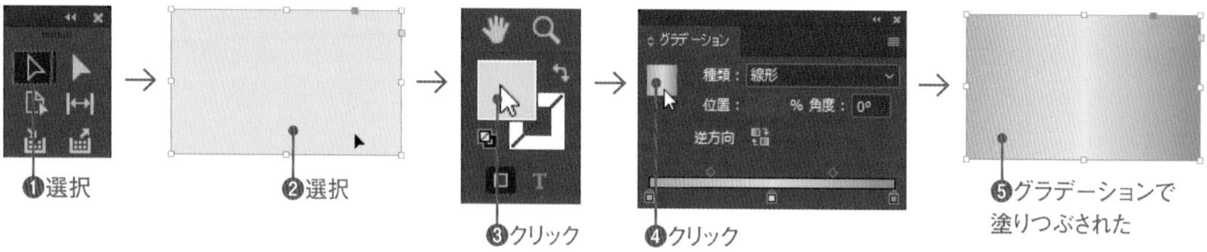

2 グラデーションパネルのストップカラー（終了カラー）をクリックすると❶、カラーパネルにストップカラーが表示されます。カラーパネルでカラー値を「C=0 M=100 Y=100 K=0」に変更すると❷、グラデーションのカラーが更新されます❸。名称未設定グラデーションのストップカラーを設定するときは、カラーパネルを使用します。

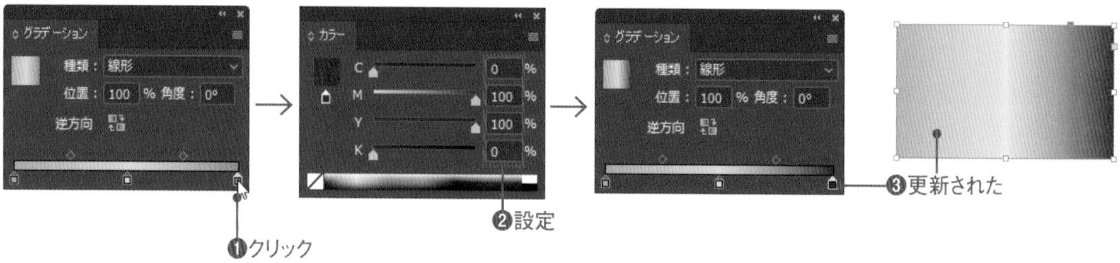

3 Bの割り当てなしのフレームを選択します❶。スウォッチパネルの［塗り］ボックスをクリックして、［塗り］の設定をアクティブにします❷。スウォッチパネルの「新規グラデーションスウォッチ」をクリックします❸。フレームの［塗り］にスウォッチのグラデーションが適用されました❹。

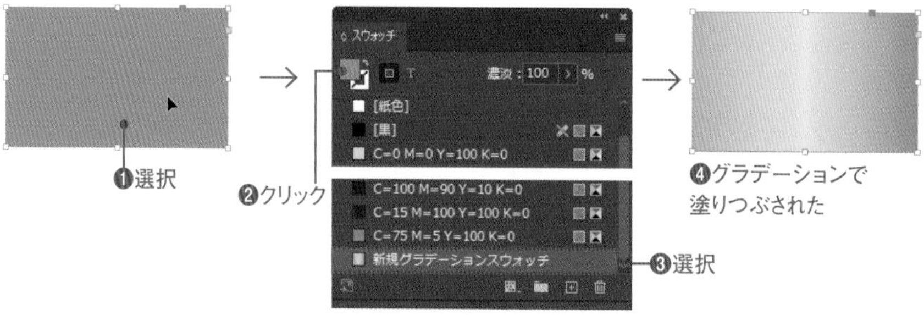

 Macでは、キーは次のようになります。 Ctrl → ⌘ Alt → option Enter → return

STEP 03　グラデーションスウォッチツールで編集する　2021 2020 2019

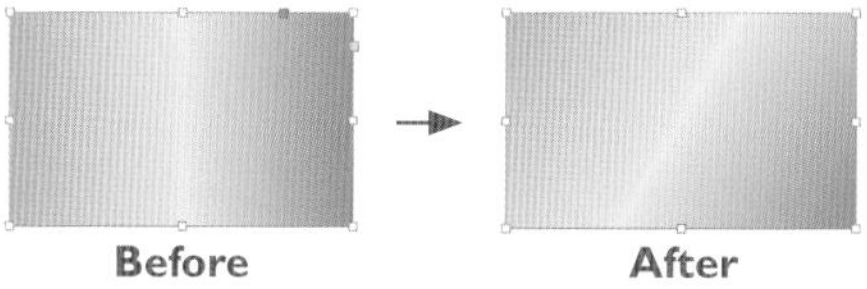

STEP02の続きです。オブジェクトに適用したグラデーションをグラデーションスウォッチツールで編集します。

Lesson 08 ▶ L8-4S03.indd

1 レッスンファイルを開きます（STEP02で作業したレッスンファイルをそのまま使用してもかまいません）。選択ツールでBのフレームを選択します❶。

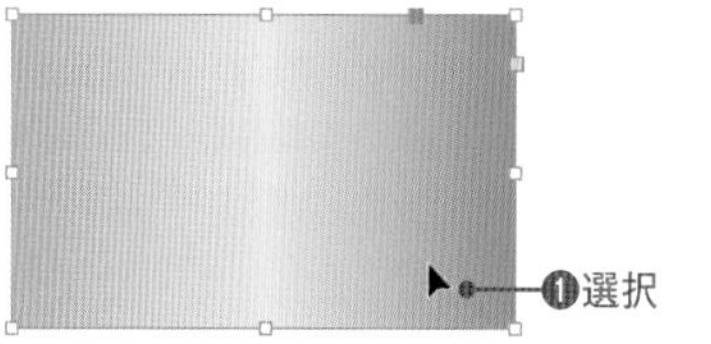

2 グラデーションスウォッチツールを選択して❶、フレームの左上の角から右下の角までドラッグします❷。ドラッグを開始した位置（左上角）から開始カラーが始まり、マウスボタンをはなした位置（右下角）でちょうど終了カラーになる角度のグラデーションに変わります❸。

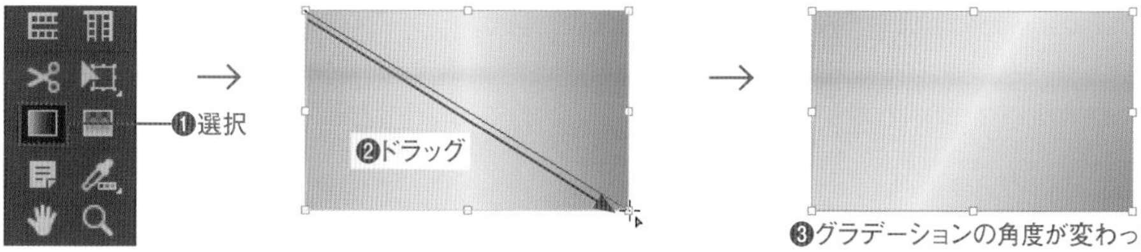

COLUMN

グラデーションスウォッチの編集

グラデーションスウォッチとリンクを保持したまま編集できるのは、グラデーションスウォッチツールによる操作と、グラデーションパネルの［角度］だけです。グラデーションパネルで［角度］以外を編集すると、スウォッチとのリンクが切れて名称未設定のグラデーションに変換されます。
例えば、直線グラデーションの開始カラーと終了カラーを入れ替えたい場合、グラデーションパネルの［逆方向］をクリックすると、スウォッチとのリンクが切れてしまいますが、角度を「180°」に設定することで、スウォッチとのリンクを保持できます。
スウォッチのカラーを変更するときは、スウォッチパネルのグラデーションスウォッチをダブルクリックして、［グラデーションオプション］ダイアログボックスを表示して編集します。

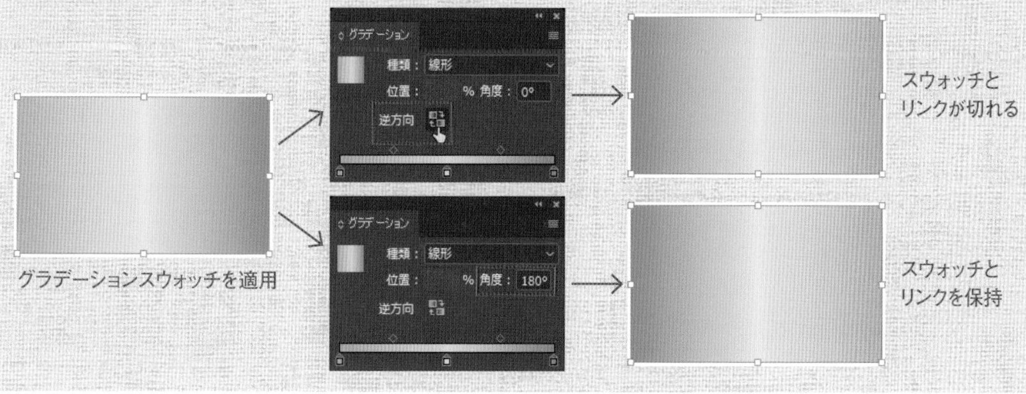

STEP 04 テキストにグラデーションを適用する 2021 2020 2019

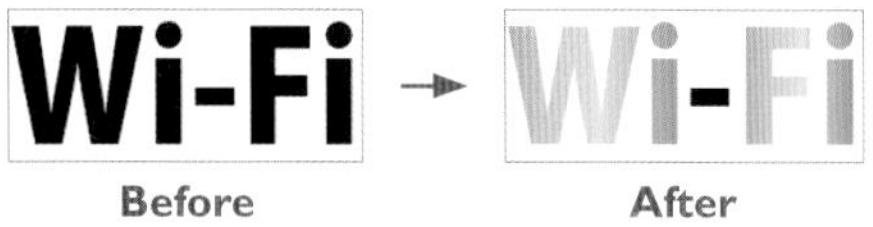

STEP03の続きです。テキストにグラデーションを適用します。一部の文字を選択してグラデーションを適用します。

Lesson 08 ▶ L8-4S04.indd

1 レッスンファイルを開きます（STEP03で作業したレッスンファイルをそのまま使用してもかまいません）。横組み文字ツールを選択し❶、Cのフレームにある「Wi」の文字をドラッグして選択します❷。

2 スウォッチパネルの［塗り］が選択されていることを確認し❶、「新規グラデーションスウォッチ」をクリックします❷。選択した文字にグラデーションが適用されます❸。グラデーションが適用されているかわからないため［編集］メニュー→［選択を解除］を選び選択を解除します❹。テキストフレームの両端に開始カラーと終了カラーを合わせたグラデーションが、選択した文字の範囲に適用されていることがわかります❺。

3 再度「Wi」の文字を選択します❶。グラデーションスウォッチツールを選択して❷、選択中の「Wi」の幅に合わせてドラッグします❸。グラデーションの開始カラーと終了カラーの位置が、選択した文字の範囲に更新されます。

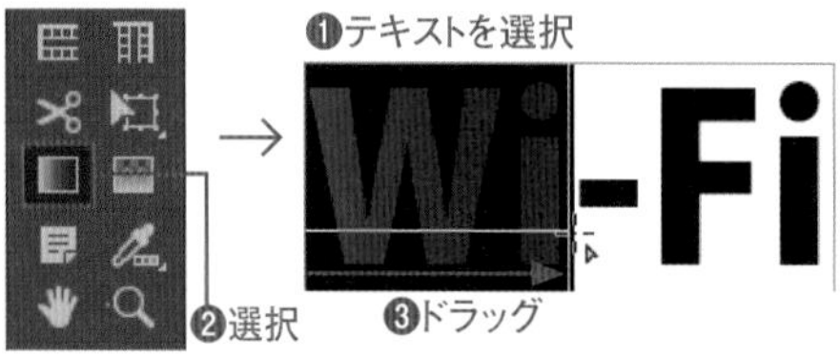

4 横組み文字ツールを選択し❶、「Fi」の文字をドラッグして選択します❷。

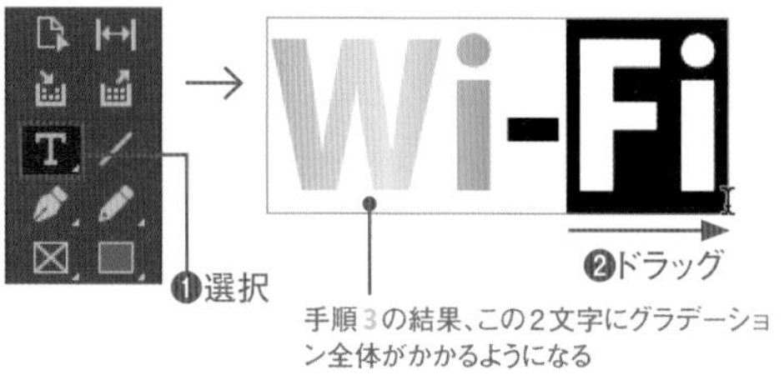

5 スウォッチパネルの「新規グラデーションスウォッチ」をクリックします❶。グラデーションスウォッチツールを選択して❷、選択中の「Fi」の幅に合わせてドラッグして、開始カラーと終了カラーの位置を更新します❸。［編集］メニュー→［選択を解除］を選び確認します❹。

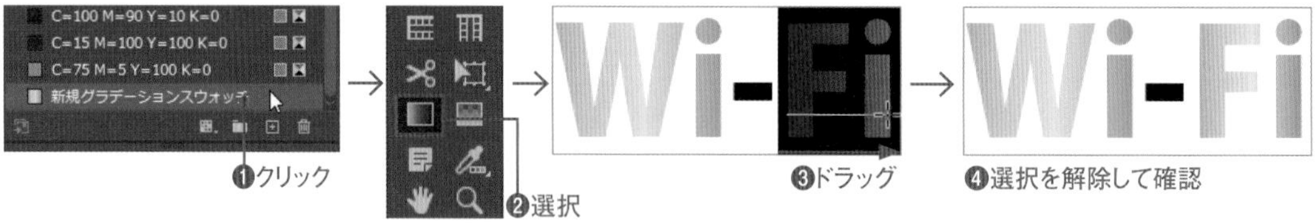

8-5 線の設定

オブジェクトに線幅を設定すると、線パネルで、線端の形状、角の形状、線の位置を設定できます。また、点線や波線などもプリセットから選んで設定できます。

線の設定

2021 2020 2019

線端の形状

[線端なし]は、端点の位置で直角になります。[丸型線端]は、端点から線幅と等しい直径の半円が飛び出します。[突出線端]は、端点から線幅の半分飛び出した位置で直角になります。

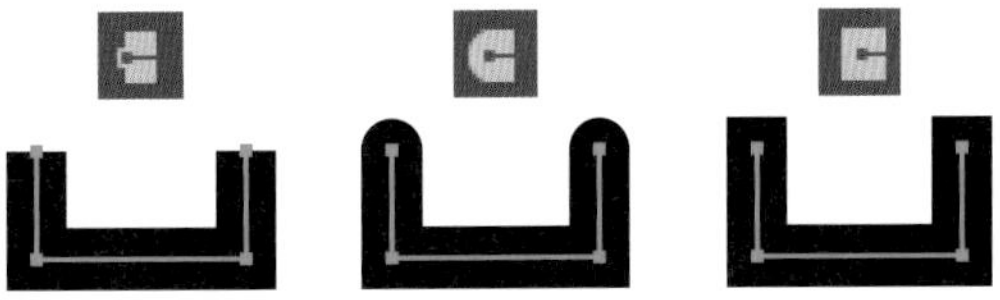

線端なし　丸型線端　突出線端

角の形状

[マイター結合]は、コーナーポイントで尖った形状になります。角を尖らせる先端の長さが線幅の[角の比率]の設定値倍(「4」なら4倍)以上になると、自動的にベベル結合と同じ角になります。[ラウンド結合]は、角が丸くなります。[ベベル結合]は、角を切り落とした形状になります。

マイター結合　ラウンド結合　ベベル結合

線の位置

パスに対する線の位置を設定します。オープンパスの場合、開始点から終了点に向かう左が外側になります。

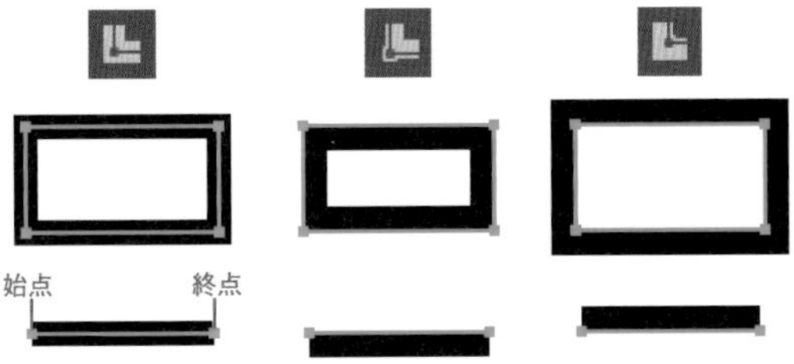

線を中央に揃える　線を内側に揃える　線を外側に揃える

種類

ポップアップメニューから選択します。[ベタ]以外の線は、[間隔のカラー]と[間隔の濃淡]オプションで、線のカラーとは別のカラーを間隔に設定できます。[なし]の場合は、間隔が透明になります。

[点線]を選択すると、線分と間隔の長さを設定できます。

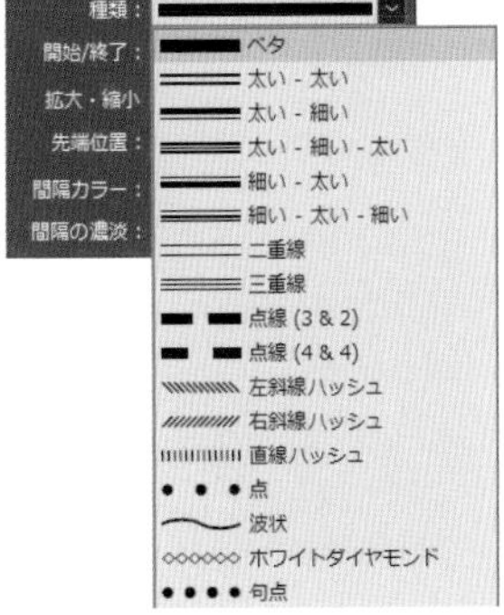

線端のデザイン

開始点と終了点の線端に矢印のデザインをつけることができます。矢印を追加する位置を[先端位置]オプションで設定したり、矢印のサイズを拡大・縮小できます。

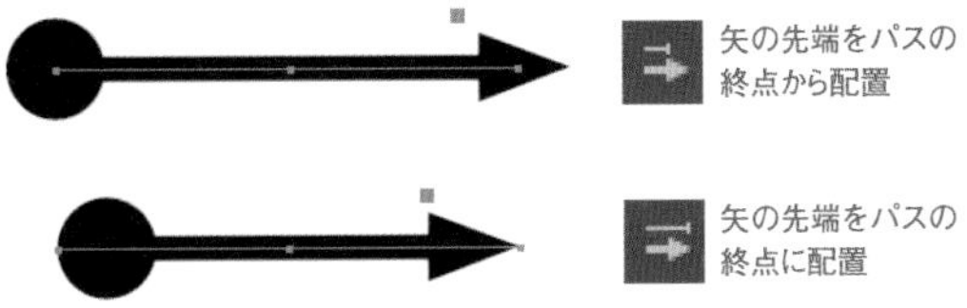

STEP 01 線を設定する

2021 2020 2019

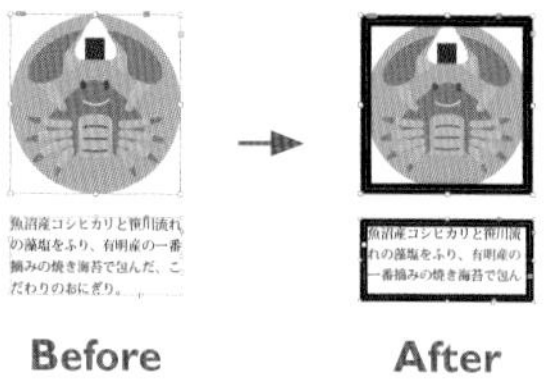

グラフィックフレームやテキストフレームに線を設定すると、フレーム内のコンテンツに影響が出ます。画像とテキストの違いを学びましょう。

Lesson 08 ▶ L8-5S01.indd

グラフィックフレームに線を設定する

1 レッスンファイルを開きます。選択ツールを選択し❶、Aのグラフィックフレームを選択します❷。線パネルの［線幅］を「2mm」に設定します❸。線幅が太いので、画像の端が線で隠れてしまいます❹。

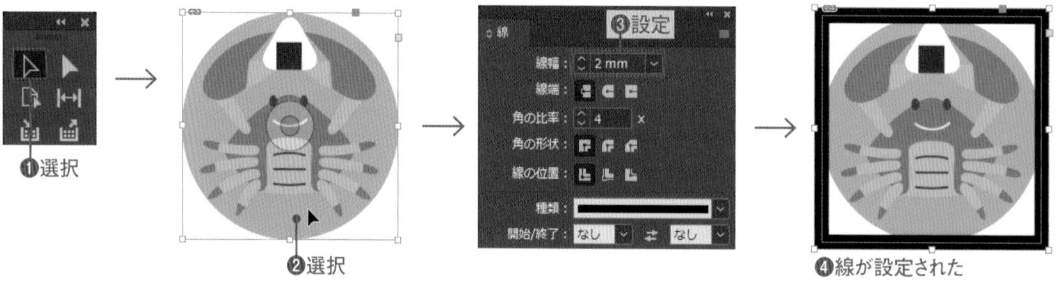

［オブジェクト］メニュー→［オブジェクトサイズの調整］の［内容をフレームに合わせる］や［フレームを内容に合わせる］を適用しても、オブジェクトのサイズは変わらない

2 線パネルで［線の位置］を［線を外側に揃える］に設定します❶。線がフレームの外側になり、画像とフレームのサイズを変更しないで画像をすべて表示できます❷。

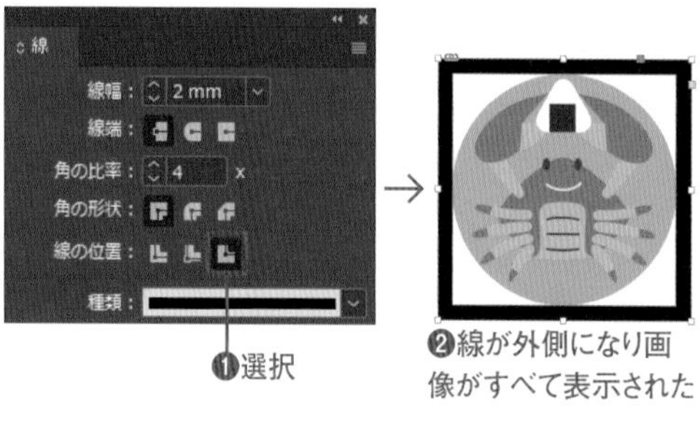

CHECK!

フレームサイズを大きくする

グラフィックフレームを線幅分大きくすると、［線の位置］を［線を中央に揃える］のまま、画像をすべて表示できます。

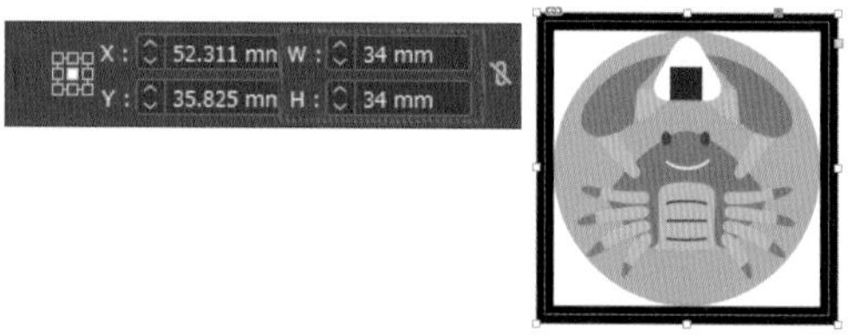

CHECK!

フレームサイズを変えられないときは画像を小さくする

ダイレクト選択ツールで画像を選択し、画像サイズを小さくすると、グラフィックフレームのサイズを変更しないで［線の位置］を［線を中央に揃える］のまま、画像をすべて表示できます。

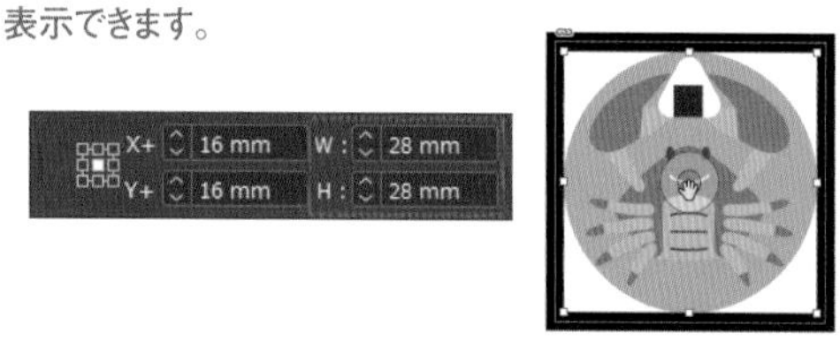

COLUMN

グラフィックフレームの細い線は調整しない

画像を細い線（1mm以下）で囲むときは、画像が隠れることを気にしません。例えば、写真を0.2mmの［黒］の線で囲む場合、半分重なる部分（0.1mm）がオーバープリントされるため、版ズレを防止する役割になります。

テキストフレームに線を設定する

1 選択ツール▶で B のプレーンテキストフレームを選択し❶、線パネルの［線幅］を「2mm」に設定します❷。テキストが線に隠れることはありませんが、テキストエリアが線幅分（高さマイナス2mm、幅マイナス2mm）狭くなり、テキストがオーバーセットします❸。

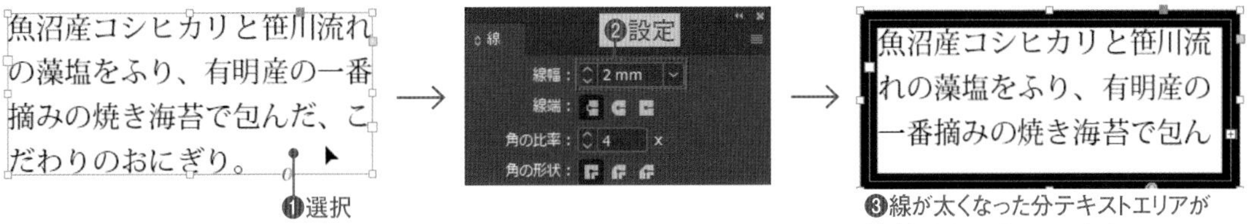

❸線が太くなった分テキストエリアが狭くなりオーバーセットした

2 ［オブジェクト］メニュー→［オブジェクトサイズの調整］→［フレームを内容に合わせる］を適用します❶。プレーンテキストフレームの高さが自動で変わり、オーバーセットは解消されます❷。

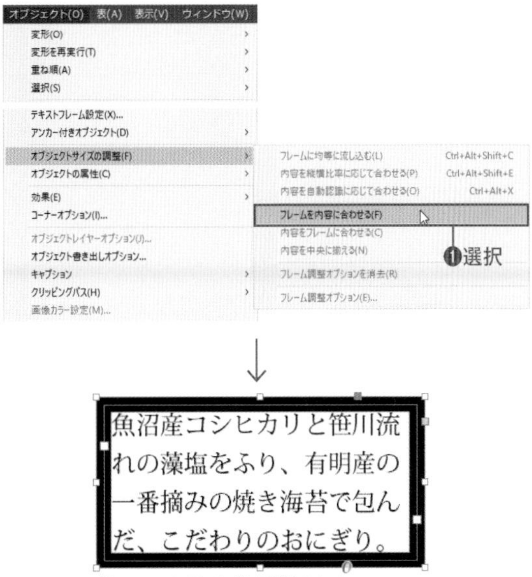

❷フレームサイズが調整された

フレームの幅（縦組みのときは高さ）はそのままで調整される

COLUMN

テキストフレームの線設定は慎重に

テキストフレームに設定する線は、細い線でも文字組みに大きく影響します。線の位置を［線を中心に揃える］や［線を内側に揃える］に設定したときは、狭くなった配置スペースを考慮してフレームサイズを調整してください。

COLUMN

フレームグリッドはサイズを自動調整する

フレームグリッドに線幅を設定すると、自動的に線幅分フレームサイズが大きくなります。

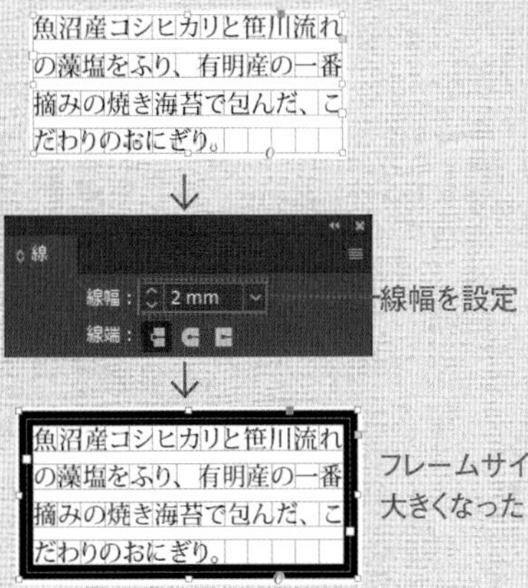

CHECK!

線を外側に揃える

線パネルの［線の位置］を［線を外側に揃える］に設定すると、テキストの文字数とフレームのサイズを変更しないでテキストをすべて表示できます。

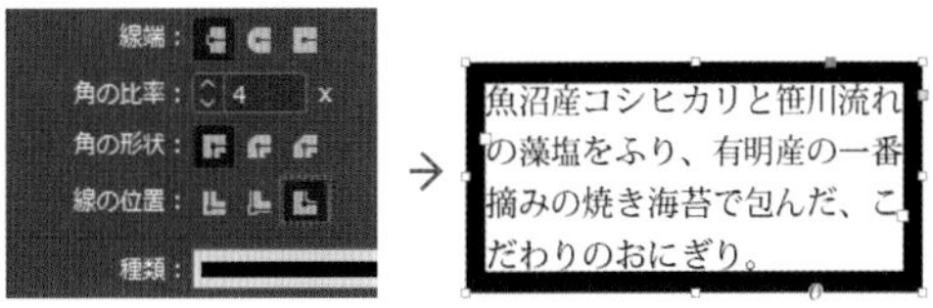

STEP 02　引出し線を設定する

2021　2020　2019

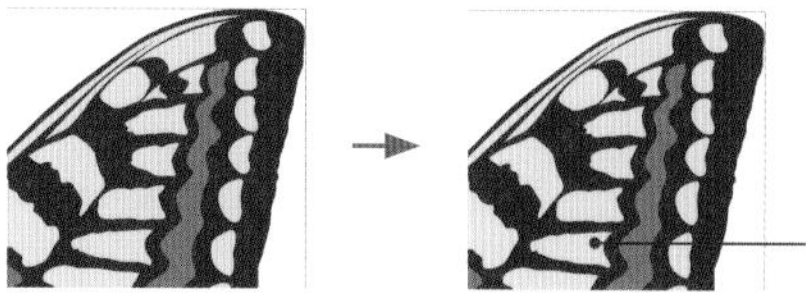

Before　→　After

線の両端の形状は矢印などに設定できます。ここでは先端が丸い引き出し線を作成してみましょう。

Lesson 08 ▶ L8-5S02.indd

1　レッスンファイルを開きます。線ツール［ ］を選択し❶、コントロールパネルで［線幅］を「0.25mm」に設定し❷、線の［種類］は［ベタ］に設定します❸。［塗り］のカラーは［なし］❹、［線］のカラーは「C=15 M=100 Y=100 K=0」に設定します❺。

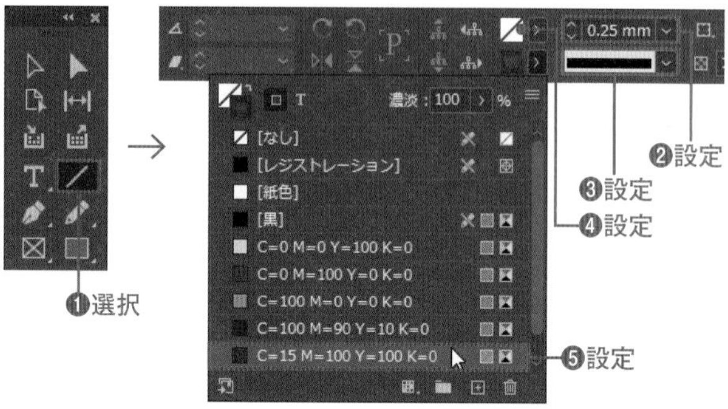

2　前翅の上から右方向に Shift キーを押しながらドラッグして❶、水平線を作成します。

3　線パネルで始点の矢を［円ベタ］に設定します❶。［先端位置］を［矢の先端をパスの終点に配置］に設定します❷。開始側の先端が丸い線になりました❸。

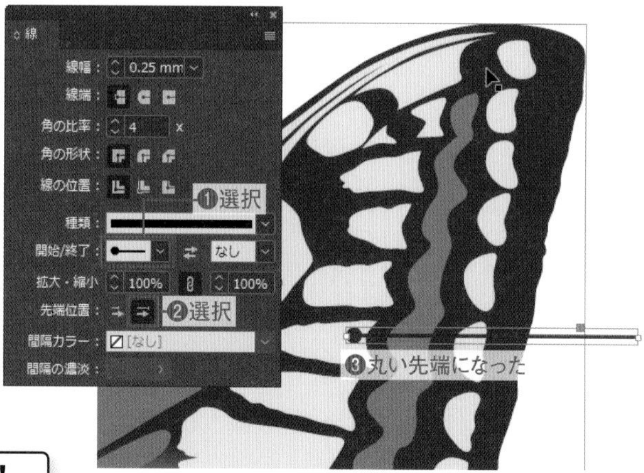

開始点と終了点の入れ替え

CHECK!

［矢印の始点と終点を入れ替え］ボタンは、開始点と終了点のデザインを入れ替えます。パスファインダーパネルの［パスの反転］は開始点と終了点が入れ替わります。

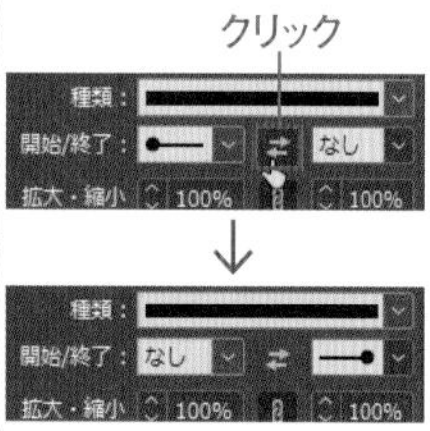

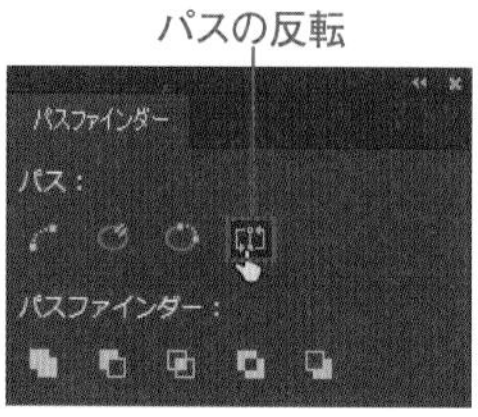

COLUMN

矢印の拡大・縮小

矢印のサイズを［拡大・縮小］で設定できます。

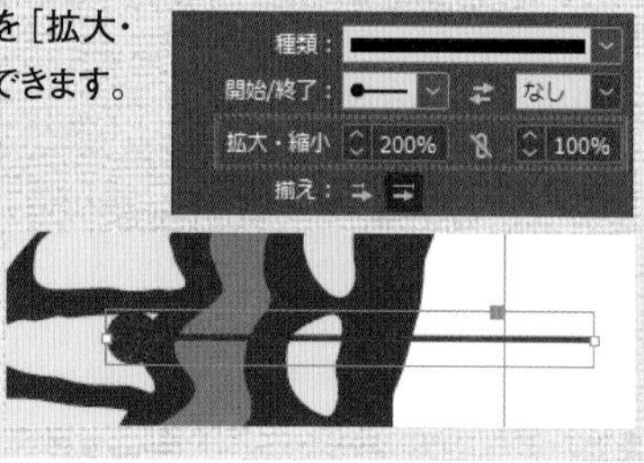

8-6 効果

オブジェクトには不透明度や、重なったオブジェクトの色が合成される描画モード、境界線にドロップシャドウをつけるオブジェクト効果などの効果が適用できます。効果は、効果パネルを使用して適用します。

効果を適用する対象を選択する

2021 2020 2019

不透明度や描画モード、あるいはオブジェクト効果は、オブジェクト全体だけでなく、[線]や[塗り]、フレーム内のコンテンツに分けて適用できます。オブジェクトを選択したら、効果パネルで適用する対象を選択します。

オブジェクト	オブジェクト全体（塗り、線、テキスト、グラフィック）に効果を適用します。
線	フレームの線だけに効果を適用します。
塗り	フレームの塗りだけに効果を適用します。
テキスト	フレーム内のテキストだけに効果を適用します。
グラフィック	ダイレクト選択ツールで画像だけ選択したときは、画像だけに効果を適用します。
グループ	選択ツールでグループを選択すると、グループ全体に効果を適用します。

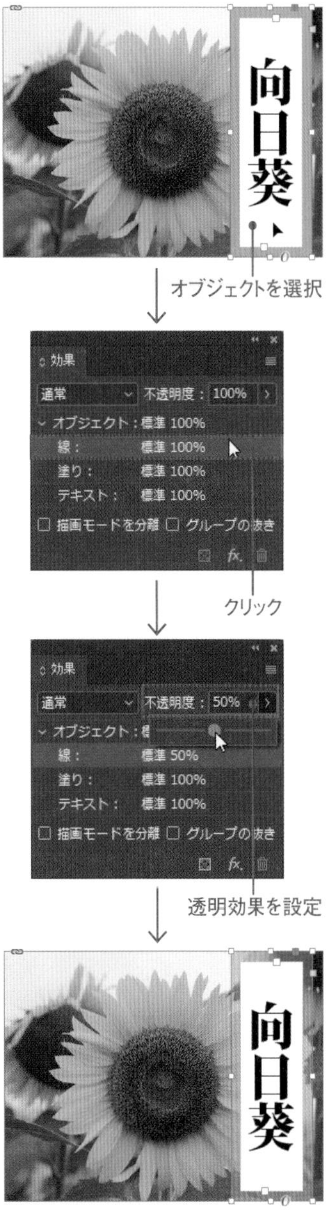

線だけに透明効果が適用される

不透明度

「100%」（完全な塗りつぶし）から「0%」（完全に透明）までの値を設定します。［不透明度］の値を下げると、背面にあるオブジェクトが透けて見えます。背面にオブジェクトがないと、色が薄くなったように見えます。

[オブジェクト]を選択した場合

オブジェクト全体に透明効果が適用される

[塗り]と[線]を選択した場合

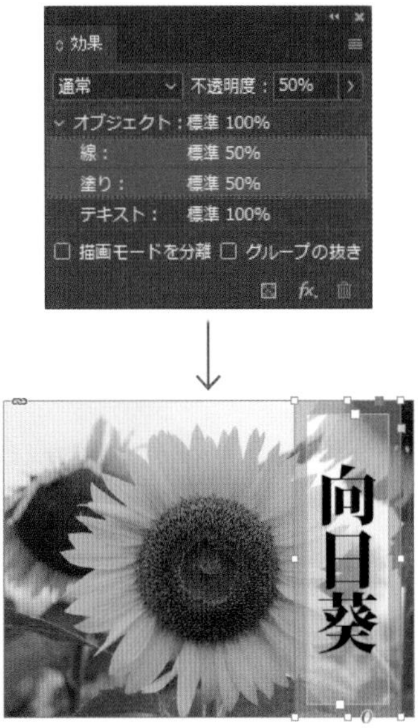

塗りと線に透明効果が適用される

描画モード

重なり合う前面のオブジェクトに描画モード（[通常] 以外）を適用すると、背面にあるオブジェクトと合成した色が表示されます（重なっている領域だけ色が変化します）。これは、背面にオブジェクトがないと変化しない透明効果です。

前面のオブジェクトに[オーバーレイ]を適用

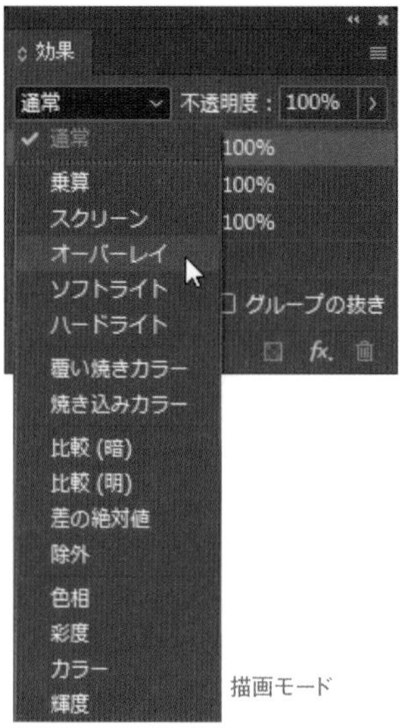

描画モード

オブジェクト効果

9種類のオブジェクト効果を[オブジェクト]メニュー→[効果] から選ぶか、効果パネルの下にある fx から選びます❶。[効果] ダイアログボックスが表示されたら、効果ごとの設定項目を設定します❷。
効果は、同じ手順で内容を変更したり、適用をやめたりできます。

ドロップシャドウ	オブジェクトの後ろにシャドウを追加します。オブジェクトが飛び出しているように見えます。
シャドウ（内側）	境界線の内側にシャドウを追加します。くぼんでいるように見えます。
光彩（外側）	境界線の後ろから発光しているような効果を追加します。
光彩（内側）	境界線の内側から発光しているような効果を追加します。
ベベルとエンボス	境界線の周辺にオブジェクトが膨らんでいるように見える効果を追加します。
サテン	サテンのような光沢を追加します。
基本のぼかし	境界線が透明になるぼかしを設定します。
方向性のぼかし	境界線が透明にぼかす方向を上下左右に分けて設定できます。
グラデーションぼかし	透明になるぼかし効果をグラデーションぼかしツールを使って自由な位置と方向に設定できます。

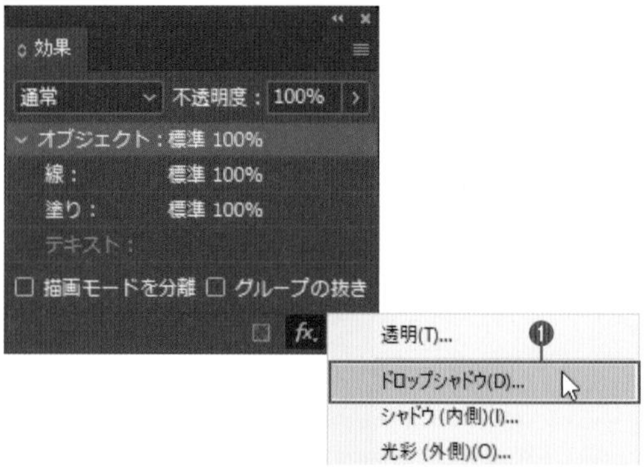

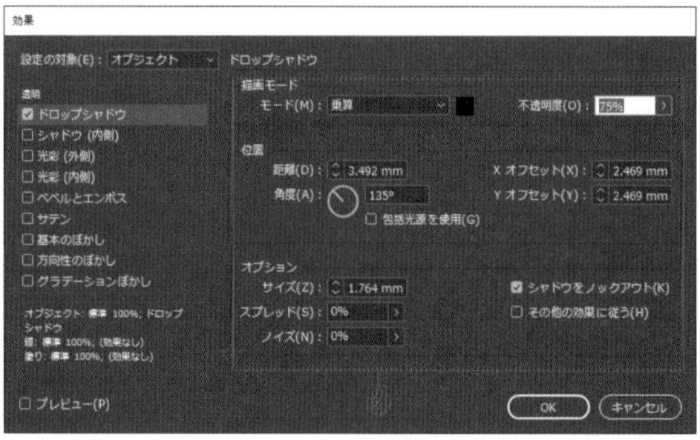

CHECK!

オブジェクト効果の編集

効果を適用すると効果パネルに fx が表示されます。ダブルクリックすると[効果] ダイアログボックスが表示され、効果の設定内容を変更できます。

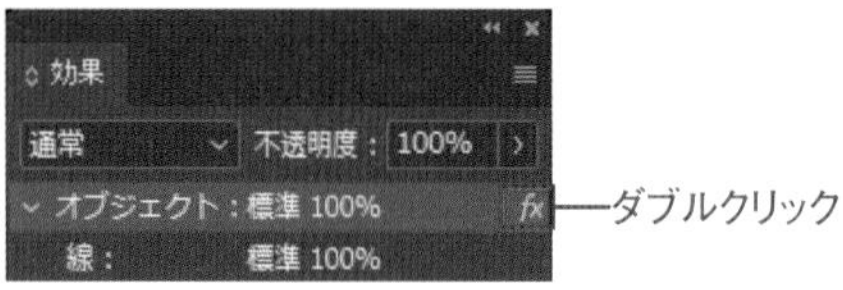

[ドロップシャドウ] 効果を適用

STEP 01 複数の効果を適用する

2021 2020 2019

Before

After

写真を配置したフレームの線が額縁に見えるように、複数の効果を組み合わせて適用し、立体的にデザインします。

Lesson 08 ▶ L8-6S01.indd

1 レッスンファイルを開きます。選択ツール を選択します❶。グラフィックフレームを選択します❷。

2 効果パネルの［線］をクリックして選択します❶。パネル下部の をクリックして❷、表示されたメニューから［ベベルとエンボス］を選択します❸。

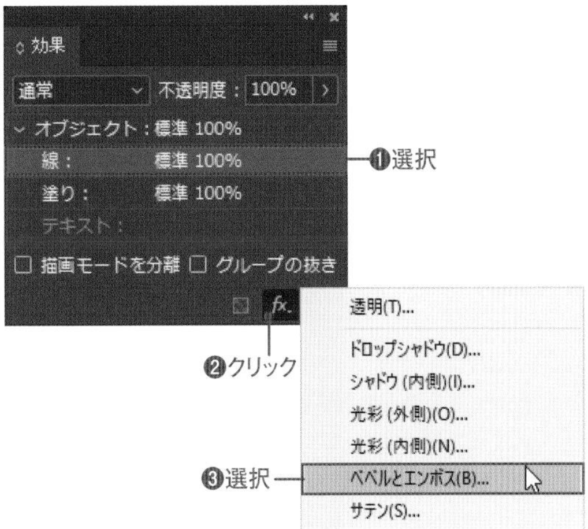

3 ［効果］ダイアログボックスが表示されたら、［構造］の［スタイル］を［ベベル（内側）］、［サイズ］を「0.75mm」、［テクニック］を［シゼルハード］、［ソフト］を「0mm」、［方向］を［上］、［深さ］を「100%」に設定します❶。［背景色］は、［角度］を「120°」、［高度］を「30°」に、［ハイライト］を［スクリーン］、カラーを［紙色］、［不透明度］を「100%」、［シャドウ］を［乗算］、カラーを［黒］、［不透明度］を「100%」に設定します❷。［プレビュー］にチェックをつけて❸、現在の設定を確認します❹。ダイアログボックスは閉じないで、操作を続けます。

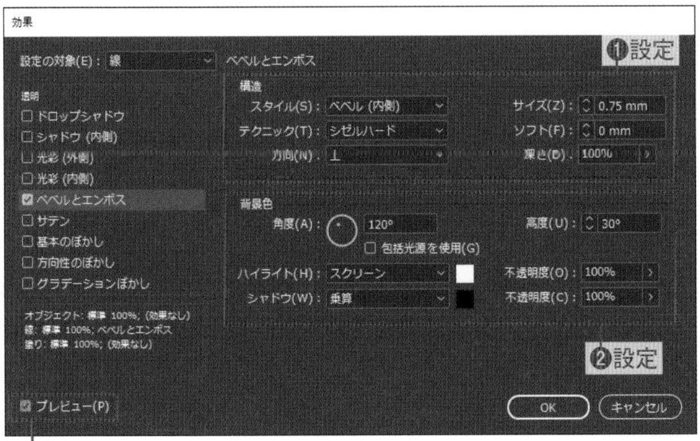

❹設定を確認

4　[設定の対象] をクリックして、表示されたメニューからオブジェクトに変更します❶。

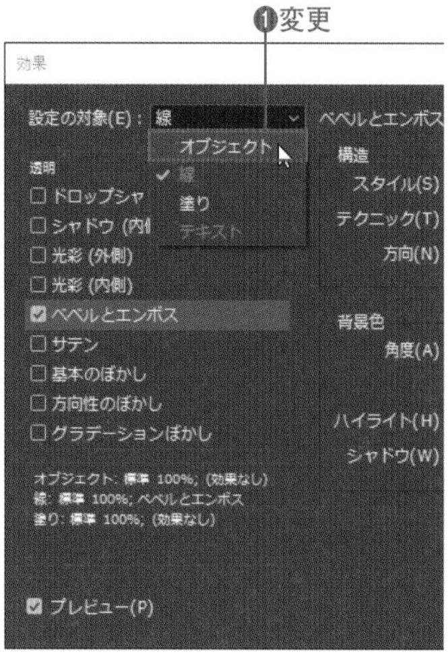

5　[ドロップシャドウ] をクリックしてチェックをつけます❶。[描画モード] の [モード] に [乗算] を選択し、カラーを [黒]、[不透明度] を「50%」に設定します❷。[位置] の [包括光源を使用] にチェックをつけて❸、[距離] を「3mm」に設定します❹。[オプション] の [サイズ] を「3mm」、[スプレッド] を「0%」、[ノイズ] を「0%」、[シャドウをノックアウト] をチェック、[その他の効果に従う] をオフに設定します❺。[OK] をクリックすると❻、適用されます❼。[スプレッド] は影の透明度、[ノイズ] は影の質感の設定です。数値を変えてどのように変化するか試してみてください。

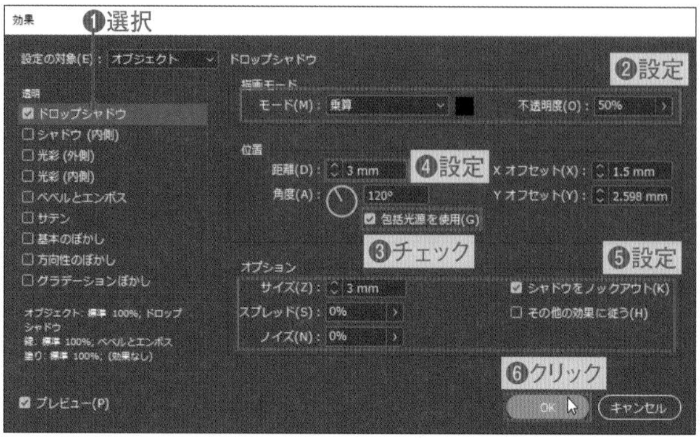

CHECK!

包括光源を使用する

[ドロップシャドウ] [シャドウ (内側)] [ベベルとエンボス] のいずれかを組み合わせて効果を適用するときは、それぞれ [包括光源を使用] にチェックをつけると、陰影が入る角度がリンクします。

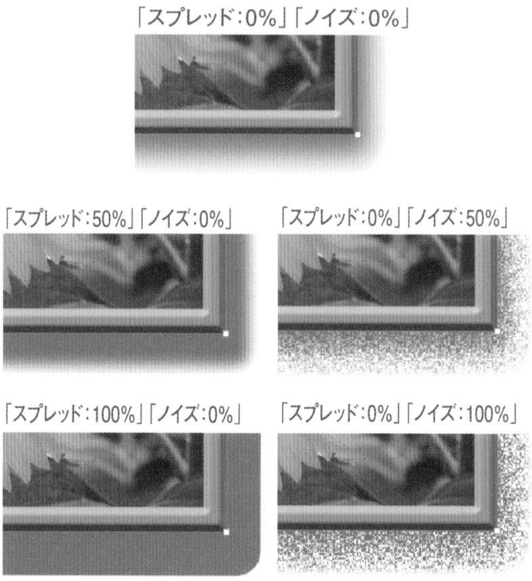

スプレッドの値が高いと透明度が低くなる

ノイズの値が高いとザラザラになる

COLUMN

ドロップシャドウを素早く適用する

9種類ある効果の中で [ドロップシャドウ] がもっとも使用頻度が高いと思います。コントロールパネルには、[ドロップシャドウ] を適用する専用ボタンがあります。

オブジェクトを何も選択していない (あるいはドキュメントを何も表示していない) 状態で、[オブジェクト] メニュー→ [効果] → [ドロップシャドウ] を選び、ドロップシャドウの設定をしておけば、以降作成するオブジェクトに対して、ドロップシャドウ をクリックするだけで設定したドロップシャドウを適用できます。

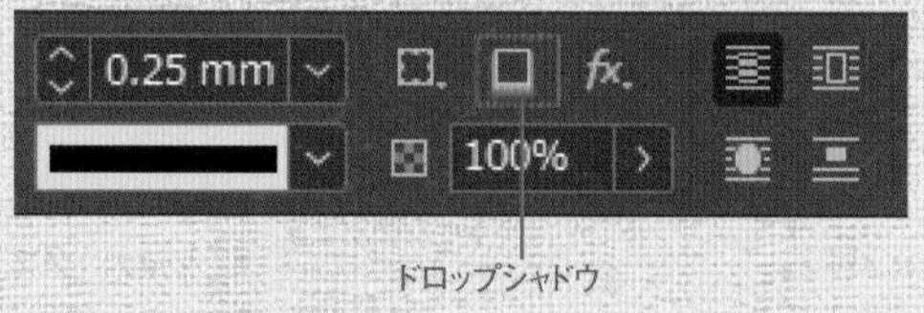

STEP 02 ［グループの抜き］と［描画モードを分離］ 2021 2020 2019

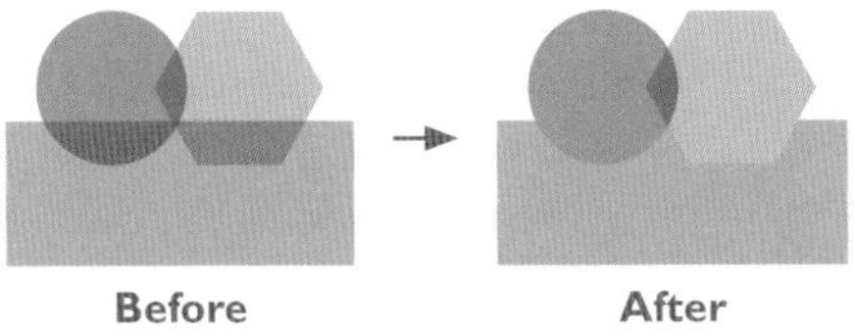

効果を適用したオブジェクトをグループにした場合、グループ内のオブジェクトの重なった部分や、グループとほかのオブジェクトの重なった部分の表示オプションを設定できます。

Lesson08 ▶ L8-6S02.indd

1 レッスンファイルを開きます。選択ツールで円と六角形のオブジェクトを選択します❶❷。このふたつのオブジェクトには、それぞれ［乗算］の描画モードを設定しています。［オブジェクト］メニュー→［グループ］を選び❸、ふたつのオブジェクトをグループオブジェクトにします。グループ内でのオブジェクトでも描画モードにより重なる領域に透明効果が適用されています。

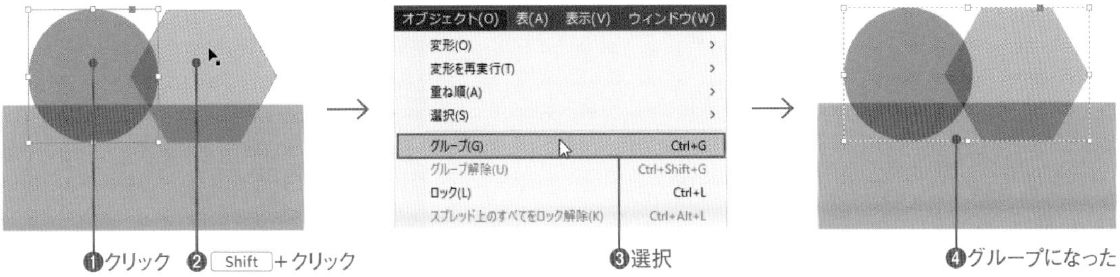

2 グループオブジェクトを選択したまま、効果パネルの［グループの抜き］にチェックをつけます❶。グループ内でのオブジェクトの重なる領域に透明効果が適用されず、合成されません❷。確認したら、［グループの抜き］のチェックを外して元の状態に戻してください❸。

3 グループオブジェクトを選択したまま、効果パネルの［描画モードを分離］にチェックをつけます❶。グループ内で重なるオブジェクトの透明効果は表示されますが❷、グループ外で重なる領域の透明効果は表示されません❸。

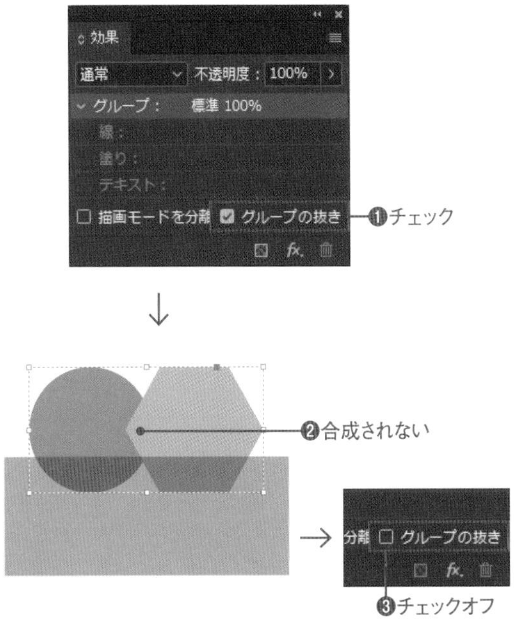

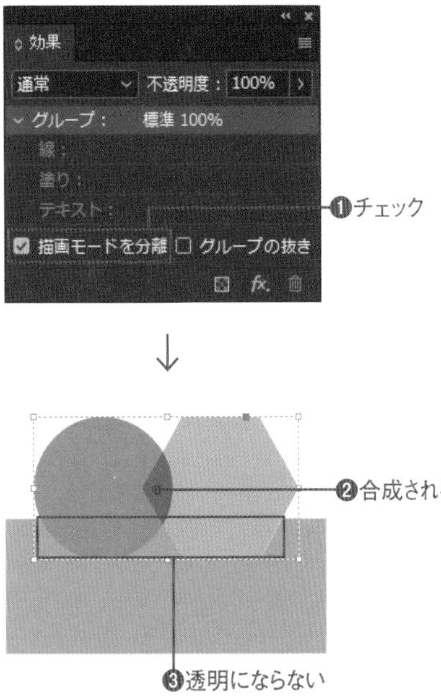

Lesson 08 練習問題

Lesson 08 ▶ L8EX1.indd

Q

カラー値が「C=60 M=0 Y=50 K=0」のカラースウォッチを作成して、星の図形の[塗り]と文字の色に適用しましょう。

A

❶カラーパネルで「C=60 M=0 Y=50 K=0」の色を設定します。
❷スウォッチパネルの[新規スウォッチ]をクリックします。
❸選択ツールで星の図形を選択します。
❹スウォッチパネルの[塗り]をアクティブにして、作成したスウォッチをクリックします。
❺選択ツールでテキストフレームを選択します。
❻スウォッチパネルの[テキストに適用]をクリックしてから、作成したスウォッチをクリックします。

Lesson 08 ▶ L8EX2.indd

Q

東京スカイツリーの先端を示す矢印を追加しましょう。

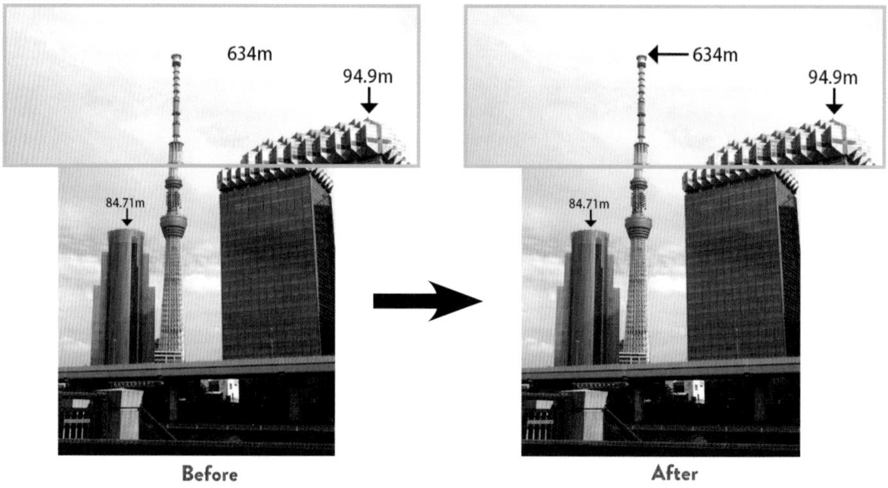

A

❶線ツールで東京スカイツリーの先端付近から「634mm」のテキストまで直線を作成します。
❷線パネルで[線幅]を「0.5mm」に設定します。[開始]を[広い三角]を設定します。
❸カラーパネルなどで[線]のカラーを[黒]に設定します。

オブジェクトの編集

An easy-to-understand guide to InDesign

Lesson 09

オブジェクトの重なり順を変えたり、変形パネル、整列パネル、パスファインダーパネルなど、レイアウトに必要な機能を学びましょう。

9-1 オブジェクトの重ね順

オブジェクトには重なりの順番があります。最初に作成したオブジェクトが一番下に配置され、新しく作成したオブジェクトが上に重なります。作成したオブジェクトの重なり順はいつでも自由に変更できます。

重ね順について

2021 2020 2019

重ね順の変更

レイヤーパネルに表示されたオブジェクトをレイヤー内でドラッグするか、[オブジェクト] メニューの [重ね順] のサブメニューからコマンドを選ぶと、各レイヤー内における重なり順を変更できます。オブジェクトの重ね順の変更は、頻繁に行う操作なので、各コマンドのショートカットキーを覚えておくと、効率よく操作できます。

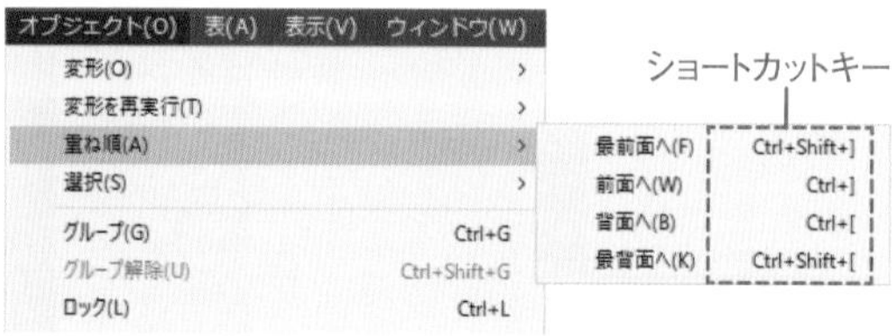

オブジェクトのグループ化

複数のオブジェクトを重ねて作ったイラストなどは、グループ化することでグループ内にほかのオブジェクトが重ならないようにできます。また、グループ内のオブジェクトは、互いの位置も固定されるので、グループ全体をひとつのオブジェクトとして移動や変形の編集ができます。
グループ化するオブジェクトは、選択した中で最前面にあるオブジェクトのひとつ背面に順次重なります。選択していないオブジェクトがグループ化する前の選択オブジェクトの間に重なっていた場合、グループ化したオブジェクトの背面に送られます。

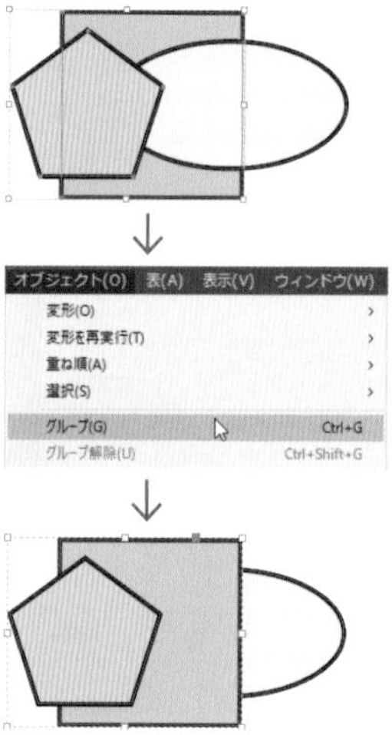

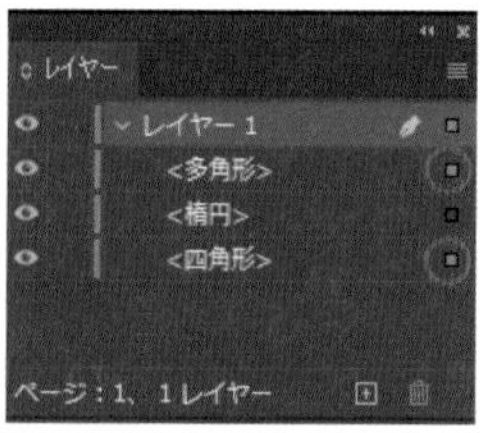

多角形と長方形をグループ化

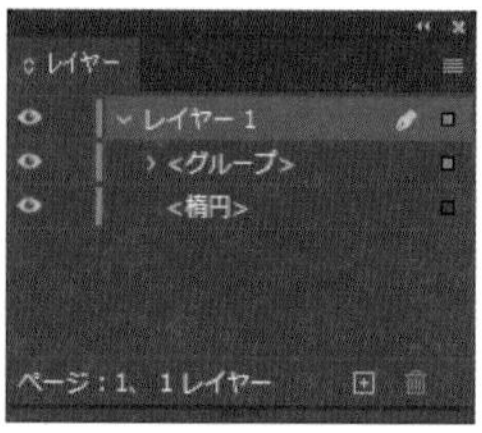

重ね順を基準にしたオブジェクトの選択

[オブジェクト] メニューの [選択] のサブメニューには、オブジェクトの重ね順を基準にした選択コマンドがあり、重なって選択しにくいオブジェクトの選択を簡単にします。[最前面のオブジェクト] や [最背面のオブジェクト] は、表示しているページ（またはスプレッド）にある最前面や最背面にあるオブジェクトを選択します。ただし、マスターページにあるオブジェクトや、ロックしているオブジェクトは選択対象外になります。
[前面のオブジェクト] や [背面のオブジェクト] は、現在選択しているオブジェクトのひとつ前やひとつ後ろにあるオブジェクトを選択します。[前のオブジェクト] と [次のオブジェクト] は、選択したオブジェクトがグループの一部である場合、グループ内の次のオブジェクトまたは前のオブジェクトを選択します。[次のオブジェクト] が前面に重なるオブジェクトを選択します。グループ内の最前面オブジェクトを選択した状態で [次のオブジェクト] を選ぶと、ループしてグループ内の最背面にあるオブジェクトを選択します。

 Macでは、キーは次のようになります。 Ctrl → ⌘ Alt → option Enter → return

STEP 01　オブジェクトの重なり順を変更する

2021 2020 2019

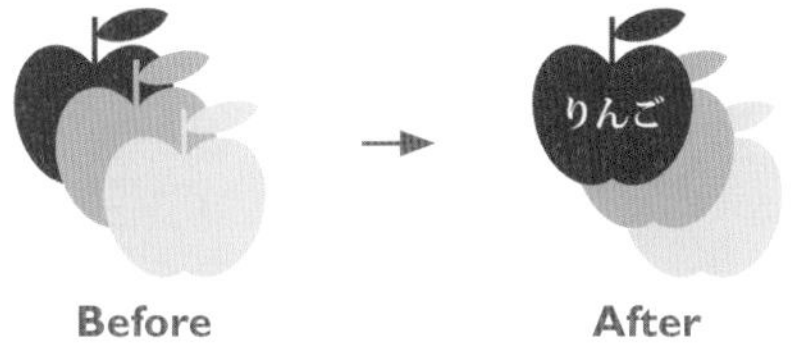

レイヤーパネル内で重なり順を変更する操作と、メニューコマンドを使った重なり順の変更方法を学びましょう。

Lesson 09 ▶ L9-1S01.indd

1 レッスンファイルを開きます。レイヤーパネルの「レイヤー1」レイヤーの名前の左にあるをクリックしてにし❶、「レイヤー1」レイヤーを展開表示します。レイヤーの一番下にある「<りんご>」のターゲットアイコンをクリックして、オブジェクトを選択します❷。レイヤーパネルの「<りんご>」を「レイヤー1」レイヤーと「<パス>」の間までドラッグします❸。「<りんご>」の文字が最前面に移動します❹。

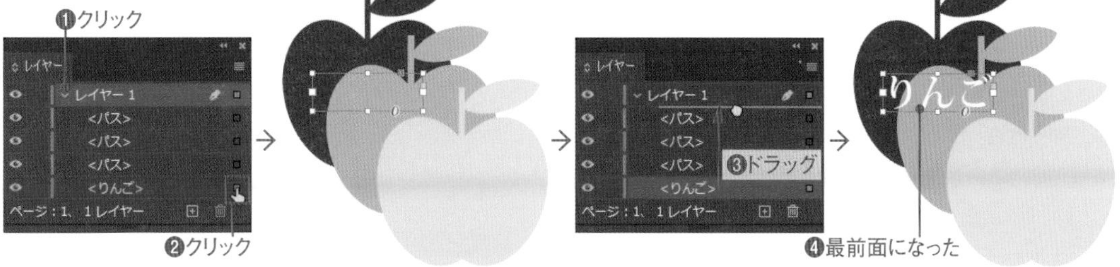

2 選択ツールを選択します❶。黄緑色のりんごのオブジェクトをクリックして選択します❷。［オブジェクト］メニュー→［重ね順］→［背面へ］を選択すると❸、赤色のりんごのオブジェクトの背面に移動します❹。

3 選択ツールで黄色のりんごのオブジェクトを選択します❶。［オブジェクト］メニュー→［重ね順］→［最背面へ］を選択すると❷、黄緑色のりんごオブジェクトの背面（最背面）に移動します❸。

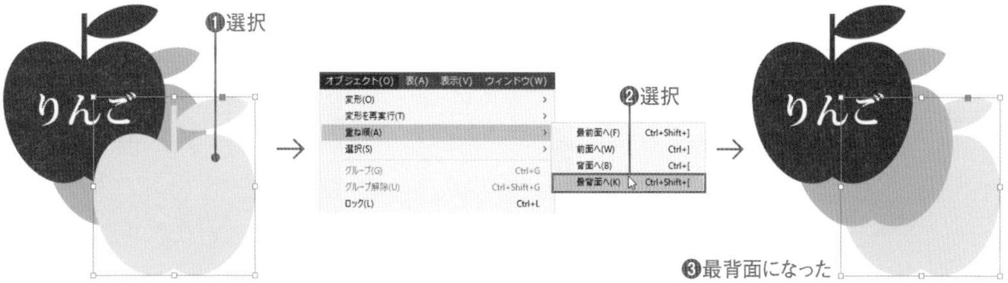

9-2 オブジェクトの変形

オブジェクトは、拡大／縮小、回転、反転、シアー（傾斜）などの変形が可能です。ツール、パネル、メニューコマンドのどれを使っても同じ変形ができます。

変形について

2021　2020　2019

拡大／縮小とサイズの変更

拡大／縮小とサイズ変更は、似ていますが異なります。例えば、長方形を大きく（両方の意味で）したとき、線幅も同じ比率で太くなるのが拡大で、線幅が変わらないのがサイズ変更です。テキストフレームの場合、文字も同じ比率で変形するのが拡大／縮小で、テキストを配置できる領域が変わるのがサイズ変更です。
オブジェクトを拡大／縮小するか、サイズ変更するかは、使用するツールやパネルの入力ボックスで使い分けます。パネルを使う場合、[W]と[H]で設定するのがサイズ変更で、と に設定するのが拡大／縮小です。
ツールを使う場合、選択ツールの境界線ボックスで操作するのがサイズ変更で、自由変形ツールと拡大／縮小ツールで操作するのが拡大・縮小です。

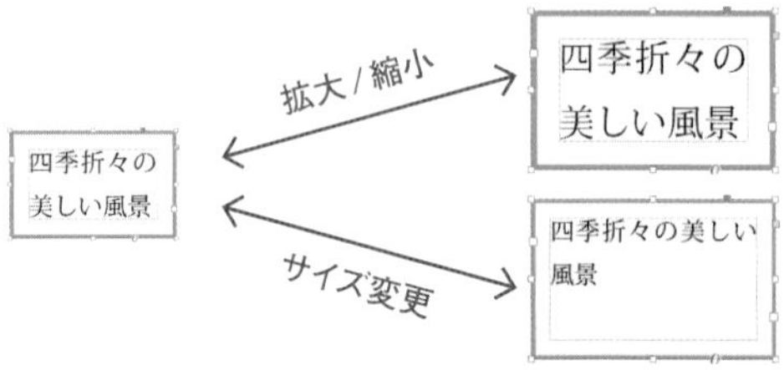

COLUMN

線幅と効果を拡大／縮小しない

[環境設定]ダイアログボックスの[一般]オプションにある[内容に適用]を選択して、[線幅を含める]か[効果を含める]のチェックを外すと、オブジェクトを拡大／縮小するときに、線幅や効果の設定を変えずに変形できます。

ツールとパネル

ツール（拡大／縮小ツール、回転ツール、シアーツール）を使った変形は、基準点を自由な場所に設定でき、ドラッグ操作で感覚的に変形することができます。
パネルを使った変形は、数値を指定して正確に編集したいときに使います。
選択ツールの境界線ボックスのハンドル操作では、サイズと回転の変形ができます。
自由変形ツールの境界線ボックスのハンドル操作では、拡大／縮小、回転、シアーの変形ができます。

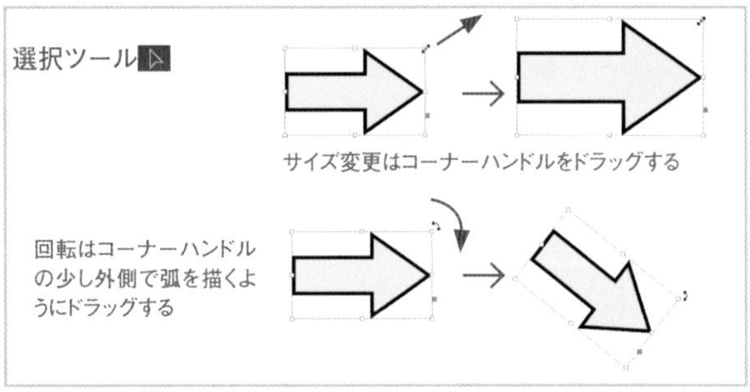
選択ツール
サイズ変更はコーナーハンドルをドラッグする
回転はコーナーハンドルの少し外側で弧を描くようにドラッグする

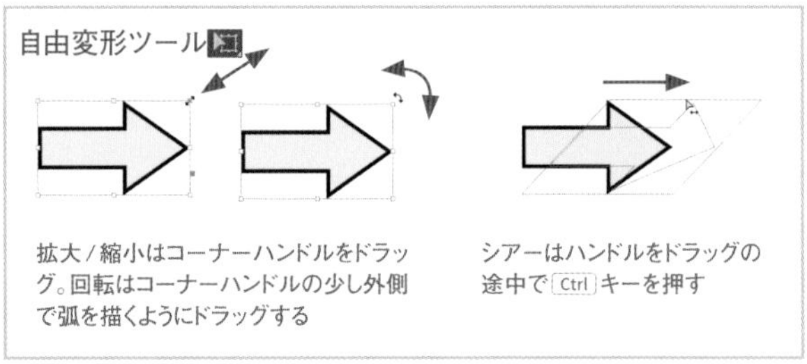
自由変形ツール
拡大／縮小はコーナーハンドルをドラッグ。回転はコーナーハンドルの少し外側で弧を描くようにドラッグする
シアーはハンドルをドラッグの途中でCtrlキーを押す

Macでは、キーは次のようになります。　Ctrl → ⌘　Alt → option　Enter → return

STEP 01 オブジェクトを変形する

2021 2020 2019

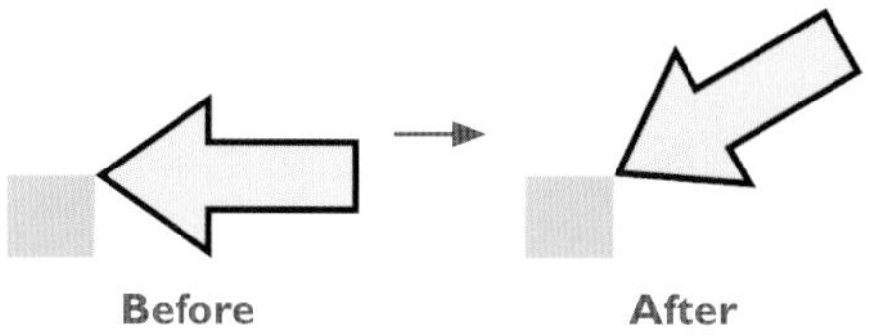

オブジェクトを変形するときは、基準点の設定が大切です。パネルを使った境界線ボックスに合わせた基準点と、ツールで自由に設定する方法を学びましょう。

Lesson 09 ▶ L9-2S01.indd

パネルで変形する

レッスンファイルを開きます。選択ツールを選択し❶、Aの矢印のオブジェクトを選択します❷。コントロールパネルまたはプロパティパネルの基準点を左中央（矢印の先端と同じ位置）に設定し❸、［回転角度］を「30°」に設定します❹。オブジェクトの左中央を基準に、30°回転しました❺。

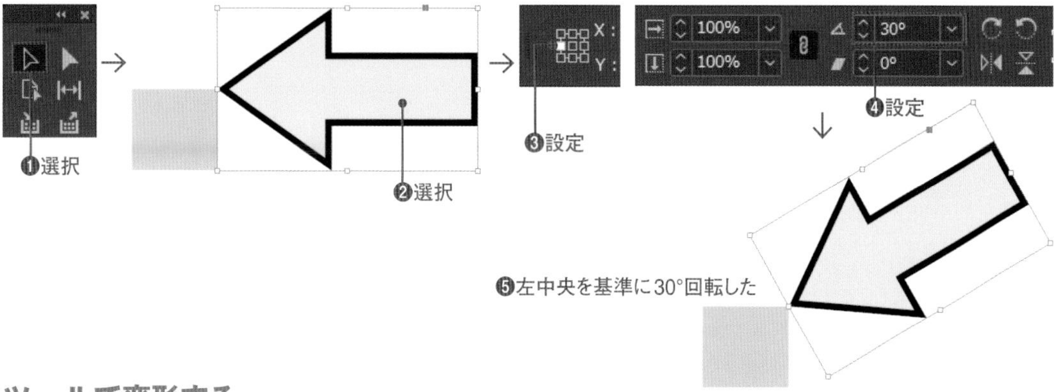

ツールで変形する

1 選択ツールでBの矢印のオブジェクトを選択します❶。回転ツールを選択し❷、基準点に設定する場所として青い長方形の左上を Alt キーを押しながらクリックします❸。

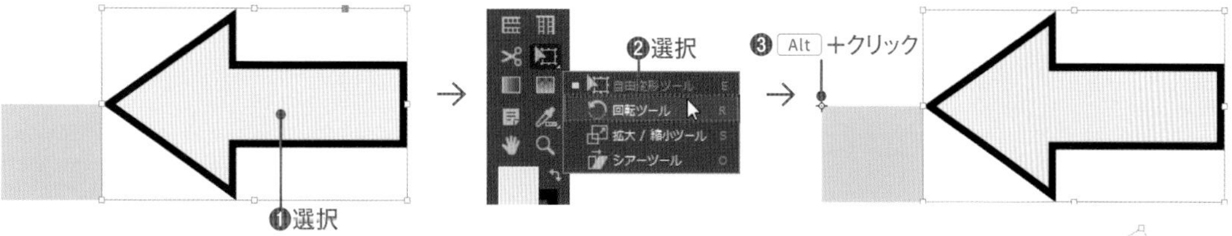

2 ［回転］ダイアログボックスが表示されたら、［角度］を「30°」に設定し❶、［OK］をクリックします❷。手順1で設定した基準点を中心に30°回転しました❸。

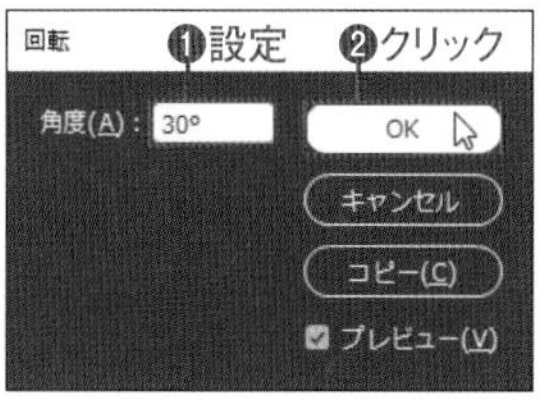

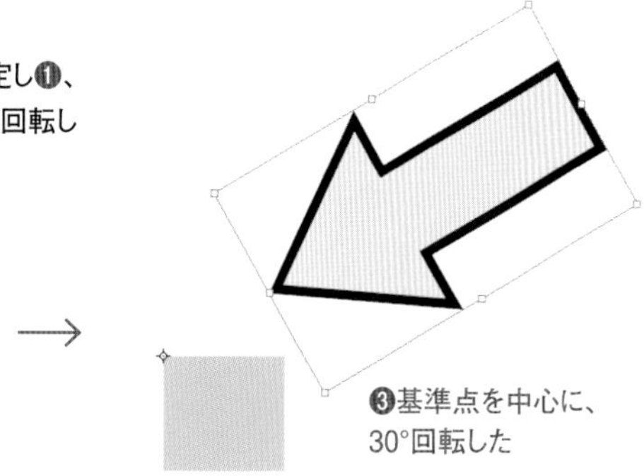

STEP 02 反転・90°回転する

2021 2020 2019

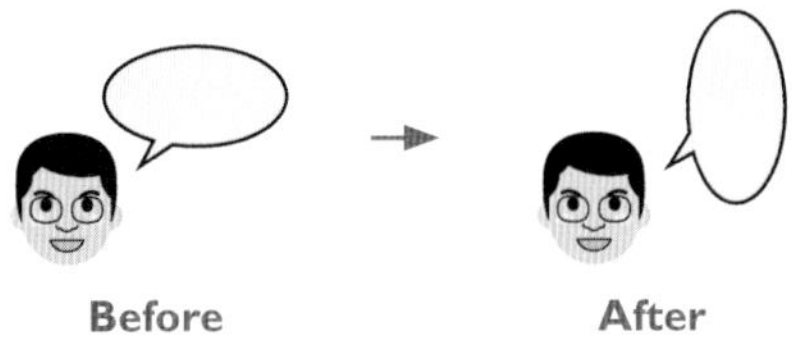

オブジェクトの反転や90°の回転は、コントロールパネルを使うのが便利です。

Lesson 09 ▶ L9-2S02.indd

1 レッスンファイルを開きます。選択ツールを選択し❶、ふきだしのオブジェクトを選択します❷。コントロールパネルまたはプロパティパネルの基準点を中央に設定し❸、[垂直方向に反転]をクリックします❹。選択したオブジェクトが、中央を中心に垂直方向に反転します❺。

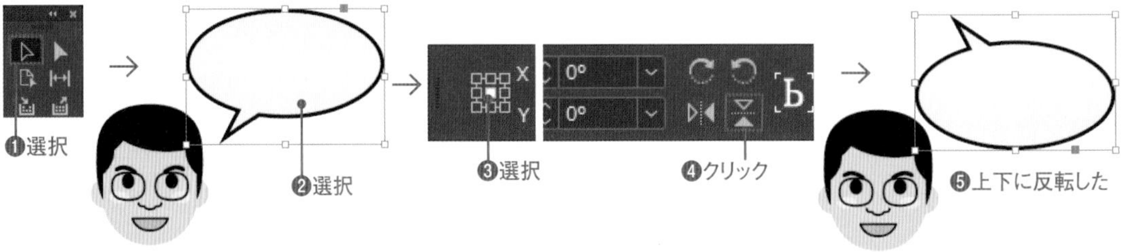

2 ふきだしのオブジェクトが選択状態のまま❶、コントロールパネルまたはプロパティパネルの[90度回転(反時計回り)]をクリックします❷。選択したオブジェクトが、中央を中心に反時計回りに90°回転します❸。

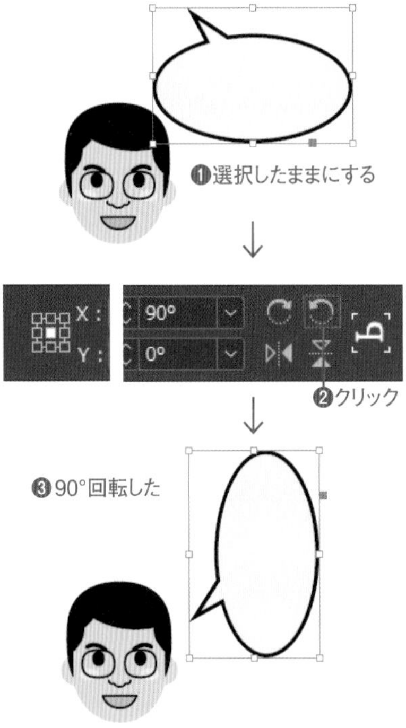

[P]をチェックする CHECK!

コントロールパネルの[P]は、オブジェクトの反転や回転の変形に合わせて表示が変わります。ここを確認すると、選択したオブジェクトに適用した変形がひと目でわかります。

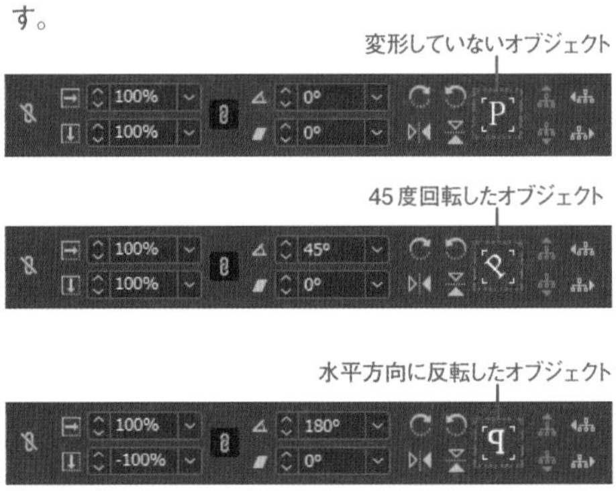

COLUMN

変形をリセットする

[オブジェクト]メニュー→[変形]→[変形を消去]を選ぶと、オブジェクトを変形する前の状態に戻します。ただし、基準点の設定とは関係なく、オブジェクトの中心でリセットします。

Macでは、キーは次のようになります。 Ctrl → ⌘ Alt → option Enter → return

9-3 オブジェクトの整列・分布

複数のオブジェクトをきれいにレイアウトするには、見た目で揃えるよりも、整列パネルや間隔ツール、ライブ分布の機能を使うと、正確に揃えることができます。

STEP 01 整列パネル

2021 2020 2019

整列パネルは複数のオブジェクトを選択して、整列の基準と整列や分布の方法を選択します。オブジェクトを正確に整列する便利な機能です。

Lesson 09 ▶ L9-3S01.indd

選択範囲で揃える

1 レッスンファイルを開き、選択ツールを選択します❶。Aのオブジェクトをドラッグで囲んで、すべて選択します❷。

2 整列パネルの［整列］で［選択範囲に揃える］を選びます❶。

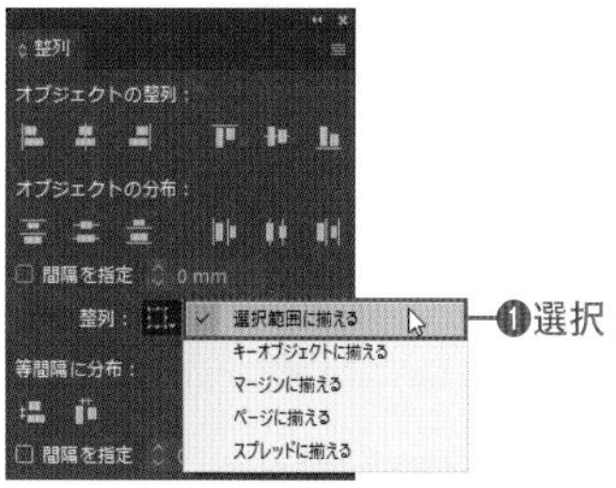

3 整列パネルの［垂直方向上に整列］をクリックします❶。選択したオブジェクト内で一番上にある「スペード」の上端にすべてのオブジェクトの上端が揃います❷。

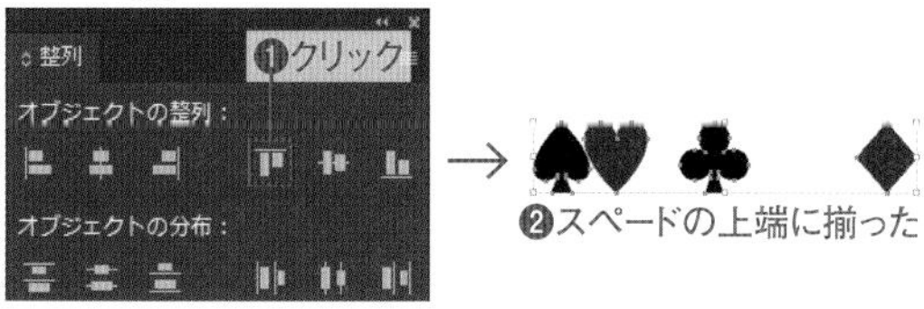

4 整列パネルの［水平方向等間隔に分布］をクリックします❶。両端の「スペード」と「ダイヤ」の位置は固定したまま、中間に位置するオブジェクトの間隔が均等になるように、「ハート」と「クラブ」が移動します❷。

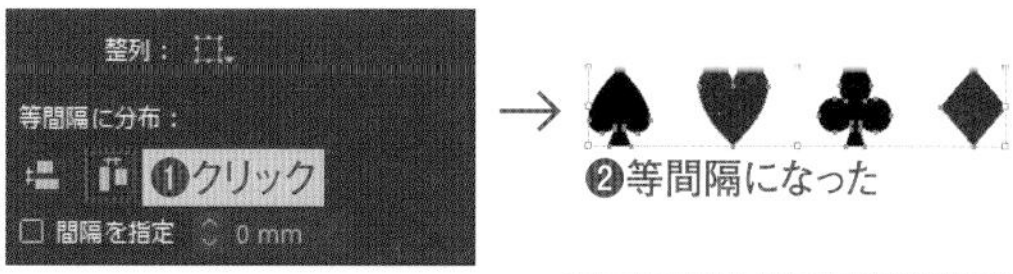

COLUMN

間隔を指定した分布

［間隔を指定］に値を設定して、［オブジェクトの分布］の各ボタンをクリックすると、選択した基準から指定間隔を空けてオブジェクトを分布します。

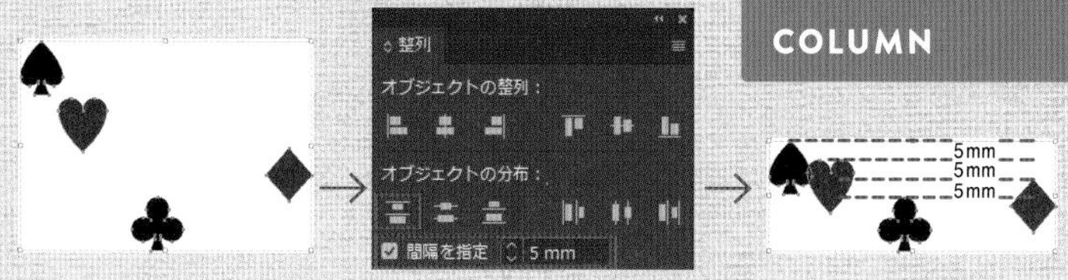

キーオブジェクトに揃える

1 選択ツール▶でBのオブジェクトをドラッグして囲んで、すべて選択します❶。キーオブジェクトにする「ハート」のオブジェクトをクリックします❷。輪郭が太く表示されます。

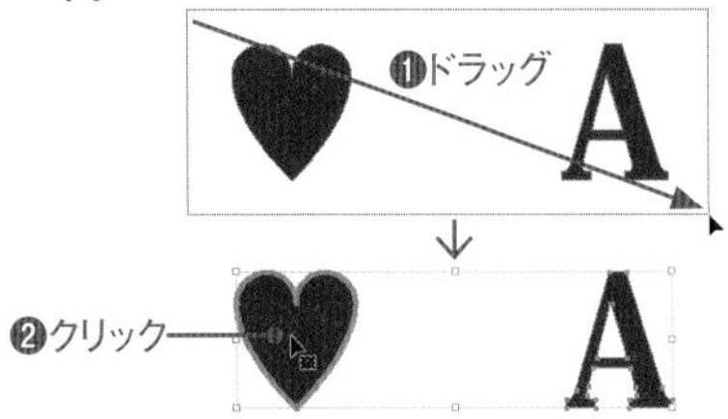

2 整列パネルの［等間隔に分布］にある［間隔を指定］を「2mm」に設定し❶、［水平方向等間隔に分布］をクリックします❷。「ハート」の位置を固定したまま、「A」のオブジェクトが「2mm」間隔を空けた位置まで水平移動します❸。

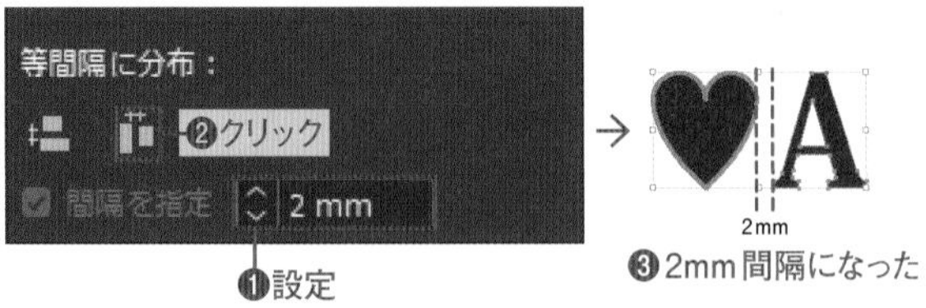

ページに揃える

1 選択ツール▶でCのオブジェクトを選択します❶。整列パネルの［整列］で［ページに揃える］を選びます❷。

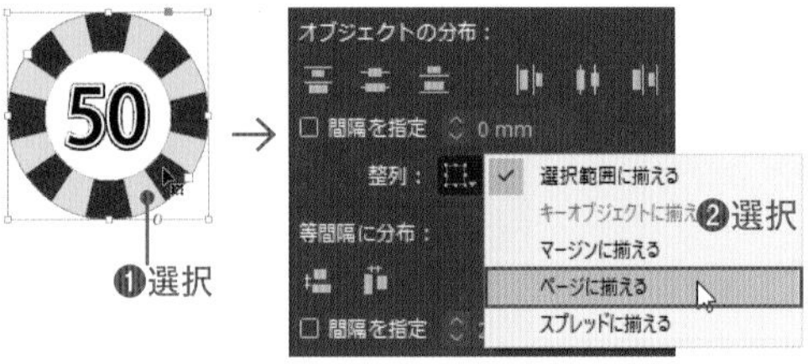

2 整列パネルの［水平方向左に整列］をクリックし❶、続いて［垂直方向下に整列］をクリックします❷。ページの左下ピッタリの位置にオブジェクトが移動します❸。

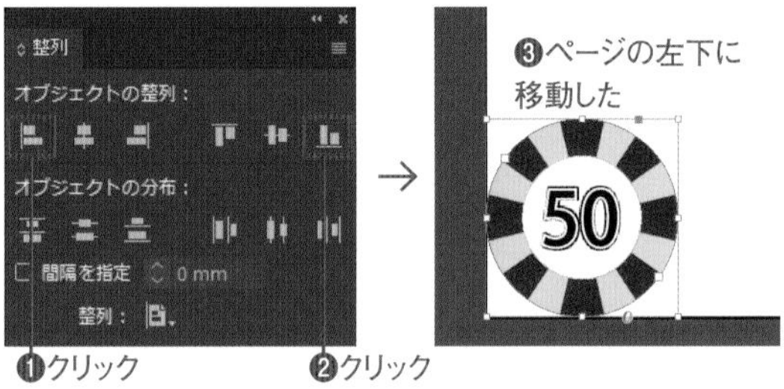

［ページに揃える］の使用頻度は高くないので、使用後は［整列］の設定を［選択範囲に揃える］に戻しておくとよい

STEP 02　間隔ツール

2021　2020　2019

Before　After

間隔ツールは、複数のオブジェクトの間隔を素早く調整できます。キー操作を併用して、間隔とオブジェクトを分けて調整できます。

Lesson 09 ▶ L9-3S02.indd

1 レッスンファイルを開き、間隔ツールを選択します❶。左ページの左側（小口）にマウスポインターを置くと、調整対象になる間隔がグレー表示されます❷。右方向にドラッグします❸。小口の幅が広がり、オブジェクトの幅が狭くなります❹。

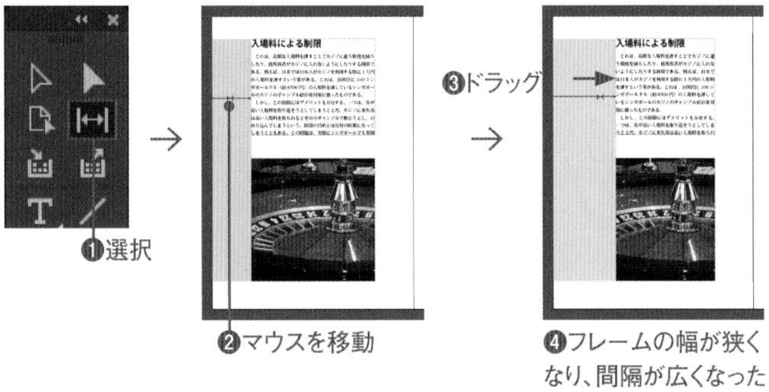

Macでは、キーは次のようになります。　Ctrl → ⌘　Alt → option　Enter → return

2 ページの右側（ノド）にマウスポインターを置きます❶。調整対象になる間隔がグレー表示されます。Alt キーを押しながら左方向にドラッグします❷。ノドが広がるように、オブジェクトが移動します❸。

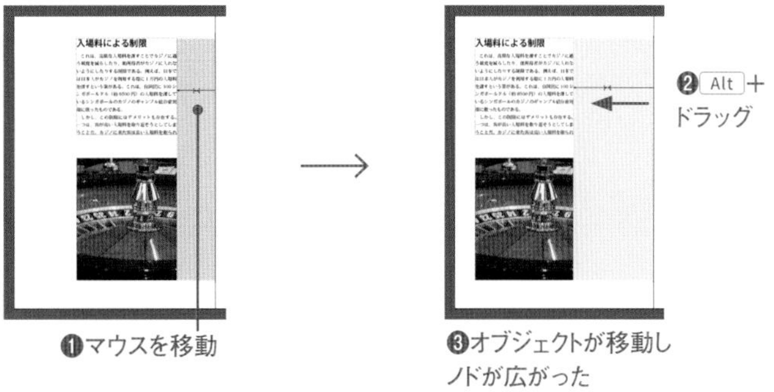

3 Shift キーを押しながらテキストフレームの右側（ノド）にマウスポインターを置きます❶。マウスポインター下の矢印と接したオブジェクトの間隔だけがグレー表示されます❷。Shift キーを押しながら右方向にドラッグします❸。テキストフレームの幅だけが広がり、ノドが狭くなります❹。

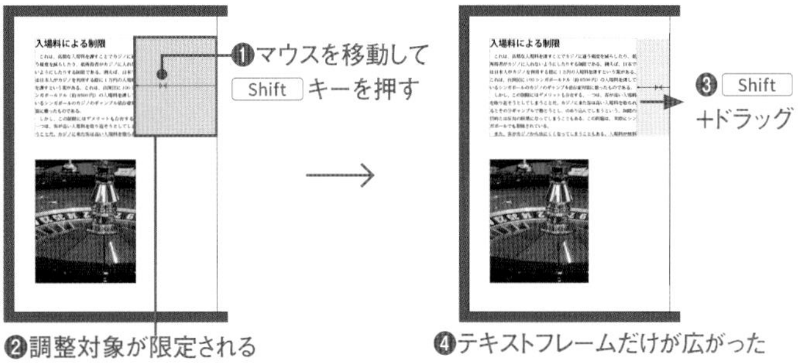

4 テキストフレームとグラフィックフレームの間にマウスポインターを置きます❶。Ctrl キーを押しながら上方向にドラッグします❷。フレームの高さが狭くなり、間隔が広くなります❸。

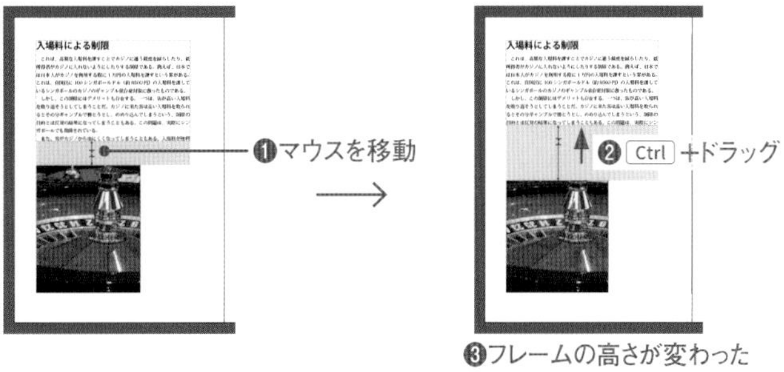

STEP 03 ライブ分布

2021 2020 2019

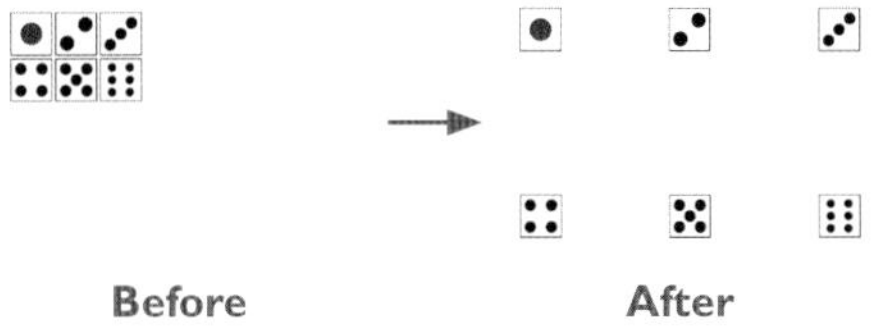

複数のオブジェクトを選択してハンドルをドラッグするとき、オブジェクトのサイズを変更するのではなく、間隔を調整する分布配置ができます。

Lesson 09 ▶ L9-3S03.indd

レッスンファイルを開いて、選択ツール を選択します❶。オブジェクトをドラッグで囲んですべて選択します❷。右下のハンドルのドラッグを開始したら、Space キーを押します❸。そのままドラッグを終了すると、間隔の比率を保ったままオブジェクトが分布します❹。

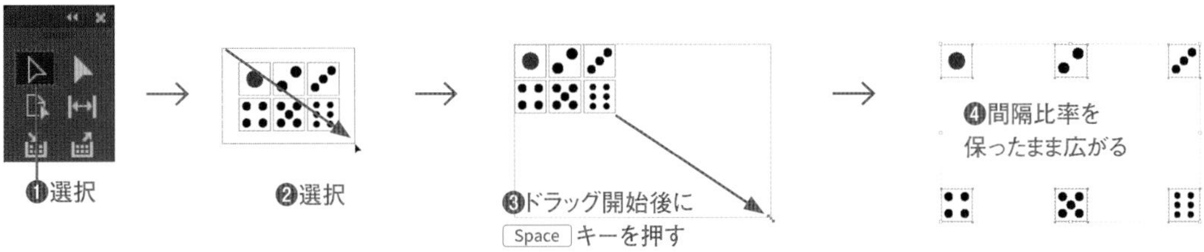

9-4 複合パスとパスファインダー

複数のパスの重なった部分に穴を空けたり、複数のパスを組み合わせてひとつのパスに合成したりできます。ここでは複数のパスを使って新しいパスを作成する方法を学びます。

複合パス

2021 2020 2019

複合パスは、複数のパスをひとつのパスとして扱います。パスとパスが重なっている領域に穴を空けたり、離れているパスをひとつのフレームとして使うことができます。
複数のパスを解除するときは、[オブジェクト] メニュー→ [パス] → [複合パスを解除] を選びます。

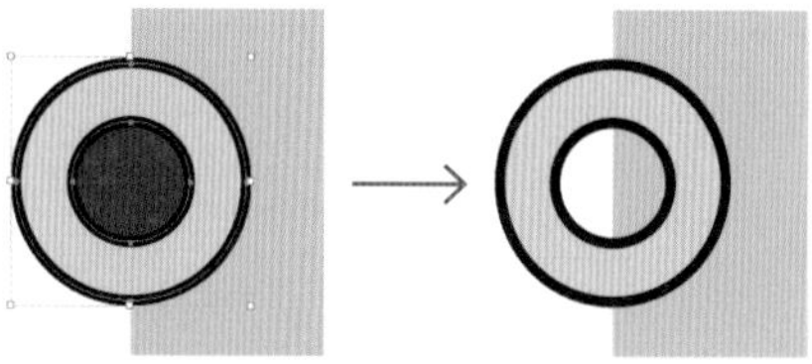

重なったオブジェクトを複合パスにすると
重なった領域に穴が空く

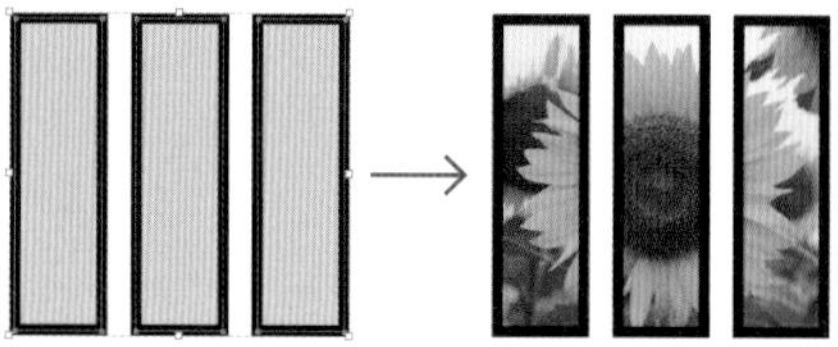

離れているオブジェクトを複合パスにすると
ひとつのフレームとして扱える

パスファインダー

2021 2020 2019

[オブジェクト] メニューの [パスファインダー] にあるコマンドや、パスファインダーパネルにあるパスファインダーのアイコンは、選択した複数のパスの重なりと、選択したコマンドやアイコンの合成方法に応じて、複合パスか通常のパスに変換します。

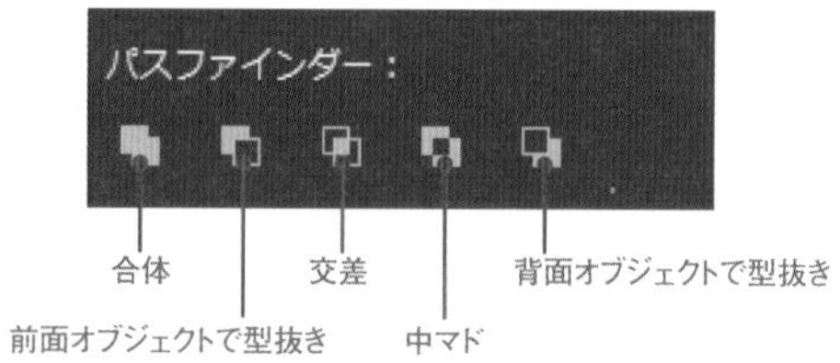

合体

選択したパスのアウトラインの形になります。パスがすべて重なり合っているときは、通常のパスになります。離れているパスがあるときは、複合パスになります。

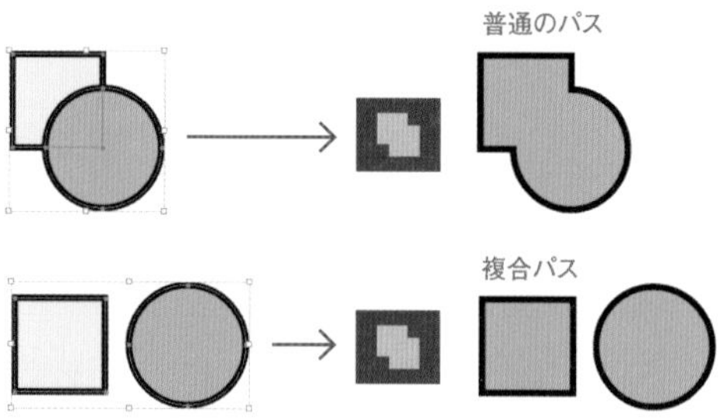

前面オブジェクトで型抜き

前面のパスが背面のパスを切り抜きます。前面のパスが背面のパスに一部だけ重なっているときは、通常のパスになります。前面のパスが背面のパスにすべて重なっているときは、複合パスになり穴が空いたようになります。

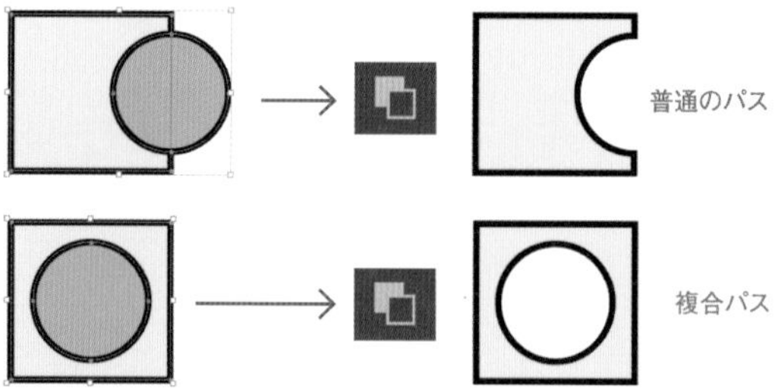

交差

パスが交差している領域の形をしたパスが作成されます。選択したパス同士が重なり合っているのが適用条件です。通常のパスになります。重なっていないパスを選択すると、警告ダイアログボックスが表示されます❶。

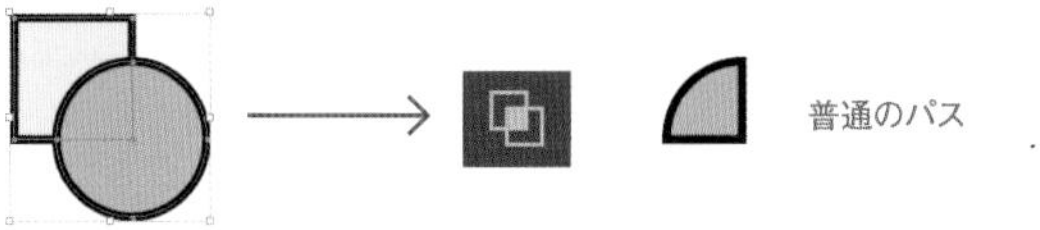

中マド

パスが重なっていない領域にだけ塗りと線を表示します。複合パスになります。

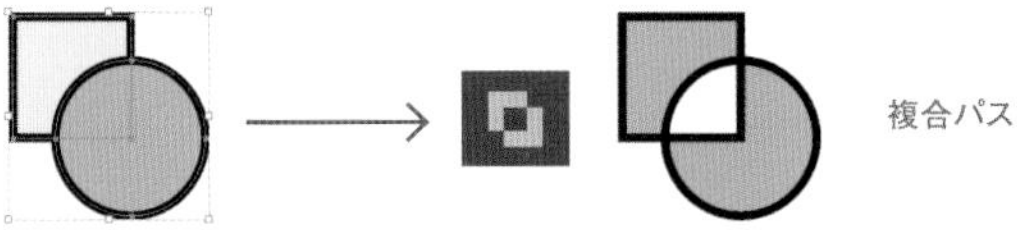

背面オブジェクトで型抜き

背面のパスが前面のパスを切り抜きます。背面のパスが前面のパスに一部だけ重なっているときは、通常のパスになります。背面のパスが前面のパスにすべて隠れているときは、複合パスになり穴が空いたようになります。背面のパスが大きすぎて何も残らない重なり方のときは、警告ダイアログボックスが表示されます❶。

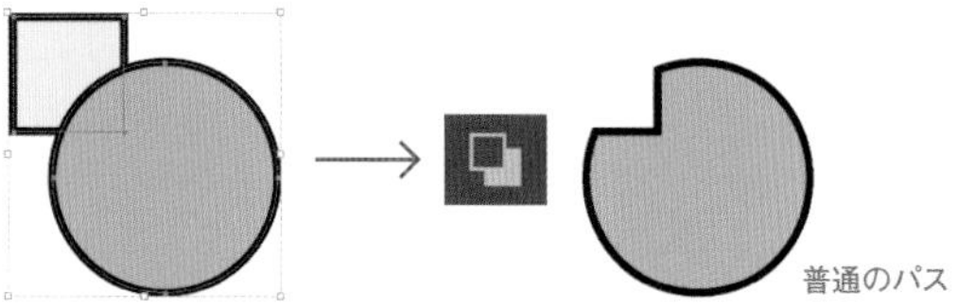

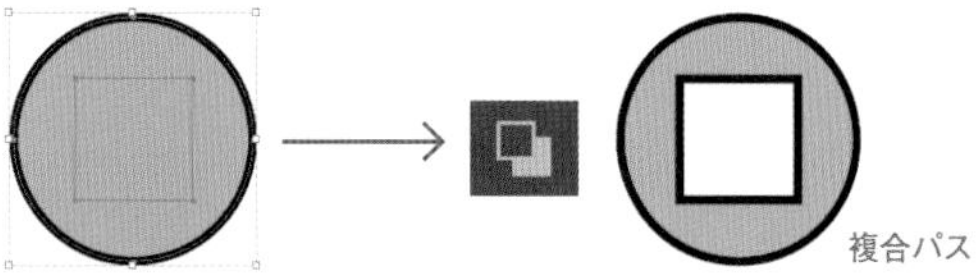

❶

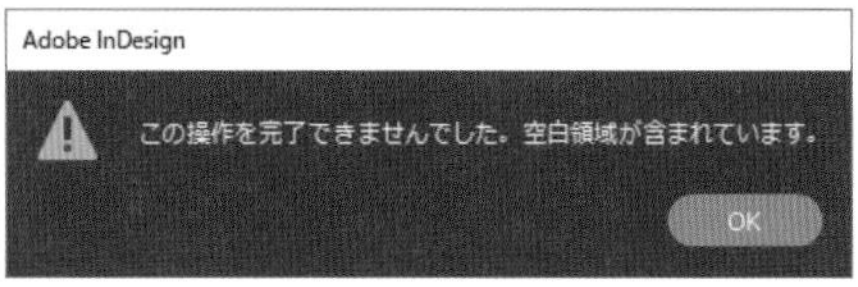

STEP 01 パスファインダー

2021 2020 2019

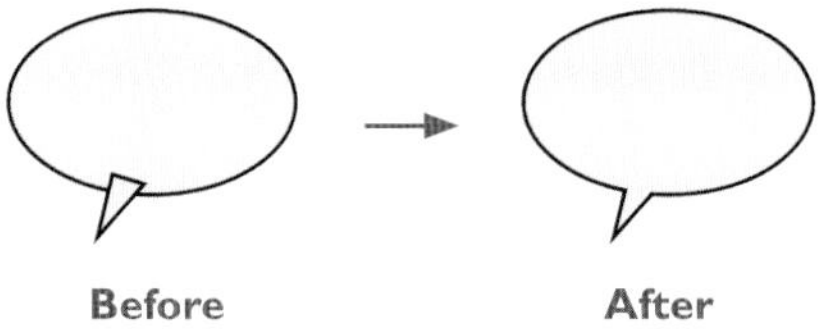

パスファインダーパネルのパスファインダーを使い、単純な図形を組み合わせてふきだしを作成します。

Lesson 09 ▶ L9-4S01.indd

レッスンファイルを開き、選択ツール を選択します❶。三角形と楕円のオブジェクトをドラッグして選択します❷。パスファインダーパネルの［合体］ をクリックします❸。選択したふたつのオブジェクトが合体して、ふきだしが作成されます❹。

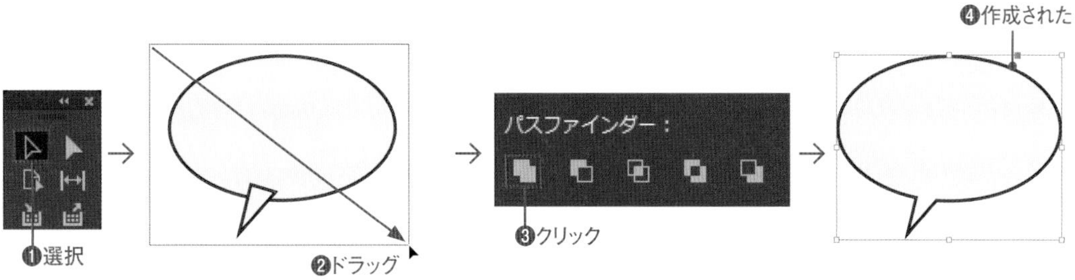

9-5 ペンツールと鉛筆ツール

ペンツールと鉛筆ツールは、画像の切り抜きやデザインパーツを作るときに欠かせないツールです。思い通りに線を描けるようになると、制作物のクオリティがアップします。

線を描画するツール

2021 2020 2019

ペンツール

連続した線や自由な形のフレームは、ペンツールを使って作成します。ペンツールは描画方法が特殊なため、操作方法を知らないと思い通りの形を描くのが難しいツールです。ただし、すでにIllustratorやPhotoshopでペンツールの操作を習得していれば、ほぼ同じ操作方法で描画できます。また、InDesignでペンツールの操作方法を覚えておけば、IllustratorやPhotoshopのペンツールもすぐに使えるようになります。

自由な形はペンツールや鉛筆ツールを使わないと作成できない

鉛筆ツール

鉛筆ツールはフリーハンドの線を描くツールです。マウスをドラッグした軌跡が、そのまま線になります。ラフな形を描きたいときは、落書き感覚で操作できる鉛筆ツールが適しています。ツールパネルの鉛筆ツールアイコンをダブルクリックすると、[鉛筆ツール設定] ダイアログボックスが表示され、描画する線の設定が可能です。

[正確さ] ❶は、値が大きいほど、滑らかで単純なパスになります。値が小さいほど、ドラッグした軌跡に近くなります。

[滑らかさ] ❷は、値が大きいほど、滑らかなパスになります。値が小さいほど、作成されるアンカーポイントの数が多くなります。[正確さ] と [滑らかさ] の値は、自分の好みに合わせて設定します。

[選択したまま固定] ❸にチェックをつけると、パスを作成した後を選択状態にします。

[選択したパスを編集] ❹にチェックをつけると、選択したパスの一部を鉛筆ツールで描き直すことができます。[内部] には、選択したパスにどれくらい近づくと編集できるかを設定します。

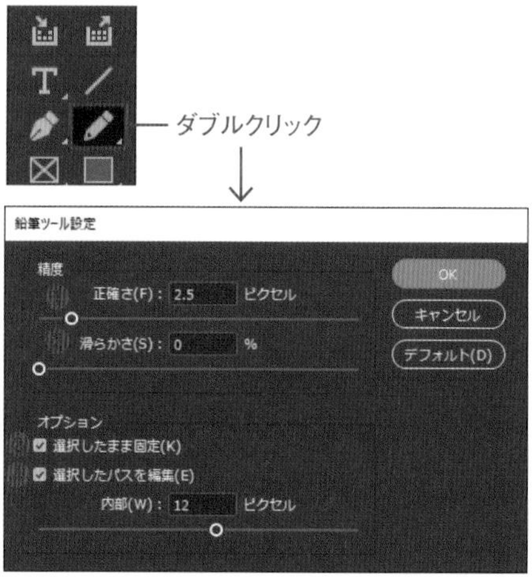

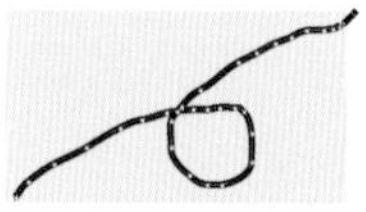

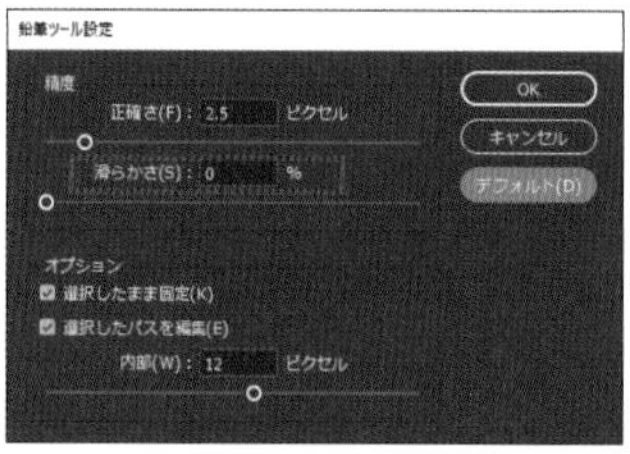

デフォルトの [滑らかさ] を「0」で描画した線は、アンカーポイントの数が多い

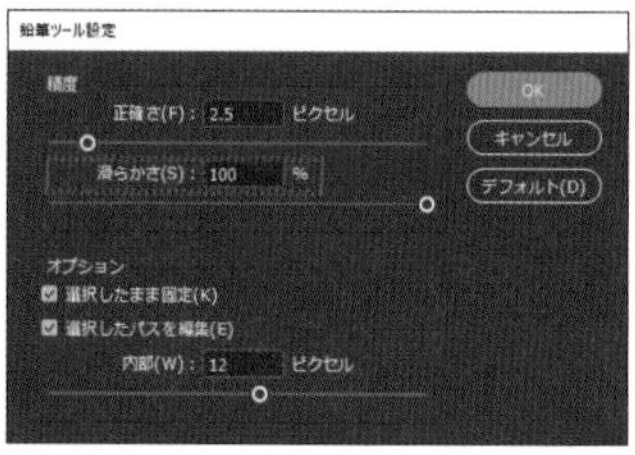

[滑らかさ] を「100」で描画した線は、アンカーポイントの数が少なく滑らかな線になる

STEP 01 ペンツールで直線を描画する

2021 2020 2019

直線の描画方法を覚えましょう。キー操作を併用すれば、水平、垂直、45°の角度に固定した直線も描画できます。

Lesson 09 ▶ L9-5S01.indd

連続した直線を描画する

1 レッスンファイルを開き、ペンツールを選択します❶。コントロールパネルで［塗り］は［なし］、［線］は［黒］、［線幅］は「1mm」に設定します❷。

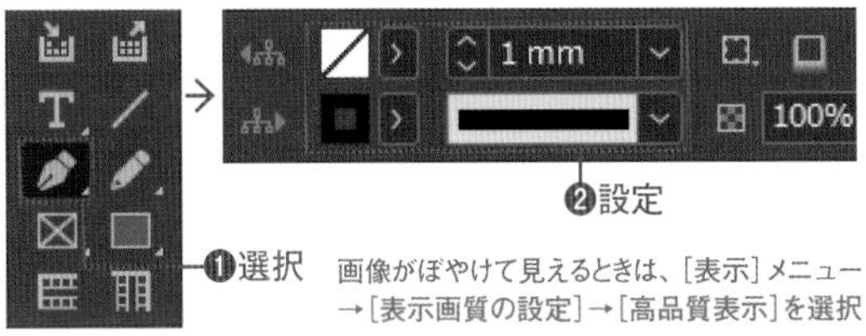

画像がぼやけて見えるときは、［表示］メニュー→［表示画質の設定］→［高品質表示］を選択

2 Aの下絵の始点1から3まで順番にクリックします❶❷❸。終点でクリックしたら❹、Enterキーを押して描画を終了します❺。クリックした点が結ばれた直線となります。

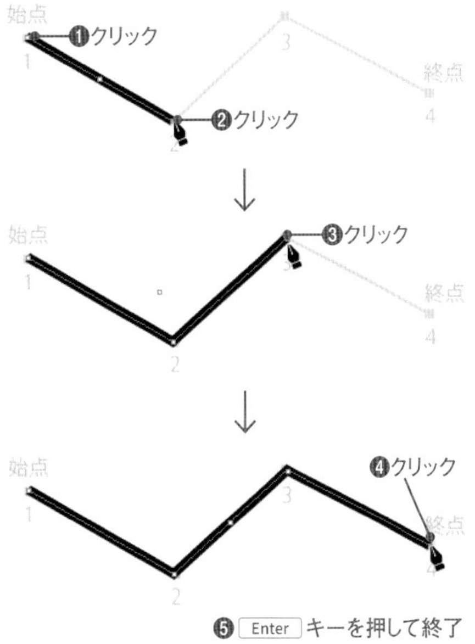

アンカーポイントとセグメント　CHECK!

ペンツールでクリックしたときにできる小さい四角形のことを「アンカーポイント」と呼びます。アンカーポイントとアンカーポイントをつなぐ線を「セグメント」と呼びます。

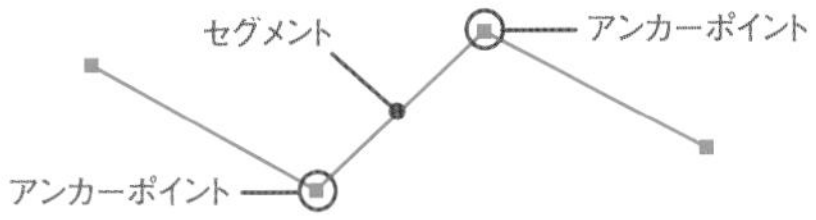

直線で閉じた図形を描画する

ペンツールでBの下絵の始点1から3まで順番にクリックします❶❷❸。マウスポインターの先端を始点1のアンカーポイントに合わせて、マウスポインターに○が表示されたらクリックします❹。始点と連結して、描画が終了します❺。

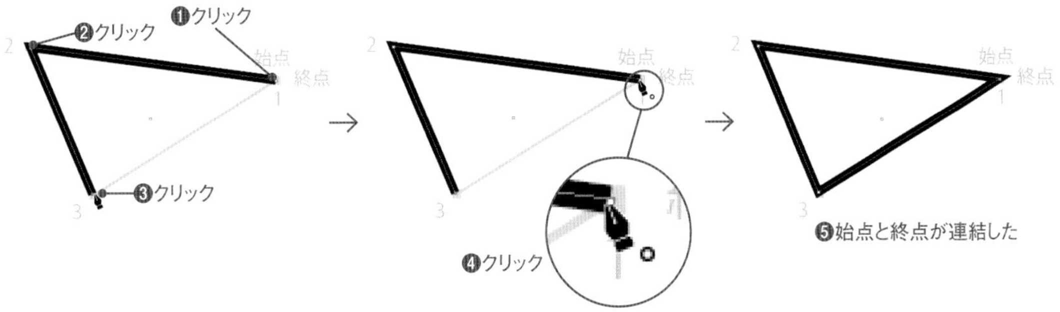

水平、垂直、45°の直線を描画する

1　ペンツールでCの下絵の始点1をクリックします❶。2の位置までマウスポインターを移動して、Shiftキーを押しながらクリックします❷。水平線になります❸。

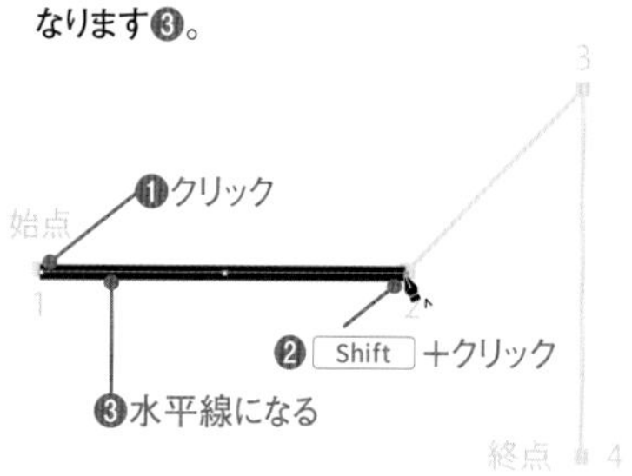

2　3の位置までマウスポインターを移動して、Shiftキーを押しながらクリックします❶。45°の線になります❷。

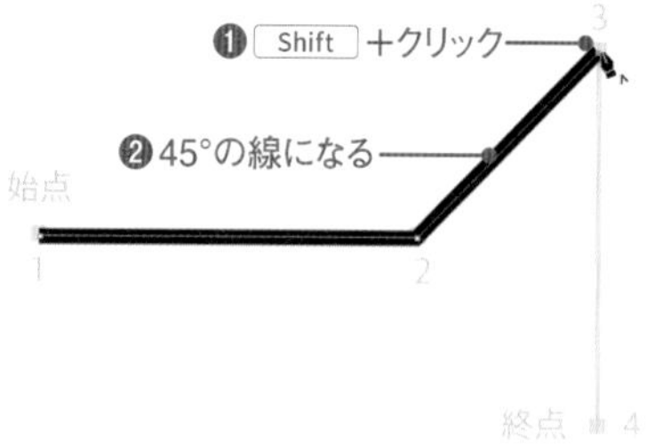

3　4の位置までマウスポインターを移動して、Shiftキーを押しながらクリックします❶。垂直線になります❷。Enterキーを押して描画を終了します❸。このように、Shiftキーを押しながらクリックすると、描画される線が45°刻みに限定され、水平、垂直、45°の線を描画できます。

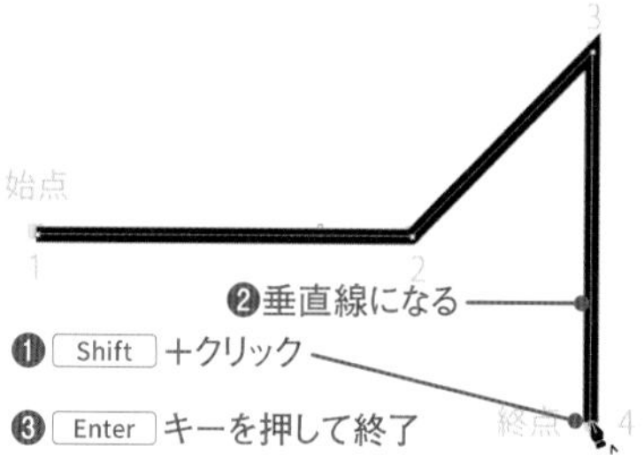

STEP 02　ペンツールで曲線を描画する

2021　2020　2019

曲線を描くときは、アンカーポイントから方向線と呼ばれる補助線を設定します。方向線の長さや角度で曲線の形が変わります。

Lesson 09 ▶ L9-5S02.indd

連続した曲線を描画する

1　レッスンファイルを開き、ペンツールを選択します❶。コントロールパネルで［塗り］は［なし］、［線］は［黒］、［線幅］は「1mm」に設定します❷。

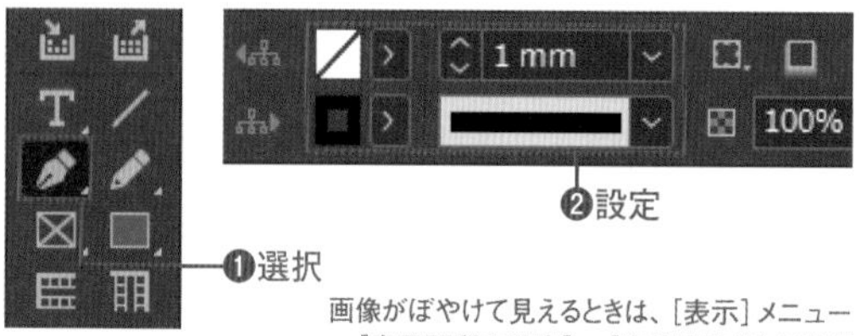

画像がぼやけて見えるときは、［表示］メニュー→［表示画質の設定］→［高品質表示］を選択

2　Aの下絵の始点1から1aまでドラッグします❶。アンカーポイントから一直線に揃った方向線が表示されます。方向線は曲線の曲がり方を制御する補助線で、実際に描画される線ではありません。

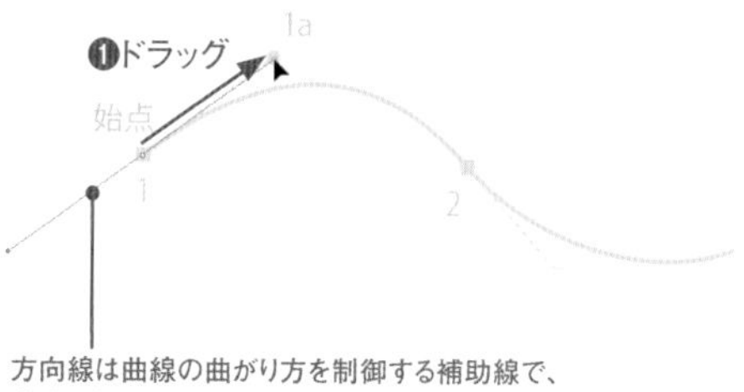

方向線は曲線の曲がり方を制御する補助線で、実際に描画される線ではない

3　2から2aまでドラッグします❶。1と2をつなぐセグメントが曲線になります❷。

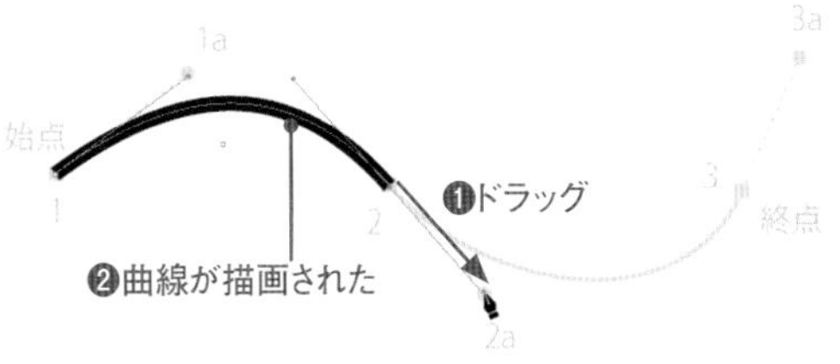

4　3から3aまでドラッグします❶。2と3をつなぐセグメントが曲線になります❷。Enter キーを押して描画を終了します❸。

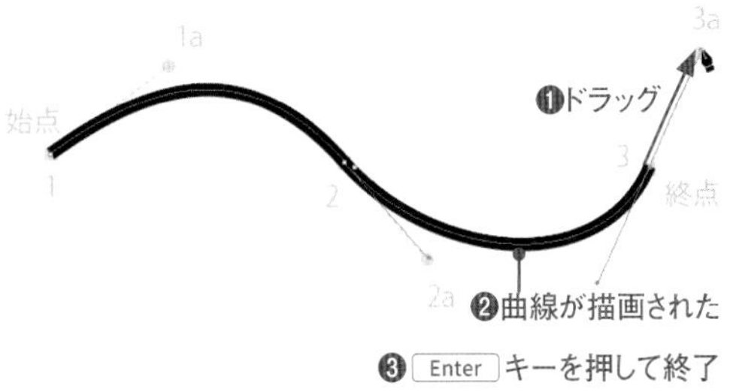

曲線で閉じた図形を描画する

ペンツールでBの下絵の始点1から1a、2から2a、3から3aまで順番にドラッグします❶❷❸。1、2、3が結ばれる曲線が描画されます❹。マウスポインターの先端を始点1のアンカーポイントに合わせてマウスポインターに○が表示されたら❺、1から1bまでドラッグします❻。始点と連結して、描画が終了します❼。

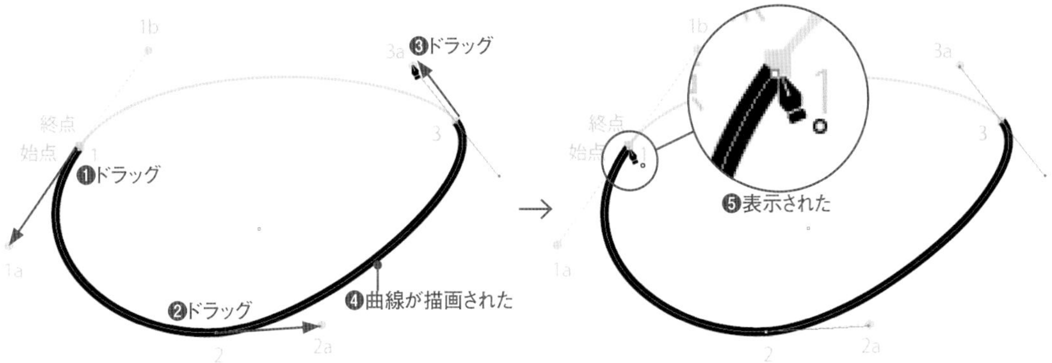

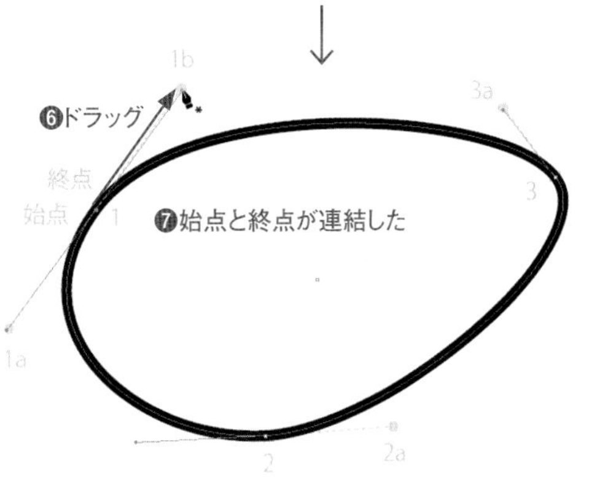

COLUMN

パスを閉じる際のアプリケーションの違い

InDesignでは、始点に連結してパスを閉じるとき、最後のセグメントの終点側の方向線の設定を1bの方向にドラッグして設定しますが、IllustratorとPhotoshopのペンツールでは、1aの方向にドラッグして設定します。

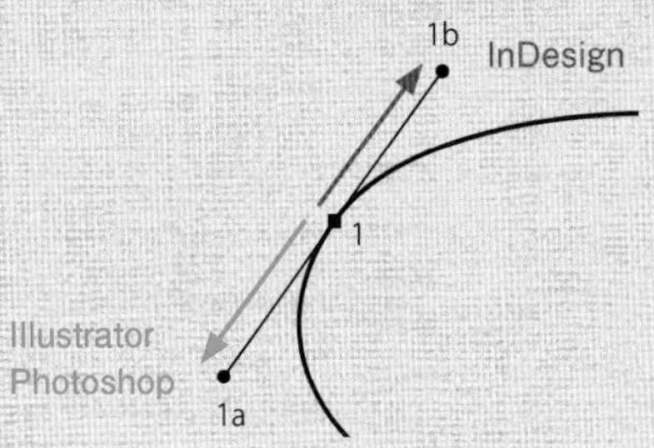

オープンパスとクローズパス

CHECK!

始点と終点をセグメントで連結していない線をオープンパス、連結して輪になった線をクローズパスと呼びます。

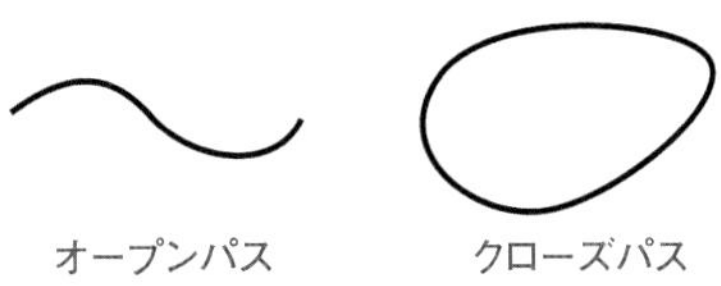

STEP 03 ペンツールで直線と曲線を切り換えて描画する 2021 2020 2019

直線セグメントから曲線セグメント、曲線セグメントから直線セグメントを描画する方法を学びましょう。

Lesson 09 ▶ L9-5S03.indd

1 レッスンファイルを開き、ペンツール を選択します❶。コントロールパネルで［塗り］は［なし］、［線］は［黒］、［線幅］は「1mm」に設定します❷。

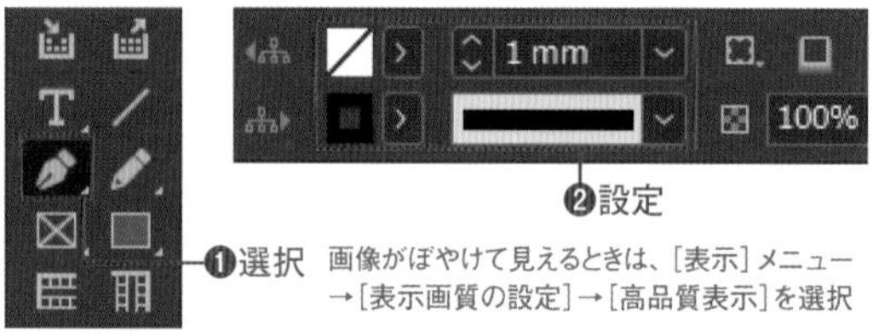

2 Aの下絵の始点1から1aまでドラッグします❶。続いて、2から2aまでドラッグして❷、曲線セグメントを作成します❸。

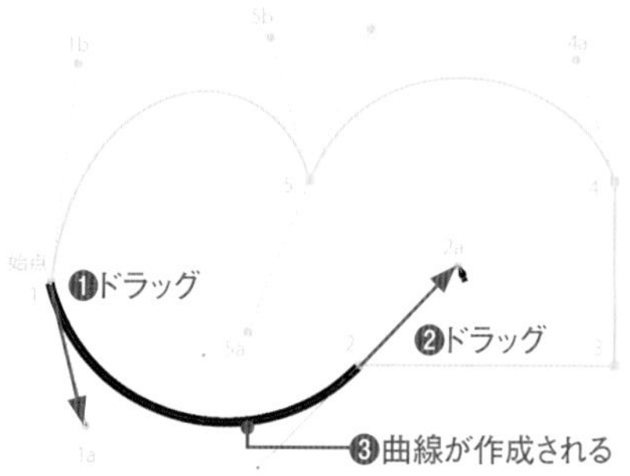

3 マウスポインターの先端を2に合わせて、 が表示されたらクリックします❶。2から2aの方向線が削除されます❷。

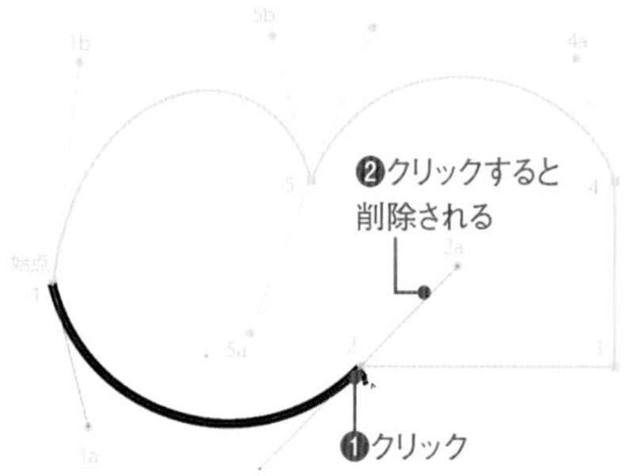

4 Shift キーを押しながら3をクリックします❶。手順3でクリックして方向線を削除しているので、2と3を結ぶセグメントは直線（水平線）になります❷。

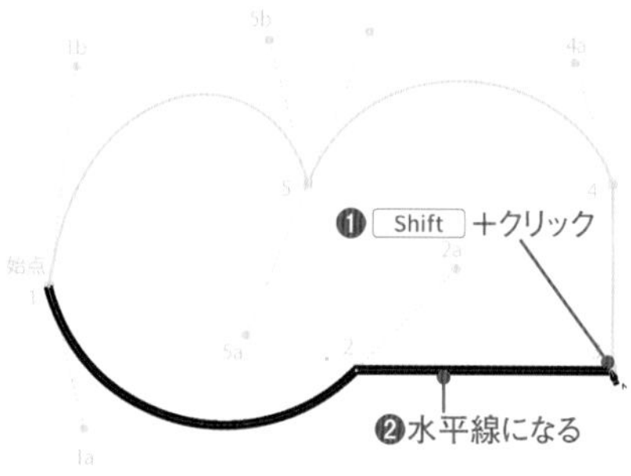

5 4の位置までマウスポインターを移動して、Shift キーを押しながらクリックします❶。垂直線になります❷。

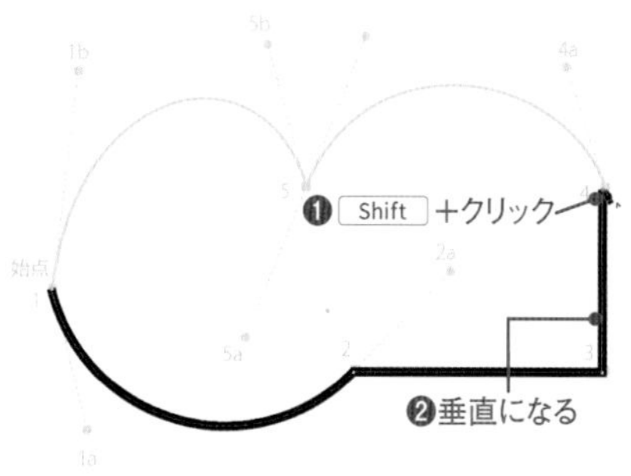

6 4から4aまでドラッグして❶、方向線を作成します。

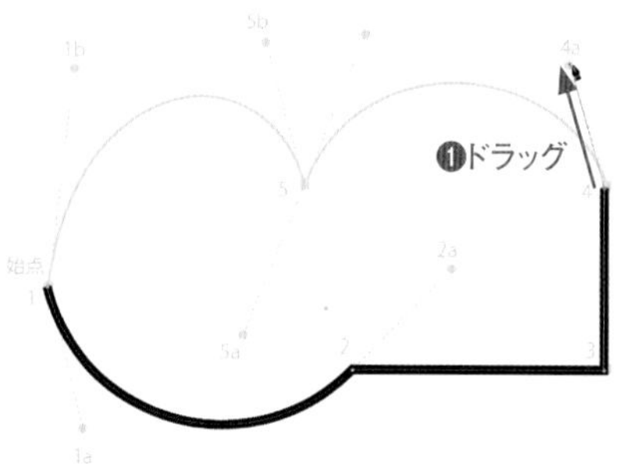

7 5から5aまでドラッグします❶。4と5をつなぐセグメントが曲線になります❷。

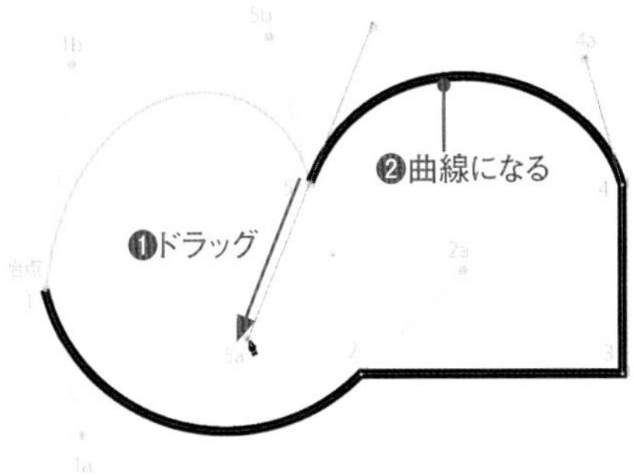

8 Alt キーを押しながら5から5bまでドラッグして❶、手順7で作成した方向線の向きを変えます。

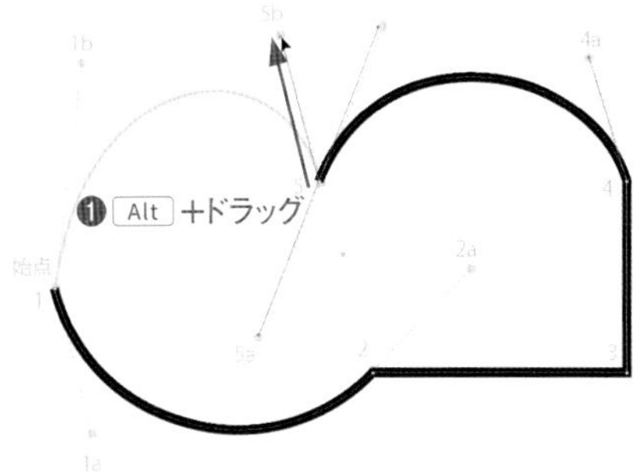

9 マウスポインターの先端を始点1のアンカーポイントに合わせて❶、マウスポインターに○が表示されたら Alt キーを押しながら1bまでドラッグします❷。始点と連結して、描画が終了します❸。

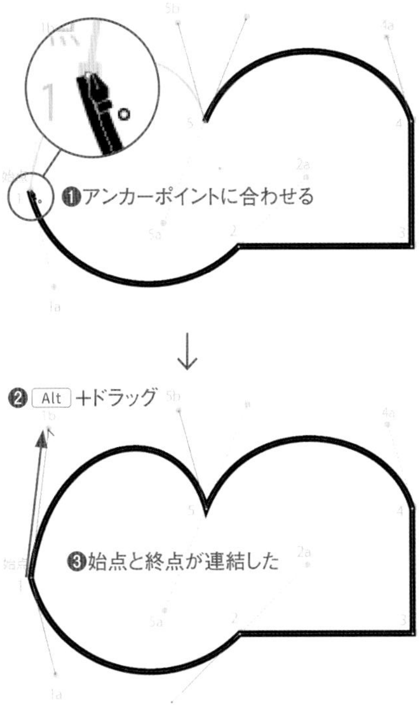

CHECK!

方向線の向きを別々にする

2本の方向線の向きを一直線にしないで別々の向きにするときは、Alt キーを押しながら方向線をドラッグします。

COLUMN

スムーズポイントとコーナーポイント

スムーズポイントは、セグメントをつなぐアンカーポイントから伸びる2本の方向線が一直線に揃っている状態で、つなぎ目に角がない滑らかなカーブになります。

コーナーポイントは、方向線のないアンカーポイント、方向線が1本だけのアンカーポイント、2本の方向線が一直線に揃っていないアンカーポイントです。

STEP02で作成したクローズパスの線は、すべてスムーズポイントで構成されています。

STEP03で作成した線は、すべてコーナーポイントで構成されています。

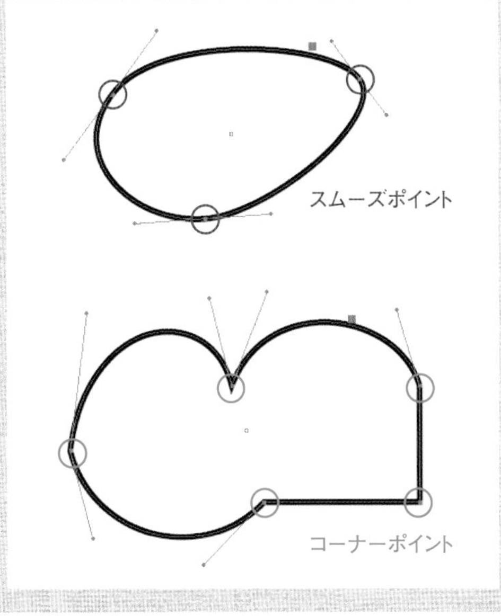

9-6 パスの調整

アンカーポイントや方向線を編集して、パスの形を変える方法を覚えましょう。パスは何回でも編集できます。きれいな形に調整できるようになるまでは時間がかかりますが、操作方法はしっかり習得してください。

STEP 01 ダイレクト選択ツールでパスを調整

2021 2020 2019

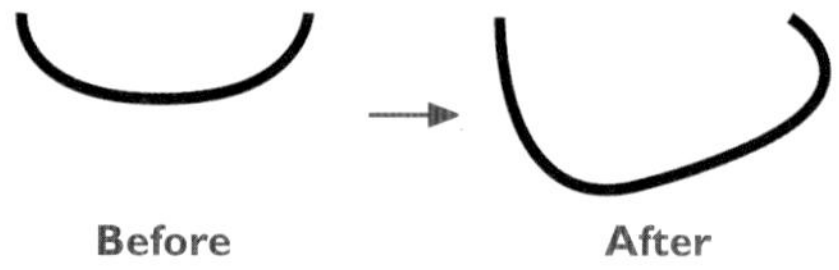

ダイレクト選択ツールを使ってアンカーポイントの位置や、方向線の長さや角度を変更して、パスの形状を変更します。

Lesson 09 ▶ L9-6S01.indd

1 レッスンファイルを開き、ダイレクト選択ツールを選択します❶。マウスポインターの先端をパスに重ねて、が表示されるアンカーポイントの上でクリックします❷。アンカーポイントが選択されるので、そのまま下にドラッグして移動します❸。パスの形状が変わりました❹。ダイレクト選択ツールでアンカーポイントの位置を移動して、パスを変形できます。

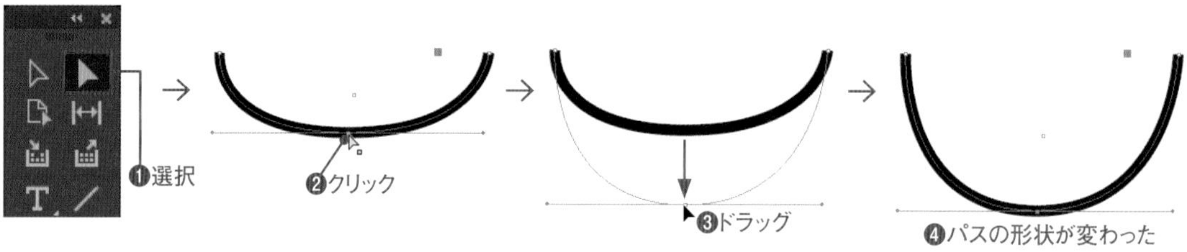

2 選択したアンカーポイントから表示されている右側の方向線の先端にマウスポインターを重ねて❶、の状態でドラッグします❷。スムーズポイントは、角度が揃うように2本の方向線が連動して回転します❸。ドラッグしている側の方向線は、長さも変えられます。

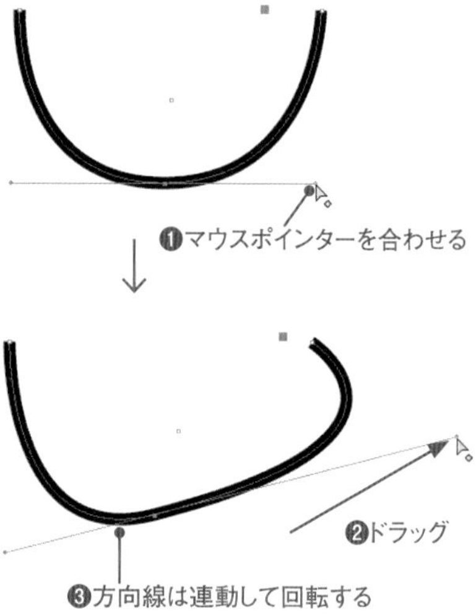

COLUMN

スムーズポイントの方向線を個別に移動する

ダイレクト選択ツールでスムーズポイントの方向線を移動するとき、Altキーを押しながらドラッグすると、マウスポインター側の方向線だけが移動します。

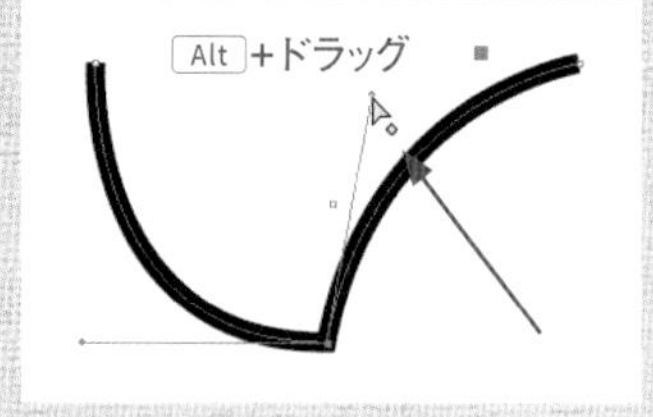

STEP 02 アンカーポイントの切り換えツールでパスを調整 2021 2020 2019

アンカーポイントの切り換えツールを使って方向線を調整します。

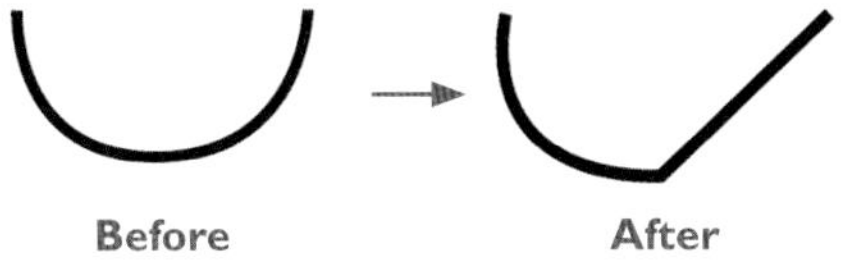

Lesson 09 ▶ L9-6S02.indd

1 レッスンファイルを開きます。ダイレクト選択ツールを選択し❶、オブジェクトの下側のスムーズポイントをクリックして選択します❷。アンカーポイントの切り換えツールを選択し❸、選択したスムーズポイントの上でクリックします❹。スムーズポイントだったアンカーポイントが、両方向に伸びた2本の方向線が削除されたコーナーポイントになります❺。

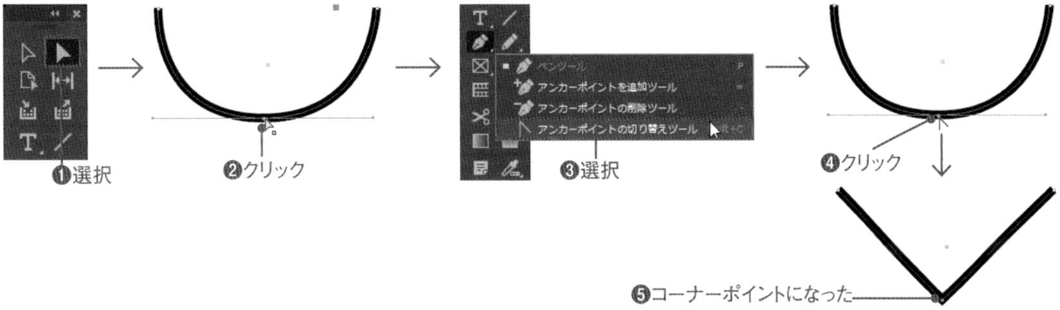

2 アンカーポイントの切り換えツールを、手順1で変換したコーナーポイントに重ねて❶、右側にドラッグします❷。左右対称の方向線が伸びて、スムーズポイントになります❸。

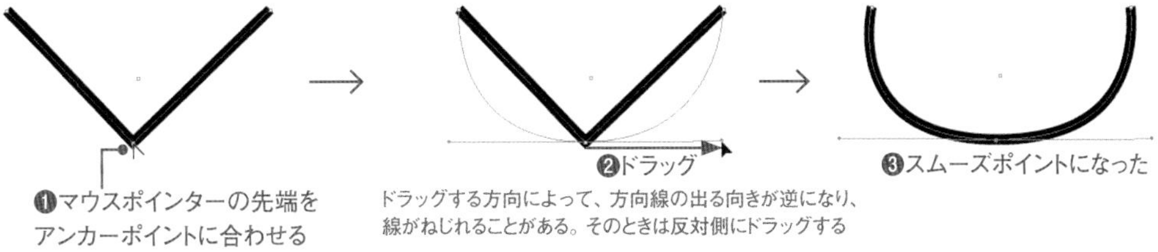

3 アンカーポイントの切り換えツールで、右側の方向線の先端をクリックします❶。方向線が削除され、線が曲線から直線に変わります❷。

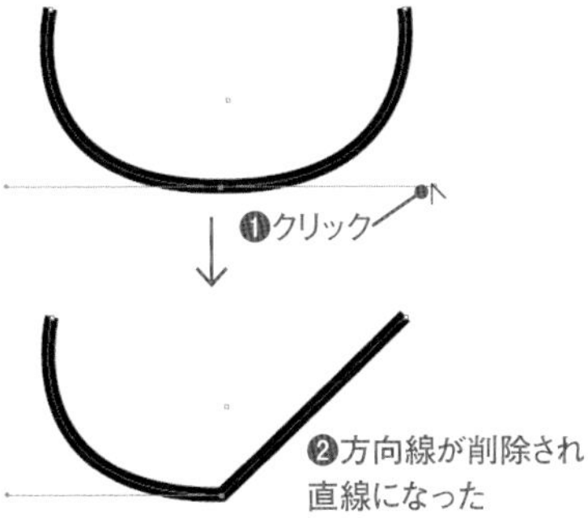

COLUMN

スムーズポイントの方向線を個別に移動する

アンカーポイントの切り換えツールで、スムーズポイントの方向線をドラッグすると、マウスポインター側の方向線だけが移動します。

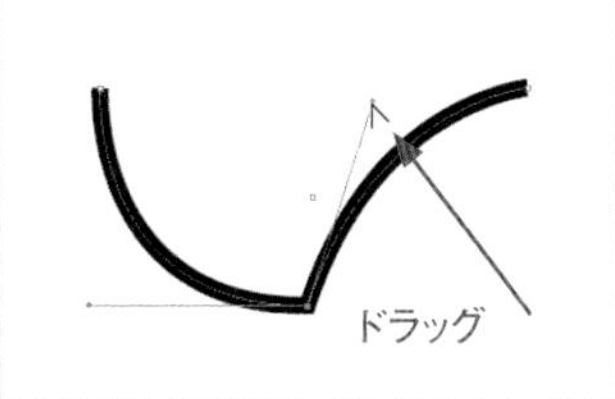

Lesson 09　練習問題

Lesson 09 ▶ L9EX1.indd

Q

「いらっしゃいませ」の背面にふきだしを作成しましょう。線の太さや塗りの色は自由に設定してください。

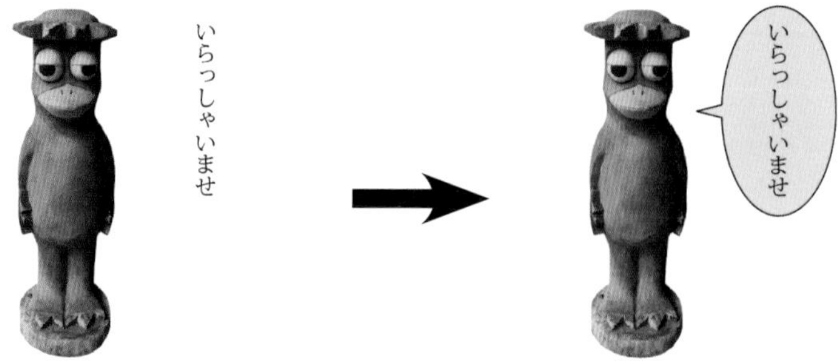

Before　　　After

A

❶楕円形ツールで「いらっしゃいませ」を囲む大きさの楕円を作成します。
❷ペンツールでふきだしのしっぽを作成します。
❸作成した楕円としっぽを選択して、パスファインダーパネルの［合体］をクリックします。
❹レイヤーパネルパネルか重ね順を変えるコマンドで、ふきだしを「いらっしゃいませ」の背面に移動します。

Lesson 09 ▶ L9EX2.indd

Q

テキストを写真の左端に揃えて、「5mm」間隔を空けた位置に移動しましょう。

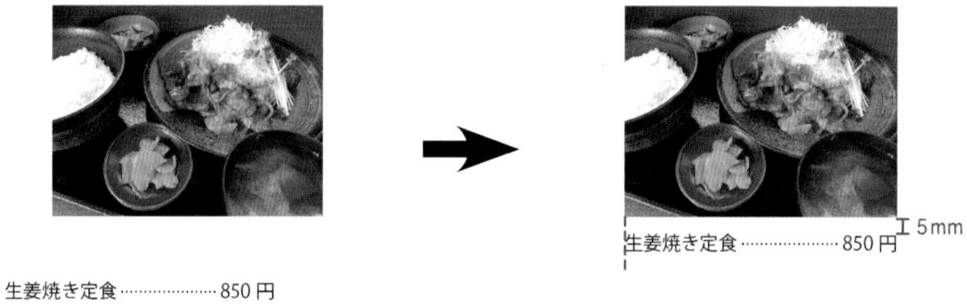

Before　　　After

A

❶選択ツールでグラフィックフレームとテキストフレームを選択します。
❷グラフィックフレームをクリックして、整列の基準にします。
❸整列パネルの［水平方向左に整列］をクリックします。
❹整列パネルの［等間隔に分布］の間隔を「5mm」に設定して、［垂直方向等間隔に分布］をクリックします。

　Macでは、キーは次のようになります。　Ctrl → ⌘　Alt → option　Enter → return

フレームや テキストのデザイン

An easy-to-understand guide to InDesign

Lesson 10

フレームのコーナーの形、アンダーライン、仕切り線など、デザイン的なアクセントになる設定を学びましょう。図形として線を引かなくても、オプションの設定を使えば簡単に作成できます。

10-1 フレームのシェイプと角の形状

フレームの形を変えたいとき、わざわざ作り直さなくても、パスファインダーパネルの［シェイプを変換］を使って簡単に変更できます。長方形フレームはライブコーナーで角の形状を簡単に変更することができます。

STEP 01 シェイプを変換

2021 2020 2019

Before　　After

長方形のフレームを多角形に変換してみましょう。シェイプを多角形に変換するときは、先に［多角形の設定］ダイアログボックスでオプションを設定します。

Lesson10 ▶ L10-1S01.indd

1 レッスンファイルを開き、多角形フレームツールを選択します❶。多角形フレームツールのアイコンをダブルクリックします❷。［多角形の設定］ダイアログボックスが表示されたら、［頂点の数］を「5」に設定します❸。［OK］をクリックします❹。この設定は、多角形フレームツールだけでなく、多角形ツールで操作しても同じ設定を適用できます。

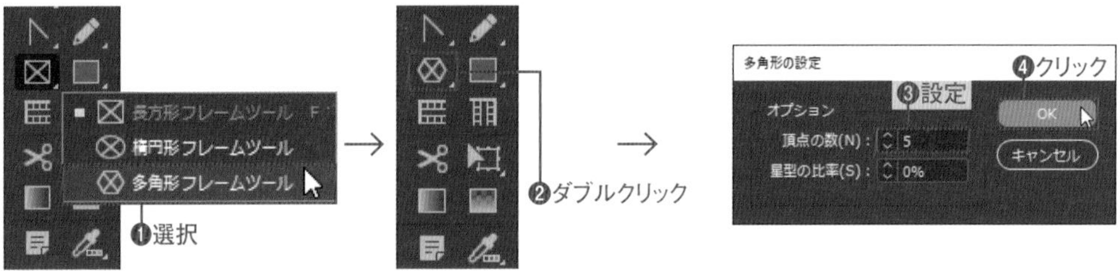

2 選択ツールを選択し❶、グラフィックフレームを選択します❷。パスファインダーパネルの［現在の多角形ツールの設定に基づいて多角形に変換］をクリックします❸。設定した頂点の数の多角形になります❹。サイズは元のオブジェクトと同じ幅と高さです。

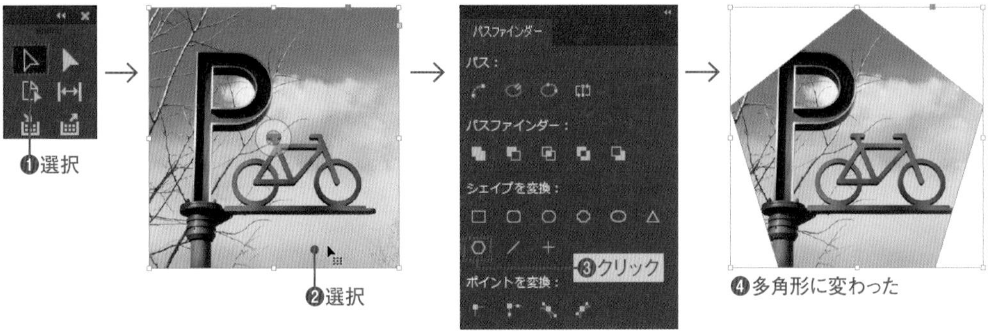

シェイプを変換できないオブジェクト　CHECK!

テキストや画像を配置したフレームは、線や直交線に変換できません。線の設定があるオブジェクトは、直交線に変換できません。直交線は、ほかのシェイプに変換できません。

STEP 02 ライブコーナー

2021 2020 2019

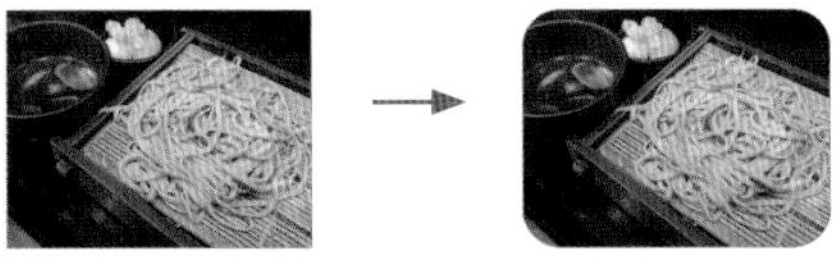

Before　　After

ライブコーナーで長方形のフレームに角の丸みを設定しましょう。

Lesson10 ▶ L10-1S02.indd

1 選択ツールでグラフィックフレームを選択します❶。境界線ボックスの右上にある黄色い四角形をクリックします❷。フレームの四隅に黄色い菱形が表示されます❸。

2 角にあるいずれかの黄色い菱形をドラッグします（距離は適当でかまいません）❶。すべての角が角丸になり、ドラッグの距離によって角丸の大きさが変わります。

CHECK!

角の形状を変更する

Alt キーを押しながら黄色い菱形をクリックすると、角の形状が変わります。［丸み（外）］から、クリックするたびに［飾り］→［斜角］→［角（内）］→［丸み（内）］→［なし］に変わります。

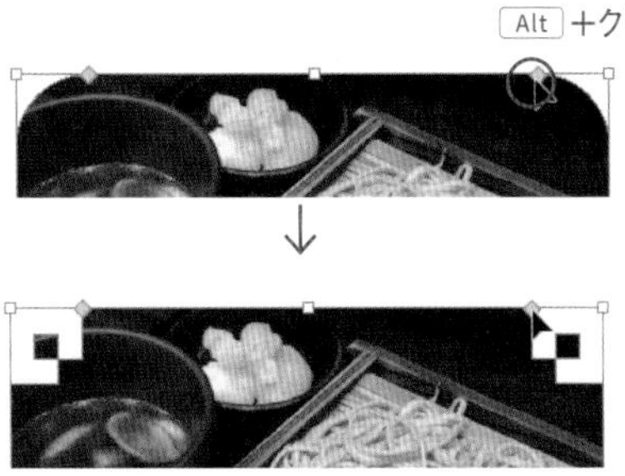

COLUMN

2020以降はきれいな角丸になる

2020以降は角オプションの［丸み（外）］を最大サイズまで設定して、きれいな半円のカーブにすることができます。

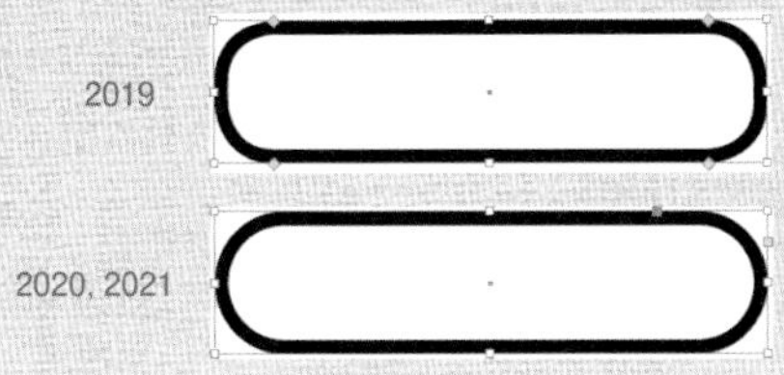

CHECK!

コーナーオプション

角のサイズを数値指定するときは、［オブジェクト］メニュー→［コーナーオプション］を選択するか、コントロールパネルやプロパティパネルのコーナーオプションで設定します。

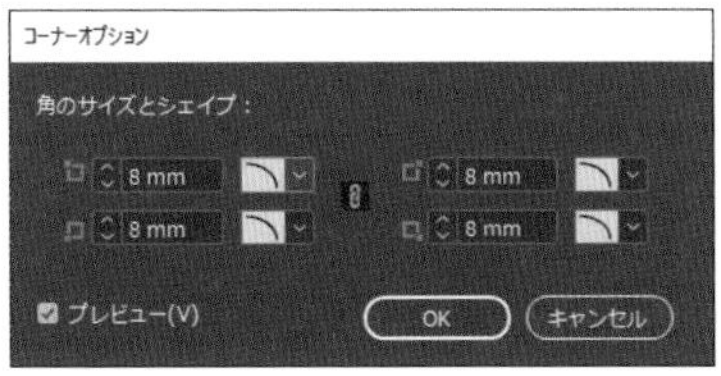

10-2 パス上文字

カーブしたテキストを作成するときは、横組みパスツールまたは縦組みパスツールを使用します。パス上文字オプションの設定でテキストに変形の効果をつけることもできます。

STEP 01 カーブしたテキストの作成

2021 2020 2019

Before　After

山なりにカーブしているパスを使って、パスに沿ってカーブするテキストを作成しましょう。

Lesson10 ▶ L10-2S01.indd

1 レッスンファイルを開き、横組みパスツールを選択します❶。文字パネルでフォントサイズを「60Q」に設定します❷。カーブしたパスの左端をクリックします❸。テキストを入力します❹。

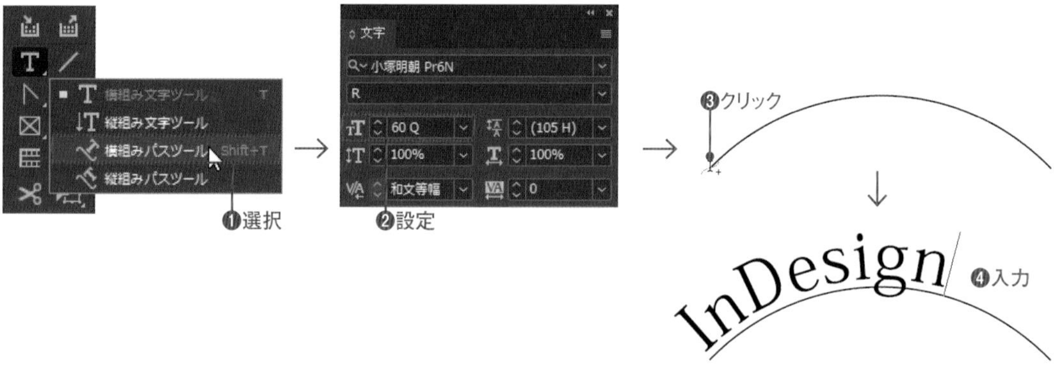

2 段落パネルの［中央揃え］をクリックして❶、パスの中央にテキストを揃えます❷。

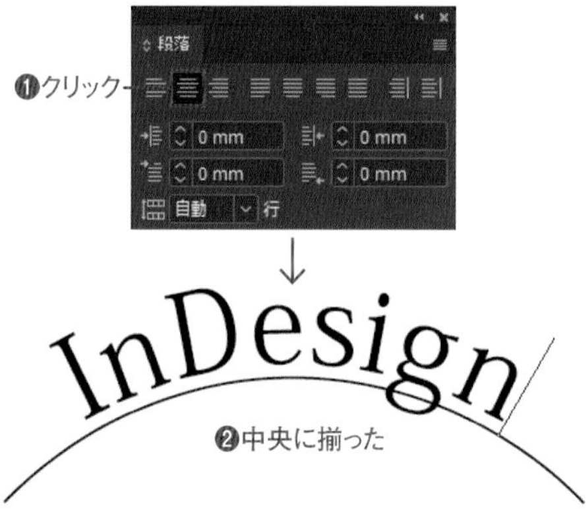

CHECK!

パスの描画方向にテキストが流れる

パスには描画方向があり、横組みパスツールまたは縦組みパスツールでクリックした位置から終点側のアンカーポイントに向かってテキストが流れます。反対側の方向に文字が流れるときは、［オブジェクト］メニュー→［パス］→［パスの反転］を選択するか、［書式］メニュー→［パス上文字］→［オプション］を選択して、［パス上文字オプション］ダイアログボックスの［反転］にチェックをつけます。

3　選択ツール を選択すると❶、[塗り]と[線]には曲線のパスの色が表示されます。[線]ボックスをクリックしてアクティブにしてから❷、[適用なし]をクリックします❸。パスの線が消えます❹。

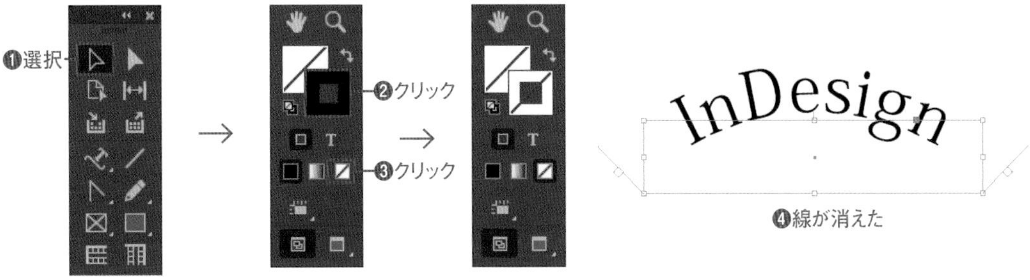

4　パス上文字のオブジェクトを選択したまま[書式]メニュー→[パス上文字]→[オプション]を選択します。[パス上文字オプション]ダイアログボックスが開いたら、[プレビュー]にチェックをつけて❷、[効果]を「歪み」に設定します❸。[OK]をクリックします❹。文字が変形します❺。

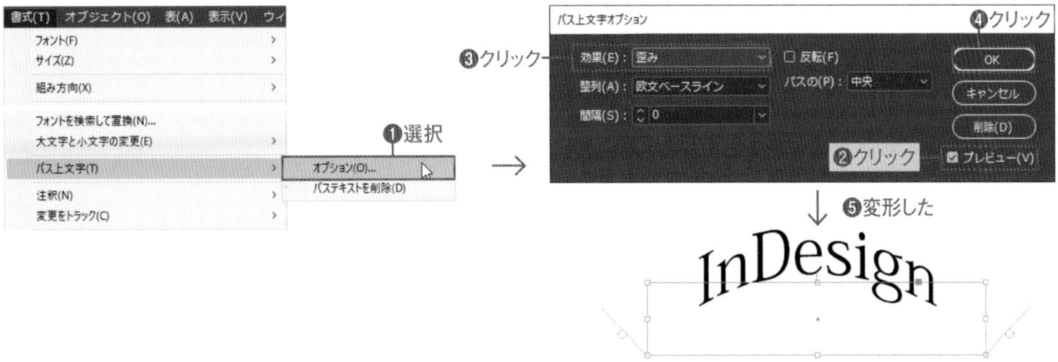

パス上文字オプション　CHECK!

[効果]の設定でパス上に配置した文字の向きや位置を変えて変形することができます。

❶[虹]は文字のベースラインとパスのアウトラインが平行を保つように配置されます。

❷[歪み]は文字の垂直方向の軸をパスの形状に関係なく垂直を保ちます。

❸[3Dリボン]は文字の水平方向の軸をパスの形状に関係なく水平を保ち、各文字の垂直方向の軸をパスに沿って変形します。

❹[階段]は文字を回転させないで、各文字のベースラインの左端をパスのアウトラインに接するように配置します。

❺[引力]は各文字のベースラインの中央がパスのアウトラインに接するようにして、垂直方向の両端の軸がパスの中心に向かうように変形します。

[整列]は、テキストのどこをパスに揃えるか設定します。カーブが急に変化するところで文字の間隔が広がるときは、[間隔]の値を大きくして、文字間が狭くなるように調整します。

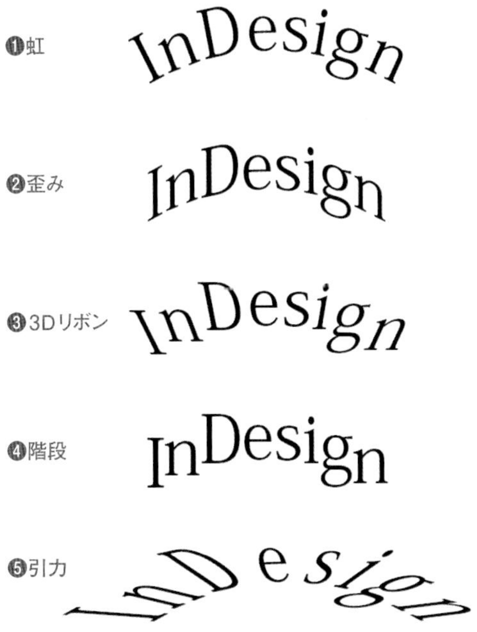

10-3 アウトラインを作成

テキストに［書式］メニュー→［アウトラインを作成］を適用すると、形状を編集可能なパスオブジェクトに変換できます。ただしアウトライン化したテキストは文字を変えたり字詰めや行揃えなどの書式設定ができなくなるので、必要に応じてコピーして作成しましょう。

STEP 01 文字の中に画像を配置する

2021 2020 2019

Before　　After

テキストをアウトライン化して、文字の形のフレームに写真を配置しましょう。

Lesson10 ▶ L10-3S01.indd、L10-3S01a.psd

1 レッスンファイル「L10-3S01.indd」を開き、選択ツールを選択します❶。テキストフレームをクリックして選択し❷、［書式］メニュー→［アウトラインを作成］を選びます❸。テキストがアウトライン化したオブジェクトになります❹。

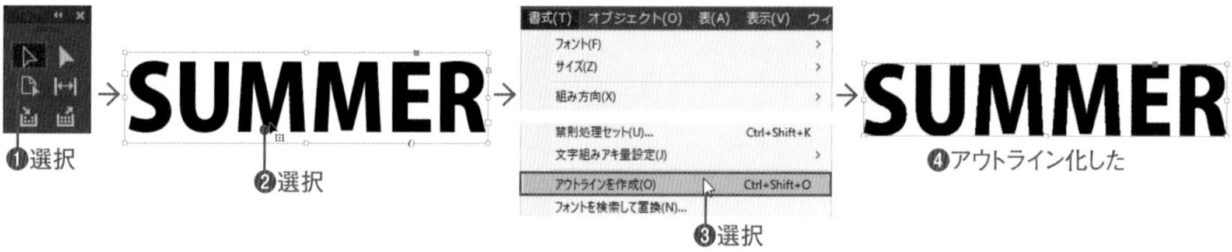

2 アウトライン化したオブジェクトを選択したまま、［ファイル］メニュー→［配置］を選択します❶。［配置］ダイアログボックスが開いたら、レッスンファイルの「L10-3S01a.psd」を選択して❷、［開く］をクリックします❸。フレーム内に画像が配置されます❹。

STEP 02 テキストの一部をアウトライン化

2021 2020 2019

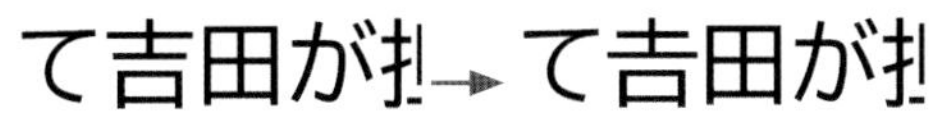

Before　　After

フォントの種類によっては異体字がないことがあります。テキスト内の一部の文字をアウトライン化して、文字を修正しましょう。

Lesson10 ▶ L10-3S02.indd

1 レッスンファイルを開き、横組み文字ツールを選択して❶、2行目にある「吉」の文字を選択します❷。［書式］メニュー→［アウトラインを作成］を選びます❸。「吉」だけがアウトライン化したオブジェクトになります❹。

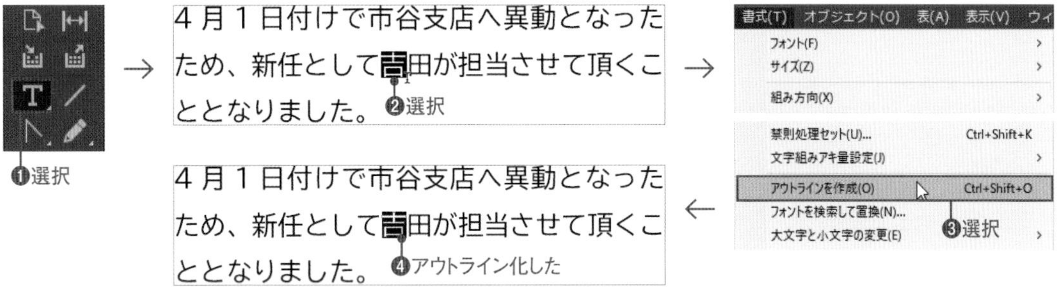

2 ダイレクト選択ツールを選択します❶。アウトラインになった「吉」をクリックして選択し❷、表示されたを Alt キーを押しながらクリックします❸。［アンカー付きオブジェクトオプション］ダイアログボックスが表示されたら［親文字からの間隔］を［カスタム］に設定して❹、［OK］をクリックします❺。

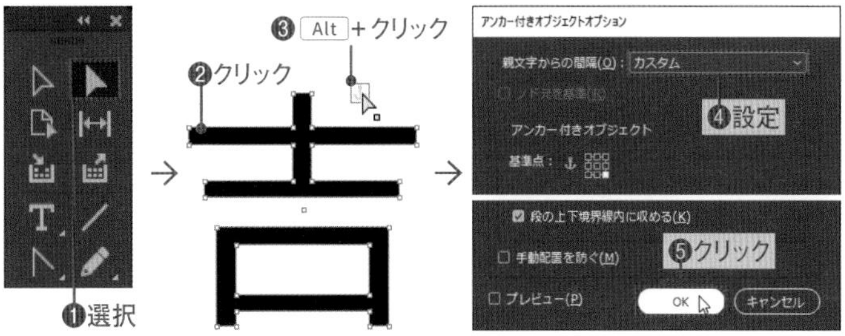

3 アウトライン化した「吉」がテキストフレームの左に移動するので、アンカーポイントを移動して❶、「吉」に変形します❷。

4 を Alt キーを押しながらクリックします❶。［アンカー付きオブジェクトオプション］ダイアログボックスが表示されたら［親文字からの間隔］を［インラインまたは行の上］に設定して❷、［OK］をクリックします❸。元の位置に戻ります❹。

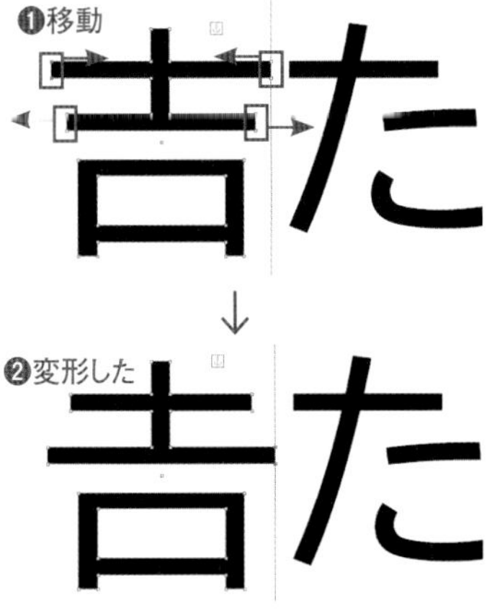

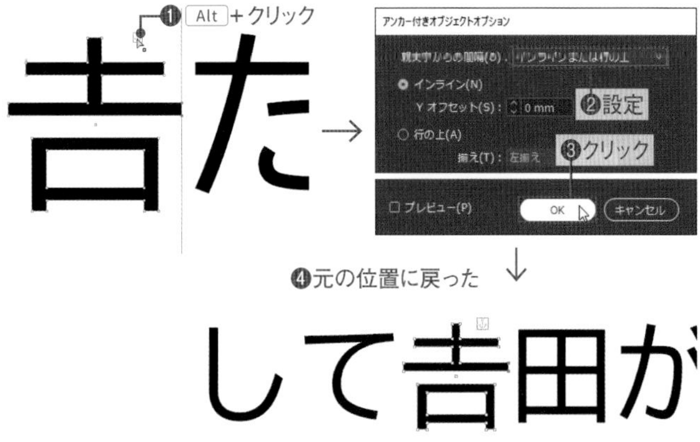

10-4 段落の囲み罫と背景色

段落単位を対象に囲み罫や背景色を設定する方法を学びましょう。囲み罫と背景色のサイズは連動していないので、設定するときに注意しましょう。

STEP 01 段落の囲み罫と背景色の設定

2021 2020 2019

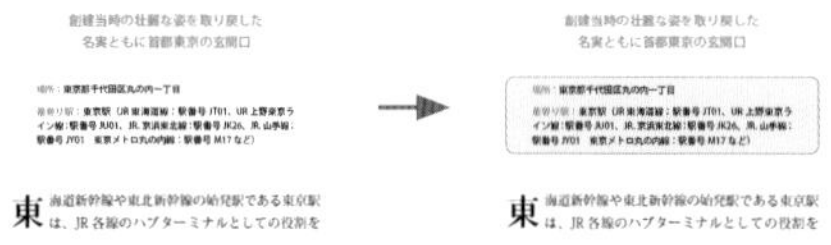

Before　After

［段落の囲み罫と背景色］を設定して、段落全体を囲む罫線とその内側（背景）をスウォッチカラーで塗りつぶしましょう。

Lesson10 ▶ L10-4S01.indd

スウォッチカラーの設定

レッスンファイルを開き、カラーパネルで囲み罫と背景色に設定するカラーを設定して❶、パネルメニューの［スウォッチに追加］を選びます❷。［段落の囲み罫と背景色］は事前に作成したスウォッチカラーしか設定できません。囲み罫のカラーは「C=75 M=5 Y=100 K=0」のスウォッチを使用するので、背景色に設定するカラー「C=10 M=0 Y=20 K=0」だけ追加します❸。

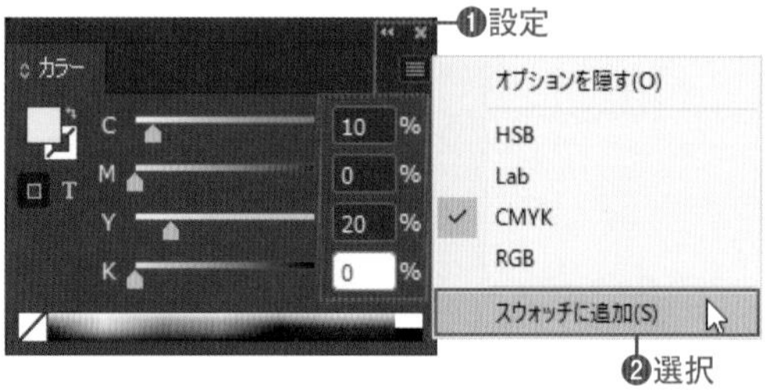

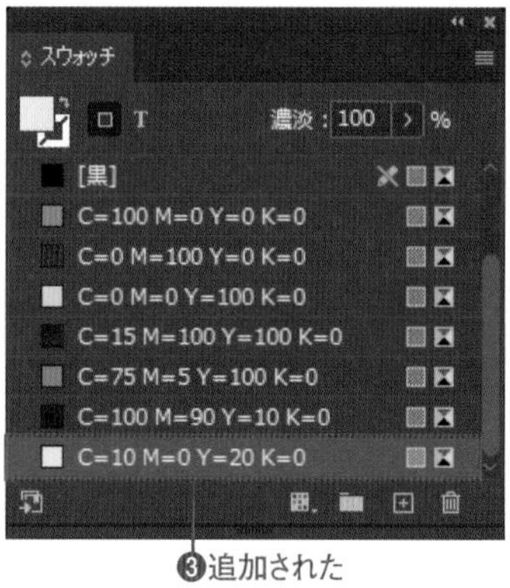

囲み罫の設定

1　横組み文字ツール T を選択して❶、4行目から7行目のテキストを選択します❷。

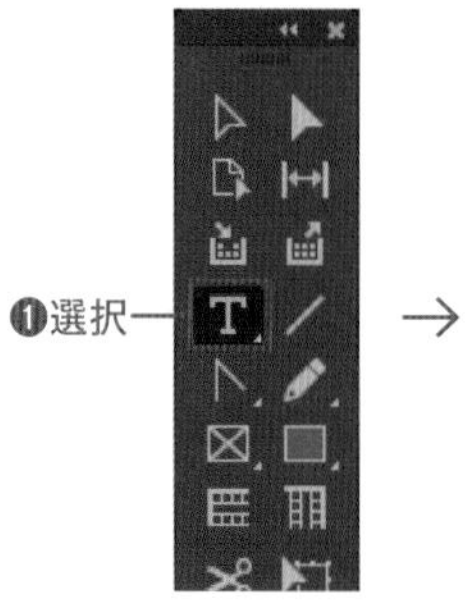

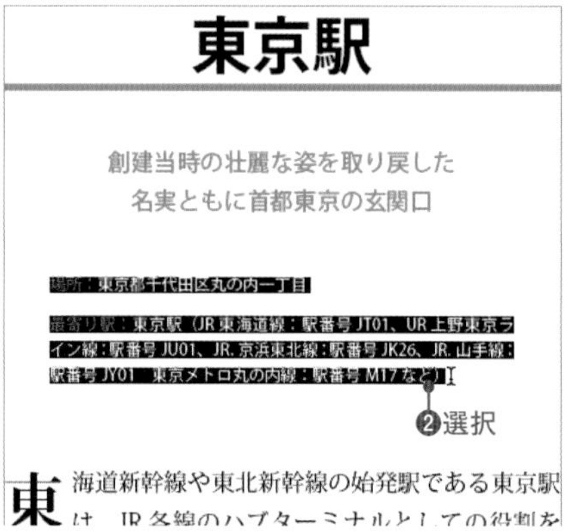

2 段落パネルメニューの［段落の囲み罫と背景色］を選びます❶。

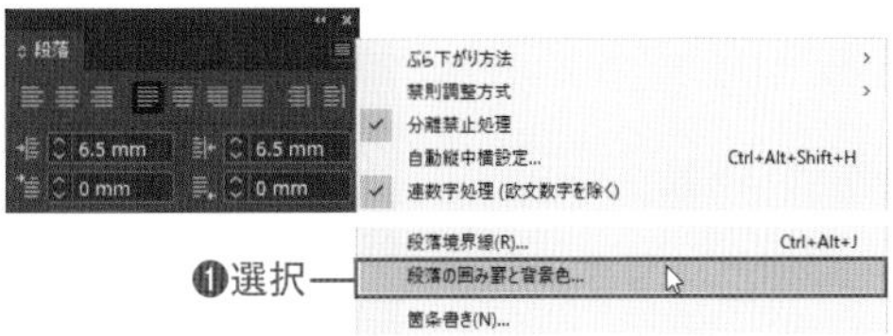

3 ［段落の囲み罫と背景色］ダイアログボックスが表示されたら、［プレビュー］にチェックをつけます❶。［囲み罫］にチェックをつけます❷。線の太さを上下左右すべて「0.25mm」に設定します❸。［カラー］を「C=75 M=5 Y=100 K=0」に設定します❹。［角のサイズとシェイプ］を四隅とも「角丸（外側）」の「2mm」に設定します❺。［オフセット］の🔗をクリックして🔗に切り替えて❻、［上］［下］を「2mm」、［左］［右］を「0mm」に設定します❼。ほかは初期設定のままです。

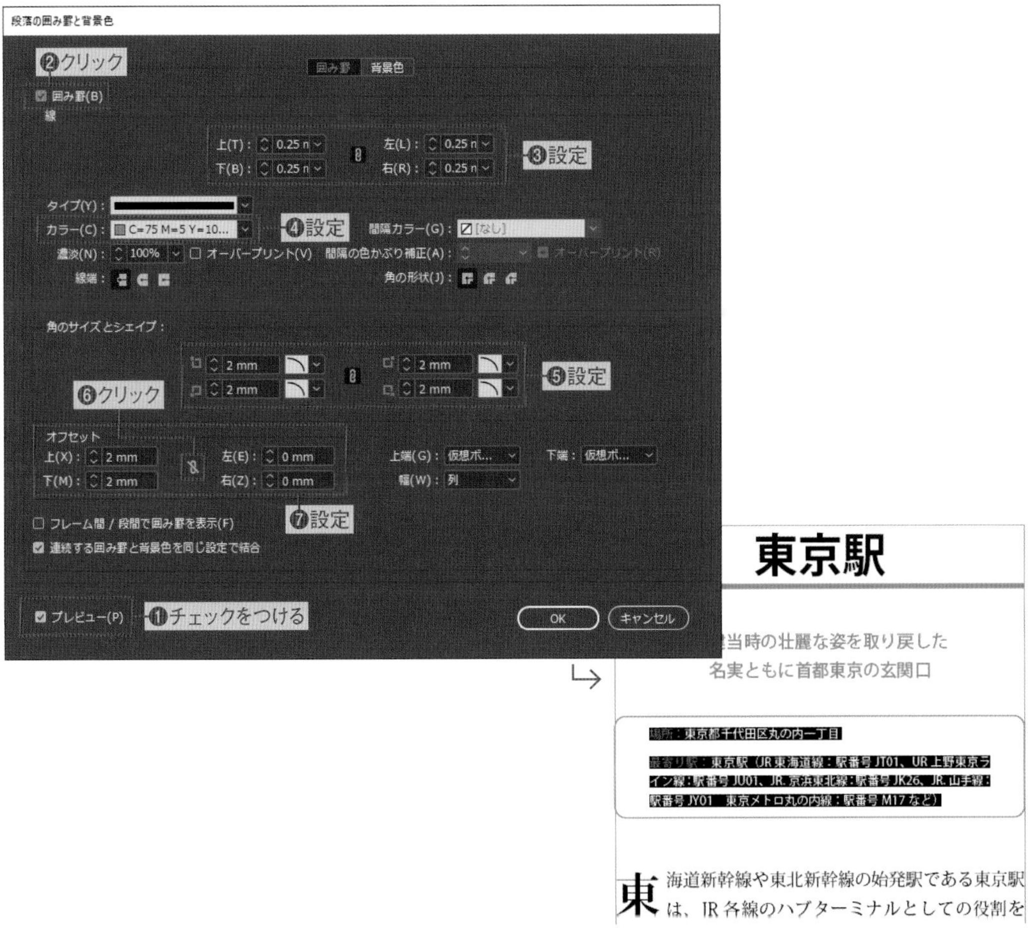

背景色の設定

1 ［背景色］をクリックして❶、背景色オプションに切り替えたら［背景色］にチェックをつけます❷。

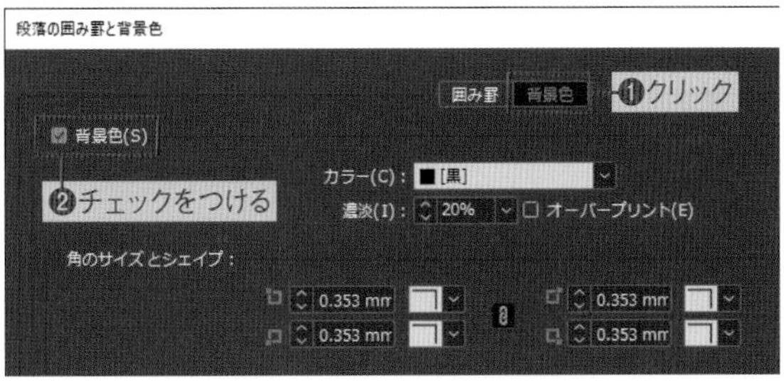

2 ［カラー］を「C=10 M=0 Y=20 K=0」、［濃淡］を「100%」に設定します❶。囲み罫と同じになるように、［角のサイズとシェイプ］を四隅とも「角丸（外側）」の「2mm」に、［オフセット］のをクリックしてに切り替えて［上］［下］を「2mm」、［左］［右］を「0mm」に設定して❷、［OK］をクリックします❸。Ctrl＋Shift＋Aキーを押してテキストの選択を解除します❹。

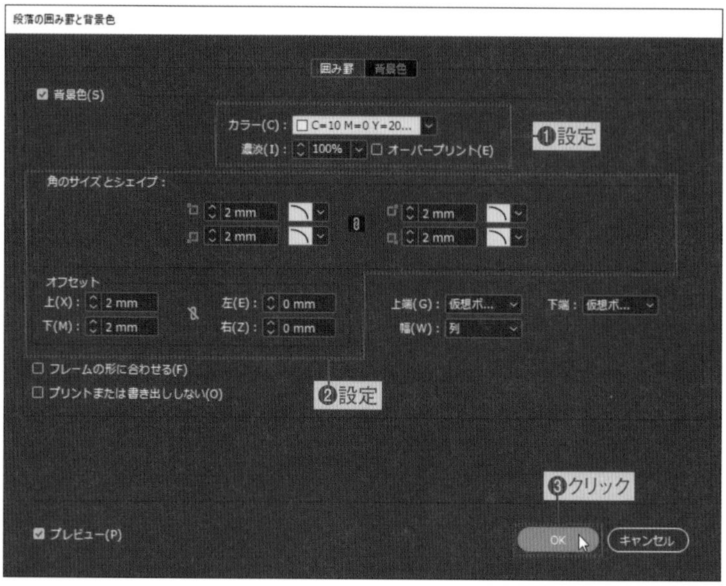

↓

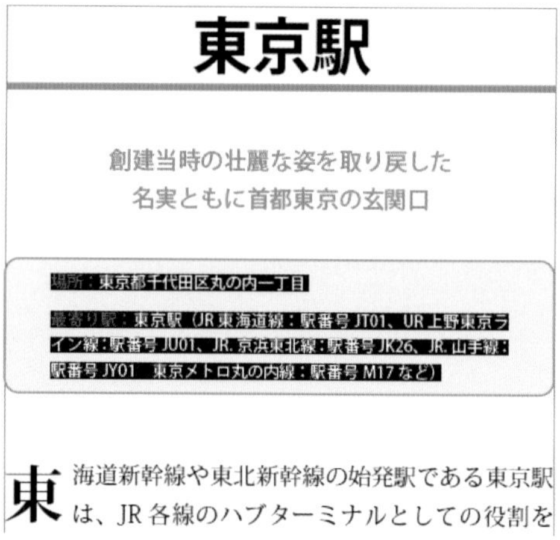

↓ ❹ Ctrl＋Shift＋Aキー

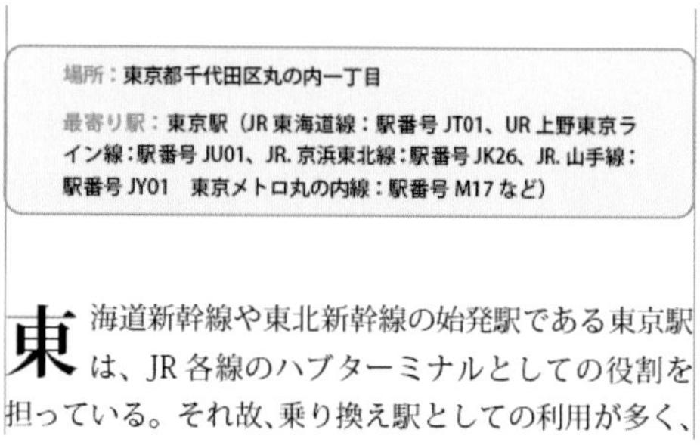

COLUMN

段落境界線

段落パネルメニューにある［段落境界線］は、選択した段落テキストの前後に罫線を作成できます。
太さや種類、カラーを段落前後で変えることができます。

レッスンファイルの「東京駅」には［段落境界線］を設定している

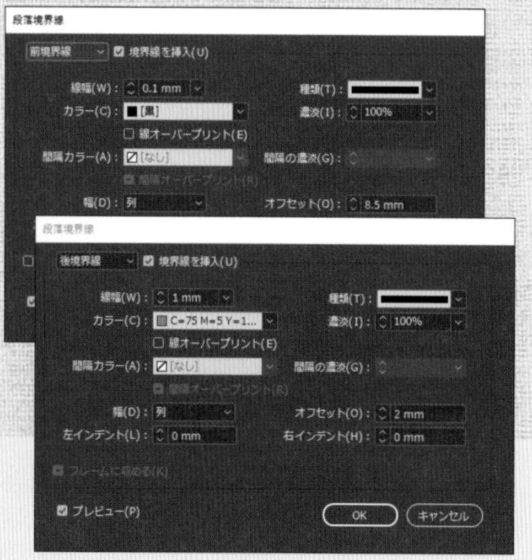

Macでは、キーは次のようになります。 Ctrl → ⌘　Alt → option　Enter → return

10-5 下線設定

下線は段落内にある特定の文字に対して強調表現をするデザインに活用できます。2020以降は縦中横の文字にも下線が適用できます。

STEP 01 テキストにマーカー線を引く

2021 2020 2019

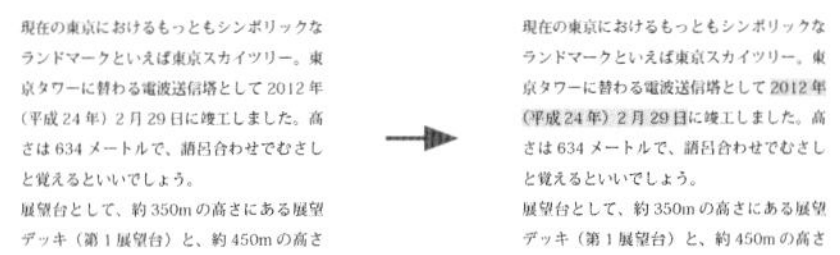

Before　After

下線設定を使用して、蛍光マーカーで線を引いたような表現を作成しましょう。

Lesson 10 ▶ L10-5S01.indd

1 レッスンファイルを開きます。[下線]は事前に作成したスウォッチカラーしか設定できません。ここでは「C=0 M=0 Y=100 K=0」を使用します。横組み文字ツール T を選択して❶、3行目から4行目のテキスト「2012年(平成24年)2月29日」を選択します❷。

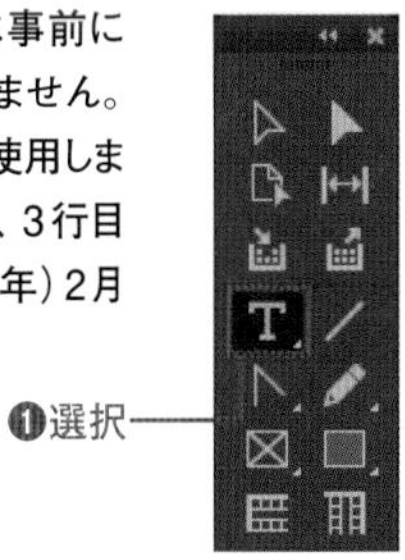

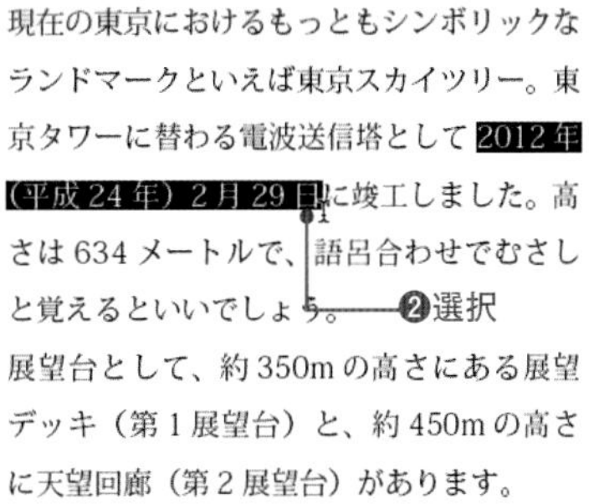

2 文字パネルメニューの[下線設定]を選び❶、[下線設定]ダイアログボックスが表示されたら、[下線]にチェックをつけて❷、[プレビュー]にチェックをつけます❸。

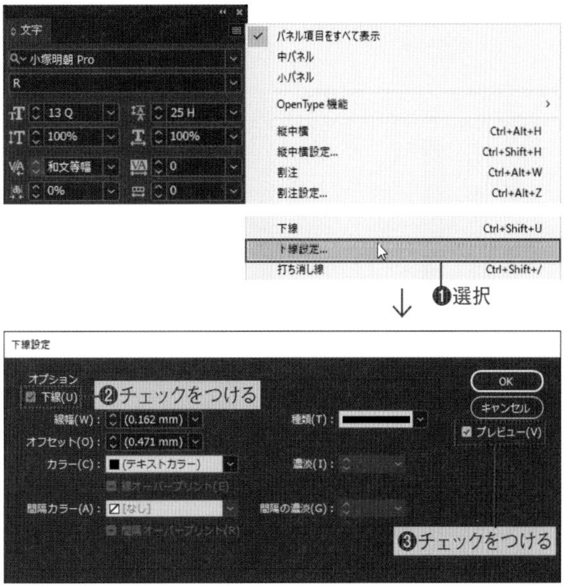

オフセット CHECK!

[下線]にチェックをつけた直後に自動設定される[オフセット]の値は、下線の位置が文字の仮想ボディの下ピッタリに設定されます。「0」にすると、ベースラインの位置と同じになります。

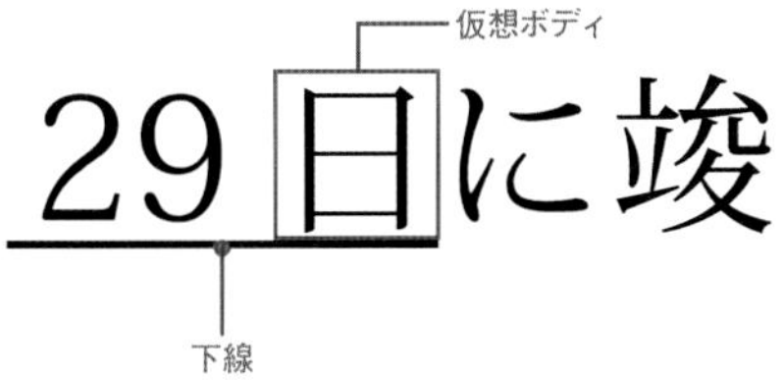

3 ［線幅］を文字サイズ（13Q）よりも太い「4mm」、［オフセット］を「-1.235mm」、［カラー］を「C=0 M=0 Y=100 K=0」に設定して❶、［OK］をクリックします❷。Ctrl＋Shift＋Aキーを押してテキストの選択を解除します❸。

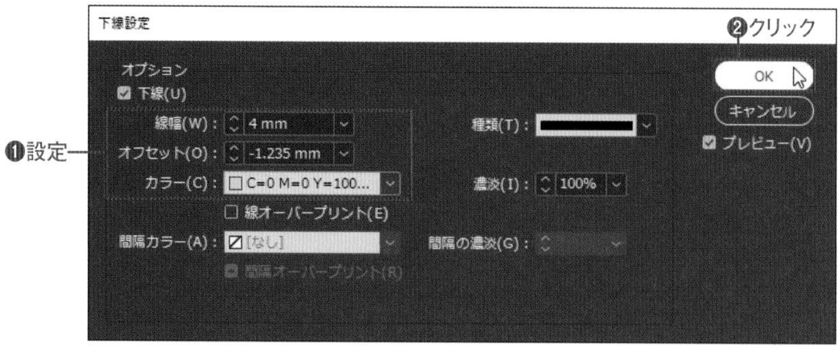
下線設定
❷クリック
オプション
下線(U)
❶設定
線幅(W)：4 mm
オフセット(O)：-1.235 mm
カラー(C)：C=0 M=0 Y=100...
線オーバープリント(E)
間隔カラー(A)：[なし]
間隔オーバープリント(R)
種類(T)：
濃淡(I)：100%
間隔の濃淡(G)：
OK
キャンセル
プレビュー(V)

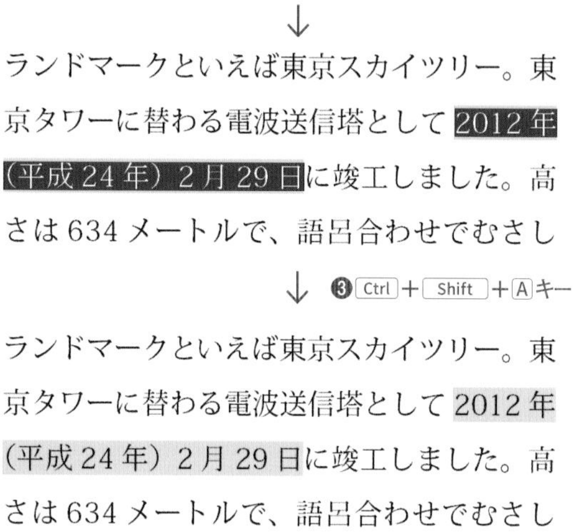
ランドマークといえば東京スカイツリー。東京タワーに替わる電波送信塔として2012年（平成24年）2月29日に竣工しました。高さは634メートルで、語呂合わせでむさし
❸ Ctrl＋Shift＋Aキー
ランドマークといえば東京スカイツリー。東京タワーに替わる電波送信塔として2012年（平成24年）2月29日に竣工しました。高さは634メートルで、語呂合わせでむさし

CHECK!

下線が文字の中央になるオフセット値

「文字サイズ×0.38」を負の値にして［オフセット］に設定すると、文字の中央の位置に下線が表示されます。

COLUMN

縦組みの下線

2020以降は縦中横の文字にも下線が適用できます。レッスンファイルの2ページ目にある縦組みのテキストフレームで確認してください。

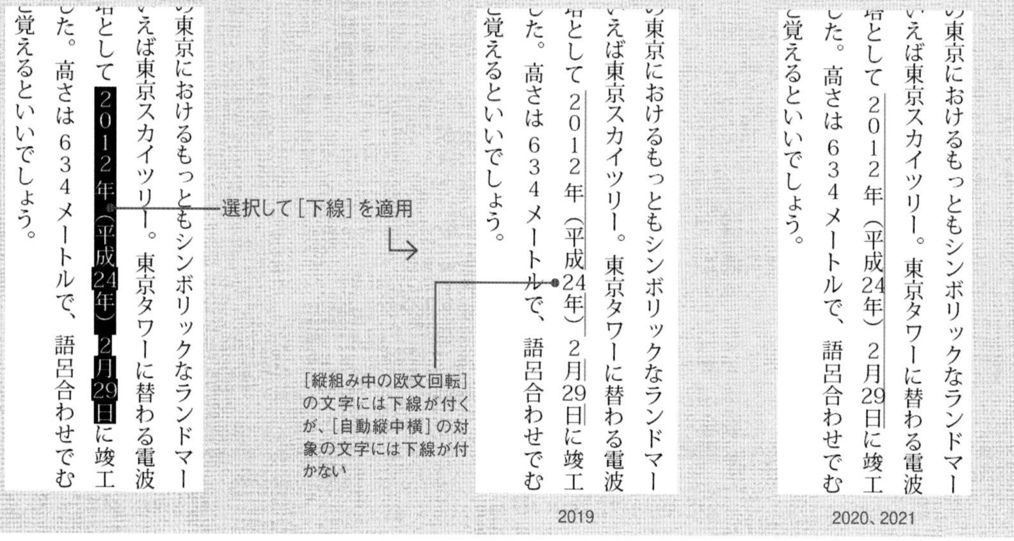
の東京におけるもっともシンボリックなランドマー
いえば東京スカイツリー。東京タワーに替わる電波
塔として2012年（平成24年）2月29日に竣工
した。高さは634メートルで、語呂合わせでむ
覚えるといいでしょう。
選択して［下線］を適用
［縦組み中の欧文回転］の文字には下線が付くが、［自動縦中横］の対象の文字には下線が付かない
2019
2020、2021

 Macでは、キーは次のようになります。 Ctrl → ⌘　Alt → option　Enter → return

10-6 段間罫線

テキストフレームを複数の段に設定した際、[テキストフレームオプション] ダイアログボックスの設定で、段と段の間に罫線を作成できます。

STEP 01 段間罫線の作成

2021 2020 2019

Before　After

2段に分割したテキストフレームの間に仕切り線を作成しましょう。

Lesson10 ▶ L10-6S01.indd

1 レッスンファイルを開き、選択ツール を選択します❶。テキストフレームを選択して❷、[オブジェクト] メニュー→ [テキストフレーム設定] を選びます❸。

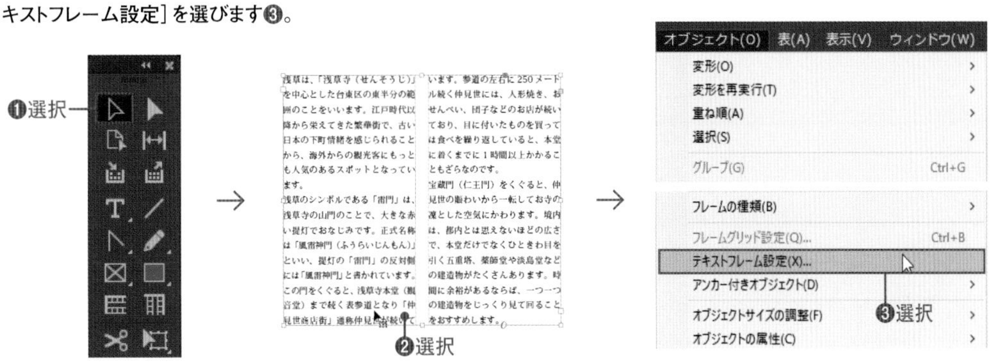
❶選択
浅草は、「浅草寺（せんそうじ）」を中心とした台東区の東半分の範囲のことをいいます。江戸時代以降から栄えてきた繁華街で、古い日本の下町情緒を感じられることから、海外からの観光客にもっとも人気のあるスポットとなっています。
浅草のシンボルである「雷門」は、浅草寺の山門のことで、大きな赤い提灯でおなじみです。正式名称は「風雷神門（ふうらいじんもん）」といい、提灯の「雷門」の反対側には「風雷神門」と書かれています。この門をくぐると、浅草寺本堂（観音堂）まで続く表参道となり「仲見世商店街」通称仲見世が続いています。参道の左右に250メートル続く仲見世には、人形焼き、おせんべい、団子などのお店が続いており、目に付いたものを買っては食べを繰り返していると、本堂に着くまでに1時間以上かかることもざらなのです。
宝蔵門（仁王門）をくぐると、仲見世の賑わいから一転してお寺の凛とした空気にかわります。境内は、都内とは思えないほどの広さで、本堂だけでなくひときわ目を引く五重塔、薬師堂や淡島堂などの建造物がたくさんあります。時間に余裕があるならば、一つ一つの建造物をじっくり見て回ることをおすすめします。
❷選択
オブジェクト(O)　表(A)　表示(V)　ウィンドウ(W)
変形(O)
変形を再実行(T)
重ね順(A)
選択(S)
グループ(G)　Ctrl+G
フレームの種類(B)
フレームグリッド設定(Q)...　Ctrl+B
テキストフレーム設定(X)...
アンカー付きオブジェクト(D)
オブジェクトサイズの調整(F)
オブジェクトの属性(C)
❸選択

2 [テキストフレーム設定] ダイアログボックスが表示されたら、[段間罫線] をクリックします❶。[段間罫線] オプションが表示されたら、[段間罫線を挿入] にチェックをつけて❷、[プレビュー] にもチェックをつけます❸。[線幅] を「0.25mm」に設定して❹、[OK] をクリックします❺。段間に罫線が挿入されます❻。

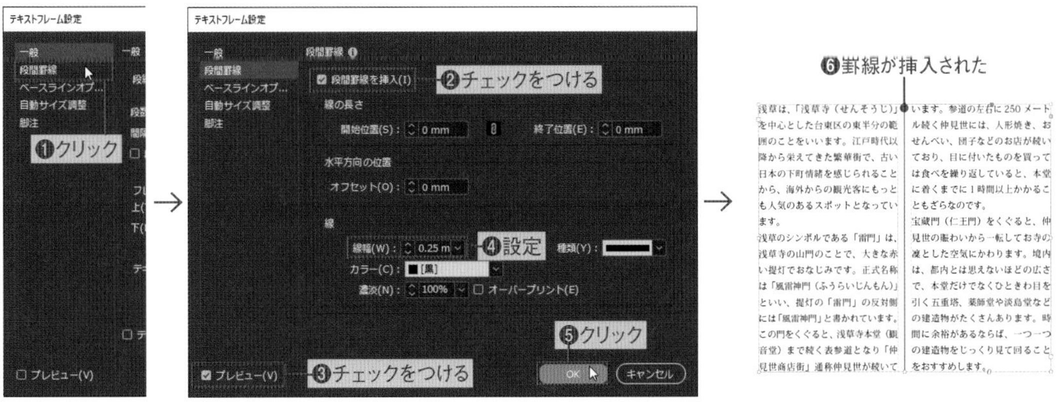
テキストフレーム設定
一般
段間罫線
ベースラインオプ...
自動サイズ調整
脚注
❶クリック
プレビュー(V)
テキストフレーム設定
段間罫線
段間罫線を挿入(I)
❷チェックをつける
線の長さ
開始位置(S)：0 mm
終了位置(E)：0 mm
水平方向の位置
オフセット(O)：0 mm
線
線幅(W)：0.25 m
❹設定
種類(Y)：
カラー(C)：[黒]
濃淡(N)：100%
オーバープリント(E)
❺クリック
プレビュー(V)
❸チェックをつける
OK
キャンセル
❻罫線が挿入された
浅草は、「浅草寺（せんそうじ）」を中心とした台東区の東半分の範囲のことをいいます。江戸時代以降から栄えてきた繁華街で、古い日本の下町情緒を感じられることから、海外からの観光客にもっとも人気のあるスポットとなっています。
浅草のシンボルである「雷門」は、浅草寺の山門のことで、大きな赤い提灯でおなじみです。正式名称は「風雷神門（ふうらいじんもん）」といい、提灯の「雷門」の反対側には「風雷神門」と書かれています。この門をくぐると、浅草寺本堂（観音堂）まで続く表参道となり「仲見世商店街」通称仲見世が続いています。参道の左右に250メートル続く仲見世には、人形焼き、おせんべい、団子などのお店が続いており、目に付いたものを買っては食べを繰り返していると、本堂に着くまでに1時間以上かかることもざらなのです。
宝蔵門（仁王門）をくぐると、仲見世の賑わいから一転してお寺の凛とした空気にかわります。境内は、都内とは思えないほどの広さで、本堂だけでなくひときわ目を引く五重塔、薬師堂や淡島堂などの建造物がたくさんあります。時間に余裕があるならば、一つ一つの建造物をじっくり見て回ることをおすすめします。

Lesson 10　練習問題

Lesson 10 ▶ L10 EX1.indd

Q

新しいフレームは作成せずに、直径「50mm」の円の中に花を入れましょう。

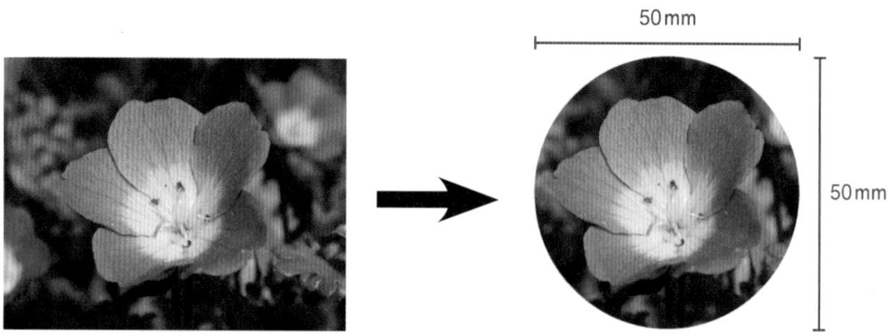

Before　**After**

A

❶選択ツール でグラフィックフレームを選択します。
❷パスファインダーパネルの［シェイプを変換］の［楕円に変換］をクリックします。
❸コントロールパネルの［幅／高さの縦横の比率の固定］を無効にします。［幅］を「50mm」に設定します。

Lesson 10 ▶ L10 EX2.indd

Q

漢字の右に線幅0.5mmの下線を作成しましょう。

（1）ロケットの実験
（2）ビルを建てる
（3）季節のフルーツ

Before

（1）ロケットの実験
（2）ビルを建てる
（3）季節のフルーツ

After

A

❶縦組み文字ツール で、下線を設定する漢字を選択します。
❷文字パネルメニューの［下線設定］を選びます。
❸［下線設定］ダイアログボックスが表示されたら、［下線］と［プレビュー］にチェックをつけます。
❹［線幅］を「0.5mm」に設定して、［OK］をクリックします。
❺同じ手順で、ほかの漢字にも下線を設定します。

表の作成

An easy-to-understand guide to InDesign

Lesson 11

InDesignには、強力な表作成機能がついています。外部ソフトで作成した表組データを、画像としてグラフィックフレームに配置することもありますが、InDesignで作成すれば、きれいな作表が可能で、データの編集もできます。このLessonでは表作成について学びます。

11-1 表の作成

表はテキストフレームの中に作成します。新しい表を作成する方法、選択したテキストを表に変換する方法、ほかのアプリケーションで作成した表を配置する方法を学びましょう。

STEP 01 新しい表を作成する

2021 2020 2019

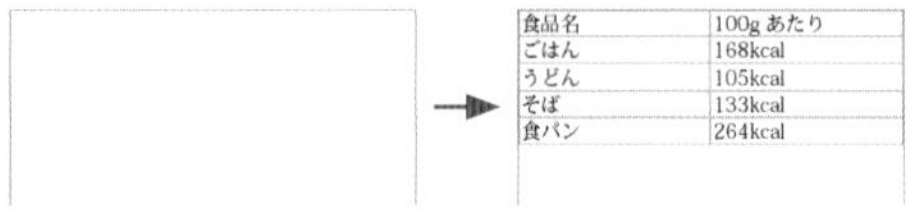

Before　　After

テキストフレームの空行にカーソルを挿入して、新しい表の枠を作成します。

Lesson 11 ▶ L11-1S01.indd

1 レッスンファイルを開き、横組み文字ツール［T］を選択します❶。横組み文字ツール［T］でテキストフレームをクリックして、テキスト挿入点を置きます❷。［表］メニュー→［表を挿入］を選びます❸。

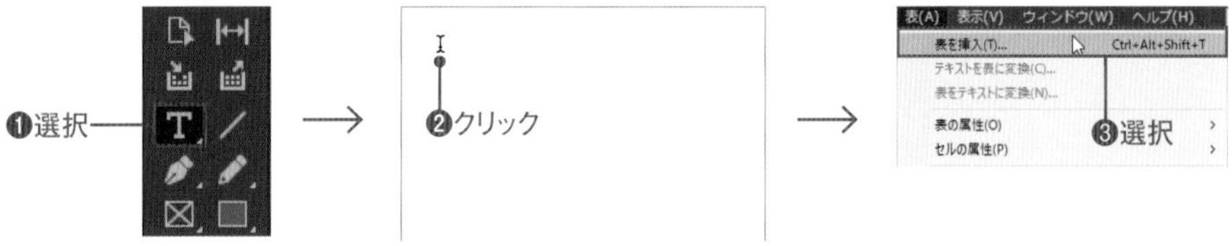

2 ［表を挿入］ダイアログボックスが表示されたら、［本文行］を「5」、［列］を「2」に設定して❶、［OK］をクリックします❷。テキストフレームに表が挿入されます❸。

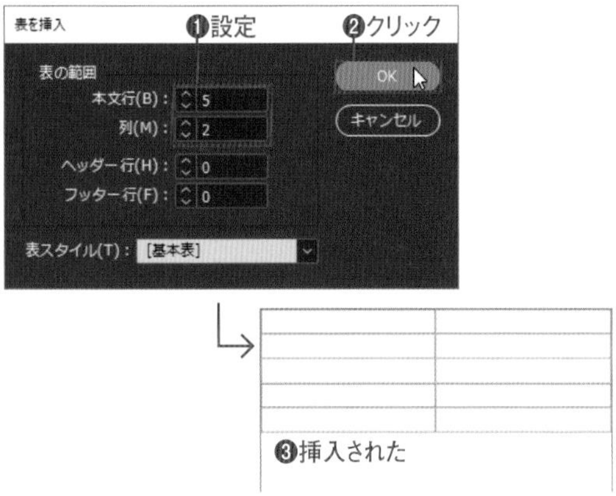

3 表の最初のセルにテキスト挿入点があるので、そのまま「食品名」と入力します❶。→キーを押すと❷、右のセルに移動するので、「100gあたり」と入力します❸。同様に、↓キーや←キーを押してセルを移動して作例のように文字を入力してください❹。

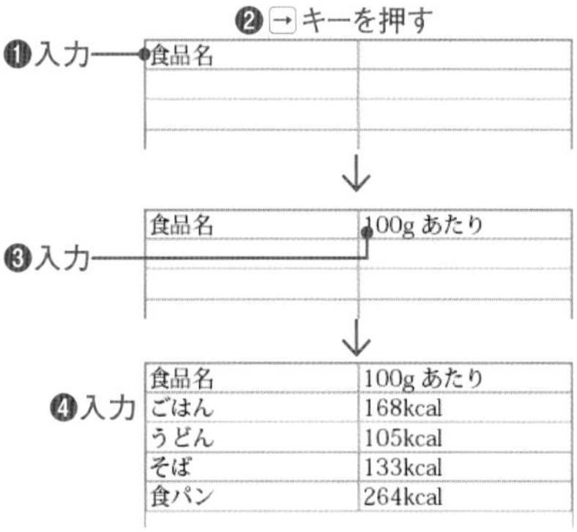

　Macでは、キーは次のようになります。　Ctrl → ⌘　Alt → option　Enter → return

STEP 02　テキストを表組に変換する　2021 2020 2019

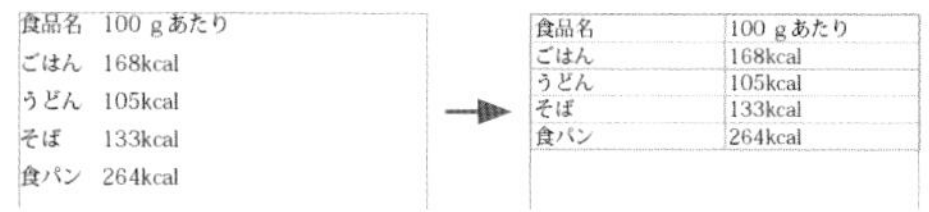

Before　After

区切り文字（タブ、カンマ、改行など）を挿入したテキストを選択して、表組に変換します。

Lesson 11 ▶ L11-1S02.indd

レッスンファイルを開きます。横組み文字ツール T でテキストフレーム内のテキスト（すべて）を選択し❶、［表］メニュー→［テキストを表に変換］を選択します❷。［テキストを表に変換］ダイアログボックスが表示されたら、［列分解］を［タブ］（サンプルのテキストはタブで区切っています）に設定し❸、［OK］をクリックします❹。表に変換されました❺。

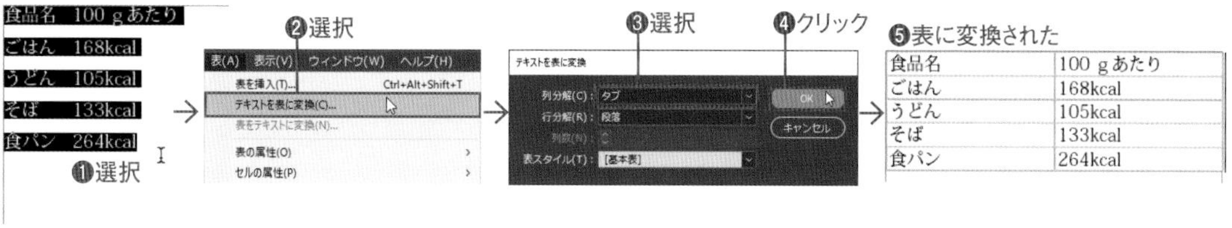

STEP 03　Excelのデータを表に変換して配置する　2021 2020 2019

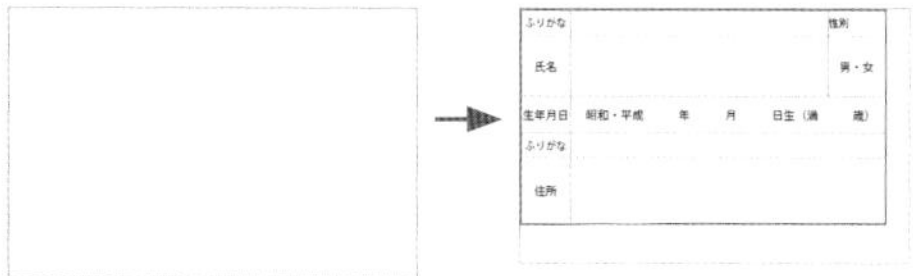
Before　After

Excelで作成した表のデータをそのままInDesignに読み込みます。

Lesson 11 ▶ L11-1S03.indd、L11-1S03.xlsx

1　レッスンファイル「L11-1S03.indd」を開き、横組み文字ツール T でテキストフレームをクリックして、テキスト挿入点を置きます❶。［ファイル］メニュー→［配置］を選びます❷。［配置］ダイアログボックスが表示されたら、レッスンファイル「L11-1S03.xlsx」を選択し❸、［読み込みオプションを表示］にチェックをつけて❹、［開く］をクリックします❺。

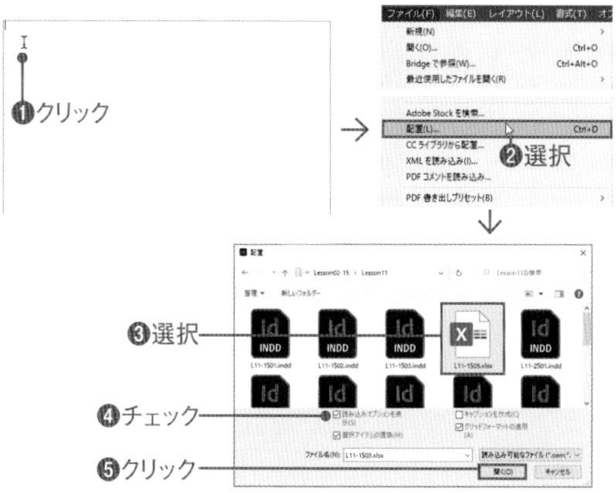

2　［Microsoft Excel読み込みオプション］ダイアログボックスが表示されたら、［テーブル］を［フォーマットテーブル］に設定し❶、［OK］をクリックします❷。Excelのフォーマットのまま読み込まれます❸。

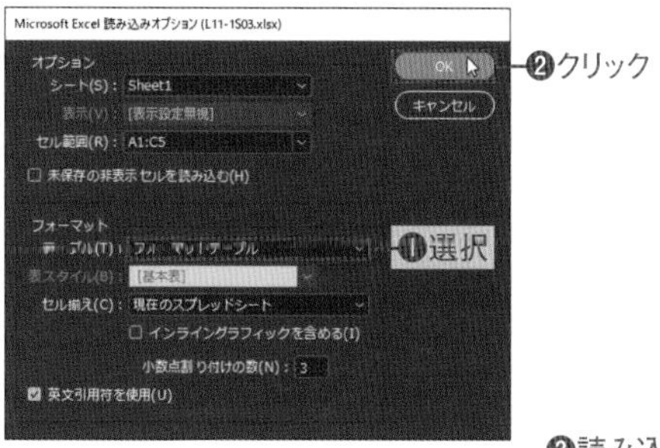

❸読み込まれた

漢字のルビが入るときは、Excelでふりがなを削除しておく。このレッスンファイルは削除済み

11-2 表構造の編集

作成した表は、行や列のサイズを変更や、列や行の数を増減が簡単に行えます。文字の組方向や余白を調整も可能です。表作成で重要な操作なのでしっかり覚えましょう。

STEP 01 表のサイズを変更する

2021 2020 2019

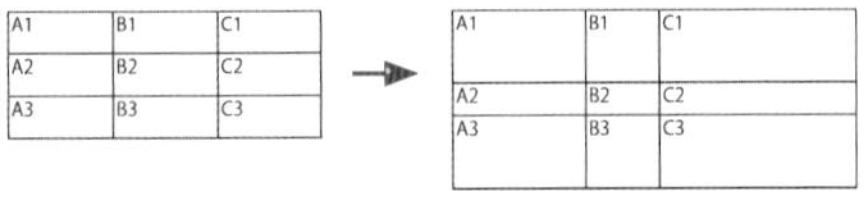

Before　　After

表の罫線をドラッグするとセルの大きさが変わります。数値を指定して変更するときは、セルを選択して表パネルで設定します。

Lesson 11 ▶ L11-2S01.indd

1　レッスンファイルを開き、横組み文字ツール T を選択します❶。マウスポインターを表の右下角に合わせ、矢印のマウスポインターに変わったら❷、右下の方向にドラッグします❸。表全体のサイズが変わります。 Shift キーを押しながらドラッグすると、セルの縦横比を固定してサイズを変更できます。

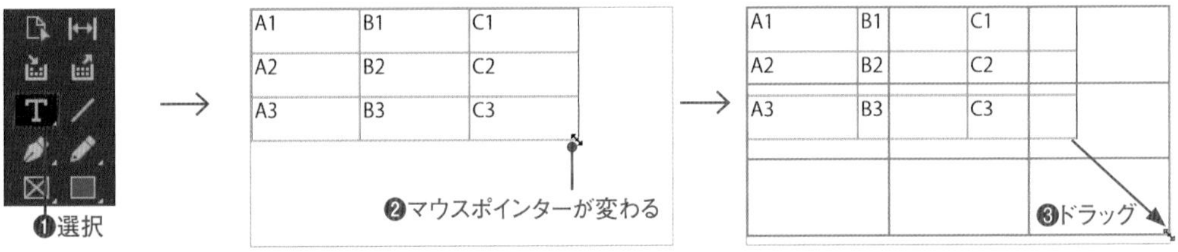

2　マウスポインターを内側の縦の罫線上に置き、矢印のマウスポインターに変わったら Shift キーを押しながらドラッグします❶。 Shift ＋ドラッグは、表全体のサイズを変えないで罫線の位置が変わります❷。縦の罫線でも横の罫線でも同じです。

3　マウスポインターを内側の横の罫線上に置いてドラッグすると❶、上の列（または左の行）のセルのサイズが変わります❷。単なるドラッグでは、横の罫線では高さを変更し、縦の罫線は列の幅を変更します。この場合、表全体のサイズも変わります。

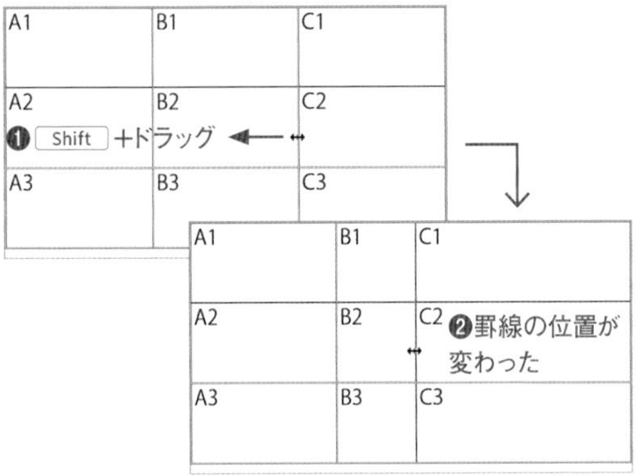

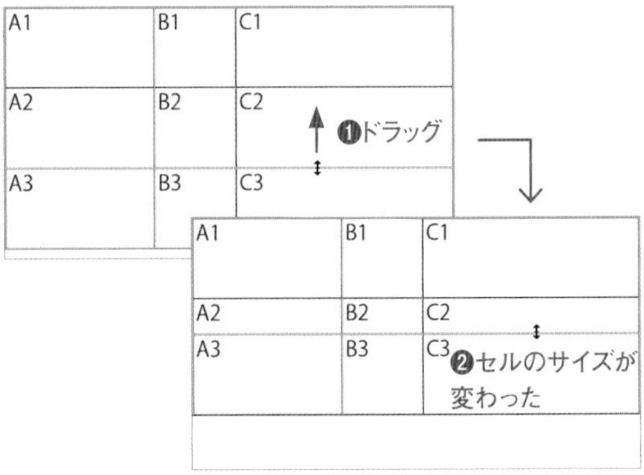

4　横組み文字ツールで、表の左上角をクリックします❶。すべてのセルが選択されます❷。表パネルの［行の高さ］を「4.25mm」に❸、［列の幅］を「20mm」に設定します❹。選択したすべてのセルが指定サイズに変わります❺。

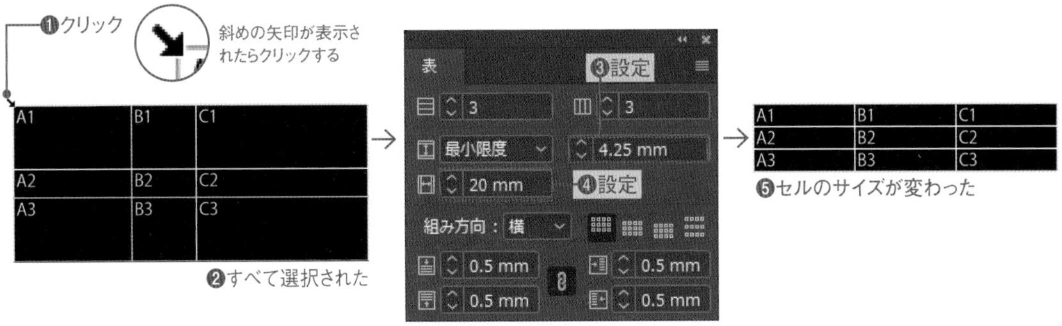

5　すべてのセルが選択状態のまま、表パネルの［すべての設定を同一にする］を有効にして❶、セルの余白をすべて「2mm」に設定します❷。選択したすべてのセルの余白が変わります❸。

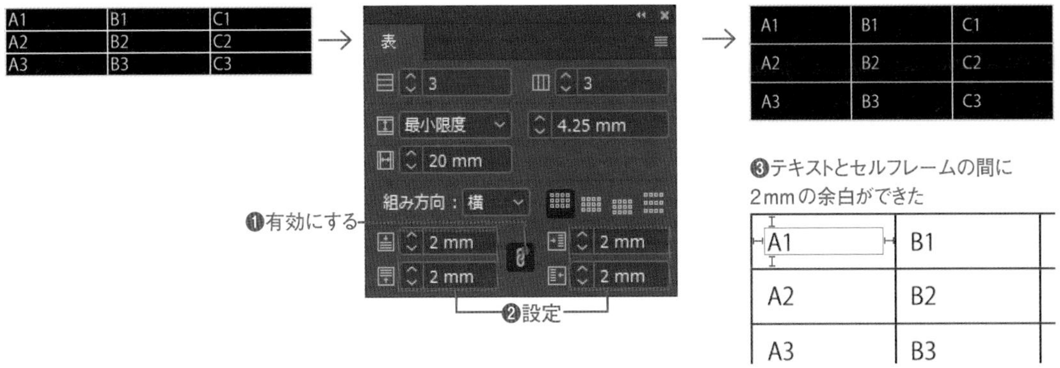

CHECK!

コマンドを使ってセルを選択する

ページをまたぐような大きな表のセルを選択するときは、コマンドを使った選択が便利です。選択の基準となるセルに挿入点を置いて、［表］メニュー→［選択］にあるコマンドで対象のセルを選択できます。

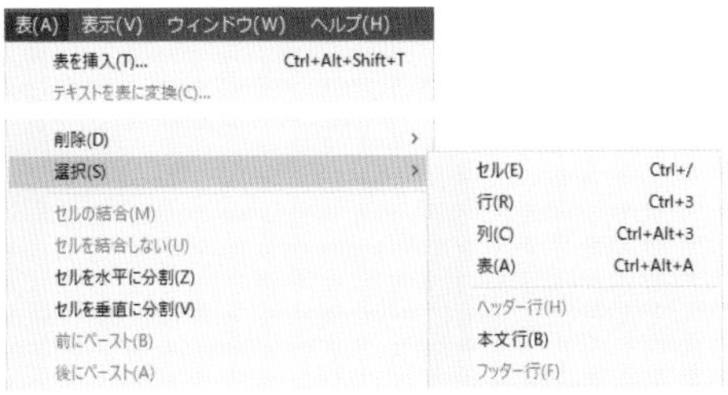

COLUMN

表のサイズとセルのサイズ

横組みのテキストフレームに作成した表はテキストフレームの幅よりも大きいサイズに設定できますが、テキストフレームの高さより表の高さを大きくすることはできません。縦組みのテキストフレームの場合は幅と高さの制限が逆になります。

初期設定のセルは、行の高さが入力した文字量に合わせて自動で変わる［最小限度］の設定になっています。セルの中にテキストが入りきらない場合は、自動で行の高さを大きくして、テキストのオーバーセットを回避します。

11-3 セルの編集

表の作成に欠かせないセルを結合したり分割する方法と、行や列にセルを追加する方法を学びましょう。

STEP 01 セルの結合と分割

2021 2020 2019

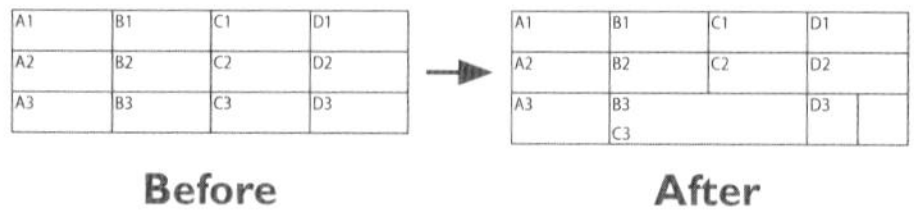

セルの結合と分割する操作を行います。セル内に文字がある場合、どう変化するか注目してください。

Lesson 11 ▶ L11-3S01.indd

1 レッスンファイルを開き、横組み文字ツールを選択します❶。「B3」と「C3」のセルをまたぐようにドラッグして選択します❷。コントロールパネルかプロパティパネルの［セルの結合］をクリックします❸。ふたつのセルが結合しました❹。

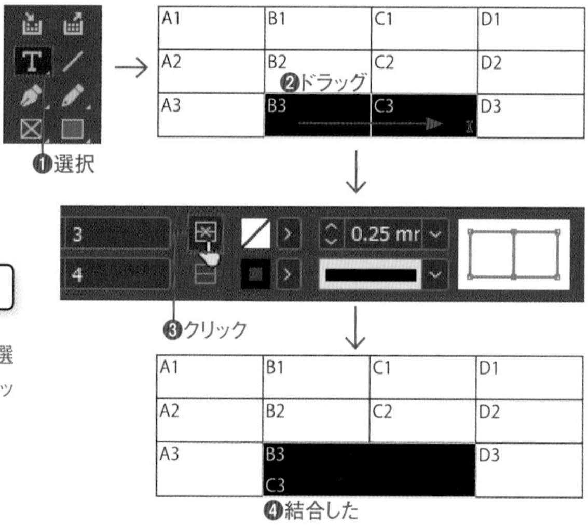

CHECK!

セルを結合しない

結合したセルを元の状態に戻すときは、結合したセルを選択して、コントロールパネルの［セルを結合しない］をクリックします。ただし、文字は元の状態に戻りません。

2 横組み文字ツールで「D3」のセルの内側を端から端までドラッグして選択します❶。表パネルメニューから［セルを縦に分割］を選びます❷。セルが縦に分割されました❸。

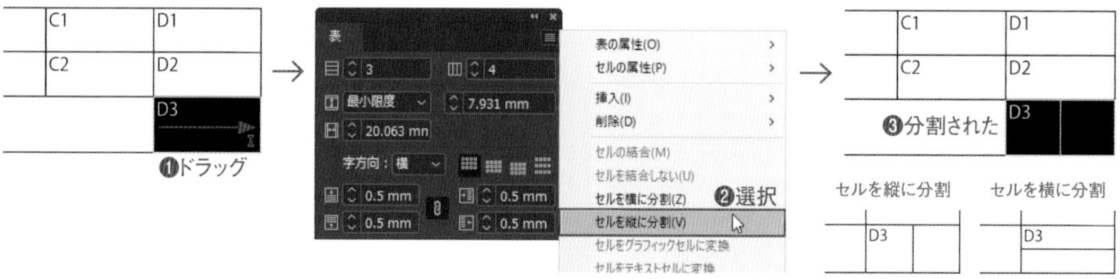

STEP 02　行や列の追加と削除

2021　2020　2019

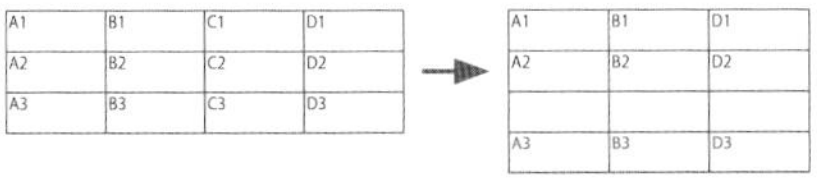

Before　　After

表に新しい行や列を追加したり、不要な行や列を削除します。

Lesson11 ▶ L11-3S02.indd

1 レッスンファイルを開き、横組み文字ツール T を選択します❶。「A2」のセルの左端をクリックします❷。クリックした1行が選択されます❸。表パネルメニューから［挿入］→［行］を選びます❹。

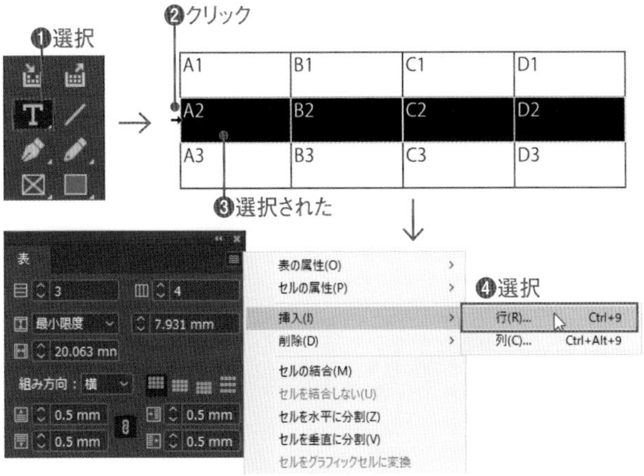

2 ［行を挿入］ダイアログボックスが表示されたら、追加する行数を「1」❶、挿入する位置を［下］に設定し❷、［OK］をクリックします❸。下に1行挿入されました❹。

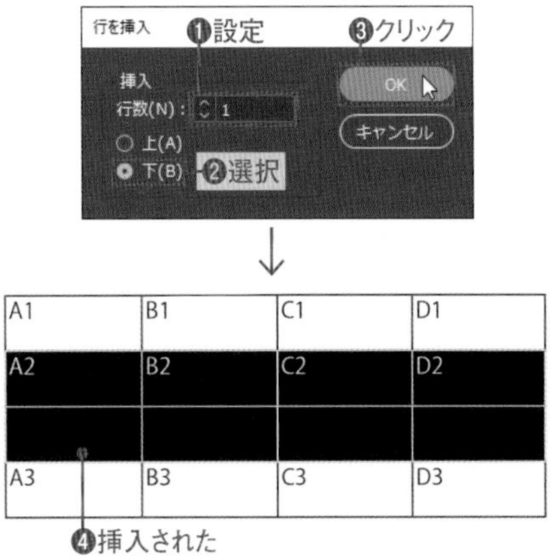

3 横組み文字ツール T で「C1」のセルの上端をクリックして❶、1列を選択します❷。表パネルメニューから［削除］→［列］を選びます❸。選択したセルの列が削除されました❹。

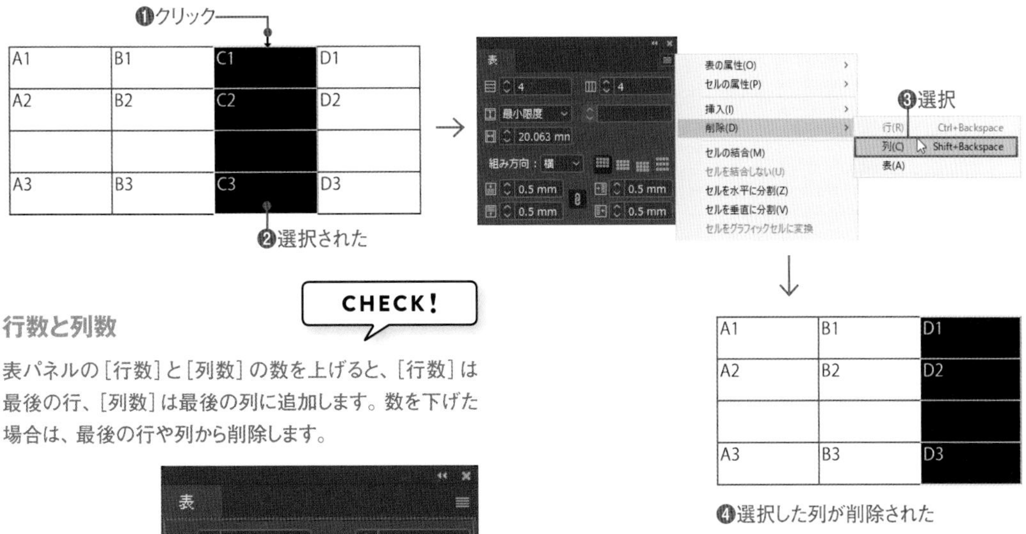

CHECK!

行数と列数

表パネルの［行数］と［列数］の数を上げると、［行数］は最後の行、［列数］は最後の列に追加します。数を下げた場合は、最後の行や列から削除します。

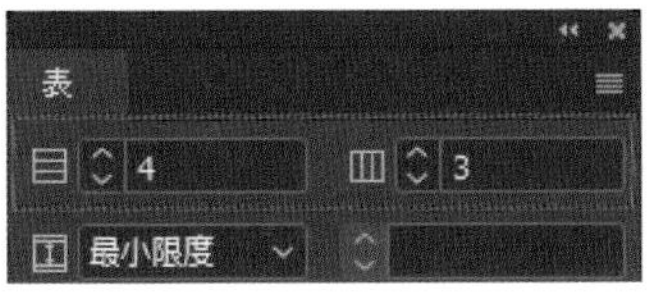

11-4 表のデザイン編集

表に入力したテキストは、通常の文字と同様に書式を設定できます。また、表の罫線やセル内部の［塗り］を設定して、見栄えのよいデザインにできます。

STEP 01 テキストの編集

2021 2020 2019

カラー	サイズ	在庫
ホワイト	S	20
	M	10
ブラック	S	12
	M	13

Before

→

カラー	サイズ	在庫
ホワイト	S	20
	M	10
ブラック	S	12
	M	13

After

セル内の文字の配置位置を表パネルで設定します。段落揃えや、フォント等の書式は文字パネルや段落パネルで設定します。

Lesson 11 ▶ L11-4S01.indd

1 レッスンファイルを開きます。横組み文字ツール［T］を選択し❶、表の左上をクリックして❷、セルをすべて選択します❸。表パネルの［中央揃え］をクリックします❹。セルの上下中央にテキストが配置されます❺。

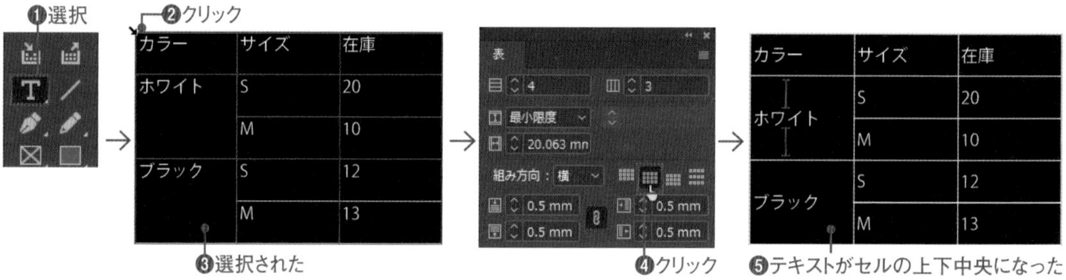

2 セルをすべて選択した状態のまま、段落パネルの［中央揃え］をクリックします❶。セルの左右中央にテキストが揃います❷。

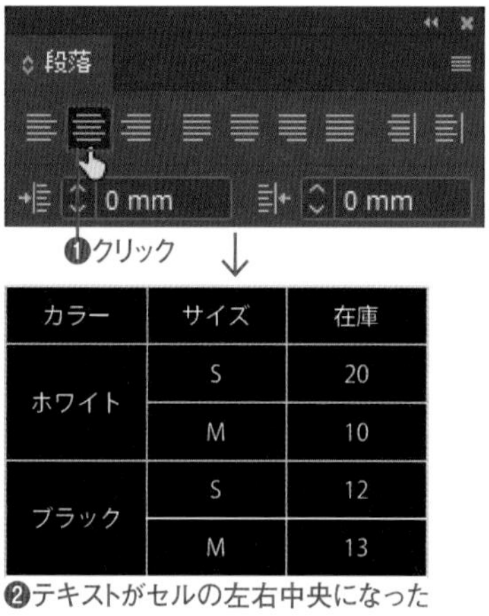

3 表の一番上（ヘッダー）の行の左端をクリックし❶、行全体を選択します。文字パネルのフォントスタイルを［B］に設定します❷。文字が太くなりました❸。

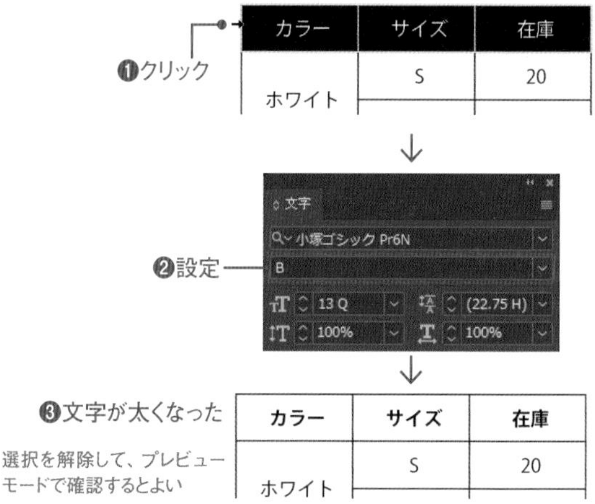

STEP 02 表の罫線

2021 2020 2019

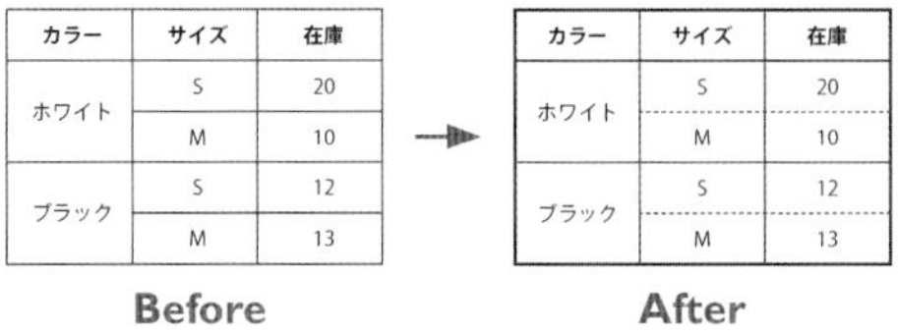

表の罫線を線パネルで設定します。表のセルを選択すると、線パネルのオプション表示が変わります。プレビューに表示された青い罫線が設定対象です。

Lesson 11 ▶ L11-4S02.indd

1 レッスンファイルを開きます（STEP01で作業したレッスンファイルを使用してもかまいません）。横組み文字ツールTを選択し❶、表の左上をクリックして表のセルをすべて選択します❷。線パネルのプレビューで、線の上をクリックすると色が切り替わるので、内側の交差している線をクリックして外側を囲む罫線だけが青い表示になるように設定し❸、［線幅］を「0.5mm」に設定します❹。表全体を囲む外側の罫線の幅が0.5mmになります❺。

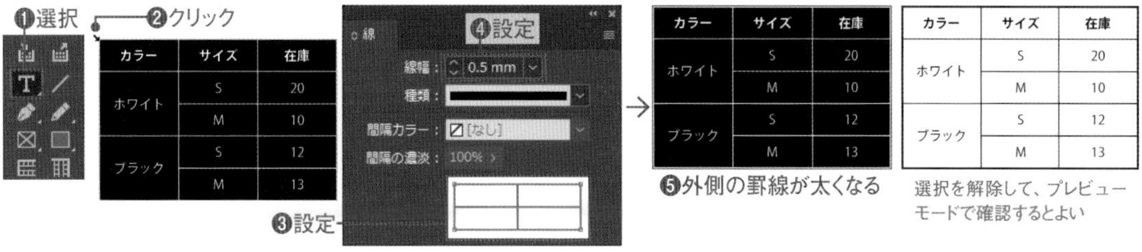

2 一番上の行（ヘッダー行）の左端をクリックして選択します❶。線パネルのプレビューで、下の罫線だけが青い表示になるように設定し❷、［線幅］を「0.35mm」に設定します❸。ヘッダー行の下の罫線の幅が0.35mmになります❹。

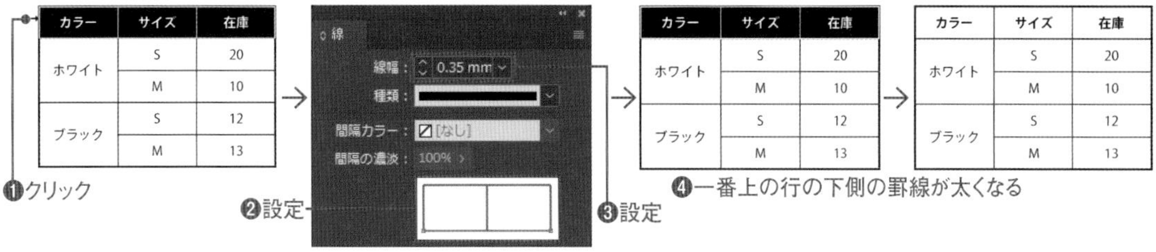

3 2行目の右ふたつのセルを選択します❶。線パネルのプレビューで、下の罫線が青い表示になるように設定し❷、［線幅］は「0.25mm」のまま❸、［種類］を［点線（3&2）］に設定します❹。選択したセルの下側の罫線が点線になります❺。4行目右ふたつのセルも同じ手順で設定します❻。

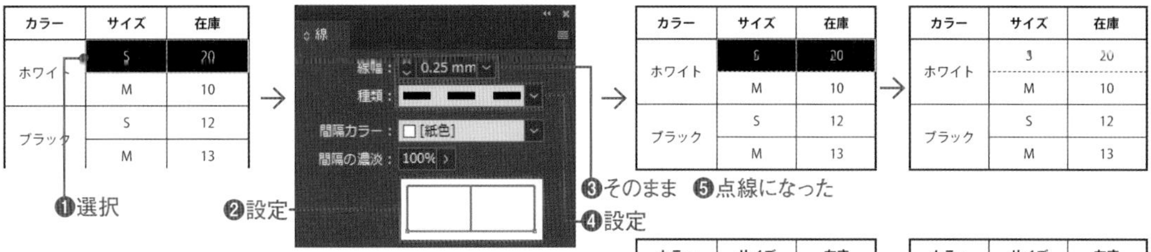

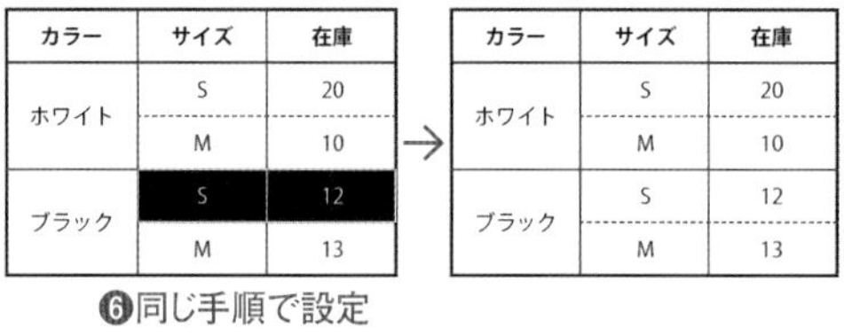

CHECK!

罫線の色

カラーパネルまたはスウォッチパネルの［線］をアクティブにしてカラーを設定すると、罫線の色が設定されます。

STEP 03 表の塗り

2021 2020 2019

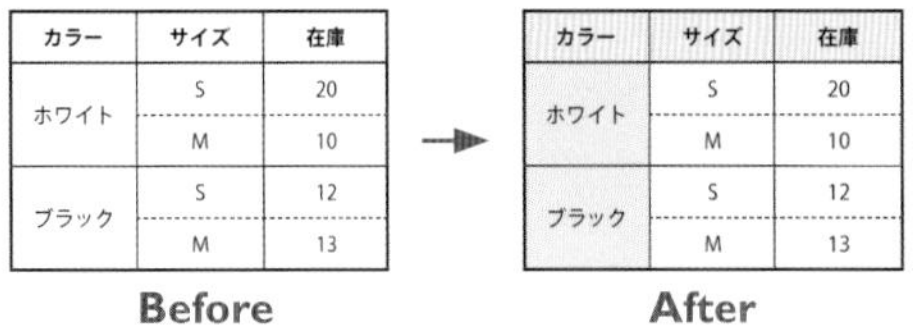

選択したセルの塗りは、カラーパネルまたはスウォッチパネルで設定します。

Lesson11 ▶ L11-4S03.indd

1 レッスンファイルを開きます（STEP02で作業したレッスンファイルを使用してもかまいません）。横組み文字ツールを選択し❶、一番上（ヘッダー）の行を選択します❷。スウォッチパネルの［塗り］をアクティブにして❸、「表組カラー1」をクリックします❹。ヘッダー行のセルの色が変わります❺。

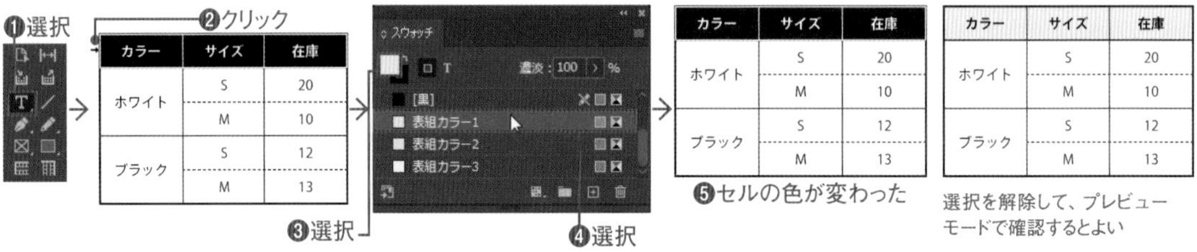

2 横組み文字ツールで「ホワイト」「ブラック」のセルを選択します❶。スウォッチパネルで「表組カラー2」をクリックして適用します❷。選択したセルの色が変わります❸。

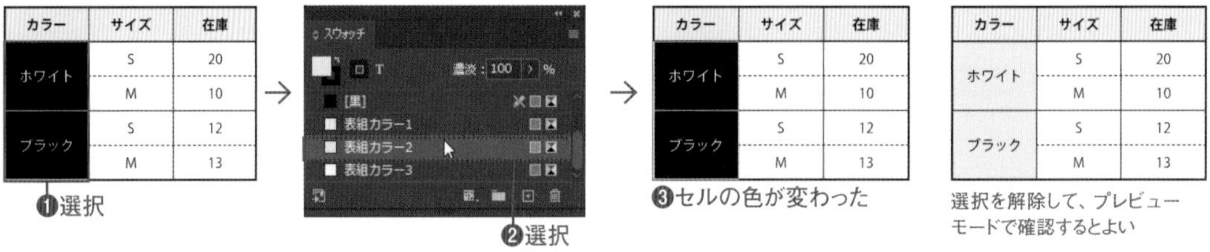

3 横組み文字ツールで白のまま残っているセルをすべて選択します❶。スウォッチパネルで「表組カラー3」をクリックして適用します❷。選択したセルの色が変わります❸。

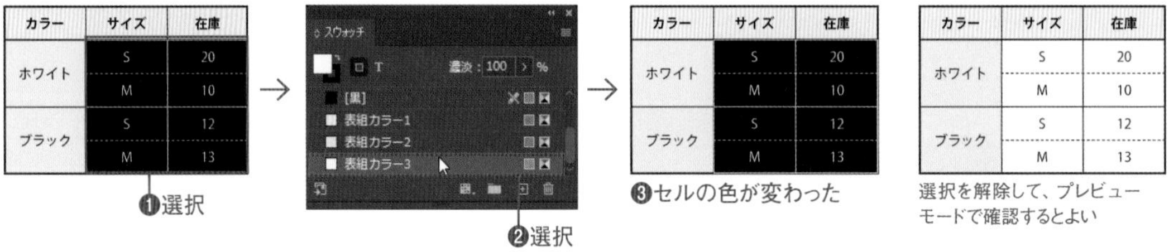

CHECK!

テキストの色

セルを選択した状態でも、カラーパネルまたはスウォッチパネルの［テキストに適用］に切り替えると、表のテキストの色が設定できます。

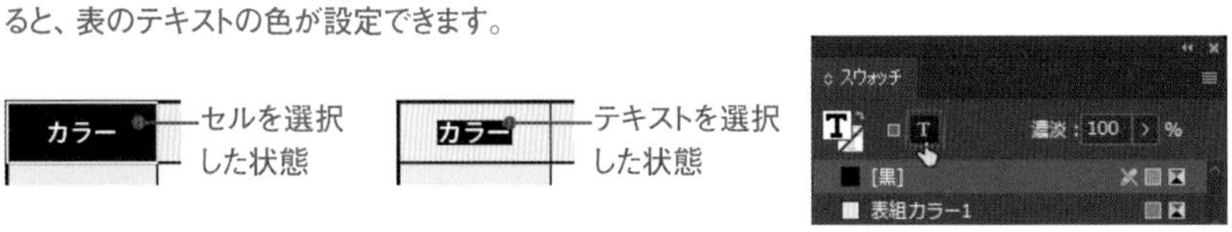

Macでは、キーは次のようになります。 Ctrl → ⌘ Alt → option Enter → return

11-5 表スタイルとセルスタイル

表のデザイン設定をスタイル化します。表スタイルには、ヘッダー、フッター、本文、左/上の列、右/下の列にセルスタイルを割り当てることができます。

STEP 01 セルスタイルと表スタイルの作成

2021 2020 2019

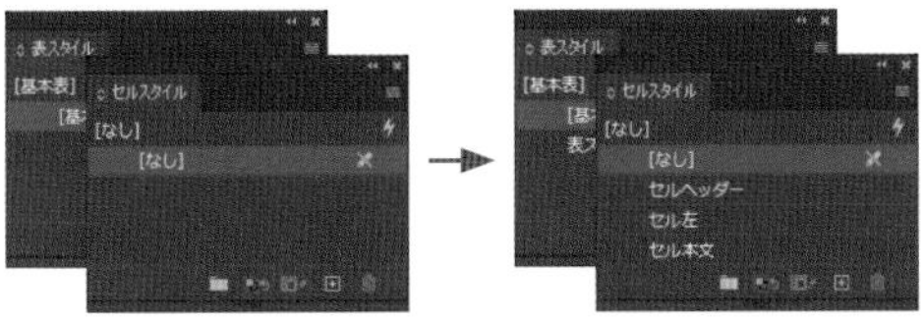

Before　After

セルスタイルと表スタイルに11-4で作成した表組と同じデザインを設定します。なお、テキストの段落スタイルは設定済みです。

Lesson 11 ▶ L11-5S01.indd

本文用のセルスタイル作成

1 レッスンファイルを開きます❶。セルスタイルパネルの[新規スタイルを作成]を Alt キーを押しながらクリックします❷。[新規セルスタイル]ダイアログボックスが表示されるので、[スタイル名]を「セル本文」と設定します❸。[段落スタイル]を[表組文字](段落スタイルはレッスンファイルに設定済み)に設定します❹。

カラー	サイズ	在庫
ホワイト	S	20
	M	10
ブラック	S	12
	M	13

❶開く

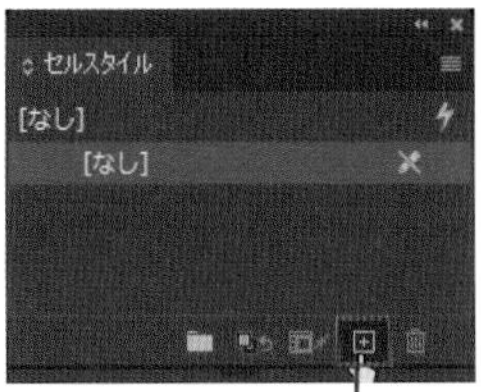

❷ Alt +クリック

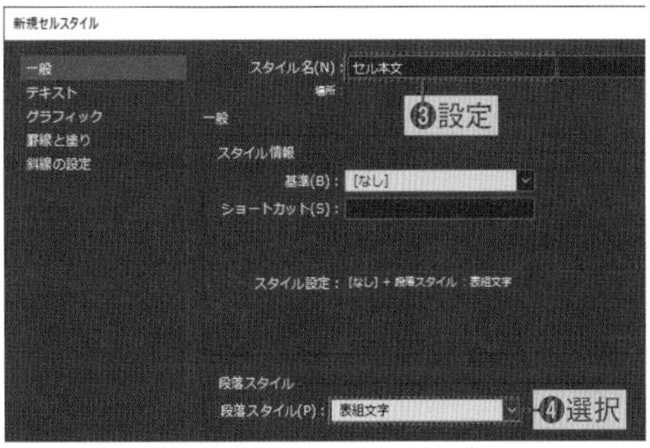

2 [テキスト]のカテゴリーを選択して❶、[配置]を[中央]に設定します❷。[罫線と塗り]カテゴリーを選択して❸、[セルの塗り]の[カラー]を[表組カラー3]に設定します❹。それ以外は初期設定のままで[OK]をクリックします❺。

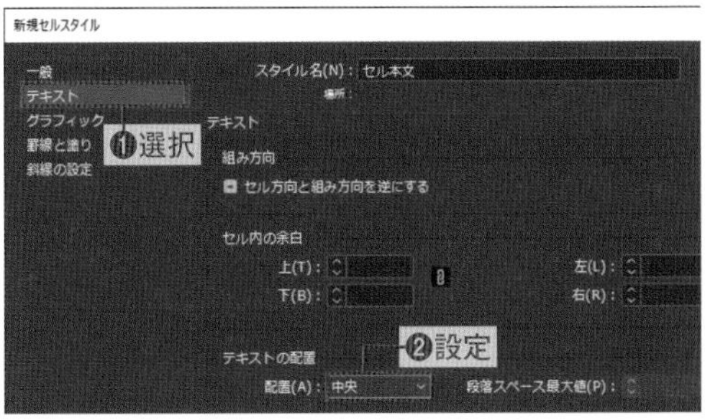

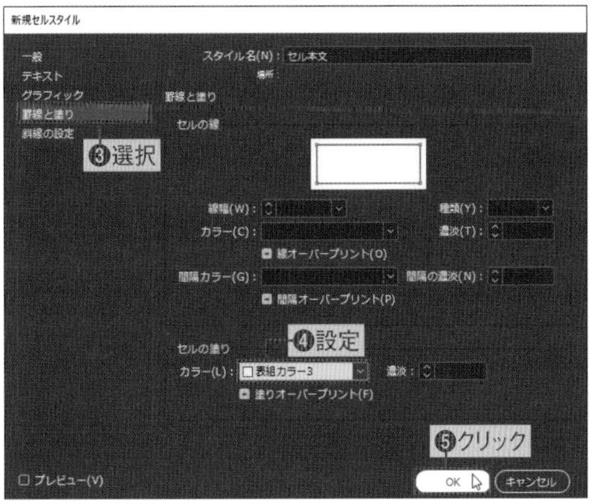

左列用のセルスタイル作成

セルスタイルパネルの［新規スタイルを作成］⊞を Alt キーを押しながらクリックします❶。［新規セルスタイル］ダイアログボックスが開いたら、［スタイル名］を「セル左」と設定し❷、［基準］を［セル本文］に設定します❸。［罫線と塗り］カテゴリーを選択して❹、［セルの塗り］の［カラー］を［表組カラー2］に設定します❺。それ以外は初期設定のままで［OK］をクリックします❻。

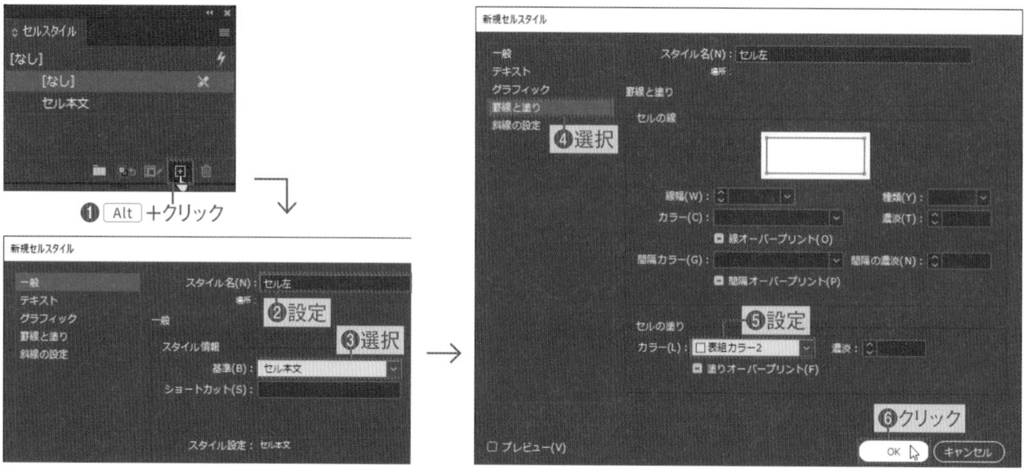

ヘッダー用のセルスタイル作成

1 セルスタイルパネルの［新規スタイルを作成］⊞を Alt キーを押しながらクリックします❶。［新規セルスタイル］ダイアログボックスが開いたら、［スタイル名］を「セルヘッダー」に設定します❷。［基準］を［セル本文］に設定し❸、［段落スタイル］を［表組文字-太字］に設定します❹。［罫線と塗り］カテゴリーを選択し❺、プレビューをセルの下辺だけ青い表示に設定します❻。［線幅］を「0.35mm」に設定し❼、［セルの塗り］の［カラー］を［表組カラー1］に設定します❽。それ以外は初期設定のままで［OK］をクリックします❾。セルスタイルパネルに、3つのスタイルが登録されました❿。

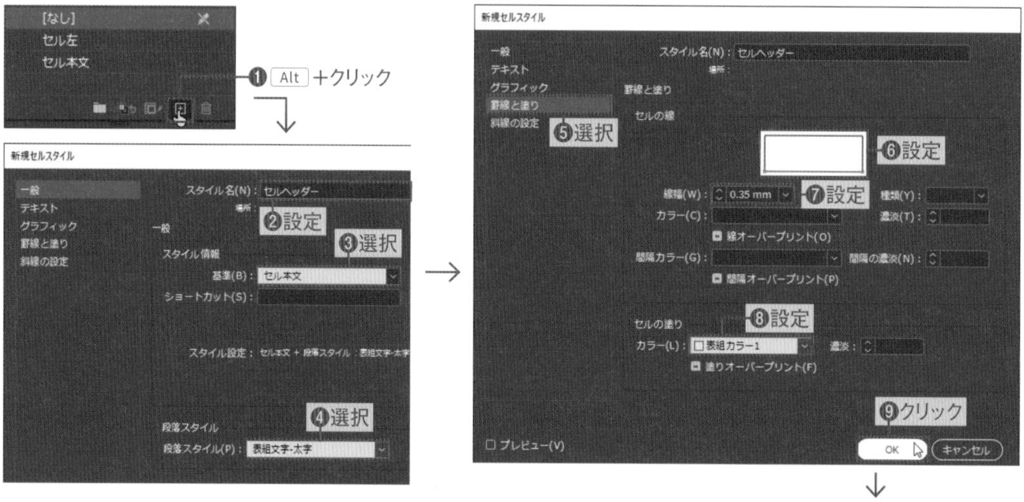

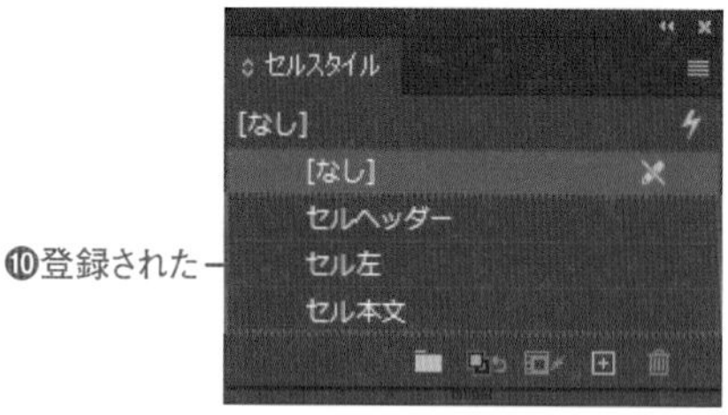

CHECK!

基準スタイル

後から作成したセルスタイル（セル左とセルヘッダー）は、［基準］に［セル本文］を設定して、異なる属性だけをオーバーライドして設定しています。

表スタイルを作成する

1 作成したセルスタイルを表スタイルの［ヘッダー行］、［左／上の列］、［本文行］に設定します。表スタイルパネルの［新規スタイルを作成］を Alt キーを押しながらクリックします❶。［新規表スタイル］ダイアログボックスが開くので、［スタイル名］は「表スタイル1」のままにし❷、［セルスタイル］の［ヘッダー行］を［セルヘッダー］❸、［左／上の列］を［セル左］❹、［本文行］を［セル本文］に設定します❺。それ以外は初期設定のままでかまいません。

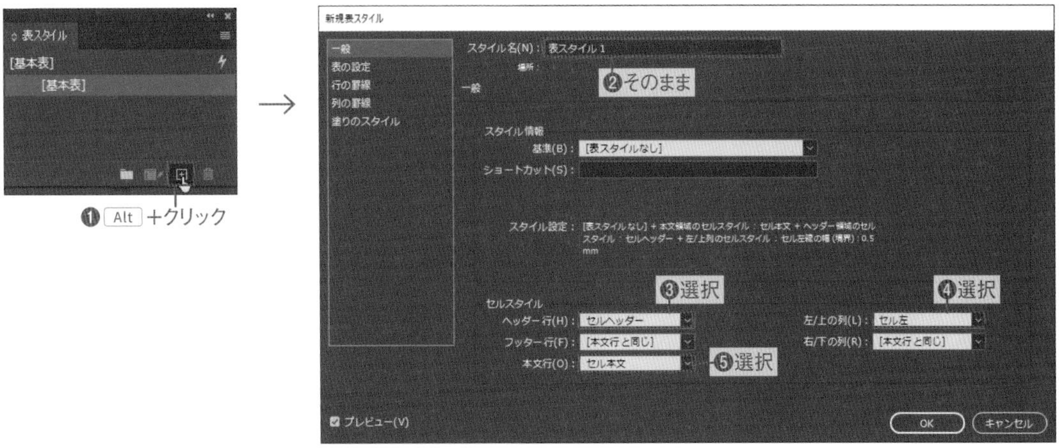

2 ［表の設定］カテゴリーを選択して❶、［線幅］を「0.5mm」に設定します❷。［行の罫線］カテゴリーを選択して❸、［繰り返しの適用］を［1行ごとに反復］に設定し❹、最初の線の［種類］を［点線（3&2）］に設定します❺。それ以外は初期設定のままで［OK］をクリックします❻。表スタイルパネルに、スタイルが登録されました❼。

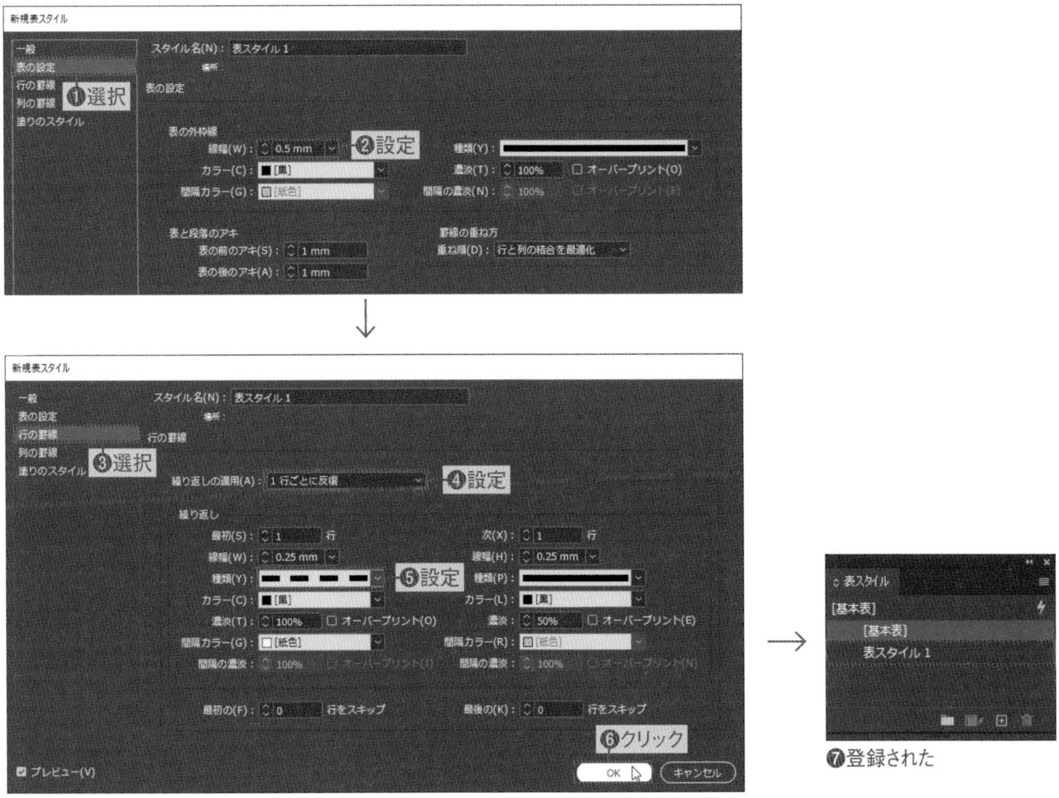

STEP 02 表スタイルの適用と設定変更

2021　2020　2019

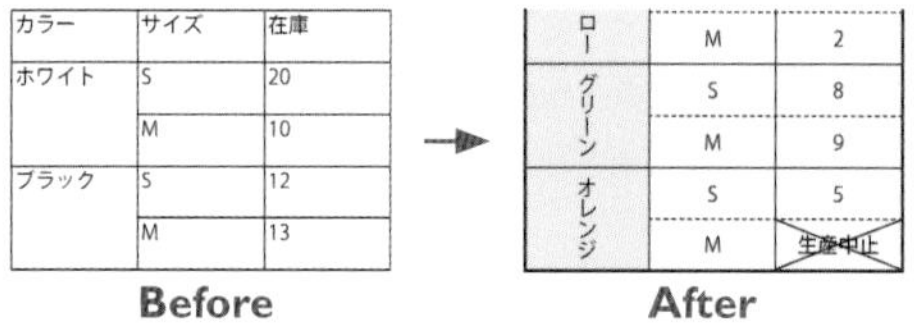

作成した表スタイルを適用してみましょう。
セルスタイルを変更すると、スタイルを適用した表も更新されます。

Lesson 11 ▶ L11-5S02.indd

1 レッスンファイルを開きます（STEP01で作業したレッスンファイルを使用してもかまいません）。横組み文字ツール T を選択し❶、表のセルをすべて選択します❷。表スタイルパネルの「表スタイル1」をクリックすると❸、表にスタイルが適用され、各箇所のセルが指定したセルスタイルの属性になります❹。

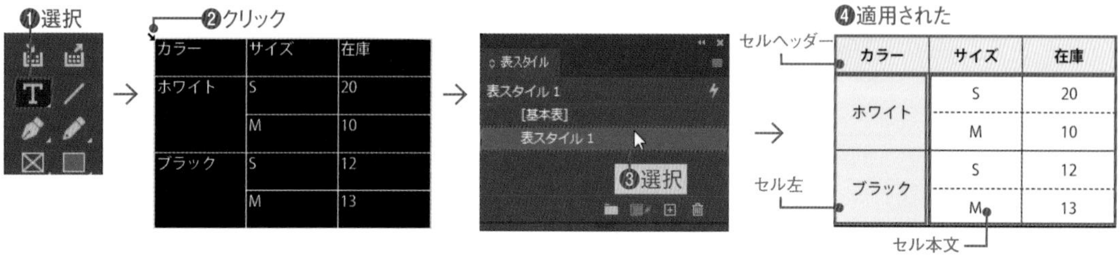

2 レッスンファイルの2ページ目を開き、横組み文字ツール T で表のセルをすべて選択します❶。表スタイルパネルの「表スタイル1」をクリックします❷。セルの数が違う表にもスタイルを適用できました❸。

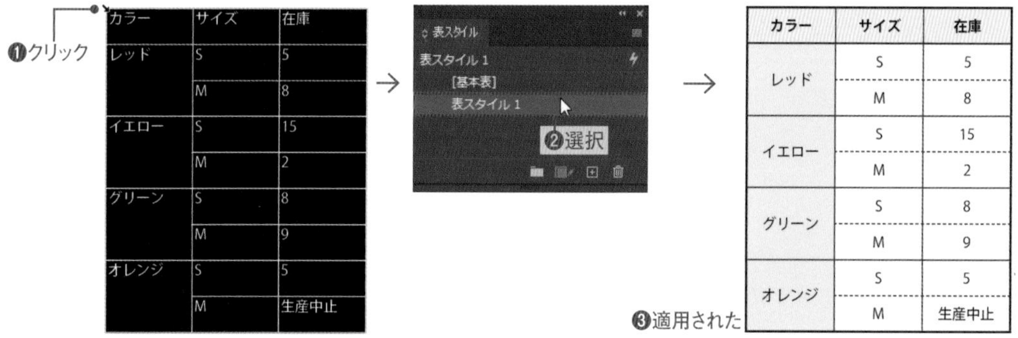

3 Shift ＋ Ctrl ＋ A キーを押して、セルの選択を解除してから、セルスタイルパネルの「セル左」をダブルクリックします❶。［セルスタイルオプション］ダイアログボックスが表示されたら、［テキスト］カテゴリーを選択して❷、［セル方向と組方向を逆にする］にチェックをつけ❸、［OK］をクリックします❹。左側のセルのテキストが縦組みになります❺。

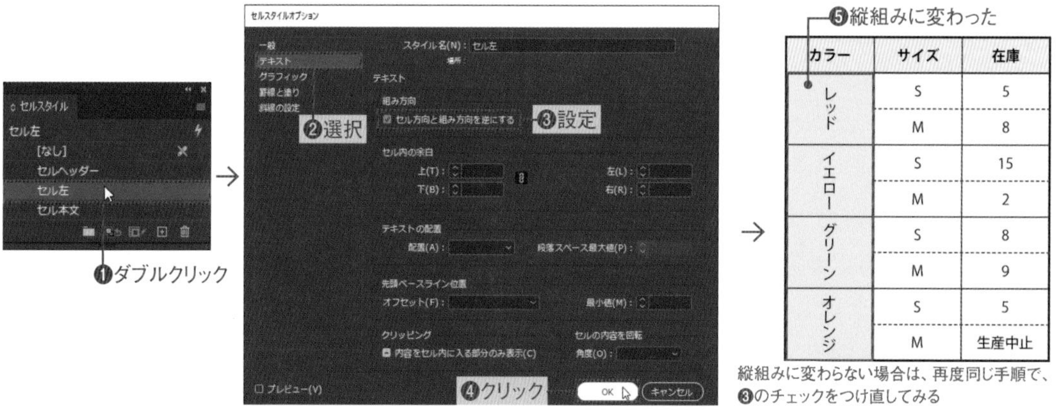

縦組みに変わらない場合は、再度同じ手順で、❸のチェックをつけ直してみる

Macでは、キーは次のようになります。　Ctrl → ⌘　Alt → option　Enter → return

4 横組み文字ツール［T］を選択し❶、「生産中止」セルを選択します❷。表パネルメニューから［セルの属性］→［斜線の設定］を選びます❸。

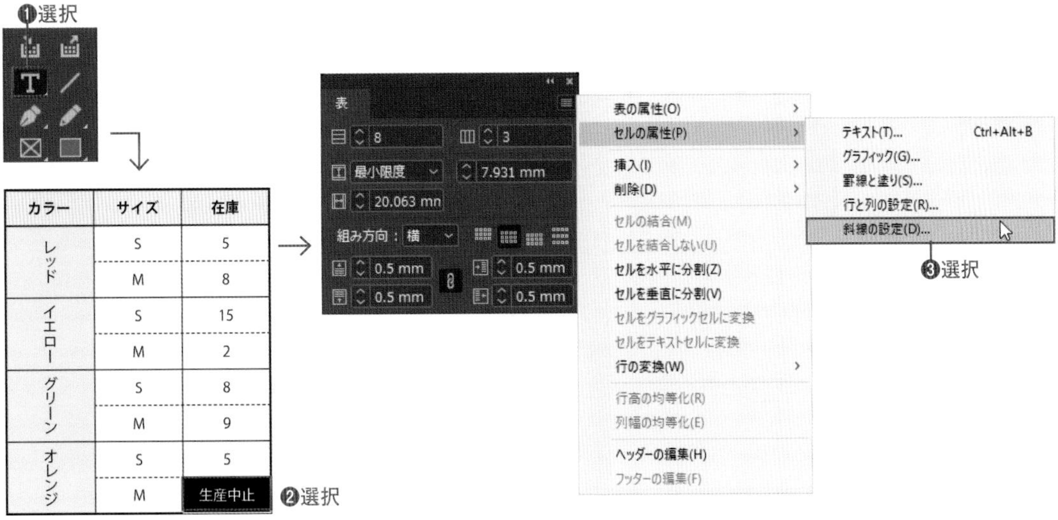

5 ［セルの属性］ダイアログボックスが表示されたら、［交差する斜線］［⊠］をクリックし❶、それ以外は初期設定のまま［OK］をクリックします❷。選択したセルに斜線が引かれました❸。

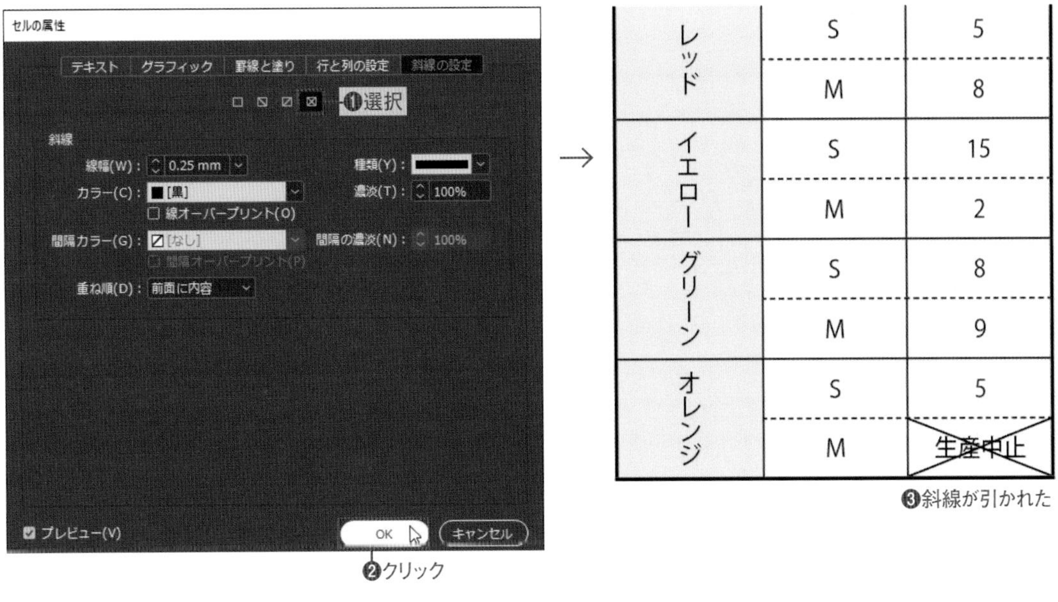

組み方向

表パネルでセル内の組方向を変えるときは、［組み方向］で設定します。

CHECK!

COLUMN

オーバーライドの消去

オーバライドした斜線を消すときは、セルを選択して、セルスタイルパネルメニューの［オーバーライドを消去］を選びます。

Lesson 11　練習問題

Lesson 11 ▶ L11EX1.indd

Q

タブで区切ったテキストを表に変換しましょう。セルの余白を「3mm」に設定して、高さのデータは右揃えにします。

Before

東京スカイツリー 634m
東京タワー 332.6m
スカイタワー西東京 195m

↓

After

東京スカイツリー	634m
東京タワー	332.6m
スカイタワー西東京	195m

A

❶横組み文字ツール T でテキストフレーム内の文字をすべて選択します。
❷[表]メニュー→[テキストを表に変換]を選択します。[テキストを表に変換]ダイアログボックスが表示されたら、そのまま[OK]をクリックします。
❸表の左上角をクリックして、セルをすべて選択します。
❹表パネルで上下左右の余白を「3mm」に設定します。
❺右の列をすべて選択して、コントロールパネルの[右揃え]をクリックします。

Lesson 11 ▶ L11EX2.indd

Q

前の練習問題の続きです。前のデータを使ってもかまいません。左の列のセルの塗り色に「C=0 M=20 Y=0 K=0」のスウォッチカラーを設定します。表全体を囲む線を線幅「0.75mm」に設定します。右の列のセル幅を半分程度狭くします。

東京スカイツリー	634m
東京タワー	332.6m
スカイタワー西東京	195m

Before

→

東京スカイツリー	634m
東京タワー	332.6m
スカイタワー西東京	195m

After

A

❶横組み文字ツール T で左の列をすべて選択します。
❷コントロールパネルでセルの[塗り]を「C=0 M=20 Y=0 K=0」のスウォッチカラーに設定します。
❸表の左角をクリックして、セルをすべて選択します。
❹線パネルのプレビューで、外側を囲む罫線のみが青い表示になるように設定し、[線幅]を「0.75mm」に設定します。
❺表の右端を左にドラッグして、右の列のセル幅を狭くします。

　Macでは、キーは次のようになります。 Ctrl → ⌘　Alt → option　Enter → return

作業の効率化

An easy-to-understand guide to InDesign

Lesson 12

ページ数の多いドキュメントの制作では、レイアウトをすべて手作業で設定すると、膨大な時間がかかります。InDesignには、作業を効率化するためのさまざまな機能が用意されており、使いこなせば作業のスピードアップが可能です。このLessonでは、作業を実践することで機能を覚えていきましょう。

12-1 選択操作

InDesignには、たくさんのツールやコマンドがあります。便利な機能が揃っていますが、それらを選ぶのに迷わなければ、確実に時間を短縮できます。オブジェクトやテキストの選択などはその代表的なものです。ここでは選択操作の効率アップについて学びます。

STEP 01 メニューのカスタマイズ

2021 2020 2019

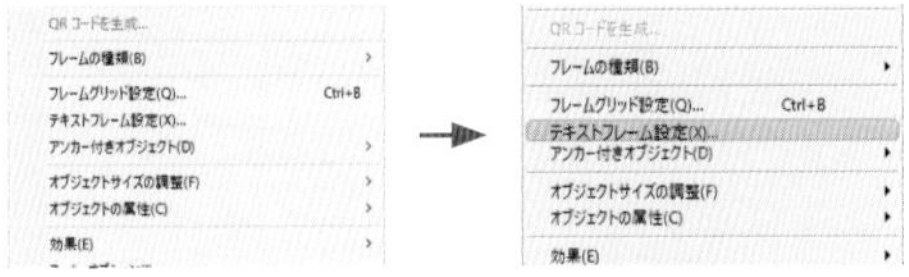

Before　After

頻繁に使用するコマンドが目立つように色を変えてみましょう。ここでは［テキストフレーム設定］を赤色に設定します。

1 レッスンファイルはないので、起動した後の状態で作業してください。［編集］メニュー→［メニュー］を選びます❶。［メニューのカスタマイズ］ダイアログボックスが表示されたら、［オブジェクト］の左にある▶をクリックして展開し表示します❷。［テキストフレーム設定］を選択して❸、［カラー］をクリックして❹、表示されたメニューから［赤］を選択します❺。

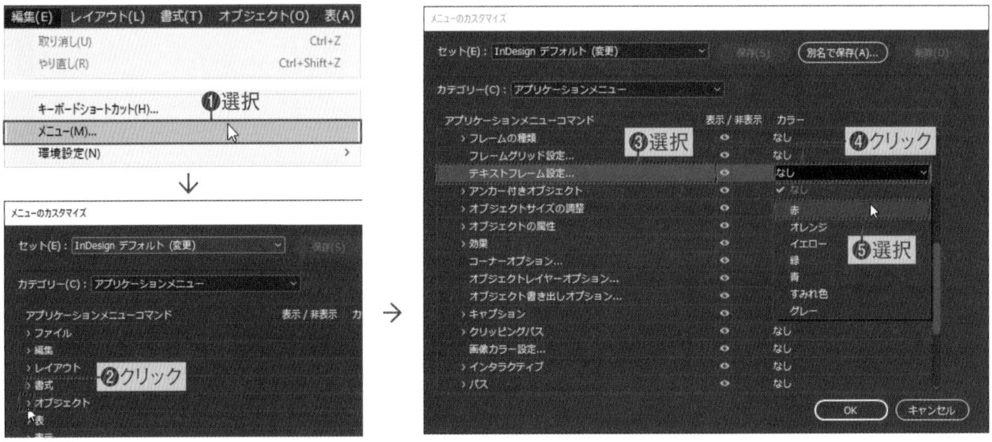

2 ［別名で保存］をクリックします❶。［メニューセットを保存］ダイアログボックスが表示されたら、［名前］を「InDesign デフォルトのコピー」のまま❷、［OK］をクリックします❸。［メニューのカスタマイズ］ダイアログボックスの［OK］をクリックします❹。

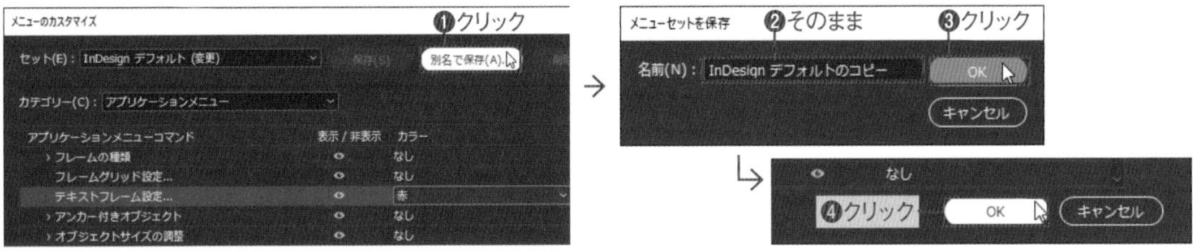

3 ［オブジェクト］メニューを開いて、［テキストフレーム設定］が赤で表示されていることを確認します❶。

確認したら、下のCHECK「デフォルト設定に戻す」を参照して初期設定に戻す

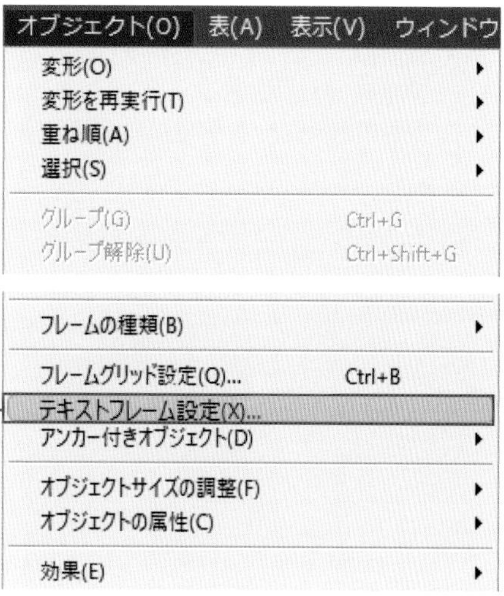

COLUMN

メニューの非表示に注意

［メニューのカスタマイズ］ダイアログボックスでは、メニューコマンドの表示／非表示も設定できます。ただし、InDesignを使い慣れるまでは、メニューの非表示をおすすめしません。非表示にしてしまうと、機能の存在を忘れる可能性があるからです。最初はよく使うメニューに色をつけるところからはじめましょう。そのコマンドにショートカットキーがあるなら、キーを覚えてメニュー選択よりも素早く実行できるようにしましょう。

CHECK!

デフォルト設定に戻す

［編集］メニュー→［メニュー］を選びます。［セット］が「InDesignデフォルトのコピー」のまま［削除］をクリックするか、［セット］を［InDesignデフォルト］に戻します。後で自分に合わせたカスタマイズを行ってください。

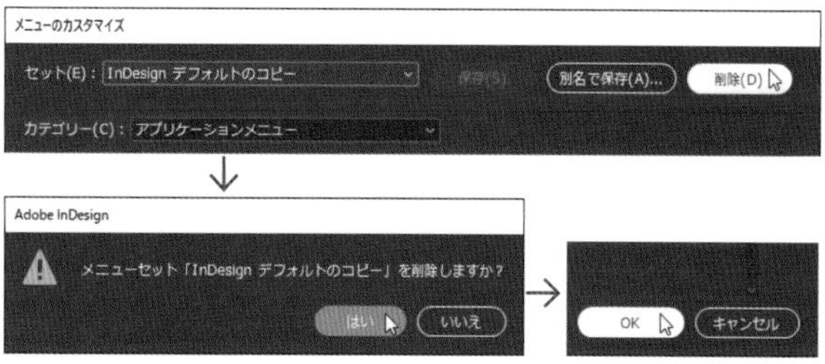

STEP 02 ショートカットキーのカスタマイズ

2021 2020 2019

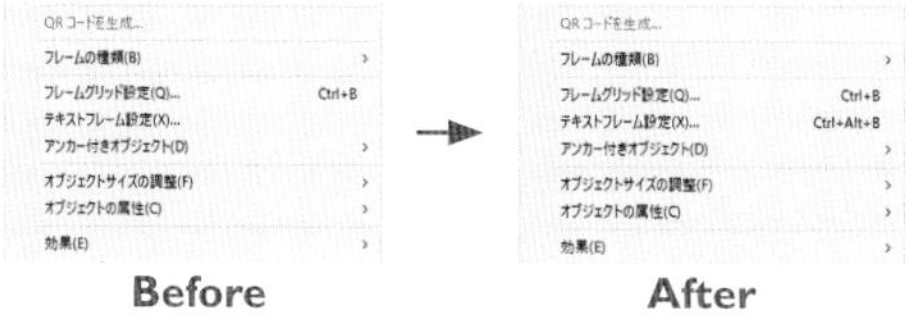

ショートカットキーがないコマンドにもカスタマイズしてキーを割り当てることができます。ここでは、［テキストフレーム設定］に割り当てます。

1 レッスンファイルはないので、起動した後の状態で作業してください。［編集］メニュー→［キーボードショートカット］を選びます❶。［キーボードショートカット］ダイアログボックスが表示されたら、「新規セット」をクリックします❷。［新規セット］ダイアログボックスが表示されたら、［名前］をそのまま「デフォルト コピー」に設定します❸。［OK］をクリックします❹。

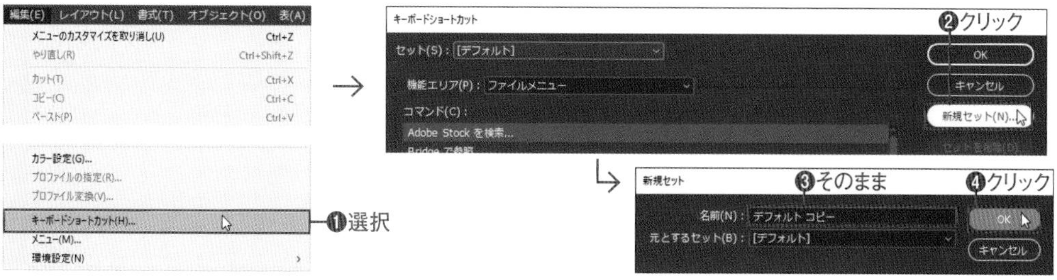

2　[機能エリア]を[オブジェクトメニュー]に設定します❶。[コマンド]の[テキストフレーム設定]を選択し❷、[新規ショートカット]の入力ボックスをクリックして、テキスト挿入点を置きます❸。

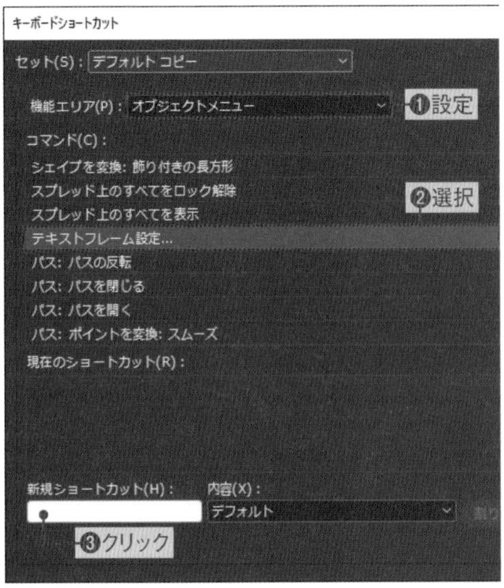

3　Ctrl キー、Alt キー、B キーを同時に押して❶、ショートカットキーを入力したら、[割り当て]をクリックします❷。

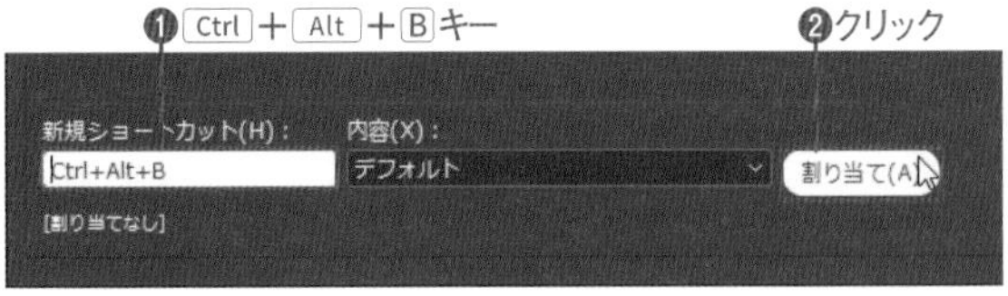

CHECK!

キーの重複に注意

設定したショートカットキーがすでにほかの機能に割り当て済みの場合には、[現在の割り当て]に割り当てられている機能が表示されます。重複しない押しやすいキーの組み合わせは少ないので、使用頻度の少ないショートカットキーをデフォルト設定から削除して、自分の使いたいキーに割り当てるのもひとつの方法です。

4　[キーボードショートカット]ダイアログボックスの[保存]をクリックします❶。続けて[OK]クリックしてダイアログボックスを閉じます❷。

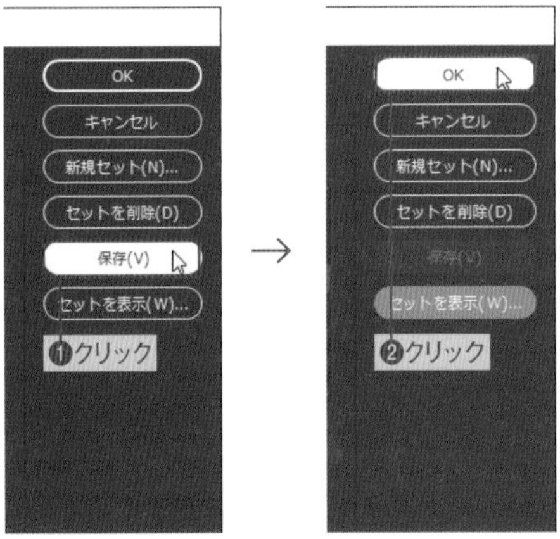

CHECK!

デフォルト設定に戻す

今カスタマイズした設定をデフォルトに戻してください。[編集]メニュー→[キーボードショートカット]を選びます。[セット]が「デフォルト コピー」のまま[セット削除]をクリックするか、[セット]を[デフォルト]に戻します。後で自分に合わせたカスタマイズを行ってください。

5　[オブジェクト]メニューを開くと、[テキストフレーム設定]の横にショートカットキーが表示されることを確認します❶。Ctrl + Alt + B キーを押し❷、[テキストフレーム設定]ダイアログボックスが表示されるか確認します。何も設定せずに[キャンセル]をクリックします❸。

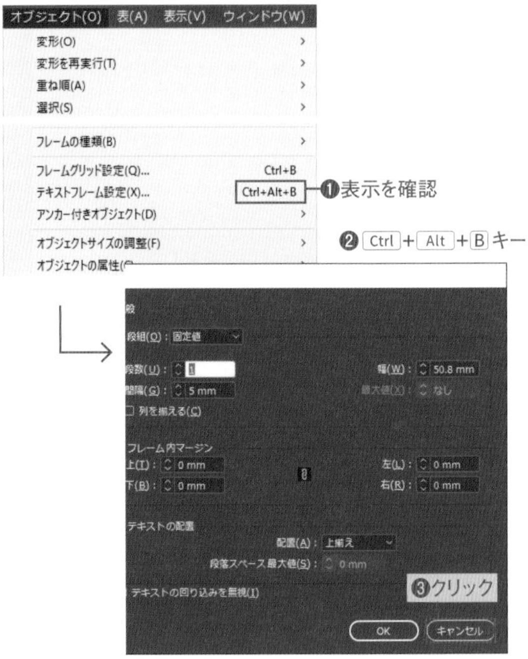

Macでは、キーは次のようになります。 Ctrl → ⌘　Alt → option　Enter → return

STEP 03 ワークスペースの保存

2021 2020 2019

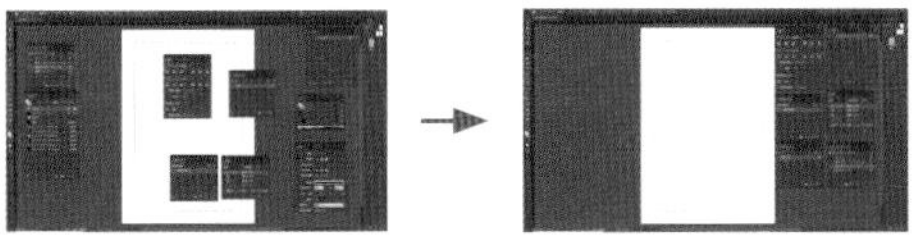

Before　After

いつも使うパネルをいつもの場所に置いておくと、作業効率がアップします。ワークスペースを保存することで、散乱したパネルも一瞬で元の位置に戻ります。

Lesson 12 ▶ L12-1S03.indd

1 レッスンファイルを開きます。表示したいパネルを使いやすい位置に移動してください❶。見本に合わせる必要はありません。初期設定のままでなければ、どんな位置でもかまいません。

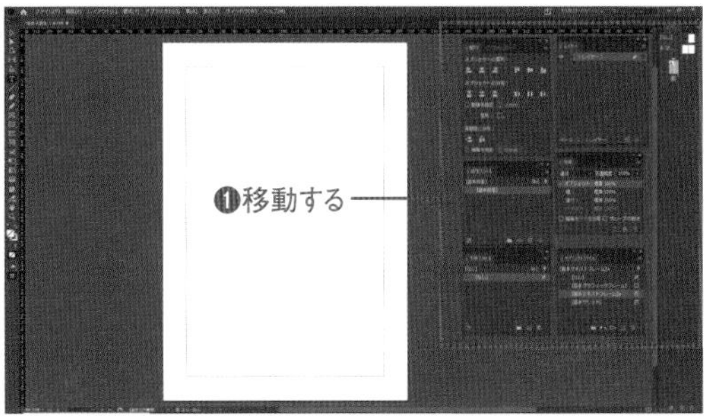

2 [ウィンドウ] メニュー→[ワークスペース]→[新規ワークスペース] を選びます❶。[新規ワークスペース] ダイアログボックスが表示されたら、[名前] を「カスタムワークスペース」に設定し❷、[OK] をクリックします❸。これで手順1の状態が [カスタムワークスペース] という名称で保存されました。

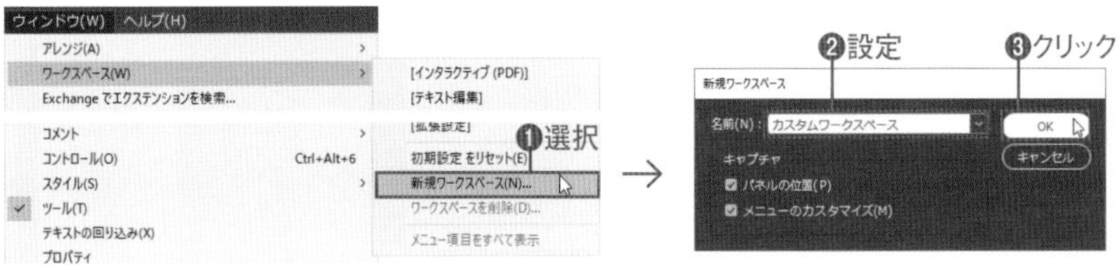

3 わざとパネルの位置を乱すように移動してください❶。パネルを閉じたり、ほかのパネルを開いてかまいません。

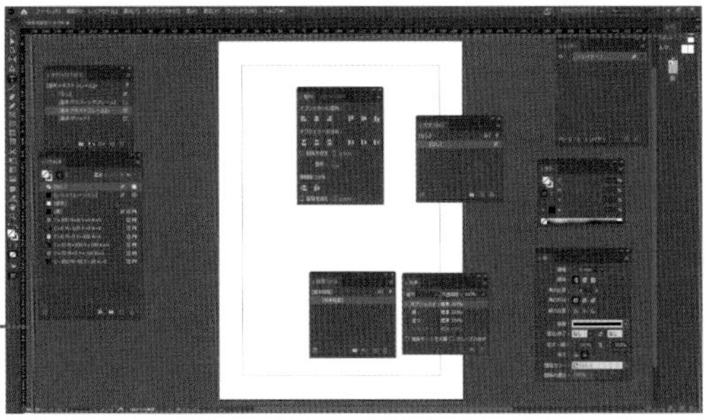

4 [ウィンドウ] メニュー→ [ワークスペース] → [カスタムワークスペースをリセット] を選びます❶。手順1で登録した状態に戻ります❷。

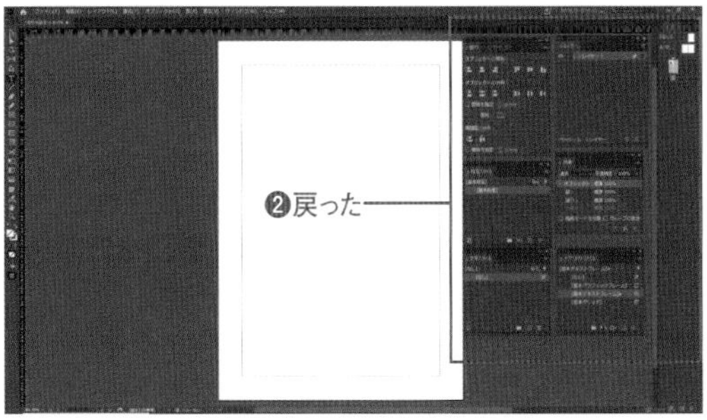

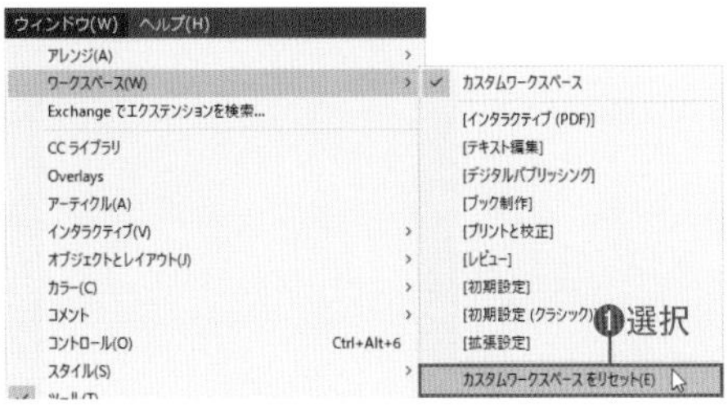

12-2 オブジェクトスタイル

フレームに設定する線、カラー、透明度、ドロップシャドウ、段落スタイル、テキストの回り込みなどの設定をまとめてオブジェクトスタイルに登録できます。オブジェクトスタイルを使うと複雑なオブジェクトの設定もワンクリックで適用できます。

オブジェクトスタイルについて

2021 2020 2019

ツールとオブジェクトスタイル

新規ドキュメントには、[基本グラフィックフレーム][基本テキストフレーム][基本グリッド]のデフォルトのオブジェクトスタイルがあります。

文字系のツールを選択すると❶、自動的にオブジェクトスタイルの[基本テキストフレーム]が選択されます❷。そのままテキストフレームを作成すると、そのフレームには[基本テキストフレーム]のオブジェクトスタイルが適用されます❸。

オブジェクトスタイルは、新しく作成でき、誌面のデザインに合わせて設定したオブジェクトスタイルがあれば、同じ設定のオブジェクトがすぐに作成できます。

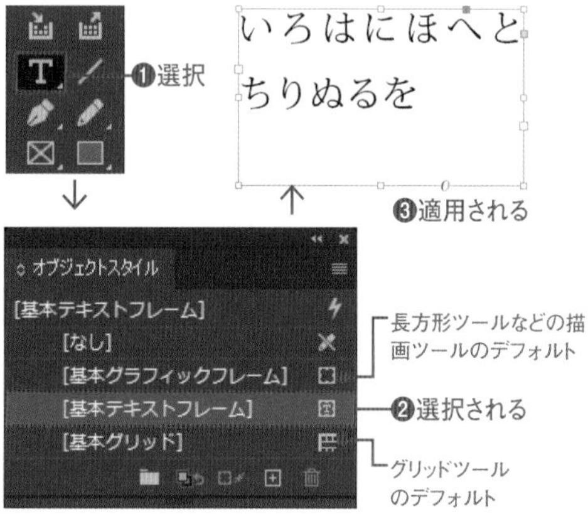

オブジェクトスタイルの設定

オブジェクトスタイルパネルにあるスタイルをダブルクリックすると❶、[オブジェクトスタイルオプション]ダイアログボックスが表示されます❷。

左側の[基本属性][効果][書き出しオプション]にある項目を選択すると❸、右側にそのカテゴリーの設定項目が表示されます❹。

[段落スタイル]のカテゴリーもあるので、テキストフレームを作成すると同時に段落スタイルの適用もできます。また、作成済みのオブジェクトを選択してオブジェクトスタイルをクリックすれば、チェックマークのついた項目の属性をまとめて変更できます。

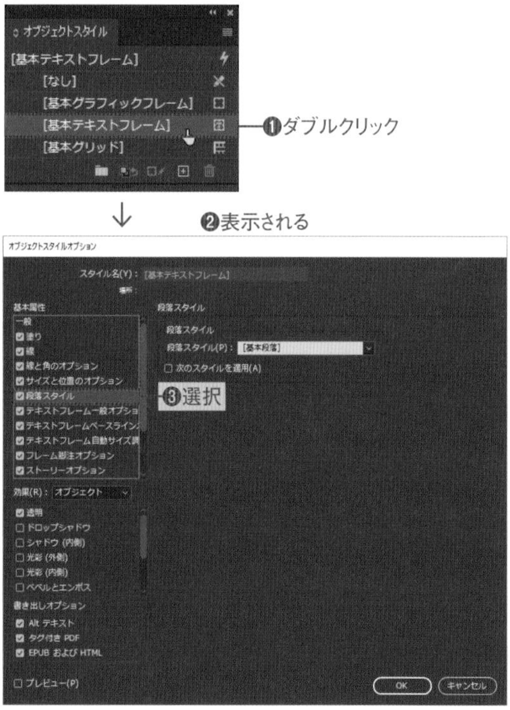

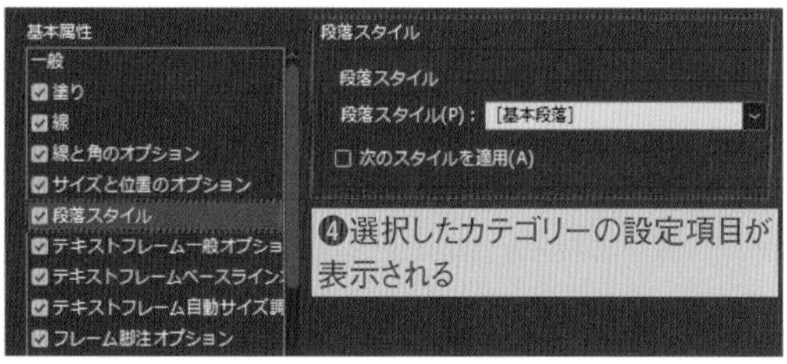

STEP 01 オブジェクトスタイルの作成

2021 2020 2019

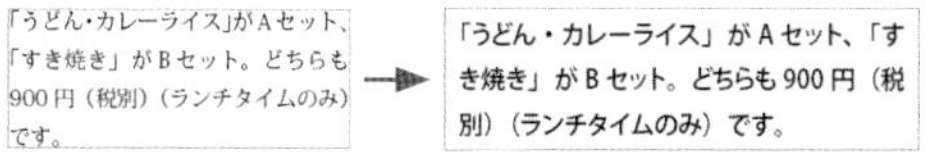

Before　　After

段落スタイルやフレームの塗り、フレーム内マージンや自動サイズ調整を設定したテキストフレームを使って、オブジェクトスタイルを設定します。

Lesson12 ▶ L12-2S01.indd

1 レッスンファイルを開き、選択ツールを選択します❶。Aのテキストフレームを選択します❷。オブジェクトスタイルパネルの［新規スタイルを作成］をクリックします❸。［オブジェクトスタイル1］が追加されます❹。

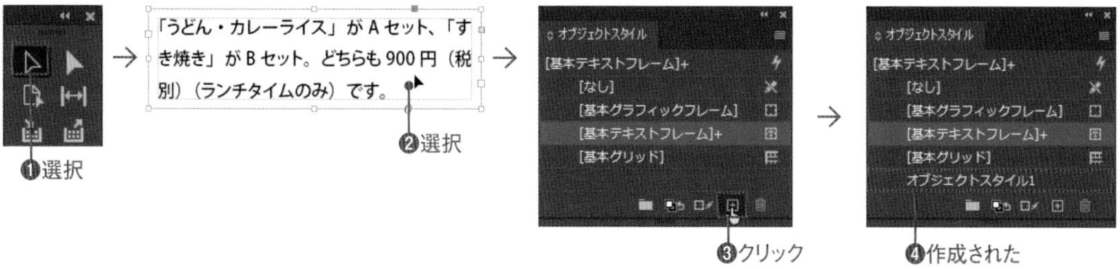

2 選択ツールでBのテキストフレームを選択し❶、オブジェクトスタイルパネルの［オブジェクトスタイル1］をクリックします❷。オブジェクトスタイルが適用され、フレームの塗り、フレーム内マージン、自動サイズ調整が反映されました❸。新しいオブジェクトスタイルには、段落スタイルは適用されていません。

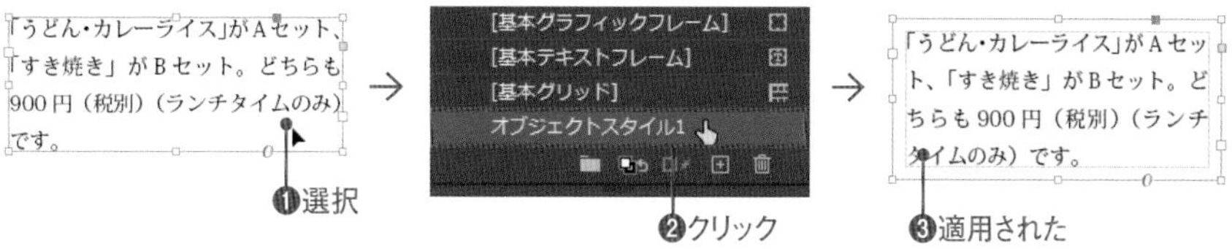

3 Bのテキストフレームを選択した状態で、オブジェクトスタイルパネルの［オブジェクトスタイル1］をダブルクリックし❶、［オブジェクトスタイルオプション］ダイアログボックスを表示します。［プレビュー］にチェックをしたら❷、［基本属性］にある［段落スタイル］をクリックして、チェックをつけて有効にします❸。右側の［段落スタイル］にはAのテキストフレームに設定されていた［段落スタイル1］が表示されていることを確認します❹。これでBのテキストフレームにAと同じ段落スタイルが適用されます❺。

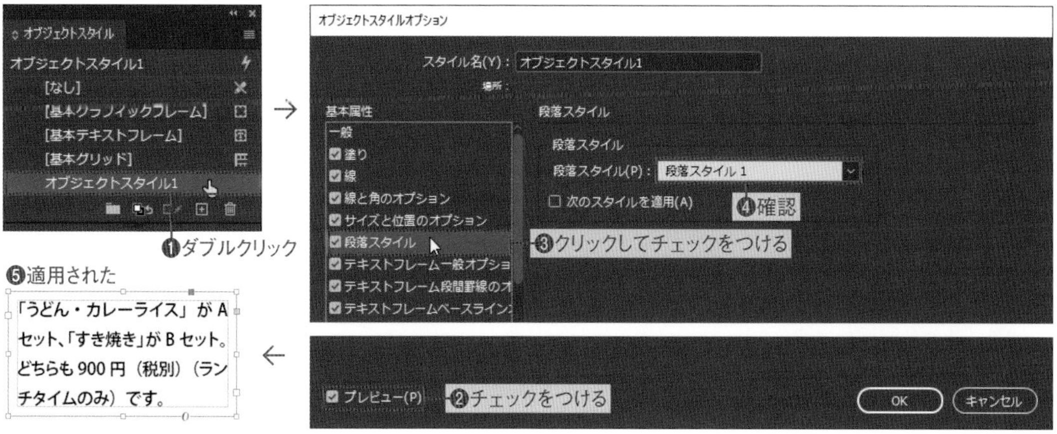

4 ［基本属性］にある［サイズと位置のオプション］を選択し❶、［サイズ］の［調整］を［幅のみ］に設定します❷。［幅］の値がAのテキストフレームサイズになります❸。［OK］をクリックします❹。Bのテキストフレームが Aと同じ幅になります❺。

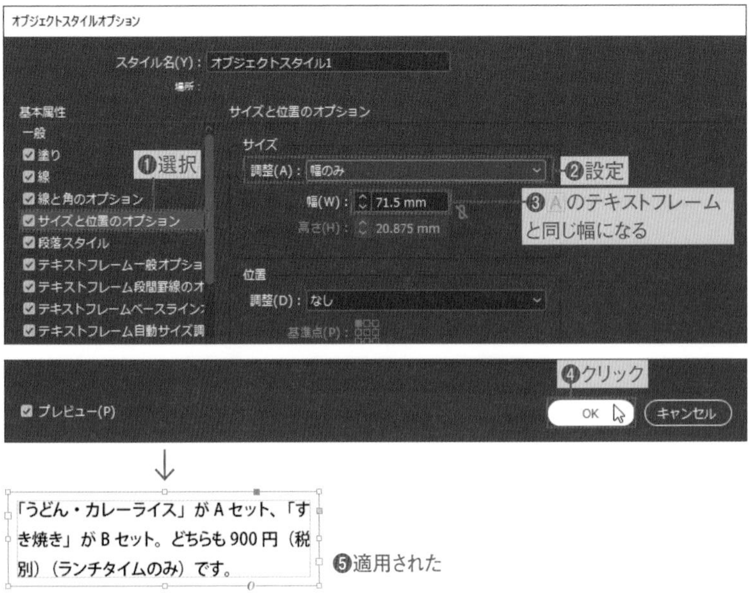

CHECK!

項目の選択とチェックのオン／オフ

［オブジェクトスタイルオプション］ダイアログボックスの［基本属性］の項目は、項目名をクリックするとチェックがつき有効となります。

属性の適用を無視するには、項目名の左の✓部分だけをクリックして、−にしてください。

5 オブジェクトのない部分をクリックしてBのフレームを選択解除してから、横組み文字ツールTを選択します❶。オブジェクトスタイルパネルの［オブジェクトスタイル1］をクリックします❷。ページの空いてるスペースでドラッグします❸。高さはドラッグしたサイズになりますが、オブジェクトスタイルが有効なので、幅はAのテキストフレームと同じ値になります❹。文字を入力すると自動サイズ調整が機能して、入力した文字分の高さになります❺。

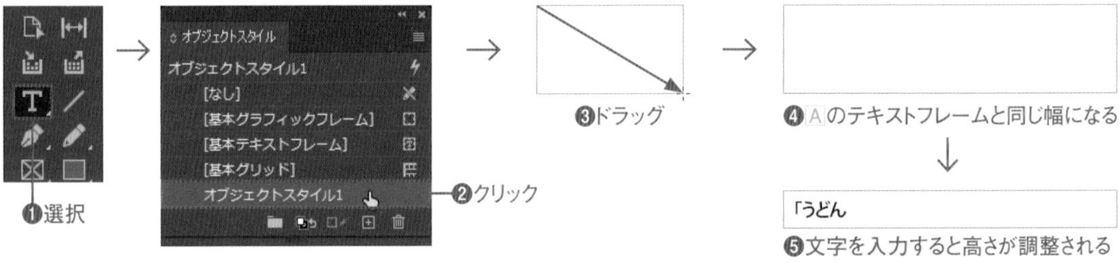

CHECK!

デフォルトのオブジェクトスタイル

テキスト、フレームグリッド、グラフィックの各フレームを作るツールを選択すると、それぞれデフォルトに設定されているオブジェクトスタイルが選択されます。現在、どのオブジェクトスタイルがデフォルトに設定されているかは、スタイル名の右に表示されるアイコンで確認できます❶。設定を変更するときは、パネルメニューにある［デフォルトテキストフレームスタイル］［デフォルトグラフィックフレームスタイル］［デフォルトグリッドスタイル］のサブメニューでそれぞれ設定できます❷。また、オブジェクトを選択しない状態のときにツールを選択して、オブジェクトスタイルをクリックすると、そのツールのデフォルトとして設定されます。

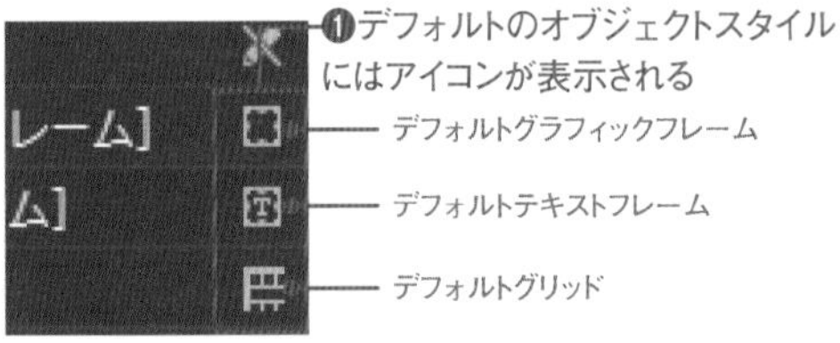

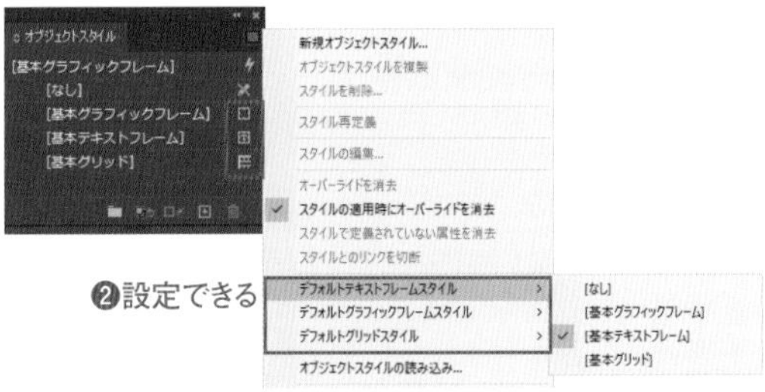

STEP 02 部分使いのオブジェクトスタイル設定

2021 2020 2019

[線]カテゴリーだけ設定したオブジェクトスタイルを作成して、テキストフレームとグラフィックフレームの両方に適用してみましょう。

Lesson 12 ▶ L12-2S02.indd

1 レッスンファイルを開き、選択ツールを選択します❶。オブジェクトを選択していない状態で、オブジェクトスタイルパネルの[なし]をクリックして選択します❷。[新規スタイルを作成]を Alt キーを押しながらクリックして選択します❸。[新規オブジェクトスタイル]ダイアログボックスが表示されたら、[基本属性]にある[線]カテゴリー以外のチェックをすべて無視にします❹。

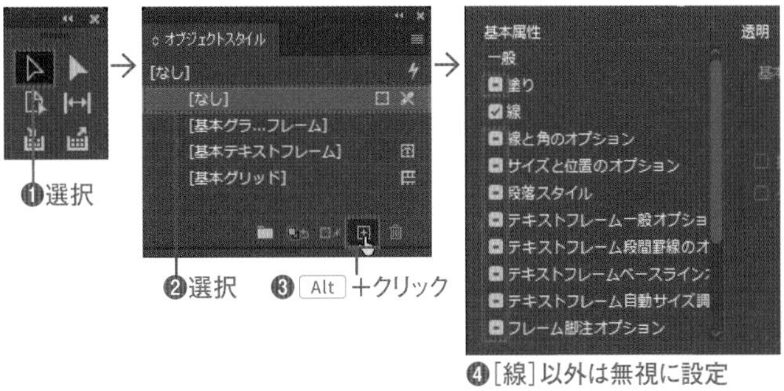

2 [効果]は、対象ごとに個別に設定が必要になります。対象を[オブジェクト]に設定し❶、[透明]をクリックして無視にします❷。同様に、設定対象の[線]だけチェックをつけ❸、[塗り][テキスト]ともに[透明]を無視にします❹❺。

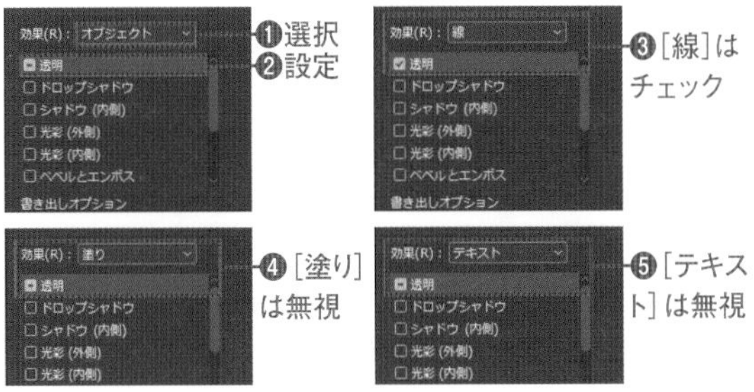

3 [基本属性]の[線]カテゴリーを選択し❶、線のカラーを[黒]に設定します❷。[線幅]を「0.25mm」に設定し❸、[OK]をクリックします❹。

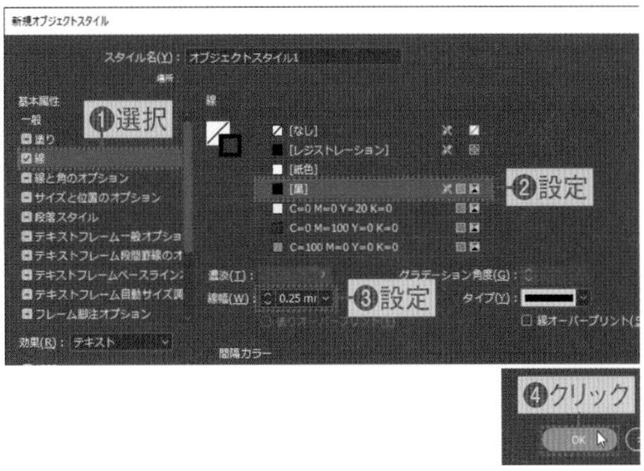

4 テキストフレームとグラフィックフレームをドラッグで囲んで選択し❶、オブジェクトスタイルパネルの[オブジェクトスタイル1]をクリックします❷。[オブジェクトスタイル1]が適用されます。テキストフレームとグラフィックフレームの[線]カテゴリーの設定だけが変更されます❸。

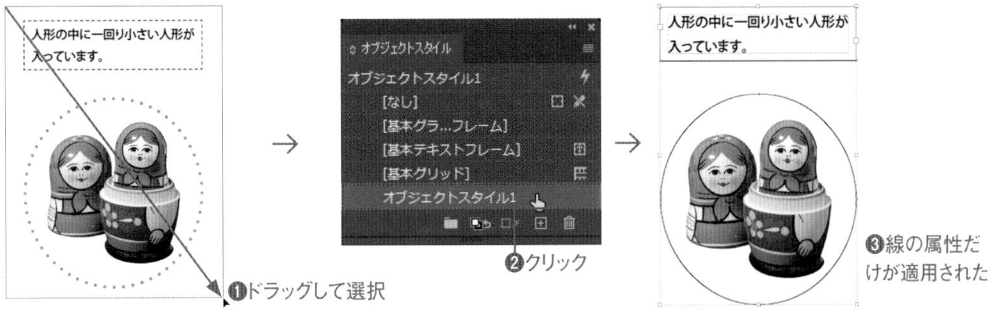

12-3 テキスト入力

文字を間違えないで入力できると作業効率があがります。ここでは、文字の入力を効率的にする機能や方法について学びます。

STEP 01 ストーリーエディターで編集

2021 2020 2019

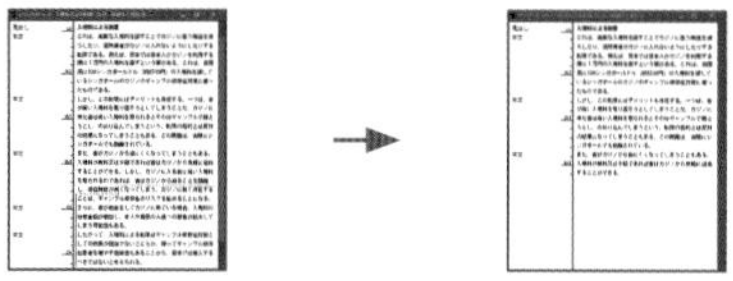

Before　After

テキストの編集は、レイアウトしたページ上だけでなく、ストーリーエディターウィンドウでも行うことができます。文章だけ快適に編集できます。

Lesson12 ▶ L12-3S01.indd

1 レッスンファイルを開きます。選択ツール を選択し❶、テキストフレームを選択します❷。テキストフレームのテキストが、オーバーセットしていることを確認します❸。

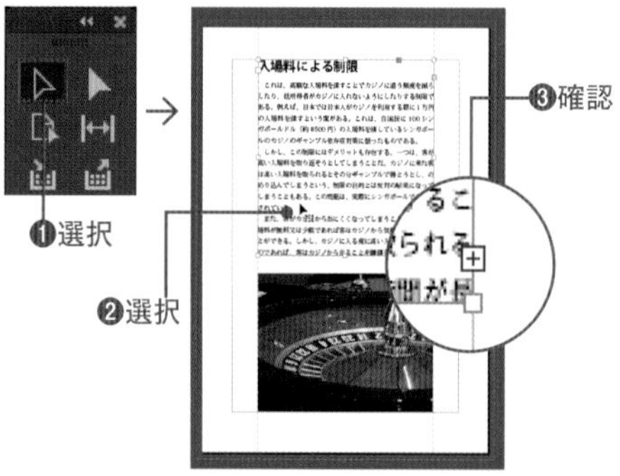

2 ［編集］メニュー→［ストーリーエディターで編集］を選びます❶。［ストーリーエディター］ウィンドウが表示されます❷。オーバーセットしている文章は、仕切り線で区切られ左側に赤い線が表示されます❸。

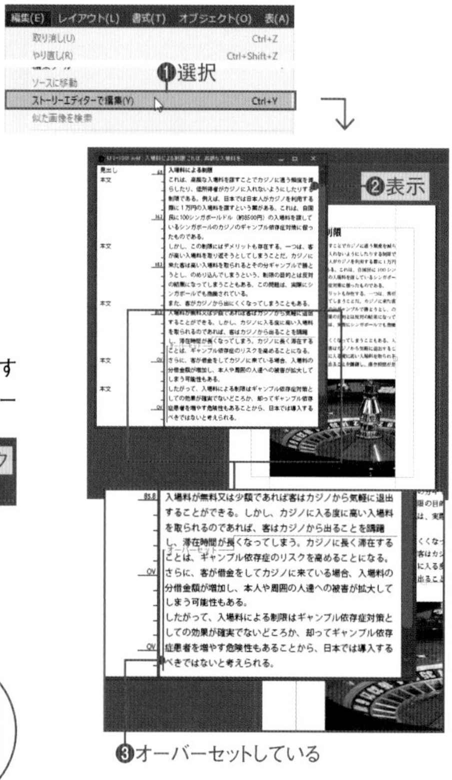

3 オーバーセットしている部分を含めてテキストを選択して削除します（適当な範囲でかまいません）❶。レイアウトしたテキストのオーバーセットがなくなります❷。修正したら、右上の［×］をクリックして［ストーリーエディター］ウィンドウを閉じます❸。

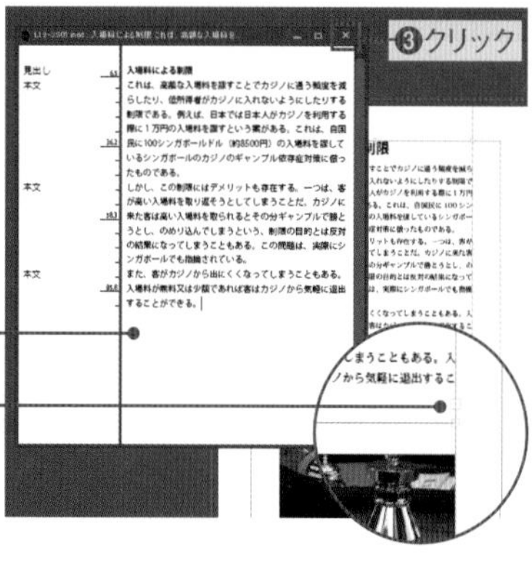

STEP 02 箇条書き

2021　2020　2019

箇条書きのテキストの先頭に通し番号が自動でつく設定を行います。箇条書きの段落を削除や追加すると、番号は自動的に更新されます。

Lesson 12 ▶ L12-3S02.indd

1 レッスンファイルを開き、横組み文字ツール[T]を選択します❶。2行目から最終行まで選択します❷。段落パネルメニューから［箇条書き］を選択します❸。

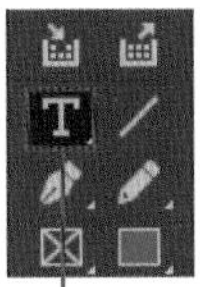

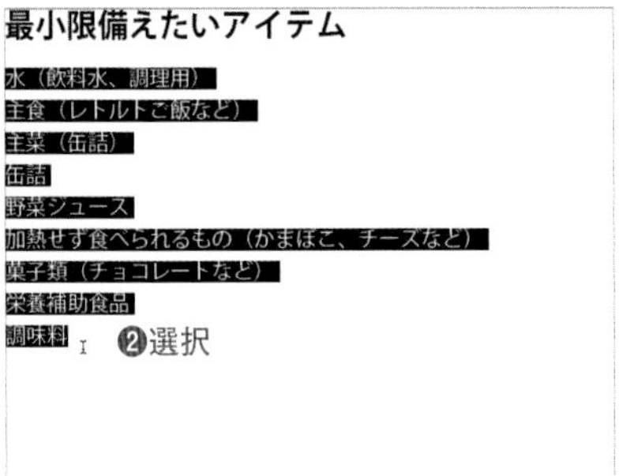

2 ［箇条書き］ダイアログボックスが表示されるので、［リストタイプ］を［自動番号］に設定します❶。［形式］を［丸数字］に設定し❷、［自動番号］を初期設定の「^#.^t」からピリオドを削除して「^#^t」に設定します❸。［タブ位置］を「5mm」に設定し❹、［OK］をクリックします❺。選択した文字の行頭に丸数字の通し番号がふられます❻。

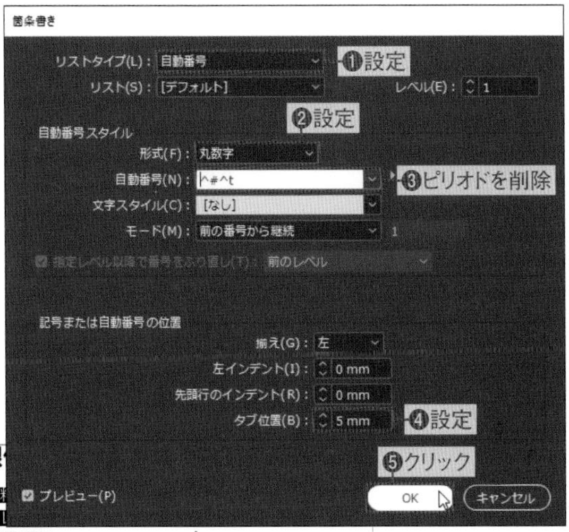

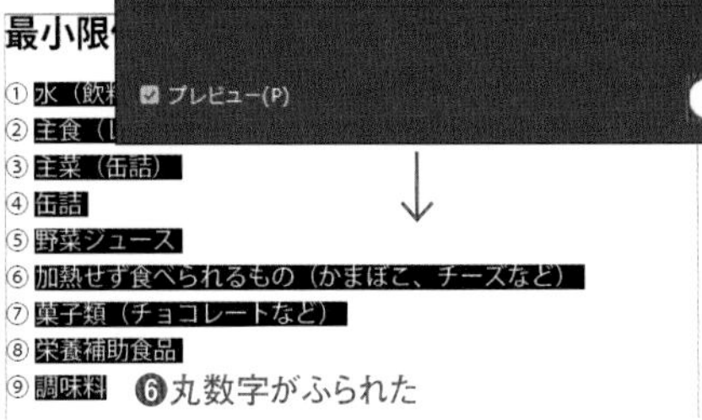

3 横組み文字ツール[T]で「④」の「缶詰」の行を選択して削除します❶。番号が自動的に更新されることを確認します❷。

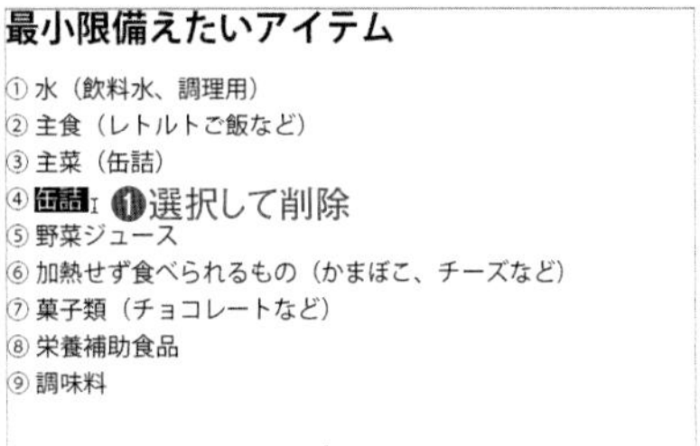

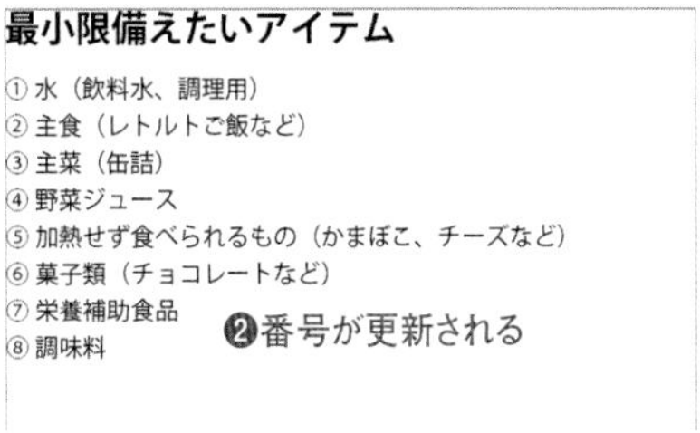

12-4 文字スタイルの自動化

テキストの一部の文字だけに違う書式設定を適用する文字スタイルですが、適用する文字に規則性があれば、適用を自動化できる場合があります。

STEP 01 先頭文字スタイルを使う

2021 2020 2019

住所：東京都新宿区新宿 X-X-X
TEL：03-53XX-XXXX
営業時間：11 時～ 24 時
定休日：日曜、祝日

Before

住所：東京都新宿区新宿 X-X-X
TEL：03-53XX-XXXX
営業時間：11 時～ 24 時
定休日：日曜、祝日

After

先頭文字スタイルを使うと、段落の先頭にある文字に対して、文字スタイルを自動的に適用できます。

Lesson12 ▶ L12-4S01.indd

1　レッスンファイルを開きます。このドキュメントに配置したテキストには、「店舗情報」という名前の段落スタイル❶が適用されています。このテキストの「住所：」「TEL：」「営業時間：」「定休日：」の文字に対して文字スタイルの「ゴシックM赤」❷を先頭文字スタイルで適用します。いずれの文字も段落先頭にあり、最後の文字が「：」で終わる規則性があります。

この文字に「ゴシックM赤」の文字スタイルを適用したい

住所：東京都新宿区新宿 X-X-X
TEL：03-53XX-XXXX
営業時間：11 時～ 24 時
定休日：日曜、祝日

2　段落スタイルパネルの［店舗情報］をダブルクリックします❶。［段落スタイルの編集］ダイアログボックスが表示されるので、［ドロップキャップと先頭文字スタイル］カテゴリーを選択し❷、［先頭文字スタイル］の［新規スタイル］をクリックします❸。

3　［先頭文字スタイル］のⒶに適用する文字スタイルの「ゴシックM赤」を設定します❶。Ⓑはどこまで適用するか基準となる文字を設定します。入力ボックスをクリックして、「：」（全角）を入力します❷。Ⓒは基準となる文字にも文字スタイルを適用するか設定します。適用するので［を含む］に設定します❸。［OK］をクリックすると❹、自動で文字スタイルが適用されます❺。

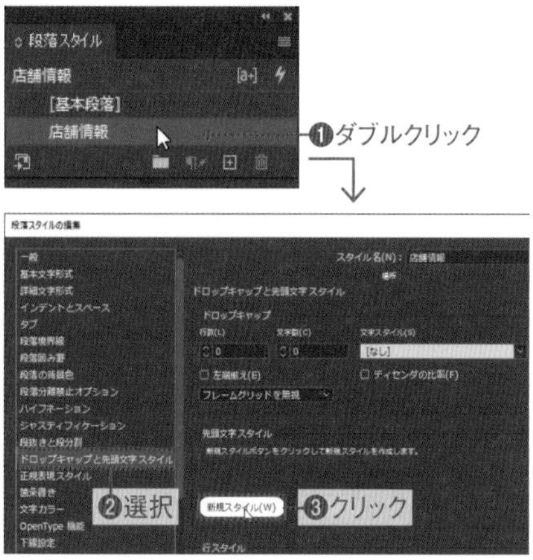

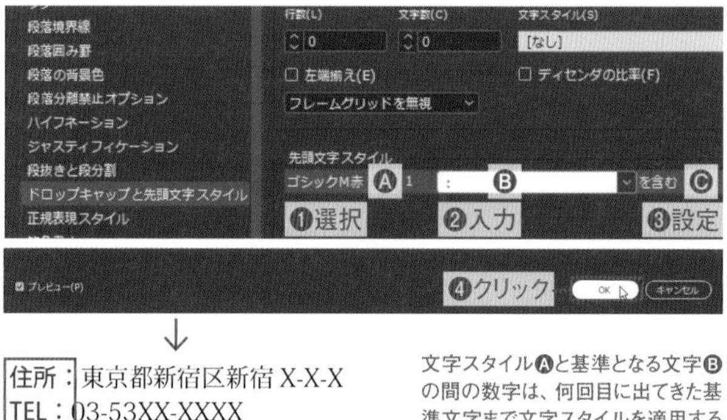

住所：東京都新宿区新宿 X-X-X
TEL：03-53XX-XXXX
営業時間：11 時～ 24 時
定休日：日曜、祝日　❺適用された

文字スタイルⒶと基準となる文字Ⓑの間の数字は、何回目に出てきた基準文字まで文字スタイルを適用するかを設定する。ここを「2」にした場合、先頭から2個目の「：」まで文字スタイルが適用される

　Macでは、キーは次のようになります。 Ctrl → ⌘　Alt → option　Enter → return

STEP 02 正規表現スタイルを使う

2021 2020 2019

大見出しタイトル
●小見出しタイトル 1
グーテンベルクが活版印刷術を発明したのは 1440 年代後半といわれています。それから約 20 年後の 1465 年、その新しい技術はアルプスを越え、イタリアに伝わりました。
●小見出しタイトル 2
ドイツから来た Sweynheim と Pannartz という二人がローマの北にある Subiaco という村の修道院に滞在し、そこでイタリア最初の印刷物をつくったのです。

Before

→

大見出しタイトル
●小見出しタイトル 1
グーテンベルクが活版印刷術を発明したのは 1440 年代後半といわれています。それから約 20 年後の 1465 年、その新しい技術はアルプスを越え、イタリアに伝わりました。
●小見出しタイトル 2
ドイツから来た Sweynheim と Pannartz という二人がローマの北にある Subiaco という村の修道院に滞在し、そこでイタリア最初の印刷物をつくったのです。

After

正規表現スタイルを設定すると、文中の特定の文字に文字スタイルを自動的に適用できます。

Lesson12 ▶ L12-4S02.indd

1 レッスンファイルを開きます。このドキュメントに配置したテキストには、「本文」という名前の段落スタイルが適用されています❶。このテキストの「1440年」と「1465年」の文字に対して文字スタイルの「赤色」を正規表現スタイルで適用します❷。いずれの文字も4桁の数字に最後の文字が「年」で終わる規則性があります。ここでは「20年」は対象外にします。

大見出しタイトル
●小見出しタイトル 1
グーテンベルクが活版印刷術を発明したのは 1440 年代後半といわれています。それから約 20 年後の 1465 年、その新しい技術はアルプスを越え、イタリアに伝わりました。
●小見出しタイトル 2
ドイツから来た Sweynheim と Pannartz という二人がローマの北にある Subiaco という村の修道院に滞在し、そこでイタリア最初の印刷物をつくったのです。

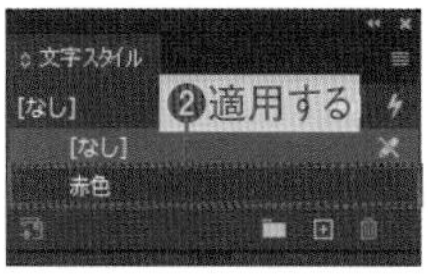

2 段落スタイルパネルの「本文」をダブルクリックします❶。［段落スタイルの編集］ダイアログボックスが表示されるので、［プレビュー］にチェックします❷。［正規表現スタイル］カテゴリーを選択し❸、［新規正規表現スタイル］をクリックします❹。

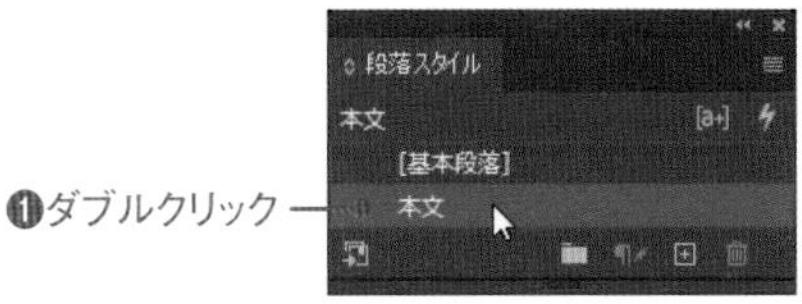

→

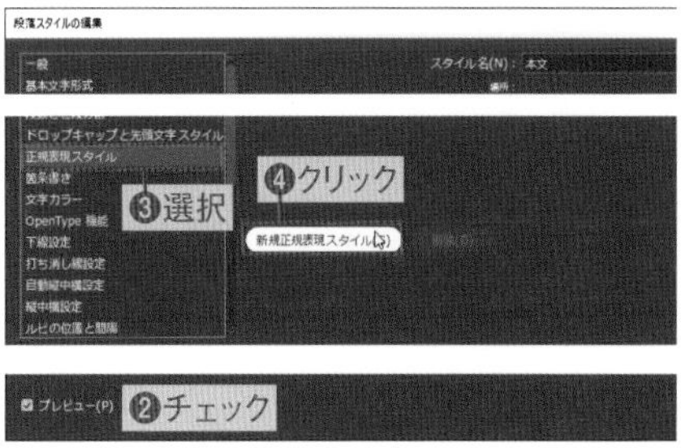

3 新しいスタイルが追加されたら、［スタイルを適用］を「赤色」に設定します❶。［テキスト］の初期値「¥d+」（Macでは「¥」は「\」と表示）は、数字全般が適用対象になるメタ文字なので、数字だけに文字スタイルが適用されます❷。ここに「年」を追加して「¥d+年」にすると❸、「20年」「1440年」「1465年」が適用対象になります❹。「1440年」「1465年」が対象なので、数字1文字を示す「¥d」を4つ（4桁分）入力した後に「年」を入れた「¥d¥d¥d¥d年」にします❺。「1440年」「1465年」だけに文字スタイルが適用されるので❻、［OK］をクリックします❼。

「¥d+」の「+」は、数字が1回以上あることを定義するメタ文字

→

→

Enter キーを押して確定してプレビューで確認し、設定を変更していく

大見出しタイトル
●小見出しタイトル 1
グーテンベルクが活版印刷術を発明したのは 1440 年代後半といわれています。それから約 20 年後の 1465 年、その新しい技術はアルプスを越え、イタリアに伝わりました。
●小見出しタイトル 2

❷数字に文字スタイルが適用された

大見出しタイトル
●小見出しタイトル 1
グーテンベルクが活版印刷術を発明したのは 1440 年代後半といわれています。それから約 20 年後の 1465 年、その新しい技術はアルプスを越え、イタリアに伝わりました。
●小見出しタイトル 2

❹「数字＋年」だけに適用された

大見出しタイトル
●小見出しタイトル 1
グーテンベルクが活版印刷術を発明したのは 1440 年代後半といわれています。それから約 20 年後の 1465 年、その新しい技術はアルプスを越え、イタリアに伝わりました。
●小見出しタイトル 2

❻「4桁の数字＋年」だけに適用された

正規表現

COLUMN

正規表現は特殊なメタ文字を使うため、理解するのが難しくて利用している人が少ないようです。ただ、使いこなせれば圧倒的に効率アップします。ぜひ、正規表現を専門的に解説した書籍やWebサイトで学んでください。

12-5 タグ付きテキストの配置

配置するテキストデータに、InDesignの段落スタイルや文字スタイルのタグを埋め込んでおくと、読み込んだ時点で自動でスタイルを適用できます。同じ体裁で、文章量の多い書籍の制作では、原稿作成や整理の段階でスタイルを設定すれば作業がスピードアップできます。

STEP 01 タグ付きテキストの作成

2021 2020 2019

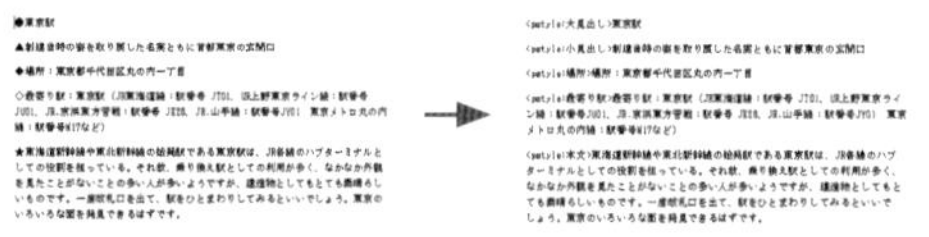

Before　After

段落スタイルを設定したダミーのテキストから、タグ付きテキストを書き出します。テキストファイルにタグが付くので、同じタグを本番の原稿に割り当てます。

Lesson12 ▶ L12-5S01.indd、元原稿.txt

タグ付きテキストの書き出し

1 レッスンファイル「L12-5S01.indd」を開き、2、3ページの見開きを表示します。このドキュメントは、デザインを決めるためにダミーのテキストを配置して作ったもので、「章タイトル」「大見出し」「小見出し」「場所」「最寄り駅」「本文」の6種類の段落スタイルを使った構成になっています❶。横組み文字ツール T を選択し❷、テキストのどこか適当な位置をクリックしてテキスト挿入点を置きます❸。

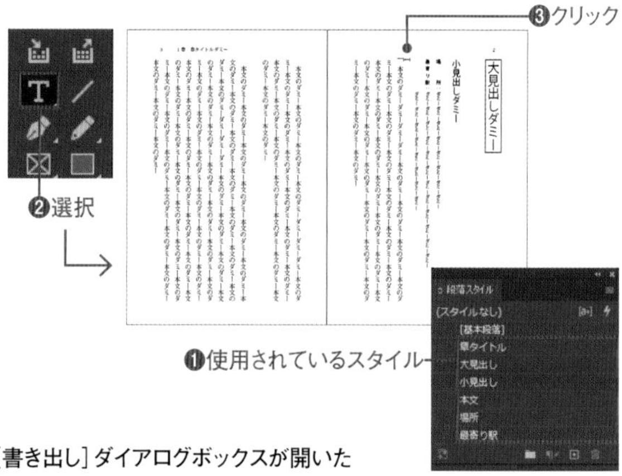

2 [ファイル] メニュー→ [書き出し] を選択します❶。[書き出し] ダイアログボックスが開いたら、[ファイルの種類] を [Adobe InDesign タグ付きテキスト] に設定します❷。[ファイル名] はそのまま、保存場所は任意で、[保存] をクリックします❸。[Adobe InDesign タグ書き出しオプション] が表示されたら [タグ形式] を [略書き] ❹、[エンコーディング] を [Shift_JIS] に設定して❺、[OK] をクリックします❻。

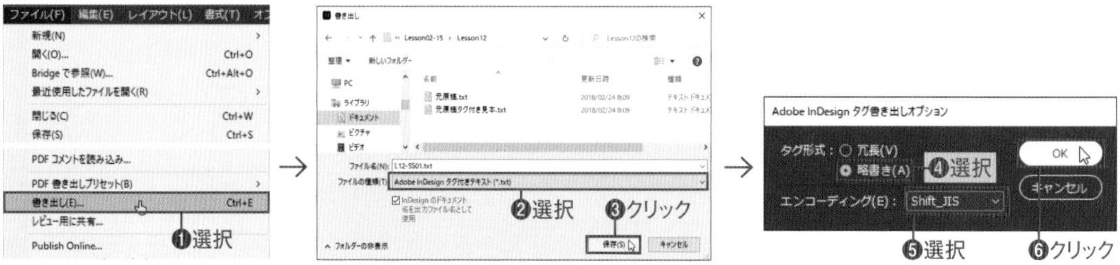

本番の原稿にタグをつける

1

ここから、テキストエディターかワープロソフトの操作になります（ここではWindows標準添付のワードパッドを使います）。ここを飛ばして次のステップに進んでもかまいません。テキストの検索置換ができるソフトを起動して、書き出したタグ付きテキスト「L12-5S01.txt」を開いてください❶。このファイルで必要なのは、一行目の「<SJIS-WIN>」と段落スタイルのタグである「<pstyle:大見出し>」「<pstyle:小見出し>」「<pstyle:場所>」「<pstyle:最寄り駅>」「<pstyle:本文>」です。

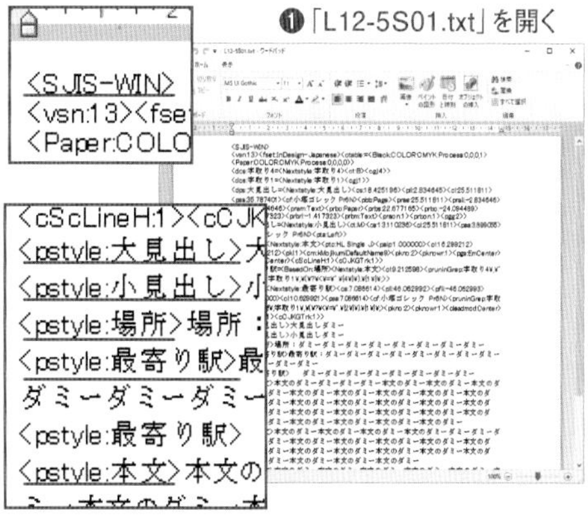

2

ファイル名「元原稿.txt」を開きます。現在、大見出しの段落先頭には「●」、小見出しは「▲」、場所は「◆」、最寄り駅は「◇」、本文は「★」の記号がついています。
検索置換の機能を使って、

「●」→「<pstyle:大見出し>」
「▲」→「<pstyle:小見出し>」
「◆」→「<pstyle:場所>」
「◇」→「<pstyle:最寄り駅>」
「★」→「<pstyle:本文>」

に変更してください❶。
「<」「:」「>」は半角で入力します。

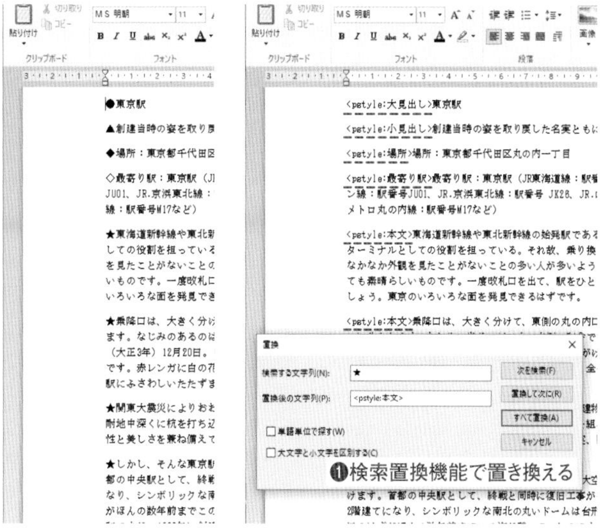

3

最初の行に「<SJIS-WIN>」と入力します❶。［ファイル］メニュー→［名前を付けて保存］→［テキスト形式のドキュメント］を選び❷、ファイル名を「元原稿タグつき.txt」に設定し❸、［保存］をクリックします❹。ダイアログボックスが表示されたら［はい］をクリックします❺。

Macのテキストエディットを使って編集する場合、保存ダイアログボックスの［標準テキストのエンコーディング］で「日本語（Shift JIS）」を選択して保存する

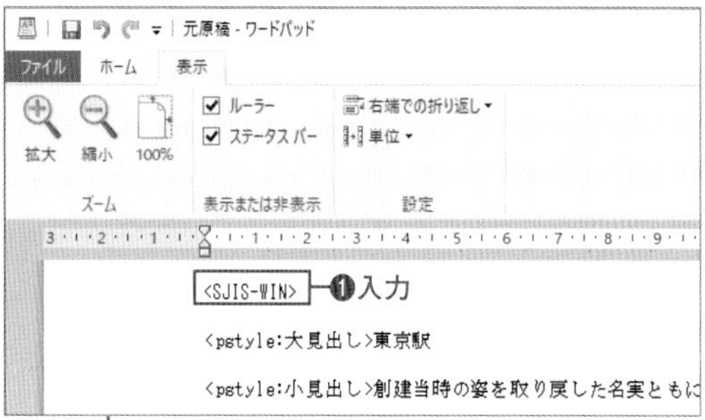

STEP 02 タグ付きテキストの配置

2021 2020 2019

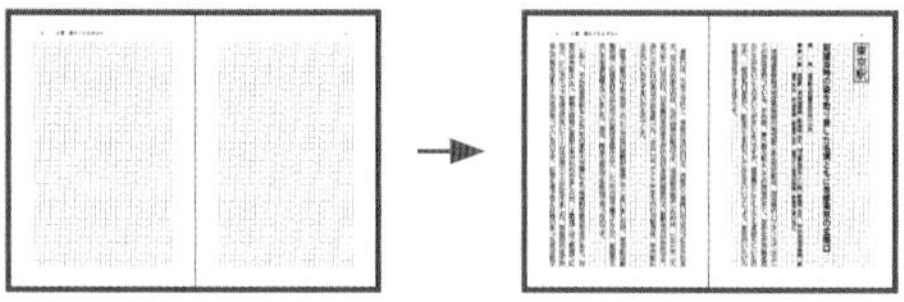

Before　After

［配置］コマンドでタグ付きテキストを読み込んで、フレームグリッドに配置します。

Lesson12 ▶ L12-5S02.indd、元原稿タグ付き見本.txt

1 レッスンファイル「L12-5S02.indd」を開き、2、3ページの見開きを表示します。このファイルは、STEP01のレッスンファイル「L12-5S01.indd」のテキストを消去して段落スタイルは残った状態で、2ページと3ページに連結した空のフレームグリッドがあります。［ファイル］メニュー→［配置］を選びます❶。［配置］ダイアログボックスが表示されたら、STEP01で保存した「元原稿タグ付き.txt」（または「元原稿タグ付き見本.txt」でも可）を選択します❷。［読み込みオプションを表示］にチェックをつけ❸、［グリッドフォーマットの適用］のチェックを外します❹。［開く］をクリックします❺。［Adobe InDesign タグ付きテキストの読み込みオプション］ダイアログボックスが開くので、図のように設定して❻、［OK］をクリックします❼。

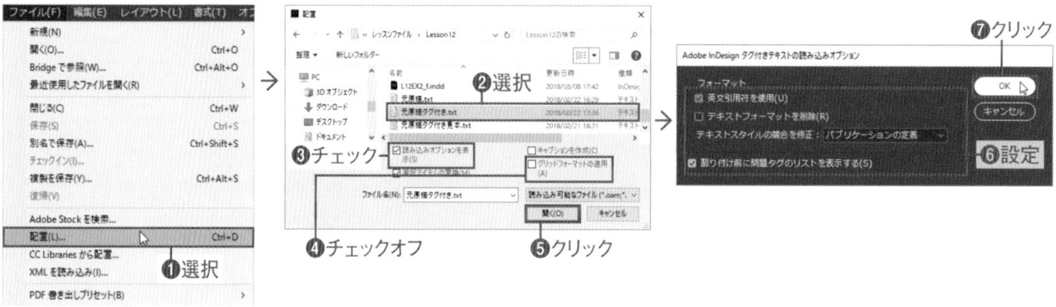

2 マウスポインターがプレビューされた状態になるので、2ページ目のフレームグリッドをクリックします❶。段落スタイルが適用されたテキストが一気に配置されます❷。

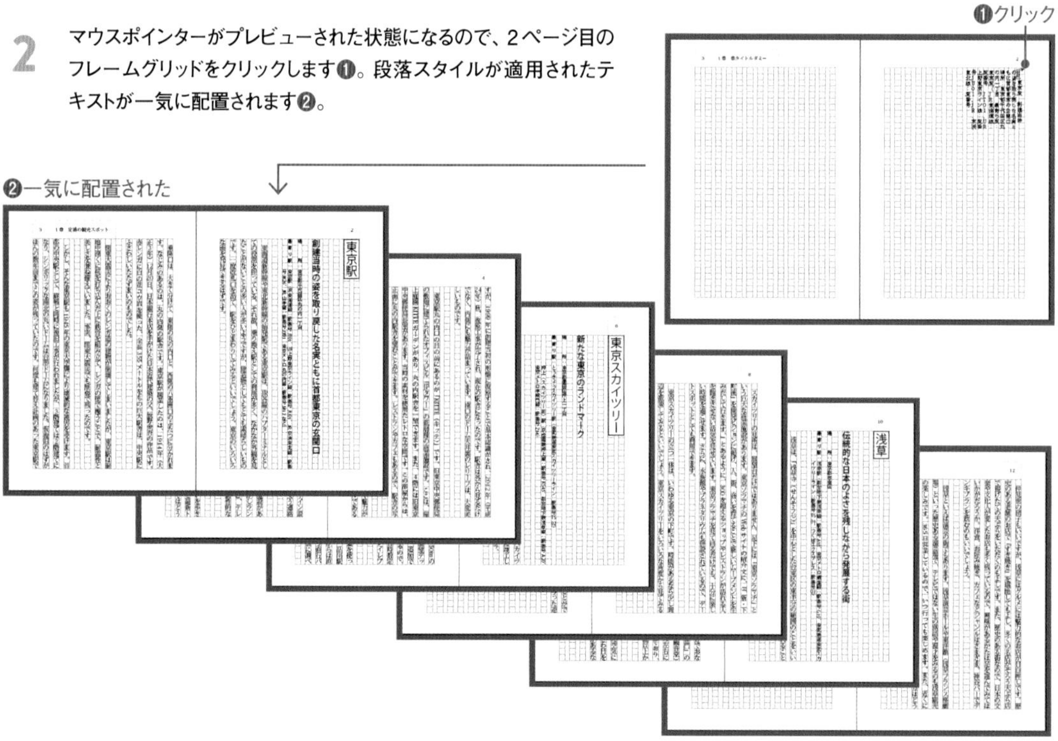

Macでは、キーは次のようになります。 Ctrl → ⌘　Alt → option　Enter → return

12-6 テキスト変数

テキスト変数は、段落スタイルや文字スタイルを適用したテキスト、ドキュメントのファイル名や修正日などを自動的に表示する機能です。ここではテキスト変数を使って章タイトルを各ページの柱に表示する方法を学びます。

STEP 01 柱にテキスト変数を設定する

2021　2020　2019

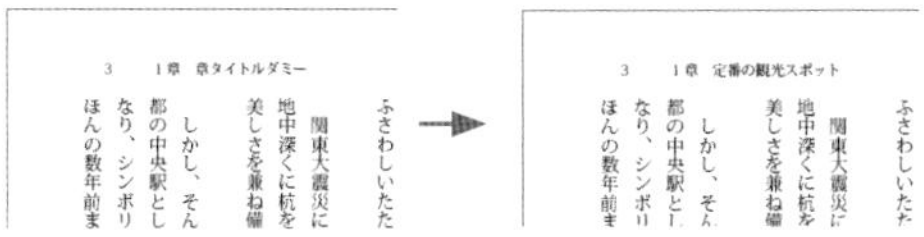

Before　　After

テキスト変数を利用して、章扉のページに入力する章タイトルのテキストが、自動的に各ページの柱にも同時に配置されるように設定します。

Lesson 12 ▶ L12-6S01.indd

1　レッスンファイルの1ページ目を開きます❶。現在、扉のタイトルとして作成したテキストには、段落スタイルの「章タイトル」が適用されています❷。

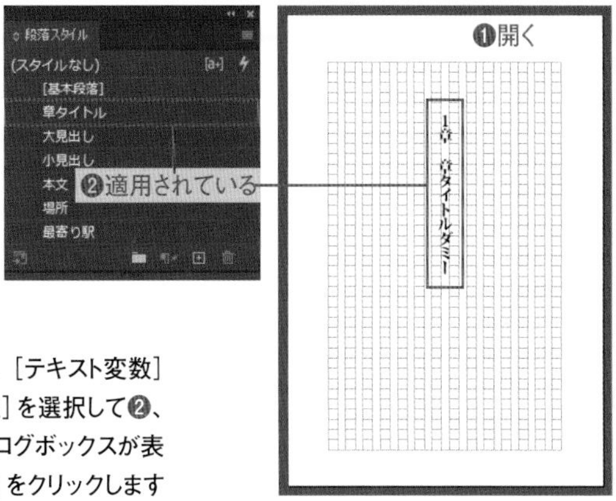

2　[書式]メニュー→[テキスト変数]→[定義]を選びます❶。[テキスト変数]ダイアログボックスが表示されたら、[ランニングヘッド・柱]を選択して❷、[編集]をクリックします❸。[テキスト変数を編集]ダイアログボックスが表示されたら、[スタイル]を[章タイトル]に設定し❹、[OK]をクリックします❺。[テキスト変数]ダイアログボックスの[終了]をクリックします❻。

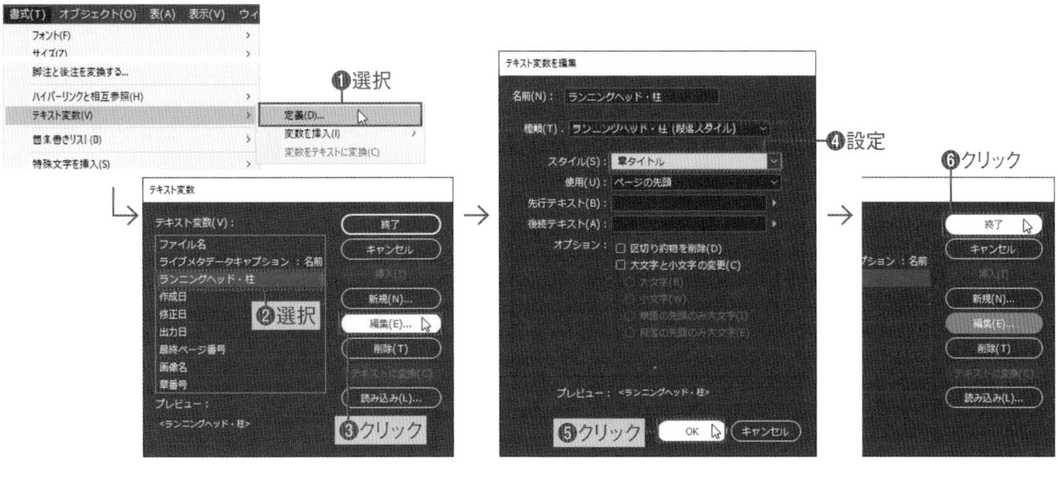

3 ページパネルの「A-マスター」の左側のサムネールをダブルクリックして❶、マスターページを表示します❷。

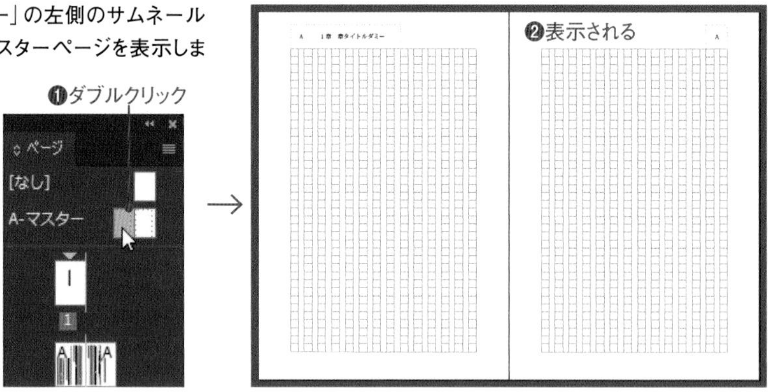

4 横組み文字ツール[T]を選択します❶。マスターページの左ページ左上にある「1章　章タイトルダミー」の文字を選択します❷。

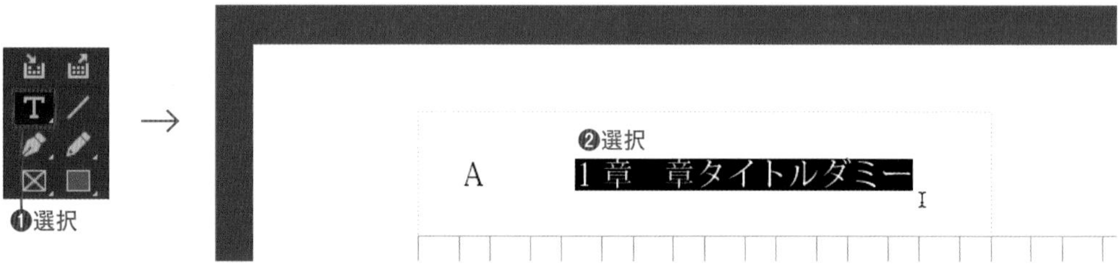

5 文字を選択した状態のまま、[書式]メニュー→[テキスト変数]→[変数を挿入]→[ランニングヘッド・柱]を選びます❶。選択していた文字が「＜ランニングヘッド・柱＞」に変わります❷。これは、この部分に、テキスト変数[ランニングヘッド・柱]が入ったことを意味します。[ランニングヘッド・柱]は、手順2で定義した[章タイトル]が適用されている段落の内容が入ります。

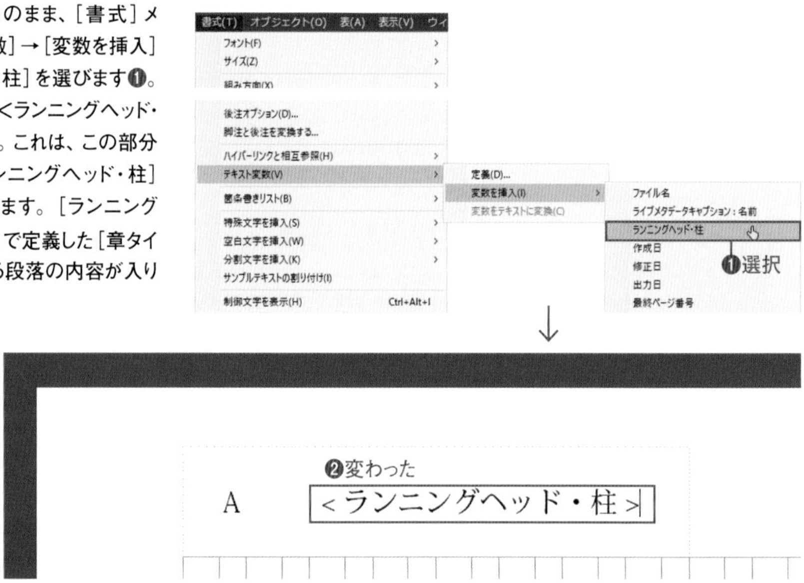

6 ページパネルの3ページのサムネールをダブルクリックして❶、柱がある3ページ左上を表示します。
現在表示されている「1章　章タイトルダミー」❷の文字は、1ページにある扉のテキストが表示されている状態です。

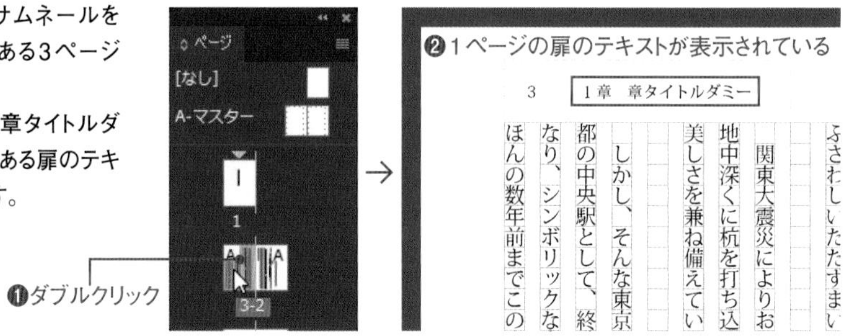

Macでは、キーは次のようになります。 Ctrl → ⌘　Alt → option　Enter → return

7 ページパネルの1ページのサムネールをダブルクリックして、扉ページを表示します❶。横組み文字ツールで「章タイトルダミー」の文字を選択し❷、「定番の観光スポット」と入力します❸。

8 ページパネルの3ページをダブルクリックして❶、変更した扉の文字が柱に反映されているか確認します❷。同様に、柱がある左ページを表示して、変更した扉の文字が柱に反映されているか確認します❸❹。このように、複数ページに同じ内容のテキストを入力する必要があるときは、テキスト変数を使うと便利です。

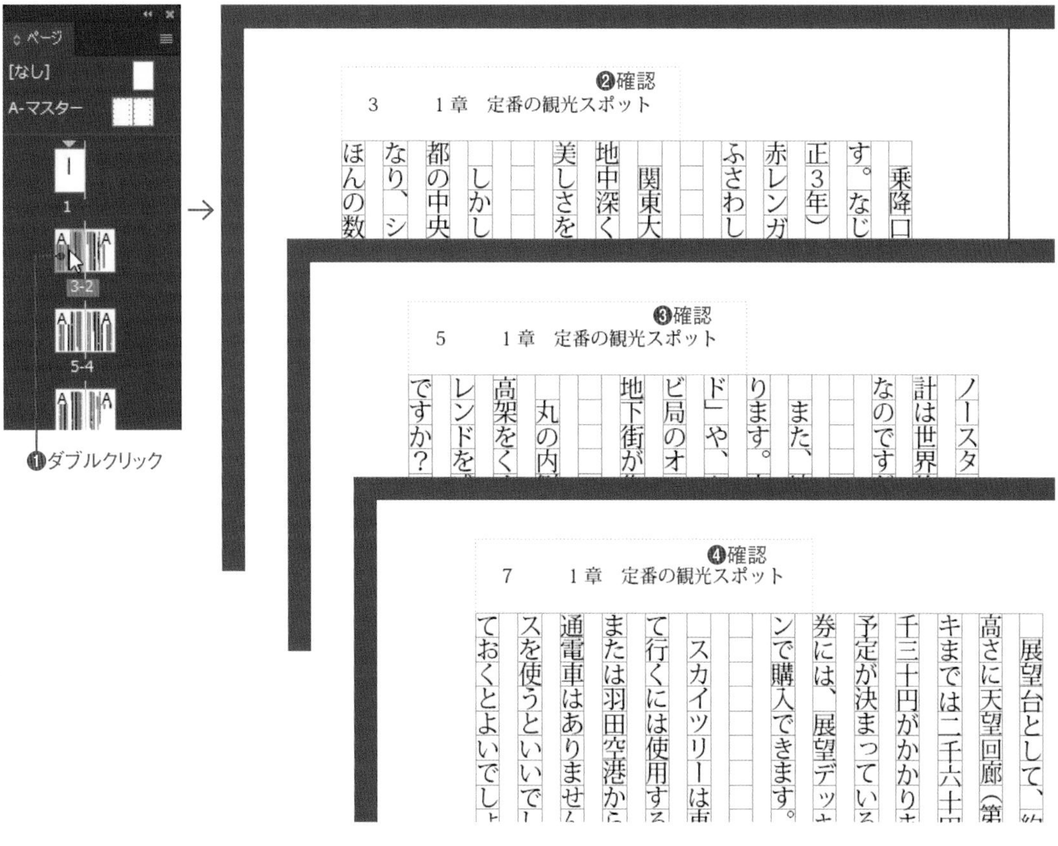

Lesson12　練習問題

Lesson12 ▶ L12EX1.indd

Q

下のテキストフレームに入力されているテキストに、上から順位が自動で表示されるように設定しましょう。

子供が好きな食べ物ランキング
カレー
寿司
ハンバーグ
焼き肉
ラーメン

Before

子供が好きな食べ物ランキング
1位　カレー
2位　寿司
3位　ハンバーグ
4位　焼き肉
5位　ラーメン

After

A

❶横組み文字ツール T で下のテキストフレーム内にある文字をすべて選択します。
❷段落パネルメニューから［箇条書き］を選択します。
❸［箇条書き］ダイアログボックスが表示されたら、［リストタイプ］を［自動番号］に設定し、［自動番号スタイル］の［自動番号］を「^#位^t」と設定します。［記号または自動番号の位置］の［タブ位置］を「15mm」に設定し、［OK］をクリックします。

Lesson12 ▶ L12EX2.indd

Q

段落先頭にある「Ⓠ」と「Ⓐ」の文字サイズを「150%」拡大して、文字のカラーが［C=0 M=100 Y=0 K=0］になる文字スタイルを新しく作成しましょう。さらに、現在テキストに設定されている段落スタイル［質問回答］の［先頭文字スタイル］を、先頭の1文字（「Ⓠ」と「Ⓐ」）に作成した文字スタイルを適用する設定に変更しましょう。

Ⓠ 利用するには予約が必要ですか？
Ⓐ 予約がなくても、ご利用いただけます。
当日、管理事務所で受け付けております。
Ⓠ 駐車場はありますか？

Before

Ⓠ 利用するには予約が必要ですか？
Ⓐ 予約がなくても、ご利用いただけます。
当日、管理事務所で受け付けております。
Ⓠ 駐車場はありますか？

After

A

❶文字スタイルパネルの［新規スタイルを作成］を Alt キーを押しながらクリックします。
❷［新規文字スタイル］ダイアログボックスが表示されたら、カテゴリーの［詳細文字形式］を選択し、［水平比率］と［垂直比率］を「150%」に設定します。
❸カテゴリーの［文字カラー］を選択します。［C=0 M=100 Y=0 K=0］のスウォッチカラーを選択し、［OK］をクリックします。
❹段落スタイルパネルの［質問回答］をダブルクリックします。［段落スタイルの編集］ダイアログボックスが表示されたら、カテゴリーの［ドロップキャップと先頭文字スタイル］を選択します。
❺［先頭文字スタイル］の［新規スタイル］をクリックします。文字スタイルに［文字スタイル1］を設定して、［OK］をクリックします。

ページ数の多いドキュメント処理

An easy-to-understand guide to InDesign

Lesson 13

ページ数の多い書籍や雑誌の制作では、複数の制作スタッフで協業する必要があります。また、目次や索引の作成も欠かせません。InDesignには、これらの作業をサポートする機能があります。ここでは、複数のドキュメントをまとめるブック機能、目次と索引の作成機能、相互参照機能について学びましょう。

13-1 ブックでまとめる

ページ数の多い書籍や雑誌の制作では、複数のスタッフで分業することがあります。ページによって、InDesignのファイルを分けて作成した際に、ひとつにまとめる機能がブックです。ブックの使い方を学びましょう。

ブックについて

2021 2020 2019

ブックパネル

複数のドキュメントをまとめるブックは、ブックパネルで管理します。［ファイル］メニュー→［新規］→［ブック］を選択し、ドキュメント同様に名称をつけて保存すると、その名称のブックパネルが表示されます。ブックパネルに、まとめて管理するドキュメントを登録していきます。

ドキュメントはクリックすると反転表示となり、プリントアウトなどの対象となります。ダブルクリックすると、ドキュメントを開いて編集できます。ブックから開かずに、登録したドキュメントの内容を変更した場合は、⚠が表示されます。

ブックのドキュメントは、追加することも、削除することも可能です。ドラッグ操作で順番も変更できるので、構成が変更されても柔軟に対応できます。

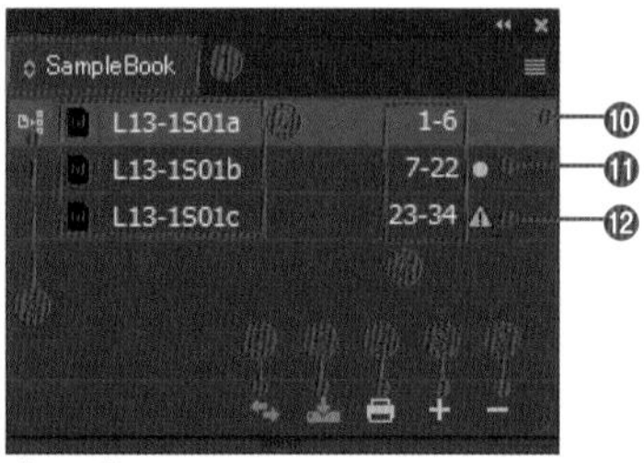

ブックパネル

❶ブックの名称
❷登録したドキュメント
❸各ドキュメントのページ番号
❹スタイルソース（クリックして変更可）
❺スタイルとスウォッチをスタイルソースと同期
❻ブックの保存
❼選択したドキュメント（選択なしの場合はブック全体）の印刷
❽ブックを追加
❾選択したブックを削除
❿選択中のドキュメント。解除するときは Ctrl キーを押しながらクリック
⓫編集中のドキュメント
⓬内容が更新されたドキュメント

ブックパネルメニュー

ブックパネルメニューには、プリフライト、パッケージ、PDF書き出しなどが用意されており、複数のドキュメントをまとめて処理できます。

また、［ブックのページ番号設定］でページ番号の自動番号の処理方法を設定しておけば、ドキュメントのページ数や順番が変わったときでも［自動番号を更新］で更新できます。

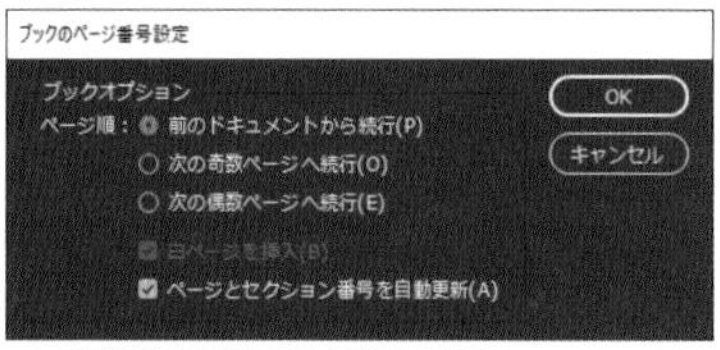

ページ番号の処理方法を設定できる

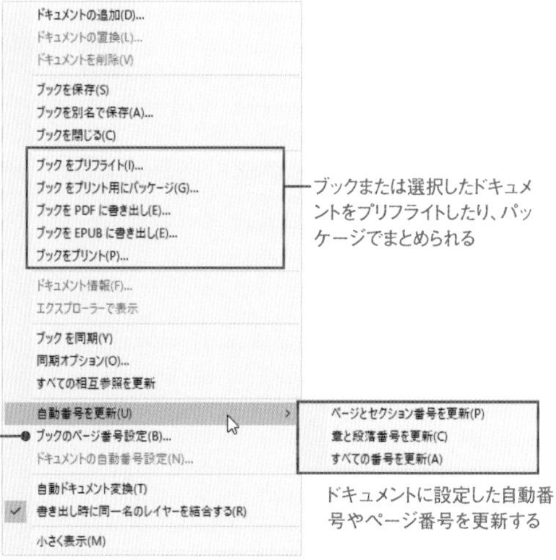

ブックパネルメニュー

Macでは、キーは次のようになります。 Ctrl → ⌘ Alt → option Enter → return

STEP 01 ブックを作成しページ番号を調整する 2021 2020 2019

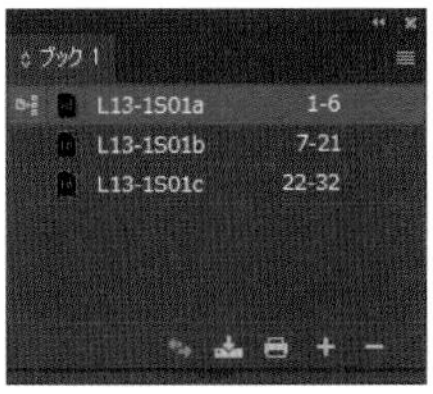

ブックを作成し、レッスンファイルを登録して、ブックの概要をつかみましょう。

Lesson13 ▶ L13-1S01 ▶ L13-1S01a.indd、L13-1S01b.indd、L13-1S01c.indd、

1 ［ファイル］メニュー→［新規］→［ブック］を選択します❶。

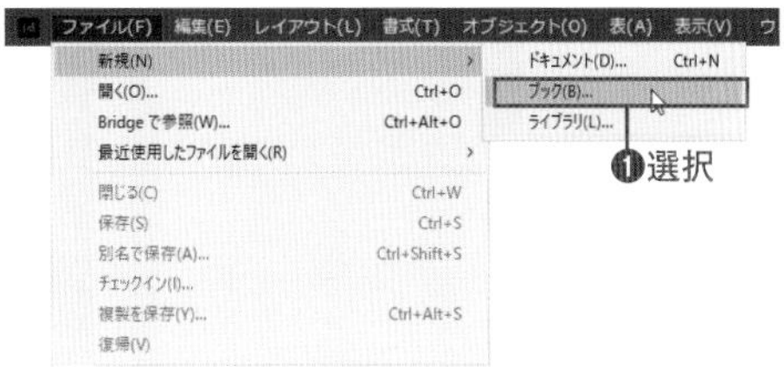

2 ［新規ブック］ダイアログボックスが表示されるので、「L13-1S01」フォルダーを開きます❶。［ファイル名］は「ブック1.indb」のままで❷、［保存］をクリックします❸。「ブック1」とタブに表示されたブックパネルが表示されます❹。

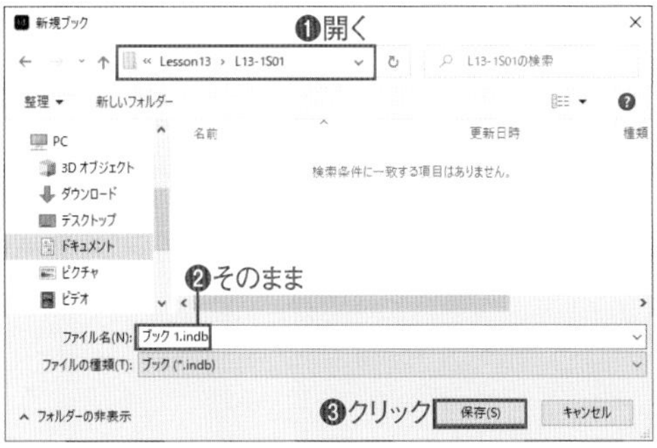

❹表示された

ブックもひとつのファイルとして保存される。拡張子はindbとなる

3 ブック1パネル下部の［ドキュメントを追加］■をクリックします❶。「L13-1S01」フォルダーに表示された3つのレッスンファイル「L13-1S01a.indd」、「L13-1S01b.indd」、「L13-1S01c.indd」を選択し❷、［開く］をクリックします❸。

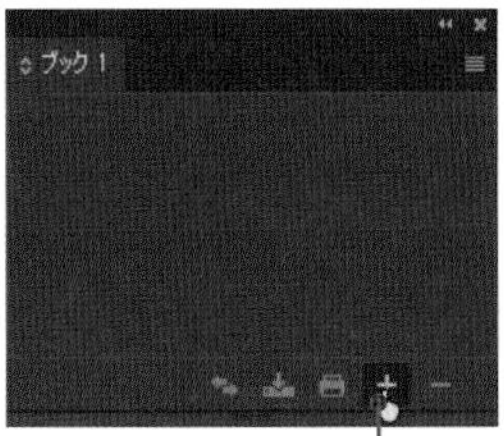

4　ブック1パネルに選択したドキュメントが登録されます❶。

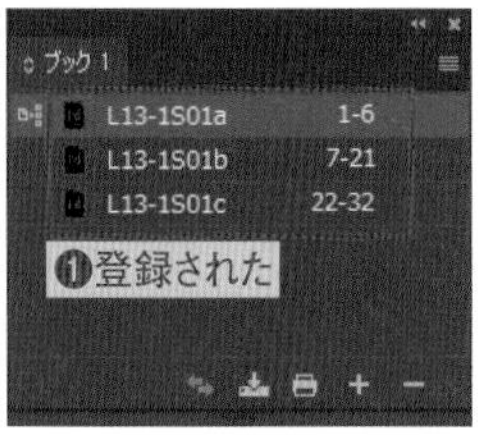

CHECK!

ブックに登録できるのは同じバージョンのドキュメント

ドキュメントをブックに追加後に［別名で保存］ダイアログボックスが表示される場合は、そのまま上書き保存してください。これは、レッスンファイルが2019形式のために表示されます。ブックに追加できるのは、同じバージョンのInDesignファイルだけなので、お使いのバージョンでの再保存が必要となります。

5　ブック1パネルの「L13-1S01a」のページ番号以外の部分をダブルクリックします❶。ドキュメントが開き❷、ブックパネルには、ドキュメントが開いていることを示す●が表示されます❸。

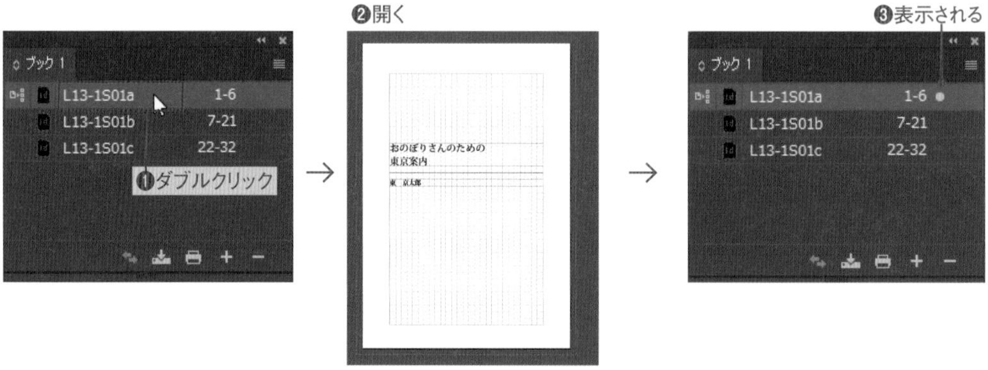

6　ブック1パネルの「L13-1S01b」のページ番号部分をダブルクリックします❶。ページ番号部分をダブルクリックしたので、［ドキュメントの番号割り当てオプション］ダイアログボックスが開きます❷。ここではそのまま［OK］をクリックします❸。「L13-1S01b」が開きます❹。

CHECK!

自動ページ番号の設定

［ドキュメントの番号割り当てオプション］ダイアログボックスで、［自動ページ番号］が選択されていると、ブックパネルの前のドキュメント（上記例では「L13-1S01a」）に続いた番号になります。［ページ番号割り当てを開始］を選択して、ページ番号を入力すると、入力した番号から始まります。その際、奇数と偶数によってページの位置が右始まりか左始まりかが決まります。

7 ブック1パネルの「L13-1S01c」のページ番号以外の部分をダブルクリックして❶、「L13-1S01c」を開きます❷。「L13-1S01c」は2章のタイトルのある先頭ページが左ページで始まる文書ですが、ブックに登録したことで先頭ページのページ番号が「L13-1S01b」に続く「22」となったため、右ページから始まっています❸。

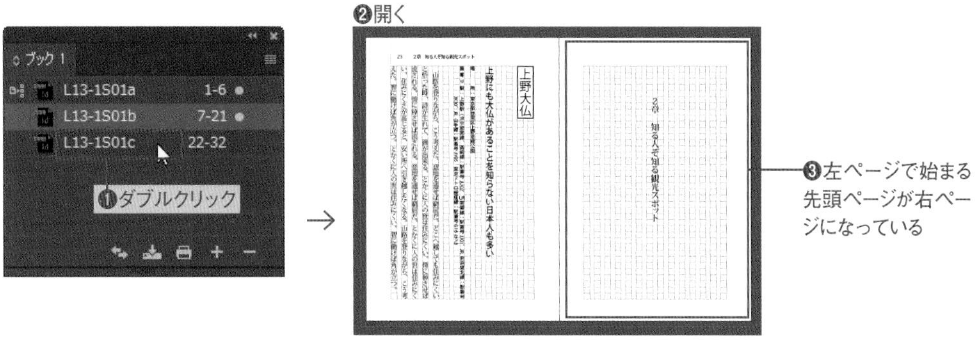

8 ブック1パネルメニューから［ブックのページ番号設定］を選択します❶。［ブックのページ番号設定］ダイアログボックスが表示されるので、［次の奇数ページへ続行］を選択し❷、［白ページを挿入］にチェックをつけ❸、［OK］をクリックします❹。

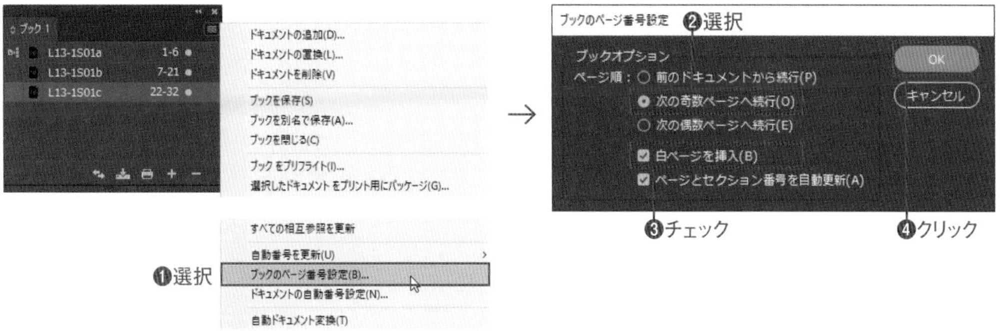

9 ブック1パネルの「L13-1S01b」の最終ページが「22」になり、「L13-1S01c」の先頭ページが「23」になりました❶。「L13-1S01b」を開き、最終ページに空白ページが挿入されていることを確認します❷。また、「L13-1S01c」を開き、先頭ページが左ページになっていることを確認します❸。

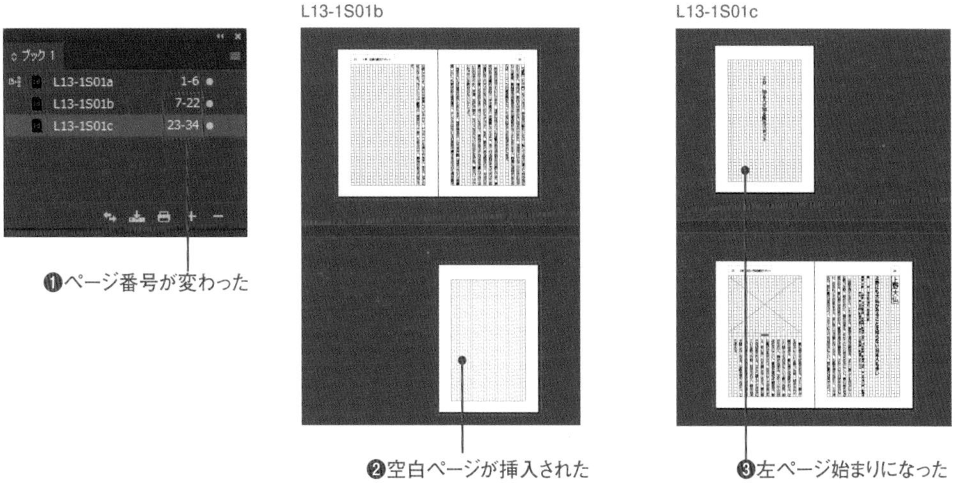

13-2 目次の作成

InDesignは、ドキュメントに設定した段落スタイルを元に、自動で目次を作成できる便利な機能があります。作成の前準備が必要ですが、しっかり設定しておけば、ページ構成が変わっても自動で更新できます。ここでは、目次作成について学びましょう。

STEP 01 目次を作成する

2021 2020 2019

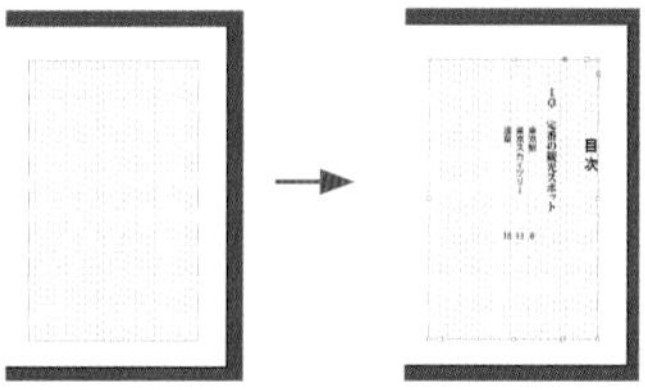

Before　　After

目次を作成するには、元のドキュメントのどの部分を目次項目にするかを決定し、目次用の段落スタイルを用意します。この２点を用意すれば、目次を作成できます。

Lesson 13 ▶ L13-2S01.indd

1 レッスンファイルを開きます。先頭ページから最終ページまで表示して、このファイルがどのような構成になっているかを確認してください。確認したら、7ページ目を開きます❶。このページには、章タイトルが入力されています。縦組み文字ツールを選択し❷、章タイトルのテキストを選択します（一部で可）❸。段落スタイルパネルで、この段落には「本文用」の「章タイトル」が適用されていることを確認します❹。

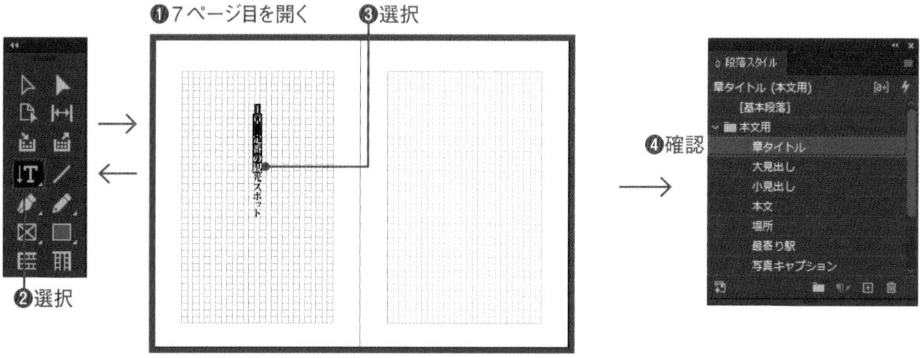

2 同様に8ページ目を開き❶、見出し部分である「東京駅」を選択します❷。段落スタイルパネルで、この段落には「本文用」の「大見出し」が適用されていることを確認します❸。確認した「章タイトル」と「大見出し」を目次の項目とします。

3 4ページ目を開きます。このページに、目次を作成しましょう。レッスンファイルには、すでに目次用の段落スタイルが設定されています。それぞれの段落スタイルを確認してください❶。

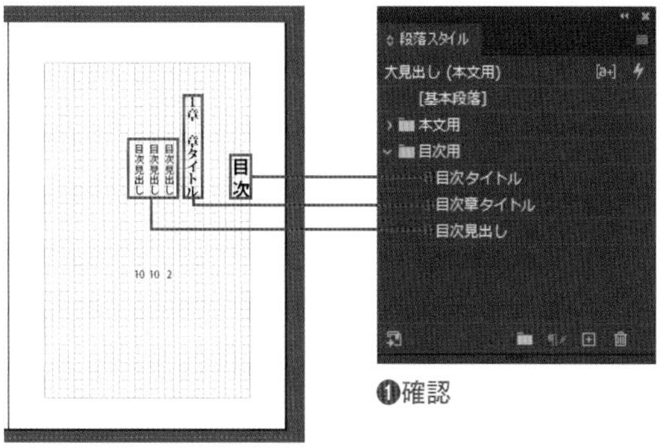

4 手順3で確認したテキストは、目次の段落スタイルを設定するために作成したダミーテキストです。不要なので、選択ツール を選択し❶、テキストフレームをペーストボードにドラッグしてよけておきます❷。

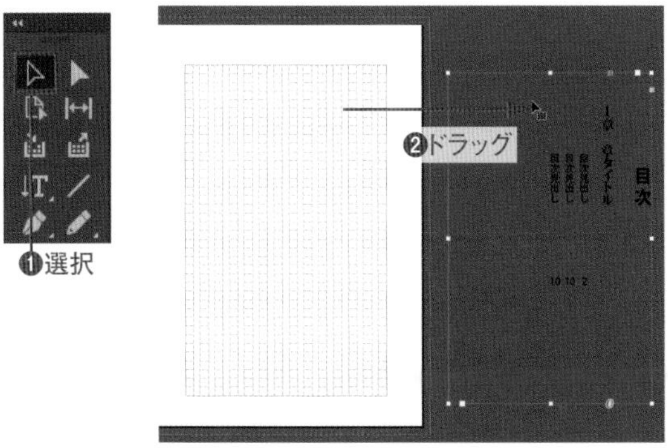

CHECK!

目次は準備が大切

レッスンファイルでは、本文の段落スタイルも、目次用の段落スタイルも設定済みですが、実作業ではすべて自分で作成することになります。目次の作成は準備が大切なので、この手順を参考にして段落スタイルを設定してください。

5 [レイアウト] メニュー→ [目次] を選択します❶。[目次] ダイアログボックスが開くので、[タイトル] 欄が「目次」であることを確認します❷。これは、目次を作成した際の目次のタイトルとなります。[スタイル] のスタイル名称をクリックし❸、表示されたメニューから [目次用] の中の [目次タイトル] を選択します❹。

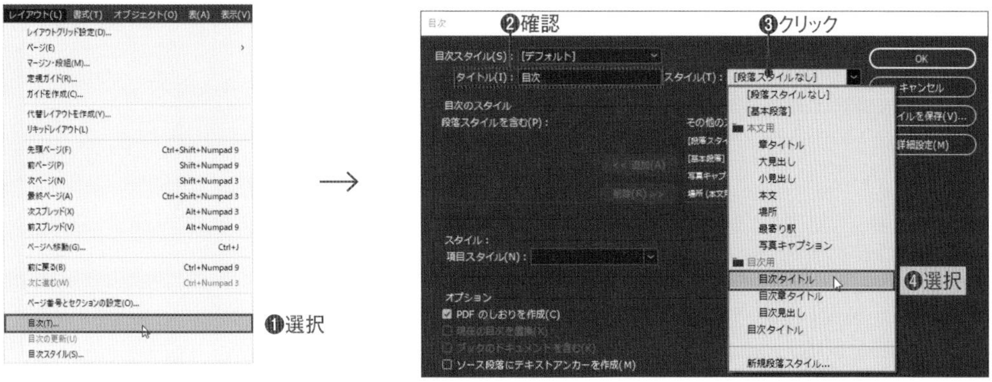

6 [スタイル] 欄に [目次タイトル] が設定されたのを確認したら❶、[目次のスタイル] の [その他のスタイル] から [章タイトル (本文用)] を選択し❷、[<< 追加 (A)] をクリックします❸。続いて、[詳細設定] をクリックします❹ ([基本設定] になっているときはそのままでかまいません)。

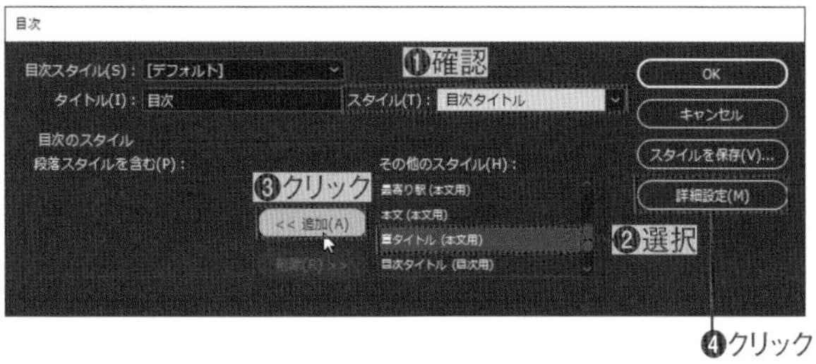

7 ［章タイトル（本文用）］が左側の［段落スタイルを含む］欄に移動したことを確認します❶。この欄に表示された段落スタイルが、目次の項目としてドキュメントから収集されます。［章タイトル（本文用）］が選択された状態で、［項目スタイル］に［目次章タイトル］を選択します❷。これで、［章タイトル（本文用）］の適用されている段落のテキストは、目次作成時に［目次章タイトル］が適用されます。続いて［ページ番号］を［ページ番号なし］に設定します❸。これは、目次のこの項目にはページ番号を入れないという設定です。

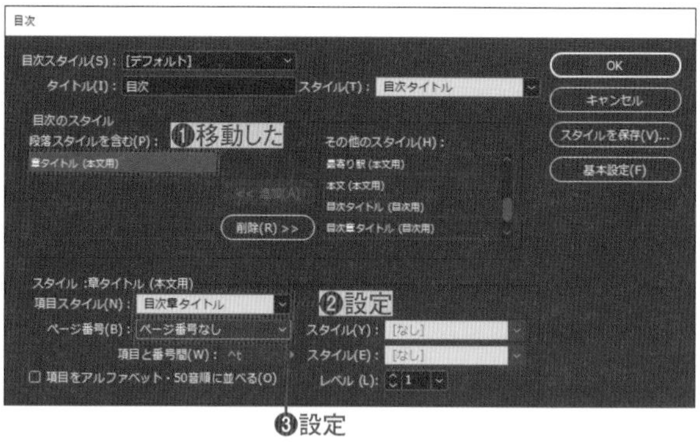

8 同様の手順で、［大見出し（本文用）］を［段落スタイルを含む］欄に移動します❶。［大見出し（本文用）］が選択された状態で、［項目スタイル］に［目次見出し］を選択します❷。これで、［大見出し（本文用）］の適用されている段落のテキストは、目次作成時に［目次見出し］が適用されます。続いて、［ページ番号］が［項目後］❸、その下の［項目と番号間］が［^t］であることを確認します❹。目次項目の後ろにページ番号を入れて、項目とページ番号の間にはタブを入れる設定です。最後に、［レベル］を「2」に設定します❺。

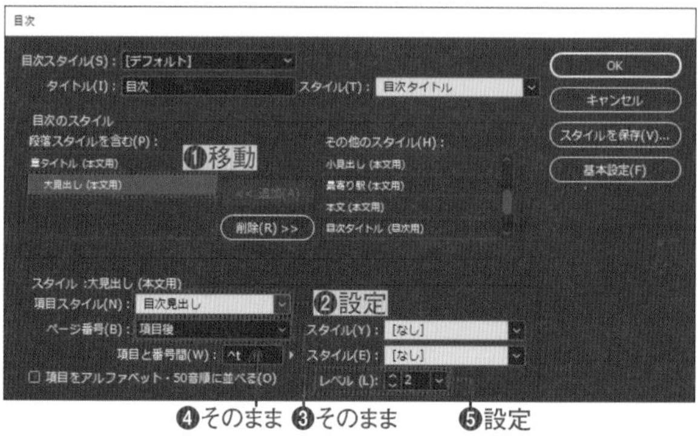

9 目次にする項目の設定が終わったので、［オプション］を設定します。ここでは、［PDFのしおりを作成］（2020以前は［PDFブックマークを作成］）にチェックします❶。これは、PDFを作成した際に、目次からのリンクを作成するオプションです。［フレームの方向］を［縦組み］に設定します❷。これで設定は終了したので［OK］をクリックします❸。

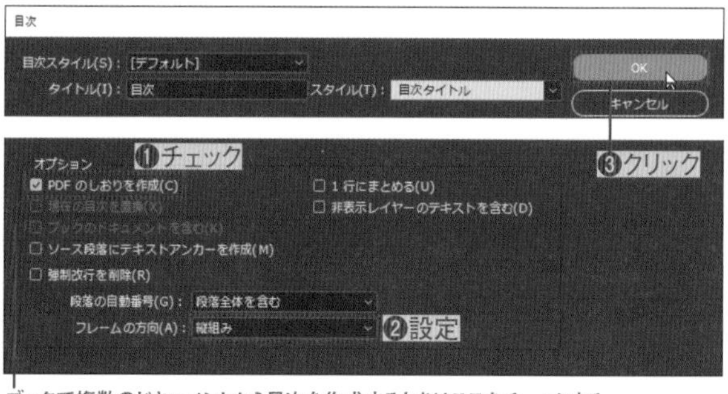

ブックで複数のドキュメントから目次を作成するときはここをチェックする

10 マウスポインターがテキストのプレビューになるので、テキストフレームの右上をクリックします❶。［目次］ダイアログボックスの設定で、目次が作成されました❷。

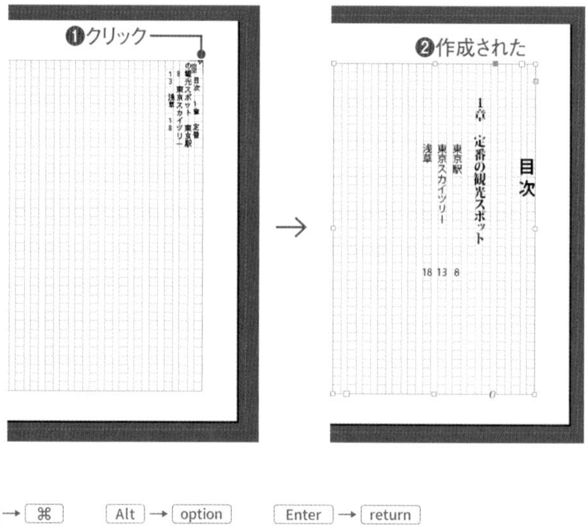

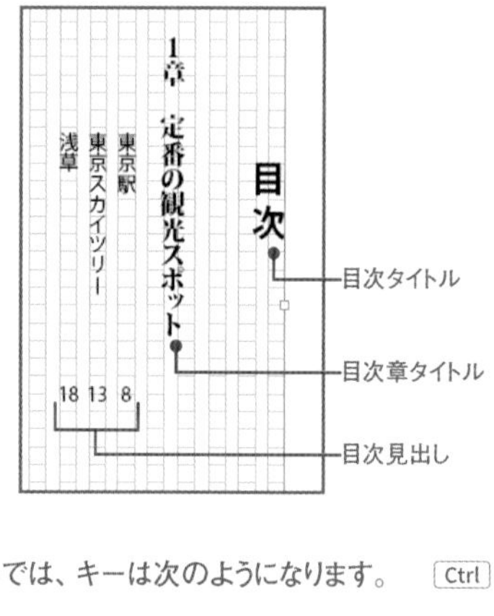

STEP 02 目次を更新する

2021 2020 2019

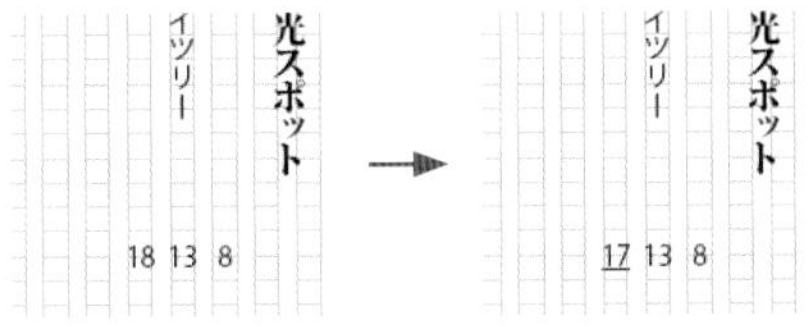

Before　　After

一度目次を作成すると、ページの構成が変更された後でも、更新できます。ここでは、大見出しのページを移動させて目次を更新してみましょう。

Lesson13 ▶ L13-2S02.indd

1 レッスンファイルを開きます（STEP01で作業したファイルをそのまま使ってもかまいません）。17ページ目を開きます❶。縦組み文字ツールを選択し❷、17ページ目の3行を選択したら、Delete キーを押して削除します❸。テキストが削除されたので、次の18ページ目にあった「浅草」以降が、17ページ目に流れてきました❹。大見出しのページが変わったので、目次も変更します。

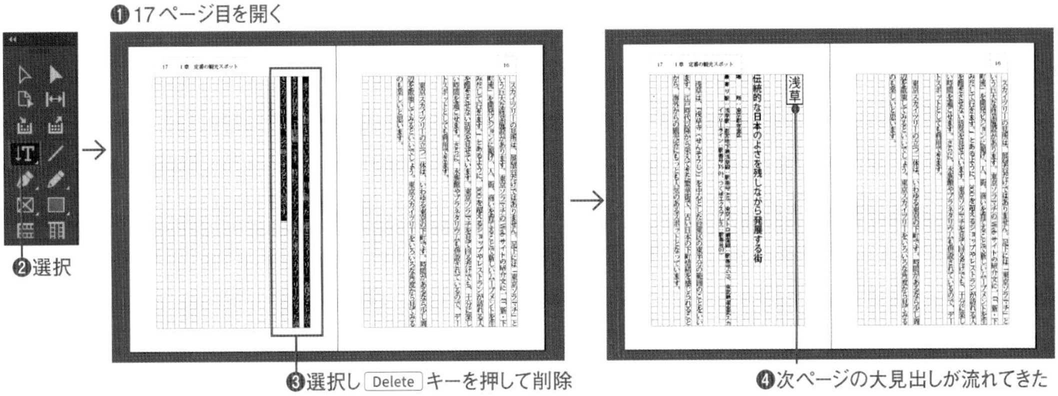

2 目次を作成した4ページ目を開き❶、目次内のどこでもよいのでクリックし、テキスト挿入点を置きます❷。［レイアウト］メニュー→［目次の更新］を選択します❸。［情報］ダイアログボックスが表示されるので［OK］をクリックします❹。目次項目の「浅草」のページ番号が「17」に変わりました❺。

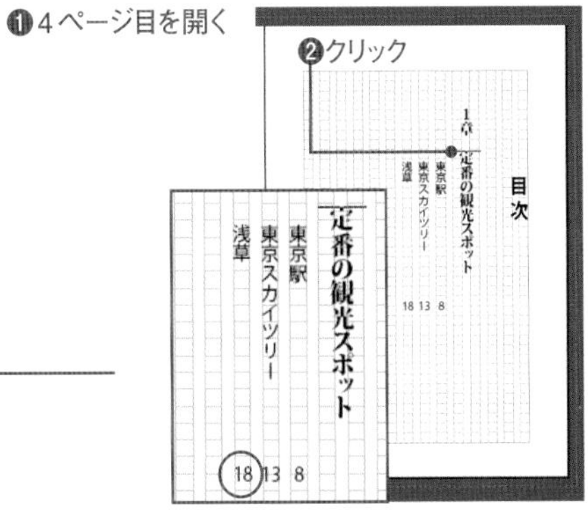

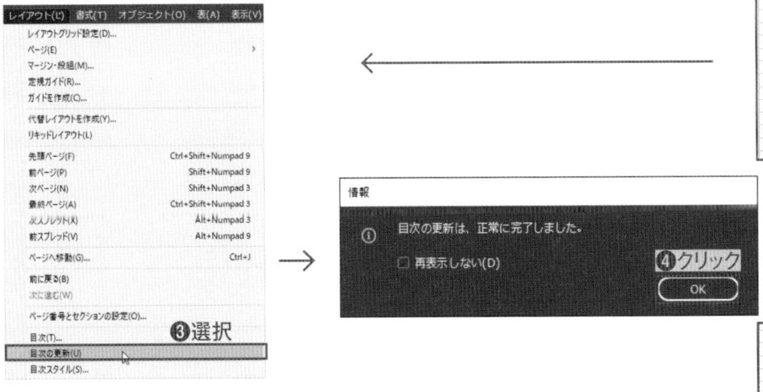

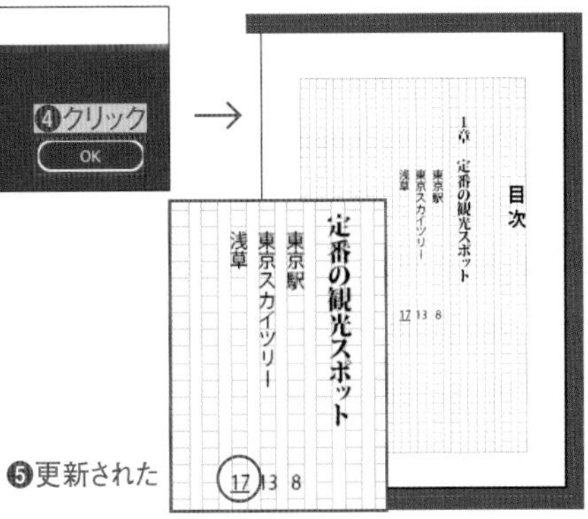

目次の更新は、直線に作成された目次の作成の設定が適用される

13-3 索引の作成

InDesignでは、ドキュメント内のテキストに索引項目として設定すると、自動でページ番号のついた索引を作成できます。ここでは、索引の作成方法について学びます。

STEP 01 索引項目の追加

2021 2020 2019

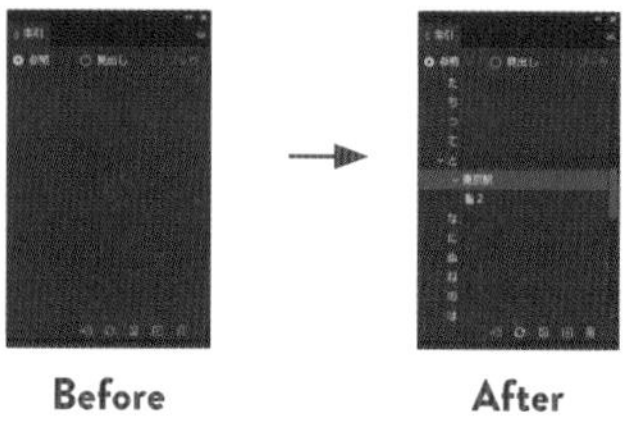

索引を作成するには、ドキュメント内で索引に含めたい用語を選択して、索引項目に登録します。その際、並べ替えのための読みを入力します。

Lesson 13 ▶ L13-3S01.indd

1 レッスンファイルを開きます。［ウィンドウ］メニュー→［書式と表］→［索引］を選択し❶、索引パネルを開きます❷。索引パネルは空の状態です。

2 横組み文字ツール T を選択し❶、2ページ目の先頭の「東京駅」を選択します❷。索引パネルで［参照］が選択されていることを確認し❸、［新規索引項目を作成］をクリックします❹。

3 ［新規ページ参照］ダイアログボックスが開きます。索引項目に選択した「東京駅」が入力されていることを確認し❶、読みに「とうきょうえき」と入力します❷。ほかの設定項目は初期設定のまま［OK］をクリックします❸。

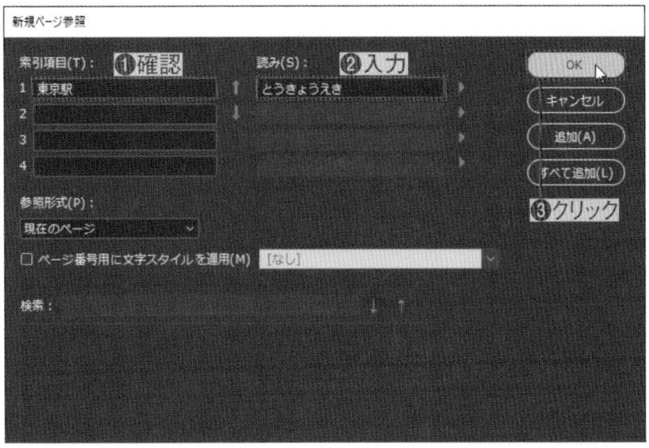

4 索引パネルに［記号］［数字］［アルファベット］［かな］のセクションが表示されます❶。［かな］の左の▶をクリックして展開表示し❷、［と］も展開表示します❸。［東京駅］もクリックして展開すると❹、索引として登録されたページ番号が表示されます❺。実際には、同じ手順で、ドキュメント内のすべての索引項目を追加します。このLessonでは、これで終了です。

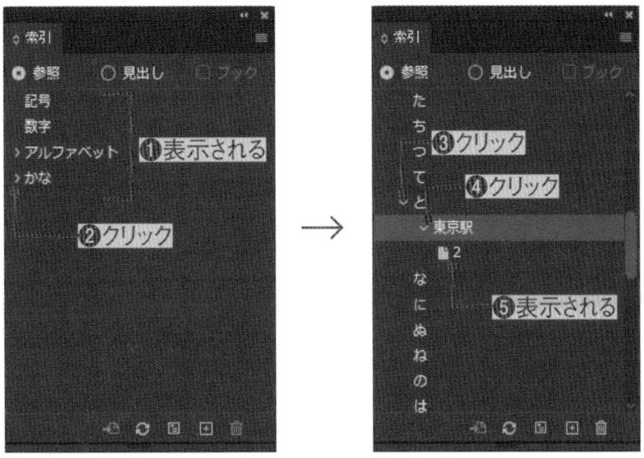

CHECK!

索引項目の入力を効率的に行う

索引項目の入力は、ページ数が多いとかなりの時間を要します。できるだけ効率的に入力しましょう。新規ページ参照］ダイアログボックスは、Ctrlキーと7キーを押すと表示できます。また、アルファベット、カタカナ、数字でできている用語を索引項目として登録するときは、読みの入力は不要です。そのまま［OK］ボタンをクリックしてください。Enterキーを押しても［OK］ボタンを押したことになります。

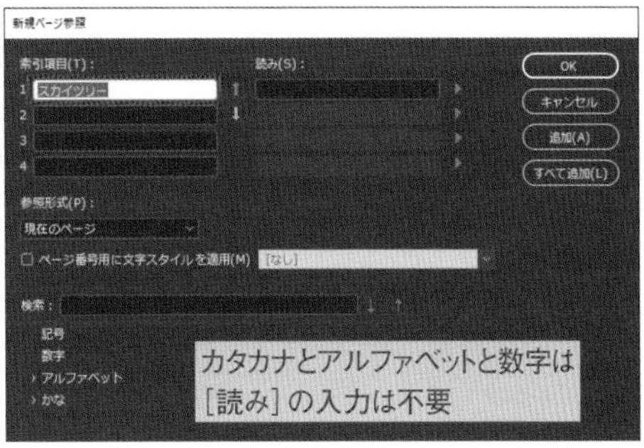

COLUMN

索引項目の1と2

用語を索引項目として登録する際、共通の見出し（レベル1、下記例では「JR」）の下に索引項目（レベル2）を表示したいときは、［1］に共通の見出し、［2］に索引項目を入力します。

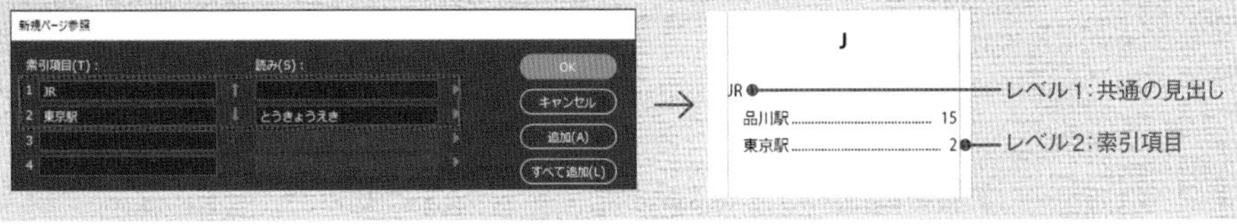

STEP 02 索引の作成

2021 2020 2019

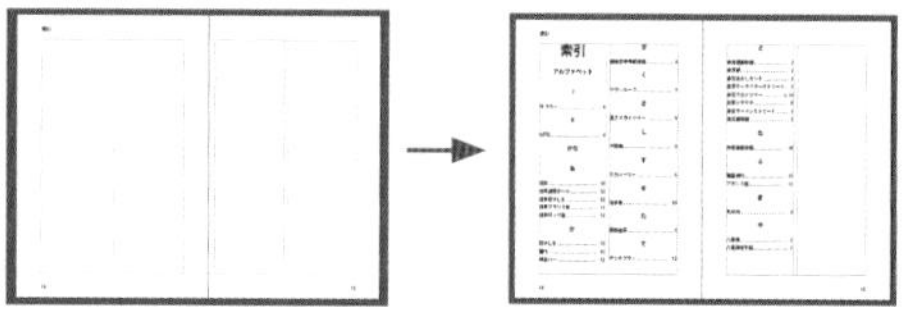

Before　After

索引項目の登録が終わったら、索引を作成します。準備として、索引用の段落スタイルを作成しておきましょう。

Lesson13 ▶ L13-3S02.indd

1 レッスンファイルを開き、14ページ目を開きます❶。このページに、索引を作成しましょう。レッスンファイルには、すでに索引用の段落スタイルが設定されています。それぞれの段落スタイルを確認してください❷。

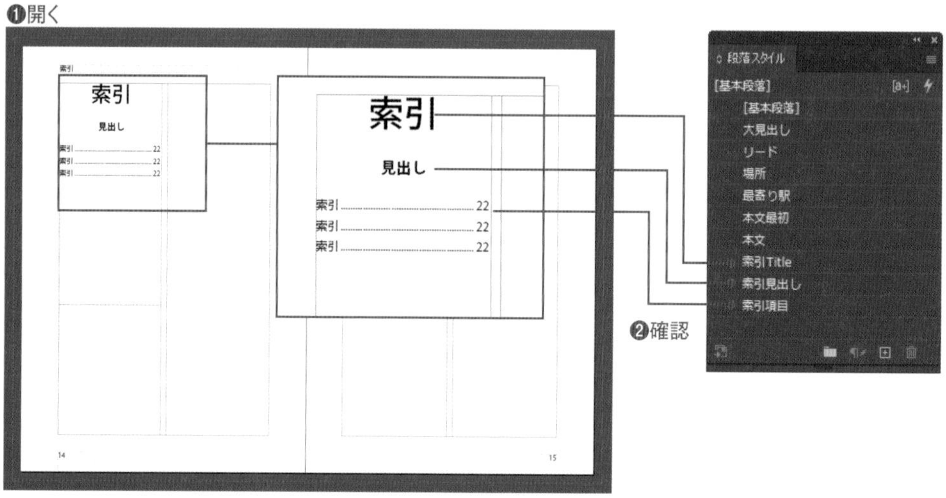

2 手順1で確認したテキストは、索引の段落スタイルを設定するために作成したダミーテキストです。不要なので、選択ツール▷を選択し❶、ダミーテキストの入ったテキストフレームをペーストボードにドラッグしてよけておきます❷。

3 索引パネルの［あ］を展開表示し、索引項目が登録されていることを確認します❶。

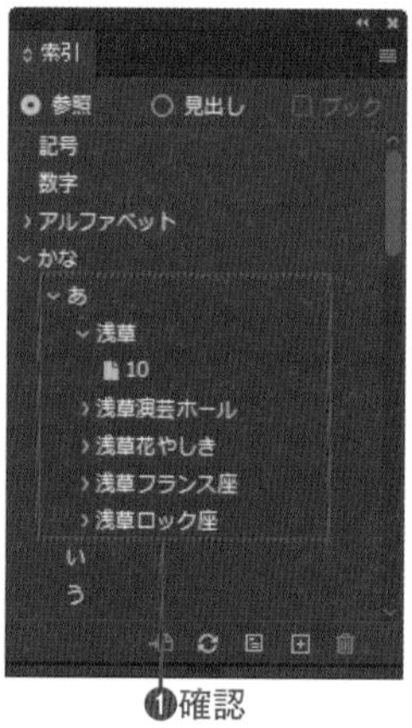

Macでは、キーは次のようになります。 Ctrl → ⌘　Alt → option　Enter → return

4 索引パネルメニューから［索引の作成］を選択します❶。

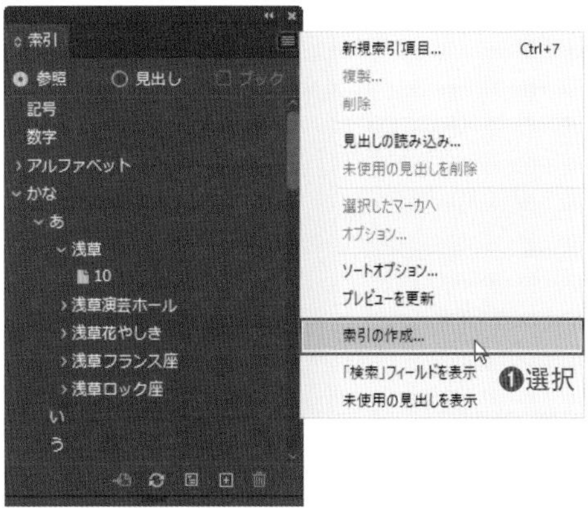

5 ［索引の作成］ダイアログボックスが表示されるので、索引作成の項目等を設定します。［タイトル］欄が「索引」であることを確認します❶。これは、索引を作成した際の索引のタイトルとなります。［タイトルのスタイル］を［索引Title］に設定します❷。［レベルスタイル］の［レベル1］を［索引項目］に設定し❸、［索引スタイル］の［セクションの見出し］を［索引見出し］に設定します❹。そのほかは、初期設定のままで［OK］をクリックします❺。

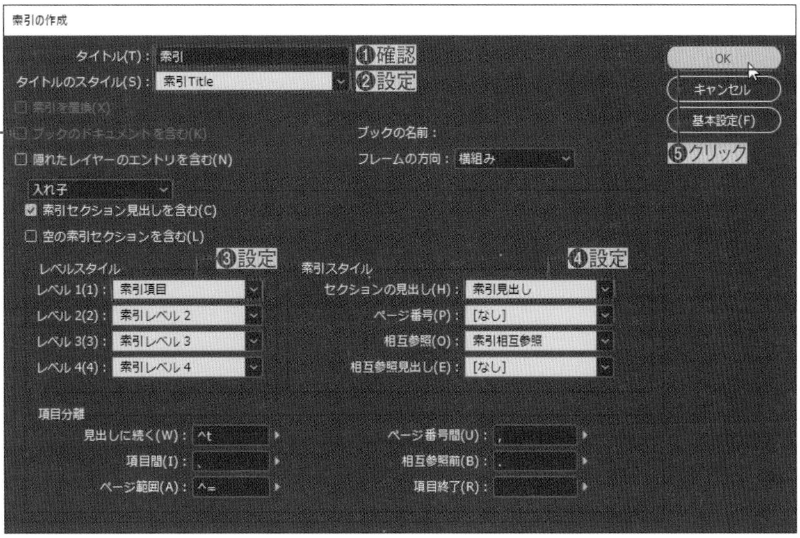

ブックで複数のドキュメントから索引を作成するときはここをチェックする

ダイアログボックスの下部が表示されないときは［詳細設定］をクリック

6 マウスポインターがテキストのプレビューになるので、テキストフレームの左上を Shift キーを押しながらクリックします❶。［索引］ダイアログボックスの設定で、段組のマージンに沿って索引のテキストフレームが作成されました❷。

❶ Shift ＋クリック

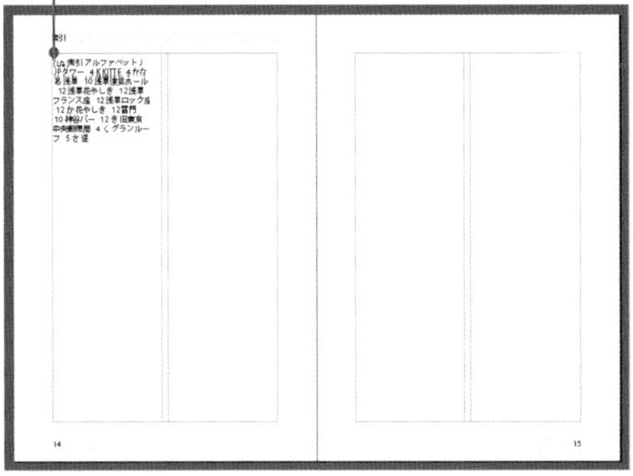

→

❷作成された

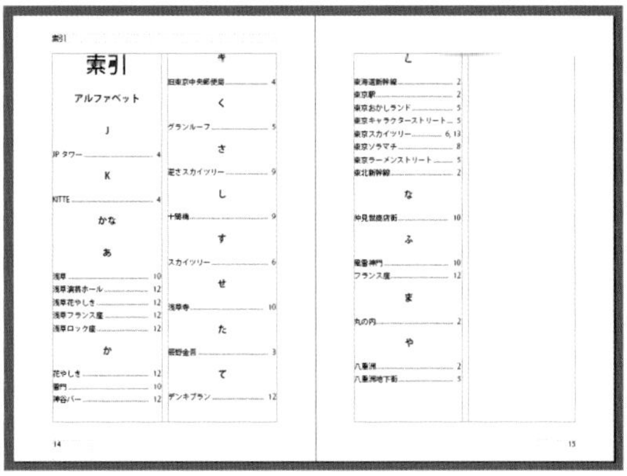

STEP 03 索引を更新する

2021 2020 2019

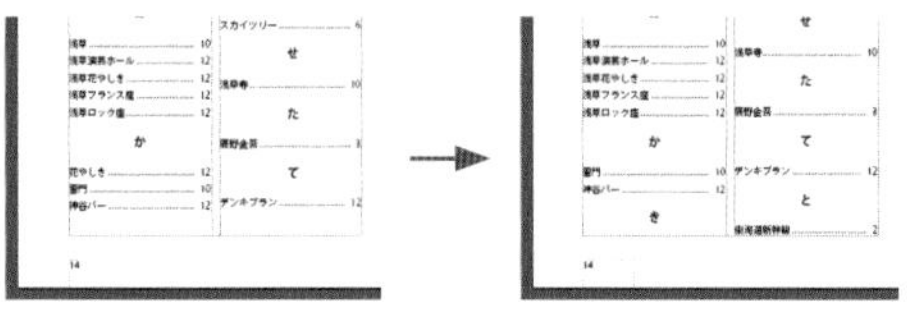

Before After

作成した索引は必ず見直しましょう。誤りがあった場合は、索引項目の登録内容を修正して、更新します。

Lesson13 ▶ L13-3S03.indd

1 レッスンファイルを開くか、STEP02で作業したファイルをそのまま使います。作成した索引を見ると、「か」の項目に「花やしき」が入っています❶。これは「読み」の誤入力であると推測できます。索引パネルで、「か」を展開表示して[花やしき]をダブルクリックします❷。

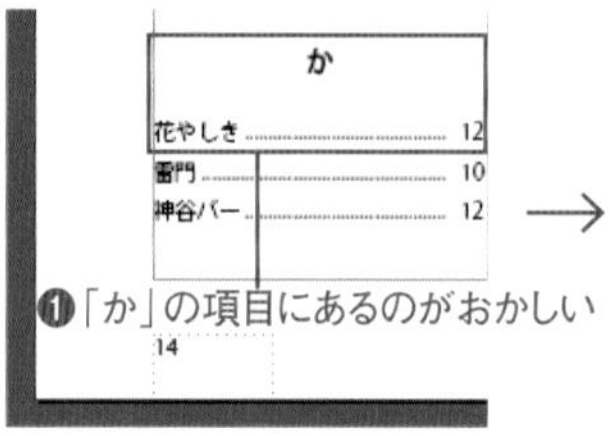

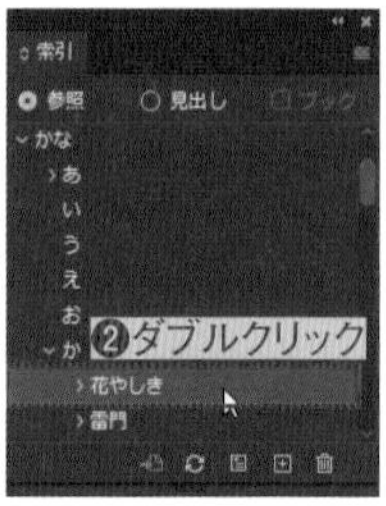

2 [見出しオプション]ダイアログボックスが表示されます。[読み]が「がなやしき」になっているので❶、「はなやしき」に修正して❷、[OK]をクリックします❸。

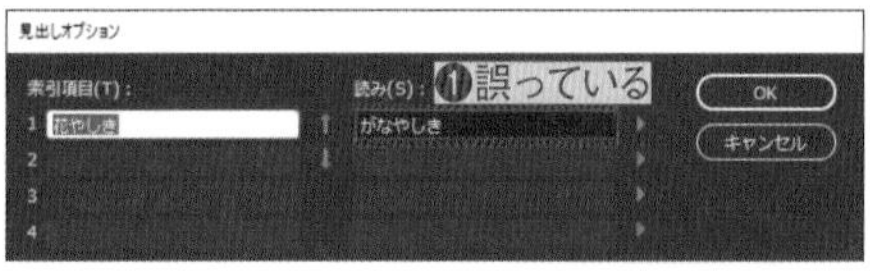

3 索引パネルで、「花やしき」が「か」の項目になくなり❶、「は」の項目にあることを確認します❷。確認したら索引パネルメニューから[索引の作成]を選択します❸。

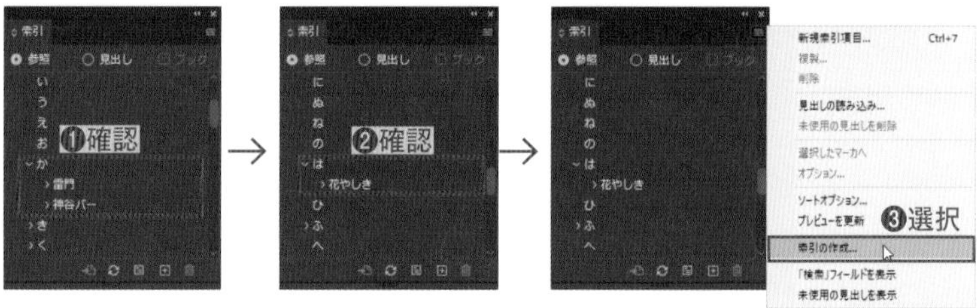

4 [索引の作成]ダイアログボックスが表示されるので、[索引を置換]がチェックされていることを確認し❶、[OK]をクリックします❷。[情報]ダイアログボックスが表示されるので[OK]をクリックします❸。索引が更新されました。「花やしき」が「か」にはなく❹、「は」にあることを確認します❺。

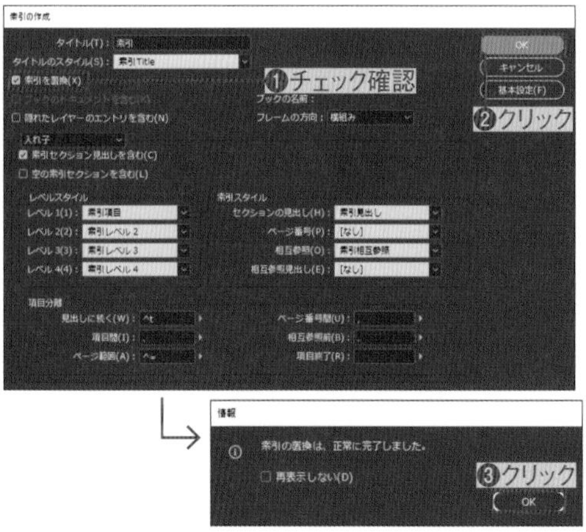

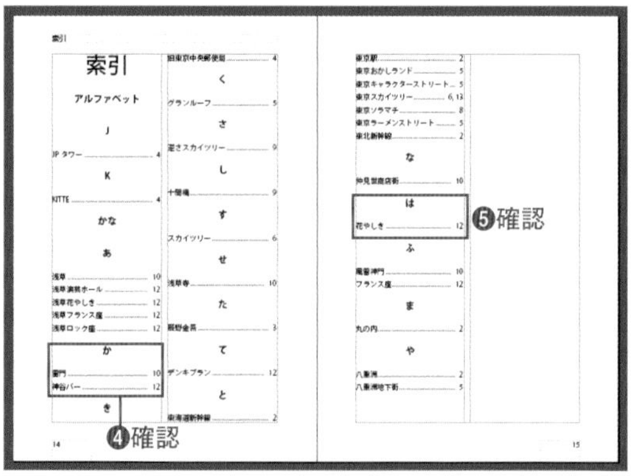

 Macでは、キーは次のようになります。 Ctrl → ⌘ Alt → option Enter → return

13-4 相互参照

ドキュメント内のほかのページのテキストを参照することを相互参照といいます。相互参照は、参照先のページや語句が編集されることが多いため、修正漏れが多くなりがちです。InDesignには相互参照をリンクの形式で設定できます。ここでは実際に相互参照を設定してみて、設定方法を学びましょう。

STEP 01 相互参照を設定する

2021 2020 2019

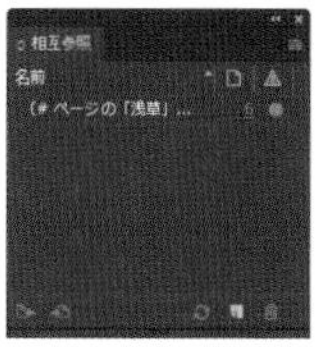

相互参照テキストを挿入します。参照先は［大見出し］段落スタイルの適用されている見出しです。相互参照テキストの形式はカスタマイズして作成します。

Lesson13 ▶ L13-4S01.indd、

1 レッスンファイルの6ページ目を開きます❶。このファイルには「浅草」の紹介が10ページ目にあるので、「浅草」という文字の後ろに「（10ページの「浅草」を参照）」という文言を、相互参照を使って入力します。横組み文字ツール を選択し❷、「浅草」の文字の後ろをクリックしてテキスト挿入点を置きます❸。相互参照パネルを開き、［新規相互参照を作成］ をクリックします❹。

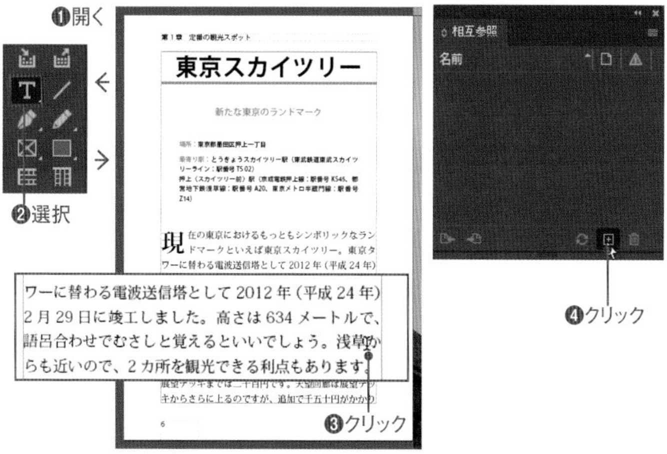

2 ［新規相互参照］ダイアログボックスが開くので、［ハイパーリンク先］の段落スタイルから［大見出し］を選択します❶。右側に表示された［大見出し］が適用されているテキストが表示されるので［浅草］を選択します❷。テキスト挿入点の後ろに「10ページの「浅草」」と、入力される相互参照のテキストがプレビュー表示されます❸。

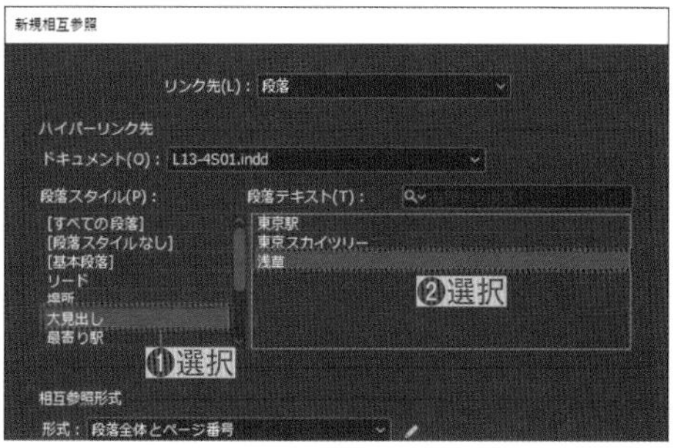

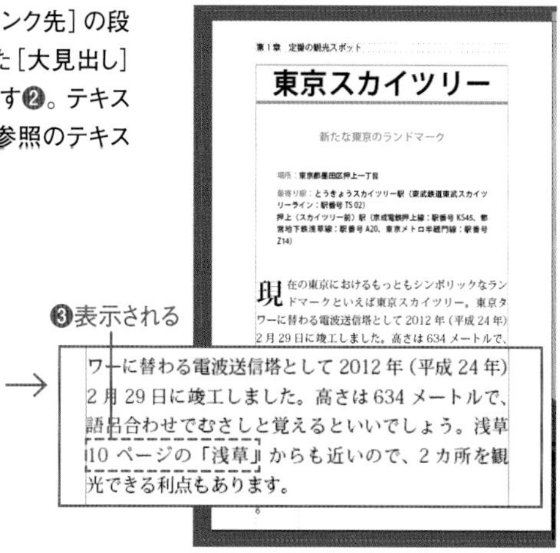

3 挿入されるテキストは、［相互参照形式］の［形式］の設定で決まります❶。入力したい形式がデフォルトでは用意されていないので、カスタマイズして作成します。［相互参照形式を作成または編集］をクリックします❷。

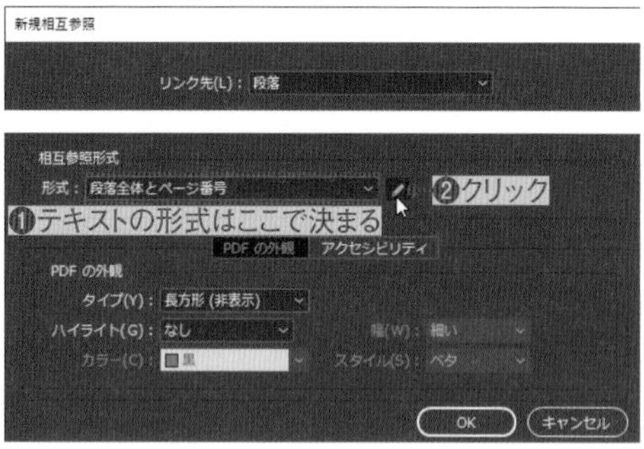

4 ［相互参照形式］ダイアログボックスが開くので、左下の［+］をクリックします❶。選択されていた［段落全体とページ番号］を元に、名前が「段落全体とページ番号（1）」の新しい形式が追加されます❷。ここでは、［名前］欄はそのままにして❸、［定義］欄を変更します。元の定義文の先頭に「（」を入力し❹、末尾に「を参照）」を入力します❺。なお、「（」「）」はどちらも全角です。入力したら［保存］をクリックし❻、［OK］をクリックします❼。これで、相互参照のテキストは、（XXページの「XX」を参照）」となります。

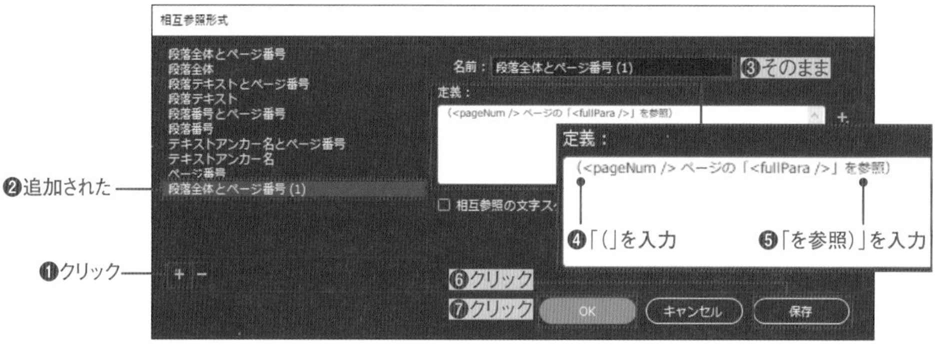

5 ［相互参照形式］ダイアログボックスに戻ります。［相互参照形式］の［形式］が追加した［段落全体とページ番号（1）］であることを確認します❶。テキスト挿入点の後ろが「（10ページの「浅草」を参照）」とプレビュー表示されているのを確認し❷、［OK］をクリックします❸。

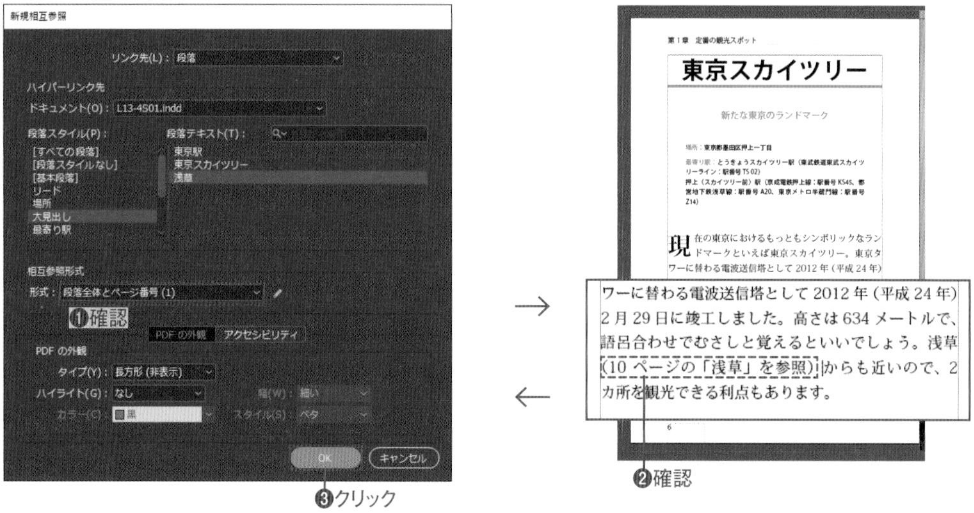

6 相互参照パネルに、相互参照が登録されるので、クリックして選択します❶。パネル下部の［選択した相互参照のリンク先へ移動］をクリックし❷、参照先の「浅草」が表示されることを確認します❸。再度登録した相互参照を選択し❹、［選択した相互参照のリンク元へ移動］をクリックして❺、挿入されている相互参照テキストが選択されることを確認します❻。

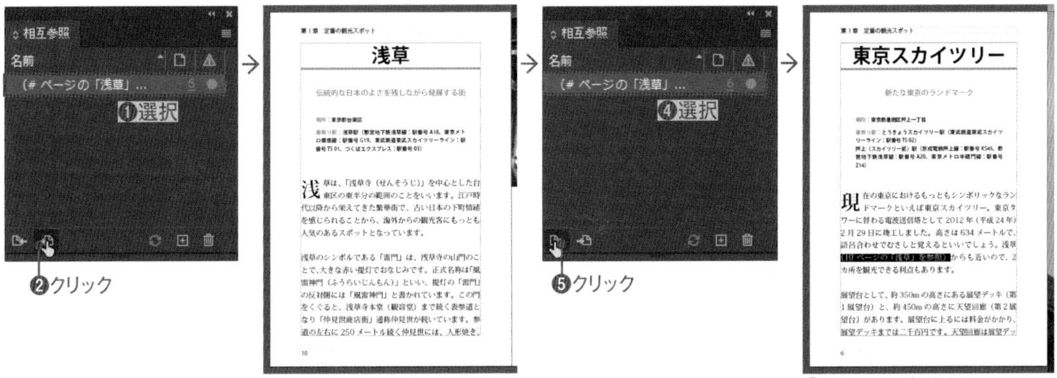

❸参照先に移動する　❻参照元に移動する

STEP 02 相互参照を更新する

2021　2020　2019

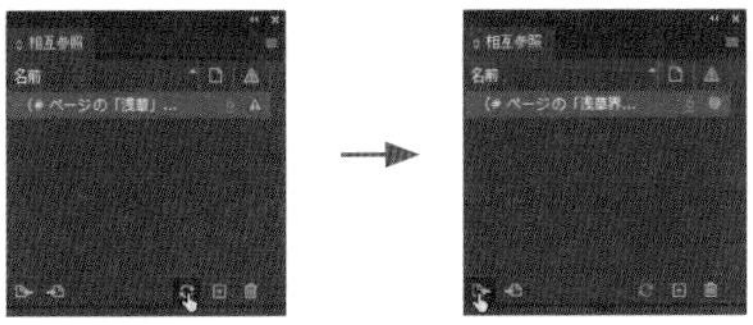

Before　After

相互参照の参照先のテキストが編集されたときなどの、更新方法について学びましょう。

Lesson13 ▶ L13-4S02.indd、

1 レッスンファイルを開くか、STEP01で作業したファイルを使います❶。相互参照の参照先に設定した「浅草」のページを表示し、「浅草」の文字を「浅草界隈」に変更します❷。参照先の内容が変わったので、相互参照パネルの相互参照に⚠が表示されます❸。相互参照を選択して❹、［相互参照を更新］をクリックします❺。

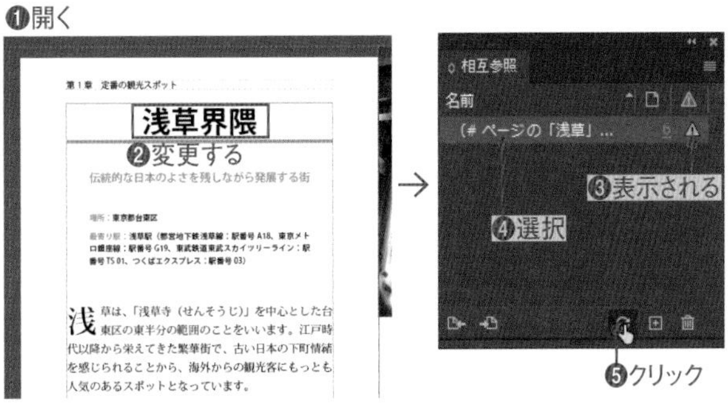

2 相互参照が更新され、⚠が正常にリンクしていることを表す●に変わります。❶。［選択した相互参照のリンク元へ移動］をクリックし❷、挿入されている相互参照テキストが変更されていることを確認します❸。

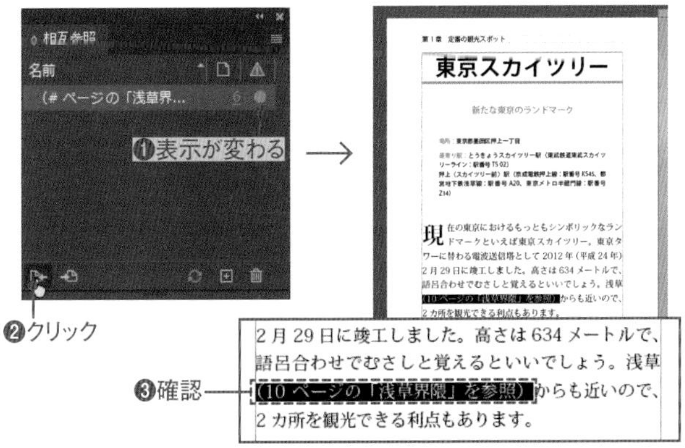

Lesson13　練習問題

Lesson13 ▶ L13 EX1.indd

Q

2ページに目次を作成してください。

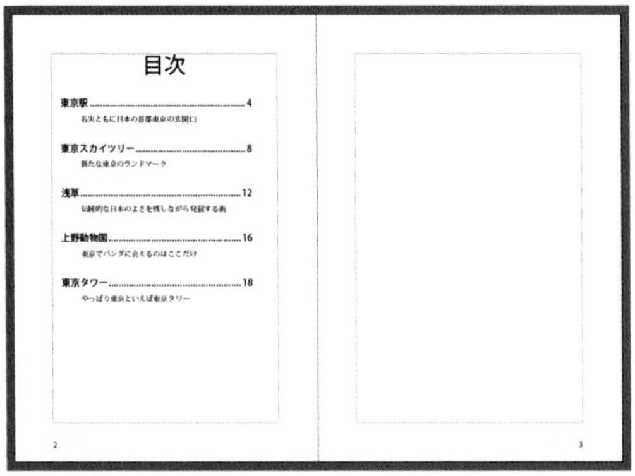
目次
東京駅……4
名実ともに日本の首都東京の玄関口
東京スカイツリー……8
新たな東京のランドマーク
浅草……12
伝統的な日本のよさを残しながら発展する街
上野動物園……16
東京でパンダに会えるのはここだけ
東京タワー……18
やっぱり東京といえば東京タワー
2
3

A

❶ [レイアウト] メニュー→ [目次] を選択します。
❷ [目次] ダイアログボックスで、[タイトル] はそのまま、[スタイル] は [目次 Title] に設定します。
❸ [目次のスタイル] で [大見出し] を追加して左側に移動させます。
❹ [項目スタイル] に [目次見出し] を設定します。
❺同様に [目次のスタイル] の左側に [リード] を追加します。
❻ [項目スタイル] に [目次リード]、[ページ番号] を [ページ番号なし] に設定します。
❼ [OK] をクリックし、ダイアログボックスを閉じます。
❽段組ガイドに合わせてクリックして作成します。

Lesson13 ▶ L13 EX2.indd

Q

6ページ目の本文2-3行目の「東京タワー」の後ろに、相互参照として「(XXページ参照)」を入力してください。

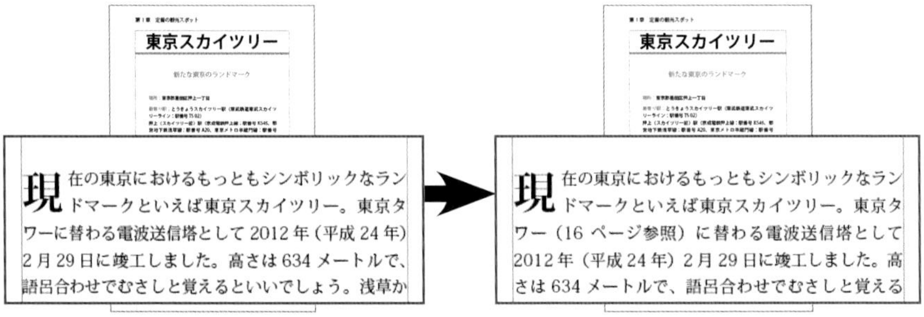
第1章　定番の観光スポット
東京スカイツリー
新たな東京のランドマーク
現在の東京におけるもっともシンボリックなランドマークといえば東京スカイツリー。東京タワーに替わる電波送信塔として2012年(平成24年)2月29日に竣工しました。高さは634メートルで、語呂合わせでむさしと覚えるといいでしょう。浅草か
第1章　定番の観光スポット
東京スカイツリー
新たな東京のランドマーク
現在の東京におけるもっともシンボリックなランドマークといえば東京スカイツリー。東京タワー（16ページ参照）に替わる電波送信塔として2012年（平成24年）2月29日に竣工しました。高さは634メートルで、語呂合わせでむさしと覚える

Before　　After

A

❶6ページ目の本文2-3行目の「東京タワー」の後ろに、テキスト挿入点を置きます。
❷相互参照パネルの [新規相互参照を作成] をクリックします。
❸ [新規相互参照] ダイアログボックスのハイパーリンク先に [大見出し] の [東京タワー] を選択します。
❹ [相互参照形式を作成または編集] をクリックします。
❺ [相互参照形式] ダイアログボックスで、[ページ番号] を選択し、[+] をクリックして追加します。
❻追加した [ページ番号 (1)] に対して、定義を「(<pageNum/> ページ参照)」に変更し、[保存] と [OK] を順番にクリックします。
❼ [OK] をクリックして [新規相互参照] ダイアログボックスを綴じます。

チェックと修正

An easy-to-understand guide to InDesign

Lesson 14

ドキュメントの完成が近くなると、チェックや修正作業が発生します。修正作業は、ページ数が多いドキュメントであればあるほど手間と時間がかかるもの。効率的に作業できるかがポイントとなります。ここでは、チェックと修正のためのポイントや操作を学びます。

14-1 検索と置換

レイアウト作業や編集では、特定用語を検索して修正したり、文字種を変更したりする作業が発生します。InDesignの検索と置換機能は強力で、使いこなすと面倒な文字の置き換えも一回の操作で行えます。ここでは検索と置換について学びます。

検索と置換について

2021 2020 2019

6種類の検索と置換

[編集] メニュー→ [検索と置換] を選択すると、[検索と置換] ダイアログボックスが表示されます。上部の [テキスト] [正規表現] [字形] [オブジェクト] [カラー] [文字種変換] で検索方法を選択して、検索と置換を実行します。

テキスト

[テキスト] が基本的な検索機能です。[検索文字列] に検索する文字を設定して検索します。[置換文字列] に文字を設定すると、検索結果を置換できます。大文字小文字の区別、全角半角の区別などの設定も可能です。また、特定の段落スタイルや文字スタイルを適用した文字だけを対象にできます。

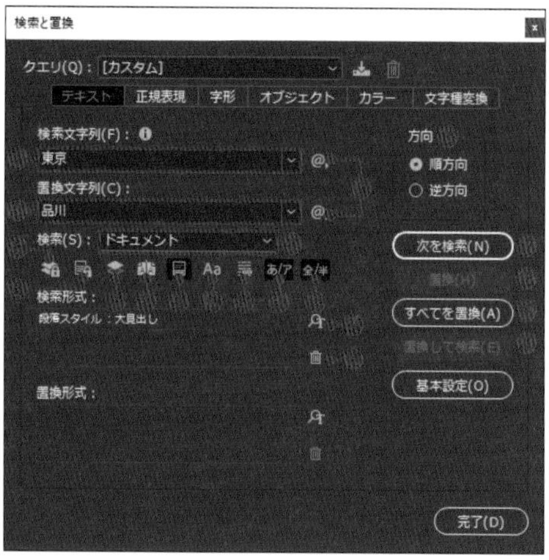

❶検索する文字列を入力
❷クリックしてタブなどの特殊文字を指定
❸置換する文字列を入力
❹検索する範囲を選択
❺ロックしているレイヤーやオブジェクトも検索する
❻ロックしているストーリーも検索する
❼非表示のレイヤーやオブジェクトも検索する
❽マスターページも含める
❾脚注も含める
❿大文字と小文字を区別する
⓫単語として検索する
⓬ひらがなとカタカナを区別する
⓭全角と半角を区別する
⓮段落スタイルまたは文字スタイルを指定する
⓯指定した段落スタイルまたは文字スタイルを解除する
⓰検索方向を指定する
⓱次の文字列を検索する
⓲検索した文字列を置換する
⓳検索文字列を全置換する
⓴検索した文字列を置換し、次の文字列を検索する

CHECK!

検索や置換文字の指定

検索、置換の文字に指定するには、[検索のための特殊文字] または [置換のための特殊文字] @,をクリックして、メニューから特殊文字を選択できます。[テキスト] の検索だけでなく、[正規表現] の検索でも利用できます。キーボードから入力すると間違えやすいメタ文字も、正しく入力できるので、積極的に利用してください。

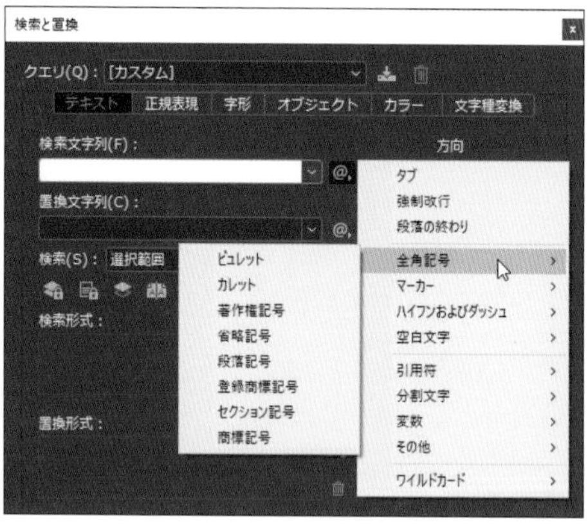

正規表現

[正規表現] は、文字列の規則性を利用して検索、置換します。例えば、「図1」や「図2」という図番号を「Fig.1」や「Fig.2」に変更したいとき、「図」で検索すると、「図書館」などの「図」も検索対象となってしまいます。「図1」や「図2」は「図」と「数字」の組み合わせという規則性があるので、これをメタ文字を使って表現して検索します。

検索文字列に、「(図)(¥d)」と入力すると❶、「¥d」は数字を表すメタ文字なので、「図1」や「図2」が検索されます。置換文字列に検索結果をそのまま使いたいときには、検索文字を半角の「(」「)」でくくります。置換文字列に「Fig. $2」と入力すると❷、「Fig.1」や「Fig.2」に置換されます。「$2」は、検索文字列の検索結果で、「(」「)」でくくった2番目の結果を意味します。

字形

[字形] では、文字の文字コードにより検索と置換を行います。文字コードは、UnicodeかGID/CIDを選択できます。[ID] で文字コードの種類❶と文字コード❷を入力して検索、置換してください。フォントを指定すると❸、入力した文字コードの字形が表示されます❹。Unicodeの文字コードは、文字を選択すると、情報パネルに表示されます❺。また、字形パネルに表示された文字の上にマウスポインターを置くと、ポップアップ表示でUnicodeとCIDの文字コードを表示できます❻。

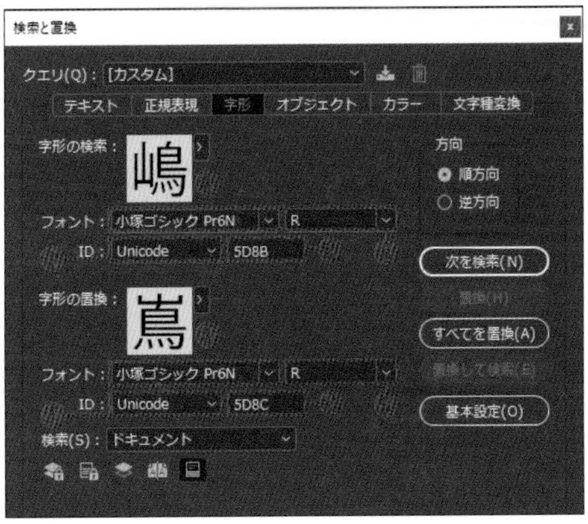

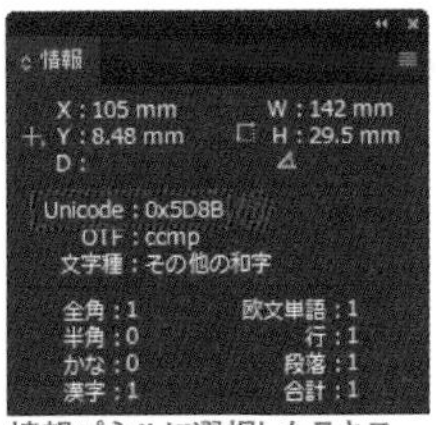

情報パネルに選択したテキストの文字コードが表示される

字形パネルにマウスポイントを置くと文字コードが表示される

[編集]（Macでは[InDesign]）メニュー→[環境設定]で表示される[環境設定]ダイアログボックスで、[インターフェース]の[ツールヒントの表示速度]が[なし]になっていると、字形パネルでポップアップが表示されない

オブジェクト

[オブジェクト] では、フレームや図形に適用したオブジェクトの属性を条件に検索置換を行います。条件は [検索する属性を指定] ❶をクリックして [検索オブジェクト形式オプション] ダイアログボックスを開き❷、検索する属性を選択して❸、[オン] に設定します❹。属性は複数設定できます。

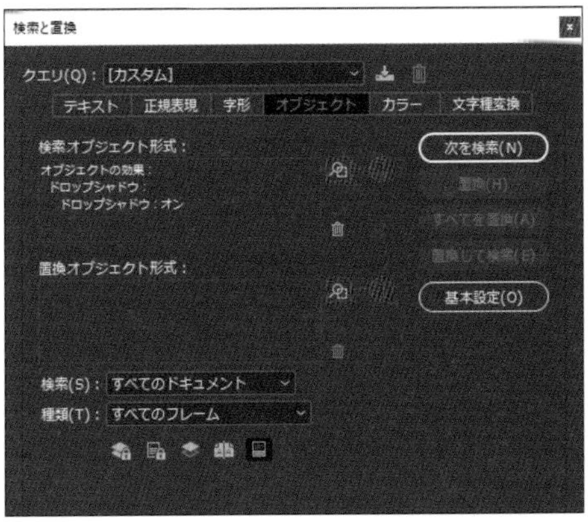

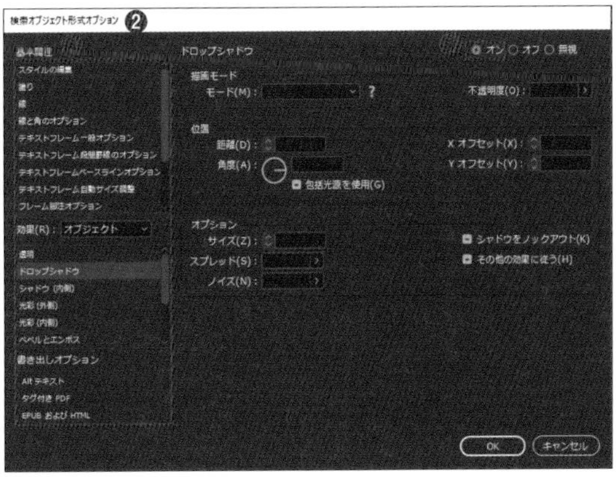

カラー（2021から利用可能）

［カラー］では、オブジェクトやテキストに適用したカラーを条件に検索置換を行います。［カラーの検索］でカラー値をクリックして❶、表示されたリストから検索するカラーを選択します❷。スウォッチだけでなく、スウォッチ未登録の名称未設定カラー❸も検索対象となります。［濃淡範囲］❹を設定すると、設定した範囲の濃度のカラーだけを検索できます。［カラーの置換］❺で、置換する色を設定します。こちらも名称未設定カラーを置換対象にできます。［濃淡］では、置換するカラーの濃度を指定します❻。指定しないと、検索されたカラーの濃度が維持されたまま置換されます。

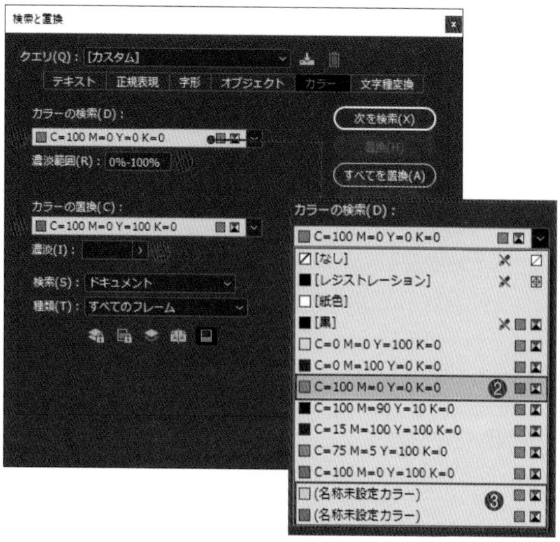

文字種変換

［文字種変換］では、［検索文字列］で指定した文字種❶の文字列を検索し、［置換文字列］で指定した文字種❷に置換します。半角カタカナを全角カタカナに変更するときなどに便利です。

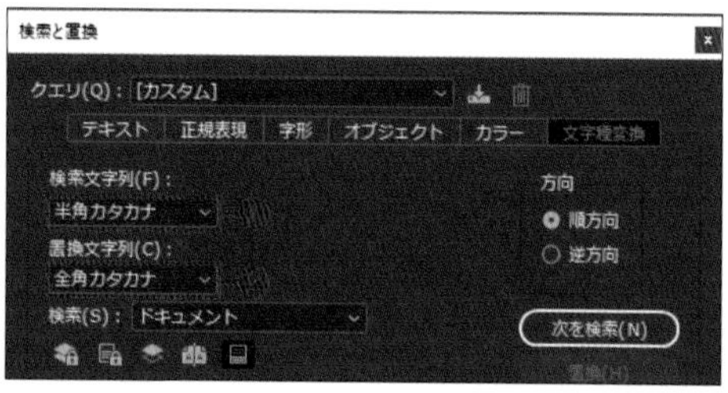

STEP 01　文字を検索して置換する

2021　2020　2019

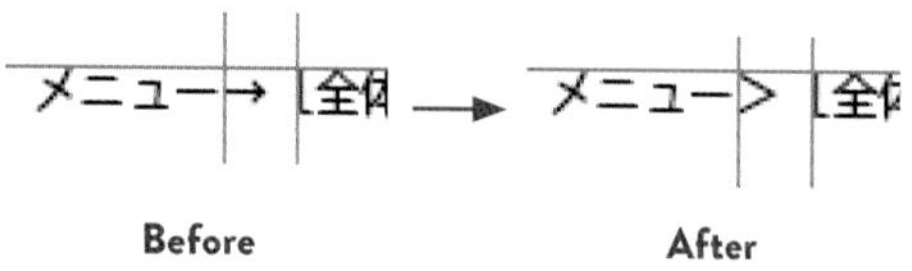

指定した文字を検索して、置換します。もっとも基本的な検索置換操作なので、しっかり覚えましょう。

Lesson 14 ▶ L14-1S01.indd

1　レッスンファイルを開きます❶。テキストの「→」を「＞」に変更しましょう。［編集］メニュー→［検索と置換］を選択します❷。

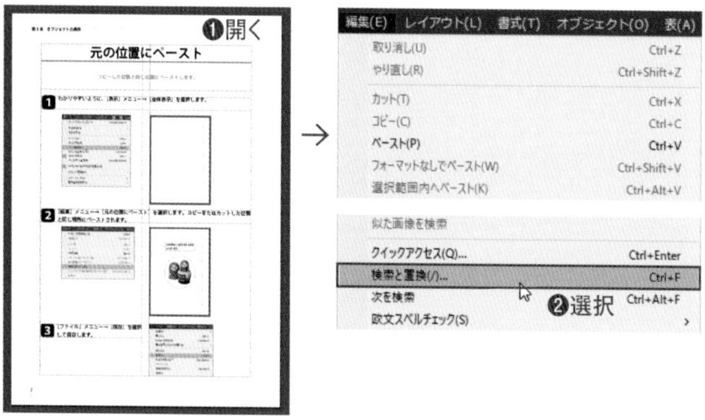

　Macでは、キーは次のようになります。　Ctrl → ⌘　Alt → option　Enter → return

2 [検索と置換] ダイアログボックスが表示されるので、[テキスト] を選択します❶。[検索文字列] に「→」を入力します❷。[置換文字列] に「>」を入力します❸。そのほかは初期設定のままで [次を検索] をクリックします❹。検索された文字列が選択されて反転表示となります❺。

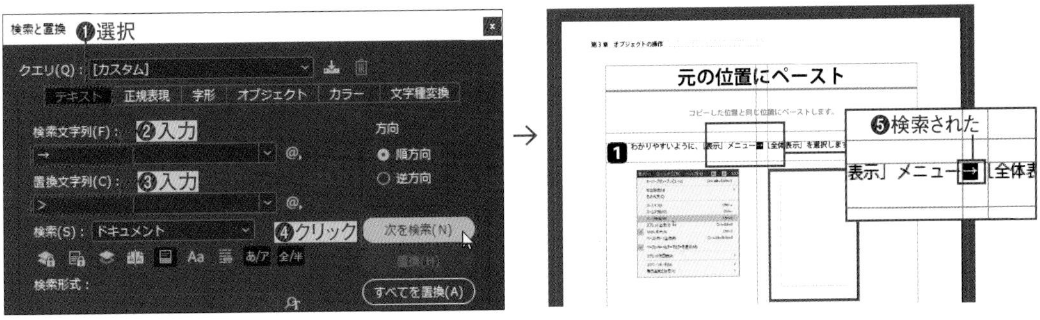

3 置換してよい文字であることを確認したら、[置換して検索] をクリックします❶。はじめに検索された「→」が「>」に置換され❷、次の「→」が検索されます❸。

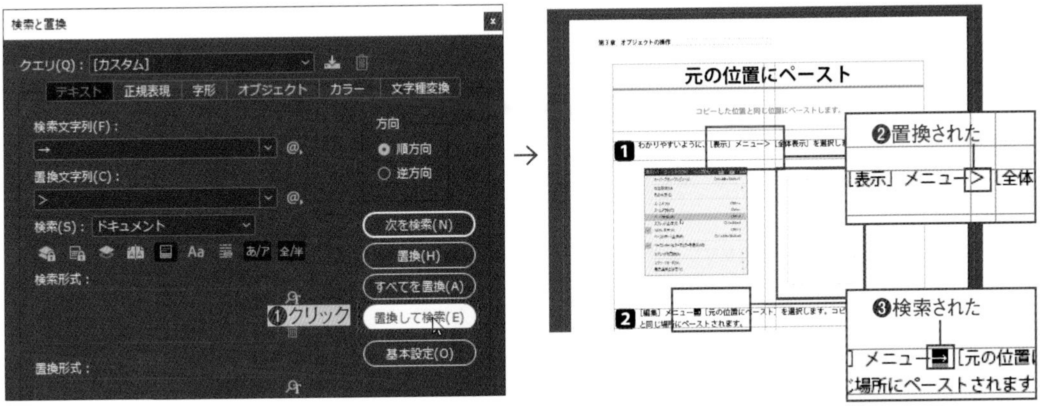

4 [すべてを置換] をクリックします❶。「検索は完了しました」のダイアログボックスが表示されるので [OK] をクリックします❷。手順3で検索された「→」を含めて、すべての「→」が「>」に置換されます❸❹。[完了] をクリックしてダイアログボックスを閉じます❺。

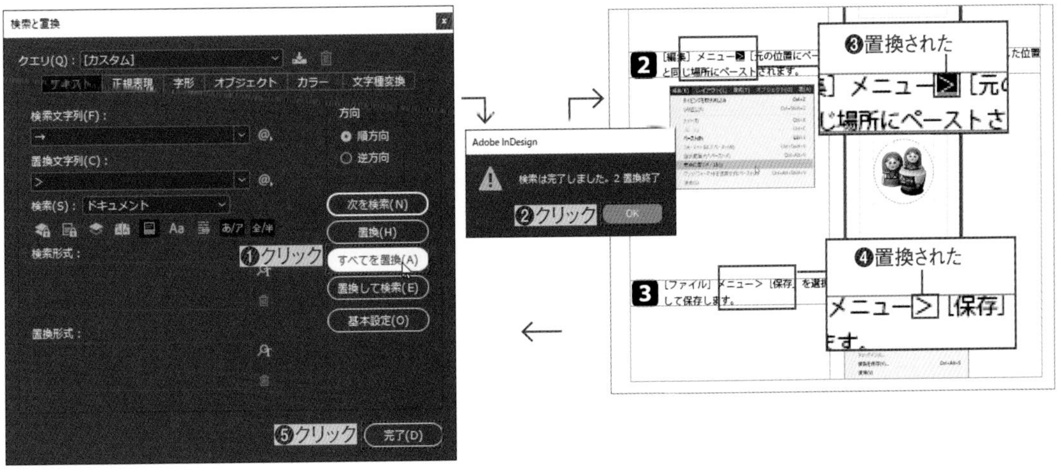

STEP 02　正規表現で文字を検索して置換する　2021 2020 2019

Before　　After

正規表現を使って文字を検索して、置換してみましょう。正規表現は、メタ文字を使うので、じっくり取り組んでください。

Lesson 14 ▶ L14-1S02.indd

1 レッスンファイルを開きます❶。ドキュメント内のテキストの「[XX] メニュー」の「[」と「]」(どちらも全角) を「【」と「 】」(どちらも全角) に変えて「【XX】メニュー」にしていきます。[編集] メニュー→ [検索と置換] を選択します❷。

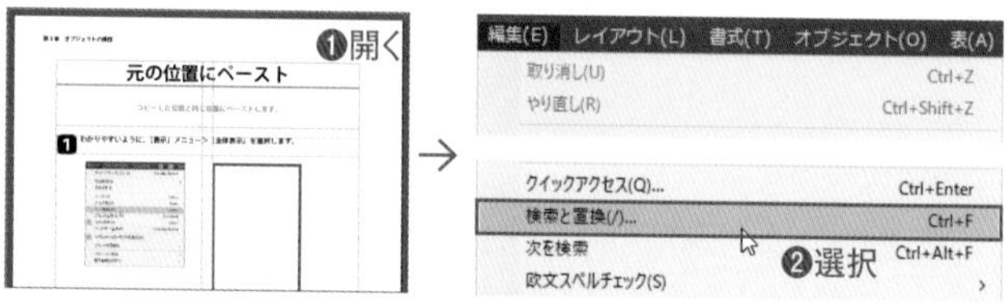

2 [検索と置換] ダイアログボックスが表示されるので、[正規表現] を選択します❶。[検索文字列] に全角の「[」を入力します❷。続いて、「[XX] メニュー」の「XX」にあたる部分を指定します。ここは文字数が何文字になるかわからない部分なので、複数文字を表すメタ文字にします。[検索のための特殊文字] @,をクリックし❸、表示されたメニューの [ワイルドカード] から [文字] を選択します❹。

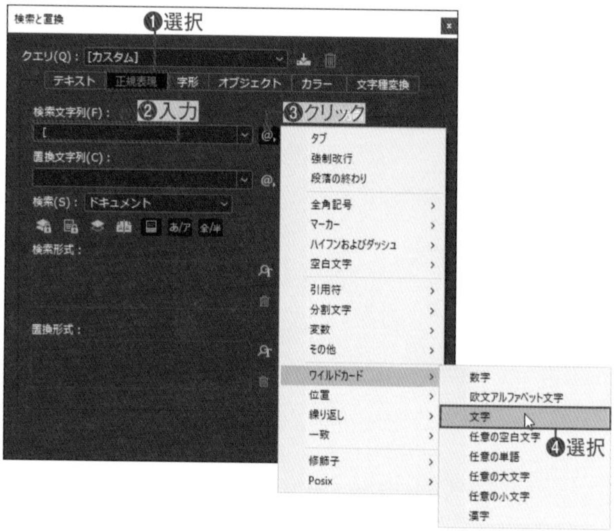

3 [検索文字列] の末尾に「.」(半角ピリオド) が入力されました❶。「.」は文字を表すメタ文字です。続いて [検索のための特殊文字] @,をクリックし❷、表示されたメニューの [繰り返し] から [1回以上] を選択します❸。

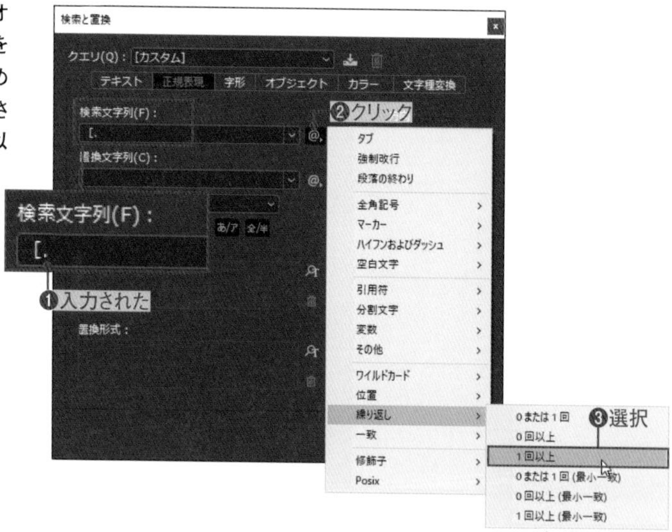

Macでは、キーは次のようになります。 Ctrl → ⌘　Alt → option　Enter → return

4　［検索文字列］の末尾に「+」（半角のプラス）が入力されました❶。「+」は1回以上を表すメタ文字で、これで文字が1回以上繰り返しとなります。続けて、全角で「］メニュー」と入力します❷。

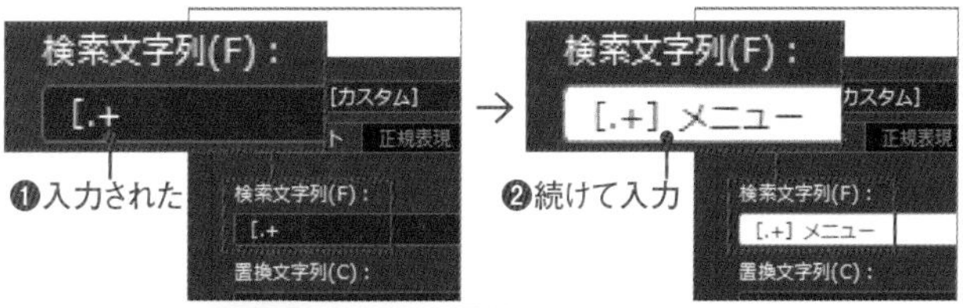

5　メタ文字で指定した「.+」の部分は、置換の際に検索結果をそのままの文字として残すので、「.+」を半角の「(」「)」でくくり❶、「(.+)」とします。これで検索文字列は完成です。

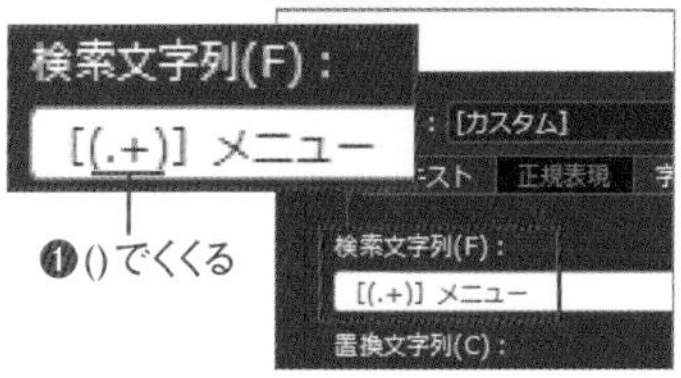

検索したい用語　[XX] メニュー

正規表現の検索文字列の記述　[(.+)] メニュー

6　［置換文字列］に、全角で「【」、半角で「$1」、全角で「】」、全角で「メニュー」を続けて入力します❶。「$1」は、［検索文字列］で検索した文字列の検索結果で、「(」「)」でくくったまとまりの最初の結果を表します。ここではメタ文字「.+」で検索された文字部分となります。そのほかは初期設定のまま［次を検索］をクリックします❷。「［表示］メニュー」が検索されたことを確認します❸。

正規表現の検索文字列の記述　[(.+)] メニュー

正規表現の置換文字列の記述　【$1】メニュー

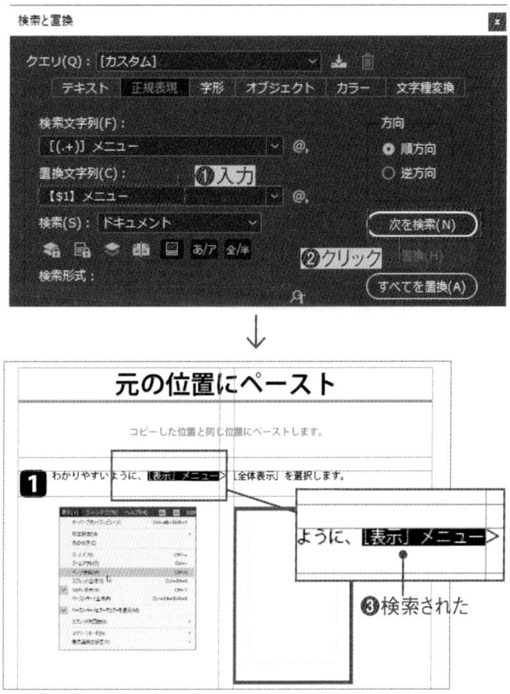

CHECK!

正しく検索できるまで試してみる

正規表現による検索と置換は、メタ文字の使い方がポイントです。うまく検索できるまで、試してみてください。慣れないうちは、条件の設定の試行錯誤となりますが、使いこなせると、作業効率をアップできます。

7　置換してよい文字列であることを確認したら、［置換して検索］をクリックします❶。検索された「［表示］メニュー」が「【表示】メニュー」に置換されて❷、次の「［編集］メニュー」が検索されます❸。テキスト内の「［全体表示］」にも、同じ「［」「］」が使われていますが、「メニュー」の文字が続いていないため検索されません❹。

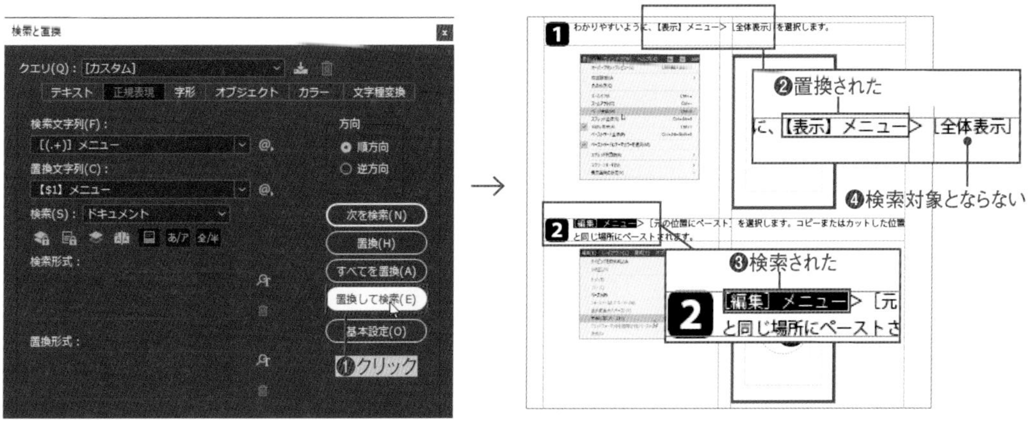

8　［すべてを置換］をクリックします❶。置換が完了するとダイアログボックスが表示されるので、［OK］をクリックします❷。手順7で検索された「［編集］メニュー」を含めて、すべての「［XX］メニュー」が「【XX】メニュー」に置換されました❸。［完了］をクリックしてダイアログボックスを閉じます❹。

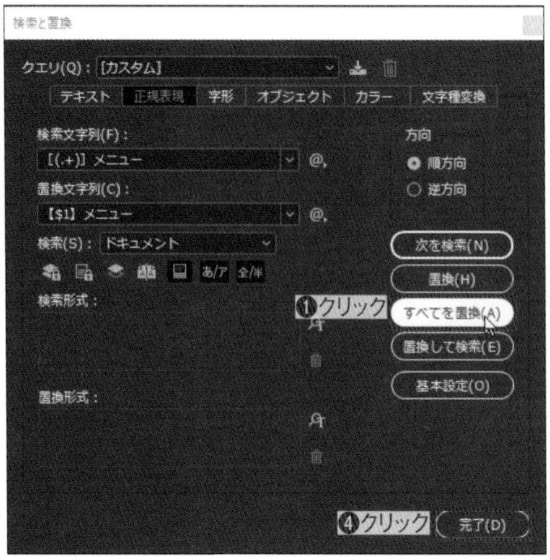

CHECK!

［すべてを置換］は慎重に

［すべてを置換］は、検索文字列を一括して置換文字列に置き換えられる優れた機能です。作例のようにページ数が少なく、検索対象も少ないときは問題ありませんが、テキスト量が多いドキュメントでは意図しない文字まで置換されてしまうことがあります。実行するときは、慎重に行ってください。

STEP 03　カラーを検索して置換する

2021　2020　2019

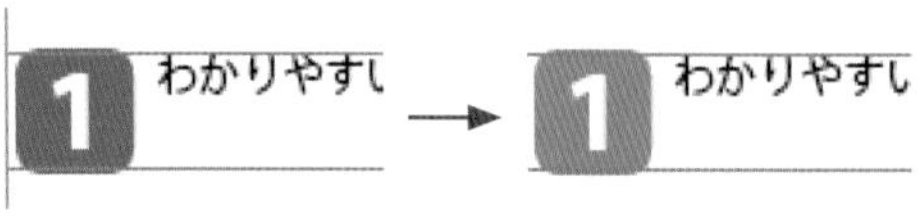

Before　　After

スウォッチに未登録のカラーを検索して、スウォッチのカラーに置換してみましょう。

Lesson 14 ▶ L14-1S03.indd

1　レッスンファイルを開きます❶。手順番号の囲み数字の文字色を変更します。［編集］メニュー→［検索と置換］を選択します❷。

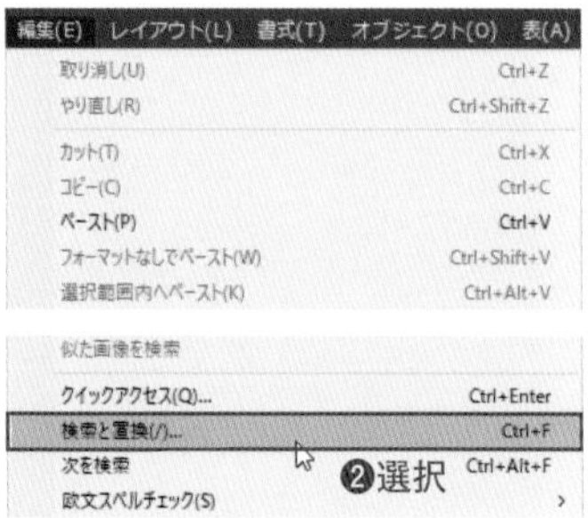

2　[検索と置換]ダイアログボックスが表示されるので、[カラー]を選択します❶。[カラーの検索]に[(名称未設定カラー)]を選択します❷。[カラーの置換]に[C=75 M=5 Y=100 K=0]を選択します❸。そのほかは初期設定のままで[次を検索]をクリックします❹。検索されたカラーの適用箇所(文字色に[(名称未設定カラー)]が適用されている「❶」の文字)が選択されて反転表示となります❺。

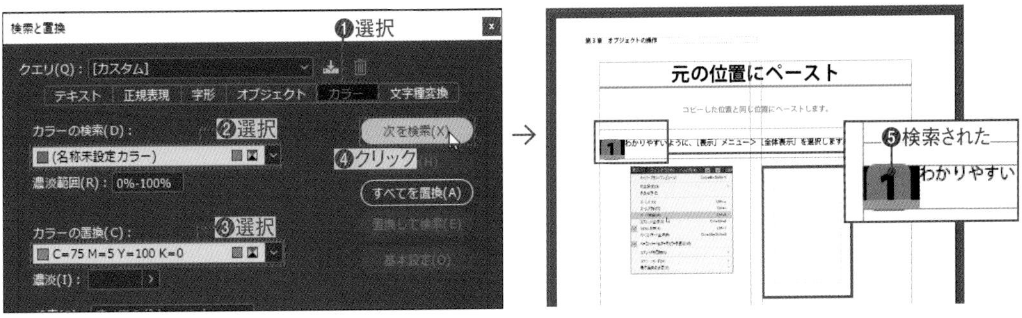

3　置換してよいことを確認したら、[置換して検索]をクリックします❶。はじめに検索された「❶」の文字色が[(名称未設定カラー)]の青から、スウォッチ[C=75 M=5 Y=100 K=0]の緑に置換され❷、次のカラーの適用場所が検索されます❸。

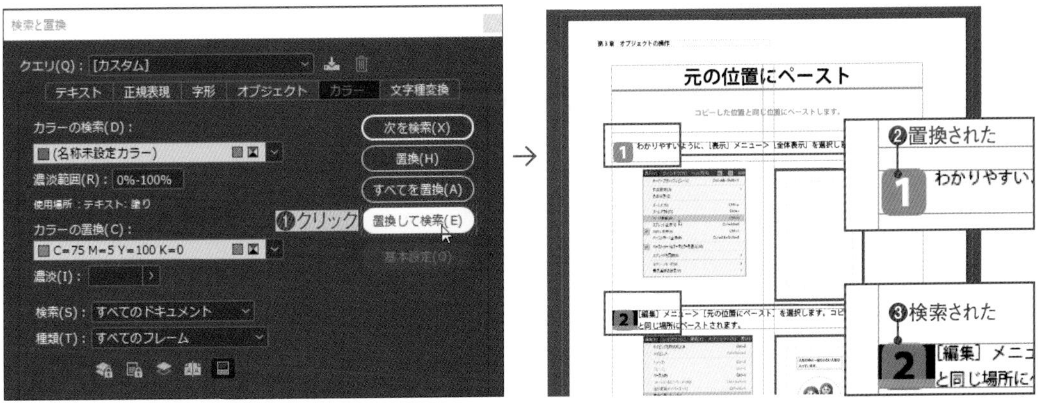

4　[すべてを置換]をクリックします❶。置換件数を表示するダイアログボックスが表示されるので[OK]をクリックします❷。手順3で検索された「❷」の文字色含めて、囲み数字の文字色が置換されます❸❹。[完了]をクリックしてダイアログボックスを閉じます❺。

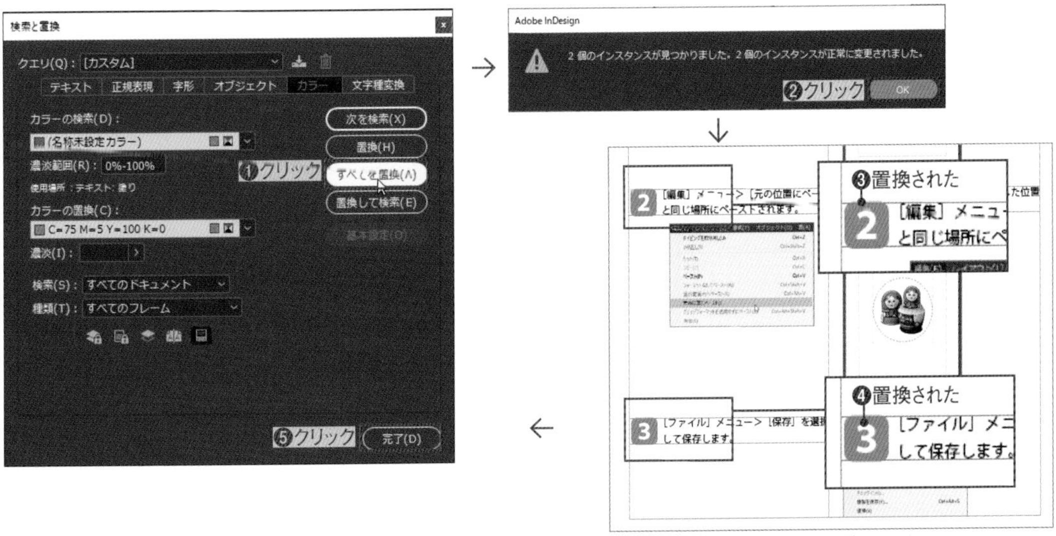

わかりやすいように検索された選択箇所を解除している

14-2 フォントの置換

レイアウトしてから、一部のフォントをほかのフォントに置き換えたり、システムにないフォントをほかのフォントに置き換えたりする作業が発生することがあります。フォントの置換方法を学びましょう。

環境にないフォント

2021 2020 2019

ドキュメントを開いたときに、ドキュメント内で使用されているフォントが使用しているパソコンにないと、[環境に無いフォント] ダイアログボックスが表示され、環境にないフォントがリスト表示されます❶。リストの右のチェックボックスが利用可能なフォントは、Adobe Fontsからダウンロード可能なフォントです❷。[アクティベート]❸をクリックすると、Adobe Fontsからダウンロードして利用できるようになります。チェックボックスのないフォントは❹、フォントを購入してインストールするか、ほかのフォントに置き換える必要があります。[フォントを検索]❺をクリックすると、[フォントを検索して置換] ダイアログボックスが表示され、パソコンにインストールされているフォントに置換できます。

InDesignでは、フォントがなくてもドキュメントを開いて表示できます。フォントのない箇所は、ピンクでハイライト表示され❻、ドキュメントのデフォルトフォントが代替フォントとして利用されます。

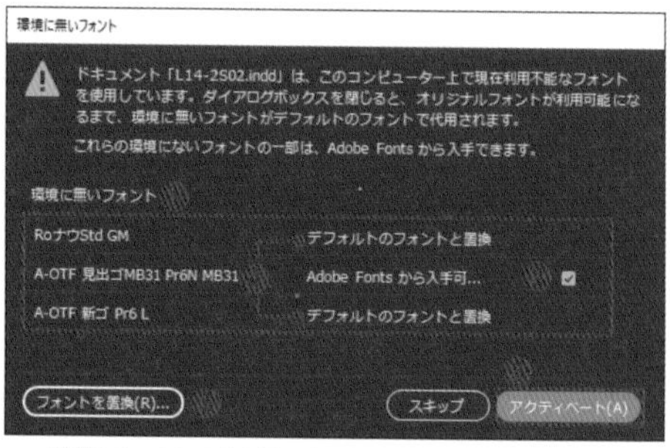

環境にないフォントを使ったドキュメントを開くと表示される

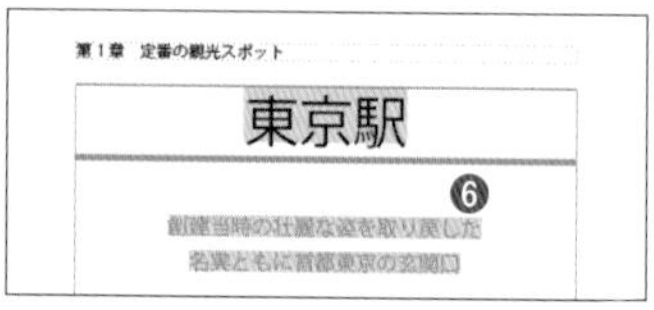

代替フォントを使われている箇所は、ピンクでハイライト表示される

[フォントを検索して置換] ダイアログボックス

2021 2020 2019

[環境に無いフォント] ダイアログボックスの [フォントを検索] をクリックするか、[書式] メニュー→ [フォントを検索して置換] (2019では [フォントを検索]) を選択すると、[フォントを検索して置換] ダイアログボックスが表示され、ドキュメント内で使用されいるフォントを一覧表示できます。環境にないフォントには⚠が表示されます。ドキュメント内で使われているフォントを確認するだけでなく、使用しているフォントを、ほかのフォントに置き換えることもできます。[詳細情報] をクリックすると、選択したフォントの詳細情報が表示できます。

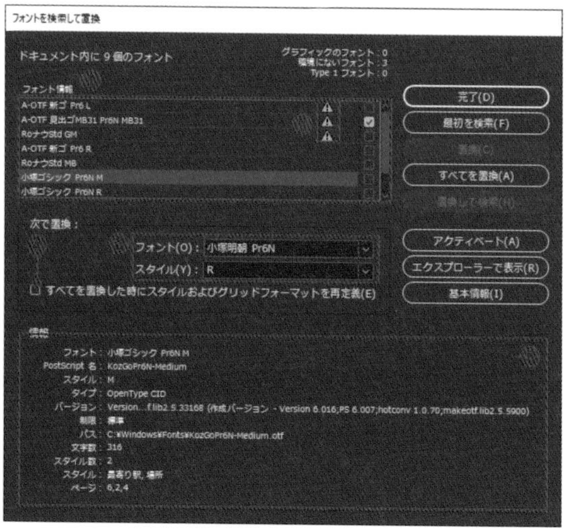

❶ドキュメント内で使用されているフォント
❷環境にないフォント
❸置換するフォント
❹チェックすると、選択したフォントを置換したときに、元のフォントが適用されている段落スタイル、文字スタイル、グリッドフォーマットのフォントも置換フォントに置き換えて再定義する
❺選択したフォントの詳細情報が表示される

 Macでは、キーは次のようになります。 Ctrl → ⌘ Alt → option Enter → return

STEP 01 フォントを置き換える

2021 2020 2019

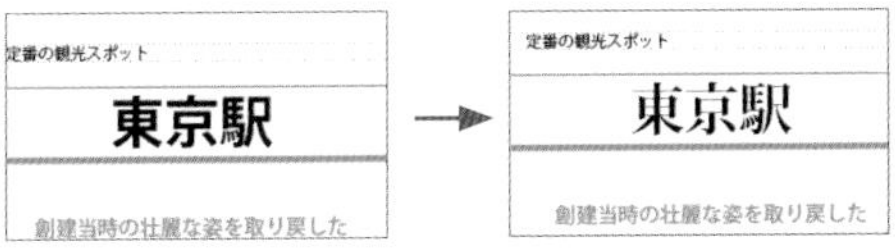

Before　After

フォントを検索して、ほかのフォントに置換してみましょう。段落スタイルに適用されているフォントを置換して、段落スタイルのフォントが変わることも確認します。

Lesson14 ▶ L14-2S01.indd

1 レッスンファイルを開きます❶。[書式]メニュー→[フォントを検索して置換](2019では[フォントを検索])を選択します❷。

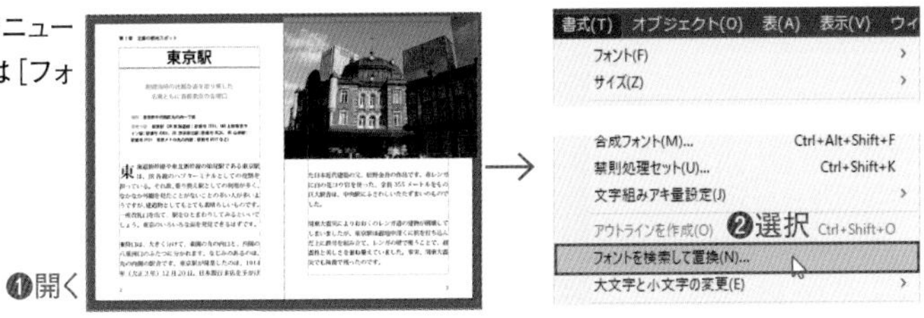

2 [フォントを検索して置換]ダイアログボックスが開くので、[小塚ゴシック Pr6N B]を選択し❶、[最初を検索]をクリックします❷。先頭ページの見出しである「東京駅」の文字が検索されて反転表示されます❸。選択されるのは、同じフレーム内で、同じフォントが使われている部分になります。

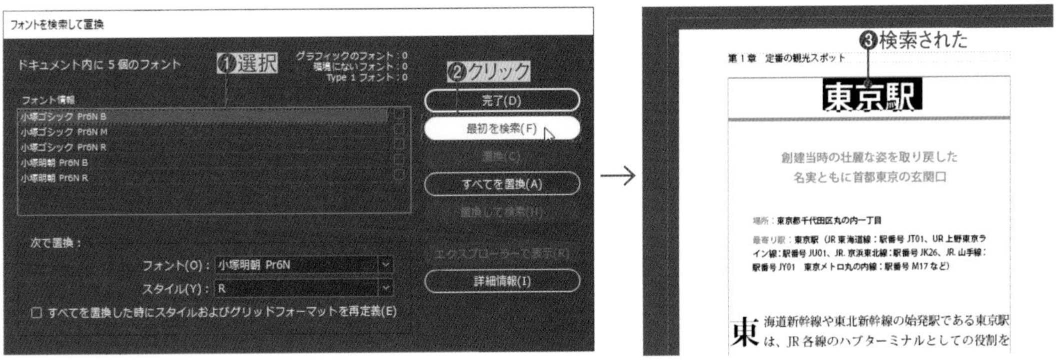

3 [次を検索]をクリックします❶。次の見出しである「東京スカイツリー」の文字が検索されて反転表示されます❷。

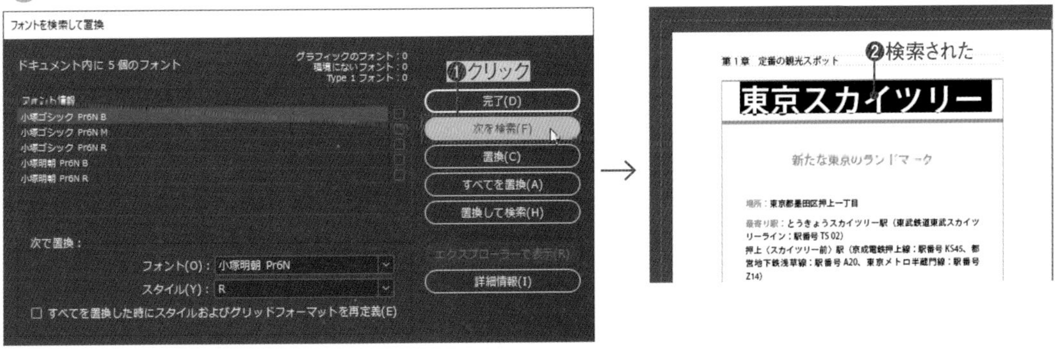

4 [完了]をクリックして❶、いったんダイアログボックスを閉じます。選択されたテキストはそのままにしておいてください。

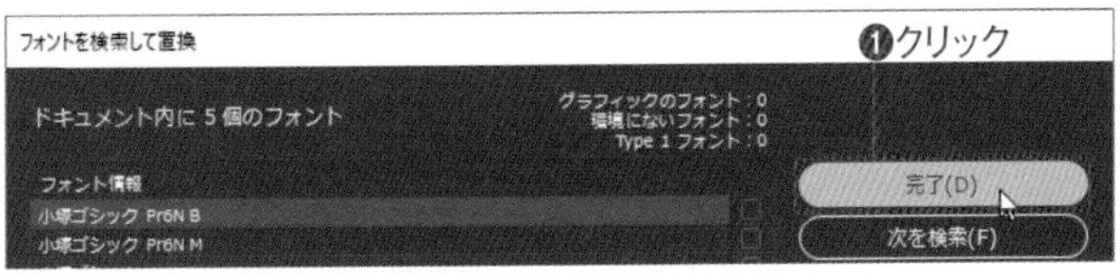

5 段落スタイルパネルを開きます。［大見出し］が選択されており、選択されたテキストには［大見出し］が適用されていることがわかります❶。［大見出し］の名称以外の部分をダブルクリックします❷。［段落スタイルの編集］ダイアログボックスが表示されるので、［基本文字形式］を選択します❸。［フォント］が［小塚ゴシック Pr6N］、［スタイル］が［B］であることを確認して❹、［OK］をクリックします❺。

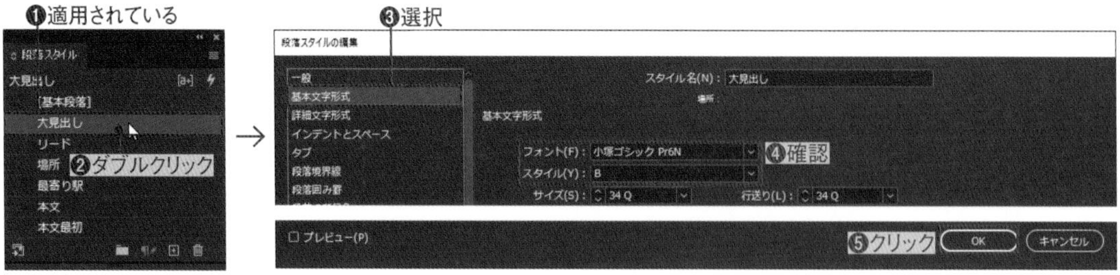

6 再度、［フォントを検索して置換］ダイアログボックスを表示します。［フォント情報］に表示されている［小塚ゴシック Pr6N B］を選択します❶。［次で置換］の［フォント］を［小塚明朝 Pr6N］、［スタイル］を［B］に設定します❷。［すべてを置換した時にスタイルおよびグリッドフォーマットを再定義］にチェックをつけ❸、［すべてを置換］をクリックします❹。すべての見出し部分のフォントが［小塚明朝Pr6N B］に置き換えられました❺。［フォント検索］ダイアログボックスでは、［小塚ゴシック Pr6N B］が表示されなくなりました❻。［完了］をクリックしてダイアログボックスを閉じます❼。

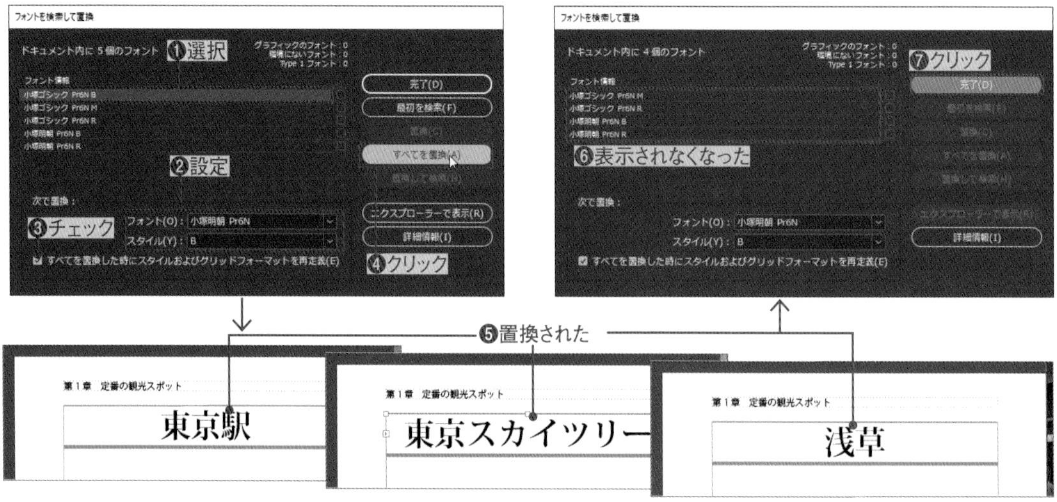

7 段落スタイルパネルを開き、［大見出し］の名称以外の部分をダブルクリックします❶。［段落スタイルの編集］ダイアログボックスが表示されるので、［基本文字形式］を選択します❷。［フォント］が［小塚明朝 Pr6N］、［スタイル］が［B］に変わったことを確認して❸、［OK］をクリックしてダイアログボックスを閉じます❹。

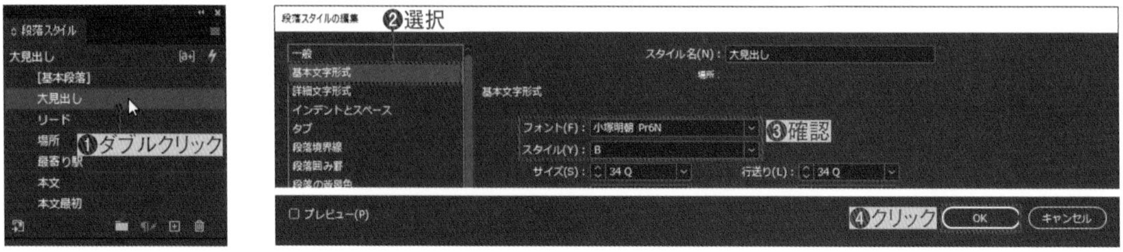

段落スタイルの定義　CHECK!

［フォント検索］ダイアログボックスで、［すべてを置換した時にスタイルおよびグリッドフォーマットを再定義］にチェックをつけたため、段落スタイルの定義も書き換わりました。チェックをオフのまま置換すると、段落スタイルの定義は変わらず、テキストのフォントだけが置換されます（段落スタイルがオーバーライドされた状態になります）。

14-3 ページの挿入、削除、移動、複製

レイアウト作業や修正時には、ページの挿入、削除、移動などのページ操作が必要となります。ここでは、ページパネルを使ったページ操作を学びます。

STEP 01 ページを挿入する

2021 2020 2019

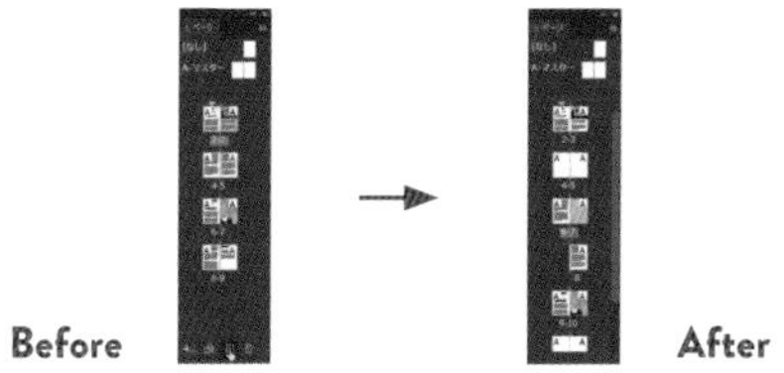

新しいページの挿入方法を覚えましょう。ページパネルの⊞による挿入だけでなく、マスターページをドラッグしても挿入できます。

Lesson 14 ▶ L14-3S01.indd

1 レッスンファイルを開きます❶。ページパネルでサムネールのない部分をクリックしてから3ページをクリックして選択し❷、[ページを挿入] ⊞をクリックします❸。選択した3ページの後ろに、新しいページが挿入されます❹。新しいページには、選択した3ページのマスターページが適用されます。

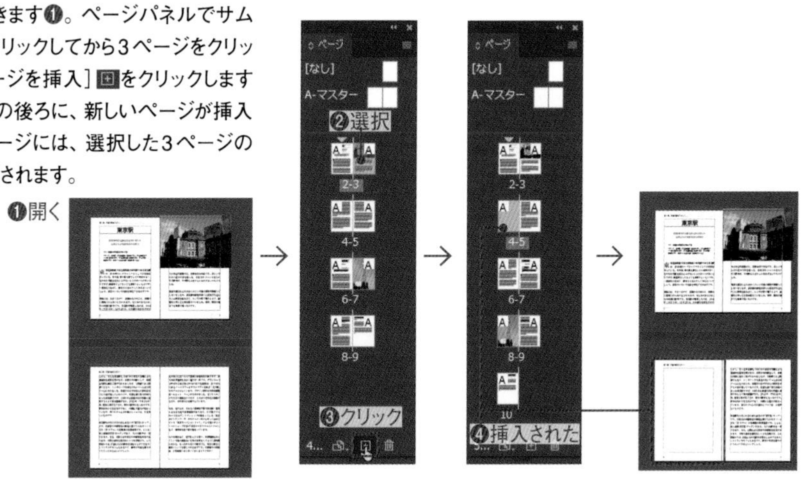

2 ページパネルで、マスターページ [A-マスター] の右のサムネールから、4ページと5ページのサムネールの間に向けてドラッグを開始します❶。ページサムネールの上側までドラッグするとマウスポインターの右下に矢印が表示された状態になるのでマウスボタンをはなしてください❷。ドラッグしたマスターページがマウスポインターの矢印の位置に挿入されます❸。マスターページのサムネールからページを挿入したときは、新規ページが右ページに挿入されたらマスターページの右ページ、左ページに挿入されたらマスターページの左ページが挿入されます。

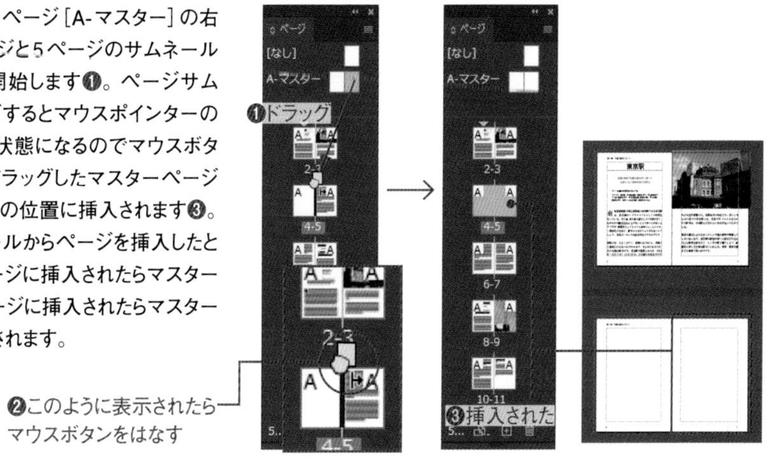

3 ページパネルで、マスターページ［A-マスター］の名称部分から、9ページのサムネールの右側に向けてドラッグを開始します❶。9ページのサムネールの右側に線が表示されたらマウスボタンをはなしてください❷。ドラッグしたマスターページが見開きで挿入されます❸。

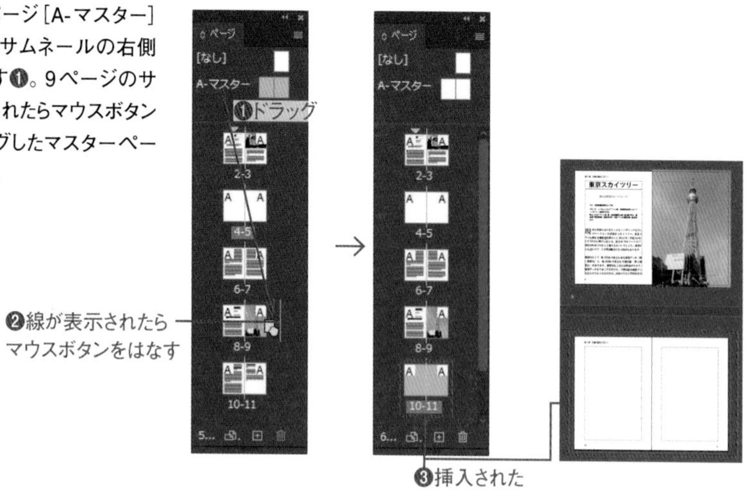

4 ページパネルメニューから［ドキュメントページの移動を許可］を選択します❶。デフォルトではチェックされて有効になっていますが、選択したのでオフになります。

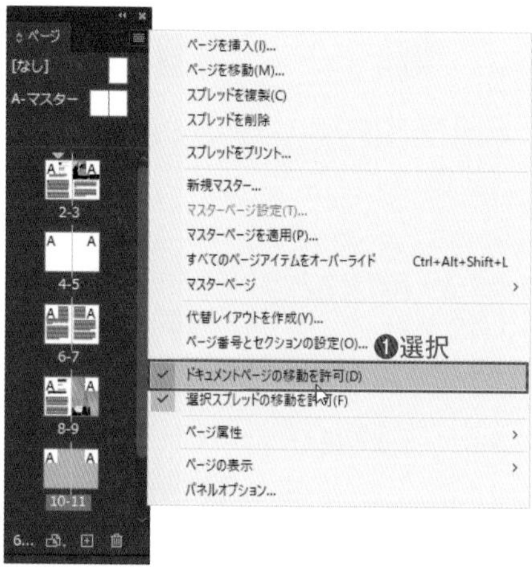

5 ページパネルで6ページをクリックして選択し❶、［ページを挿入］をクリックします❷。選択した6ページの後ろに、新しいページが挿入されます❸。手順4で、［ドキュメントページの移動を許可］をオフにしたので、挿入されたページの後ろのページは、左右を維持したままページが移動します❹。

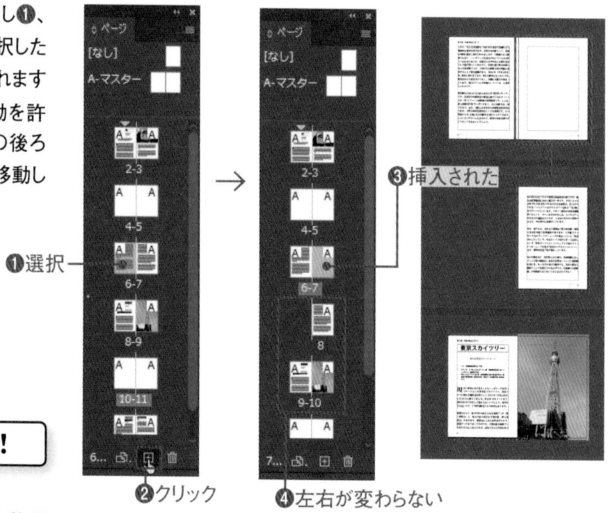

CHECK!

ドキュメントページの移動を許可

ページパネルメニューの［ドキュメントページの移動を許可］をオフにすると、その時点でのページの左右が維持されます。新規ページの作成によるページ移動だけでなく、ページの削除や移動でも同様です。

　Macでは、キーは次のようになります。 Ctrl → ⌘　Alt → option　Enter → return

STEP 02 ページを削除する

2021 2020 2019

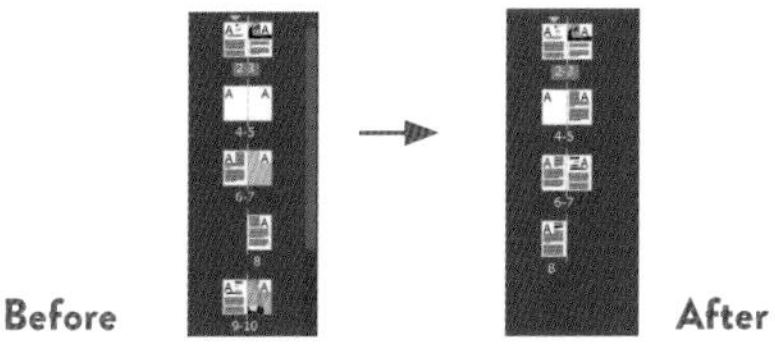

ページの削除について学びましょう。[ドキュメントページの移動を許可] のオンオフによって、削除後のページの移動状態が変わります。

Lesson14 ▶ L14-3S02.indd

1 レッスンファイルを開きます。ページパネルメニューを開き、[ドキュメントページの移動を許可] がオフになっていることを確認します❶。

2 ページパネルで7ページのサムネールをクリックして選択し❶、[選択されたページを削除] をクリックします❷。選択した7ページが削除されました❸。削除した後のページは、ページ番号は変わりますが、左右の位置は維持されたままになります❹。

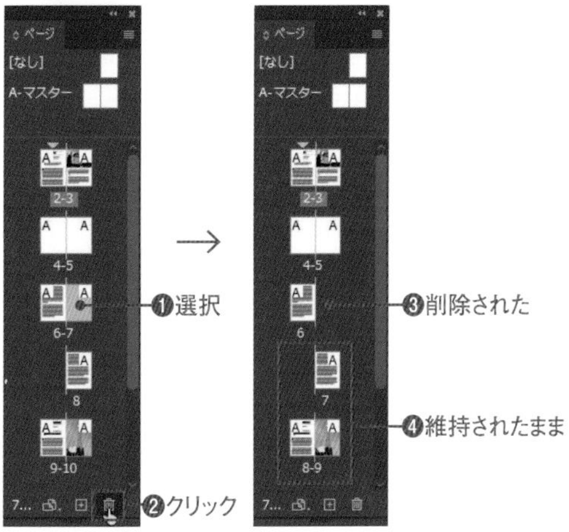

3 ページパネルメニューを開き、[ドキュメントページの移動を許可] を選択して有効にします❶。

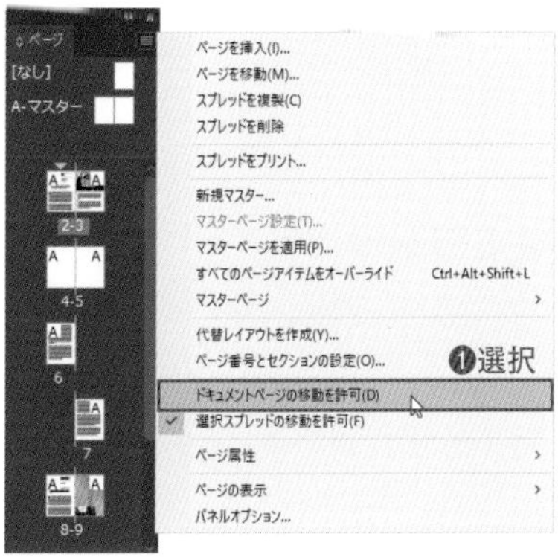

4 [各スプレッドの現在のページ数を維持しますか?]のダイアログボックスが表示されるので[いいえ]をクリックします❶。左右の位置を維持しないので、ページが前に詰まるように移動し、6ページと7ページが見開きに戻ります。

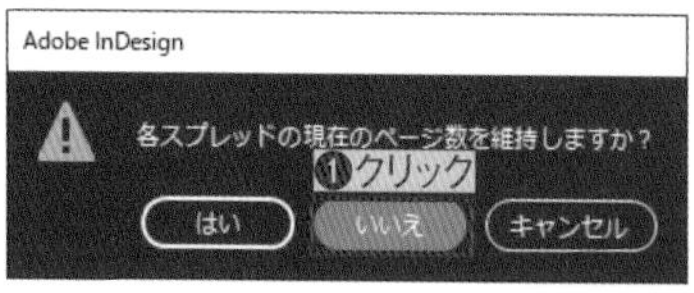

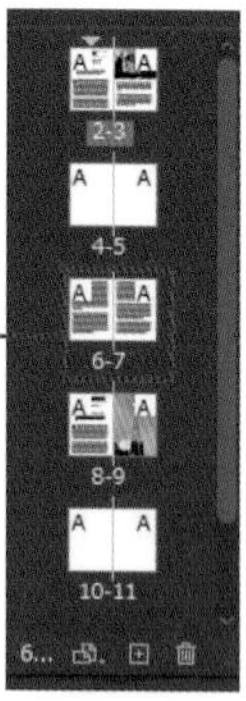

5 ページパネルで5ページ、10ページ、11ページのサムネールを Ctrl キーを押しながらクリックして選択し❶、[選択されたページを削除] をクリックします❷。空白ページなのでそのまま削除されます❸。[ドキュメントページの移動を許可]が有効なので、左右の入れ替わりが発生します。

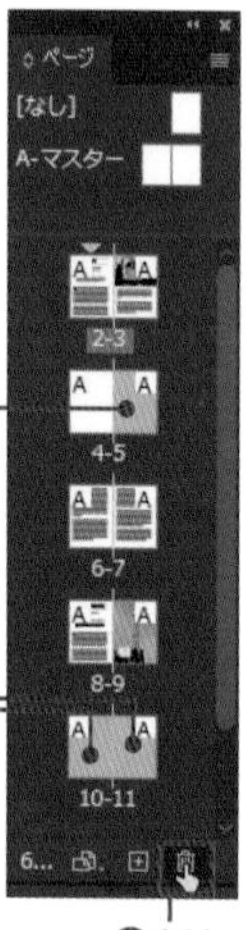

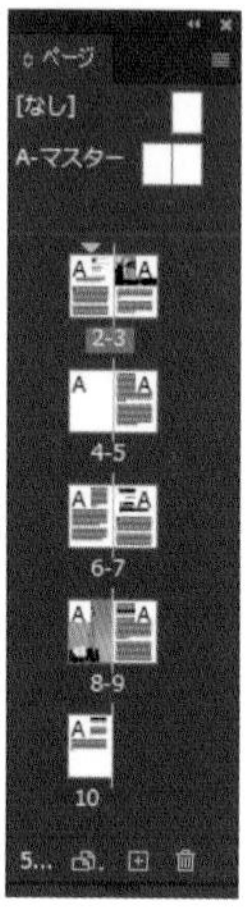

6 ページパネルで8ページと9ページのサムネールを Ctrl キーを押しながらクリックして選択し❶、[選択されたページを削除] をクリックします❷。[警告]ダイアログボックスが表示されるので、[OK]をクリックします❸。選択したページが削除されました❹。削除した8ページと9ページのように、テキストや画像がレイアウトされているページを削除すると[警告]ダイアログボックスが表示されます。

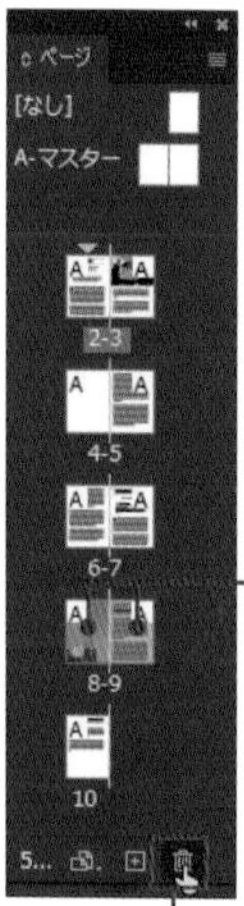

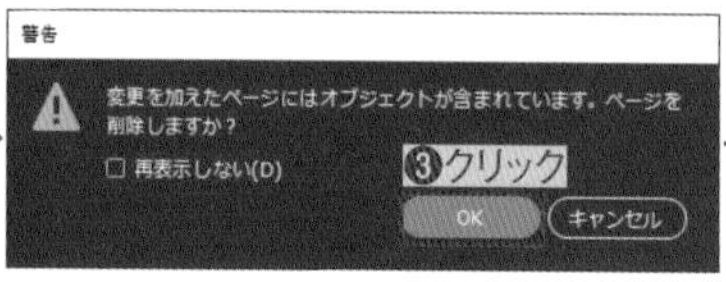

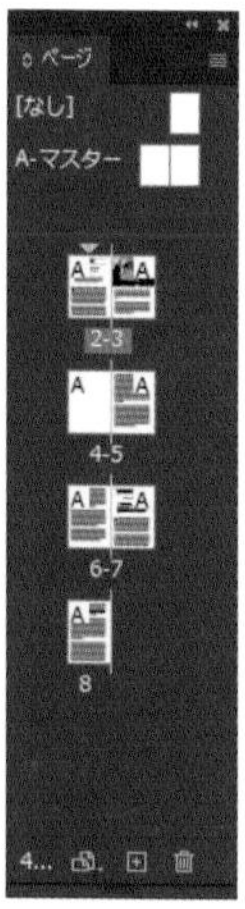

CHECK!

[はい]をクリックして維持したら?

1ページだけのスプレッドは、そのままの位置を維持し、[選択スプレッドの移動を許可]がオフになります。これは、選択したスプレッドだけ左右の位置を維持するもので、ページ番号が[6]のように表示されます。

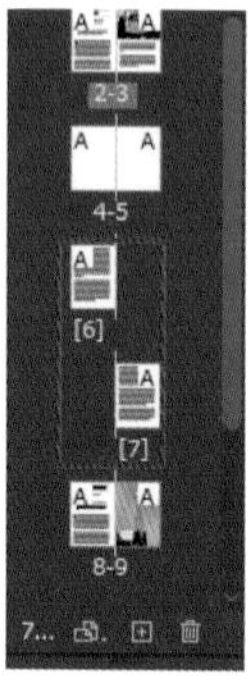

CHECK!

連結したテキストフレーム

レッスンファイルのテキストは、連結したひとつのテキストフレームに配置されています。そのため、ページを削除しても、そのページに配置さていたテキストは、削除した後のページのフレームに流れるため、テキストはそのまま残り、最終ページのテキストフレームはオーバーセットとなります。

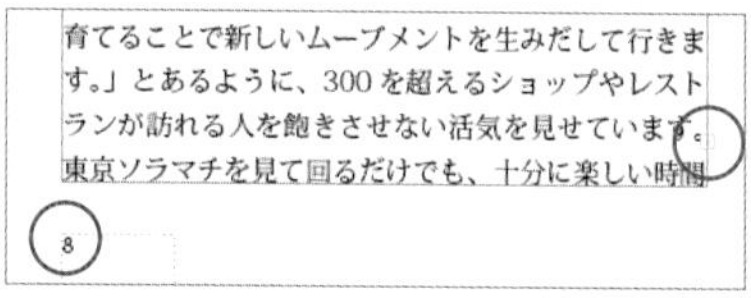

STEP 03 ページを移動する

2021 2020 2019

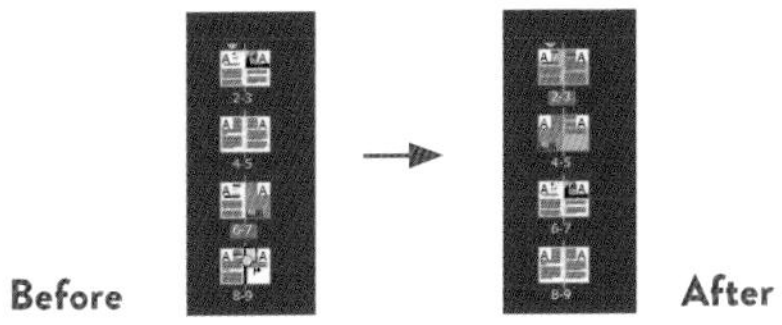

ドラッグによるページの移動方法を覚えましょう。Ctrl キーを使って選択すれば、複数のページを同時に移動できます。

Lesson14 ▶ L14-3S03.indd

1 レッスンファイルを開きます。ページパネルで、7ページのサムネールを、8ページと9ページの間に向けてドラッグを開始します❶。ページサムネールの境界部分までドラッグするとマウスポインターの右下に矢印が表示された状態になるのでマウスボタンをはなしてください❷。7ページが8ページと9ページの間に移動しました❸。

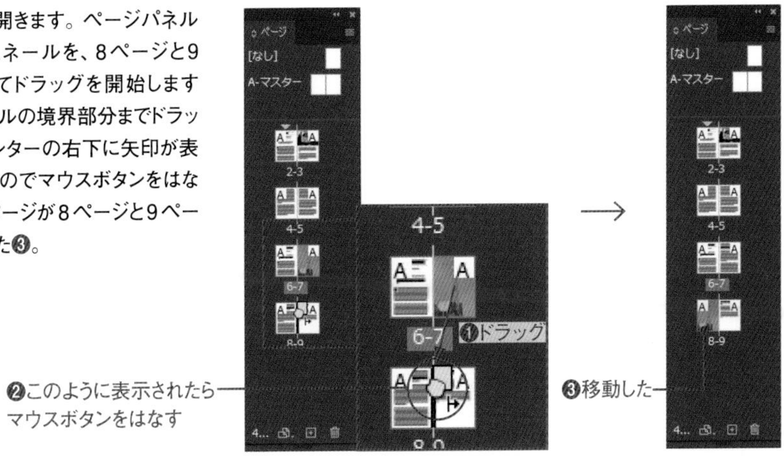

2 ページパネルで6ページから9ページまでのサムネールを Ctrl キーを押しながらクリックして選択し❶、選択したサムネールを2ページのサムネールの左側までドラッグし❷、線が表示されたらマウスボタンをはなします❸。選択した4ページが、先頭になります❹。

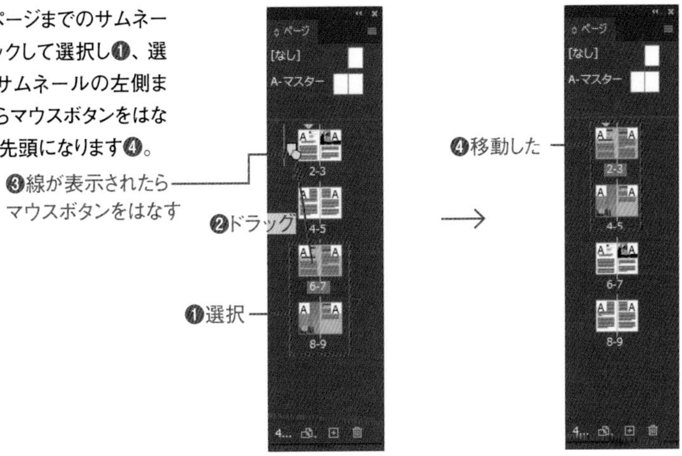

ページ移動とほかのドキュメントへの複製

CHECK!

ページパネルでページのサムネールを選択し、ページパネルメニューから［ページを移動］を選択すると、［ページを移動］ダイアログボックスが開き、［出力先］でどこに移動するかを設定できます。複数のドキュメントを開いている場合、［移動先］でほかのドキュメントを指定すると、ほかのドキュメントに複製できます。ただし、ドキュメントのサイズが同じである必要があります。

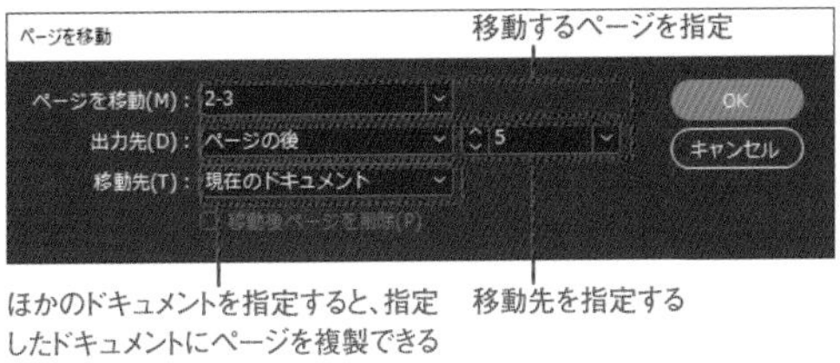

STEP 04 ページを複製する

2021 2020 2019

Before 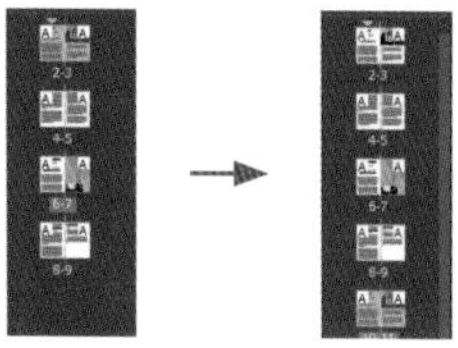 After

ページの複製方法を覚えましょう。また、複製時の、テキストフレームの連結についても確認しましょう。

Lesson14 ▶ L14-3S04.indd

1 レッスンファイルを開きます。ページパネルでサムネールのない部分をクリックしてから、2ページと3ページのサムネールを Ctrl キーを押しながらクリックして選択します❶。選択したアイコンを、[ページを挿入]までドラッグします❷。選択したページが、末尾に複製されました❸。

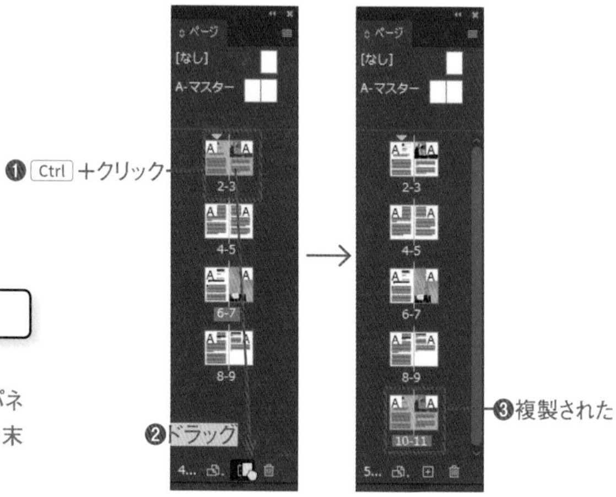

CHECK!

Alt ＋ドラッグで複製

ページサムネールを Alt キーを押しながら、ページパネルの何もない部分までドラッグすると、ドキュメントの末尾に複製できます。

2 [表示] メニュー→[エクストラ]→[テキスト連結を表示] を選択します❶。ドキュメントページの2ページから9ページまでの適当なテキストフレームを選択します❷、表示倍率を小さくすると、2ページから9ページまでテキストフレームが連結していることがわかります❸。ドキュメント末尾に複製した11ページから12ページのテキストフレームも選択します❹。ここは、複製したページ間だけ連結していることがわかります❺。連結しているフレームのあるページを複製すると、元のフレームからは連結が外れますが、複製したページ内の連結は維持されます。

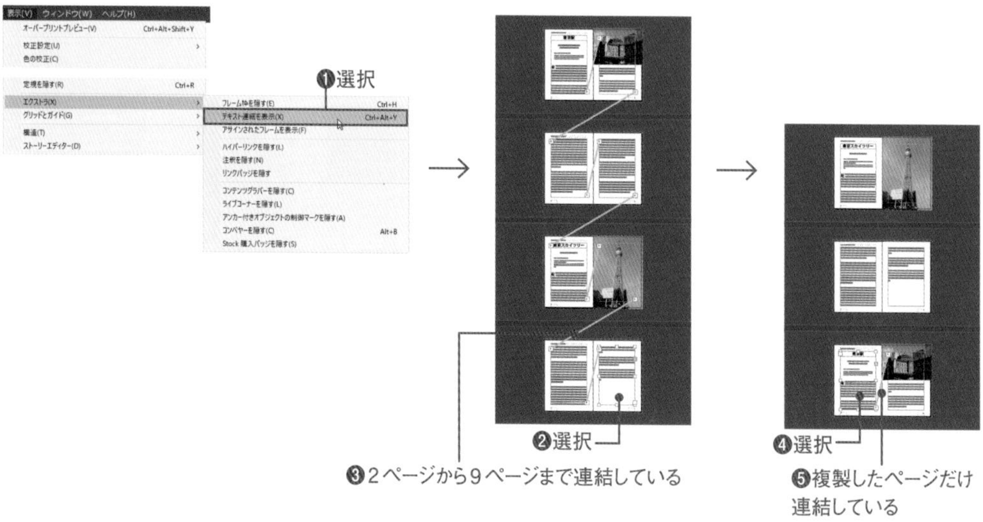

　Macでは、キーは次のようになります。 Ctrl → ⌘　Alt → option　Enter → return

14-4 分版イメージの確認

分版プレビューパネルを使うと、商用印刷時に分版されるシアン（C）、マゼンタ（M）、イエロー（Y）、ブラック（K）各色版のイメージをプレビューできます。印刷前のチェック方法について学びましょう。

分版プレビューパネルでのチェック

2021 2020 2019

色分解時の確認

通常、商用印刷はCMYKモードで作成します。作成したデータは、印刷時に「シアン」（C）、「マゼンタ」（M）、「イエロー」（Y）、「黒」（K）の4色に分版され、それぞれの色のインキで重ね合わせることで印刷物となります。分版プレビューパネルの［色分解］表示では、各版の状態をプレビューできます。また、CMYK以外の特色を使っている場合は、特色版のイメージも確認できます。誤って特色が使われていないかをチェックできます。

CMYK4色すべての表示

マゼンタ（M）版だけを表示

インキ量の確認

一般的に印刷物は4色のインキを重ねて印刷するため、各インキの合計（各インキを100％として4色で400％）が多すぎると、色が不安定になったり、裏移りになったりするなどの原因となります。

分版プレビューパネルの［インキ限定］表示では、指定した合計値を超えている部分をハイライト表示してチェックできます。合計値は、印刷会社で指定があるので、その数値を入れて確認すれば、トラブルを防止できます。［色分解］表示では、ドキュメント上にマウスポイントを置くと、その箇所のインキ量が表示されます。

インキ限定ではインキの合計を指定すると、合計値を超えている箇所がハイライト表示される

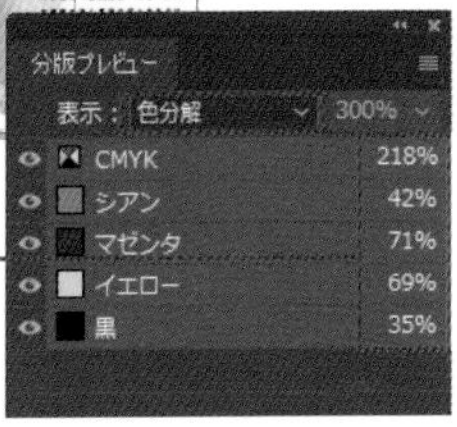

マウスポインターの箇所の各版のインキ量と合計が表示される

STEP 01　特色版が使われているか確認する

2021　2020　2019

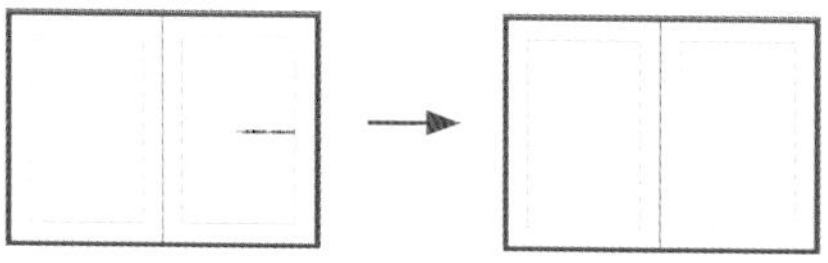

Before　　　After

通常のCMYKによる4色印刷用のデータで、誤って特色を使ってしまうことがあります。印刷入稿前に、分版プレビューパネルでチェックして、修正しておきましょう。

Lesson14 ▶ L14-4S01.indd、

1　レッスンファイルを開いたら❶、分版プレビューパネルを表示します❷。

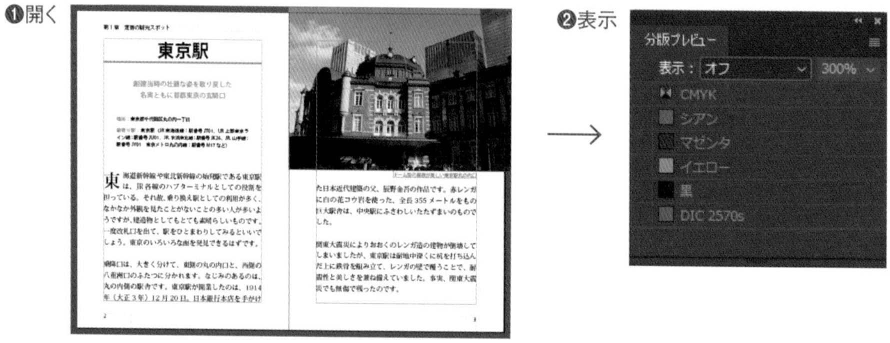

2　分版プレビューパネルの［表示］に［色分解］を選択します❶。はじめはすべての版が表示されます❷。［シアン］をクリックして選択します❸。シアン版で出力されるイメージだけが表示されます❹。

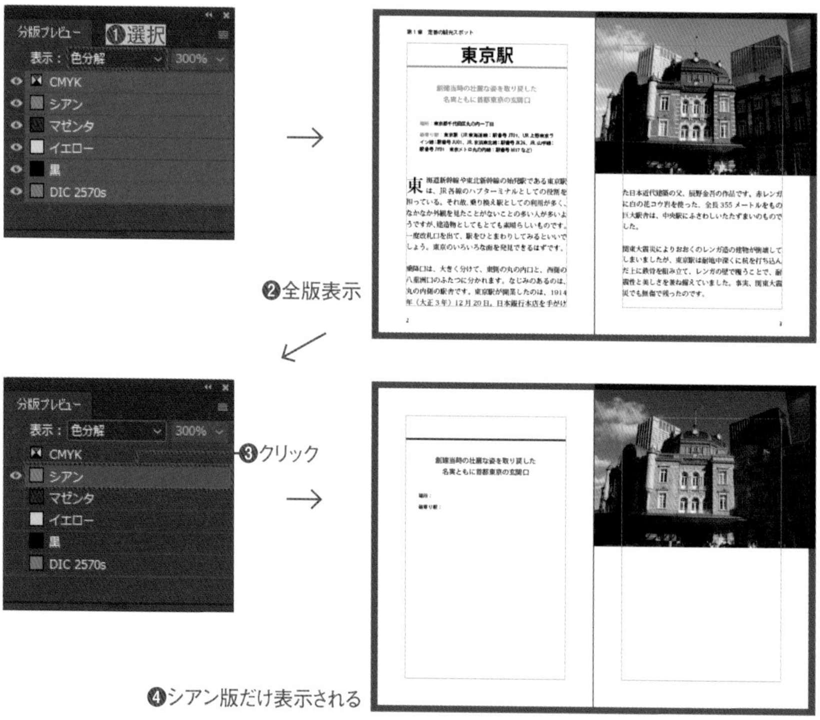

3 最下部に［DIC 2570s］が表示されているので、このドキュメントにはスウォッチパネルに特色が追加されていることがわかります❶。意図して指定したのならいいのですが、誤って特色を指定した可能性もあります。どこに使われているかを確認するために、［DIC 2570s］をクリックして選択します❷。［DIC 2570s］が使用されている写真のキャプション部分だけが表示されます❸。ここでは、色の指定を誤っているものとして、特色の［DIC 2570s］から、通常のプロセスカラーに指定し直します。

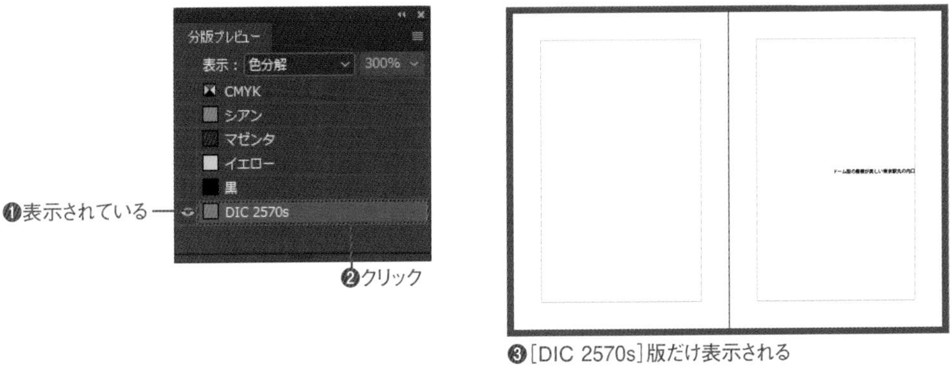

4 一度［CMYK］をクリックして、全色を表示します❶。選択ツールを選択し❷、手順3で表示された特色のテキストフレームをクリックして選択します❸。スウォッチパネルで［テキストに適用］をクリックして適用対象をテキストに指定し❹、「C=75 M=5 Y=100 K=0」をクリックして適用します❺。適用したら選択を解除します。

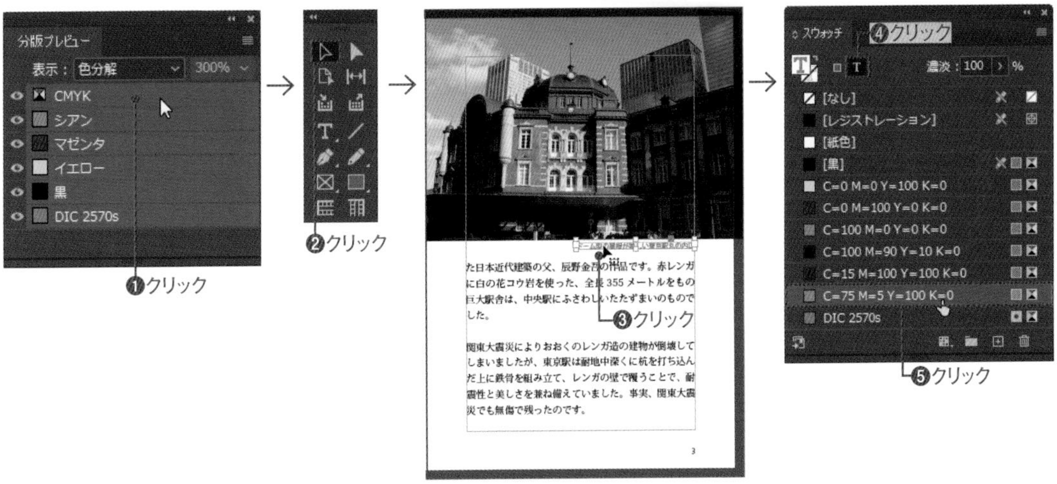

5 分版プレビューパネルで［DIC 2570s］をクリックして選択します❶。今度は何も表示されず、［DIC 2570s］が使用されているところがないことがわかります❷。確認できたので、分版プレビューパネルの［表示］を［オフ］に戻します❸。

14-5 プリフライトでチェック

InDesignには、データが正しく作成されているかをチェックするプリフライト機能がついています。用途に応じたチェック項目を設定したプロファイルを作成することで、トラブルのないデータ作成が可能となります。

プリフライトのプロファイルを定義する

2021 2020 2019

プリフライト

InDesignでは、初期設定でプリフライトが有効になっています。ドキュメントウィンドウの下部にプリフライトで使用されているプロファイルとエラーの有無が表示されます。エラーがある場合は、「●」とエラー数が表示されます。

プロファイルは、クリックして表示されるメニューから選択して変更できます。デフォルトではプロファイルはふたつですが、新たに定義して追加できます。

結果表示欄の右の⌄をクリックして表示されるプロファイルメニューから、プリフライトのオンオフの切り替えが可能です。[ドキュメントのプリフライト] では、表示しているドキュメントのプリフライトのオンオフを切り替えます❶。[すべてのドキュメントのプリフライトを有効にする] では、開いているすべてのドキュメントのプリフライトのオンオフを切り替えます❷。[プリフライトパネル] ❸を選択すると、プリフライトパネルが表示でき、エラー内容の確認や、使用しているプロファイルを設定が可能です。[プロファイルを定義] ❹を選択すると、[プリフライトプロファイル] ダイアログボックスが表示され、プロファイルのチェック項目の確認や、新しいプロファイルの定義を作成できます。

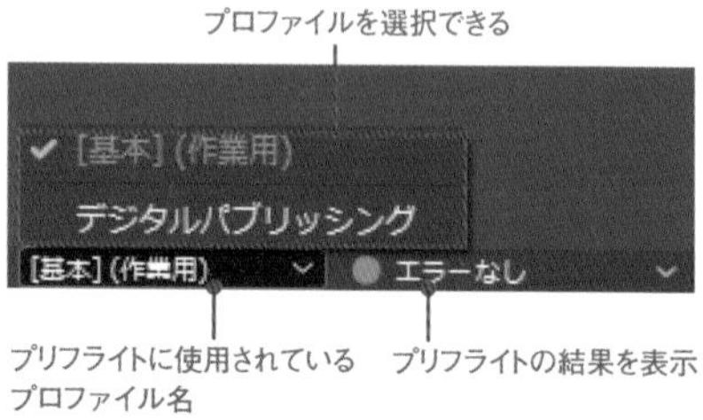

プリフライトメニューからプロファイルのオンオフや、プリフライトパネルの表示、プロファイルの定義が可能

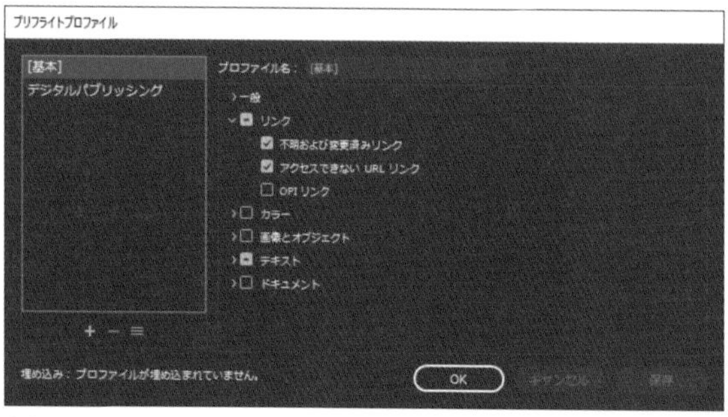

[プリフライトプロファイル] ダイアログボックスではプロファイルのチェック項目の確認や、新しいプロファイルの定義を作成できる

プリフライトパネルには、適用されているプロファイルやエラー内容とエラー箇所が表示される

STEP 01 プリフライトでチェックする

2021 2020 2019

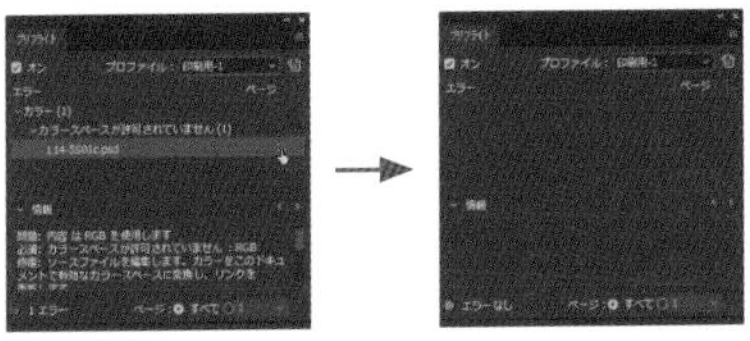

Before　After

デフォルトの［［基本］（作業用）］プロファイルによるプリフライトではエラーがなくても、プロファイルを変更するとエラーを発見できます。ここではRGBカラーをチェックするプロファイルを作成して確認します。

Lesson14 ▶ L14-5S01.indd

1 レッスンファイルを開きます❶。［［基本］（作業用）］プロファイルによるプリフライトがオンになっており、エラーはありません❷。

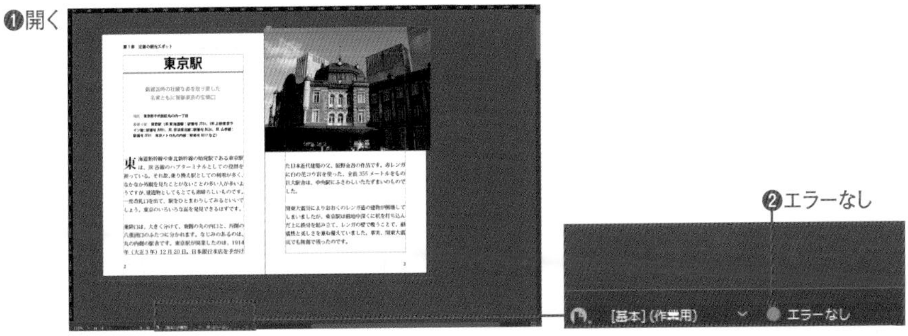

2 結果表示欄の右の をクリックし❶、表示されたプロファイルメニューから［プロファイルを定義］を選択します❷。

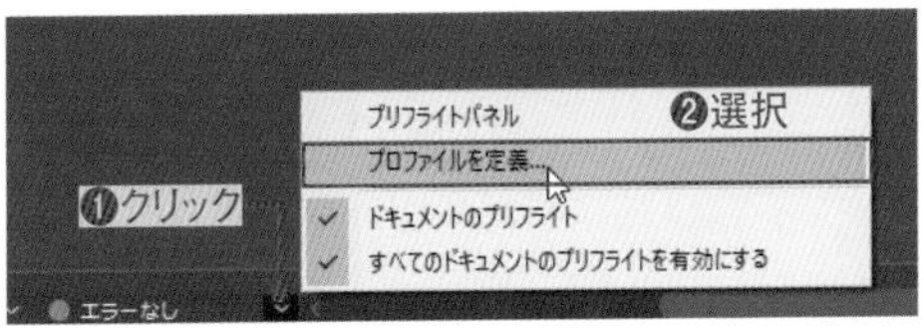

3 ［プリフライトプロファイル］ダイアログボックスが表示されるので、［新規プリフライトプロファイル］ をクリックします❶。

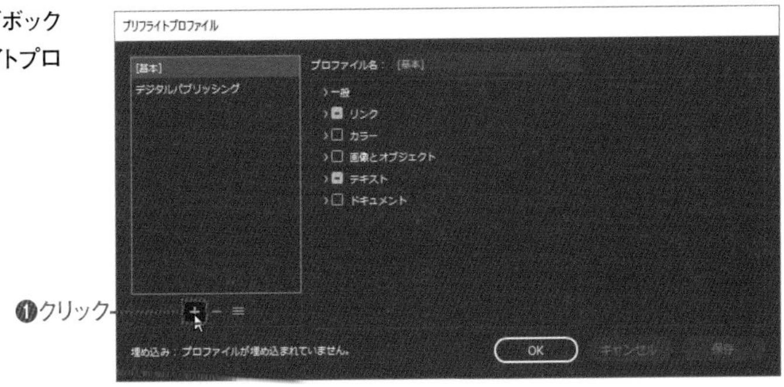

4 新しいプロファイルが追加されるので、［プロファイル名］に「印刷用-1」と入力します❶。右側にチェック項目が表示されるので、［カラー］の をクリックし❷、展開表示します。［使用を許可しないカラースペースおよびカラーモード］にチェックしたら❸、横の をクリックし展開表示し❹、［RGB］にチェックします❺。これで、ドキュメント内にRGB画像があるとエラーになります。

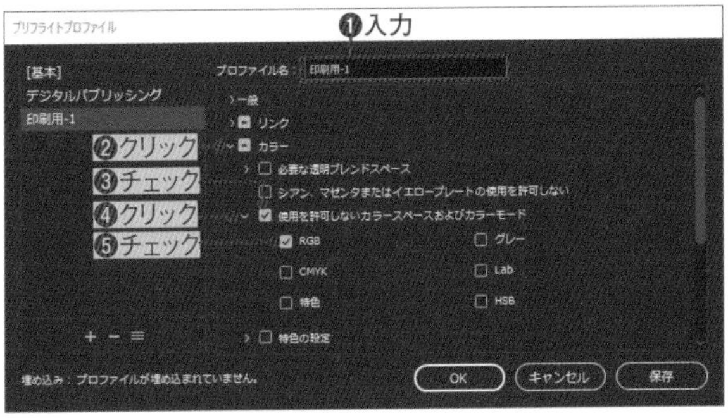

5 続いて、下にスクロールして［画像とオブジェクト］の▸をクリックし❶、展開表示します。［配置されたオブジェクトの縦横の比率を固定しない拡大／縮小］にチェックします❷。今回は、この2点を［基本］プロファイルに追加したプロファイルにします。［OK］をクリックしてダイアログボックスを閉じます❸。

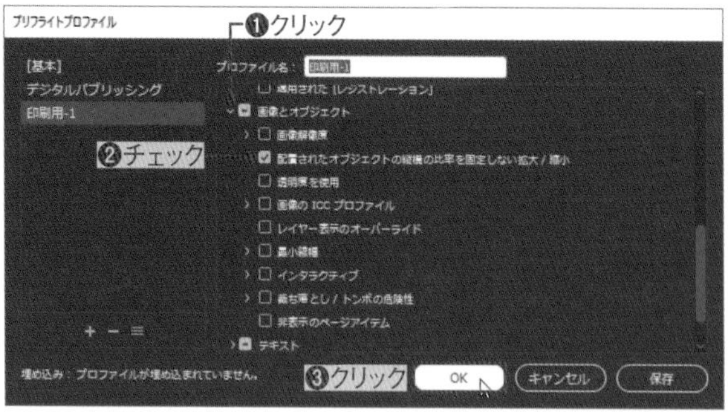

CHECK!

印刷会社のプロファイル

印刷会社によっては、プロファイルのデータを配布していることがあります。［プリフライトプロファイル］ダイアログボックスの☰をクリックして表示される［プロファイルを読み込み］で、プロファイルを読み込んで使用してください。

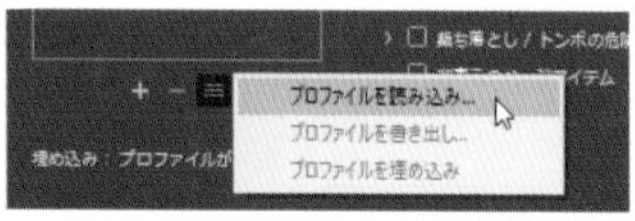

6 結果表示欄の右の▾をクリックし❶、プリフライトメニューから［プリフライトパネル］を選択します❷。プリフライトパネルが表示されるので、［プロファイル］をクリックして❸、表示されたメニューから新しく追加した［印刷用-1］を選択します❹。

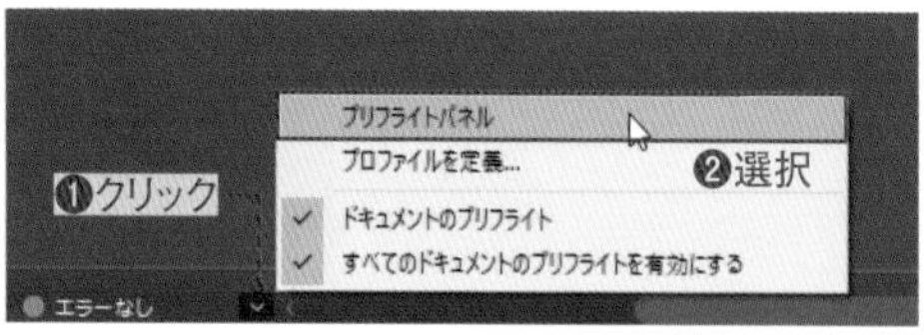

→

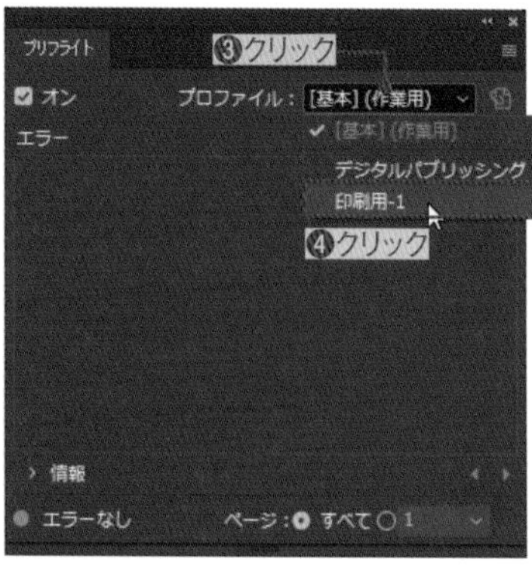

7 プロファイルを変更したので、エラーが見つかりました❶。エラーリストに表示された［カラー（1）］は、カラーに関するエラーがひとつあるという意味です。▸をクリックし❷、［カラースペースが許可されていません］の内容まで展開表示します。［L14-5S01c.psd］をクリックして選択し❸、パネル下部の［情報］を展開するとエラー内容が表示されます❹。この画像がRGBデータのようです。ページ番号部分をクリックすると❺、該当の画像が表示されて選択された状態になります❻。

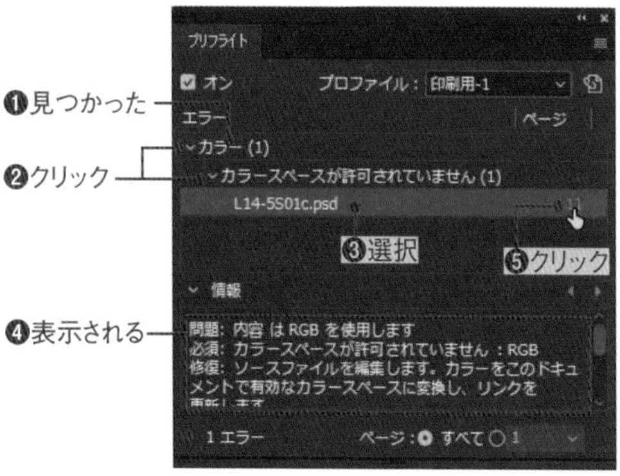

→

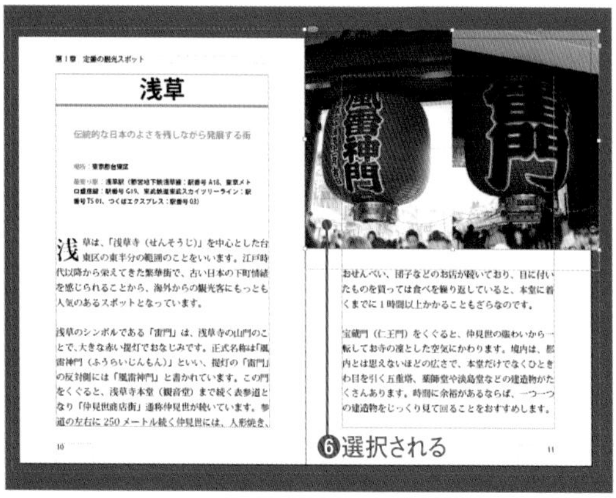

8 リンクパネルを開きます。［リンク情報］の［カラースペース］が［RGB］なのを確認し❶、［元データを編集］をクリックします❷。Photoshopが起動して、リンクしたファイルが表示されます❸。

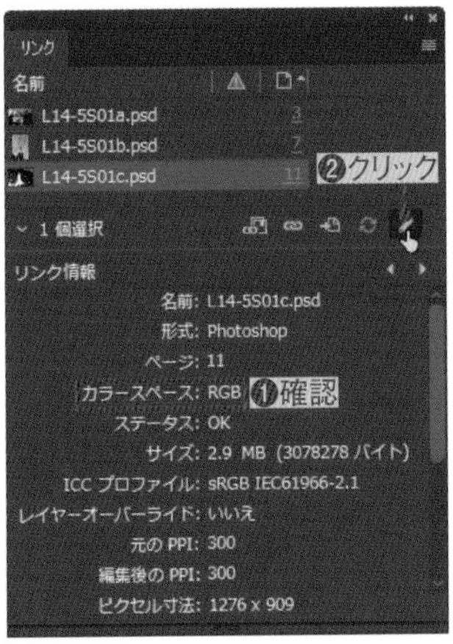

❸Photoshopが起動して表示される

9 Photoshopでの操作です。［編集］メニュー→［プロファイル変換］を選択します❶。［プロファイル変換］ダイアログボックスが表示されたら、［変換後のカラースペース］に［Japan Color 2001 Coated］を選択し❷、［OK］をクリックします❸。これでCMYKに変換できたので、Ctrlキーと S キーを押して保存し❹、Ctrlキーと W キーを押して閉じます❺。

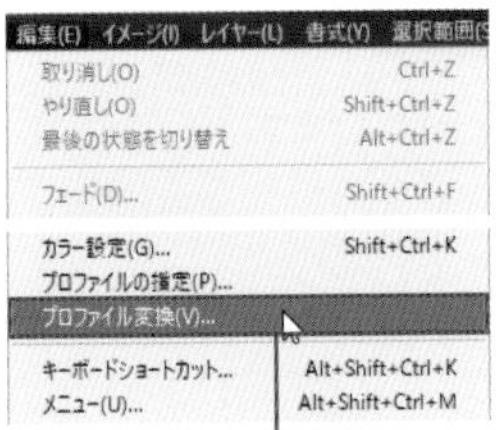

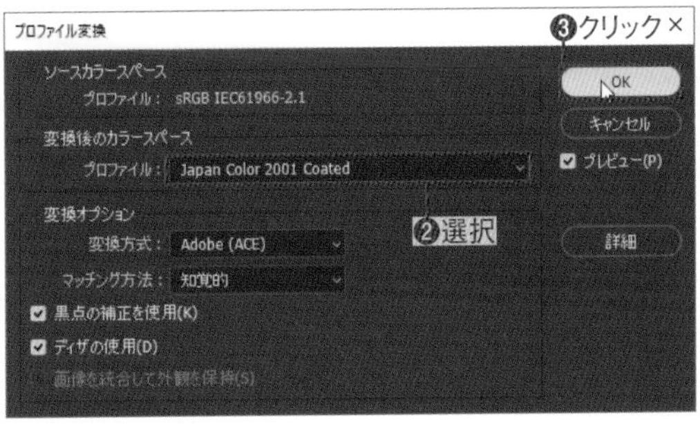

❹ Ctrl + S キーで保存
❺ Ctrl + W キーで閉じる

10 InDesignに戻ります。リンクパネルの［リンク情報］の［カラースペース］が［CMYK］に変わったことを確認します❶。プリフライトパネルのエラーもなくなります❷。ここでは、RGBデータと画像の縦横比のチェックだけのプロファイルでチェックしましたが、印刷入稿時には、印刷会社に従ってプリフライトを行い、エラーがない状態にしてください。

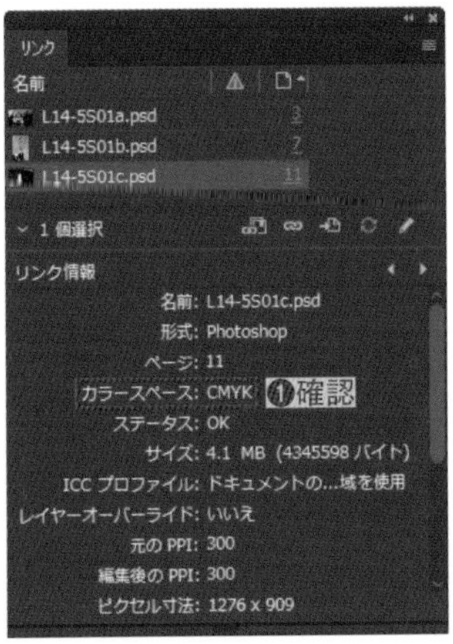

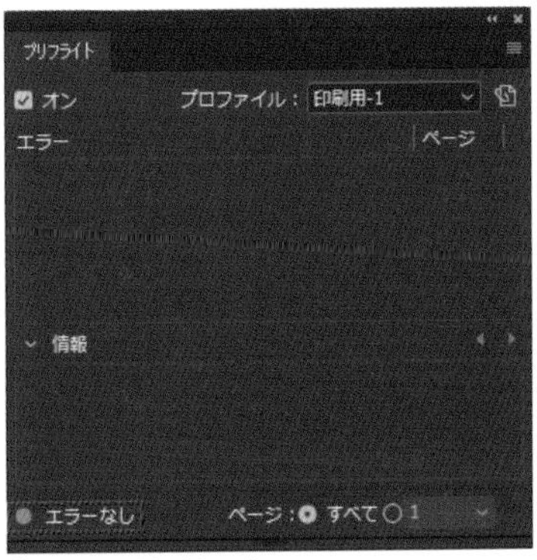

❷エラーがなくなった

Lesson14　練習問題

Lesson14 ▶ L14EX1.indd

Q

正規表現を使った検索置換で、テキスト内の「[XXXX]」を「【XXXX】」に変更しましょう。

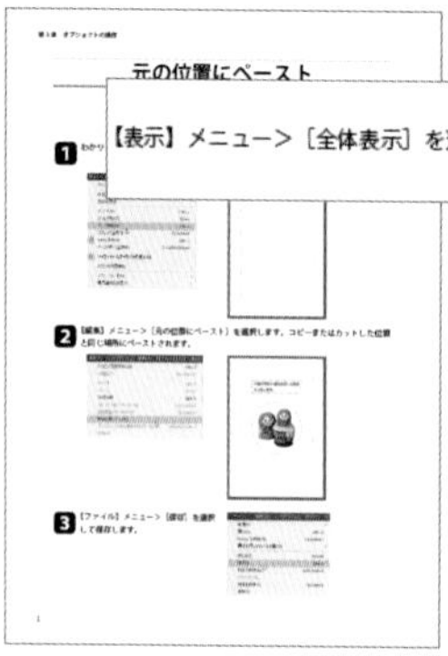

Before

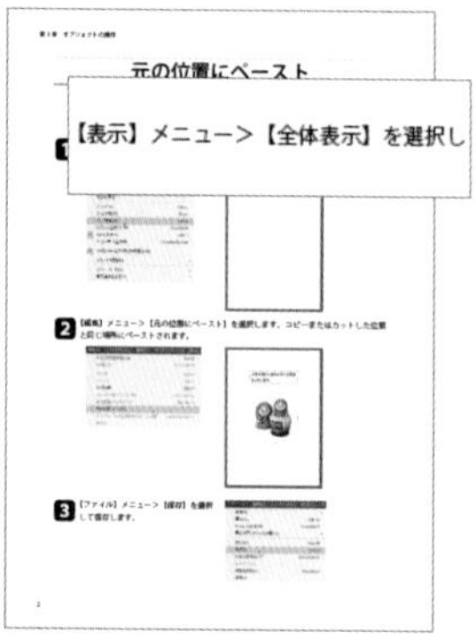

After

A

❶［編集］メニュー→［検索と置換］を選択します。
❷［検索と置換］ダイアログボックスが表示されるので、［正規表現］を選択します。
❸［検索文字列］に「[(.+)]」と入力します。「[」と「]」は全角で、ほかは半角です。
❹［置換文字列］に「【$1】」と入力します。
❺［次を検索］をクリックし、［全体表示］が検索されることを確認します。
❻［すべてを置換］をクリックして、全置換します。

Lesson14 ▶ L14EX2.indd

Q

「14-5 プリフライトチェック」で作成した［印刷用-1］プロファイルを使ってプリフライトし、エラーを修正しましょう。

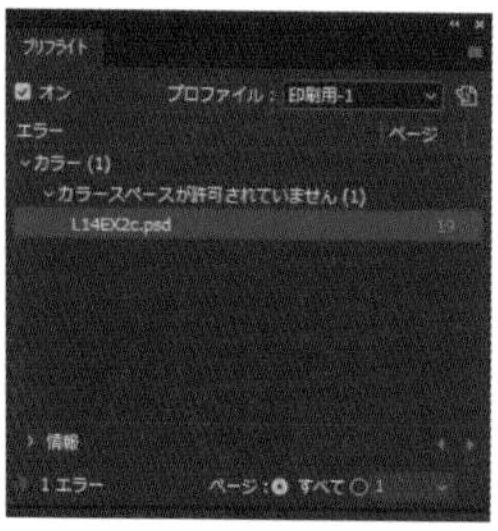

Before

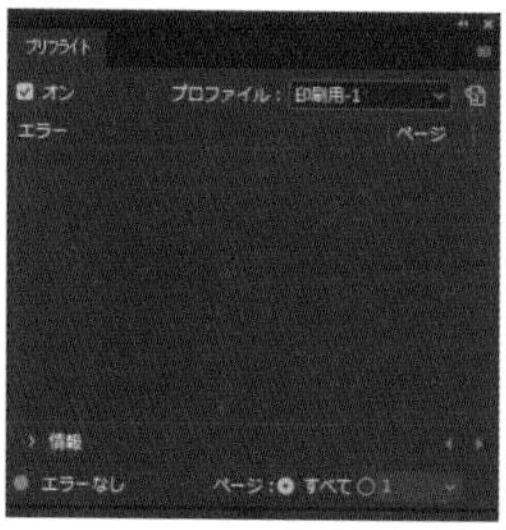

After

A

❶プリフライトパネルを開き、プロファイルを［印刷用-1］に設定します。
❷エラーリストを展開表示し、エラー画像のページ番号部分をクリックして画像を選択します。
❸リンクパネルでエラー画像が選択されているのを確認してから、［元データを編集］をクリックします。
❹Photoshopで画像が開いたら、［編集］メニュー→［プロファイル変換］を選択します。
❺［プロファイル変換］ダイアログボックスで、［変換後のカラースペース］の［プロファイル］に［Dot Gain 15%］を選択し、［OK］をクリックします。
❻ Ctrl キーと S キーを押して保存し、Ctrl キーと W キーを押して閉じます。
❼InDesignに戻って、エラーがなくなったことを確認します。

パッケージと出力

An easy-to-understand guide to InDesign

Lesson 15

制作の最終段階では、校正のための印刷やPDFによるチェック作業が発生します。また、InDesignデータの受け渡しには、リンクファイルの漏れがないように「パッケージ」でまとめます。EPUB形式で出力すれば、電子書籍として展開も可能です。ここでは、各種出力やパッケージについて学びます。

15-1 プリント

作成したドキュメントの仕上がりを見たりサイズの確認したりするには、プリントアウトして見るのが一番です。画面では気づかなかったことにも気づくことが多くあります。ここでは、InDesignで作成したドキュメントを、プリントアウトする方法を学びましょう。

[プリント] ダイアログボックス

2021 2020 2019

主な設定

[ファイル] メニュー→ [プリント] を選択し、表示された [プリント] ダイアログボックスで、プリント時の設定を行います。[プリント] ダイアログボックスには、左側に設定セクションが表示され、設定をするようになっています。

たくさんのセクションがありますが、家庭用プリンターで出力するのに使用するのは [一般]、[設定]、[トンボと裁ち落とし] の３セクションで、残りはほとんど設定は不要です。

ここではこの３つのセクションの中でも、よく使う項目について説明します。

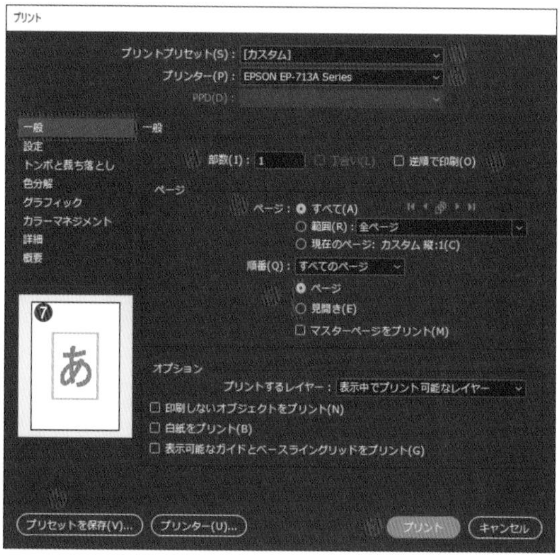

[一般] セクション

❶プリセットを選択
❷使用するプリンターを選択
❸プリントする部数を設定
❹逆順にプリントするときはチェック
❺プリントする範囲を設定
❻ページ単位か見開き単位かを選択
❼設定のサムネールが表示される
❽各セクションでの設定をプリセットして登録
❾プリントを実行

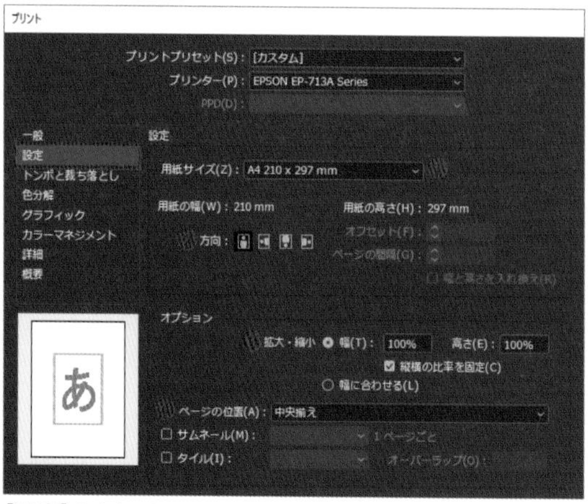

[設定] セクション

❶プリントに使用する用紙サイズを選択
❷用紙の方向を選択
❸拡大・縮小率を設定
❹ページの用紙に対する位置を設定

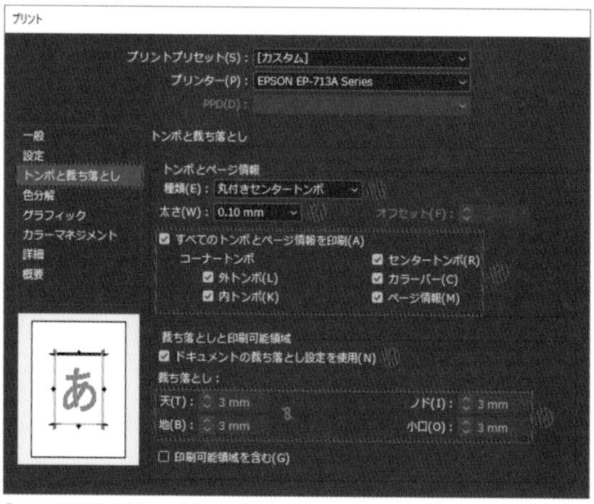

[トンボと裁ち落とし] セクション

❶トンボの種類を選択（通常そのまま）
❷トンボの太さを選択（通常そのまま）
❸プリントするトンボの種類を選択
❹裁ち落とし幅にドキュメントの裁ち落としの設定を使用する
❺❹をオフにしたときの裁ち落とし幅を設定する

プリント範囲の指定について

特定のページだけをプリントするには、[一般] セクションの [ページ] で設定します。[すべて] を選択すると全ページがプリントされます。
一部のページだけをプリントするには、[範囲] を選択し、そのページ番号を指定します。複数のページをプリントすることもできます。連続する範囲は「1-3」のように「-」(半角ハイフン) でつなげます。とびとびのページをプリントするには「5,8,11」のように「,」(半角カンマ) で区切ります。「1-3,5,8-10」のように指定すると、1〜3ページ、5ページ、8〜10ページがプリントされます❶。8ページ以降をプリントするには「8-」、8ページまでをプリントするには「-8」と省略して指定できます。

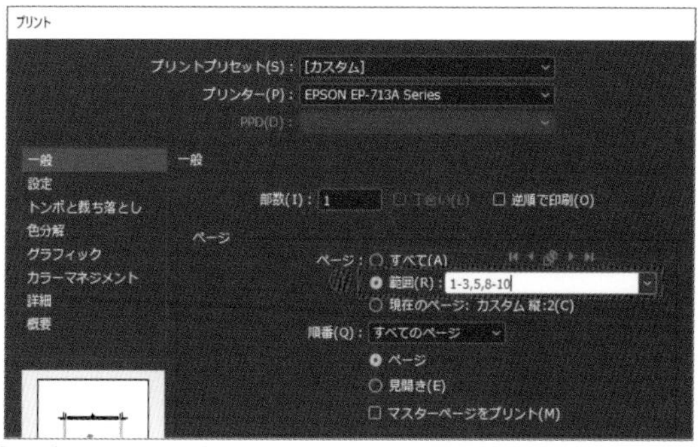

[範囲] で、複数ページの指定ができる

[現在のページ] を選択すると、ドキュメントページに表示されているページがプリントされます。

[ページ番号とセクション] との関係

InDesignでは、ページパネルメニュー→ [ページ番号とセクションの設定] で表示される [ページ番号とセクションの設定] ダイアログボックスで、自動ページ番号のスタイルや、ページ番号の前につけるプレフィックスを設定できます❶。このダイアログボックスの設定は、ページパネルに表示され❷、ドキュメントページに挿入した自動ページ番号にも反映されます。このように、プレフィックスやスタイルが適用されている場合、[プリント] ダイアログボックスの [範囲] でも、ページパネルに表示されている状態で指定する必要があります。例えば、プレフィックスが「P」、スタイルが「001,002,003」なら、8ページから11ページのプリントは「P008-P011」と指定します。

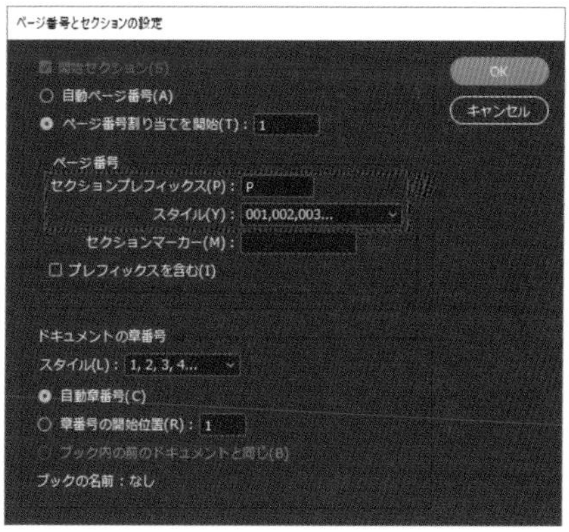

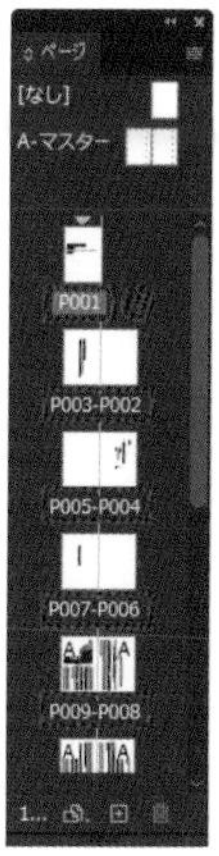

ページ番号とセクションの設定] ダイアログボックスで、プレフィックスやスタイルを設定できる。この設定はページパネルに反映される

COLUMN

プリントプリセットで効率化

ページ範囲以外で、頻繁に使用するプリントの設定は、プリントプリセットに登録しておくと便利です。使用するプリンター、用紙サイズ、ページ単位か見開きか、トンボをつけるかどうかなどのプリント時の組み合わせをプリセットに保存できます。[プリント] ダイアログボックスで、設定が終了したら [プリセットを保存] をクリックすると❶、[プリセットを保存] ダイアログボックスが表示されるので、名称をつけて保存します❷。
プリセットは [プリント] ダイアログボックスの [プリントプリセット] で選択すれば❸、設定が読み込まれます。

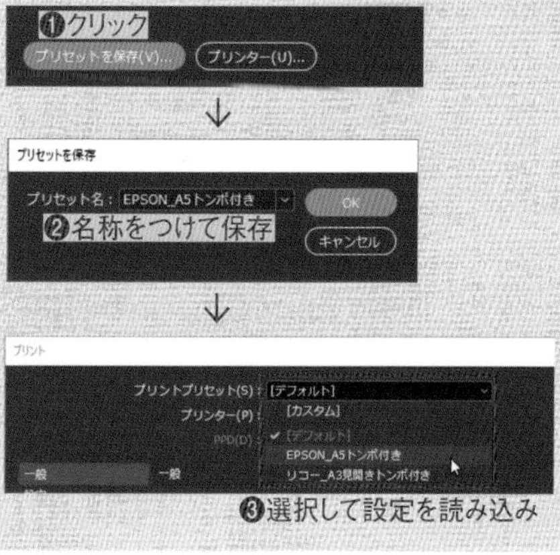

STEP 01 見開きトンボ付きでプリント

2021 2020 2019

レッスンファイルを使用し、見開き単位で、トンボをつけてプリントアウトしましょう。家庭用プリンターを想定し、A4用紙にプリントします。

Lesson15 ▶ L15-1S01.indd

1 レッスンファイルを開きます❶。[ファイル]メニュー→[プリント]を選択します❷。

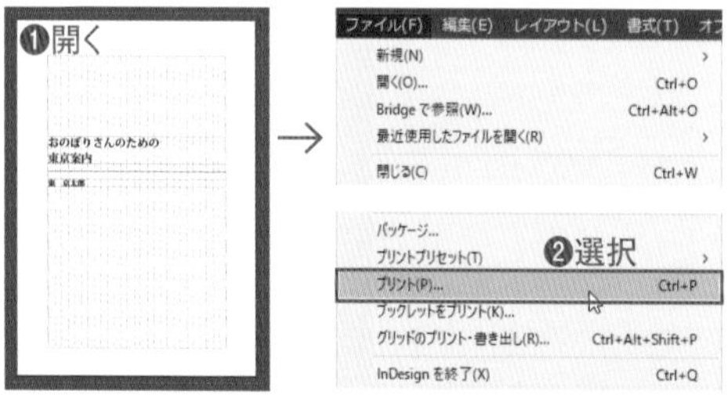

2 [プリント]ダイアログボックスが開きます。[プリンター]で、使用するプリンターを選択します❶。[範囲]を選択し❷、「8-11」と入力します❸。[見開き印刷]にチェックをつけます❹。

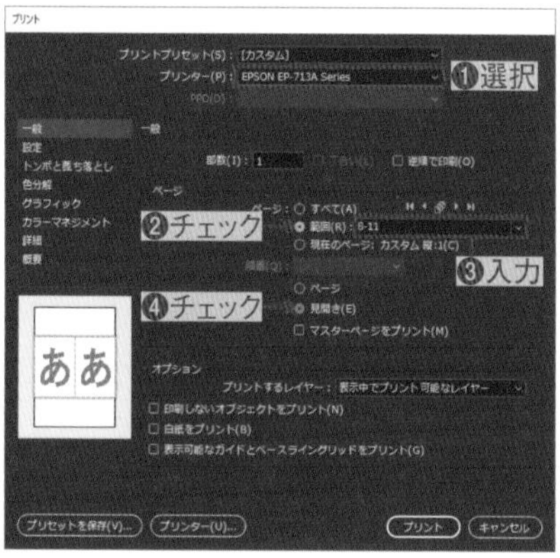

CHECK!

プリンターの準備は忘れずに

あたりまえなのですが、プリントに使用するプリンターをつないで、設定しておいてください。プリントのトラブルで意外に多いのは、電源の入れ忘れやケーブルの抜けです。プリント時に、プリンターの電源がちゃんと入っているか、接続しているかを確認してください。

3 [設定]を選択します❶。[用紙サイズ]に[A4 210 x 297 mm](プリンターによって表示が異なります)を選択し❷、[方向]を[横]にします❸。ここまでの設定がプレビューに反映されるので確認します❹。

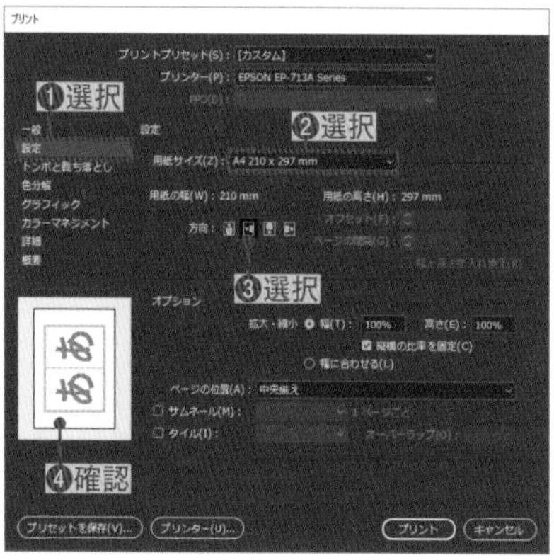

4 [トンボと裁ち落とし]を選択します❶。[すべてのトンボとページ情報を印刷]チェックをつけます❷。プレビューにトンボが表示されたのを確認し❸、[プリント]をクリックしてプリントします❹。

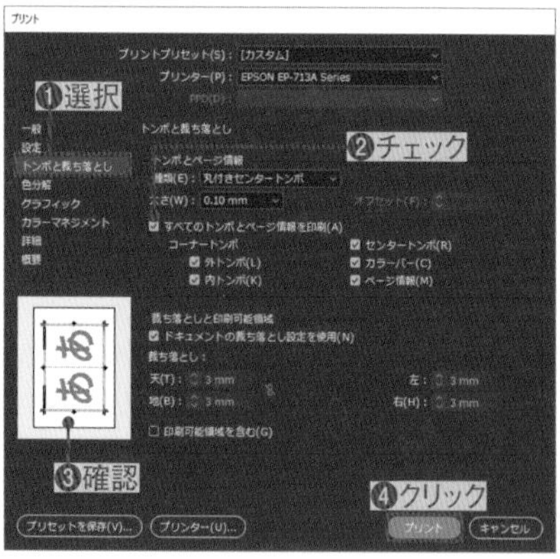

Publish Onlineのポップアップが表示されたらそのまま閉じる

15-2 PDFの書き出し

PDFは、InDesignで作成したデータの校正、印刷データとしての入稿、インターネットやメールを通しての配信など、多くの用途で利用されます。ここでは、PDFの書き出しについて学びましょう。

PDFについて

2021 2020 2019

PDFとは

世の中にはさまざまなアプリケーションがありますが、InDesignのデータはInDesign、IllustratorのデータはIllustrator、MicrosoftのWordで作成したデータはWordがないと、基本的には開いたり編集したりできません。

PDFは、このようなアプリケーションの垣根を取り除き、作成した文書をOSやデバイスに関係なく表示できるようにしたファイル形式です。PDFは、各アプリケーションのデータをPDFに変換して書き出して作成します。

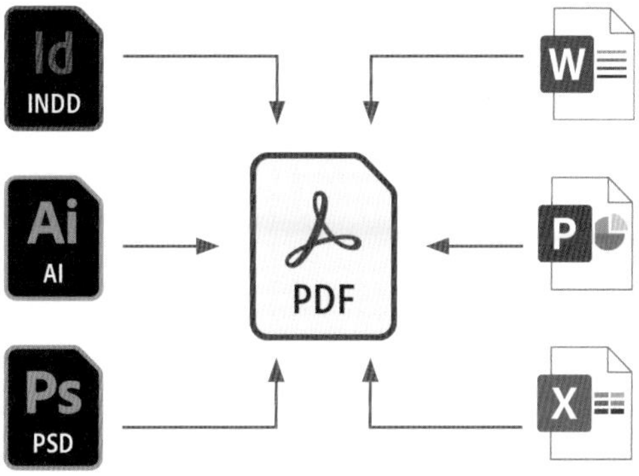

PDFに変換すると、さまざまなアプリケーションで作成したデータを、OSによる違いやデバイスに関係なく表示できるようになる

PDFが使われる用途

DTPによる制作現場でも、PDFは大いに利用されます。ひとつは校正です。印刷物にせよ、電子書籍にせよ、最終段階では、多くの人が制作物をチェックします。その際、校正用のデータを紙で出力するのではなく、PDFに注釈を入れてやりとりをすることが多くなっています。

商業印刷用のデータも、InDesignのデータをそのまま入稿するのではなく、PDFを作成して入稿することが多くなりました。データサイズが小さくなること、フォントを埋め込めるので入稿先でのフォントの有無を心配しなくていいこと、画像などのリンクファイルも埋め込まれるのでリンク漏れの心配がないことなどのメリットがあります。

作成したドキュメントを、データとして配布する場合にも、PDFが使われます。これは、PDFが改ざんしにくいデータであることや、暗号化することで、パスワードによる表示制限や、編集機能を制限できるからです。

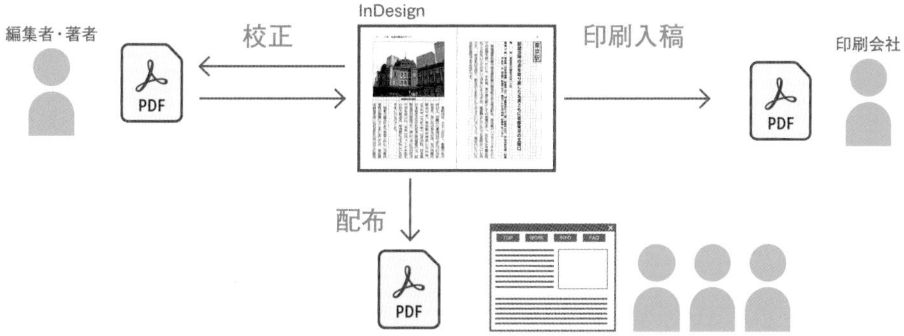

PDFの書き出しプリセット

PDFを書き出すには、[ファイル] メニュー→ [PDF書き出しプリセット] を選択し、表示されたメニューから用途に応じたプリセットを選択します。PDFは書き出し時の設定によってPDFの内容がかなり変わります。内容の違いは、PDF内の画像の解像度や圧縮率、フォントの埋め込みの有無、PDFリーダーであるAdobe Acrobatのバージョン互換性などです。これらを組み合わせたものがPDFの書き出しプリセットです。下記の「PDF/X」のように国際標準化機構(ISO)で定義された規格のプリセットもあります。

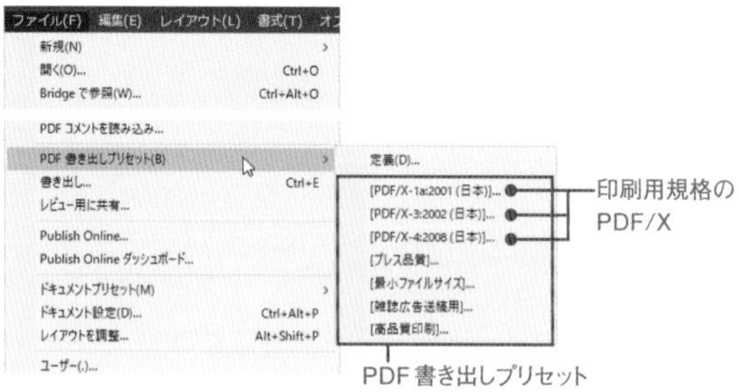

PDFの書き出しには、用途によってプリセットを選択する

・PDF/X：印刷用途に最適化された規格です。「PDF/X」にもいくつかの種類があるので、これは印刷会社の指示に従ってください。「PDF/X-1a」や「PDF/X-4」を使うことが多いようです。
・PDF/A：電子文書の長期保存を目的とした規格(InDesignのプリセットにはありません)。
・PDF/E：技術情報交換用の規格(InDesignのプリセットにはありません)。

PDFの書き出し時には、[Adobe PDFを書き出し] ダイアログボックスが表示されます。ダイアログボックスの左側には設定セクションが表示され、書き出し時のオプションを設定します。たくさんのセクションがありますが、通常使用するのは[一般] [トンボと裁ち落とし] [セキュリティ] の3セクションで、ほかのセクションはプリセットを選択すれば設定は不要です。ここではこの3つのセクションの中でも、よく使う項目について説明します。

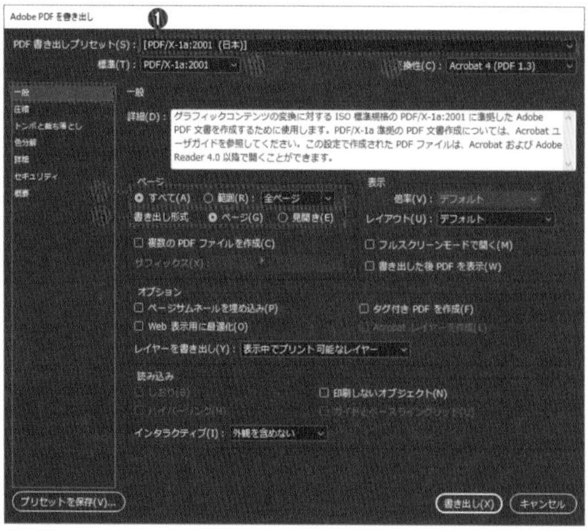

[一般] セクション

[一般] セクション
❶プリセットを選択
❷PDFの規格を選択
❸Acrobatとの互換性を選択
❹PDFに書き出す範囲を設定。指定方法は [プリント] ダイアログボックスと同じ
❺ページ単位か見開き単位かを選択

[トンボと裁ち落とし] セクション
❶出力するトンボを選択
❷トンボの種類を選択 (通常そのまま)
❸トンボの太さを選択 (通常そのまま)
❹裁ち落とし幅にドキュメントの裁ち落としの設定を使用する
❺❹をオフにしたときの裁ち落とし幅を設定する

[セキュリティ] セクション
❶PDFを開くときのパスワードを設定
❷PDFの印刷可否、内容のコピーの可否などを設定

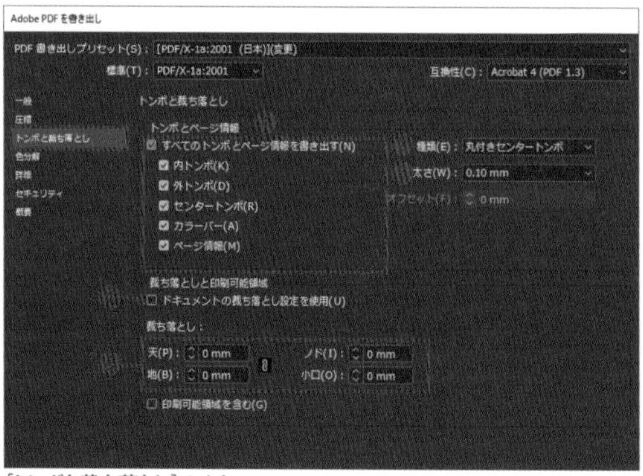

[トンボと裁ち落とし] セクション

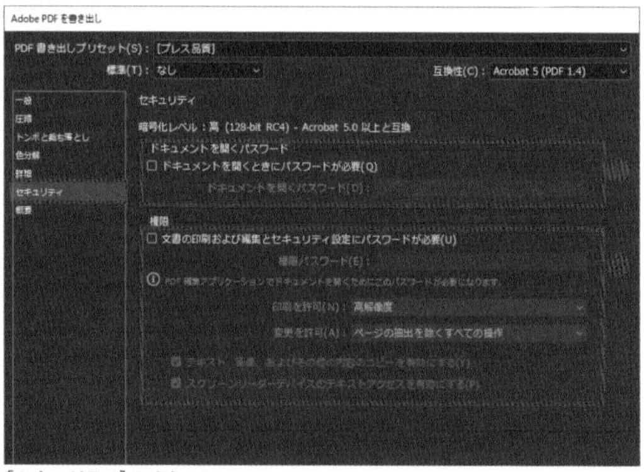

[セキュリティ] セクション

 Macでは、キーは次のようになります。 Ctrl → ⌘ Alt → option Enter → return

STEP 01 PDFを書き出す

2021 2020 2019

Before

After

PDFの書き出しはそれほど難しくありません。ここでは、印刷用のPDF/X-1a規格で、見開きトンボ付きのPDFを書き出してみましょう。

Lesson15 ▶ L15-2S01.indd

1 レッスンファイルを開きます❶。[ファイル]メニュー→[PDF書き出しプリセット]→[PDF/X-1a:2001(日本)]を選択します❷。

❶開く

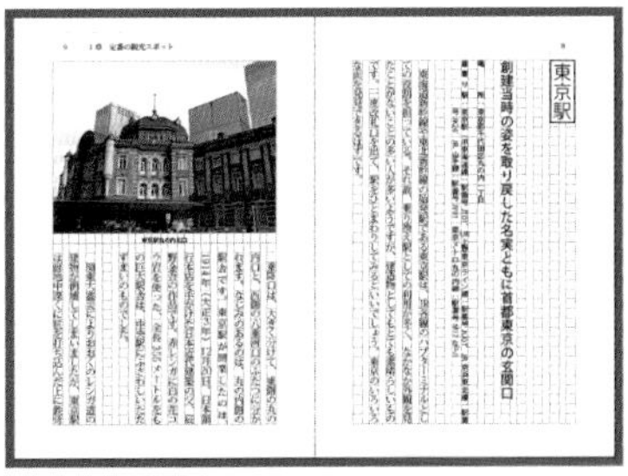

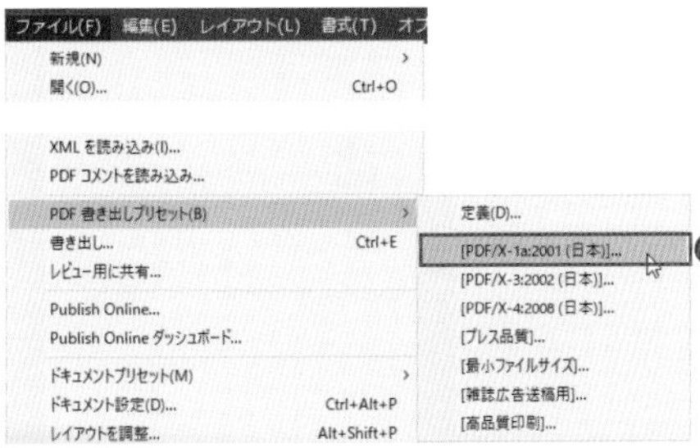

❷選択

2 [書き出し]ダイアログボックスが表示されるので、そのまま[保存]をクリックします❶。

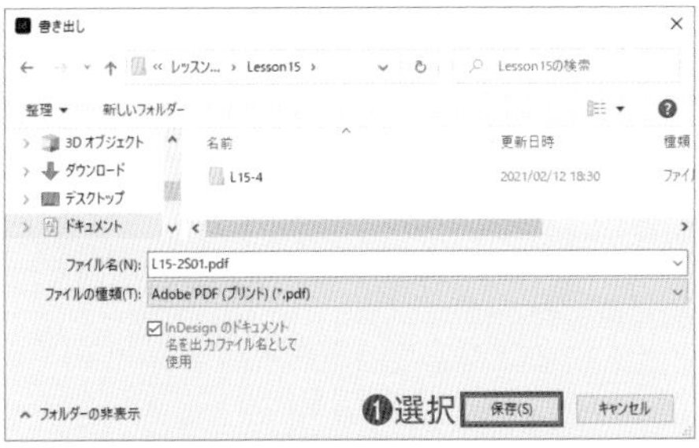

3 [Adobe PDFを書き出し]ダイアログボックスが表示されるので、[範囲]を選択し❶、「8-11」と入力します❷。[見開き]にチェックをつけます❸。

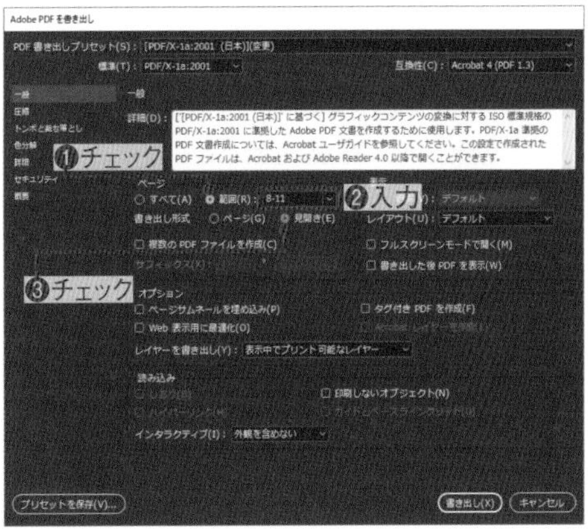

4 [トンボと裁ち落とし]を選択します❶。[すべてのトンボとページ情報を書き出す]にチェックをつけます❷。[ドキュメントの裁ち落とし設定を使用]にチェックをつけ❸、[書き出し]をクリックします❹。

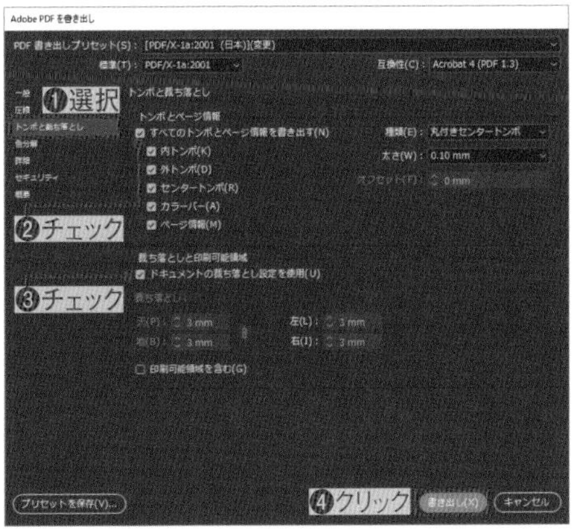

5 書き出したPDFを、Adobe Acrobat ReaderなどのPDFリーダーで表示して確認します❶。

❶確認

15-3 パッケージ

ドキュメントに配置した画像データや、配布可能なフォントをひとつのフォルダーにまとめるのがパッケージ機能です。InDesignのデータで印刷入稿したり、ほかのユーザーに渡すときには、パッケージを使いましょう。

STEP 01 パッケージで入稿データを作成する　2021 2020 2019

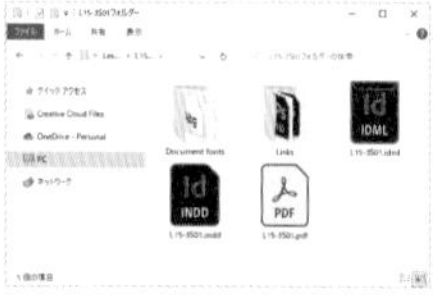

レッスンファイルを使って、パッケージしてみましょう。事前にプリフライトを行い、エラーを解決しておきましょう。

Lesson 15 ▶ L15-3S01.indd

1 レッスンファイルを開いたら、[ファイル] メニュー→[パッケージ]を選択します❶。

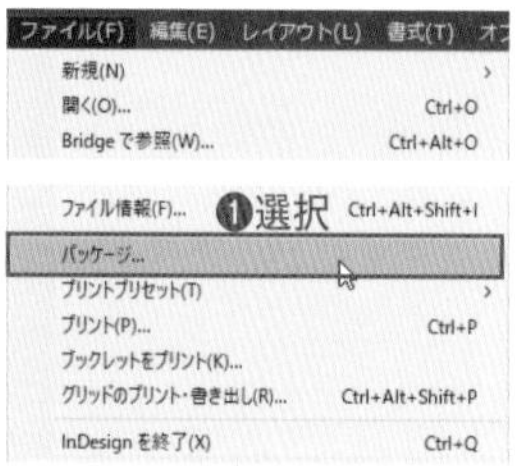

CHECK! プリフライトでエラーを解決しておく

パッケージする前に、必ずプリフライトでエラーのない状態にしてください。プリフライトには、印刷用のプロファイルを使用し、RGBデータがないかなどをチェックしておくことが重要です。

2 [パッケージ] ダイアログボックスが表示されるので、[フォント]を選択します❶。[問題だけを表示]にチェックをつけます❷。リストに何も表示されないので、フォントに問題はありません❸。

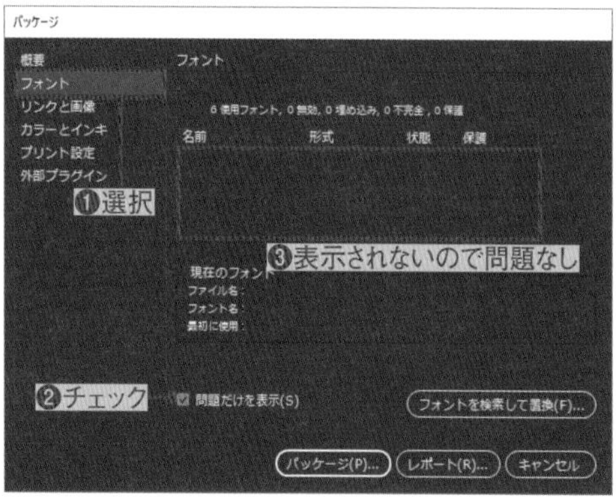

3 [リンクと画像] を選択します❶。[問題だけを表示] にチェックをつけます❷。ここでも、リストに何も表示されないので、リンクや画像に問題はありません❸。[フォント] セクションと [リンクと画像] セクションで問題がないので、[パッケージ] をクリックします❹。

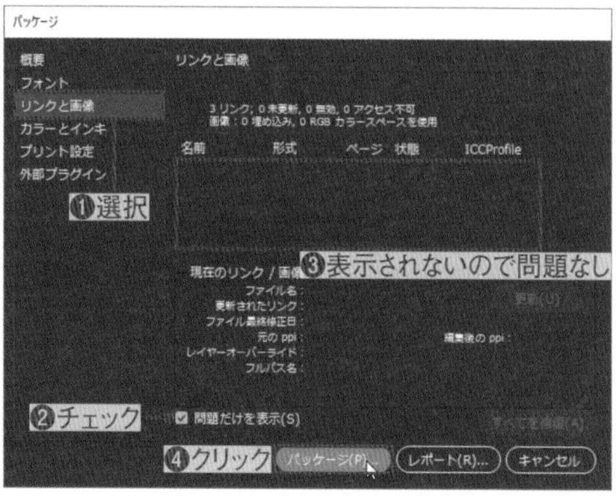

Macでは、キーは次のようになります。 Ctrl → ⌘　Alt → option　Enter → return

4 ダイアログボックスが表示されたら[保存]をクリックします❶。レッスンファイルは2019用なので、2019以外はデータを使用しているバージョンで保存します。[別名で保存]ダイアログボックスが表示されたら、そのまま[保存]をクリックして❷、上書き保存します。

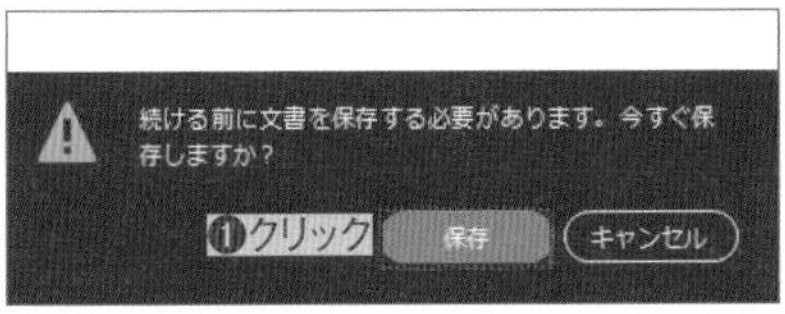

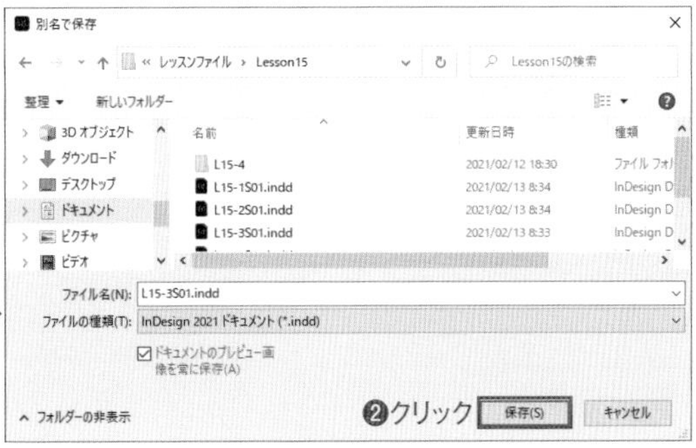

5 [パッケージ]ダイアログボックスが表示されるので、初期設定のまま、[パッケージ]をクリックします❶。

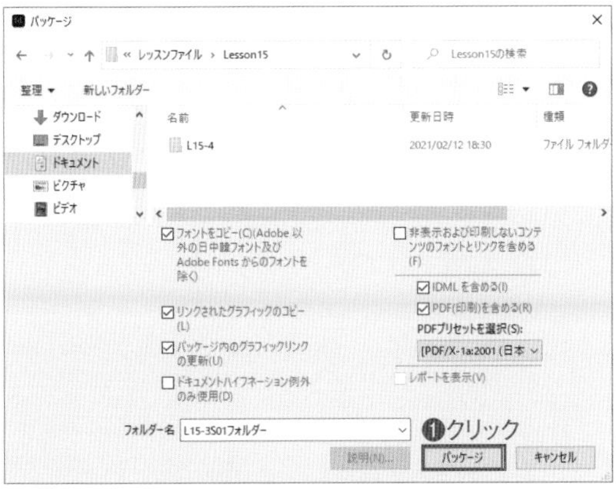

初期設定では上記ダイアログボックスのようになる。上記のようにならない場合は、ダイアログボックスのように設定する

6 [警告]ダイアログボックスが表示されるので、[OK]をクリックします❶。このダイアログボックスには、和文フォントなど、特定のコピーが許可されていない旨が表記されています。クリックすると、パッケージが開始されます。

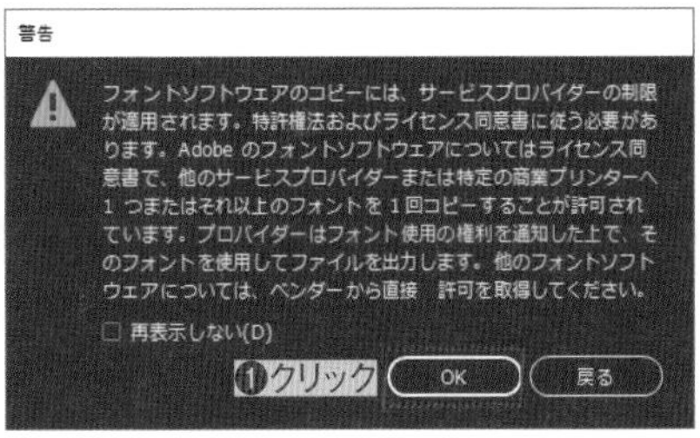

7 手順5で指定したフォルダーを開いて確認してみましょう❶。InDesignのデータ以外に、ファイルやフォルダーができています。[Document fonts]フォルダーには、再配布可能なフォントが保存され、[Links]フォルダーには、ドキュメントにリンクで配置した画像データが保存されています。IDMLファイルは、InDesignの下位バージョンと互換性を持っているファイルです。

COLUMN

ブックのパッケージ

ブックパネルメニューで[ブックをプリント用にパッケージ]を選択すると、ブックに登録した複数ドキュメントをひとまとめにパッケージできます。また、ドキュメントを選択すると、[選択したドキュメントをプリント用にパッケージ]となり、選択したドキュメントだけをパッケージできます。

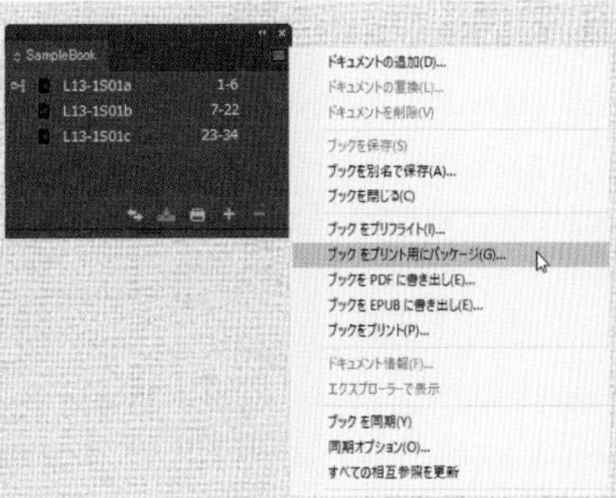

15-4 EPUBの書き出し

InDesignでは、電子書籍用のファイルフォーマットであるEPUB形式で書き出せます。ただし、書き出し前の設定が必要です。ここではEPUBで書き出してみましょう。

EPUBについて

2021 2020 2019

EPUBとは

InDesignは、制作したドキュメントからEPUBデータを書き出すことができます。EPUBは、IDPF（International Digital Publishing Forum：国際電子出版フォーラム）が策定した、電子書籍用のファイルフォーマット規格です。Webに使用されるHTMLやCSSをベースにしており、EPUBファイルはXHTMLファイルやCSS、XMLファイルをZIP形式で圧縮したものです。

リフロー型と固定レイアウト型

EPUBにはバージョンがあり、現在の主流はEPUB3.0です。また、文字サイズや表示画面のサイズによって、文字の流れが変わるリフロー型と、常にページに対して固定的なレイアウトが維持される固定レイアウト型があります。リフロー型のEPUBは、縦組みもサポートされています。固定レイアウト型の出力もサポートされています。

CHECK!

電子出版で使うには？

出力したEPUBデータを、そのまま電子出版用に利用できるかは、各電子出版のデータ作成方法を参照ください。必要に応じて、出力したEPUBデータを修正したり、設定を加えてください。

COLUMN

EPUBリーダーを用意しよう

EPUBが正しく出力できたかを検証するには、EPUBリーダーが必要です。Macでは標準の「ブック」を利用できます。Windows環境では、Webブラウザで動作する「Bibi」など、お好きなEPUBリーダーを用意してください。

EPUB書き出しの準備

2021 2020 2019

準備が必要

EPUBはHTMLで記述されているために、出力前にそれなりの準備が必要となります。PDFのように、制作したドキュメントをそのまま出力できるわけではありません。

段落スタイル、文字スタイルの適用

HTMLベースなので、テキストにはタグが必要となります。そのため、すべてのテキストに段落スタイルや文字スタイルを設定しておき、それらのスタイルをどのようなタグで書き出すかを設定します。スタイルのタグ設定は、［段落スタイルメニュー］→［すべての書き出しタグを編集］で設定できます。

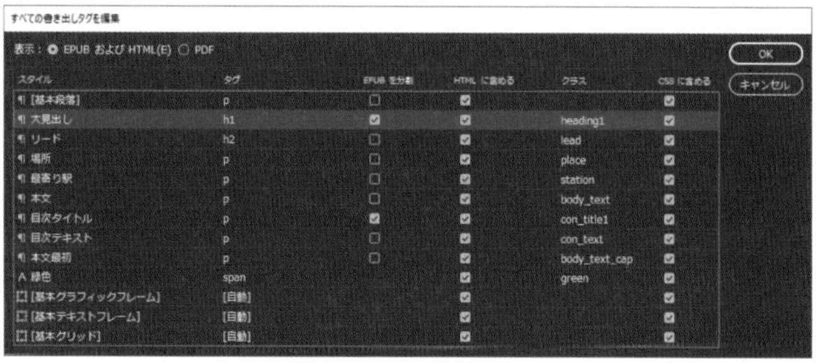

図版の出力位置を決める

写真やイラストなどの図版を、どの位置に出力するかを決めます。連結したテキストフレームを使ってレイアウトしたドキュメントでは、図版のアンカー付きオブジェクトで配置してください。［テキストの回り込み］を使っている場合も同様です。ただし、アンカーする位置によっては、テキストと図版が重なってしまうことがあるので、異なったページにアンカーするなどの対応が必要です。

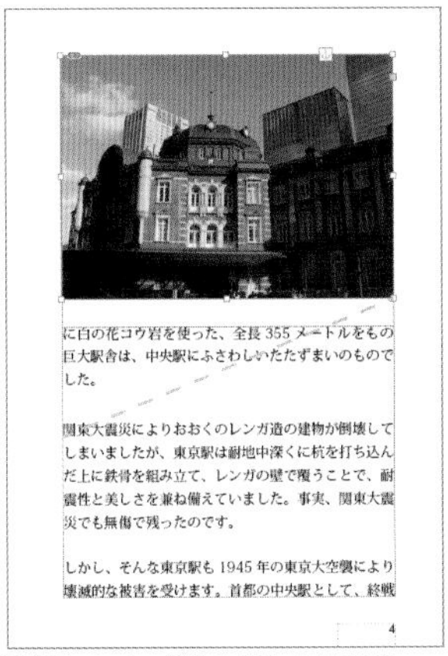

画像はアンカー付きオブジェクトにする

カバー用の画像や目次を用意

カバーとなる画像を用意しましょう。画像をトップページに配置してもいいですし、別途ファイル（JPEG、GIF、PNG形式のいずれか）を用意してもかまいません。

また、InDesignで作成した目次は、EPUBの目次に利用できます。目次は作成しておきましょう。

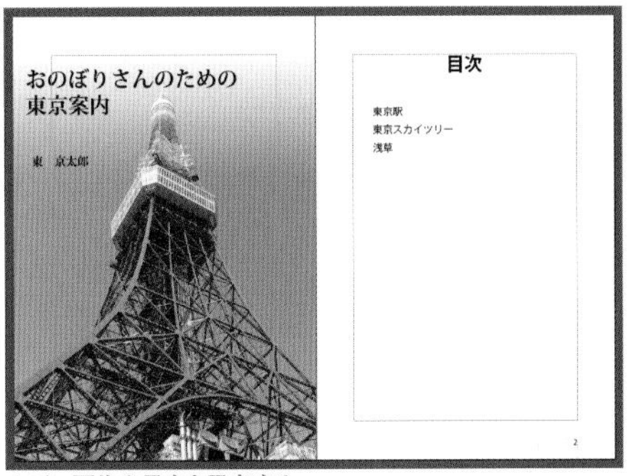

カバー画像や目次を用意する

［EPUBの書き出し］ダイアログボックス

2021 2020 2019

EPUBを書き出すには、［ファイル］メニュー→［書き出し］を選択し、［書き出し］ダイアログボックスで［ファイルの種類］（Macでは［形式］）に［EPUB（リフロー可能）］または［EPUB（固定レイアウト）］を選択します。［EPUB書き出し（リフロー）］ダイアログボックスまたは［EPUB書き出し（固定型）］ダイアログボックスが表示されるので、書き出しオプションを設定します。

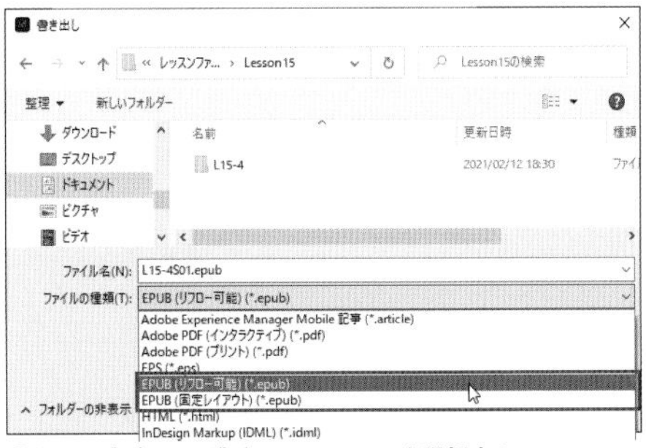

［書き出し］ダイアログボックスでEPUBを選択する

ダイアログボックスの設定

［EPUB書き出し（リフロー）］ダイアログボックスも［EPUB書き出し（固定型）］ダイアログボックスも、ほとんど同じなので、［EPUB書き出し（リフロー）］ダイアログボックスで説明します。

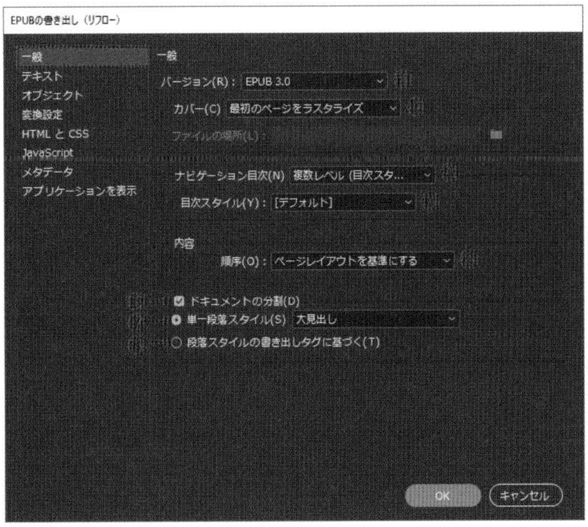

［一般］セクション

❶バージョンを選択。通常は［EPUB 3.0］
❷カバーを作成するか選択。作成するときは、先頭ページをラスタライズするか、画像ファイルを使うか選択
❸［複数レベル（目次スタイル）］を選択すると、InDesignの目次を変換、［ファイル名］はファイル名を目次とする
❹❸で［複数レベル（目次スタイル）］を選択時の、目次スタイルを選択
❺書き出す順番を設定。［アーティクル］を選択すると、アーティクルパネルの設定で書き出す
❻書き出し時に作成されるXHTMLファイルを分割するかを選択
❼選択した段落スタイルで分割する
❽段落スタイルの書き出しタグに基づき分割する

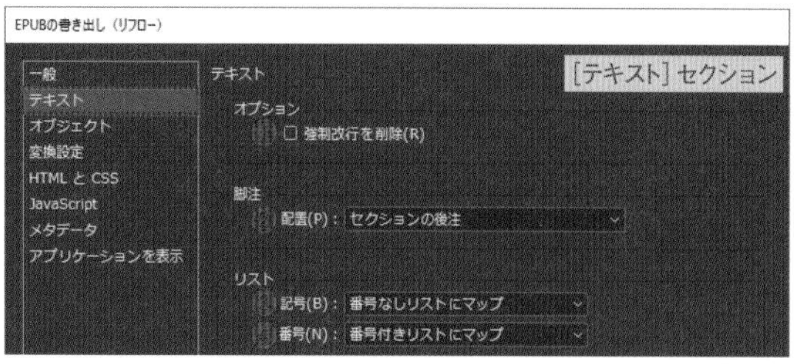

[テキスト] セクション

❶強制改行を削除するにはチェック
❷脚注の配置位置を設定
❸記号を使った箇条書きリストの書き出し方式を選択[番号なしリストにマップ]は<ul>タグで、[テキストに変換]では<p>タグで記号をテキストに変換する
❹番号を使った箇条書きリストの書き出し方式を選択[番号なしリストにマップ]は<ol>タグで、[テキストに変換]では<p>タグで記号をテキストに変換する

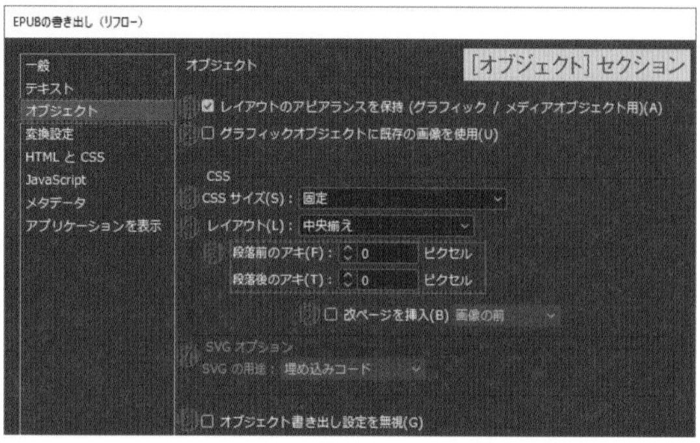

[オブジェクト] セクション

❶InDesignで適用した効果などを保持して出力するには選択
❷元画像の状態で出力するには選択
❸[固定]はオブジェクトのサイズを固定、[テキストの方向を基準にする]はテキスト方向を基準にサイズを可変させる
❹画像を揃え位置を選択
❺画像の段落の前後に指定した分のアキを入れる
❻画像の前後で改ページするときはチェック
❼SVGオブジェクトの記述方法を選択する。[埋め込みコード]は<svg>タグを使い、[オブジェクトタグ]は、<object>タグを使い書き出される
❽オブジェクトに設定した[オブジェクト書き出しオプション]の設定を無視するにはチェック

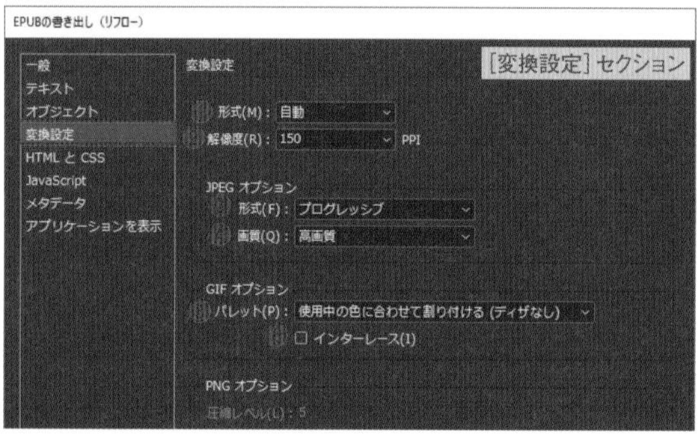

[変換設定] セクション

❶画像形式を選択
❷画像の解像度を設定
❸「JPEG」の形式を選択
❹「JPEG」の画質を選択
❺「GIF」のカラーパレットを選択
❻「GIF」をインターレースにするにはチェック

COLUMN

[JavaScript]と[メタデータ]セクション

[JavasSript]セクションでは、JavaScriptファイルを読み込みます。[メタデータ]セクションでは、EPUBに埋め込むタイトルや著作者、出版社などのメタデータを入力します。

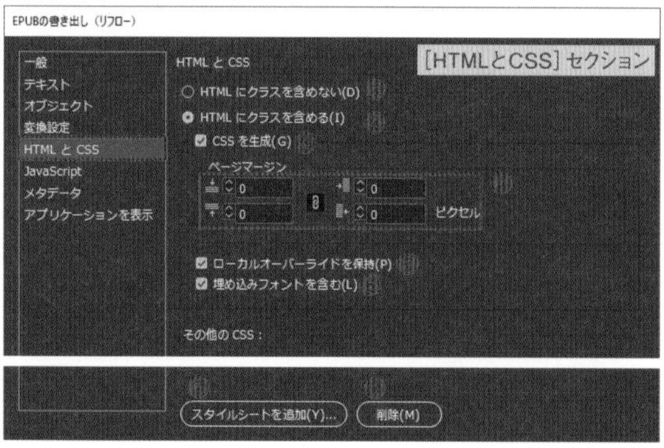

[HTMLとCSS] セクション

❶HTMLにクラスを含めないときはチェック
❷HTMLにクラスを含めるときはチェック
❸ドキュメントのスタイル設定や書式からCSSを生成するにはチェック
❹変換後の上下左右のマージンを設定
❺オーバーライドされた書式も保持するにはチェック
❻埋め込み可能はフォントを埋め込むにはチェック
❼外部のCSSファイルを読み込む
❽選択したCSSを削除

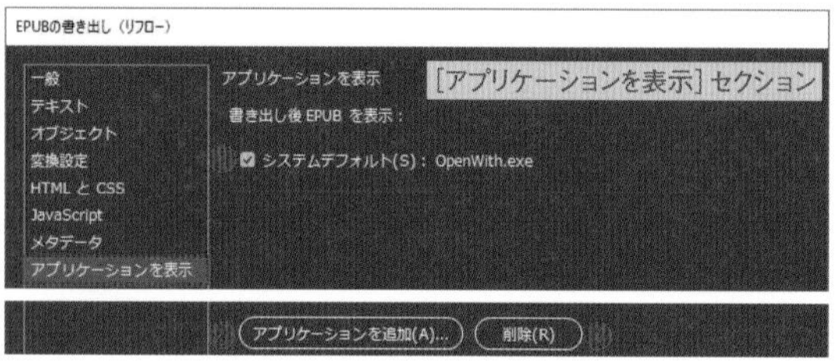

[アプリケーションを表示] セクション

❶システムデフォルトのアプリケーションでEPUBを表示するにはチェック
❷ほかのアプリケーションを追加する
❸選択したアプリケーションを削除する

縦組み書き出し時の注意　**CHECK!**

縦組みのドキュメントをEPUBで出力すると、上下左右の設定は左右上下に変わります。例えば[EPUB書き出し]ダイアログボックスの[オブジェクト]セクションで[段落前のアキ]を指定すると、横組みでは画像の前（上）にアキが入りますが、縦組みでは画像の前（右）にアキができるのではなく、上からのインデントとなります。このように、意図した設定と異なって出力されることが多いのでご注意ください。

STEP 01　リフロー型のEPUBを書き出す

2021 2020 2019

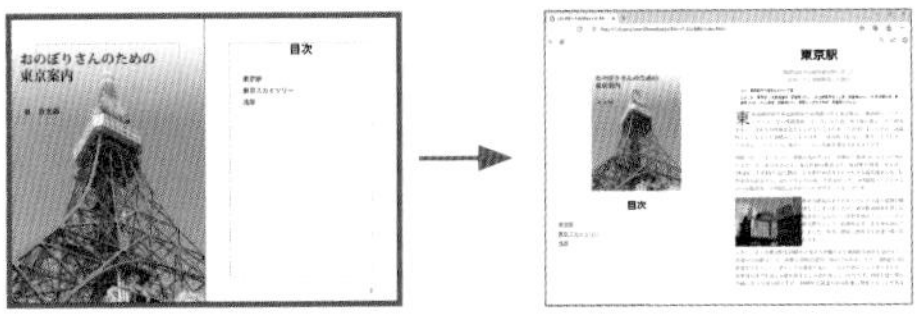

簡単な作成準備の設定をしてから、リフロー型のEPUBを作成してみましょう。

Lesson 15 ▶ L15-4S01.indd

1 レッスンファイルを開きます❶。先頭ページには、カバー用の画像が配置されていることを確認します❷。リフロー型のEPUBでは目次のページ番号は不要なので更新します。横組み文字ツール T を選択します❸。右ページの「目次」テキストを選択し❹、[レイアウト] メニュー→ [目次] を選択します❺。

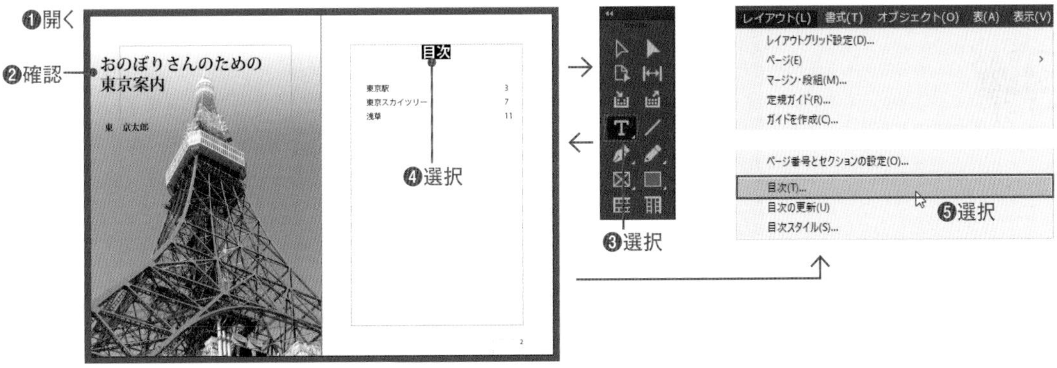

2 [目次] ダイアログボックスが開くので❶、[大見出し] が選択されていることを確認し❷、[ページ番号] を [ページ番号なし] に設定します❸。[現在の目次を置換] にチェックがついていることを確認します❹。[ソース段落にテキストアンカーを作成] にチェックをつけます❺。[OK] をクリックします❻。更新完了のダイアログボックスが表示されるので、[OK] をクリックします❼。目次からページ番号がなくなりました❽。

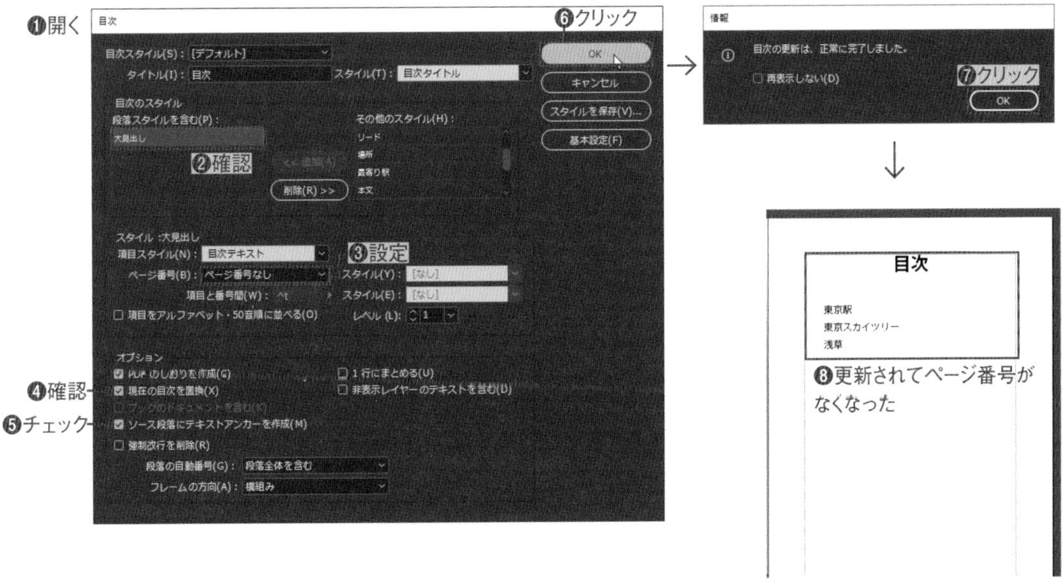

3　3-4ページを表示します。選択ツール▶を選択し❶、右ページ上の東京駅のグラフィックフレームを選択します❷。グラフィックフレームの右上に表示された■を、テキストの「関東大震災」の行の先頭までドラッグします❸。グラフィックフレームが行の先頭にアンカーされます❹。EPUBで書き出した際、この行を基準にフレーム内の画像が挿入されます。なお、このファイルのほかの配置画像は、すでにアンカー処理されています。

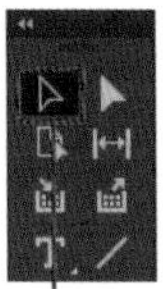

→

→

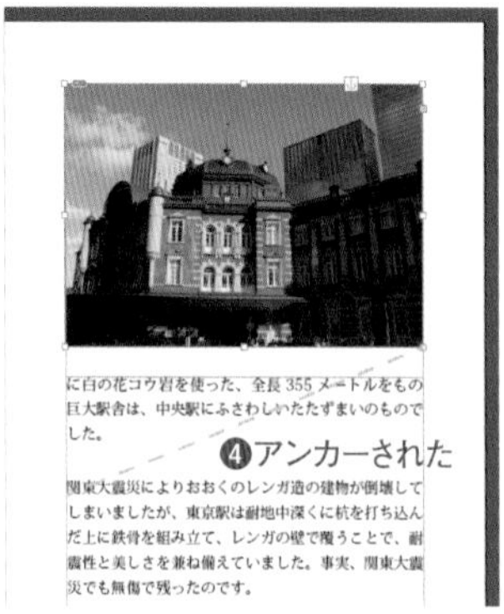

グラフィックフレームのアンカー表示の点線が表示されないときは［エクストラ］メニュー→［テキスト連結を表示］を選択

4　グラフィックフレームが選択された状態で［オブジェクト］メニュー→［オブジェクト書き出しオプション］を選択します❶。［オブジェクト書き出しオプション］ダイアログボックスが表示されるので、［EPUBおよびHTML］を選択します❷。［レイアウトのカスタム設定］にチェックをつけ❸、［左にフロート］を選択し❹、［完了］をクリックします❺。これで、EPUBで書き出したときに、画像はアンカーを設定したテキストの左側に配置されます。

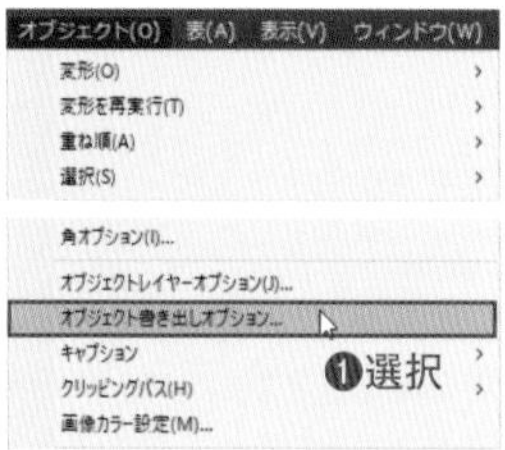

→

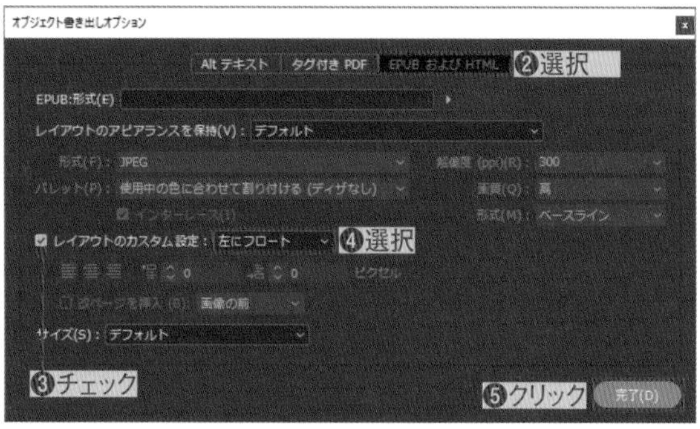

5　段落スタイルパネルメニューから［すべての書き出しタグを編集］を選択します❶。［すべての書き出しタグを編集］ダイアログボックスが表示されるので、［EPUBおよびHTML］を選択します❷。このダイアログボックスで、ドキュメントのテキストに適用した段落スタイルや文字スタイルに、EPUB書き出し時のタグやクラスを設定します。［本文］の［タグ］列の［自動］をクリックして選択し❸、右の▼をクリックし❹、表示されたメニューから［p］を選択します❺。［クラス］の列をクリックして、「body_text」と入力します❻。

→

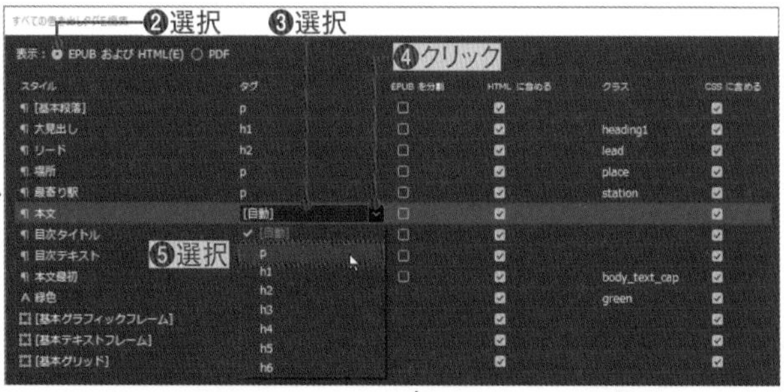

↓

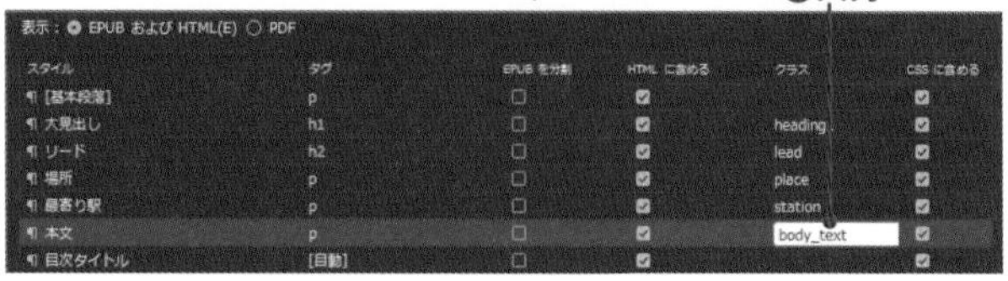

ここでは操作を省略するために、ほかのスタイルは設定済み。実際には、必要なスタイルにタグやクラスを設定する

6

［大見出し］の［EPUBを分割］にチェックをつけます❶。［OK］をクリックします❷。これで、ドキュメントの［大見出し］が適用された部分で、EPUBで作成されるXHTMLファイルは分割されます。

ここではひとつの段落だけにチェックしたが、複数の段落を指定できる

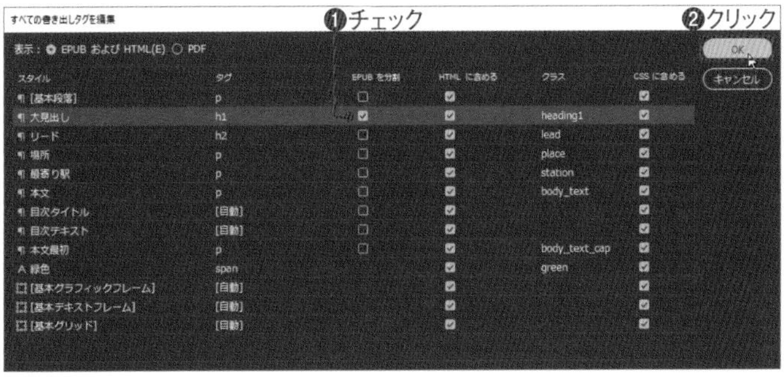

7

準備が整ったので、EPUBに書き出します。［ファイル］メニュー→［書き出し］を選択します❶。［書き出し］ダイアログボックスが表示されるので、ファイル名はそのままで、［ファイルの種類］（Macでは［形式］）に［EPUB（リフロー可能）］を選択し❷、［保存］をクリックします❸。

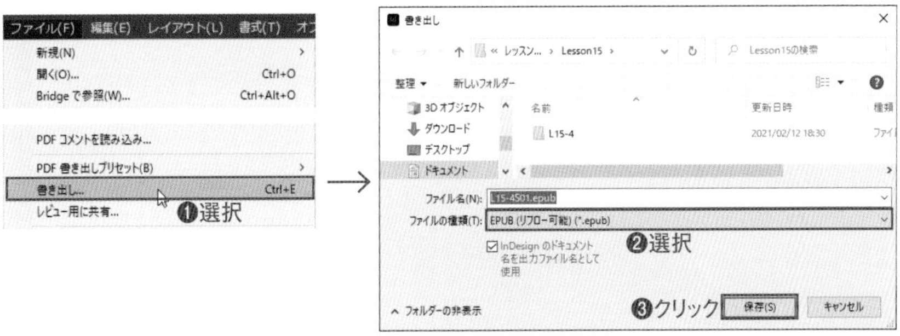

8

［EPUBの書き出し（リフロー）］ダイアログボックスが開きます。［バージョン］を［EPUB3.0］❶、［カバー］を［最初のページをラスタライズ］に設定します❷。［ナビゲーション目次］は［複数レベル（目次スタイル）］に設定します❸。［ドキュメントの分割］にチェックをつけ❹、［段落スタイルの書き出しタグに基づく］を選択します❺。

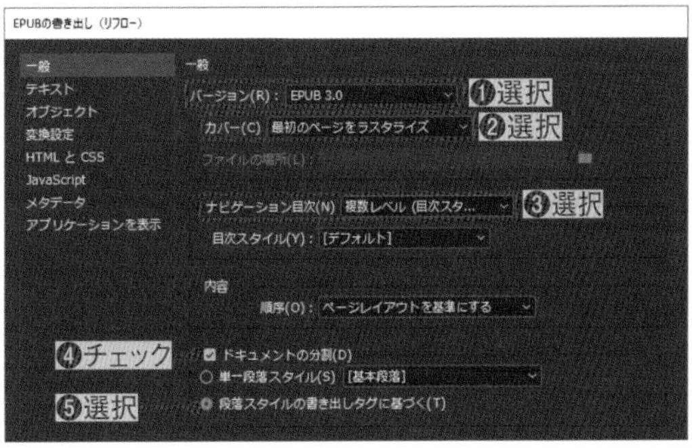

9

［オブジェクト］を選択します❶。［グラフィックオブジェクトに既存の画像を使用］にチェックをつけます❷。［段落前のアキ］を「30」、［段落後のアキ］を「20」に設定します❸。

この作例では［テキスト］セクションの設定は変更しない。実際のEPUB書き出し時には、必要に応じて設定する

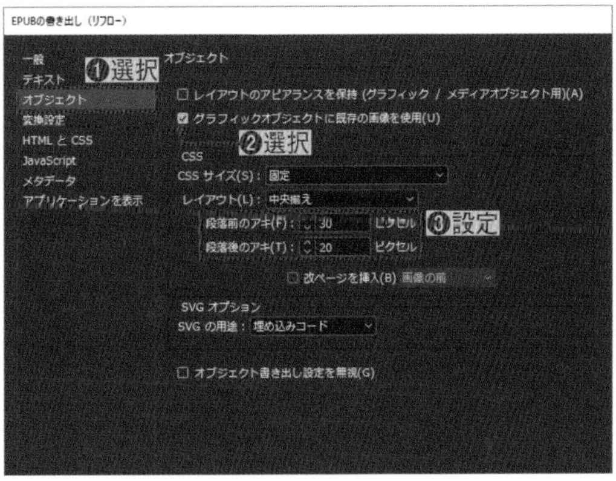

10 ［HTMLとCSS］を選択します❶。［HTMLにクラスを含める］を選択します❷。［ページマージン］をすべて「5」に設定します（一カ所に「5」を入れるとすべて「5」が入ります）❸。

この作例では［変換設定］セクションの設定は変更しない。実際のEPUB書き出し時には、必要に応じて設定する

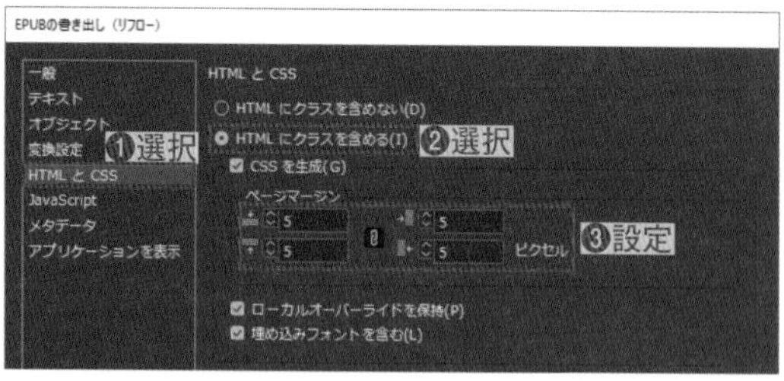

11 ［アプリケーションを表示］を選択し❶、［システムデフォルト］のチェックを外します❷（選択できないときはそのままでかまいません）。［OK］をクリックすると❸、「Lesson15」フォルダーにEPUBファイルが書き出されます。

この作例では［JavaScript］と［メタデータ］セクションの設定は変更しない。実際のEPUB書き出し時には、必要に応じて設定する

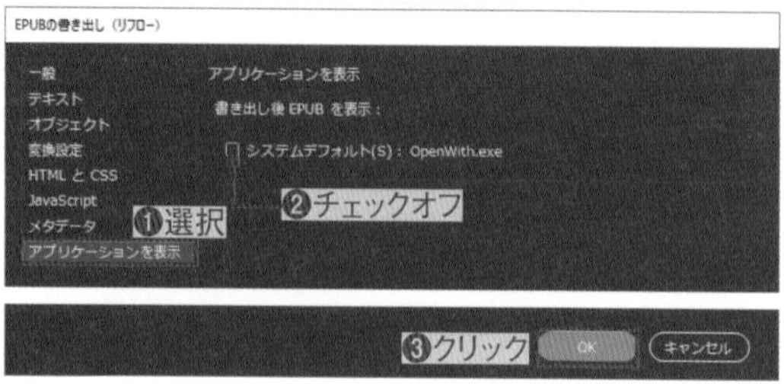

12 EPUBが書き出されたらEPUBリーダーで表示して確認します❶。作例はMicrosoft EdgeでEPUBリーダー「Bibi」を使って表示したものです。表示サイズによっては下記と同じにならないこともあるので、ページ替えして確認してください。

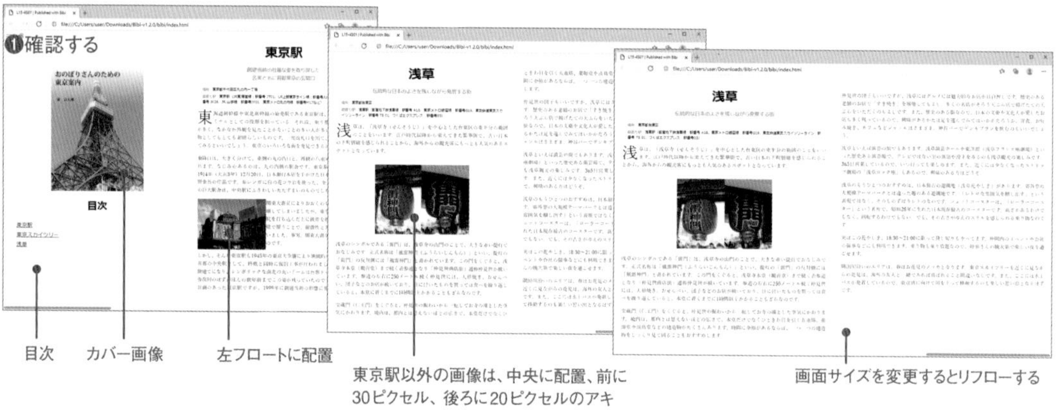

STEP 02 固定レイアウト型のEPUBを書き出す 2021 2020 2019

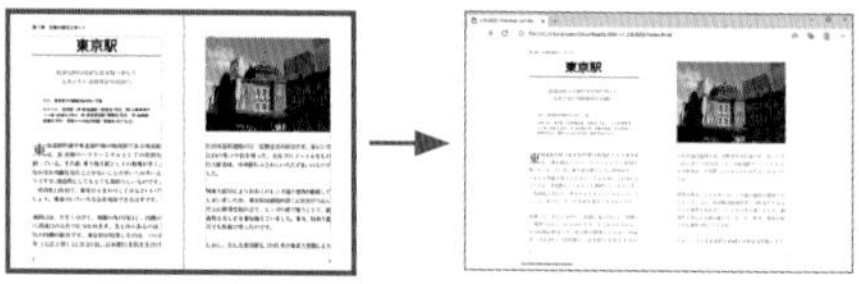

Before　　After

固定型のEPUBを書き出しましょう。ここでは、STEP01と同じファイルを固定型のEPUBで書き出してみましょう。

Lesson15 ▶ L15-4S02.indd

1 STEP01で作業したファイルをそのまま使用するか、レッスンファイルを開きます。［ファイル］メニュー→［書き出し］を選択します❶。

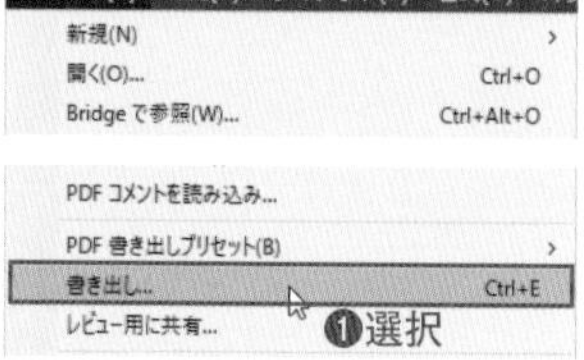

Macでは、キーは次のようになります。 Ctrl → ⌘　Alt → option　Enter → return

2 ［書き出し］ダイアログボックスが表示されるので、ファイル名に「L15-4S02.epub」と入力します❶（レッスンファイル使用の場合は変更の必要はありません）。［ファイルの種類］（Macでは［形式］）に［EPUB（固定レイアウト）］を選択し❷［保存］をクリックします❸。

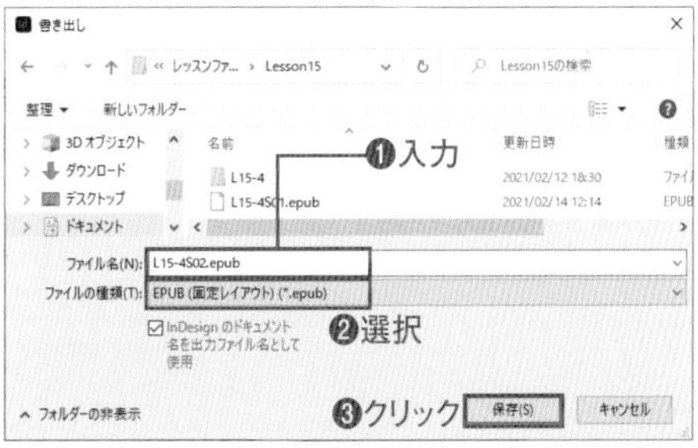

3 ［EPUBの書き出し（固定レイアウト）］ダイアログボックスが表示されるので、［カバー］を［最初のページをラスタライズ］に設定し❶、［ナビゲーション目次］は［複数レベル（目次スタイル）］に設定します❷。［スプレッドコントロール］に［スプレッドを横置きページに変換］を選択し❸、［OK］をクリックします❹。EPUBが「Lesson15」フォルダーに書き出されます。

この作例では、［一般］以外のセクションの設定は変更しない。実際のEPUB書き出し時には、必要に応じて設定する

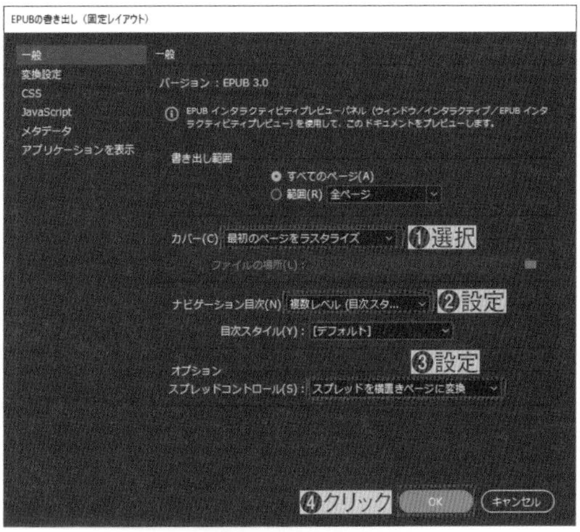

CHECK!

スプレッドコントロールの設定

ドキュメント設定を基準にする：［ファイル］メニュー→［ドキュメント設定］を選択して表示される［ドキュメント設定］ダイアログボックスの定義した設定に基づいて判別される
スプレッドを横置きページに変換：スプレッドを横置きページに変換する
合成スプレッドを有効にする：ドキュメントの合成スプレッドをスプレッドとして書き出す
スプレッドを無効にする：単ページで書き出す

4 EPUBが書き出されたら、EPUBリーダーで表示して確認します❶。作例は、Microsoft Edgeで「Bibi」を使って表示したものです。スプレッドが1ページとして表示されます。固定レイアウトなので、画面サイズや拡大・縮小率を変更し❷、縦横比が保持されていることを確認してください。

❶確認する

❷画面サイズを変更
サイズを変えてもレイアウトは保持される

INDEX

アートディレクション　山川香愛
カバー写真　川上尚見
カバーデザイン　加納啓善（山川図案室）
本文デザイン　山川図案室
本文レイアウト　ベクトルハウス
編集担当　竹内 仁志（技術評論社）

著者略歴

ベクトルハウス

イラスト制作・書籍編集・DTP等を手がけるグループです。

世界一《せかいいち》わかりやすい
InDesign《インデザイン》
操作《そうさ》とデザインの教科書《きょうかしょ》
[改訂2版《かいていにはん》]

2021年5月25日　初版　第1刷発行
2023年2月14日　初版　第2刷発行

著　者　ベクトルハウス
発行者　片岡　巌
発行所　株式会社技術評論社
東京都新宿区市谷左内町21-13
電話 03-3513-6150　販売促進部
03-3513-6160　書籍編集部
印刷／製本　共同印刷株式会社

造本には細心の注意を払っておりますが、
万一、乱丁（ページの乱れ）や落丁（ページの抜け）がございましたら、
小社販売促進部までお送りください。送料小社負担でお取り替えいたします。

ISBN978-4-297-12078-8 C3055
Printed in Japan

お問い合わせに関しまして

本書に関するご質問については、FAXもしくは書面にて、必ず該当ページを明記のうえ、右記にお送りください。電話によるご質問および本書の内容と関係のないご質問につきましては、お答えできかねます。あらかじめ以上のことをご了承のうえ、お問い合わせください。
なお、ご質問の際に記載いただいた個人情報は質問の返答以外の目的には使用いたしません。また、質問の返答後は速やかに削除させていただきます。

宛先：〒162-0846
東京都新宿区市谷左内町21-13
株式会社技術評論社
書籍編集部
「世界一わかりやすいInDesign
操作とデザインの教科書
[改訂2版]」係
FAX：03-3513-6167

技術評論社 Webサイト
https://book.gihyo.jp/116/

なお、ソフトウェアの不具合や技術的なサポートが必要な場合は、
アドビ株式会社　Webサイト上のサポートページを
ご利用いただくことをおすすめします。

アドビ ヘルプセンター
https://helpx.adobe.com/jp/support.html